AF856419

Werner Bätzing

unter Mitarbeit von/con la collaborazione di/avec la collaboration de/v sodelovanju z/with the assistance of
Barbara Lampič | Špela Ledinek Lozej | Lucija Miklič Cvek | Žiga Zwitter

und des/e dell'/et de l'/in/and the
Institut dal Dicziunari Rumantsch Grischun (DRG)

ALM- UND ALPWIRTSCHAFT IM ALPENRAUM

Eine interdisziplinäre und internationale Bibliographie

(= Thematische Alpenbibliographie Nr. 1)

ALPICOLTURA NELLE ALPI

Una bibliografia interdisciplinare e internazionale

(= Bibliografia alpina tematica n. 1)

ÉCONOMIE PASTORALE DANS LES ALPES

Une bibliographie interdisciplinaire et internationale

(= Bibliographie alpine thématique n° 1)

PLANINSKO GOSPODARSTVO V ALPAH

Interdisciplinarna in mednarodna bibliografija

(= Tematska planinska bibliografija št. 1)

ALPINE PASTURE FARMING IN THE ALPS

An interdisciplinary and international bibliography

(= Thematic alpine bibliography no. 1)

Herausgeber:
Marktgemeinde Bad Hindelang

context verlag
Augsburg | Nürnberg
www.context-mv.de

Werner Bätzing

ALM- UND ALPWIRTSCHAFT IM ALPENRAUM

Eine interdisziplinäre und internationale Bibliographie
(= Thematische Alpenbibliographie Nr. 1)

Auf dem Gebiet der Marktgemeinde Bad Hindelang bewirtschaften unsere Älpler insgesamt 46 Alpen. Knapp 8.000 ha Alprechtsfläche machen 56 % der Gemeindefläche aus – damit ist Bad Hindelang die alpflächenreichste Kommune Deutschlands. Diese Alpen bilden die Grundlage des Hindelanger Landschafts- und Naturschutzes. Herzstück sind rund 20 hochalpine Alpen im Hintersteiner Tal.

Die Erstbesiedelung des Ostrachtals fand im Zeitraum von etwa 900 bis 1000 n. Chr. statt und wurde urkundlich erstmals im 14. Jahrhundert erwähnt. Sicherlich haben seit dem 12. Jahrhundert schon einzelne Siedler und Kleinbauern den damaligen Urwald zu roden begonnen und Vieh gehalten. Um die gerodeten Grünflächen in den Tallagen zu schonen und um ausreichend Heu für die Winterfütterung bevorraten zu können, wurde das Vieh auf den höher gelegenen Alpweiden am Berg gesömmert.

Mit zunehmender Besiedelung wuchs der Viehbestand. Grünflächen wurden erweitert, Alpflächen vermehrt von Verbuschung freigemacht und als Sommerweiden genutzt. So entwickelte sich aus dem Urzustand des Tals schrittweise eine Kulturlandschaft zum Wohle der Bewohner.

Unterschiedliche Gebietsansprüche und Besitzrechte der Obrigkeiten sowie Abgabenverpflichtungen brachten jedoch Unruhe und Veränderungen mit sich. Erhalten blieben über alle Veränderungsprozesse hinweg – dank der Standfestigkeit der Bauern – die Rechte der Nutzung der gesamten Alpflächen, und zwar – quasi als eine Art Allmende – unabhängig vom Landbesitz. Verträge sicherten den Bauern ihre Rechte. Die Rechtlergemeinschaften und Alpgenossenschaften regeln bis heute die Aufgaben und Verpflichtungen für ihre jeweiligen Flächen.

Mitte des 19. Jahrhunderts veränderte sich die bisherige Form der Alpwirtschaft. Die in der Schweiz praktizierte Zubereitung von Hartkäse wurde damals auch im Allgäu eingeführt. Vermehrte Milchkuhhaltung ergänzte die bis dahin praktizierte Sömmerung allein von Jungrindern – sogenanntem Galtvieh – sowie von Schafen, Ziegen und Pferden. Nun entstanden Sennalpen, in denen die Milch – auf dem Berg – zu Käse verarbeitet wurde. Für das Melken der Kühe wurden große Ställe benötigt und gebaut, und für die Verarbeitung der Milch mussten auf jeder einzelnen Alpe die Vorrichtungen zum Käsen angeschafft werden. Bis zu 100 Milchkühe gehörten, je nach Größe der Weidefläche, zu einer Sennalpe.

Diese und die folgende Phase war die „Hochzeit" der Alpwirtschaft. Sie dauerte bis etwa in die 60er-Jahre des 20. Jahrhunderts an. Dann nahm jedoch die Wirtschaftlichkeit wegen hoher Personalkosten und der Konkurrenz durch moderne, industrielle Milchverarbeitungsbetriebe im Alpenvorland kontinuierlich ab: Die Sennalpen entwickelten sich bis auf wenige Ausnahmen wieder zu Galtalpen zurück.

Im Jahr 1988 – in Zeiten großen Rentabilitätsdrucks der konventionellen Landwirtschaft – übertrug das „Ökomodell Hindelang" die seit Jahrhunderten praktizierten strengen ökologischen Kriterien der traditionellen Wirtschaftsweise auf den Hindelanger Alpen auch auf die Talwirtschaft: Durch den Verzicht auf Intensivierung und in der Folge durch Ausgleichszahlungen für diese landeskulturelle Dienstleistung der flächendeckenden Landschaftspflege wurde die Existenz der bäuerlichen Betriebe gesichert. Auch die Gemeinde unterstützt das „Ökomodell", denn es ist sensationell, dass unsere intakte alpine Kulturlandschaft heute so offen und artenreich ist wie noch vor über 30 Jahren. Strukturen zur Direktvermarktung sollten darüber hinaus dazu beitragen, dass die ökologisch-traditionelle Wirtschaftsweise für die landwirtschaftlichen Betriebe ökonomisch rentabel blieb.

Das „Ökomodell Hindelang" galt bald als Vorzeigeprojekt für großflächigen Naturschutz mittels angepasster Nutzung: 2016 haben die Bad Hindelanger Älpler den „Heimatpreis Schwaben für besondere Verdienste um Kultur, Heimat und Brauchtum" erhalten. Im selben Jahr wurde außerdem die „Hochalpine Allgäuer Alpwirtschaftskultur in Bad Hindelang" – Grundlage und Vorbild des „Ökomodells Hindelang" – in das bundesweite Register Guter Praxisbeispiele der Erhaltung Immateriellen Kulturerbes der UNESCO aufgenommen.

Sowohl die Alpwirtschaft als auch das „Ökomodell Hindelang" haben in vielerlei Hinsicht große Bedeutung für uns: Eine wirtschaftliche Bedeutung im Hinblick auf Arbeitsplätze und die Produktion ökologisch hochwertiger Qualitätsprodukte. Eine kulturelle Bedeutung wegen ihrer langen und starken Tradition. Eine ökologische Bedeutung durch das Offenhalten vieler Flächen und die kleinräumige Gestaltung der Landschaft mit ihrer hohen Biodiversität. Und eine identitätsstiftende Bedeutung für die gesamte Bevölkerung. Alpwirtschaft und „Ökomodell" geben damit unserer Gemeinde eine ganz besondere Identität – und sie sind zugleich ein zentraler Erfolgsfaktor für einen ortsspezifischen Tourismus.

Die traditionsreiche Alpwirtschaft zeigt exemplarisch, dass es möglich ist, in den Hochlagen der Alpen wertvolle Lebensmittel herzustellen und dabei die Arten- und Landschaftsvielfalt nicht nur zu erhalten, sondern sogar zu vergrößern und gleichzeitig dauerhaft klimaverträglich zu wirtschaften – diese Erfahrungen sind heute für eine zukunftsfähige Landwirtschaft besonders wichtig.

Aufgetrieben werden in Bad Hindelang nach Angaben des Alpwirtschaftlichen Vereins im Allgäu e.V. insgesamt ca. 230 Milchkühe und ca. 3.300 Jungrinder – immerhin ein Achtel des Oberallgäuer Gesamtbestoßes. Der sogenannte „Viehscheid" am 11. September – oder, wenn dieser ein Sonntag ist, am Samstag zuvor – ist jedes Jahr der krönende Abschluss des Alpsommers: Die Tiere werden ihren jeweiligen Besitzern übergeben – die Herden werden „geschieden". „Dr'Schaid", wie die Einheimischen das von einem großen Fest begleitete Ereignis bezeichnen, gilt in Bad Hindelang als Feiertag, an dem die Kinder sogar schulfrei haben. Das zeigt die große Bedeutung und die prägende Kraft, welche die traditionelle Form der Alpwirtschaft für unsere Marktgemeinde noch heute innehat.

Die Urbarmachung und stetige Pflege der Bergregion durch die verantwortungsvolle und schwere Arbeit der Älpler bewahrten die für das Oberallgäu typische Kulturlandschaft. Diese Landschaft ist auch in Bad Hindelang die Basis für den Erfolg im Tourismus.

Rund 1.000 Jahre Alpwirtschaft – keine andere Wirtschaftsform hat unsere Heimat so stark geprägt und geformt. Umfangreiche Dokumente, Aufzeichnungen, Abbildungen und Kartenmaterial zeugen neben erhaltenen Arbeitsgegenständen von der Geschichte der Alpwirtschaft und sind für unsere Gemeinde von großem Wert.

Die große Bedeutung der Alpwirtschaft in Bad Hindelang wird jedoch erst dann richtig sichtbar, wenn man sie im Kontext des gesamten Alpenraums betrachtet. Bislang gab es allerdings keine umfassende systematische Zusammenstellung all jener Literatur, welche die Praktiken und Formen der Alpwirtschaft im gesamten Alpenraum und ihre Erforschung dokumentiert. Eine solche hat Professor Werner Bätzing mit diesem Buch nach jahrelanger Arbeit nun vorgelegt. Er leistet damit einen unschätzbaren Beitrag für die Erhaltung des Wissens um die Alpwirtschaft – und das nicht nur in Bad Hindelang, sondern für den gesamten Alpenraum vom Mittelmeer bis Slowenien.

Der akribischen Arbeit des international renommierten Alpenforschers und Autors zolle ich meine Anerkennung und höchsten Respekt: Ich freue mich, dass die Marktgemeinde Bad Hindelang diese einzigartige Bibliographie herausgeben darf, und bin sicher, dass sie – nicht zuletzt dank der zahlreichen mehrsprachigen Kommentare sowie der systematischen Aufbereitung – bald zu einem unverzichtbaren Nachschlagewerk für alle werden wird, die sich mit der Alpwirtschaft beschäftigen.

Bad Hindelang, im September 2021
Dr. Sabine Rödel
1. Bürgermeisterin Markt Bad Hindelang

BIBLIOGRAPHIE/BIBLIOGRAFIA BIBLIOGRAPHIE/BIBLIOGRAFIJA/BIBLIOGRAPHY

Eine Bibliographie zur Alm- und Alpwirtschaft, die alle Alpenregionen und alle relevanten Fachgebiete umfasst, hat es bislang nicht einmal ansatzweise gegeben. Ihre Erarbeitung war nur möglich vor dem Hintergrund meiner mehr als 40-jährigen Beschäftigung mit den Alpen, bei der das Verständnis ihrer großen regionalen Vielfalt einen wichtigen Stellenwert besaß und weiterhin besitzt.

Diese Bibliographie erscheint in einer gedruckten Ausgabe, weil das Medium Buch zum Lesen und Querlesen optimal geeignet ist und weil man sich mit einem Buch besonders gut einen Gesamtüberblick verschaffen und dabei viele überraschende Dinge entdecken kann, und sie erscheint gleichzeitig auch in einer digitalen Ausgabe (www.badhindelang.de/alpbibliografie), weil dieses Medium für eine gezielte Recherche ideal ist.

Die Einleitung dieser Bibliographie erscheint zudem gleichzeitig in deutscher, italienischer, französischer, slowenischer und englischer Sprache, weil die Alm- und Alpwirtschaft ein alpenweites Phänomen ist, das einen mehrsprachigen Zugang erfordert. Da die fünfsprachige Einleitung wichtige alm- und alpspezifische Begriffe enthält, die in vielen Lexika fehlen, kann sie gut als Übersetzungshilfe zwischen den verschiedenen Sprachen genutzt werden; und zusätzlich zeigt die Lektüre der Publikationstitel eindrucksvoll, wie diese Fachbegriffe im jeweiligen Kontext gebraucht werden – beides kann die alpenweite Kommunikation über die Sprachgrenzen hinweg erleichtern.

Für Unterstützung bei der Erarbeitung dieser Bibliographie möchte ich folgenden Personen herzlich danken:

Aigner, Susanne	*Köttmannsdorf/AT*
Bartaletti, Fabrizio	*Livorno/IT*
Corti, Michele	*Milano/IT*
Heißenhuber, Alois	*München/DE*
Hitz, Florian	*Chur/CH*
Hösli, Giorgio	*Mollis/CH*
Honisch, Michael	*Immenstadt/DE*
Hovorka, Gerhard	*Wien/AT*
Hübner, Thomas	*Erlangen/DE*
Jenewein, Johann	*Innsbruck/AT*
Lampič, Barbara	*Ljubljana/SI*
Ledinek Lozej, Špela	*Ljubljana/SI*
Merlin, Friedrich	*Klagenfurt/AT*
Miklič Cvek, Lucija	*Ljubljana/SI*
Moutard, Robert	*Lyon/FR*
Penz, Hugo	*Innsbruck/AT*
Price, Martin	*Perth/UK*
Ressi, Wolfgang	*Klagenfurt/AT*
Ringler, Alfred	*Rosenheim/DE*
Rougier, Henri (†)	*Lyon/FR*
Tuor, Leo	*Chur/CH*
Zwitter, Žiga	*Ljubljana/SI*

Ein ganz besonderer Dank geht an die Gemeinde Bad Hindelang, in der die Alpwirtschaft eine wichtige Rolle spielt: Diese Gemeinde engagiert sich seit langer Zeit – u.a. mit der Unterstützung des „Ökomodells Hindelang" und mit der Eintragung der Alpwirtschaft in das bundesdeutsche Verzeichnis des „Immateriellen Kulturerbes" – sehr stark für die Alpwirtschaft, und sie hat die mehrsprachige Publikation dieser Bibliographie in analoger und digitaler Form ermöglicht.
Ich wünsche mir, dass durch diese Bibliographie die große wirtschaftliche, kulturelle und ökologische Bedeutung der Alm- und Alpwirtschaft im Alpenraum und in Europa wieder deutlicher wahrgenommen und die alpenweite Zusammenarbeit intensiviert wird.

Bamberg, im Mai 2021, Werner Bätzing

EINLEITUNG

INHALTSVERZEICHNIS DER EINLEITUNG

1. ZENTRALE CHARAKTERISTIKA DIESER BIBLIOGRAPHIE

1.1 ZIELSETZUNG

Die Alm- bzw. Alpwirtschaft besitzt in den Alpen eine sehr lange Geschichte, sie ist sehr bedeutend, weil sie knapp 30 % der gesamten Alpenfläche bewirtschaftet (Ringler 2009 AL, S. 18 – der Zusatz „AL" gibt an, in welchem Abschnitt dieser Bibliographie der Titel zu finden ist; die Abkürzungen werden im Inhaltsverzeichnis aufgelöst), und sie prägt den Alpenraum in wirtschaftlicher, gesellschaftlich-kultureller und landschaftlich-ökologischer Beziehung so stark, dass sie eines der zentralsten Charakteristika dieses Gebirges darstellt. Da es im Deutschen keinen anerkannten hochdeutschen Begriff dafür gibt, muss man die beiden Dialektbegriffe Alm- *und* Alpwirtschaft gleichzeitig verwenden, wenn man alpenweite Aussagen machen möchte (siehe 2.2). Die hier vorgelegte Bibliographie der Publikationen zur Alm- und Alpwirtschaft verfolgt ein doppeltes Ziel:

Erstens: Das mit der Alm- und Alpwirtschaft verbundene Wissen geht heute immer mehr verloren. Dies betrifft nicht so sehr die Bauern, die auch weiterhin Alm- und Alpwirtschaft betreiben (die jedoch immer weniger werden), sondern vor allem die Bewohner des Alpenraums und die Bewohner Europas sowie die Akteure aus dem Bereich der Politik, der Verwaltung, der Wissenschaften und der Medien. Mit dieser Bibliographie soll dieses Wissen in Erinnerung gehalten und öffentlich verfügbar gemacht werden, weil darin sehr wichtige Erfahrungen im Umgang mit Natur, mit gemeinschaftlichen Nutzungsformen und mit spezifischen kulturellen Werten enthalten sind, die nicht verloren gehen dürfen. Diese Erfahrungen sind nicht nur für die direkt betroffenen Alpengemeinden, -täler und -regionen wichtig, sondern sie besitzen auch für den gesamten Alpenraum und darüber hinaus für ganz Europa einen großen Stellenwert.

Zweitens: Die Alm- und Alpwirtschaft steht alpenweit vor ähnlichen Problemen, nämlich drohender Nutzungsaufgabe von großen Flächen, Übernutzung kleinerer Teilflächen, Bedrohung durch Ausbreitung von Großraubtieren, Belastung und Verdrängung durch Tourismus- und Freizeitaktivitäten sowie Überprägung durch neue gesellschaftliche, nichtlandwirtschaftliche Ansprüche (Naturschutz, Ausgleichs- und Wildnisflächen). Da es aber keine alpenweite Organisation der alm- und alpwirtschaftlichen Vereine und Verbände und auch keinen alpenweiten Diskussionszusammenhang gibt (siehe Abschnitte 3.4 und 3.5), sondern da diese Diskussionen in den einzelnen Staaten und Alpenregionen getrennt voneinander ablaufen, gibt es nur zersplitterte und fragmentierte Diskussionsstrukturen. Diese erschweren die gemeinsame Diskussion der aktuellen Probleme, und sie verhindern, dass die Alm- und Alpwirtschaft im Alpenraum und in ganz Europa als ein wichtiger Akteur auftreten kann, der seine Ziele und Interessen in der Öffentlichkeit mit Nachdruck vertritt.

Aus diesen beiden Gründen ist das Wissen um die alpen- und europaweite Bedeutung der Alm- und Alpwirtschaft heute eher schwach ausgeprägt. Deshalb verfolgt diese Publikation das Ziel, die langen Diskussionen um das Thema Alm- und Alpwirtschaft, die in den einzelnen Alpenstaaten und Alpenregionen auf intensive Weise geführt wurden und weiterhin geführt werden, mittels einer Bibliographie auf eine gründliche Weise zu dokumentieren.

Damit soll zum einen eine Grundlage geschaffen werden, um der Bevölkerung des Alpenraums und Europas die große Bedeutung der Alm- und Alpwirtschaft besser öffentlich sichtbar und deutlich machen zu können, und damit sollen zum anderen die alpenweiten Diskussionen über die aktuelle Situation der Alm- und Alpwirtschaft angeregt und intensiviert werden. Dabei vertritt der Autor die Position, dass eine Zusammenarbeit in Form einer alpenweiten Dach-Organisation sehr sinnvoll wäre, um die Alm- und Alpwirtschaft zu stärken.

1.2 INHALTLICHE KONZEPTION UND EINGRENZUNG DER THEMATIK

Eine alpenweit und interdisziplinär ausgerichtete Bibliographie zum Thema Alm- und Alpwirtschaft hat es bislang nicht einmal ansatzweise gegeben: Die sieben Bibliographien, die zu diesem Thema existieren (siehe Abschnitt 3.3.10), konzentrieren sich nur auf bestimmte Teilräume und auf einzelne Fachgebiete. Auch das übliche Hilfsmittel, die Auswertung von sog. „versteckten Bibliographien" (sehr umfangreiche Literaturverzeichnisse in breit angelegten Übersichtsdarstellungen), stellt in diesem Fall keine Alternative dar, weil interdisziplinär und international ausgerichtete Überblicksdarstellungen zur Alm- und Alpwirtschaft fast vollständig fehlen (siehe Abschnitt 3.3.13) und weil nahezu alle Publikationen zur Alm- und Alpwirtschaft nicht nur stark staatlich, sondern zugleich auch stark fachlich ausgerichtet sind. Die mit Abstand umfangreichste „versteckte Bibliographie", das Literaturverzeichnis in der Monographie von Alfred Ringler (RINGLER 2009 AL, 98 Druckseiten) verzeichnet in erster Linie ökologisch-naturwissenschaftliche Titel und deckt damit nur einen Teilbereich der Thematik ab. Angesichts dieser schwierigen Ausgangssituation stellt die Erarbeitung einer alpenweit und interdisziplinär ausgerichteten Bibliographie zur Alm- und Alpwirtschaft eine große Herausforderung dar.

Damit diese Bibliographie nicht unübersichtlich wird und inhaltlich nach vielen Seiten hin ausufert, habe ich ihren Inhalt in Hinblick auf die zu Beginn angesprochene Zielsetzung folgendermaßen eingegrenzt:

a) Die naturwissenschaftlichen Analysen und Forschungen zur Alm- und Alpwirtschaft sind heute so stark spezialisiert und ausdifferenziert, dass sie Nicht-Naturwissenschaftler – und teilweise sogar Naturwissenschaftler anderer Fachrichtungen – in der Regel nicht mehr nachvollziehen können. Die meisten Personen, die heute an der Alm- und Alpwirtschaft interessiert sind, dürften die behandelten Inhalte kaum noch verstehen. Obwohl ich mich seit Jahrzehnten für eine „integrative" Sicht des Alpenraums engagiere, habe ich deshalb beschlossen, in diese Bibliographie keine naturwissenschaftlichen Texte aufzunehmen. Dieser Verzicht fällt umso leichter, als das sehr umfangreiche Literaturverzeichnis von Alfred Ringler (RINGLER 2009 AL, S. 1339-1437) stark naturwissenschaftlich-ökologisch ausgerichtet ist und diese Thematik gut abdeckt. Damit werden Publikationen zu den naturräumlichen Voraussetzungen der Almen/Alpen (Geologie, Klima, Geomorphologie, Hydrologie, Boden), zur Vegetation der Alm- und Alpflächen, zur Tiergesundheit und zur naturwissenschaftlichen Qualität der Alm- und Alpprodukte nicht in diese Bibliographie aufgenommen.

b) Viele Wissenschaftler und Praktiker haben zu Recht immer wieder darauf hingewiesen, dass die Alm- und Alpwirtschaft trotz ihrer gewissen Eigenständigkeit so eng mit der lokalen bzw. regionalen Landwirtschaft und mit der Landwirtschaft des Umlandes der Alpen verflochten ist, dass man sie nur aus diesem Zusammenhang heraus angemessen verstehen könne. Würde man dieser Perspektive folgen, müsste eine Bibliographie zur Alm- und Alpwirtschaft zu einer Bibliographie der Landwirtschaft des gesamten Alpenraums und seines Umlandes werden. Da dies jedoch den Rahmen dieser Bibliographie sprengen würde, beschränkt sich diese Bibliographie auf das Thema Alm- und Alpwirtschaft im eigentlichen Sinne und schließt Darstellungen der Landwirtschaft im Alpenraum, die in der Regel *auch* die Alm- und Alpwirtschaft (meist aber ziemlich knapp) thematisieren, aus; Ausnahmen davon werden nur gemacht, wenn solche Publikationen ein eigenes Kapitel zum Thema Alm- und Alpwirtschaft besitzen, das mindestens zehn Druckseiten umfasst. Analoges gilt für Publikationen zum Thema Milchwirtschaft, Viehzucht, Viehrassen und Käseproduktion, die nur dann berücksichtigt werden, wenn bei ihnen die Alm- und Alpwirtschaft eindeutig im Zentrum steht.

c) Es gibt zahlreiche Publikationen (Monographien) zu einzelnen Alpengemeinden, Alpentälern oder Alpenregionen, die in der Regel auch knappe Aussagen zur Alm- und Alpwirtschaft enthalten. Solche Publikationen werden hier nicht aufgenommen; Ausnahmen werden nur gemacht, wenn sie ein eigenes Kapitel zum Thema Alm- und Alpwirtschaft besitzen, das mindestens zehn Druckseiten umfasst.

d) Viele Darstellungen der Alm- und Alpwirtschaft thematisieren *alle* saisonal genutzten Siedlungen und Wirtschaftsflächen oberhalb der Dauersiedlungen, also auch die Stufe der „Maiensäße" oder „Voralmen" (dafür gibt es keinen hochdeutschen Ausdruck, sondern nur eine Vielfalt von regionalen Dialektausdrücken). Da sich die aktuellen Probleme und Potenziale dieser Zwischenstufe oberhalb der

Dauer- und unterhalb der Alm- und Alpsiedlungen von denen der Alm- und Alpwirtschaft deutlich unterscheiden, werden Publikationen, die ausschließlich dieser Zwischenstufe gewidmet sind, nicht in diese Bibliographie aufgenommen. Ebenso werden Publikationen, die ausschließlich dem Wald innerhalb der Alm- und Alpflächen gewidmet sind, nicht aufgenommen.

e) Die modernen Alpstatistiken, die ab dem Jahr 1864 (Schatzmann/Wirth 1868 CH) entstehen, stellen die praktische und wissenschaftliche Beschäftigung mit der Alm- und Alpwirtschaft auf eine völlig neue Grundlage. Deshalb beginnt diese Bibliographie um das Jahr 1860 herum, und Publikationen vor dieser Zeit werden nicht berücksichtigt.

f) Auch wenn die Geschichte unverzichtbar ist, um die heutige Situation der Alm- und Alpwirtschaft angemessen zu verstehen, so werden rein historisch ausgerichtete Publikationen, die die Situation der Alm- und Alpwirtschaft vor 1860 thematisieren, aus dieser Bibliographie ausgeschlossen, weil ihr Fokus auf der gegenwärtigen Situation liegt. Das Verständnis der gegenwärtigen Situation setzt allerdings die Kenntnis der traditionellen Strukturen voraus, weshalb Publikationen aufgenommen werden, die diese darstellen.

g) Da es in dieser Bibliographie um das Verständnis der Alm- und Alpwirtschaft als einem komplexen Phänomen geht, werden rein praktisch ausgerichtete Publikationen zur technischen, organisatorischen, betriebswirtschaftlichen oder ökologischen Gestaltung und Verbesserung der Bewirtschaftung der Almen/Alpen einschließlich der Erschließung der Almen/Alpen durch Wege, Straßen und Seilbahnen ausgeschlossen. Eine Ausnahme wird nur bei den zahlreichen Monographien zur Alm- und Alpwirtschaft aus agrarwissenschaftlicher Perspektive gemacht, in denen die Bewirtschaftungsverbesserungen eine zentrale Rolle spielen, weil diese Monographien zugleich das Gesamtsystem der Alm- und Alpwirtschaft auf eine systematische Weise darstellen.

h) Weiterhin werden Alm- und Alpwanderführer mit ausschließlich touristischer Bedeutung, Alm- und Alpkoch- und Rezeptbücher, sowie rein erzählerische und literarische Beschreibungen des Alm- und Alplebens nicht in diese Bibliographie aufgenommen. Bildbände werden nur aufgenommen, wenn sie systematisch-dokumentarisch ausgerichtet sind oder wichtige historische Fotografien enthalten.

i) Es gibt viele aufschlussreiche Publikationen zur Alm- und Alpwirtschaft, die in einem Privatverlag erscheinen oder die von einer Gemeinde, einer Alpgenossenschaft, Alpkorporation, Agrargemeinschaft o. ä. veröffentlicht werden. Diese Publikationen werden dann in diese Bibliographie aufgenommen, wenn sie in einer öffentlich zugänglichen Bibliothek vorhanden sind.

Die in diesen neun Punkten genannten Eingrenzungen führen dazu, dass sich diese Bibliographie auf die Themen Alm- und Alpwirtschaft, ihre Nutzungsformen, ihre Wirtschaftsstrukturen, ihre Eigentums- und Rechtsformen, ihr Brauchtum und randlich auf die Alpgebäude und die einschlägigen Benennungen (Namen) konzentriert. Dabei wird die transhumante Alpnutzung stets einbezogen, da sie in den Südwest-, Süd- und Südostalpen teilweise wichtiger als die lokale Alm- und Alpwirtschaft ist.

Damit diese Bibliographie nicht zu umfangreich wird, werden zusätzlich noch folgende Texte ausgeschlossen:

- Examens-, Abschluss-, Seminar- und Hausarbeiten an Universitäten, weil diese – im Gegensatz zu Dissertationen – in der Regel nicht öffentlich zugänglich sind. Bei den wenigen Examensarbeiten, die aus inhaltlichen Gründen trotzdem in dieser Bibliographie aufgeführt werden, wird jeweils ein Bibliotheksstandort genannt, an dem sie öffentlich zugänglich sind.

- Berichte von Institutionen (v.a. alm- und alpwirtschaftliche Organisationen, staatliche Landwirtschaftsämter), die nur für den internen Gebrauch erstellt und nicht veröffentlicht wurden.

- Ergebnisse von Alm- und Alpförderungsprojekten, die in der Regel nur projektintern (oft im Internet) veröffentlicht werden; diese werden hier nur dann aufgenommen, wenn sie in öffentlich zugänglichen Zeitschriften oder Verlagen publiziert werden.

- Archivalische Materialien (handschriftliche Texte, maschinenschriftliche Dokumente, Alpsatzungen, rechtliche

Regelungen aller Art, Quellen, historische Dokumente, Urkunden u. ä.).

- Um die Zahl der Aufsätze nicht übermäßig groß werden zu lassen, werden meist nur Aufsätze mit einem Umfang von mindestens 10 Druckseiten aufgenommen (damit werden die meisten Aufsätze der alm- und alpwirtschaftlichen Vereinszeitschriften ausgeschlossen).

Internet-Publikationen: Der Schwerpunkt dieser Bibliographie liegt auf gedruckten Publikationen, die in Bibliotheken dauerhaft öffentlich zugänglich sind. Das Internet wird dagegen als Publikationsort mit Zurückhaltung behandelt, weil es ein relativ junges Medium ist, dessen Inhalte oft wechseln können, das nicht unbedingt Konstanz besitzt und dessen Qualität extrem unterschiedlich ausfällt. Um trotzdem dem Medium Internet einigermaßen gerecht zu werden, werden bei den geographischen Einheiten vor Beginn der Publikationen jeweils einschlägige Internetseiten aufgeführt, die in der Regel materialreich sind.

Zum Thema Internet im Einzelnen:

- Ältere Publikationen sind derzeit oft in Antiquariaten erhältlich (mit Ausnahme weniger Klassiker oft zu erstaunlich günstigen Preisen), und sie lassen sich dank des Internets sehr einfach finden. Wenn das Copyright abgelaufen ist, gibt es heute bei Monographien und Zeitschriften immer häufiger fotomechanische Nachdrucke als Print-on-Demand-Publikationen (meist amerikanischer Firmen), die in dieser Bibliographie erwähnt werden (jedoch lediglich mit Jahreszahl).

- Eine Reihe von älteren Büchern und von vollständigen Zeitschriftenjahrgängen sind inzwischen vollständig digitalisiert worden und im Internet frei zugänglich (Bücher in den großen staatlichen Bibliotheken, Zeitschriften z.B. auf https://ezb.uni-regensburg.de oder www.e-periodica.ch oder www.anno.onb.ac.at oder www.persee.fr); da sie leicht zu finden sind, werden die Internet-Adressen in dieser Bibliographie nicht angegeben.

- Aufsätze in relevanten Zeitschriften, deren analoges Erscheinen eingestellt wurde und die jetzt nur noch im Internet publiziert werden (z.B. die „Revue de Géographie Alpine“), werden in diese Bibliographie aufgenommen.

- Ergebnisse von großen Forschungsprojekten, die nur im Internet präsentiert werden (z.B. die Ergebnisse von „ALP Austria“), werden aufgenommen.

1.3 METHODE DER ERARBEITUNG

Grundlage der Erarbeitung dieser Bibliographie ist mein „Archiv für integrative Alpenforschung“ und darin meine Alpenkartei (Literaturdatei), die ich im Jahr 1980 begonnen habe und seitdem regelmäßig aktualisiere und erweitere. Sie umfasste im Dezember 2019 knapp 30.000 Karteikarten oder Titel (siehe www.geographie.nat.fau.de/person/werner-baetzing/#collapse_2, Abteilung „Archiv für integrative Alpenforschung“, dort Punkt 6). Für diese Bibliographie habe ich meine einschlägigen Karteikarten (Publikationen) ausgewertet und auf folgende Weise ergänzt und vervollständigt:

- Alle Titel zur Alm- und Alpwirtschaft, die in meiner Bibliographie verzeichnet sind, wurden mit Hilfe der elektronischen Kataloge der nationalen und internationalen Bibliotheken überprüft und notfalls korrigiert.

- Die Literaturverzeichnisse, die in Aufsätzen und in Monographien zum Thema Alm- und Alpwirtschaft enthalten sind, wurden systematisch ausgewertet (soweit dies nicht bereits zuvor geschehen war).

- Einschlägige Publikationsreihen, Zeitschriften und Verlagsverzeichnisse wurden gezielt durchgesehen (soweit dies nicht bereits zuvor geschehen war).

Zum Abschluss der Erarbeitung dieser Bibliographie wurden die Begriffe Alm- und Alpwirtschaft und ihre italienischen und französischen Entsprechungen in die Suchmaschinen der elektronischen Kataloge der folgenden nationalen Bibliotheken bzw. Bibliotheksverbünde eingegeben:

DE: https://opacplus.bib-bvb.de
(Bayerischer Bibliotheksverbund)

FR: www.catalogue.bnf.fr
(Bibliothèque Nationale de France, Paris)

FL: http://aleph.bibliothek.li
(Liechtensteiner Landesbibliothek, Vaduz)

IT: http://opac.sbn.it
(Servizio Bibliotecario Nazionale)

AT: http://search.obvsg.at
(Österreichischer Bibliothekenverbund)

CH: www.swissbib.ch (Katalog aller Hochschulbibliotheken und der Schweizer Nationalbibliothek),
seit 2021 https://swisscovery.slsp.ch
(Swiss Library Service Platform)

SI: www.nuk.uni-lj.si
(National- und Universitätsbibliothek Ljubljana)

Dabei stellte es sich heraus, dass durch diese Suche relativ wenig neue Titel (weniger als 10 %) zur Alm- und Alpwirtschaft gefunden wurden. Dies dürfte ein Hinweis darauf sein, dass diese Bibliographie einen großen Teil der einschlägigen Publikationen erfasst.

Es ist jedoch unmöglich, dass eine solche Bibliographie die Literatur zur Alm- und Alpwirtschaft jemals vollständig erfasst. Für Hinweise auf Titel, die ich nicht erfasst habe, bin ich sehr dankbar, und ich bitte um Mitteilung (werner.baetzing@web.de), damit ich sie in diese Bibliographie aufnehmen kann.

1.4 BIBLIOGRAPHISCHE ERFASSUNGSKRITERIEN

Da sich die Art und Weise der bibliographischen Erfassung eines Titels in den einzelnen Staaten mit Alpenanteil deutlich voneinander unterscheidet, werden die Regeln der bibliographischen Erfassung in den einzelnen Sprachräumen jeweils beibehalten und *nicht* homogenisiert.

Um Titel einfach und problemlos aufzufinden, werden die bibliographischen Angaben – im Unterschied zur heute üblichen Form der Kurzdarstellung – möglichst ausführlich präsentiert, also Verfasser mit Vornamen, Titel plus vollständiger Untertitel, Verlag, Verlagsort, Publikations-Reihe, Auflage, Übersetzung in andere Sprachen u.ä. Die Namen von Zeitschriften und Publikationsreihen werden nicht abgekürzt, und Institutionen, die als Herausgeber oder Verleger auftreten, werden möglichst vollständig benannt. Da es einen inhaltlichen Unterschied macht, ob ein Titel 20 oder 200 Seiten umfasst, wird bei möglichst allen Monographien, Büchern oder Broschüren die Seitenzahl angegeben. Und gelegentlich werden kurze Hinweise zum Inhalt der Publikation gegeben.

1.5 ZUR SPRACHE DIESER BIBLIOGRAPHIE

Das zentrale Problem bei der Darstellung der Alm- und Alpwirtschaft besteht darin, dass die Alm- und Alpwirtschaft im Alpenraum sehr unterschiedlich ausgeprägt ist und dass sich diese große materielle und kulturelle Vielfalt in nahezu unendlich vielen lokalen Begriffen ausdrückt, die fast immer Dialektbegriffe sind. Allein ein flüchtiger Blick auf die Titel dieser Bibliographie macht deutlich, wie viele Begriffe gebraucht werden, die für Regionsfremde spontan unverständlich sind. Diese Dialektbegriffe sind zugleich auf eine spezifische Weise normativ-emotional besetzt, so dass sie nicht leicht in hochsprachliche Ausdrücke zu übersetzen sind. Die Wiedergabe dieser Dialektbegriffe im Rahmen einer Hochsprache ist jedoch möglich, wenn sie näher erläutert werden, weil Dialekt und Hochsprache wichtige Gemeinsamkeiten besitzen, auf die man sich dabei beziehen kann. Übersetzungen in andere Sprachen sind jedoch sehr schwierig, weil die konkreten alm- und alpwirtschaftlichen Sachverhalte in anderen Sprachräumen oft gar nicht bekannt sind und weil hier die normativ-emotionale Dimension der Dialektbegriffe auch nicht mehr präsent ist.

Aus diesem Grund macht es keinen Sinn, die fremdsprachigen Titel dieser Bibliographie zu übersetzen – wer diese Titel nicht versteht, kann auch diese Teile der Bibliographie nicht sinnvoll nutzen. Dieses Vorgehen betrifft Titel in deutscher, italienischer, französischer und englischer Sprache. Es macht aber Schwierigkeiten bei Sprachen, deren Kenntnis nur sehr wenig verbreitet ist. Dies betrifft im Alpenraum die slowenische und die rätoromanische Sprache, in denen relevante Publikationen zur Alm- und Alpwirtschaft veröffentlicht wurden. Damit der Nutzer wenigstens weiß, um welche Inhalte es bei diesen Publikationen geht, werden in dieser Bibliographie die Titel und Untertitel der slowenischen und rätoromanischen Publikationen bei der bibliographischen Präsentation jeweils ins Deutsche oder Englische übersetzt. In weiteren Sprachen, die im Alpenraum gesprochen werden (Okzitanisch, Frankoprovenzalisch, Ladinisch, Furlan u.ä.), gibt es nach meinem Wissen bestenfalls nur vereinzelte Publikationen zur Alm- und Alpwirtschaft.

Da ich selbst die slowenische und rätoromanische Sprache nicht beherrsche, haben mich dankenswerterweise folgende Kolleginnen und Kollegen dabei unterstützt:

Die Publikationen in *slowenischer Sprache* (plus einige Ergänzungen zu Nachbarregionen sowie die Aussagen zum Begriff Almwirtschaft in der slowenischen Sprache und die zur Almforschung in Slowenien) haben Žiga Zwitter (Geographie/Geschichte), Barbara Lampič (Geographie), Špela Ledinek Lozej (Ethnologie) und Lucija Miklič Cvek (Bibliothekswissenschaften) (alle Ljubljana) für mich zusammengestellt.

Die Publikationen in *rätoromanischer Sprache* (sowie wichtige Ergänzungen zu Graubünden) hat Leo Tuor vom Institut dal Dicziunari Rumantsch Grischun (DRG) in Chur herausgesucht und zusammengestellt. Dabei ist darauf hinzuweisen, dass es „die" rätoromanische oder bündnerromanische Sprache nicht gibt, sondern dass diese Sprache „nur" in den folgenden fünf Idiomen mit je eigener Schriftsprache existiert: Sursilvan (Vorderrhein), Sutsilvan (Hinterrhein), Surmiran (Albula, Vaz/Obervaz, Oberhalbstein), Putér (Oberengadin), Vallader (Unterengadin). Alle in dieser Bibliographie aufgeführten rätoromanischen Titel sind jeweils in einer dieser fünf Sprachen verfasst.

1.6 GLIEDERUNG DIESER BIBLIOGRAPHIE

Da die agrarwirtschaftlichen, geographischen, volkskundlichen, rechtlichen und sprachlichen Phänomene der Alm- und Alpwirtschaft sehr eng miteinander verflochten sind, ist es wenig sinnvoll, sie thematisch voneinander zu trennen und diese Bibliographie nach einzelnen wissenschaftlichen Disziplinen zu gliedern. Und da zugleich der staatliche und regionale Rahmen für die Alm- und Alpwirtschaft sehr wichtig ist, wird als zentrales Gliederungselement dieser Bibliographie eine geographische Gliederung, also eine Gliederung nach Staaten und „Regionen" gewählt. Diese besitzt den Vorteil, dass die Querverbindungen zwischen den einzelnen wissenschaftlichen Disziplinen schnell sichtbar werden.

Während die Unterteilung der Alpen in Staaten eindeutig ist, werden als „Regionen" staatliche Verwaltungseinheiten gewählt, die zwischen Gemeinde und Staat liegen und die in Bezug auf ihre Größe halbwegs miteinander vergleichbar sind; dies sind in Deutschland Regierungsbezirke, in Frankreich Départements, in Italien Regioni (nur im Fall Südtirol-Trentino Provinzen), in Österreich Bundesländer und in der Schweiz Kantone bzw. (wegen der geringen Größe vieler Kantone) Gruppen von Kantonen. Das Fürstentum Liechtenstein und Slowenien wird nicht weiter unterteilt. Auf diese Weise werden die Alpen in 33 „Regionen" untergliedert.

Die Untergliederung der Publikationen nach Fachgebieten bzw. wissenschaftlichen Disziplinen wird zwar nicht als Gliederungselement verwendet, aber jede einzelne Publikation wird einem Fachgebiet zugeordnet (siehe Abschnitt 3.3), so dass eine diesbezügliche Auswertung möglich ist.

2. DIE ALM- UND ALPWIRTSCHAFT IM ALPENRAUM

2.1 BEGRIFFLICHKEITEN FÜR ALM/ALP

Folgende Begriffe sind im gesamten Alpenraum mit Alm/Alp verbunden (wie diese Begriffe jeweils konkret gebraucht werden, wird an vielen Titeln der Publikationen dieser Bibliographie exemplarisch deutlich):

Deutsch:
- Alm (bairische Dialekte: Oberbayern, Österreich ohne Vorarlberg, Südtirol)
- Alp oder Alpe (alemannische Dialekte: Allgäu, Vorarlberg, Liechtenstein, Deutschschweiz)
- Berg
- Schwaige (Niederösterreich und Steiermark)
- Transhumanz (nur als Begriff, nicht als Realität); im weiten Sinne vergleichbar mit ihr ist die „Wanderschäferei“ in Süddeutschland, die „Pensionsviehhaltung“ in Bayern oder das „Küherwesen“ in der Schweiz.

Französisch:
- Alpe
- Alpage
- Montagne
  (grandes montagnes = Gemeinschaftsalpung, oft transhumante Hirten;
  petites montagnes = Einzelalpung durch Mitglieder lokaler Bauernfamilien)
- Estivage bzw. Estive (Alpes du Sud)
- Transhumance

Okzitanisch (Südwestalpen):
- Gias bzw. Giàs (italienische Schreibweise) oder jas (französische Schreibweise)

Rätoromanisch:
- Alp
- Munt

Italienisch:
- Alpe
- Alpeggio
- Montagna
- Grangia (Piemonte)
- Malga (zentrale und östliche italienische Alpen)
- Transumanza

Slowenisch:
- Planina
- Staja, prestaja, rovt (Voralmen in Privatbesitz)
- Planšarstvo, planinsko pašništvo, transhumanca (almwirtschaftliche Tätigkeit)

2.2 ZUM BEGRIFF ALM- UND ALPWIRTSCHAFT IN DEN VERSCHIEDENEN SPRACHEN

Für die Alm- und Alpwirtschaft gibt es in keiner der Hochsprachen, die in den Alpen gesprochen werden, einen feststehenden, allgemein gebräuchlichen Begriff.

2.2.1 Deutsch

Für diesen Sachverhalt gibt es in der deutschen Sprache zwei Dialektbegriffe: Almwirtschaft (bairische Dialekte) und Alpwirtschaft (alemannische Dialekte). Deshalb wird der Doppelbegriff „Alm- und Alpwirtschaft“ verwendet.

Im 19. Jahrhundert wurde dagegen im deutschen Sprachraum der Ausdruck „Alpenwirtschaft“ als der hochdeutsche oder schriftdeutsche Begriff für das, was heute als Alm- oder Alpwirtschaft bezeichnet wird, verwendet; dieser Begriff wurde damals in der Gesetzgebung und im Grundkataster verwendet (Penz 1978 AT, S. 15), und er fand Eingang in die Konversations-Lexika sowie in die einschlägigen Publikationen. Dabei kann man folgendes feststellen:

Alpenwirthschaft bzw. (nach der Orthographischen Konferenz in Berlin von 1901) *Alpenwirtschaft:* Dieser Begriff ist der einzige Begriff, der in den Publikationen dieser Bibliographie zwischen 1859 und 1867 verwendet wird. Von 1870 bis 1912 wird er gleich häufig wie „Alpwirthschaft/Alpwirtschaft" gebraucht, und anschließend wird er gar nicht mehr benutzt.

Alpwirtschaft: Dieser Begriff tritt 1867 erstmals in der Schweiz an die Stelle von „Alpenwirtschaft", und er erlangt schnell eine erhebliche Verbreitung, weil er von wichtigen Schweizer Autoren (Schatzmann, Anderegg) und von der „Schweizerischen Alpstatistik" verwendet wird. Dieser Begriff wird lange Zeit auch im bairischen Sprachraum verwendet und hier erst im Verlauf der 1930er Jahre allmählich durch den Begriff „Almwirtschaft" verdrängt.

Almwirtschaft: Dieser Begriff wird 1907 von Robert Sieger als wissenschaftlicher Begriff propagiert, weil der Plural-Dialektbegriff „Almen" im Gegensatz zum hochdeutschen Begriff „Alpen" nicht doppeldeutig ist und eine begriffliche Unterscheidung zwischen den Hochweideflächen und dem gesamten Gebirge ermöglicht (Sieger 1907 AL, S. 263). Trotzdem wird dieser Begriff knapp zwei Jahrzehnte lang fast nicht gebraucht. Erst in der zweiten Hälfte der 1920er Jahre wird er öfters verwendet, in den 1930er Jahren taucht er etwa gleich häufig wie „Alpwirtschaft" auf (Endriss 1935 DE/ALG und Meissinger 1936 DE/ALG verwenden ihn sogar für das Allgäu!), aber erst nach dem Zweiten Weltkrieg wird er im bairischen Sprachraum zum fast einzig verwendeten Begriff. Allerdings gebrauchen in Österreich sowohl die amtliche Statistik (ÖSTAT 1955-57 und 1976) als auch wichtige Autoren (Schneiter 1948, Brugger/Wohlfarter 1983) lange Zeit weiterhin den Begriff „Alpwirtschaft".

2.2.2 Italienisch

In Italien wird oft von der „economia/cultura degli alpeggi" oder der „economia/cultura delle malghe" gesprochen, aber der zentrale Begriff ist „alpicoltura". In der italienischsprachigen Schweiz wird dagegen der Begriff „economia alpestre" verwendet, der in Italien eher unüblich ist. In dieser Bibliographie wird der Begriff „alpicoltura" verwendet.

2.2.3 Französisch

In Frankreich wird von „économie alpestre", économie montagnarde" oder „économie pastorale" gesprochen, und auch der Ausdruck „vie pastorale" findet sich sehr häufig. In der französischsprachigen Schweiz hat sich dagegen der Begriff „économie alpestre" durchgesetzt. In dieser Bibliographie wird der Begriff „économie pastorale" verwendet.

2.2.4 Slowenisch

Ähnlich dem deutschen Ausdruck „Alm/Alp" bezeichnete auch das slowenische Wort „planina" ursprünglich ein beweidetes, waldfreies Grasland, oft im Gebirge, das von den Dauersiedlungen so weit entfernt war, dass das Vieh nicht täglich zur Weide getrieben werden konnte. Erst mit der Entwicklung des Alpinismus („planinstvo") entwickelte sich eine neue Bedeutung des Wortes „planina", das seitdem auch „Berg" bedeutet. Seitdem die Görzer Landwirtschaftsgesellschaft 1871 eine slowenische Übersetzung des Handbuchs von Wilhelm *Die Hebung der Alpenwirthschaft* (1868 AT) veröffentlichte, wird auch der Begriff „planšarstvo" für Almwirtschaft verwendet. Einige Autoren, vor allem Geographen, verwenden zur Bezeichnung der wirtschaftlichen Almtätigkeit vorrangig Begriffe, die vom Wort „planina" abgeleitet sind, nämlich „planinsko gospodarstvo", „planinsko pašništvo" und im engeren Sinne „planinska paša" (Almwirtschaft, Almweide).

2.2.5 Englisch

Da es im Kernraum der englischen Sprache keine Hochgebirge und damit auch keine Alm- und Alpwirtschaft gibt, fehlt in dieser Sprache ein entsprechender Begriff. Üblicherweise wird von „alpine economy", „alpine farming", „alpine dairy farming", „alpine summer farming" oder von „pastoralism" gesprochen (Ausnahme Peattie 1936 AL), was jedoch alles relativ allgemeine Ausdrücke sind. In dieser Bibliographie wird dafür der Begriff „alpine pasture farming" verwendet.

2.2.6 Zusammenfassung

Für den Sachverhalt, der mit „Alm- und Alpwirtschaft" bezeichnet wird, gibt es im Alpenraum keine feste hochsprachliche Begrifflichkeit, sondern eine erhebliche Vielfalt von Bezeichnungen. Ein Blick in die Titel dieser Bibliographie lässt diese Vielfalt sehr anschaulich werden. Dabei ist interessant, dass bei der Begrifflichkeit im deutschen Sprachraum die Wirtschaft im Fokus steht (Alm- und Alpwirtschaft) und im französischen Sprachraum das Leben auf der Alp eine zentrale Rolle spielt (vie pastorale), während im italienischen

Sprachraum die Kultur betont wird (alpicoltura = coltura in der Doppelbedeutung von „Anbau“ und „Kultur“). Damit wird bereits im Sprachgebrauch sichtbar, dass die Alm- und Alpwirtschaft im Alpenraum jeweils auf eine etwas unterschiedliche Weise wahrgenommen wird.

2.3 VORAUSSETZUNGEN UND CHARAKTERISTIKA DER ALM- UND ALPWIRTSCHAFT

Die Alpen besitzen als ein geologisch junges Hochgebirge relativ enge und schmale Täler und oberhalb von 2.000 m oft weite und ausgedehnte Hochflächen (alte Landoberflächen), die von der Erosion noch nicht zerstört wurden, weil der Abtrag des Gebirges noch nicht weit vorangeschritten ist.

Für die Landwirtschaft bedeuten diese geologischen Charakteristika der Alpen, dass die relativ warmen und günstigen Nutzflächen im Tal ziemlich klein sind, während in der Höhe sehr große Flächen zur Verfügung stehen. Diese können jedoch auf Grund ihres kühlen Klimas und ihrer kurzen Vegetationszeit (die Alpen liegen im Übergangsbereich zwischen der mediterranen und der kühl-gemässigten Klimazone) nicht für den Ackerbau, sondern nur als Wiese oder Weide genutzt werden.

Die Landwirtschaft im Alpenraum stammt ursprünglich aus Vorderasien („Fruchtbarer Halbmond“). Sie zeichnet sich dadurch aus, dass die Bereiche Ackerbau und Viehwirtschaft in etwa gleichberechtigt nebeneinanderstehen (mit einer erheblichen Flexibilität bei der jewiligen Gewichtung) und dass mit Schaf, Ziege und Rind drei domestizierte Haustierrassen zur Verfügung stehen, die sich für die Weidenutzung im Gebirge gut eignen (was in anderen Teilen der Erde nicht der Fall ist).

Die ungünstige Verteilung der potenziellen Nutzflächen in den Alpen und die Voraussetzungen der vorderasiatisch geprägten Landwirtschaft führen zu einer spezifischen Form der Landwirtschaft, die als „alpenspezifisch“ bezeichnet werden kann: Die landwirtschaftlichen Nutzflächen im Tal werden vor allem für den Ackerbau und für die Heugewinnung (Produktion des winterlichen Tierfutters) genutzt, während die Hochflächen im Sommer als Weideflächen genutzt werden, die oft in verschiedene „Stafel“ (Höhenstufen) unterteilt sind, um die Vegetation optimal nutzen zu können (ergänzt im Frühjahr und Herbst durch zwei kurze Übergangsweidezeiten auf den Maiensässen oder Voralmen zwischen Tal und Berg). Der Ertrag der sommerlichen Weide auf den Hochflächen (Fleisch und Käse) ermöglicht es, dass die Bauern zusammen mit den Erträgen des Ackerbaus genügend Lebensmittel erzeugen können, um den sehr langen Winter im Gebirge durchzustehen. Ohne die alm- und alpwirtschaftliche Nutzung der Hochflächen gäbe es deutlich weniger bäuerliche Siedlungen im Tal, weil man sehr viel Platz für die sommerliche Viehweide im Tal bräuchte und deshalb in einem Alpental nur relativ wenig Landwirtschaftsbetriebe existieren könnten.

Auf der Südseite der Alpen und in den Südwestalpen gibt es besonders ausgedehnte Hochflächen, und hier fällt das Verhältnis zwischen den kleinen landwirtschaftlichen Nutzflächen im Tal und den großen Weideflächen auf den Hochflächen oft besonders extrem aus. Zugleich sind hier die Unterschiede zwischen den sommertrockenen tiefen Lagen außerhalb der Alpen und den feuchten Hochlagen des Alpenraums besonders stark ausgeprägt. Hier gibt es neben der lokalen Alm- und Alpwirtschaft eine transhumante Alm- und Alpwirtschaft, bei der die Tiere im Sommer auf den Almen/Alpen im Gebirge und im Winter im Tiefland außerhalb der Alpen (Rhônetal, Mittelmeerküste, Po-Ebene, Beckenlagen des Balkans) weiden. Deshalb sind hier weite Wanderungen von Mensch und Vieh erforderlich, um von den Winter- zu den Sommerweidegebieten zu gelangen (früher zu Fuß, seit Beginn des 20. Jahrhunderts teilweise mit der Eisenbahn, ab Ende der 1950er Jahren mit dem LKW).

Betrachtet man die Alm- und Alpwirtschaft in einer weltweiten Perspektive, dann kann man feststellen, dass sie nur in denjenigen Gebirgen existiert, in denen Landwirtschaft nach „vorderasiatischem“ Muster betrieben wird. Dies betrifft in erster Linie den langen alpidischen Gebirgszug vom Hohen Atlas und den Pyrenäen über die Alpen, die mediteranen Gebirge und die Dinariden bis hin zum Himalaya, und in zweiter Linie die (Mittel-)Gebirge Europas bis hinauf nach Skandinavien. In allen diesen Gebirgen gibt bzw. gab es in den feuchten Teilen der Gebirge Alm- und Alpwirtschaft nach nordalpinem Muster, in den trockeneren Teilen transhumante Alm- und Alpwirtschaft nach südalpinem Muster, und in den sehr trockenen Teilen einen Bergnomadismus, bei dem traditionellerweise größere Familiengruppen von den Winter- zu den Sommerweidegebieten wandern und den es im Alpenraum nicht gibt. Nur beim Bergnomadismus spielen landwirtschaftliche Innovationen eine Rolle, die außerhalb des „Fruchtbaren Halbmondes“ entstanden (Kamele, Dromedare und Pferde, die auf der Arabischen Halbinsel und in Innerasien domestiziert wurden). Und im Rahmen dieser Gebirge stellt die Alm- und Alpwirtschaft des Alpenraums eines der vielfältigsten und am weitesten ausdifferenzierten Weidesysteme dar.

In den übrigen Gebirgen der Erde gibt es dagegen traditionellerweise keine Alm- und Alpwirtschaft, weil in der dortigen Landwirtschaft keine Tiere vorhanden sind, mit denen man das entsprechende Gebirgsstockwerk nutzen könnte. Deshalb kann man feststellen, dass die Alm- und Alpwirtschaft der Alpen in einer weltweiten Perspektive eine herausgehobene und besondere Stellung besitzt.

Die „alpenspezifische“ Ausgestaltung der Landwirtschaft dient dazu, die verschiedenen Höhenstockwerke der Alpen mit ihren unterschiedlichen Vegetationszeiten jeweils möglichst optimal nutzen zu können. Dabei entsteht im Laufe der Zeit eine extrem große Vielfalt alm- und alpwirtschaftlicher Formen und Strukturen, und es gibt selbst in der gleichen Alpenregion kaum einmal zwei identische Almen/Alpen (Boesch 1951 AL, S. 206, Furrer 1980 CH, S. 374). Bei dieser Vielfalt spielen Unterschiede im Naturraum, bestimmte geschichtliche Erfahrungen, spezifische kulturelle Normen und Werte, besondere wirtschaftlich-politische Rahmenbedingungen oder einfach nur Zufälle eine wichtige Rolle.

Traditionellerweise wurde die Alm- und Alpwirtschaft lange Zeit als „Anpassung“ der Landwirtschaft an den Gebirgsraum verstanden; diese implizit natur- oder geodeterministische Perspektive greift jedoch zu kurz: Die große Vielfalt der alm- und alpwirtschaftlichen Nutzungsformen im Alpenraum macht deutlich, dass es nicht „die“ (naturgemäße) Anpassung, sondern eine große Vielfalt unterschiedlichster Lösungen gibt. Deshalb ist es sinnvoll, nicht von „Anpassung“, sondern von „kulturellen Innovationen“ der Alm- und Alpwirtschaft in Auseinandersetzung mit der Nutzung des Gebirgsraums zu sprechen.

Da eine regelmäßige, dauerhafte Beweidung das Artenspektrum der Vegetationsdecke signifikant verändert und da die Almen/Alpen bereits sehr früh zu Lasten des Waldes gezielt vergrößert werden, sind Almen/Alpen keine Natur-, sondern Kulturlandschaften, obwohl sie auf den ersten Blick wie ursprüngliche Naturlandschaften aussehen. Diese Kulturlandschaften müssen vom Menschen auf eine sehr sorgfältige Weise bewirtschaftet und gepflegt werden, damit sie weder durch Übernutzung zerstört werden, noch durch Unternutzung wieder ihren Futterwert verlieren und verbuschen oder verwalden. Dies erfordert sehr viel Arbeit und eine genaue Kenntnis der natürlichen Dynamiken des Hochgebirges. Viele Alpsatzungen aus dem Mittelalter belegen, dass den Älplern diese wichtige Aufgabe bereits sehr früh bewusst ist und dass sie diese erfolgreich bewältigen, indem sie konkrete Regelungen gegen Über- *und* Unternutzungen erlassen. Auf diese Weise können die Almen/Alpen dauerhaft als Weideflächen genutzt werden, ohne zerstört zu werden.

2.4 DEFINITIONEN

Almen/Alpen sind hochgelegene Weideflächen im Gebirge oberhalb der natürlichen Waldgrenze sowie gerodete Waldflächen in der Nähe der oberen Waldgrenze, die etwa von Mitte/Ende Juni bis Mitte September genutzt werden. Von Alm- und Alpwirtschaft spricht man dann, wenn die Entfernung zu den ganzjährig bewohnten Höfen, von denen die gealpten Tiere stammen, einerseits so groß ist, dass die Almen/Alpen nicht mehr vom Hof aus mitbewirtschaftet werden können, sondern eine eigene Wirtschaftsstruktur mit eigenen Gebäuden und eigenem Personal erfordern, aber andererseits so gering ist, dass enge Beziehungen zwischen den Talbetrieben und „ihren“ Almen/Alpen bestehen, denn die Almen/Alpen liegen im gleichen Tal wie die Höfe oder nicht weit hinter den Wasserscheiden, die ein Tal begrenzen (Definition in Anlehnung an Sieger 1925 AT, S. 2). Von transhumanter Alm- und Alpwirtschaft oder Transhumanz spricht man, wenn die Tiere den Sommer auf den Almen/Alpen der Alpen und den Winter im Tiefland außerhalb des Alpenraums im Freien verbringen; dabei stammen bei der normalen oder aufsteigenden Transhumanz die Eigentümer der Tiere aus Dörfern am Rande oder in der Nähe der Alpen, bei der inversen oder absteigenden Transhumanz aus Dörfern im Alpenraum am Fuß der Alpweiden (Definition in Anlehnung an Boesch 1951 AL, S. 204).

Während in Deutschland, Österreich, Slowenien und in der Schweiz der Fokus beim Thema Alm- und Alpwirtschaft auf der Alp/-Alpwirtschaft mit der engen Beziehung zwischen Tal und Alm/Alp liegt, liegt in Frankreich und Italien der Fokus auf der Transhumanz (siehe Arbos 1922 FR). Um beide Formen der Alm- und Alpwirtschaft angemessen und gleichwertig bezeichnen und unterscheiden zu können, verwende ich (unter Bezugnahme auf Blache 1933 AL und Veyret 1951 AL) dafür erstmals im deutschen Sprachraum die Begriffe *lokale* und *transhumante Alm- und Alpwirtschaft.*

Eine Sonderform der Alm- und Alpwirtschaft stellt die Situation dar, bei der die Tiere den Winter im Stall in einem inneralpinen Dorf verbringen, und im Frühsommer über einen hohen Pass und eine markante Wasserscheide in eine Nachbarregion getrieben werden, wo sie den Sommer verbringen und dann im Herbst wieder ins Dorf zurückkehren. Solche Situationen finden sich häufig in früh besiedelten, inneralpinen und relativ warmen Alpenregionen, in denen die landwirtschaftlichen Nutzflächen schnell ausgeweitet werden, so dass der Platz für Weideflächen knapp wird. Deshalb wird das Vieh zur sommerlichen Weide über die Wasserscheide hinweg in die nördlich angrenzenden Talschlüsse gebracht, wo es viel Platz für Weiden gibt, weil diese Täler lange Zeit kaum landwirtschaftlich genutzt werden (und wo dann später immer wieder Konflikte mit den lokalen Bauern entstehen, die sich dort später niederlassen). Diese Form der Alm- und Alpwirtschaft findet sich in den Berner Alpen (vom Wallis in die Täler des Berner Oberlandes), in der Silvretta (vom Prättigau/Unterengadin in die Vorarlberger und Tiroler Seitentäler), in den Ötztaler Alpen (vom Schnals- und Passeiertal ins Ötztal), in den Zillertaler Alpen (vom Pfitscher und Ahrntal in die Zillertaler Gründe) und in den Hohen Tauern (vom Ahrntal in die Tauerntäler, vom Raintal ins Arvental und von Mallnitz/Kärnten ins Gasteiner Naßfeld), wobei der Schaftrieb vom Schnals- ins Ötztal das bekannteste Beispiel dafür ist. In einigen Fällen hat diese Form der Alm- und Alpwirtschaft sogar dazu geführt, dass heutige politische Grenzen nicht wie üblich auf Wasserscheiden und Graten verlaufen, sondern davon abweichen (siehe Hitz 2002 CH/GR, Pappenheim 1948 CH/GR). Eine vergleichend-systematische Darstellung dieser Form Alm- und Alpwirtschaft gibt es nicht (ich habe die einschlägigen Publikationen dazu im Sachregister unter „Grenzüberschreitende lokale Alm- und Alpwirtschaft" aufgeführt). Sie wird immer wieder als „Transhumanz" bezeichnet (Gambicorti 2017 AL, Rachewiltz/Togni/Zipperle 1994 AL), was jedoch nicht richtig ist, da die Tiere den Winter nicht außerhalb der Alpen verbringen. Es handelt sich hierbei um eine Variante der lokalen Alm- und Alpwirtschaft, die lediglich etwas weitere Wege zu den Sommerweiden als üblich aufweist. Deshalb habe ich in der Definition der lokalen Alm- und Alpwirtschaft formuliert, dass die Almen/Alpen „im gleichen Tal wie die Höfe oder nicht weit hinter den Wasserscheiden, die ein Tal begrenzen, liegen".

2.5 EIGENTUMS- UND BEWIRTSCHAFTUNGSFORMEN

Typisch für die Alm- und Alpwirtschaft ist es, dass Eigentums- und Bewirtschaftungsformen nicht identisch sind. Die fast unüberschaubar vielfältigen traditionellen Formen und Strukturen lassen sich sehr stark vereinfacht folgendermaßen zusammenfassen (Frödin 1941-42 AL, Weiss 1941 CH/GR, Penz 1978 AT, Francardi et al. 1958 IT/PI).

2.5.1 Eigentumsformen

- *Gemeindealmen/-alpen (Alpes communales, Alpi pascolive di proprietà comunale):* Eine Alm/Alpe ist das Eigentum einer Gemeinde (manchmal auch einer Gruppe von Gemeinden oder nur einer oder mehrerer Fraktionen einer Gemeinde); alpberechtigt sind alle Personen, die das Gemeinderecht besitzen.

- *Genossenschaftsalmen/-alpen (Alpes de société ou syndicales, Alpi pascolive di proprietà consortile):* Eine Alm/Alpe ist das gemeinschaftliche Eigentum einer Gruppe von Bauern, die eine Genossenschaft, Alpkorporation oder Agrargemeinschaft (juristische Person) bilden. Alpberechtigt sind die Mitglieder dieser Genossenschaft.

- *Privatalmen/-alpen (Alpes privés, Alpi pascolive di proprietà privata):* Eine Alm/Alpe gehört einem einzigen Bauernhof und ist das alleinige Eigentum der Familie, die diesen Bauernhof bewirtschaftet.

- *Berechtigungs- oder Servitutsalmen (keine französische oder italienische Bezeichnung, weil dieser Typ dort nicht existiert):* Eine Alm gehört ursprünglich einem Grundherrn (adliger Herrscher oder Kloster), der seinen Bauern das Recht der Almnutzung einräumt. Im 18./19. Jahrhundert fällt die Alm/Alpe an den Staat als Rechtsnachfolger; die Nachkommen der ehemaligen Untertanen besitzen das Recht auf Weidenutzung in Form eines Weide-Servituts (im Grundbuch eingetragenes Recht der Weidenutzung auf fremdem Grund).

2.5.2 Bewirtschaftungsformen

- *Einzelalpung auf Gemeinde- oder Genossenschaftsalmen/-alpen:* Jede berechtigte Bauernfamilie sömmert ihr eigenes Vieh auf der Alm/Alpe getrennt von den anderen Familien, und sie macht auch ihren Käse allein, wofür sie ein eigenes (privates) Gebäude auf gemeinschaftlichem Grund besitzt. Bei dieser Form der Alm- und Alpwirtschaft entstehen größere Alm- und Alpdörfer, die oft eine Kapelle besitzen.

- *Genossenschaftsalpung:* Die berechtigten Bauernfamilien nutzen eine Gemeinde- oder Genossenschaftsalm/-alp gemeinsam und stellen Alm- und Alppersonal gegen Bezahlung an, das alle Tiere gemeinsam betreut; die gesamte Milch, die auf der Alm/Alpe anfällt, wird von einem Senner zu Käse verarbeitet. Auf solchen Almen/Alpen gibt es pro Stafel nur ein Alm- und Alpgebäude mit den entsprechenden Nebengebäuden.

- *Einzelalpung auf Privatalmen:* Nur in diesem Fall fallen Eigentums- und Nutzungsform zusammen, und hier bewirtschaften Familienmitglieder die hofeigene Alm/Alpe.

- *Pachtalmen/-alpen:* Ein Bauer (meist ein Großbauer oder ein transhumanter Hirt) oder eine Genossenschaft pachtet eine Alm/Alp mit den dazu gehörenden Gebäuden und nutzt sie mit dem eigenen Vieh (teilweise auch mit zusätzlich aufgenommenem Vieh, dem sog. „Pensionsvieh“).

Die traditionellen Eigentumsformen werden in der Regel in der zweiten Hälfte des 19. Jahrhunderts in modernes Recht umgewandelt, was sehr kompliziert ist, was zahlreiche rechtliche Streitigkeiten auslöst und was in den einzelnen Staaten des Alpenraumes auf unterschiedliche Weise umgesetzt wird. Die Bewirtschaftungsformen werden davon lange Zeit nicht betroffen. Erst mit den tiefgreifenden Modernisierungen der Land- und Alm- und Alpwirtschaft ab der Mitte der 1960er Jahren werden die traditionellen Alm- und Alpnutzungsformen radikal vereinfacht, und gemeinschaftliche oder Genossenschaftsalpungen auf Pachtbasis ersetzen häufig die Einzelalpung. Trotzdem ist die Kenntnis der traditionellen Eigentums- und Bewirtschaftungsformen auch heute noch unverzichtbar, um die Situation der Alm- und Alpwirtschaft angemessen verstehen zu können.

2.6 ENTWICKLUNG DER ALM- UND ALPWIRTSCHAFT UND HEUTIGE SITUATION

Es ist zu vermuten, dass die Alm- und Alpwirtschaft zeitgleich mit der landwirtschaftlichen Nutzung in den Alpen entsteht, also ab 6.500 v. Chr. in den Westalpen und ab 5.500 v. Chr. in den Ostalpen. Sehr frühe Hinweise darauf gibt es in den französischen Seealpen (40.000 Felszeichnungen im „Vallée des Merveilles/Tal der Wunder“ in Höhen zwischen 2.000 m und 2.800 m aus der Zeit zwischen 3.300 und 1.800 v. Chr.; transhumante Alpwirtschaft), und die derzeit ältesten archäologischen Nachweise stammen aus dem 2. Jahrtausend v. Chr. aus dem Silvretta-Gebiet (lokale Alpwirtschaft).

Sehr lange Zeit weiden meist nur Schafe und Ziegen auf den Almen/Alpen. Ab dem Mittelalter werden Rinder und Kühe allmählich etwas zahlreicher, aber erst seit dem 19. Jahrhundert dominieren sie die Alm- und Alpwirtschaft. Weil Milchverarbeitung in allen Bauerngesellschaften der Erde Frauenarbeit ist (das Hüten der Tiere ist dagegen Männer- bzw. vor allem Kinderarbeit), besteht auch das Alm- und Alppersonal traditionellerweise – sofern gebuttert und gekäst wird – aus weiblichen Personen. Erst als im „Schweizer Hirtenland“ im 14./15. Jahrhundert aus der Alpwirtschaft zur Eigenversorgung eine marktorientierte Wirtschaftstätigkeit wird (Verkauf der lange haltbaren Hartkäse auf überregionalen Märkten), wird die Milchverarbeitung auf den Schweizer Alpen von Männern als bezahlten Spezialisten ausgeführt – der hauptberufliche Senn ersetzt die zur Familie gehörende Sennerin. Allerdings dringt diese Innovation nur langsam und spät in andere Alpenregionen vor.

Mit den ersten Alpstatistiken, die ab 1864 erstellt werden (und die in dieser Bibliographie dokumentiert werden), wird die traditionelle Alm- und Alpwirtschaft gezielt zu verbessern versucht. Diese Verbesserungen betreffen die Wohnverhältnisse des Alm- und Alppersonals, die Errichtung von Ställen für das Vieh, die Wasserversorgung von Mensch und Tier, die Hygiene bei der Milchverarbeitung, die Nutzung und Verteilung des Viehdungs, den Weidegang der Tiere u. ä. Aber erst mit den tiefgreifenden Modernisierungen der Berglandwirtschaft ab der Mitte der 1960er Jahre wird auch die Alm- und Alpwirtschaft stark verändert und radikal vereinfacht. Die gesamte Bergland- und Alm- und Alpwirtschaft der Alpen produziert jetzt eigentlich zu teuer und gilt in wirtschaftsliberaler Perspektive als überholt und überflüssig, was zu einem starken Rückgang bis zum Ende der 1970er Jahre führt. Ab den 1980er Jahren setzen dann Fördermaßnahmen von Seiten der Staaten und der EU ein, so dass sich die Alm- und Alpwirtschaft wieder etwas von ihrem Tiefpunkt der Zeit 1975-79 erholt. Aber bis heute ist der Druck sehr groß, aus wirtschaftlichen Sachzwängen Alm- und Alpflächen entweder gar nicht mehr zu nutzen oder ihre Nutzung schleichend immer mehr zu intensivieren, was beidemale zu unerwünschten ökologischen Veränderungen führt. Und die neuesten Entwicklungen wie die Bedrohung der Tiere auf der Alm/Alp durch die Ausbreitung von Bären und v.a. Wölfen, der zunehmende Druck durch Tourismuswirtschaft und Freizeitsportler, die Almen/Alpen als Erlebnisraum zu nutzen, oder steigende gesellschaftliche Ansprüche, die Naturschutz- und Wildnisflächen erheblich zu vergrößern, belasten die Alm- und Alpwirtschaft noch zusätzlich. Ohne das große Engagement der Älpler, die Alm- und Alpwirtschaft trotz aller dieser Schwierigkeiten weiterzuführen, würde sie es heute wahrscheinlich nicht mehr geben.

Auf Grund der extensiven und relativ kurzen Weidenutzung, der schwierigen Erreichbarkeit und der abgelegenen Lage haben sich in der Alm- und Alpwirtschaft bis heute zahlreiche traditionelle Elemente sehr viel stärker als im Tal erhalten. Dies betrifft traditionelle Wirtschaftsformen (die landwirtschaftlichen Intensivierungen der Tallagen können auf den Almen/Alpen nur eingeschränkt umgesetzt werden), gemeinschaftliche Nutzungsformen (vielfältige Allmend-Nutzungen), besondere Rechtsformen (mittelalterliche Rechte, sog. „Rechtsaltertümer“) und spezifische Brauchtumsformen (Alpruf, Almabtrieb, Kuhkämpfe, Alpsagen, Viehscheid). Diese mit der Alm- und Alpwirtschaft eng verbundenen Elemente repräsentieren in der bergbäuerlichen Welt auf eine besondere Weise die kollektiven Erfahrungen im Umgang mit der Alpennatur, mit der Tradition und mit der Dorfgemeinschaft. Sie behalten trotz aller Modernisierungen im Talbereich ihre Gültigkeit und besitzen für die Identität der Menschen im Gebirge auch heute noch eine besonders große Bedeutung. Und zugleich halten sie das Wissen und die Erfahrungen lebendig, wie es im Alpenraum möglich ist, umweltverträglich und langfristig zu wirtschaften, ohne die Natur zu zerstören. Angesichts der immer größer werdenden Umwelt- und Klimaprobleme, die durch die moderne Intensivlandwirtschaft im europäischen Flachland verursacht werden, erhält diese traditionelle Wirtschaftsform eine völlig neue Bedeutung für eine nachhaltige Zukunft.

3. PUBLIKATIONEN ZUR ALM- UND ALPWIRTSCHAFT: AUSWERTUNG NACH FACHGEBIETEN UND STAATEN

3.1 BIBLIOGRAPHIEN IN DER ALPENFORSCHUNG

Bibliographien besitzen in der traditionellen Alpenforschung einen wichtigen Stellenwert, weil sie nicht nur zahlreiche Literaturnachweise zusammenstellen, sondern weil sie darüber hinaus ein wichtiges Arbeitsinstrument sind, um ein Forschungsfeld abzugrenzen und um den Forschungsstand zu einem bestimmten Thema zu erfassen. Klassische Beispiele dafür sind die Bibliographien zur Walserforschung und zur Südtirolfrage (Louis Carlen: *Walserforschung 1800-1970 – eine Bibliographie,* Visp 1973; Thomas Veiter: *Bibliographie zur Südtirolfrage 1945-1983,* Wien 1984), die vielbändige *Collana di Bibliografie geografiche delle regioni italiane* (Roma 1961-1971) oder die vier Bände der Reihe RESALP (Lama, Grenoble 1984-1990); aus der jüngsten Zeit ist Peter Haßlacher zu nennen, der das Werkzeug der Bibliographie gezielt dazu einsetzte, um bei aktuellen Problemen und Konflikten den Stand der Diskussion und der Forschung öffentlich zu dokumentieren (Peter Hasslacher: *Die Alpenkonvention – eine Dokumentation*; Österreichischer Alpenverein, Innsbruck 2000 und weitere Bibliographien).

Allein anhand der Zahl und der Gattung der Publikationen (Monographien, Sammelbände, Zeitschriftenaufsätze, Broschüren), die in dieser Bibliographie verzeichnet sind, lässt sich ablesen, welche Wissenschaftsdisziplinen sich in welchen Zeiträumen intensiver oder weniger intensiv mit der Alm- und Alpwirtschaft beschäftigen, und bereits die Titel der Publikationen geben darüber hinaus wichtige Hinweise darauf, welche Themenschwerpunkte dabei jeweils im Zentrum stehen. Heute meint man oft, angesichts der Informationsfülle des Internets seien solche Bibliographien überflüssig und überholt; diese Bibliographie möchte zeigen, dass dies ein Irrtum ist und dass eine systematisch zusammengestellte Bibliographie keineswegs durch eine Internet-Recherche ersetzt werden kann.

3.2 STATISTISCHER ÜBERBLICK ÜBER DIE IN DIESER BIBLIOGRAPHIE ERFASSTEN PUBLIKATIONEN

In dieser Publikation werden insgesamt 2.403 Publikationen von etwa 2.000 verschiedenen Autoren aus den Jahren 1859 bis 2020 erfasst, wobei jede Publikation einem Fachgebiet zugeordnet wird (siehe Abschnitt 3.3; mehrbändige Werke werden dabei als eine Publikation behandelt, bei Reihentiteln wie dem „Schweizerischen Alpkataster“ werden die Titel einzeln gezählt).

Die Zahl der Publikationen ist so groß, dass es sich um eine repräsentative Auswahl von Publikationen zur Alm- und Alpwirtschaft handelt. Und da diese Bibliographie zugleich alpenweit auf eine einheitliche Weise erarbeitet wurde, macht es durchaus Sinn, die hier erfassten Publikationen auch quantitativ auszuwerten. Zwar sollten die dabei erzielten Ergebnisse nicht überinterpretiert werden, sie dürften aber in jedem Fall Größenordnungen anzeigen, die realitätsnah sind und die einen Überblick über die alpenweiten Alm- und Alpforschungen erlauben, wie er bislang nicht möglich war.

Diese Publikationen verteilen sich auf folgende Sprachen (zwei- oder dreisprachige Publikationen werden bei der Erfassung der Sprache mehrfach gezählt; Aufgliederung nach Staaten siehe Tabelle 1 im Anhang):

Deutsch:	1.258 Publikationen	~ 50 %
Italienisch:	566 Publikationen	~ 23 %
Französisch:	488 Publikationen	~ 20 %
Englisch:	74 Publikationen	~ 3 %
Slowenisch:	65 Publikationen	~ 3 %
Rätoromanisch:	41 Publikationen	~ 2 %
Zusammen:	**2.492 Publikationen**	**~ 100 %**

Die 2.403 Publikationen (zwei- und mehrsprachige Titel nur einmal gezählt) verteilen sich auf folgende Teilräume:

Gesamte Alpen (AL):	120 Titel	~ 5 %
Bayerische Alpen (DE):	155 Titel	~ 6 %
Französische Alpen (FR):	332Titel	~ 14 %
Liechtenstein (FL):	19 Titel	~ 1 %
Italienische Alpen (IT):	560 Titel	~ 23 %
Österreichische Alpen (AT):	415 Titel	~ 17 %
Schweizer Alpen (CH):	705 Titel	~ 29 %
Slowenische Alpen (SI):	97 Titel	~ 4 %
Zusammen:	**2.403 Titel**	**~ 100 %**

Damit kann man feststellen, dass die Schweizer Alpen mit einem gewissen Abstand auf Platz 1 stehen, dass sich aber die Publikationen zur Alm- und Alpwirtschaft insgesamt doch ziemlich breit auf alle betroffenen Staaten verteilen.

Da die Alpenflächen der einzelnen Staaten jedoch sehr unterschiedliche Größen besitzen, werden in einem zweiten Schritt die Publikationen auf die Fläche des jeweiligen Alpengebietes bezogen. Dabei werden die Alpen nach dem Geltungsbereich der Alpenkonvention abgegrenzt, und davon wird nur in den folgenden Fällen abgewichen: In Deutschland/Bayern wird die Abgrenzung der Alpen durch den Bayerischen Alpenplan herangezogen (die Erweiterung des Alpengebietes durch die Alpenkonvention in Bayern betrifft Gebiete ohne Alm- und Alpwirtschaft), in Italien wird das Langhe-Gebiet in Piemont ausgeschlossen (keine Alpwirtschaft), und in der Schweiz werden die voralpinen (früheren) IHG-Regionen im Gegensatz zur Alpenkonvention zu den Alpen hinzugenommen, weil sie meist eine Alpwirtschaft besitzen.

Das Ergebnis, also die Zahl der Publikationen pro 1.000 km² Alpenfläche, sieht folgendermaßen aus:

DE	5.110 km²	= 30 Titel/1.000 km²
FR	39.850 km²	= 8
FL	160 km²	= 119
IT	51.060 km²	= 11
AT	54.250 km²	= 8
CH	26.700 km²	= 26
SI	6.870 km²	= 14
Zusammen	**184.000 km²**	**= 13 Titel/1.000 km²**

Während die flächengroßen französischen, italienischen und österreichischen Alpen mit 8 bis 11 Titeln/1.000 km² relativ nahe beieinander liegen, fallen die etwas kleineren Schweizer Alpen durch ihre hohe Dichte alpwirtschaftlicher Publikationen (26 Titel/1.000 km²) stark ins Auge. Die kleinen Slowenischen Alpen liegen über dem alpenweiten Durchschnitt, und die kleinen Bayerischen Alpen besitzen sogar eine besonders ausgeprägte Dichte an einschlägigen Publikationen, während der Zwergstaat Liechtenstein einen Sonderfall darstellt.

Wirft man einen Blick auf die 33 Regionen, in die der Alpenraum in dieser Bibliographie untergliedert wird, dann ergibt sich folgendes Bild (siehe Tabelle 2 im Anhang):

Platz 1:	Liechtenstein	= 119 Titel/1.000 km²
Platz 2:	Allgäu	= 33
Platz 3:	Innerschweiz	= 28
Platz 4:	Westschweiz	= 26
Platz 5:	Wallis	= 24
Platz 6:	Graubünden	= 21
Platz 7:	Ostschweiz	= 21
Platz 8:	Tessin	= 20
10 Regionen besitzen Dichten zwischen 10 und 19 Titeln/1.000 km²: DE/OBB, FR/73, IT/AO, IT/TN, IT/VE, IT/FV, IT/LI, AT/V, CH/BE, SI		
7 Regionen besitzen Dichten zwischen 6 und 9 Titeln/1.000 km²: FR/05, FR/74, IT/PI, IT/LO, IT/BZ, AT/S, AT/T		
8 Regionen besitzen Dichten zwischen 1 und 5 Titeln/1.000 km²: FR/04, FR/06, FR/26, FR/38, AT/K, AT/N, AT/O, AT/St		

Damit nimmt das Allgäu nach Liechtenstein Platz 2 ein, während die Ränge 3 bis 8 von Schweizer Regionen besetzt werden. Die geringsten Dichten finden sich in den französischen Südalpen (FR/04, FR/06 und FR/26) und in den österreichischen Ostalpen (AT/N).

Zuletzt soll noch ein Blick auf die zeitliche Verteilung der Publikationen geworfen werden, wobei bei dieser Auswertung natürlich berücksichtigt werden muss, dass aktuelle Titel leichter erfasst werden können als alte Titel (siehe Tabelle 3):

1859 – 1900	= im Durchschnitt	20 Titel pro Jahrzehnt
1901 – 1950	= im Durchschnitt	89 Titel pro Jahrzehnt
1951 – 2000	= im Durchschnitt	212 Titel pro Jahrzehnt
2001 – 2020	= im Durchschnitt	408 Titel pro Jahrzehnt

Auch wenn diese Auswertung wegen der Schwierigkeit der Erfassung älterer Titel nicht überinterpretiert werden darf, so kann man doch feststellen, dass die Zahl der Publikationen zur Alm- und Alpwirtschaft im Laufe der Zeit deutlich ansteigt. Da in diesem Zeitraum jedoch die Zahl der Publikationen in *allen* Fachgebieten stark ansteigt, darf dieser Anstieg nicht überinterpretiert werden. Er kann jedoch als Indiz dafür dienen, dass das Interesse an der Alm- und Alpwirtschaft im Laufe der Zeit offenbar keinesfalls nachlässt.

3.3 AUSWERTUNG DER PUBLIKATIONEN NACH FACHGEBIETEN

Obwohl in der Alm- und Alpwirtschaft ökologische, wirtschaftliche, sozio-kulturelle, rechtliche und andere Aspekte sehr eng miteinander verflochten sind, so läßt sich doch feststellen, dass die verschiedenen Fachgebiete, die sich mit ihr beschäftigen, jeweils unterschiedliche Zugänge besitzen, unterschiedliche Methoden verwenden und jeweils unterschiedliche inhaltliche Akzente setzen. Deshalb macht es Sinn, die Publikationen zur Alm- und Alpwirtschaft nach Fachgebieten aufzuschlüsseln. Am Ende jedes bibliographischen Eintrags wird deshalb mit einer aus drei Buchstaben bestehenden Abkürzung vermerkt, in welches Fachgebiet der betreffende Titel gehört. Die fachliche Zuordnung wird auf Grund der fachlichen Qualifikation des jeweiligen Autors, des Inhalts der Publikation sowie des Fachgebiets der Publikationsreihe oder Zeitschrift, in der der jeweilige Titel erscheint, vorgenommen.

Natürlich ist die fachliche Zuordnung bei einer Reihe von Titeln schwierig (und manchmal auch mehrdeutig), und die Gruppe „Diverse Publikationen" (3.3.11), in der alle Publikationen eingeordnet sind, die keinem Fachgebiet zugeordnet werden können, umfasst 418 oder 17 % aller Titel. Wenn man jedoch die Ergebnisse nicht zu detailliert betrachtet, sondern bei der Auswertung lediglich die Größenordnungen heranzieht, dann erwachsen daraus wichtige Einblicke in die Forschungen zur Alm- und Alpwirtschaft.

Die Publikationen dieser Bibliographie lassen sich in 11 Fachgebiete untergliedern, wobei allein vier Fachgebiete (Agrarwissenschaften, Geographie, Volkskunde, Rechtswissenschaften) fast drei Viertel aller Publikationen ausmachen (Details siehe Tabelle 4 im Anhang).

3.3.1 Alm- und Alpstatistiken (Sta): 69 Publikationen oder 3 % aller Titel

Die systematische Erfassung der Situation der Alm- und Alpwirtschaft durch einschlägige Vereine (oft mit Unterstützung der Behörden) beginnt in der Schweiz: Pfarrer Rudolf Schatzmann, Initiant und Gründer des Schweizerischen Alpwirtschaftlichen Vereins (siehe Wahlen 1979 CH), publiziert im Jahr 1868 die erste moderne Alpstatistik der gesamten Alpen (Schatzmann/Wirth 1868 CH) und regt eine umfangreiche Erhebung an, die zwischen 1891 und 1914 für die gesamte Schweiz erarbeitet und publiziert wird (siehe „Schweizerische Alpstatistik/CH"). Diesem Beispiel folgen noch vor dem Ersten Weltkrieg Tirol (Nord-, Ost-, Südtirol und Italienisch-Tirol), Kärnten und die Lombardei und nach dem Zweiten Weltkrieg weitere, aber keineswegs alle Alpenstaaten und -regionen. In jüngster Zeit wird auch das Internet genutzt, um Alm- und Alpstatistiken zu publizieren. Die führende Rolle der Schweiz zeigt sich darin, dass zwei Drittel aller Alm- und Alpstatistiken in der Schweiz veröffentlicht werden. Fachlich gehören die Alm- und Alpstatistiken zu den Agrarwissenschaften; da sie jedoch als Referenzwerke eine herausgehobene Bedeutung für die aktuelle Situation besitzen, werden sie hier gesondert ausgewiesen, um sie in der Fülle der Publikationen leichter auffindbar zu machen.

3.3.2 Agrarwissenschaften (Agr): 565 Publikationen oder 24 % aller Titel

Zeitgleich mit der erstmaligen genauen Erfassung der Situation der Alm- und Alpwirtschaft wird ihre systematische Verbesserung ein Thema in den Agrarwissenschaften: Ab 1870 werden an vielen Landwirtschaftsschulen und an landwirtschaftlichen Hochschulen erste Kurse, Fortbildungen und Ausbildungen zum Thema Alm- und Alpwirtschaft angeboten, und die dortigen Dozenten veröffentlichen erste Lehrbücher zur Alm- und Alpwirtschaft. Die Hochschule für Bodenkultur in Wien (heute: Universität für Bodenkultur), die landwirtschaftliche Hochschule in Weihenstephan (heute: Technische Universität München) und das Eidgenössische Polytechnikum in Zürich (heute: Eigenössische Technische Hochschule in Zürich) nehmen dabei schnell die führende Position im deutschen Sprachraum ein, während für die entsprechenden Institutionen in Italien (agrarwissenschaft-liche Fakultäten an den Universitäten in Turin, Mailand und Udine) und in Frankreich (Universitäten in Grenoble, Aix-Marseille und Paris) dieses Thema offenbar weniger wichtig ist.

Ziel der Agrarwissenschaften ist es, den Ertrag der Alm- und Alpwirtschaft zu verbessern, wobei die Faktoren Boden, Arbeit und Kapital im Zentrum stehen und die Analyse oft im Rahmen der jeweiligen agrarwissenschaftlichen Analysekonzepte erfolgt. Die Agrarwissenschaften haben bis heute die meisten Publikationen zur Alm- und Alpwirtschaft hervorgebracht, oder in den Worten von Nikolaus Grass, die immer noch gelten: „Die intensivste Erforschung wurde dem Alpwesen bisher wohl von Seiten der Landwirtschaftswissenschaften zuteil“ (Grass 1964 AL, S. 368); und die Zahl dieser Publikationen steigt seit dem Jahr 2000 noch einmal spürbar an. Dazu haben auch die Publikationen der Ergebnisse der beiden großen Forschungsprojekte in der Schweiz (AlpFUTUR 2013 CH) und in Österreich (ALP Austria 2006 AT) beigetragen, für die es in allen anderen Fachgebieten nichts Vergleichbares gibt. Auch in dieser Bibliographie stehen die Publikationen der Agrarwissenschaften mit 24 % aller Publikationen an der Spitze, und wenn man die Alm- und Alpstatistiken hinzurechnet, dann steigt dieser Wert auf 27 %.

3.3.3 Geographie (Geo): 409 Publikationen oder 17 % aller Titel

Die Geographen beginnen zwischen 1900 und 1910, sich mit der Alm- und Alpwirtschaft auseinanderzusetzen, und sie legen dafür erstmals in den 1920er Jahren systematische Analyse-Konzepte vor (Arbos 1922 FR, Sieger 1925 AT). Ziel der Geographie ist es, die Alm- und Alpwirtschaft als ein raumzeitliches Wirtschaftssystem in der Landschaft zu verstehen (die im Gebirge sehr entscheidende vertikale Dimension führt zu komplizierten, zeitlich und räumlich gestaffelten Nutzungssystemen, auch auf den Almen/Alpen selbst), wobei dem Naturraum und den traditionellen Nutzungsformen ein großer Stellenwert zukommt.

Die traditionelle „Geographie der Länderkunde“, bei der die Zusammenarbeit von naturwissenschaftlichen und humanwissenschaftlichen Aspekten die zentrale Rolle spielt, entwickelt für die Analyse der Alm- und Alpwirtschaft eigene wissenschaftstheoretische Konzeptionen (in Frankreich im Rahmen der „genres de vie“, in Deutschland als „Almgeographie“ innerhalb der Agrargeographie, in Österreich innerhalb der Geographie des ländlichen Raumes), und daraus entstehen eine ganze Reihe von systematisch ausgerichteten geographischen Monographien zur Alm- und Alpwirtschaft auf der Ebene von Staaten und Regionen. Mit dem Wandel der traditionellen, integrativ ausgerichteten „Geographie der Länderkunde“ hin zu einer modernen, immer stärker spezialisierten Raumwissenschaft geht das Interesse der Geographie an der Alm- und Alpwirtschaft in allen Staaten mit Alpenanteil ab den 1980er Jahren stark zurück, und die traditionellen Konzepte und Erfahrungen geraten allmählich in Vergessenheit. Dies zeigt sich an der Zahl der Publikationen, die zwischen 1960 und 1989 ihren Höhepunkt erreicht (im Durchschnitt 45 Publikationen pro Jahrzehnt) und die seit dem Jahr 2000 auf nur noch 11 Titel pro Jahrzehnt absinkt.

3.3.4 Volkskunde (Vol): 366 Publikationen oder 15 % aller Titel

Das traditionelle Fach Volkskunde heißt heute im deutschsprachigen Raum „Europäische Ethnologie“, „Kulturanthropologie“, „Sozialanthropologie“ oder „Empirische Kulturwissenschaft“, und es wird Italien und Frankreich als Ethnologie, Ethnographie oder Anthropologie und in Slowenien – neben der alten Bezeichnung „Volkskunde“ – ebenfalls als „Ethnologie“ bezeichnet – die Bezeichnungen dafür sind in den Staaten mit Alpenanteil extrem unterschiedlich. Für dieses Fach sind die Almen/Alpen von besonderer Bedeutung, weil sich hier viele Traditionen erhalten haben, die in den Tallagen der Alpen und im Flachland längst verschwunden sind; deshalb erleichtert ihr Studium das Verständnis der traditionellen ländlichen Lebensformen – das den Kern der traditionellen Volkskunde ausmacht – sehr. Die volkskundliche Alm- und Alpforschung beginnt zögerlich ab dem Jahr 1900, erreicht erst ab dem Jahr 1940 eine größere Bedeutung und ist in der Schweiz am stärksten verbreitet (fast 40 % aller volkskundlichen Publikationen stammen aus der Schweiz). Auch im Fach Volkskunde existieren wichtige Konzeptionen für die Erforschung der Alm- und Alpwirtschaft, aber alpenweit gibt es nur drei Monographien zu dieser Thematik (Weiss 1941 CH/GR, Cevc 1972 + 1992 SI).

Mit dem Wandel der Volkskunde hin zu einer modernen Kultur- und Sozialwissenschaft, deren Fokus auf der Analyse der Alltagsphänomene der heutigen, städtisch geprägten Gesellschaften liegt (was sich in einer Umbenennung des Fachs niederschlägt), geht das Interesse an der Alm- und Alpwirtschaft ab den 1980er Jahren spürbar zurück. Dabei bildet lediglich Italien mit dem „Seminario Permanente di Etnografia Alpina/SPEA“ (siehe Abschnitt 3.4.2) eine Ausnahme.

3.3.5 Rechtswissenschaften (Rec): 283 Publikationen oder 12 % aller Titel

Für dieses Fach sind die Almen/Alpen von besonderer Bedeutung, weil sich hier zahlreiche Formen von Gemeinschaftseigentum und gemeinschaftlichen Nutzungsformen erhalten haben, die mit dem Römischen Recht nicht vereinbar sind und die wichtige Erkenntnisse in Bezug auf die europäische Rechtsgeschichte ermöglichen. Für dieses Gemeinschaftseigentum gibt es keinen hochsprachlichen Begriff (alemannische Dialekte: Allmende/Allmeind, bairische Dialekte: Gemein/Gemain; ähnlich ist die Situation im Slowenischen, Französischen und Italienischen); um auf der europäischen Ebene darüber gemeinsam diskutieren zu können, schlägt Siegl 2017 AL den Begriff „Gemeingüter" vor, während Head-König et al. 2019 AL dafür den Begriff „commons" benutzen.

Mit der Herausbildung der modernen Staaten und den damit verbundenen rechtlichen Reformen und Modernisierungen wird dieses Gemeinschaftseigentum im Laufe des 19. Jahrhunderts teilweise aufgelöst und teilweise in moderne Rechtsformen umgewandelt (Ausnahme ist nur Frankreich, wo dies bereits im Gefolge der Französischen Revolution von 1789 durchgeführt wird, siehe Vivier 1998 FR). Die damit verbundenen rechtlichen Probleme und Konflikte bilden ab der zweiten Hälfte des 19. Jahrhunderts einen wichtigen Schwerpunkt in den Rechtswissenschaften, bei dem das Alm- und Alprecht eine relevante Rolle spielt. Dies ist die Voraussetzung dafür, dass sich bereits sehr früh – parallel zu den Agrarwissenschaften – eine rechtswissenschaftliche Alm- und Alpforschung entwickelt, die stark geschichtlich ausgerichtet ist, die eng mit Agrargeschichte und Volkskunde zusammenarbeitet und die als Höhepunkt später eine eigene Monographie hervorbringt (Grass 1948 AT/T). Diese rechtswissenschaftliche Alm- und Alpforschung ist besonders stark in der Schweiz, in Italien (erneute Einführung des Gemeinschaftseigentums 2017) und in Österreich (hier v.a. in Tirol) verbreitet, während sie in Frankreich fast vollständig fehlt.

Ab den 1980er Jahren verschwindet dieser Schwerpunkt in den Rechtswissenschaften, und damit geht auch die rechtswissenschaftliche Alm- und Alpforschung sehr stark zurück. Erst die Publikation von Elinor Ostrom „Governing the Commons" (Ostrom 1990 AL) und der an sie verliehene Nobelpreis für Wirtschaftswissenschaften im Jahr 2009 gibt diesem Thema eine große, weltweite Aktualität, wobei das Gemeinschaftseigentum oft eng mit der sozialen Gerechtigkeit und der Nachhaltigkeit verbunden wird. Dies führt dazu, dass die rechtswissenschaftliche Alm- und Alpforschung in den letzten beiden Jahrzehnten wieder eine deutliche Belebung erfährt, wobei sich neben Rechtswissenschaftlern jetzt auch Historiker stark für diese Thematik engagieren (Publikationen von Historikern zu rechtlichen Fragen werden hier eingeordnet).

3.3.6 Hausforschung (Hau): 57 Publikationen oder 2 % aller Titel

Da sich auf den Almen/Alpen bis weit ins 20. Jahrhundert hinein oft relativ einfache Gebäude erhalten haben, die teilweise die Vor- oder Frühformen der Gebäude im Tal darstellen, haben die Alm- und Alpgebäude früh die Aufmerksamkeit von Laien und Wissenschaftlern auf sich gezogen. Diese Hausforschung wurde lange Zeit im Rahmen der Geographie und der Volkskunde durchgeführt; mit den fachinternen Veränderungen dieser Fächer ab den 1980er Jahren wurden diese Forschungen jedoch oft eingestellt. Heute findet die Hausforschung vor allem im Rahmen der Denkmalpflege und der einschlägigen Freilandmuseen statt, besitzt aber einen sehr viel geringeren Stellenwert als früher.

3.3.7 Sprachwissenschaften (Spr): 32 Publikationen oder gut 1 % aller Titel

Da die Namen, Begriffe und Bezeichnungen, die in der Alm- und Alpwirtschaft verwendet werden, in der Regel Dialektausdrücke sind, für die es keine hochsprachlichen Begriffe gibt, und deren Wortentwicklung und Wortgeschichte von erheblicher Bedeutung (nicht nur für die Alm- und Alpwirtschaft) ist, besteht das Ziel der Sprachwissenschaften darin, diese Worte mit ihren vielfältigen regionalen Dialektvarianten und ihrer jeweiligen Bedeutung genau zu erfassen und zu analysieren. Dazu werden v.a. in der Schweiz und in Italien Sprachatlanten erarbeitet, in denen anhand zahlreicher Belegorte dargestellt wird, wo welche Worte in welcher Form verbreitet sind bzw. wie sie sich räumlich voneinander unterscheiden. Mit dem Wandel der Sprachwissenschaften hin zur Linguistik (also zur Struktur einer Sprache) bricht diese Tradition ab den 1980er Jahren ab.

Daneben gibt es zwei interdisziplinäre Forschungsrichtungen, in denen die Alm- und Alpwirtschaft eine größere Rolle spielt:

3.3.8 Forschungsrichtung „Wörter und Sachen" (W+S): 18 Publikationen oder knapp 1 % aller Titel

Hierbei arbeiten vor allem in den 1930er und 1940er Jahren Sprachwissenschaftler und Volkskundler eng zusammen, indem sie die Namen für bestimmte Dinge zusammen mit der genauen Beschreibung der jeweiligen Objekte (in Form von Texten, die durch Zeichnungen und/oder Fotografien ergänzt werden) systematisch erheben. Der „Sprach- und Sachatlas Italiens und der Südschweiz" (siehe Jud 1935 IT), in dessen Rahmen auch die Alpwirtschaft dargestellt wird, ist dafür das umfangreichste Beispiel. Ab den 1960er Jahren verschwindet diese Forschungsrichtung, die in den Alpen vor allem in der Schweiz und Italien vertreten ist, wieder.

3.3.9 Rechtliche Volkskunde (Publikationen werden unter Volkskunde verzeichnet)

Diese Forschungsrichtung im Überschneidungsbereich von Volkskunde und Rechtsgeschichte (mit weiteren Überschneidungen zur Rechtsarchäologie und Rechtsikonographie) entsteht im 19. Jahrhundert und verfolgt das Ziel, aus Volksbräuchen und volkskundlichen Quellen (Sagen, Märchen) traditionelle rechtliche Strukturen und Vorstellungen zu erarbeiten. Die Alm- und Alpwirtschaft mit ihren komplizierten traditionellen rechtlichen Verhältnissen war dabei lange Zeit ein wichtiges Thema (siehe Carlen 1978-2007 AL); seit den 1980er Jahren geht der Stellenwert der Alm- und Alpwirtschaft innerhalb dieser Forschungsrichtung allerdings stark zurück.

3.3.10 Bibliographien (Bib): 7 Publikationen

Es wurden bislang nur sieben Bibliographien zum Thema Alm- und Alpwirtschaft gefunden: Anderegg 1894 CH, Haushofer-Hartschimmelhof/Riedmüller 1954 DE, Hofmeister 1961 AL, Senegačnik 1986 SI, Masina et al. 2002 IT/TN, AA.VV. 2005 IT/TN, ALP Austria 2006 AT. Diese decken nur kleinere Bereiche der Thematik ab.

3.3.11 Diverse Publikationen (Div): 418 Publikationen oder 17 % aller Titel

Hierunter fallen in erster Linie alle Publikationen, die auf Grund ihrer großen thematischen Breite keinem einzelnen Fachgebiet zuzuordnen sind, was bei Sammelwerken häufig vorkommt sowie bei Monographien zu einzelnen Almen/Alpen, die thematisch oft sehr breit angelegt sind. Weiterhin werden hier heimatkundliche Publikationen aufgelistet, die in der Regel ein breites fachliches Spektrum ansprechen (diese sind in rätoromanischer Sprache besonders zahlreich). Schließlich werden hier auch solche Publikationen aufgeführt, deren Schwerpunkt nicht zu den aufgeführten Fachrichtungen passt (z.B. Publikationen von Historikern, die sich zu Gegenwartsfragen der Alm- und Alpwirtschaft äußern) oder die weder vom Autor noch vom Titel her einem Fachgebiet zugeordnet werden können.

3.3.12 Populäre Publikationen (Pop): 179 Publikationen oder 7 % aller Titel

Dies sind Alm- und Alpwanderführer, Führer zum Alm- und Alpkäse, Erfahrungsberichte eines Alm- und Alpsommers, Präsentationen ausgewählter Almen/Alpen für ein breiteres Publikum und Bildbände. Solche Titel werden hier nur dann aufgenommen, wenn sie inhaltlich relevante Aspekte enthalten und/oder von alm- und alpwirtschaftlichen Vereinen publiziert werden. Auffällig ist, dass diese Publikationen meist jüngeren Datums sind (86 % von ihnen sind erst ab 1990 erschienen). Sie repräsentieren ein wichtiges öffentliches Interesse an der Alm- und Alpwirtschaft, das seit 1990 stark zunimmt.

3.3.13 Synthese – die integrative Alm- und Alpforschung

Die Analysen der Alm- und Alpwirtschaft aus den Disziplinen Agrarwissenschaften, Geographie, Volkskunde und Rechtswissenschaften überschneiden sich inhaltlich zwar auf vielfältige Weise, besitzen jedoch jeweils ihre eigenen fachspezifischen Zielsetzungen und Wissenschaftskonzeptionen. Eine integrative Alm- und Alpforschung, die diese vier Disziplinen auf eine systematische Weise miteinander verbinden würde, ist nie entstanden; der weitestgehende Ansatz in diese Richtung wurde in den 1940er, 1950er und 1960er Jahren in Innsbruck entwickelt, wo Rechtswissenschaftler (Nikolaus Grass), Geographen (Hans Kinzl) und Volkskundler (Hermann Wopfner) eng miteinander zusammenarbeiteten, ohne dabei jedoch eine interdisziplinäre Gesamtdarstellung zu erarbeiten.

Angesichts dieser sehr unterschiedlichen Traditionen und Entwicklungen ist es verständlich, dass eine empirisch fundierte alpenweite Gesamtdarstellung der Alm- und Alpwirtschaft eine sehr große Herausforderung darstellt. Dafür gibt es im gesamten Zeitraum dieser Bibliographie insgesamt nur zweieinhalb Ansätze, und diese wurden alle in deutscher Sprache vorgelegt:

- Der schwedische Geograph John Frödin legt 1940-41 die große, zweibändige Monographie „Zentraleuropas Alpwirtschaft“ vor, die erstmals die gesamten Alpen abdeckt und die – ausgehend von Philippe Arbos – „Almwirtschaftssysteme“ erarbeitet (Frödin 1940-41 AL).

- Karl Ruppert (München) veranstaltet 1962 eine Tagung zur „Almgeographie“ (Hartke/Ruppert 1964 AL), auf der sechs Fachleute aus sechs Staaten mit Alpenanteil sehr kenntnisreich und teilweise auf vergleichbare Weise über die jeweilige Situation der Alm- und Alpwirtschaft in ihren Staaten referieren; bedauerlicherweise wird daraus keine Synthese erarbeitet.

- Und vor einiger Zeit hat der bayerische Biologe Alfred Ringler, der eng mit den Agrarwissenschaften und dem Umweltschutz verbunden ist, die extrem umfangreiche Monographie „Almen und Alpen – Höhenkulturlandschaft der Alpen“ vorgelegt (Ringler 2009 AL), die alpenweit ausgerichtet ist, die detaillierte empirische Analysen enthält und bei der ökologische Aspekte eine zentrale Rolle spielen.

Damit gibt es wichtige Ansätze, aber auch große Lücken für eine alpenweite Perspektive auf die Alm- und Alpwirtschaft.

3.3.14 Aktuelle Situation

In den Disziplinen Geographie, Volkskunde, Hausforschung und Sprachwissenschaften spielen Forschungen zur Alm- und Alpwirtschaft vom Beginn des 20. Jahrhunderts bis in die 1980er Jahre hinein eine relevante Rolle, verlieren danach aber spürbar an Bedeutung. Die Ursache dafür liegt nicht an der Alm- und Alpwirtschaft, sondern daran, dass in diesen Disziplinen – wie übrigens in vielen anderen humanwissenschaftlichen Disziplinen auch – die traditionelle inhaltliche Ausrichtung an ländlichen Lebensformen durch eine Neuorientierung an modernen, städtisch geprägten Lebensformen und durch ausgeprägte fachwissenschaftliche Spezialisierungen abgelöst wird. Die rechtswissenschaftliche Alm- und Alpforschung geht zwar ebenfalls ab 1980 zurück, sie wird aber durch die neue Diskussion um „commons“ ab den 2000er Jahren wieder aufgewertet. Nur die Agrarwissenschaften werden von dieser Neuorientierung nicht betroffen, und hier spielt die wissenschaftliche Auseinandersetzung mit der Alm- und Alpwirtschaft durchgehend eine relevante Rolle. Dies hängt damit zusammen, dass sie in der landwirtschaftlichen Praxis der entsprechenden Staaten und Regionen nach wie vor eine gewisse Bedeutung besitzt und deshalb für die Ausbildung an den Hochschulen unverzichtbar ist.

Die aktuelle Tendenz besteht derzeit darin, die Alm- und Alpforschung auf die Perspektive der Agrarwissenschaften zu konzentrieren und diese durch ökologische Fragestellungen zu erweitern. Dies zeigt sich m. E. an den beiden großen Forschungsprojekten ALP Austria (AT) und AlpFUTUR (CH) besonders deutlich. Dies bedeutet jedoch eine inhaltliche Engführung, und deshalb plädiere ich mit dieser Bibliographie auch dafür, dass die einschlägigen Forschungen und Erfahrungen der Disziplinen Geographie, Volkskunde, Rechtswissenschaften, Hausforschung und Sprachwissenschaften nicht in Vergessenheit geraten dürfen.

3.4 AUSWERTUNG DER PUBLIKATIONEN NACH STAATEN

Die Auswertung der in dieser Bibliographie erfassten Publikationen macht deutlich sichtbar, dass in den einzelnen Staaten mit Alpenanteil die Forschungen zur Alm- und Alpwirtschaft sehr unterschiedlich ausgeprägt sind und dass dabei jeweils spezifische nationale Schwerpunkte und Traditionen existieren (siehe Tabelle 4 im Anhang).

3.4.1 Schweiz

Die Schweiz steht bei der Zahl der Publikationen zur Alpwirtschaft klar an der ersten Stelle unter den Staaten mit Alpenanteil (705 Publikationen oder 29 % aller in dieser Bibliographie erfassten Publikationen).

Die frühe detaillierte Erfassung der Situation der Alpwirtschaft führt dazu, dass sich die schweizerischen Agrarwissenschaften sehr früh mit der Alpwirtschaft beschäftigen und bald einschlägige Gesamtdarstellungen vorlegen, die bis zum Ersten Weltkrieg die führende Rolle im gesamten Alpenraum einnehmen. Bis heute spielt die Alpwirtschaft in den schweizerischen Agrarwissenschaften eine relevante Rolle (17 % aller Publikationen der Schweiz), und dies wird durch das große Forschungsprojekt AlpFUTUR (2009 – 2013) noch einmal eindrücklich unterstrichen.

Trotz der frühen und detaillierten Alpstatistiken bilden sich erstaunlicherweise innerhalb der schweizerischen Geographie keine Ansätze für eine spezifische „Alpgeographie" heraus. Die Alpwirtschaft wird von ihr zwar immer wieder thematisiert (9 % aller Publikationen der Schweiz stammen aus dem Fach Geographie), aber es werden weder eigene Analyse-Konzepte dafür entworfen, noch gibt es hier alpwirtschaftliche Monographien aus geographischer Perspektive, wie sie für die meisten anderen Staaten so typisch sind.

Stattdessen wird die Alpwirtschaft in der Schweiz durch die Disziplin Volkskunde besonders häufig und ausführlich behandelt (21 % aller Publikationen der Schweiz stammen aus der Volkskunde, darunter besonders viele aus dem Wallis), und für Graubünden entwirft Richard Weiss eine wichtige volkskundliche Monographie zum Thema Alpwirtschaft (Weiss 1941 CH/GR). Anschließend werden die volkskundlichen Arbeiten im Alpenraum von seinem Schüler Arnold Niederer weitergeführt, der immer wieder auch die Alpwirtschaft behandelt (Niederer 1980 AL). Mit dem Wandel des Faches Volkskunde zur „Europäischen Ethnologie" werden jedoch diese Arbeiten nicht mehr weitergeführt und geraten allmählich in Vergessenheit.

Auf Grund der besonderen politischen Situation der Schweiz und ihres ausgeprägten Föderalismus spielen die rechtswissenschaftlichen Forschungen zur Alpwirtschaft und zum Gemeineigentum eine besondere Rolle (12 % aller Publikationen der Schweiz stammen aus diesem Bereich, einen knappen Überblick gibt Head-König 2020), und sie sind hier in einer alpenweiten Perspektive besonders stark ausgeprägt.

In den Disziplinen Hausforschung, Sprachwissenschaften, „Wörter und Sachen" und der rechtlichen Volkskunde nimmt die Schweiz in einer alpenweiten Perspektive ebenfalls die führende Position ein, auch wenn diese Publikationen im Vergleich mit den anderen Disziplinen nicht besonders zahlreich sind.

Zusammenfassend kann man also feststellen, dass die Alpforschungen in der Schweiz sowohl durch eine hohe Quantität als auch durch eine besonders ausgeprägte fachliche Breite geprägt sind.

3.4.2 Italien

560 Publikationen thematisieren die Alm- und Alpwirtschaft in den italienischen Alpen (= 23 % aller Publikationen). Dies entspricht Platz 2 bei den Staaten mit Alpenanteil.

Obwohl die italienischen Alpen einen sehr großen Teil der gesamten Alpenfläche einnehmen und ausgesprochen viele Almen/Alpen besitzen, fehlen detaillierte Analysen über die Situation der Alm- und Alpwirtschaft in den gesamten italienischen Alpen. Dafür gibt es hier eine besonders große Fülle von regionalen und lokalen Arbeiten aus verschiedenen Fächern, die jedoch meist nicht direkt miteinander vergleichbar sind.

Die agrarwissenschaftlichen Publikationen zur Alm- und Alpwirtschaft spielen in Italien eine wichtige Rolle (sie machen 26 % aller Publikationen aus), wobei auffällt, dass sie ab dem Jahr 2000 sprunghaft zunehmen. Autoren wie Luca Battaglini oder Michele Corti treten dabei mit zahlreichen Publikationen in den beiden letzten Jahrzehnten hervor; dies stellt alpenweit eine außergewöhnliche Situation dar.

In der Geographie spielen bis in die 1930er Jahre hinein die Alpgebäude eine wichtige Rolle, weil die Hausforschung innerhalb der italienischen Geographie einen wichtigen Stellenwert besitzt. Eine geographische Gesamtdarstellung der Alm- und Alpwirtschaft in den italienischen Alpen und in den einzelnen Alpenregionen fehlt, und die Publikation von Roberto Pracchi stellt bis heute die umfangreichste Darstellung der italienischen Alpwirtschaft durch die traditionelle italienische Geographie dar (Pracchi 1943 IT); allerdings handelt es sich dabei lediglich um einen (materialreichen) Aufsatz. Auch in Italien nimmt die Zahl der geographischen Publikationen nach 1990 spürbar ab. Insgesamt machen die geographischen Publikationen 14 % aller italienischen Publikationen aus.

Die Volkskunde, die in Italien Anthropologie oder Ethnologie genannt wird, beschäftigt sich erst relativ spät (erst nach dem Zweiten Weltkrieg) mit dem Thema Alm- und Alpwirtschaft, aber ab dem Jahr 1980 gibt es aus diesem Fach immer zahlreichere Beiträge, wobei an erster Stelle Pier Paolo Viazzo zu nennen ist (v.a. sein zusammenfassender Artikel Viazzo 2004 AL). 17 % aller italienischen Publikationen fallen in dieses Fach; das bedeutet Platz 2 hinter den Agrarwissenschaften. Die Anthropologie hat sich mit dem „Seminario

Permanente di Etnografia Alpina/SPEA" eine eigene wissenschaftliche Plattform geschaffen, in dessen Rahmen auch die Alm- und Alpwirtschaft immer wieder thematisiert wird (die „Atti di SPEA" werden im Jahrbuch des „Museo degli Usi e Costumi della Gente Trentina" publiziert, bislang 13 Bände zwischen 1993 und 2014).

Auch die Rechtswissenschaften beschäftigen sich erst spät (erst ab 1950) mit der Alm- und Alpwirtschaft, aber ihre Publikationen besitzen dann einen relevanten Stellenwert (16 % aller Publikationen in Italien). In den beiden letzten Jahrzehnten gibt es in Italien einen besonders starken Aufschwung der rechtswissenschaftlichen Publikationen. Er hängt damit zusammen, dass nach seiner Abschaffung in der Zeit des Faschismus das Gemeinschaftseigentum mit einem nationalen Gesetz im Jahr 2017 wieder neu eingeführt wird, was mit breiten und vielfältigen Diskussionen (siehe Marinelli/Politi 2017 + 2019 IT, Rosati 2019 IT) und mit neuen Strukturen (Archivio Scialoja-Bolla, siehe den Beginn von IT) verbunden ist.

Hausforschung, Sprachwissenschaften und die Forschungsrichtung „Wörter und Sachen" sind in Italien präsent, und sie nehmen in alpenweiter Perspektive Platz 2 hinter der Schweiz ein.

3.4.3 Österreich

415 Publikationen thematisieren die Alm- und Alpwirtschaft in den österreichischen Alpen (= 17 % aller Publikationen). Dies entspricht Platz 3 bei den Staaten mit Alpenanteil.

Die Hochschule für Bodenkultur in Wien und die almwirtschaftliche Lehr- und Versuchsstelle in der Steiermark thematisieren früh die Almwirtschaft im Rahmen der Agrarwissenschaften, und sie bearbeiten dieses Thema bis heute auf eine intensive Weise, wobei das Projekt ALP Austria den Höhepunkt dieser Forschungen darstellt. 25 % aller österreichischen Publikationen zur Alm- und Alpwirtschaft stammen aus dem Bereich der Agrarwissenschaften.

Der Geograph Robert Sieger entwickelt bereits früh Ansätze für eine „Almgeographie" (Sieger 1907 AL), die er im Rahmen seiner „Grazer Schule der Almgeographie" weiter ausbaut (Sieger 1925 AT). Etwas später entsteht in Innsbruck die von Hans Kinzl begründete „Innsbrucker almgeographische Schule" (siehe dazu Kinzl 1945 AT/T), in den 1970er Jahren werden gleich zwei große geographische Monographien über die Almwirtschaft der gesamten österreichischen Alpen vorgelegt (Zwittkovits 1974 AT und Penz 1978 AT), und auch auf der Ebene der Bundesländer spielt die Almgeographie in dieser Zeit eine wichtige Rolle (vor allem in Salzburg, Tirol und Vorarlberg). Elisabeth Lichtenberger weist in ihrem Überblick über die Forschungsrichtungen der österreichischen Geographie im Jahr 1975 explizit eine „Almgeographie" aus, die sie als Teil der Geographie des ländlichen Raumes ansieht (Lichtenberger 1975/AT; im Fortsetzungsartikel, der die Zeit von 1975 bis 1986 behandelt, wird die Almgeographie jedoch nicht mehr als eigenständiger Teilbereich erwähnt). Ab den 1980er Jahren verliert auch hier die Almgeographie deutlich an Bedeutung, und die Zahl ihrer Publikationen geht spürbar zurück. Insgesamt besitzen die geographischen Publikationen zur Almwirtschaft in Österreich eine herausgehobene Position, und mit 27 % der Publikationen zur Almwirtschaft stehen sie in Österreich auf dem ersten Platz.

Die Zahl der volkskundlichen Publikationen zur Almwirtschaft ist in Österreich zwar gering (nur 6 % der Publikationen), aber dies wird durch die Publikationen des Innsbrucker Historikers und Volkskundlers Hermann Wopfner aufgewogen, der die Tiroler Almwirtschaft aus volkskundlicher Sicht besonders gründlich darstellt und der sie explizit in den Kontext der gesamten Berglandschaft Tirols stellt (Wopfner 1942 AT/T).

Die rechtswissenschaftlichen Publikationen zur Almwirtschaft spielen in Österreich eine relevante Rolle (12 % aller Publikationen), und hier ist besonders auf die vom Innsbrukker Rechts- und Kulturhistoriker Nikolaus Grass begründete „rechtshistorische Schule der Almwirtschaft" mit der einzigen Monographie der Almwirtschaft aus rechtswissenschaftlicher Sicht hinzuweisen (Grass 1948 AT/T). Und Tirol ist derzeit die einzige Region der gesamten Alpen, in der es aktuell größere Konflikte um Gemeinschaftseigentum, nämlich um das Eigentum von Agrargemeinschaften, gibt (siehe Keller 2011 AT/T).

Die enge Zusammenarbeit an der Universität Innsbruck zwischen Hans Kinzl (Geographie), Hermann Wopfner (Volkskunde) und Nikolaus Grass (Rechtswissenschaften) führt dazu, dass Innsbruck in den 1940er bis 1960er Jahren zum Schwerpunkt der alpenweiten Almforschung wird (siehe dazu Klein-Bruckschwaiger 1967 AT/T).

3.4.4 Frankreich

332 Publikationen thematisieren die Alpwirtschaft in den französischen Alpen (= 14 % aller Publikationen). Dies entspricht Platz 4 bei den Staaten mit Alpenanteil.

Die Alpwirtschaft spielt in den französischen Agrarwissenschaften lange Zeit nur eine randliche Rolle. Ab den 1950er Jahren erlangt sie aber – in Verbindung mit einer Reihe von neuen, vom Staat gezielt in den Alpen eingerichteten Forschungsinstitutionen – eine große Bedeutung, und deshalb stehen die agrarwissenschaftlichen Publikationen zur Alpwirtschaft in Frankreich an der ersten Stelle (32 % aller französischen Publikationen).

Im Rahmen des 1907 gegründeten „Institut de Géographie Alpine" in Grenoble entwickelt sich eine „géographie alpine", und diese bildet eine wichtige Voraussetzung für eine systematische Analyse der Alpwirtschaft, die früh von Philippe Arbos vorgelegt wird (Arbos 1922 FR). Er orientiert sich dabei am Konzept der „genres de vie" von Paul Vidal de La Blache, das die französische Humangeographie der damaligen Zeit prägt, und er entwirft auf dieser Grundlage sog. „genres de vie pastorale", die die verschiedensten Aspekte der Alpwirtschaft miteinander zu einer Einheit verbinden. Dieses Konzept wird später von François Rey (Rey 1930 FR/74) und Paul Veyret (Veyret 1951 AL) weiterentwickelt und prägt die französische Tradition der geographischen Alpforschung bis in die 1980er Jahre. Insgesamt machen die geographischen Publikationen zur Alpwirtschaft 25 % aller französischen Publikationen aus.

Obwohl mit Arnold Van Gennep einer der bekanntesten französischen Volkskundler oder Ethnologen auch in den Alpen forscht (Van Gennep 1916 FR/73, 1932 FR, 1946 FR/05), spielt die ethnographische bzw. ethnologische Forschung für die Alpwirtschaft nur eine relativ geringe Rolle (12 % der französischen Publikationen). Besonders auffällig ist, dass es hier lange Zeit gar keine Zusammenarbeit mit der Geographie gibt, die in anderen Staaten mit Alpenanteil eine relevante Bedeutung besitzt.

Die rechtswissenschaftliche Alpforschung (5 % der Publikationen) ist in Frankreich kaum existent, weil die Auflösung des traditionellen gemeinschaftlichen Eigentums bereits im Gefolge der Französischen Revolution durchgeführt wird, also mit Beginn dieser Bibliographie längst abgeschlossen ist (siehe dazu Vivier 1998 FR). Erst die aktuellen Diskussionen im Anschluss an Elinor Ostrom führen auch in Frankreich zu einschlägigen Publikationen.

3.4.5 Deutschland

155 Publikationen thematisieren die Alm- und Alpwirtschaft in den bayerischen Alpen (= 6 % aller Publikationen). Dies entspricht Platz 5 bei den Staaten mit Alpenanteil.

Die agrarwissenschaftlichen Almforschungen, die an der landwirtschaftlichen Hochschule in Weihenstephan früh beginnen, besitzen für die Bayerischen Alpen bis heute einen sehr wichtigen Stellenwert (39 % aller Publikationen, was Platz 1 in Deutschland bedeutet).

Im Rahmen der Geographie entwickelt sich eine eigenständige „Almgeographie" erst relativ spät. Der Geograph Carl Troll nimmt das Erscheinen der Monographie von John Frödin (Frödin 1940-41 AL) zum Anlass, wissenschaftstheoretische Überlegungen zur Konzeption einer „Almgeographie" zu entwickeln (Troll 1944 AL), die er innerhalb der deutschen Wissenschaftskonzeption der „Länderkunde" als Teilgebiet der Agrargeographie versteht. Diese Leitidee arbeitet Karl Ruppert (München) in den 1960er und 1970er Jahren weiter aus und stellt sie dabei in sein Konzept der „Müchner Schule der Sozialgeographie" (Ruppert 1964 DE; umfangreichste almgeographische Umsetzung: Penz 1978 AT). Mit dem Zerfall der traditionellen „Geographie der Länderkunde" nach dem Kieler Geographentag 1969 erscheint die Almgeographie in Deutschland dann als überholt, aber sie erlebt noch eimal eine kurze Blüte, als zwischen 1975 und 1990 humangeographische Arbeiten im Rahmen der „Vergleichenden Geographie der Hochgebirge" einen kurzzeitigen Aufschwung erleben (Uhlig/Haffner 1984/AL, Grötzbach 1980/AL). Anschließend besitzt die Almgeographie in Deutschland nur noch eine randliche Bedeutung. Insgesamt stammen 10 % der Publikationen zur Almwirtschaft in Deutschland aus dem Fach Geographie.

Volkskundliche Arbeiten zur Almwirtschaft sind hier ausgesprochen selten, und sie machen lediglich 3 % der Publikationen aus.

Rechtswissenschaftliche Arbeiten zur Almwirtschaft beginnen hier bereits relativ früh, sie finden sich bis heute, und sie machen 11 % aller Publikationen zur Almwirtschaft in Deutschland aus.

3.4.6 Slowenien

97 Publikationen – davon knapp zwei Drittel in slowenischer Sprache – thematisieren die Situation der Almwirtschaft in den slowenischen Alpen (4 % aller Publikationen). Dies entspricht zwar nur Platz 6 bei den Staaten mit Alpenanteil, aber allein an dieser Zahl wird deutlich, dass die Almforschung in Slowenien keineswegs vernachlässigt werden darf.

Die wissenschaftliche Almforschung entwickelt sich im slowenischen Raum in der ersten Hälfte und in der Mitte des 20. Jahrhunderts, und zwar zuerst im Rahmen der Agrawissenschaften (Spiller-Muys 1926 SI, Marsano 1932 SI; nur 7 % aller Publikationen stammen in Slowenien aus diesem Fach) und der Geographie (Ilešič 1931 AT, Jordan 1945 SI, Fajgelj 1953 SI), wobei vor allem Anton Melik zu nennen ist, einer der damals bedeutendsten slowenischen Geographen, der mit seinem Werk über die Almen in den Julischen Alpen die damals einzige almgeographische Monographie in slowenischer Sprache vorlegt (Melik 1950 SI). Die Publikationen dieser Zeit sind von der damaligen internationalen Almforschung deutlich beeinflusst. Die erste (kurze) Monographie, die die Almen in den gesamten Slowenischen Alpen untersucht, wird von Metod Vojvoda in deutscher Sprache vorgelegt, da er zum Kreis der Münchner Schule der Sozialgeographie um Karl Ruppert gehört (Vojvoda 1969 SI). Vojvoda behandelt vor allem die Sozial- und Wirtschaftsgeographie der Almen in der Zeit nach dem Zweiten Weltkrieg, was Vergleiche mit älteren Regionalstudien ermöglicht. In den 1980er, 1990er und 2000er Jahren konzentriert sich die geographische Almforschung auf die Analyse des Strukturwandels der Almwirtschaft (Senegačnik 1989 SI, Vojvoda/Senegačnik 1984 SI) und die Triebkräfte der Veränderungen (Petek 2005 SI). Insgesamt stammen 25 % aller Publikationen aus der Geographie. Die geographischen Almforschungen, die seit Mitte des 20. Jahrhunderts entstehen, enthalten in der Regel umfangreichere statistische Analysen, die besonders wichtig sind, weil es keine anderen Almstatistiken in Slowenien gibt.

Innerhalb der Volkskunde oder Ethnologie entwickelt sich eine Almforschung im Rahmen der „Alpes Orientales", einer internationalen Expertengruppe zur Erforschung der Ostalpen. Diese Forschungsstruktur wurde vom Institut für Volkskunde (ISN) der Slowenischen Akademie der Wissenschaften und Künste (SAZU) im Jahr 1956 initiiert, und es gab regelmäßige, interdisziplinär ausgerichtete Tagungen, deren Tagungsbände wichtige Bausteine für die vergleichende Erforschung der ethnologisch sehr vielfältigen, aber historisch, geographisch und kulturell eng verflochtenen Ostalpen darstellen (Novak 1961 SI, Cevc 1969 SI); dabei war die 6. Tagung im Jahr 1970 explizit dem Thema „Hirtenkultur" gewidmet (Cevc 1972 SI, Matičetov 1972 SI). Tone Cevc, Mitglied des ISN, erforschte im Folgenden systematisch das Almleben und die Almarbeit auf Velika planina und in Bohinj (Cevc 1972 und 1992 SI) und konzentrierte sich dabei auf die Entwicklung und Typologie der Hirtenhütten (Cevc 1995 SI). In den letzten Jahren erforscht die Ethnologin Špela Ledinek Lozej das Almleben (Ledinek Lozej 2013 und 2016 SI), und ethnologische Almforschungen werden darüber hinaus auch in den Museen Gorenjski muzej und Goriški muzej (Novak 1968 und 1989 SI, Križnar 1974 und 1984 SI) sowie jüngst auch in Tolminski muzej (Grego/Mlinar 2019 SI) durchgeführt. Mit 35 % aller Publikationen steht die Volkskunde/Ethnologie an der Spitze der slowenischen Almforschung.

Die Forschungen zur Situation der Almen in früheren Zeiten, die über den Rahmen dieser Almbibliographie hinausgehen, werden von Archäologen, Paläoökologen und Historikern durchgeführt. In den letzten Jahrzehnten wird die Almforschung in Slowenien vor allem von Ethnologen, Archäologen und Paläoökologen betrieben.

3.4.7 Internationale Ebene

Ethnologen aus den USA betreiben immer wieder – besonders häufig in den 1970er Jahren – Feldforschungen in den Alpen, bei denen die Alm- und Alpwirtschaft und das Gemeinschaftseigentum eine relevante Rolle spielen. Dabei handelt es sich stets um ausgewählte Einzelbeispiele, und die amerikanischen Forscher gehen von ganz anderen Fragestellungen aus und verwenden völlig andere Methoden als ihre europäischen Kollegen (siehe dazu Niederer 1983/CH). Da ihre Ergebnisse in anerkannten wissenschaftlichen Verlagen und Zeitschriften in den USA publiziert werden, machen sie – im Unterschied zu den Publikationen aus den Alpenstaaten, die in der Regel außerhalb der Alpen wenig wahrgenommen werden – die Alm- und Alpwirtschaft der Alpen weltweit bekannt (siehe das Stichwort „USA-Ethnologen" im Sachregister). Der bekannteste Vertreter ist Robert McC. Netting, der in den 1970er Jahren Feldforschungen im Wallis/Schweiz durchführt (Netting 1981 CH/VS). Seine Ergebnisse werden später von Elinor Ostrom in ihrem Buch „Governing the Commons" aufgegriffen und zitiert

(Ostrom 1990), wodurch die Alm- und Alpwirtschaft in den weltweiten Diskussionen über die Bedeutung des Gemeinschaftseigentums eine relevante Rolle erhält.

3.5 SECHS UNTERSCHIEDLICHE DISKUSSIONSZUSAMMENHÄNGE IM ALPENRAUM

Auch wenn die Diskussionen zur Alm- und Alpwirtschaft in den einzelnen Staaten jeweils spezifische nationale Schwerpunkte und Traditionen besitzen, so könnte es dabei trotzdem einen alpenweiten Diskussionszusammenhang geben. Dieser ist jedoch aus den folgenden vier Gründen nur äußerst schwach entwickelt:

Erstens gibt es kaum empirisch fundierte und vergleichende Untersuchungen zur Alm- und Alpwirtschaft im gesamten Alpenraum (siehe Abschnitt 3.3.13).

Zweitens werden die wichtigsten Werke zur Alm- und Alpwirtschaft nie in andere Sprachen übersetzt und können daher nicht alpenweit wahrgenommen werden. Eigentlich könnte die viersprachige Schweiz am einfachsten die sprachliche Vermittlungsarbeit leisten, aber die mehrsprachigen Schweizer Publikationen bleiben allein auf die schweizerischen Verhältnisse bezogen und blicken nicht über die schweizerische Grenze hinaus; und selbst bei den zentralen Begriffen der Alpwirtschaft gibt es schweizerische Eigenheiten (siehe Abschnitte 2.2.2 und 2.2.3). Und die Übersetzungen von Trientl (1870 AT) und Wilhelm (1868 AT) ins Italienische und Slowenische sind nicht Ausdruck einer alpenweiten Diskussion, sondern Ausdruck der Vielsprachigkeit des Habsburgerreiches. Seit einiger Zeit gibt es zwar Staatsgrenzen überschreitende, oft mehrsprachige Publikationen (z.B. Mayer et al. 2020 DE/OBB, Woolf/Viazzo 2002 IT/AO, APT 2001 IT/FV, Chiopris 2014 IT/FV, Koroschitz 2010 AT/K), aber hierbei handelt es sich um Ergebnisse einer grenzüberschreitenden regionalen Zusammenarbeit; so erfreulich diese Initiativen sind, so sind sie noch kein Ausdruck von überregionalen Diskussionszusammenhängen.

Drittens werden seit einiger Zeit auf Grund der großen Schwierigkeiten und der hohen Kosten, die mit der Mehrsprachigkeit im Alpenraum verbunden sind, die alpenweiten politischen Diskussionen immer häufiger in englischer Sprache geführt. Dies ist beim Thema Alm- und Alpwirtschaft zwar besonders schwierig (siehe die Abschnitte 1.5, 2.1, 2.2), aber man kann trotzdem fragen, welche Rolle das Englische dabei heute spielt. Das Ergbnis ist sehr eindeutig: Das Englische besitzt in der alm- und alpwirtschaftlichen Diskussion nur einen marginalen Stellenwert – nur 3 % aller Publikationen erfolgen in englischer Sprache, und selbst in den beiden letzten Jahrzehnten liegt dieser Wert nur bei 5 %. Dabei kann man feststellen, dass slowenische Autoren die englische Sprache relativ gesehen am häufigsten benutzen (ihre Muttersprache wird in den Alpen und in Europa nur wenig verstanden), gefolgt von Schweizer Autoren (innerhalb des Schweizer Wissenschaftssystems besitzt das Englische inzwischen einen besonders hohen Stellenwert), während es in den übrigen Staaten kaum eine Rolle spielt. Darüberhinaus präsentieren die Publikationen in englischer Sprache in den meisten Fällen die Ergebnisse von hochspezialisierten Einzelforschungen, so dass das Englische kaum eine Bedeutung in der alpenweiten Diskussion um die Alm- und Alpwirtschaft besitzt.

Viertens konzentrieren sich *alle* zusammenfassenden und bilanzierenden Monographien der einzelnen Staaten und Regionen ausschließlich auf das eigene Gebiet und werfen keinen Blick über die Grenze auf „fremde“ Alpenregionen. Damit fehlt an der Basis die zentrale Voraussetzung für eine alpenweite Diskussion, nämlich die reflektierte Positionierung der lokalen/regionalen Alm- und Alpwirtschaft in ihrem alpenweiten Kontext und ihr systematischer Vergleich mit anderen Formen der Alm- und Alpwirtschaft.

Diese vier Punkte machen deutlich, dass es eine alpenweite alm- und alpwirtschaftliche Diskussion nur ansatzweise gibt. Dies betrifft aber nicht nur die einzelnen Sprachräume (deutsch, französisch, italienisch, slowenisch), zwischen denen es kaum einen Austausch gibt, sondern die Staatsgrenzen besitzen ebenfalls eine große trennende Wirkung. Dies betrifft die französischsprachigen Alpgebiete in Frankreich, im Aosta-Tal und in der Schweiz, die italienischsprachigen Alm- und Alpgebiete in Italien und in der Schweiz, die deutschsprachigen Alm- und Alpgebiete in Deutschland, Österreich, Liechtenstein, Südtirol und in der Schweiz sowie die slowenischsprachigen Almgebiete in Slowenien, Italien und Österreich, die trotz eines regelmäßigen und institutionalisierten Informationstauschs (siehe Zeller 1968 + 1994 AL) kaum gemeinsame Diskussionen aufweisen.

Daher kann man feststellen, dass es im Alpenraum beim Thema Alm- und Alpwirtschaft sechs unterschiedliche Diskussionszusammenhänge gibt, von denen die Diskussionen in den slowenischen Alpen am stärksten nach außen (zu den italienischen und österreichischen Alpen hin) geöffnet sind:

- Die bayerischen (deutschen) Alpen
- Die östereichischen Alpen (einschließlich Südtirol)
- Die Schweizer Alpen
- Die französischen Alpen
- Die italienischen Alpen (ohne Südtirol)
- Die slowenischen Alpen

Angesichts dieser Situation verfolgt diese Bibliographie auch die Aufgabe, die wechselseitige Kenntnis der Alm- und Alpwirtschaft im gesamten Alpenraum zu verbessern und die alpenweite Zusammenarbeit zu intensivieren.

4. ERLÄUTERUNGEN ZUR BENUTZUNG DIESER BIBLIOGRAPHIE

4.1 INHALT DIESER BIBLIOGRAPHIE (ZUSAMMENFASSUNG DER EINLEITUNG 1.3)

Publikationen zur Alm- und Alpwirtschaft im eigentlichen Sinn, also ihre Nutzungsformen, Wirtschaftsstrukturen, Eigentums- und Rechtsformen, ihr Brauchtum sowie die Alpgebäude und das Namensgut. Beginn: 1859, Ende: 31. 12. 2020.

Das bedeutet den inhaltlichen Ausschluss folgender Themen:

- Keine Publikationen zu den naturräumlichen Voraussetzungen, zur Vegetation, zur Tiergesundheit und zur naturwissenschaftlichen Qualität der Alm- und Alpprodukte.
- Keine Monographien zur Landwirtschaft und zu einzelnen Alpengemeinden, -tälern, -regionen.
- Keine Publikationen zur Stufe der „Maiensäße" und zum Wald innerhalb der Alm- und Alpflächen.
- Keine rein historischen Darstellungen (Situation der Alm- und Alpwirtschaft vor 1860).
- Keine Publikationen zur konkreten Verbesserung der Alm- und Alpbewirtschaftung incl. Erschließung der Almen/Alpen durch Wege, Straßen, Seilbahnen.
- Keine Berichte der Ergebnisse von alm- und alpwirtschaftlichen Förderprojekten.
- Keine rein touristischen Alm- und Alpwanderführer, Alm- und Alpkochbücher, erzählerische und literarische Beschreibungen des Alm- und Alplebens.
- Keine Archivalien.

4.2 FORMALE AUSSCHLUSSKRITERIEN

- Keine Seminar-, Haus- und Examensarbeiten an Universitäten
- Keine internen Berichte von land- und alm- und alpwirtschaftlichen Ämtern und Organisationen.
- Keine Publikationen mit weniger als zehn Druckseiten.

4.3 GLIEDERUNG UND UNTERGLIEDERUNGEN

Am Beginn stehen die Publikationen, die den gesamten Alpenraum betreffen. Dann folgen die Publikationen, die die Situation der Alm- und Alpwirtschaft in den sieben Staaten mit Alpenanteil behandeln, wobei diese Staaten in der alphabetischen Reihenfolge ihrer Namen gereiht werden: Deutschland (DE), Frankreich (FR), Liechtenstein (FL), Italien (IT), Österreich (AT), Schweiz (CH) und Slowenien (SI). Am Beginn jedes einzelnen Staates stehen zuerst diejenigen Publikationen, die den gesamten Alpenraum dieses Staates betreffen, und dann folgen die einzelnen „Regionen", wobei die Staaten Liechtenstein und Slowenien nicht unterteilt werden. Dabei orientieren sich die „Regionen" und ihre Reihenfolge an den amtlichen Statistiken der jeweiligen Staaten.

4.4 INFORMATIONEN ZU BEGINN JEDER GEOGRAPHISCHEN EINHEIT

Zu Beginn jeder geographischen Einheit (Staat bzw. „Region") werden vor den entsprechenden Publikationen stichpunktartig die folgenden Informationen aufgeführt:

- Kommentare und Erläuterungen zur geographischen Einheit, wenn sich diese seit 1860 verändert hat oder wenn die geographische Zuordnung mehrdeutig sein kann.
- Die einschlägigen alm- und alpwirtschaftlichen Vereine/Verbände mit ihrer Zeitschrift und ihrer Internetseite.
- Internetseiten, die wichtige Informationen für die Alm- und Alpwirtschaft dieser geographischen Einheit bereitstellen (oft materialreiche Seiten).
- Verweis auf eventuell vorhandene Alm- und Alpstatistiken (um diese schnell finden zu können).
- Verweis auf Monographien zur Alm- und Alpwirtschaft, die größere Teilräume (keine Einzelfälle) umfassen, um die zentralen Publikationen schnell finden zu können.

4.5 ZUR BIBLIOGRAPHISCHEN ERFASSUNG

Die einzelnen Publikationen werden nach folgenden Kriterien erfasst:

- Es werden nur Titel in deutscher, französischer, italienischer, englischer, slowenischer und rätoromanischer Sprache aufgenommen.
- Die Titel werden möglichst genau erfasst (keine bibliographischen Kurzangaben) und enthalten in der Regel auch die Seitenzahlen von Büchern und Monographien.
- Alle Titel werden nach den bibliographischen Erfassungskriterien der jeweiligen Staaten erfasst. Dabei werden folgende Begriffe verwendet (es werden nur die verwendeten Begriffe genannt):

Deutsch	Französisch	Italienisch	Englisch	Rätoromanisch	Slowenisch
Hrsg.	sous la direction de	a cura di	editor	editur	urednik
Verlag	éditeur	editore/edizioni	publisher	chasa editura	založba
Band	tome/volume	volume	volume	volüm	zvezek
Auflage	édition	edizione	edition	ediziun	izdaja
S.	p.	pp.	p.	p.	str.
Nachdruck	réédition	riedizione	–	–	–
Tagungsband	actes	atti	–	–	–
Bericht	bulletin	bollettino	–	–	–
Zeitschrift	revue	rivista	–	–	–
Jahrbuch	annales	annali	–	–	–
Heft	cahier	quaderno	–	–	–
Führer	guide	guida	–	–	–
Div. Autoren	auteurs	AA.VV. (autori vari)	–	–	–

Bei Sammelbänden wird der vollständige Titel nur einmal angegeben, und an dieser Stelle wird auf die einzelnen Beiträge, die in diese Bibliographie aufgenommen werden (nicht alle Titel wurden gemäß den Auswahlkriterien aufgenommen), mit „siehe (vedere/voir)“ verwiesen (mit Abkürzung der geographischen Einheiten wie im Inhaltsverzeichnis); bei den einzelnen Beiträgen erscheint hinter dem Titel der Hinweis, dass der Haupteintrag (HE) an anderer Stelle (mit Verweis auf die geographische Einheit) steht.

Im Inhaltsverzeichnis und in den Überschriften werden für alle verwendeten geographischen Einheiten Abkürzungen aufgeführt. Diese Abkürzungen werden in dieser Bibliographie für Querverweise und für die Register genutzt.

4.6 ZUORDNUNG DER TITEL ZU EINEM FACHGEBIET

Bei allen Titeln wird am Ende des Eintrags vermerkt, aus welchem Fachgebiet diese Publikation stammt. Dabei werden folgende Abkürzungen verwendet:

Alm- und Alpstatistiken	(Sta)
Agrarwissenschaften	(Agr) (hier auch Publikationen der Alm- und alpwirtschaftlichen Vereine)
Geographie	(Geo)
Volkskunde/Ethn./Anthr.	(Vol)
Rechtswissenschaften	(Rec)
Sprachwissenschaften	(Spr)
Hausforschung	(Hau)
„Wörter + Sachen“	(W+S)
Bibliographien	(Bib)
Diverse Publikationen	(Div) (sehr große thematische Breite)
Populäre Publikationen	(Pop) (Publikationen für ein breites Publikum)

Finora non esisteva nemmeno lontanamente una bibliografia sull'alpicoltura che comprenda tutte le regioni alpine e tutti i settori specialistici rilevanti. La sua stesura è stata possibile solo grazie al mio quarantennale studio delle alpi, in cui la comprensione della loro enorme varietà regionale ha avuto e continua ad avere una notevole importanza.

Questa bibliografia viene pubblicata in un'edizione cartacea, perché il libro è uno strumento perfetto da leggere e sfogliare e perché consente di farsi un'idea complessiva particolarmente approfondita e quindi scoprire molti fatti sorprendenti; verrà contemporaneamente pubblicata in un'edizione digitale (www.badhindelang.de/alpbibliografie), in quanto strumento ideale per una ricerca mirata.

L'introduzione di questa bibliografia viene inoltre contemporaneamente pubblicata in tedesco, italiano, francese, sloveno e inglese, perché l'alpicoltura è un fenomeno pan-alpino che richiede una considerazione pluringuistica. Poiché l'introduzione pentalinguistica contiene importanti concetti tecnici dell'alpicoltura, assenti in molte enciclopedie, può essere benissimo utilizzata come ausilio di traduzione tra le varie lingue; la lettura dei titoli della bibliografia esprime inoltre perfettamente come tali concetti tecnici siano stati impiegati nel singolo contesto: entrambi possono facilitare notevolmente la comunicazione pan-alpina oltre le barriere linguistiche.

Desidero ringraziare di cuore le seguenti persone per il loro aiuto durante la stesura di questa bibliografia:

Aigner, Susanne	*Köttmannsdorf/AT*
Bartaletti, Fabrizio	*Livorno/IT*
Corti, Michele	*Milano/IT*
Heißenhuber, Alois	*Monaco di Baviera/DE*
Hitz, Florian	*Coira/CH*
Hösli, Giorgio	*Mollis/CH*
Honisch, Michael	*Immenstadt/DE*
Hovorka, Gerhard	*Vienna/AT*
Hübner, Thomas	*Erlangen/DE*
Jenewein, Johann	*Innsbruck/AT*
Lampič, Barbara	*Lubiana/SI*
Ledinek Lozej, Špela	*Lubiana/SI*
Merlin, Friedrich	*Klagenfurt/AT*
Miklič Cvek, Lucija	*Lubiana/SI*
Moutard, Robert	*Lione/FR*
Penz, Hugo	*Innsbruck/AT*
Price, Martin	*Perth/UK*
Ressi, Wolfgang	*Klagenfurt/AT*
Ringler, Alfred	*Rosenheim/DE*
Rougier, Henri (†)	*Lione/FR*
Tuor, Leo	*Coira/CH*
Zwitter, Žiga	*Lubiana/SI*

Un ringraziamento particolare va al comune di Bad Hindelang, in cui l'alpicoltura gioca un ruolo importante: il comune si impegna da molto tempo attivamente nell'alpicoltura, anche con il sostegno dell'"Ecomodello di Hindelang" e con l'iscrizione dell'alpicoltura nel registro federale tedesco del "Patrimonio culturale immateriale" ed ha consentito la pubblicazione plurilinguistica di questa bibliografia in formato analogico e digitale. Mi auguro che, grazie a questa bibliografia, si possa tornare a cogliere l'enorme importanza economica, culturale ed ecologia dell'alpicoltura nelle regioni alpine e in Europa e che la collaborazione pan-alpina venga intensificata.

Bamberg, maggio 2021, Werner Bätzing

INTRODUZIONE

SOMMARIO DELL'INTRODUZIONE:

1. CARATTERISTICHE CENTRALI DI QUESTA BIBLIOGRAFIA

1.1. OBIETTIVO

L'alpicoltura venta una storia secolare sulle Alpi, è molto significativa perché gestisce quasi il 30 % dell'intera superficie alpina (Ringler 2009 AL, p. 18 – il codicillo "AL" indica in quale paragrafo di questa bibliografia si trovi il titolo; le abbreviazioni vengono illustrate nel sommario) e caratterizza così tanto l'arco alpino in termini economici, socioculturali e paesaggistico-ambientali da rappresentare una delle caratteristiche più fondamentali di queste catene montuose.

La bibliografia qui presentata delle pubblicazioni sull'alpicoltura persegue un duplice scopo:

Primo: il sapere associato all'alpicoltura sta oggi sempre più scomparendo. Ciò non riguarda tanto i contadini che continuano ad esercitare l'alpicoltura (tuttavia sempre meno), ma soprattutto gli abitanti dell'arco alpino e dell'Europa, nonché le figure politiche, amministrative, economiche e mediatiche. Questa bibliografia vuole mantenere in vita la memoria di questo sapere e renderlo di dominio pubblico, racchiude infatti importantissime esperienze di approccio alla natura, alle modalità di utilizzo collettive e a specifici valori culturali che non devono andare persi. Tali esperienze non sono importanti solo per i comuni, le valli e le regioni alpini direttamente interessati, ma anche per l'intero arco alpino e tutta l'Europa.

Secondo: Nell'intera area alpina l'alpicoltura deve affrontare problemi simili, quali l'imminente abbandono di ampie superfici, il sovra-sfruttamento di piccole superfici, la minaccia della diffusione di grandi carnivori, la pressione e la repressione esercitate dalle attività turistiche e ricreative nonché la deformazione da parte di nuove rivendicazioni sociali non rurali (tutela ambientale, superfici compensative e selvatiche). Ma poiché non esiste un'organizzazione pan-alpina di associazioni e comitati di alpicoltura e tanto meno un contesto di dibattito pan-alpino (vedere paragrafi 3.4 e 3.5), ma anzi tali dibattiti si svolgono nei singoli stati e regioni alpine separatamente uno dall'altro, si ritrovano solo strutture di dibattito divise e frammentate. Queste complicano il dibattito comune sui problemi attuali ed impediscono che l'alpicoltura si affermi nell'arco alpino e in tutta Europa come figura importante che difenda pubblicamente e fermamente i propri obiettivi ed interessi.

Per queste due ragioni, la consapevolezza dell'importanza dell'alpicoltura per le Alpi e l'Europa è oggi piuttosto debole. Mediante una bibliografia, questa pubblicazione mira pertanto a documentare i lunghi dibattiti sull'alpicoltura che sono stati svolti e continuano a venire svolti intensamente nei singoli stati e regioni alpini. Ciò dovrebbe quindi da un lato creare una base che illustri meglio la grande importanza dell'alpicoltura alla popolazione dell'arco alpino alpine e dell'Europa, e dall'altro stimolare ed intensificare quindi i dibattiti pan-alpini sulla situazione attuale dell'alpicoltura. Secondo l'autore sarebbe utile una collaborazione sotto forma di organizzazione ombrello pan-alpina, volta a rafforzare l'alpicoltura.

1.2 APPROCCIO AI CONTENUTI E DELIMITAZIONE DEI TEMI

Finora non esisteva nemmeno lontanamente una bibliografia sull'alpicoltura pan-alpina e di stampo interdisciplinare: le sette bibliografie esistenti su questo tema (vedere paragrafo 3.3.10) si concentrano solo su determinati sub-spazi e singoli settori. Anche il tradizionale mezzo ausiliario, l'analisi delle cos. "bibliografie nascoste" (vastissimi riferimenti bibliografici in ampi quadri d'insieme) non rappresenta in questo caso un'alternativa, poiché mancano quasi completamente quadri d'insieme sull'alpicoltura di stampo interdisciplinare e internazionale (vedere paragrafo 3.3.13) e perché quasi tutte le pubblicazioni sull'alpicoltura non sono solo a forte orientamento statale, ma anche settoriale. La "bibliografia nascosta" senza dubbio più completa, il riferimento bibliografico nella monografia di Alfred Ringler (Ringler 2009 AL, 98 pagine) documenta anzitutto titoli ecologico-naturalistici e tratta quindi solo un'area parziale del tema. Alla luce di questa complicata situazione di partenza, l'elaborazione di una bibliografia pan-alpina e interdisciplinare sull'alpicoltura rappresenta una grande sfida.

Affinché questa bibliografia non diventi incomprensibile e il suo contenuto non degeneri dopo molte pagine, ho delimitato come segue tale contenuto, in considerazione dell'obiettivo dichiarato all'inizio:

a) le analisi e le ricerche naturalistiche sull'alpicoltura sono oggi così specializzate e variegate da essere generalmente incomprensibili per chiunque non sia un naturalista (e in parte addirittura per i naturalisti di altri rami). La maggior parte delle persone oggi interessate all'alpicoltura riescono appena a comprendere i contenuti trattati. Sebbene da decenni mi batta per una considerazione "integrativa" dell'arco alpino, ho pertanto deciso di non inserire testi naturalistici in questa bibliografia. Rinunciare a tali testi risulta ancora più facile, dato che l'esaustivo riferimento bibliografico di Alfred Ringler (Ringler 2009 AL, p. 1339-1437) è di stampo fortemente naturalistico-ambientale e tratta bene tale tematica. Le pubblicazioni sui presupposti naturali delle alpi (geologia, clima, geomorfologia, idrologia, suolo), sulla vegetazione delle aree alpestri, sulla salute della fauna e sulla qualità naturalistica dei prodotti alpestri non vengono quindi inclusi in questa bibliografia.

b) Molti scienziati e professionisti continuano giustamente a sottolineare che l'alpicoltura, nonostante un certo grado di autonomia, è strettamente intrecciata con l'agricoltura locale e regionale e con l'agricoltura dei territori circostanti alle Alpi, tanto che la si può comprendere adeguatamente soltanto alla luce di tale intreccio. Adottando tale prospettiva, una bibliografia sull'alpicoltura diventerebbe una bibliografia dell'agricoltura dell'intero arco alpino e del suo territorio circostante. Poiché ciò esulerebbe tuttavia dal contesto di questa bibliografia, essa si limita al tema alpicoltura in senso proprio ed esclude rappresentazioni dell'agricoltura nell'arco alpino che generalmente trattano *anche* l'alpicoltura (ma per lo più piuttosto scarsamente); si faranno eccezioni solo se tali pubblicazioni comprendono un capitolo a parte sul tema alpicoltura di almeno dieci pagine. Lo stesso vale per pubblicazioni sul tema industria casearia, allevamento di bestiame, razze di bestiame e produzione casearia, che verranno considerate solo se trattano l'alpicoltura come chiaro elemento centrale.

c) Esistono numerose pubblicazioni (monografie) su singoli comuni, valli o regioni alpini che contengono generalmente scarse affermazioni sull'alpicoltura. Tali pubblicazioni non vengono qui raccolte: verranno fatte eccezioni solo se comprendono un capitolo a parte sul tema alpicoltura di almeno dieci pagine.

d) Molte descrizioni dell'alpicoltura trattano *tutti* gli insediamenti e le aree economiche ad uso stagionale al di sopra degli insediamenti permanenti, quindi anche il livello dei "maggenghi". Poiché i problemi e i potenziali attuali di questo livello intermedio, al di sopra degli insediamenti permanenti e al di sotto degli insediamenti alpestri, sono nettamente diversi da quelli dell'alpicoltura, in questa bibliografia non verranno incluse le pubblicazioni che si dedicano esclusivamente a questo livello intermedio. Non verranno considerate nemmeno pubblicazioni che si dedicano esclusivamente alla foresta all'interno dei territori alpestri.

e) Le moderne statistiche alpine, nate a partire dal 1864 (Schatzmann/Wirth 1868 CH), introducono lo studio pratico e scientifico dell'alpicoltura in un quadro completamente nuovo. Questa bibliografia parte quindi dal 1859/60, le pubblicazioni precedenti a tale anno non verranno considerate.

f) Anche se la storia è indispensabile per comprendere correttamente la situazione attuale dell'alpicoltura, da questa bibliografia verranno escluse le pubblicazioni di stampo prettamente storico che trattano la situazione dell'alpicoltura prima del 1860, dato che questa bibliografia si concentra sul presente. La comprensione della situazione attuale presuppone tuttavia la conoscenza delle strutture tradizionali, verranno quindi citate pubblicazioni che le illustrano.

g) Poiché lo scopo di questa bibliografia è la comprensione dell'alpicoltura come fenomeno complesso, verranno escluse le pubblicazioni di natura essenzialmente pratica sulla configurazione tecnica, organizzativa, aziendale o ecologica e sul miglioramento della gestione delle alpi, compresa la loro urbanizzazione mediante percorsi, strade e funicolari. Verrà fatta un'eccezione solo per le numerose monografie sull'alpicoltura da una prospettiva agronomica, in cui i miglioramenti della gestione giocano un ruolo fondamentale, perché tali monografie illustrano anche sistematicamente l'intero sistema dell'alpicoltura.

h) Questa bibliografia escluderà anche le guide escursionistiche alpestri d'importanza esclusivamente turistica, i libri di cucina e ricette alpestri nonché le descrizioni puramente narrative e letterarie della vita alpestre. I volumi illustrati verranno raccolti solo se la loro natura è sistematico-documentaristica o se contengono importanti fotografie storiche.

i) Esistono numerose pubblicazioni istruttive sull'alpicoltura edite da case editrici private o pubblicate da un comune, consorzi alpini, corporazioni alpine, comunità agrarie e simili. Tali pubblicazioni verranno raccolte in questa bibliografia se sono disponibili in una biblioteca pubblicamente accessibile.

Alla luce delle limitazioni elencate in questi nove punti, questa bibliografia si concentra sull'alpicoltura, sulle sue modalità di utilizzo, sulle sue strutture economiche, sulle sue forme di proprietà e giuridiche, sulle sue usanze e, marginalmente, sugli edifici alpini e sulla terminologia pertinente (nomi). Nel farlo verrà costantemente considerato l'utilizzo transumante dell'alpe, poiché nelle Alpi sud-occidentali, meridionali e sud-orientali è talvolta più importante dell'alpicoltura locale.

Affinché questa bibliografia non diventi troppo voluminosa, verranno inoltre esclusi anche i seguenti testi:

- Prove scritte, tesi di laurea, relazioni di seminari e tesine universitarie, dato che, al contrario delle tesi di dottorato, generalmente non sono pubblicamente accessibili. Per quanto riguarda le poche prove scritte che, per il loro contenuto, verranno comunque elencate in questa bibliografia, verrà citata la relativa sede della biblioteca in cui sono pubblicamente accessibili.

- Relazioni di istituzioni (soprattutto organizzazioni di alpicoltura, uffici agrari statali) redatte esclusivamente per uso interno e non pubblicate.

- Risultati di progetti per la promozione alpestre, generalmente pubblicati solo come progetto interno (spesso in internet); questi verranno qui raccolti solo se pubblicati in riviste o editoriali pubblicamente accessibili.

- Materiali d'archivio (testi manoscritti, documenti dattiloscritti, statuti alpestri, regolamenti giuridici di qualsiasi tipo, fonti, documenti storici e simili).

- Affinché il numero dei saggi non diventi eccessivo, vengono principalmente raccolti solo saggi di almeno 10 pagine (verrà quindi esclusa la maggior parte dei saggi delle riviste associative di alpicoltura).

Pubblicazioni in internet: Il punto cardine di questa bibliografia sono le pubblicazioni cartacee sempre pubblicamente accessibili nelle biblioteche. Internet verrà invece considerato in maniera limitata come luogo di pubblicazione, perché è un mezzo relativamente giovane i cui contenuti spesso cambiano, non necessariamente costante e la cui qualità è estremamente variabile. Per considerare comunque sufficientemente tale mezzo, nelle unità geografiche prima dell'inizio delle pubblicazioni verranno elencate singole pagine internet pertinenti e generalmente ricche di materiale.

Informazioni dettagliate su internet:

- Le pubblicazioni meno recenti sono attualmente spesso disponibili nei negozi di antiquariato (ad eccezione di alcuni classici, spesso sorprendentemente economici) e grazie ad internet possono essere facilmente reperite. Se il copyright è scaduto, oggi sono sempre più frequenti ristampe fotomeccaniche come pubblicazioni print-on-demand (spesso di aziende americane) che vengono menzionate in questa bibliografia (ma solo con la data).

- Numerosi libri meno recenti e annate complete di riviste sono ormai stati del tutto digitalizzate e sono liberamente accessibili in internet (libri nelle grandi biblioteche statali, riviste ad es. su https://ezb.uni-regensburg.de o www.e-periodica.ch o www.anno.onb.ac.at o ancora www.persee.fr); poiché sono facilmente reperibili, in questa bibliografia non verranno indicati gli indirizzi internet.

- I saggi in riviste rilevanti, la cui pubblicazione analogica è stata sospesa e vengono ora pubblicati solo in internet (ad es. la “Revue de Géographie Alpine”) verranno raccolti in questa bibliografia.

- I risultati di importanti progetti di ricerca presentati solo in internet vengono raccolti in questa bibliografia.

1.3 METODI DI ELABORAZIONE

La base dell’elaborazione di questa bibliografia è il mio “Archiv für integrative Alpenforschung” (archivio di ricerca integrativa sulle Alpi) e il mio schedario delle Alpi in esso contenuto (file di letteratura) che ho iniziato nel 1980 e che da allora aggiorno ed amplio regolarmente. A dicembre 2019 comprendeva quasi 30.000 schede o titoli (vedere www.geographie.nat.fau.de/person/werner-baetzing/#collapse_2, sezione “Archiv für integrative Alpenforschung”, quindi punto 6). Per questa bibliografia ho analizzato i miei schedari pertinenti (pubblicazioni) e li ho quindi integrati e completati come segue:

- Tutti i titoli sull’alpicoltura elencati nella mia bibliografia sono stati controllati con l’aiuto dei cataloghi elettronici delle biblioteche nazionali ed internazionali ed eventualmente corretti.

- I riferimenti bibliografici sull’alpicoltura contenuti nei saggi e nelle monografie sono stati analizzati sistematicamente (se non era ancora avvenuto).

- Le collane di pubblicazioni, le riviste e i riferimenti editoriali pertinenti sono stati miratamente rivisti (se non era ancora avvenuto).

Per concludere l’elaborazione di questa bibliografia sono stati indicati i concetti di alpicoltura e i loro equivalenti italiani e francesi nelle macchine di ricerca dei cataloghi elettronici delle seguenti biblioteche e consorzi di biblioteche nazionali:

DE: https://opacplus.bib-bvb.de
(Bayerischer Bibliotheksverbund)

FR: www.catalogue.bnf.fr
(Bibliothèque Nationale de France, Paris)

FL: http://aleph.bibliothek.li
(Liechtensteiner Landesbibliothek, Vaduz)

IT: http://opac.sbn.it
(Servizio Bibliotecario Nazionale)

AT: http://search.obvsg.at
(Österreichischer Bibliothekenverbund)

CH: www.swissbib.ch (Katalog aller Hochschulbibliotheken und der Schweizer Nationalbibliothek),
dal 2021 https://swisscovery.slsp.ch
(Swiss Library Service Platform)

SI: www.nuk.uni-lj.si
(National- und Universitätsbibliothek Ljubljana)

Ciò ha evidenziato che la ricerca produceva relativamente pochi nuovi titoli (meno del 10 %) sull’alpicoltura. Ciò potrebbe indicare che questa bibliografia raccoglie la maggior parte delle pubblicazioni pertinenti.

È tuttavia impossibile che una tale bibliografia raccolga completamente la letteratura sull’alpicoltura. Accolgo con gratitudine riferimenti a titoli che non ho contemplato e prego di comunicarli (werner.baetzing@web.de), affinché possa raccoglierli in questa bibliografia.

1.4 CRITERI DI RACCOLTA BIBLIOGRAFICI

Poiché il tipo di raccolta bibliografica di un titolo è nettamente diverso nei singoli stati con percentuale alpina, vengono mantenute le regole di raccolta bibliografica nelle singole aree linguistiche e *non* vengono omogeneizzate.

Per reperire rapidamente e senza problemi un titolo, i dati bibliografici verranno illustrati più dettagliatamente possibile, a differenza dell’attuale tendenza alla sintesi, quindi autore con nomi, titolo più sottotitolo completo, casa editrice, sede della casa editrice, collana, edizione, traduzione in altre lingue e simili. I nomi delle riviste e delle collane non vengono abbreviati, mentre le istituzioni presentate come editori o autori verranno citate più completamente possibile. Poiché a livello di contenuto fa la differenza se un titolo comprende 20 o 200 pagine, in più monografie, libri o opuscoli possibili verrà indicato il numero di pagine. Occasionalmente verranno anche fornite brevi indicazioni sul contenuto della pubblicazione.

1.5 INFORMAZIONI SULLA LINGUA DI QUESTA BIBLIOGRAFIA

Il problema centrale della descrizione dell'alpicoltura risiede nel fatto che l'alpicoltura nell'arco alpino è molto diversificata e che tale grande varietà materiale e culturale si esprime con termini locali pressoché infiniti, quasi sempre dialettali.

Basta gettare un rapido sguardo ai titoli di questa bibliografia per capire quanti termini utilizzati siano incomprensibili per i non abitanti della regione. Tali termini dialettali hanno inoltre un forte carattere normo-emotivo, quindi non sono facilmente traducibili in espressioni standard. La trasposizione di tali termini dialettali in lingua standard è tuttavia possibile se vengono illustrati più dettagliatamente, poiché dialetto e lingua standard possiedono importanti elementi di comunanza a cui si può fare riferimento. Le traduzioni in altre lingue sono tuttavia molto difficili, poiché le concrete situazioni dell'alpicoltura spesso non sono affatto note in altre aree linguistiche e perché, in questo caso, la dimensione normo-emotiva dei termini dialettali non è nemmeno più presente.

Per tale ragione non ha senso tradurre il titolo in lingua straniera di questa bibliografia: chiunque non comprenda il titolo non può nemmeno sfruttare le relative parti della bibliografia. Tale procedura riguarda i titoli in tedesco, italiano, francese e inglese. Presenta però difficoltà nelle lingue la cui conoscenza è molto limitata. Nell'arco alpino si tratta dello sloveno e del retoromanzo, in cui sono edite importanti pubblicazioni sull'alpicoltura. Affinché il lettore sappia almeno quali contenuti trattano queste pubblicazioni, in questa bibliografia vengono tradotti in tedesco o inglese titolo e sottotitolo delle pubblicazioni slovene e retoromanze nella presentazione bibliografica. A quanto so, nelle altre lingue (occitano, francoprovenzale, ladino, friulano e simili) esistono al massimo pubblicazioni isolate sull'alpicoltura.

Poiché io stesso non conosco lo sloveno e il retoromanzo, i seguenti colleghi e colleghe mi hanno molto cortesemente aiutato:

Le pubblicazioni in *sloveno* (più alcune integrazioni sulle regioni limitrofe e affermazioni sul termine alpicoltura in sloveno e sulla ricerca alpestre in Slovenia) sono state per me raggruppate da Žiga Zwitter (geografia/storia), Barbara Lampič (geografia), Špela Ledinek Lozej (etnologia) e Lucija Mikljč Cvek (scienze della biblioteca) (di Lubiana).

Le pubblicazioni in *retoromanzo* (e importanti integrazioni sui Grigioni) sono state selezionate e raggruppate da Leo Tuor dell'Institut dal Dicziunari Rumantsch Grischun (DRG) di Coira. A tal proposito si deve precisare che non esiste "la" lingua retoromanza o romancia, ma che tali lingue sono presenti "solo" nei seguenti cinque idiomi, ciascuno con propria lingua scritta: Sursilvano (Reno Anteriore), sottosilvano (Reno Posteriore), surmirano (Albula, Vaz/Obervaz, Val Sursette), putér (Alta Engadina), vallader (Bassa Engadina). Tutti i titoli retoromanzi elencati in questa bibliografia sono redatti in una di queste cinque lingue.

1.6 ARTICOLAZIONE DI QUESTA BIBLIOGRAFIA

Poiché i fenomeni agronomici, geografici, folcloristici, giuridici e linguistici dell'alpicoltura sono strettamente intrecciati tra loro, non è molto sensato separarli tematicamente uno dall'altro e articolare questa bibliografia per singole discipline scientifiche. E poiché il contesto statale e regionale dell'alpicoltura è molto importante, come elemento strutturale centrale di questa bibliografia si predilige un'articolazione geografica, quindi per stati e "regioni". Ciò evidenzia subito i collegamenti trasversali tra le singole discipline scientifiche.

Mentre la suddivisione della Alpi in stati è univoca, come "regioni" vengono selezionate unità amministrative statali che si trovano tra comune e stato e più o meno confrontabili tra loro per le loro dimensioni; esse sono in Germania Regierungsbezirke, in Francia départements, in Italia regioni (solo nel caso delle province del Trentino-Alto Adige), in Austria Bundesländer e in Svizzera cantoni o (a causa delle dimensioni ridotte di molti cantoni) gruppi di cantoni.

Il principato del Liechtenstein e la Slovenia non vengono ulteriormente suddivisi. In questo modo le Alpi vengono suddivise in 33 "regioni".

La suddivisione delle pubblicazioni per settori o discipline scientifiche non viene affatto impiegata come elemento di articolazione, ma ciascuna pubblicazione viene assegnata ad un settore (vedere paragrafo 3.3), affinché sia possibile analizzarla.

2. L'ALPICOLTURA NELL'ARCO ALPINO

2.1 CONCETTI DI ALPE

I seguenti termini sono associati all'alpe nell'intero arco alpino (come tali termini vengano concretamente impiegati è palese in molti titoli delle pubblicazioni di questa bibliografia):

Tedesco:
- Alm (dialetti bavaresi: Oberbayern, Austria senza Vorarlberg, Alto Adige)
- Alp o Alpe (dialetti alemanni: Allgäu, Vorarlberg, Liechtenstein, Svizzera tedesca)
- Berg
- Schwaige (Bassa Austria e Stiria)
- Transhumanz (solo come termine, non come realtà); nel senso più ampio confrontabile con la "Wanderschäferei" in Germania meridionale, la "Pensionsviehhaltung" in Baviera o "Küherwesen" in Svizzera.

Francese:
- Alpe
- Alpage
- Montagne (grandes montagnes = alpeggio comunitario, spesso pastorizia transumante; petites montagnes = alpeggio singolo da parte di membri di famiglie di contadini locali)
- Estivage o Estive (Alpes du Sud)
- Transhumance

Occitano (Alpi sud-occidentali):
- Gias o Giàs (grafia italiana) o jas (grafia francese)

Retoromanzo:
- Alp
- Munt

Italiano:
- Alpe
- Alpeggio
- Montagna
- Grangia (Piemonte)
- Malga (Alpi italiane centrali e orientali)
- Transumanza

Sloveno:
- Planina
- Staja, prestaja, rovt (maggenghi di proprietà privata)
- Planšarstvo, planinsko pašništvo, transhumanca (attività di alpicoltura)

2.2 INFORMAZIONI SUL TERMINE ALPICOLTURA NELLE VARIE LINGUE

Per l'alpicoltura non esiste un termine fisso di uso comune nelle lingue standard parlate nelle Alpi.

2.2.1 Tedesco

In questo caso il tedesco riporta due termini dialettali, cioè Almwirtschaft (dialetti bavaresi) e Alpwirtschaft (dialetti alemanni). Questa bibliografia utilizza quindi sempre il doppio termine "Alm- und Alpwirtschaft".

Nel XIX secolo, l'area linguistica tedesca utilizzava invece l'espressione "Alpenwirtschaft" come termine tedesco standard o scritto per ciò che oggi consideriamo Alm- o Alpwirtschaft; tale termine veniva allora impiegato nella legislazione e nel catasto fondiario (Penz 1978 AT, p. 15) e trovava applicazione nel lessico conversazionale e nelle pubblicazioni pertinenti.

Da ciò si può constatare quanto segue:

Alpenwirthschaft o (dopo la Conferenza ortografica di Berlino del 1901) *Alpenwirtschaft:* questo termine è l'unico impiegato nelle pubblicazioni di questa bibliografia tra il 1859 e il 1867. Dal 1870 al 1912 viene impiegato tanto frequentemente quanto "Alpwirthschaft/Alpwirtschaft" e infine completamente abbandonato.

Alpwirtschaft: Questo termine comparve per la prima volta nel 1867 in Svizzera, al posto di "Alpenwirtschaft" e si diffuse rapidamente, poiché veniva utilizzato da importanti autori svizzeri (Schatzmann, Anderegg) e dalla "Schweizerischen Alpstatistik". Questo termine è in uso anche nell'area linguistica bavarese, in cui viene progressivamente soppiantato dal termine "Almwirtschaft" solo nel corso degli anni 30 del 1900.

Almwirtschaft: Questo termine viene diffuso solo nel 1907 da Robert Sieger come termine scientifico generico, perché il termine dialettale plurale "Almen" non è ambiguo quanto l'allora termine tedesco standard "Alpen", consentendo quindi una differenziazione terminologica univoca tra le aree adibite a pascolo alpino e l'intera catena montuosa (Sieger 1907 AL, p. 263).

Ciononostante, questo termine non viene quasi più utilizzato da quasi due decenni. Solo nella seconda metà degli anni 20 del 1900 viene utilizzato più spesso, negli anni 30 del 1900 è presente quasi tanto frequentemente quanto "Alpwirtschaft" (Endriss 1935 DE/ALG und Meissinger 1936 DE/ALG lo utilizzano addirittura per l'Algovia!), ma soltanto dopo la seconda guerra mondiale diviene quasi l'unico termine utilizzato nell'area linguistica bavarese. Tuttavia, in Austria sia la statistica ufficiale (ÖSTAT 1955-57 e 1976), sia importanti autori (Schneiter 1948, Brugger/Wohlfarter 1983) continueranno ad utilizzare per molto tempo il termine "Alpwirtschaft".

2.2.2 Italiano

In Italia si parla spesso di "economia/cultura degli alpeggi" o di "economia/cultura delle malghe", ma il termine centrale è "alpicoltura". Nella Svizzera italiana viene invece utilizzato il termine "economia alpestre", piuttosto inusuale in Italia. Questa bibliografia utilizza il termine "alpicoltura".

2.2.3 Francese

In Francia si parla di "économie alpestre","économie montagnarde" o "économie pastorale" e anche l'espressione "vie pastorale" è molto comune. Nella Svizzera francese si è invece affermato il termine "économie alpestre". Questa bibliografia utilizza il termine "économie pastorale".

2.2.4 Sloveno

Similmente all'espressione tedesca "Alm/Alp", anche il lemma sloveno "planina" definiva in origine una prateria priva di foreste adibita a pascolo, spesso su una catena montuosa così lontana dagli insediamenti permanenti da non consentire di portare quotidianamente il bestiame al pascolo. Solo con la diffusione dell'alpinismo ("planinstvo") si sviluppò un nuovo significato del lemma "planina", che da allora significa anche "montagna". Da quando la Società agraria di Gorizia ha pubblicato nel 1871 una traduzione slovena del manuale di Wilhelm *Die Hebung der Alpenwirthschaft* (1868 AT), per alpicoltura viene impiegato anche il termine "planšarstvo". Per definire l'attività economica alpestre, alcuni autori, soprattutto geografi, utilizzano prevalentemente termini derivati dal lemma "planina", cioè "planinsko gospodarstvo", "planinsko pašništvo" e, in senso stretto, "planinska paša" (alpicoltura, superficie pascoliva dell'alpe).

2.2.5 Inglese

Poiché nell'area centrale della lingua inglese non sono presenti alte catene montuose e quindi alpicoltura, in questa lingua manca un relativo termine. Generalmente si parla di "alpine economy", "alpine farming", "alpine dairy farming", "alpine summer farming" o di "pastoralism" (eccetto Peattie 1936 AL), tuttavia tutte espressioni relativamente generiche. In questa bibliografia viene pertanto utilizzato il termine "alpine pasture farming".

2.2.6 Riassunto

Per la situazione definita con "alpicoltura" non esistono nell'arco alpino terminologie standard fisse, ma una considerevole varietà di termini. Tale varietà è lampante scorrendo i titoli i questa bibliografia. L'aspetto interessante è che, nella terminologia dell'area linguistica tedesca, l'economia ha una posizione centrale (Alm- und Alpwirtschaft), nell'area linguistica francese assume un ruolo fondamentale la vita sull'alpeggio (vie pastorale), mentre nell'area linguistica italiana si pone l'accento sulla cultura (alpicoltura). È quindi evidente già nel linguaggio che l'alpicoltura viene percepita in modo diverso nell'arco alpino.

2.3 PRESUPPOSTI E CARATTERISTICHE DELL'ALPICOLTURA

Le Alpi, in quanto alta catena montuosa geologicamente giovane, presentano valli relativamente strette e sottili, mentre oltre i 2000 m spesso ampi ed estesi altopiani (vecchie superfici terrestri) non ancora distrutte dall'erosione, poiché l'asportazione della catena montuosa non è ancora molto avanzata.

Per l'agricoltura, queste caratteristiche geologiche delle Alpi significano che le superfici utili relativamente calde e favorevoli della valle sono abbastanza ristrette, mentre in altitudine sono disponibili ampissime superfici. Tuttavia, a causa del clima rigido e del breve periodo vegetativo (le Alpi si trovano nella regione transitoria tra la zona climatica mediterranea e temperata), non possono essere utilizzate per l'agricoltura, ma solo come prati o pascoli.

L'agricoltura nell'arco alpino è originaria dell'Asia occidentale ("Mezzaluna fertile"). Si contraddistingue perché le attività di agricoltura e zootecnia coesistono pressoché equamente (con una notevole flessibilità nella singola valutazione) e si impiegano tre razze di animali addomesticati, cioè pecora, capra e manzo, che si prestano bene all'utilizzo su pascoli montani (cosa che non avviene in altre parti della terra).

La sfavorevole distribuzione delle potenziali superfici utili sulle Alpi e i requisiti dell'agricoltura di stampo asiatico occidentale generano una modalità specifica di agricoltura che può essere definita come "specifica delle Alpi": Le superfici agricole utili della valle vengono esclusivamente utilizzate per l'agricoltura e la coltivazione di fieno (produzione del mangime invernale per il bestiame), mentre gli altopiani vengono impiegati in estate come pascoli, spesso suddivisi in vari "Stafel" (livelli di altitudine), per poter sfruttare al massimo la vegetazione (in primavera e autunno assieme a due brevi stagioni di pascolo transitorio sui maggenghi tra valle e montagna). Il rendimento del pascolo estivo sugli altopiani (carne e formaggio) consente ai contadini, assieme al raccolto dell'agricoltura, di produrre sufficienti generi alimentari per superare il lunghissimo inverno montano. Senza l'utilizzazione degli altopiani in termini di alpicoltura ci sarebbero molti meno insediamenti contadini nella valle, perché nella valle servirebbe molto spazio per il pascolo estivo di bestiame e quindi nella valle alpestre esisterebbero pochissime aziende agricole.

Sul versante meridionale delle Alpi e sulle Alpi sudoccidentali sono presenti altopiani particolarmente estesi, in cui il rapporto tra piccole superfici utili agricole a valle e grandi territori adibiti a pascolo sugli altipiani è spesso estremamente accentuato. Qui, le differenze tra le zone pianeggianti non alpine con estati secche e le umide zone montane sono inoltre particolarmente accentuate. In tali aree, oltre all'alpicoltura locale è presente un'alpicoltura transumante, in cui il bestiame pascola in estate sull'alpe montana e, in inverno, sui bassopiani non alpini (Valle del Rodano, costa del Mar Mediterraneo, Pianura Padana, bacini dei Balcani). In questo caso sono quindi necessarie grandi migrazioni di uomini e bestiame, per andare dai pascoli invernali a quelli estivi (prima a piedi, dall'inizio del XX secolo in parte con la ferrovia, dalla fine degli anni 50 del 1900 con autocarri).

Se si considera l'alpicoltura in una prospettiva globale, si può constatare che esiste solo sulle catene montuose in cui si pratica l'agricoltura secondo il modello "asiatico occidentale". Ciò interessa in primo luogo la lunga catena montuosa alpina dall'Alto Atlante e dai Pirenei lungo le Alpi, la catena montuosa mediterranea e le Alpi Dinariche fino all'Himalaya, e in secondo luogo le medie montagne dell'Europa centrale fino alla Scandinavia. Nelle aree umide di tutte queste catene montuose è o era presente l'alpicoltura secondo il modello nord-alpino, nelle zone più aride l'alpicoltura transumante secondo il modello sud-alpino e nelle aree molto aride un nomadismo montano in cui tradizionalmente grandi gruppi di famiglie emigrano dai pascoli invernali a quelli estivi, assente nell'arco alpino. Solo nel nomadismo montano assumono un ruolo importante le innovazioni agricole non nate nella "Mezzaluna fertile" (cammelli, dromedari e cavalli addomesticati sulla penisola arabica e in Asia centrale). E su queste catene montuose, l'alpicoltura dell'arco alpino rappresenta uno dei sistemi di pascolo più variegati e differenziati.

Sulle altre catene montuose terrestri non esiste invece un'alpicoltura in senso tradizionale, perché nell'agricoltura locale non è presente bestiame con cui utilizzare il relativo piano montano. In una prospettiva globale si può quindi affermare che l'alpicoltura delle Alpi assuma una particolare dimensione di spicco.

La conformazione "alpestre" dell'agricoltura è orientata al massimo sfruttamento dei vari livelli di altitudine delle Alpi con i loro vari periodi vegetativi. Ecco perché, nel corso del tempo, è emersa un'enorme varietà di modalità e strutture di alpicoltura, tanto che anche nella stessa regione alpina è difficile trovare due alpi identici (Boesch 1951 AL, p. 206, Furrer 1980 CH, p. 374). In questa varietà assumono un ruolo importante le differenze ambientali, determinate esperienze storiche, specifici valori e norme culturali, particolari contesti economico-politici o semplicemente il caso.

Tradizionalmente, l'alpicoltura è stata intesa per molto tempo come "adattamento" dell'agricoltura all'ambiente montano; questa prospettiva, implicitamente naturo- o geo-determinista, è tuttavia troppo limitata: le numerose modalità di utilizzazione dell'alpicoltura nell'arco alpino evidenziano che non esiste "un" adattamento (naturale), ma moltissime soluzioni diverse. Non è quindi sensato parlare di "adattamento", ma di "innovazioni culturali" dell'alpicoltura, in contrapposizione all'utilizzazione dell'ambiente montano.

Poiché un pascolamento regolare e permanente modifica significativamente la gamma di specie del manto vegetativo e poiché le alpi sono state miratamente ampliate sin dai tempi antichi a discapito della foresta, le alpi non sono paesaggi naturali, ma culturali, sebbene ad una prima occhiata abbiano l'aspetto di paesaggi naturali originari. Tali paesaggi culturali devono essere gestiti e coltivati molto attentamente dall'uomo, affinché non vengano distrutti dal sovra-utilizzo o non riperdano il loro valore foraggero o vengano invasi da cespugli e bosco a causa del sottoutilizzo. Ciò richiede molto lavoro ed una conoscenza specifica delle dinamiche naturali delle alte catene montuose. Molti statuti alpestri del medioevo testimoniano che le alpigiani hanno imparato molto presto questa importante attività e la gestiscono efficacemente promulgando norme concrete contro il sovra- *e* il sottoutilizzo. Le alpi possono così essere utilizzate permanentemente come pascoli, senza venire distrutti.

2.4 DEFINIZIONI

Le alpi sono alte aree montane adibite a pascolo sopra il confine boschivo naturale e aree boschive dissodate in prossimità dei confini boschivi superiori, utilizzate da metà/fine giugno a metà settembre circa. Si parla quindi di alpicoltura se la distanza dai masi abitati tutto l'anno, da cui proviene il bestiame alpeggiato, è da un lato tanto grande da impedire che le alpi possano venire gestite assieme al maso, tanto da richiedere una propria struttura economica con propri edifici e proprio personale, ma dall'altro è tanto ridotta da consentire strette relazioni tra le aziende a valle e le "loro" alpi, infatti le alpi si trovano nella stessa valle dei masi o non molto oltre i displuvi che delimitano una valle (definizione in linea con Sieger 1925 AT, p. 2).

Si parla di alpicoltura transumante o di transumanza se il bestiame trascorre l'estate sulle alpi delle Alpi e l'inverno all'aperto nel bassopiano al di fuori dell'arco alpino; quindi, nel caso di una transumanza normale o ascendente, i proprietari del bestiame provengono da villaggi ai margini o in prossimità delle Alpi, nel caso della transumanza inversa o discendente da villaggi dell'arco alpino ai piedi dei pascoli alpestri (definizione in linea con Boesch 1951 AL, p. 204).

Mentre in Germania, Slovenia, Austria e Svizzera il fulcro del tema alpicoltura si concentra nello stretto collegamento tra valle e alpe, in Francia e in Italia la concentrazione è posta sulla transumanza (vedere ARBOS 1922 FR).

Per poter definire e distinguere adeguatamente ed equamente le due forme di alpicoltura, a tal fine impiego (in riferimento a Blache 1933 AL e Veyret 1951 AL) nell'area linguistica tedesca anzitutto i termini *lokale* e *transhumante Alm- und Alpwirtschaft (alpicoltura locale e transumante)*.

Una modalità particolare di alpicoltura è la situazione, in cui il bestiame trascorre l'inverno nella stalla di un villaggio alpino e all'inizio dell'estate viene condotto in una regione limitrofa attraverso un passo ed un displuvio confinante, in cui trascorre l'estate per poi tornare al villaggio in autunno. Tali situazioni si ritrovano spesso in regioni alpine popolate sin dall'antichità e relativamente calde, in cui le superfici agricole utili vengono rapidamente ampliate a discapito dello spazio per le superfici adibite a pascolo. Ecco perché il bestiame in estate viene portato a pascolare oltre i displuvi nei fondivalle settentrionali limitrofi, che offrono abbondante spazio per i pascoli, perché queste valli da molto tempo non vengono quasi più utilizzate per l'agricoltura (e dove quindi si verificano poi sempre più conflitti con i contadini locali stabilitisi in seguito). Questa forma di alpicoltura si ritrova nelle Alpi Bernesi (dal Canton Vallese alle valli dell'Oberland Bernese), nel Gruppo del Silvretta (dal Distretto di Prettigovia/Bassa Engadina al Vorarlberg e alle vallate laterali tirolesi), nelle Alpi Venoste (dalla Val Senales e Val Passiria all'Ötztal), nelle Alpi della Zillertal (dalla Pfitschtal e Valle Aurina ai terreni della Zillertal) e negli Alti Tauri (dalla Valle Aurina alle Tauerntal, dalla Raintal all'Arvental e da Mallnitz/ Carinzia al Naßfeld di Bad Gastein), in cui la transumanza delle pecore dalla Val Senales all'Ötztal è l'esempio più noto. In alcuni casi, addirittura, a causa di questa modalità di alpicoltura gli attuali confini politici non seguono, come solitamente, i displuvi e le creste montuose, ma deviano da essi (vedere Hitz 2002 CH/GR, Pappenheim 1948 CH/GR). Non esiste una descrizione comparativo-sistematica di questa modalità di alpicoltura (ho elencato le pubblicazioni pertinenti in merito nell'indice analitico alla voce "Alpicoltura locale sconfinante"). Essa viene ripetutamente definita come "transumanza" (Gambicorti 2017 AL, Rachewiltz/Togni/Zipperle 1994 AL), ma ciò non è corretto, poiché il bestiame non trascorre l'inverno al di fuori delle Alpi. In questo caso si tratta di una variante di alpicoltura locale che presenta solamente percorsi lievemente più ampi del normale verso i pascoli estivi. Ho pertanto formulato una definizione di alpicoltura locale per cui le alpi "si trovano nella stessa valle dei masi o non molto oltre i displuvi che delimitano una valle".

2.5 FORME DI PROPRIETÀ E GESTIONE

È tipico dell'alpicoltura che le modalità di proprietà e gestione non siano identiche. Le forme e strutture tradizionali, così numerose da essere pressoché incalcolabili, possono essere riassunte molto semplicisticamente come segue (Frödin 1941-42 AL, Weiss 1941 CH/GR, Penz 1978 AT, Francardi et al. 1958 IT/PI).

2.5.1 Forme di proprietà

- *Gemeindealmen/-alpen (Alpes communales, alpi pascolive di proprietà comunale):* Un'alpe è di proprietà di un comune (talvolta anche di un gruppo di comuni o di una o più frazioni di un comune); hanno diritto alpestre tutte le persone che possiedono un diritto comunale.

- *Genossenschaftsalmen/-alpen (Alpes de société ou syndicales, alpi pascolive di proprietà consortile):* Un'alpe è proprietà collettiva di un gruppo di contadini che formano un consorzio, una corporazione alpestre o una comunità agraria (persona giudica). Hanno diritto alpestre i membri di tale consorzio.

- *Privatalmen/-alpen (Alpes privés, Alpi pascolive di proprietà privata):* Un'alpe appartiene ad un singolo maso ed è proprietà esclusiva della famiglia che gestisce tale maso.

- *Berechtigungs- oder Servitutsalmen (nessun termine francese o italiano perché in tali luoghi non esiste questo tipo):* Un'alpe appartiene originariamente ad un feudatario (sovrano nobile o monastero) che concede ai propri contadini il diritto di utilizzo dell'alpe. Nel XVIII/XIX secolo l'alpe spetta allo stato come successore legale; i discendenti dell'ex suddito possiedono il diritto di utilizzo del pascolo sotto forma di una servitù di pascolo (diritto di utilizzo del pascolo su terreno altrui registrato nel libro fondiario).

2.5.2 Forme di gestione

- *Alpeggio singolo su alpi comunali o consortili:* Ciascuna famiglia di contadini autorizzata estiva il proprio bestiame sull'alpe separatamente dalle altre famiglie e produce anche in autonomia il formaggio, per cui possiede un proprio edificio (privato) sul terreno comunitario. Con questa modalità di alpicoltura sorgono villaggi alpestri che possiedono spesso una cappella.

- *Alpeggio consortile:* Le famiglie di contadini autorizzate utilizzano assieme un'alpe comunale o consortile e assumono personale alpestre a pagamento che gestisca tutto il bestiame; tutto il latte prodotto sull'alpe viene lavorato in formaggio da un casaro. Su tali alpi c'è solo un edificio per alpe con i relativi edifici accessori.

- *Alpeggio singolo su alpi private:* Solo in questo caso le forme di proprietà e di utilizzo coincidono, i membri della famiglia gestiscono l'alpe di proprietà del maso.

- *Alpi in affitto:* Un contadino (nella maggior parte dei casi un contadino ricco o un pastore transumante) oppure un consorzio prende in affitto un'alpe con i relativi edifici e la utilizza con il proprio bestiame (in parte anche con altro bestiame, la cosiddetta "presa in pensione del bestiame").

Le forme di proprietà tradizionali vengono generalmente convertite in diritto moderno nella seconda metà del XIX secolo, un processo molto complicato, che genera numerose controversie giuridiche e che viene applicato diversamente in ciascuno stato dell'arco alpino. Ma soltanto con le profonde modernizzazioni dell'agricoltura e dell'alpicoltura dalla metà degli anni 60 del 1900 gli utilizzi alpestri tradizionali vengono radicalmente semplificati e, spesso, gli alpeggi consortili e comunitari su base locativa sostituiscono l'alpeggio singolo.

Ciononostante, la conoscenza delle tradizionali forme di proprietà e gestione è ancora oggi indispensabile per poter comprendere adeguatamente la situazione dell'alpicoltura.

2.6 SVILUPPO DELL'ALPICOLTURA E SITUAZIONE ATTUALE

Si presuppone che l'alpicoltura sia nata sulle Alpi contemporaneamente all'utilizzo agricolo, quindi dal 6.500 a.C. nelle Alpi occidentali e dal 5.500 a.C. nelle Alpi orientali. Sono state ritrovate antichissime testimonianze di ciò nelle Alpi Marittime francesi (40.000 pitture rupestri nella "Vallée des Merveilles/Valle delle Meraviglie" ad altitudini tra 2.000 e 2.800 m risalenti al periodo tra il 3.300 e il 1.800 a.C.; alpicoltura transumante), e i reperti archeologici attualmente più antichi risalgono al II millennio a.C. nella zona di Silvretta (alpicoltura locale).

Per moltissimo tempo sulle alpi pascolavano principalmente solo capre e pecore. A partire dal Medioevo i manzi e le mucche diventano poco a poco più numerosi, ma solo dal XIX secolo dominano l'alpicoltura. Poiché la lavorazione del latte in tutte le società contadine della terra è un lavoro affidato alle donne (pascolare il bestiame è invece lavoro da uomini o, soprattutto, da bambini), tradizionalmente il personale dell'alpe è composto da donne, se si producono burro e formaggio. Soltanto quando nel XIV/XV secolo, nella "terra dei pastori" in Svizzera l'alpicoltura per autoconsumo familiare diventa un'attività economica orientata al mercato (vendita di formaggi a pasta dura a lunga conservazione su mercati interregionali), la lavorazione del latte sulle Alpi svizzere viene svolta da uomini come esperti pagati: il casaro di professionale principale sostituisce la casara della famiglia. Tuttavia, questa innovazione si diffonde solo lentamente e successivamente in altre regioni alpine.

Con le prime statistiche alpestri, redatte a partire dal 1864 (e documentate in questa bibliografia) si cerca di migliorare miratamente l'alpicoltura tradizionale. Tali miglioramenti coinvolgono le condizioni abitative del personale alpestre, la costruzione di stalle per il bestiame, l'approvvigionamento idrico per uomo e bestiame, l'igiene nella lavorazione del latte, l'utilizzo e la distribuzione del letame, il pascolo del bestiame e simili. Ma solo con la profonda modernizzazione dell'agricoltura montana a partire dalla metà degli anni 60 del 1900 si modifica profondamente e si semplifica radicalmente anche l'alpicoltura. L'intera agricoltura montana e l'alpicoltura delle Alpi producono ora in realtà a costi eccessivi e, in una prospettiva economico-liberale, è considerata superata e superflua, il che provoca un forte recesso fino alla fine degli anni 70 del 1900. A partire dagli anni 80 del 1900 intervengono quindi misure di promozione da parte degli stati e dell'UE, quindi l'alpicoltura si riprende leggermente dal suo punto più basso del periodo tra il 1975 e il 1979.

Ma ancora oggi, a causa di difficoltà economiche, si spinge fortemente per non utilizzare più territori alpestri o, in sordina, per intensificarne sempre più l'utilizzo, entrambi i casi provocano cambiamenti ecologici indesiderati. I più recenti sviluppi, quali il pericolo del bestiame sull'alpe a causa della diffusione di orsi e, soprattutto, lupi, la crescente pressione dell'economia turistica e degli sportivi del tempo libero per un utilizzo dell'alpe come territorio da esplorare o le sempre maggiori aspettative sociali volte incrementare considerevolmente le aree naturali e selvatiche protette compromettono ancora di più l'alpicoltura. Probabilmente oggi l'alpicoltura non esisterebbe più, se non fosse per il grande impegno degli alpigiani a proseguirla nonostante tutte queste difficoltà.

A causa dell'estensivo e relativamente breve utilizzo dei pascoli, della scarsa accessibilità e della lontananza, l'alpicoltura ha conservato sino ad oggi molti più elementi tradizionali rispetto alla valle. Ciò riguarda le forme agricole tradizionali (le intensificazioni agricole delle zone pianeggianti possono essere eseguite solo limitatamente sull'alpe), le forme di utilizzo collettive (utilizzi versatili di beni comuni), le forme giuridiche particolari (diritti medievali, cos. "antichità giuridiche") e specifiche forme di usanza (preghiera dell'Alpe, "Almabtrieb", "battailles de reines"). Questi elementi, strettamente associati all'alpicoltura, rappresentano nel mondo contadino montano in particolare le esperienze collettive con la natura alpestre, la tradizione e la comunità villica. Nonostante tutte le modernizzazioni nei territori pianeggianti, conservano la loro validità e ancora oggi possiedono un'enorme importanza per l'identità delle persone di montagna. Mantengono inoltre in vita il sapere e l'esperienza su come sia possibile sfruttare economicamente l’arco alpino in modo sostenibile e a lungo termine, senza distruggere la natura. Alla luce dei sempre maggiori problemi ambientali e climatici provocati dalla moderna agricoltura intensiva nelle pianure europee, questa forma economica tradizionale acquisisce un’importanza completamente nuova per un futuro sostenibile.

3. PUBBLICAZIONI SULL'ALPICOLTURA: ANALISI PER SETTORI E STATI

3.1 BIBLIOGRAFIE NELLA RICERCA ALPINA

Nella ricerca alpina tradizionale, le bibliografie acquistano un'importanza fondamentale, perché non raccolgono solo numerose testimonianze letterarie, ma anche perché sono un importante strumento di lavoro che delimita il campo di ricerca e rileva i progressi della ricerca in un determinato tema.

Esempi classici sono le bibliografie della ricerca sui Walser e della questione dell'Alto Adige (Louis Carlen: *Walserforschung 1800- 1970 – eine Bibliographie,* Visp 1973; Thomas Veiter: *Bibliographie zur Südtirolfrage 1945-1983,* Wien 1984), i vari volumi della *Collana di Bibliografie geografiche delle regioni italiane* (Roma 1961-1971) o i quattro volumi della collana RESALP (LAMA, Grenoble 1984-1990); più recentemente si cita Peter Haßlacher, che ha impiegato miratamente lo strumento bibliografico per documentare pubblicamente i progressi del dibattito e della ricerca nei problemi e conflitti attuali (Peter Hasslacher: *Die Alpenkonvention – eine Dokumentation.* Österreichischer Alpenverein, Innsbruck 2000 e altre bibliografie).

Basta il numero e la categoria delle pubblicazioni (monografie, antologie, saggi di riviste, opuscoli) raccolte nella presente bibliografia a dimostrare quali discipline scientifiche in quali periodi si siano occupate più o meno intensivamente di alpicoltura, e i titoli stessi delle pubblicazioni forniscono indizi importanti su quali siano i punti chiave tematici ed i problemi più urgenti e importanti.

Alla luce della ricchezza delle informazioni disponibili in internet, oggi si ritiene spesso che tali bibliografie siano veramente superflue e superate; questa bibliografia desidera provare che tale supposizione è errata e che una bibliografia redatta sistematicamente non può mai essere sostituita da una ricerca in internet.

3.2 PANORAMICA STATISTICA SULLE PUBBLICAZIONI RACCOLTE IN QUESTA BIBLIOGRAFIA

In questa pubblicazione vengono complessivamente analizzate 2.403 pubblicazioni di circa 2.000 autori diversi nel periodo tra il 1859 e il 2020; ciascuna pubblicazione viene assegnata ad un settore (vedere paragrafo 3.3; le opere in più volumi verranno trattate come una pubblicazione, i titoli di collane come il "Catasto alpestre svizzero" verranno contati singolarmente).

Il loro numero è così elevato da richiedere una selezione rappresentativa di pubblicazioni sull'alpicoltura.

E poiché questa bibliografia è stata anche elaborata uniformemente a livello pan-alpino, è senz'altro utile e significativo analizzare le pubblicazioni qui raccolte anche da un punto di vista quantitativo. I risultati ottenuti non devono essere sovra-interpretati, ma devono comunque illustrare ordini di grandezza realistici che consentano di sviluppare una panoramica complessiva delle ricerche alpestri a livello pan-alpino, finora impossibile.

Queste pubblicazioni si suddividono nelle seguenti lingue (le pubblicazioni bi- o trilingue vengono contate ripetutamente nella rilevazione della lingua; per le articolazioni in base agli stati vedere tabella 1 nell'allegato):

Tedesco:	1.258 pubblicazioni	~ 50 %
Italiano:	566 pubblicazioni	~ 23 %
Francese:	488 pubblicazioni	~ 20 %
Inglese:	74 pubblicazioni	~ 3 %
Sloveno:	65 pubblicazioni	~ 2,4 %
Retoromanzo:	41 pubblicazioni	~ 1,6 %
Complessivamente:	**2.492 pubblicazioni**	**~ 100 %**

Le 2.403 pubblicazioni (titoli bi- e plurilingue contati solo una volta) si suddividono nei seguenti sub-spazi:

Alpi complessive (AL):	120 Titel	~ 5 %
Alpi bavaresi (DE):	155 titoli	~ 6 %
Alpi francesi (FR):	332 titoli	~ 14 %
Liechtenstein (FL):	19 titoli	~ 1 %
Alpi italiane (IT):	560 titoli	~ 23 %
Alpi austriache (AT):	415 titoli	~ 17 %
Alpi svizzere (CH):	705 titoli	~ 29 %
Alpi slovene (SI):	97 titoli	~ 4 %
Complessivamente:	**2.403 titoli**	**~ 100 %**

Si può quindi constatare che le Alpi svizzere si collocano di gran lunga al 1° posto, ma che le pubblicazioni sull'alpicoltura nell'arco alpino sono complessivamente distribuite su tutti gli stati interessati.

Poiché, tuttavia, le superfici alpine dei singoli stati presentano dimensioni molto diverse, tale stima è utile solo in parte. Ecco perché, in una fase successiva, le pubblicazioni verranno riferite alla superficie della singola zona alpina. Le Alpi verranno quindi delimitate sulla base dell'ambito di validità della Convenzione delle Alpi, faranno eccezione solo i casi seguenti: In Germania/Baviera, si utilizza la delimitazione delle Alpi del "Piano delle Alpi bavarese" (l'ampliamento della zona alpina da parte della Convenzione delle Alpi in Baviera riguarda aree prive di alpicoltura), in Italia si esclude la zona delle Langhe in Piemonte (nessuna alpicoltura), mentre in Svizzera vengono incluse nelle Alpi le (ex) regioni LIM prealpine, al contrario della convenzione delle Alpi, perché presentano per lo più un'alpicoltura.

Il risultato, quindi il numero di pubblicazioni per 1.000 km² di superficie alpina, è il seguente:

DE	5.110 km²	= 30 titoli/1.000 km²
FR	39.850 km²	= 8
FL	160 km²	= 119
IT	51.060 km²	= 11
AT	54.250 km²	= 8
CH	26.700 km²	= 26
SI	6.870 km²	= 14
Al.	**184.000 km²**	**= 13 titoli/1.000 km²**

Mentre con 8-10 titoli/1.000 km² le vaste Alpi francesi, italiane e austriache sono relativamente vicine, le Alpi svizzere leggermente più piccole balzano subito all'occhio per le loro numerose pubblicazioni sull'alpicoltura (26 titoli/1.000 km²). Le piccole Alpi slovene si classificano sopra la media alpina e le piccole Alpi bavaresi registrano addirittura una densità particolarmente marcata di pubblicazioni pertinenti, mentre il microstato del Liechtenstein rappresenta un caso particolare.

Se si getta uno sguardo alle 33 regioni in cui viene suddiviso l'arco alpino in questa bibliografia, emerge il seguente quadro (vedere tabella 2, nell'allegato):

1° posto:	Liechtenstein	= 119 titoli/1.000 km²
2° posto:	Algovia	= 33
3° posto:	Svizzera centrale	= 28
4° posto:	Svizzera occidentale	= 26
5° posto:	Vallese	= 24
6° posto:	Grigioni	= 21
7° posto:	Svizzera orientale	= 21
8° posto:	Ticino	= 20
9 regioni presentano una densità tra 11 e 19 titoli/1.000 km²: DE/OBB, FR/73, IT/AO, IT/TN, IT/FV, IT/LI, AT/V, CH/BE, SI		
8 regioni presentano una densità tra 6 e 10 titoli/1.000 km²: FR/05, FR/74, IT/PI IT/LO, IT/BZ, IT/VE, AT/S, AT/T		
8 regioni presentano una densità tra 1 e 5 titoli/1.000 km²: AT/O, FR/38, FR/06, AT/K, AT/St, FR/04, AT/N, FR/26		

L'Algovia si classifica quindi al 2° posto dopo il Liechtenstein, mentre i posti da 3 a 8 sono occupati da regioni svizzere. Le densità minori si registrano nelle Alpi francesi meridionali (FR/04, FR/06 e FR/26) e nelle Alpi austriache orientali (AT/N).

Osserviamo infine ancora una volta la suddivisione temporale delle pubblicazioni, per questa analisi si deve infatti considerare che i titoli recenti possono essere analizzati più facilmente dei titoli meno recenti (vedere tabella 3):

1859 – 1900	= in media	20 titoli per decennio
1901 – 1950	= in media	89 titoli per decennio
1951 – 2000	= in media	212 titoli per decennio
2001 – 2020	= in media	408 titoli per decennio

Anche se, a causa della difficoltà di rilevamento di titoli meno recenti, non va attribuito peso eccessivo a questa analisi, si può comunque constatare che il numero di pubblicazioni sull'alpicoltura aumenta notevolmente nel corso del tempo. Tuttavia, poiché in questo periodo il numero di pubblicazioni aumenta tuttavia in *tutti* i settori, tale aumento non deve essere sovra-interpretato. Può comunque indicare che l'interesse per l'alpicoltura non si riduce affatto col passare del tempo.

3.3 ANALISI DELLE PUBBLICAZIONI PER SETTORI

Sebbene nell'alpicoltura gli aspetti ecologici, economici, socioculturali, giuridici e di altro tipo siano strettamente intrecciati, è comunque possibile notare che i vari settori che si occupano di alpicoltura possiedono vari approcci e pongono l'accento su contenuti diversi. Ecco perché è utile suddividere le pubblicazioni (3.3.11) sull'alpicoltura per settori. Alla fine di ciascuna voce bibliografica si trova quindi una nota di tre lettere, che indica a quale settore appartenga il titolo in questione. L'assegnazione settoriale viene svolta sulla base della qualifica settoriale del singolo autore, del contenuto della pubblicazione e del settore della collana o della rivista in cui è pubblicato il singolo titolo.

Naturalmente, l'assegnazione settoriale di una serie di titoli non è semplice (e spesso anche ambigua) e il gruppo "Varie pubblicazioni" (3.3.11), in cui sono classificate tutte le pubblicazioni che non possono essere assegnate ad un settore, comprende 418 o il 17 % di tutti i titoli. Se non si considerano tuttavia troppo dettagliatamente i risultati, ma nell'analisi si includono solo gli ordini di grandezza, si ottengono informazioni importanti delle ricerche sull'alpicoltura.

Le pubblicazioni di questa bibliografia sono suddivisibili in 11 settori, di cui solo quattro settori (scienze agrarie, geografia, folclore, giurisprudenza) rappresentano quasi tre quarti di tutte le pubblicazioni (per i dettagli vedere tabella 4).

3.3.1 Statistiche alpestri (Sta): 69 pubblicazioni o 3 % di tutti i titoli

Il rilevamento sistematico della situazione dell'alpicoltura da parte di associazioni rilevanti (spesso con il supporto delle autorità) inizia in Svizzera: il parroco Rudolf Schatzmann, ideatore e fondatore della Società svizzera di economia alpestre (vedere Wahlen 1979 CH), pubblicò nel 1868 la prima statistica alpestre moderna delle intere Alpi (Schatzmann/Wirth 1868 CH), ispirando un esaustivo censimento svolto e pubblicato in tutta la Svizzera tra il 1891 e il 1914 (vedere "Schweizerische Alpstatistik/CH"). Questo esempio fu seguito, prima della prima guerra mondiale, dal Tirolo (Tirolo Settentrionale, orientale, meridionale e italiano), dalla Carinzia e Lombardia mentre, dopo la seconda guerra mondiale, da altri, ma non tutti, gli stati e le regioni alpini. Più recentemente si sfrutta anche internet per pubblicare statistiche alpine.

Il ruolo guida della Svizzera è lampante, infatti due terzi delle statistiche alpestri vengono pubblicate in Svizzera. A livello settoriale, le statistiche alpestri appartengono alle scienze agrarie; poiché, però, essendo opere di riferimento, possiedono un'enorme importanza per la situazione attuale, vengono qui indicate separatamente, per trovarle più facilmente nella moltitudine di pubblicazioni.

3.3.2 Scienze agrarie (Agr): 565 pubblicazioni o 24 % di tutti i titoli

Contemporaneamente al primo preciso rilevamento della situazione dell'alpicoltura, il suo miglioramento sistematico diviene centrale nelle scienze agrarie: Dal 1870, in molte scuole e università di agraria vengono offerti i primi corsi, perfezionamenti e formazioni in tema alpicoltura, e i loro docenti pubblicano i primi manuali sull'alpicoltura. L'Hochschule für Bodenkultur di Vienna (oggi: Universität für Bodenkultur), la landwirtschaftliche Hochschule di Weihenstephan (oggi: Technische Universität München) e la Eidgenössische Polytechnikum di Zurigo (oggi: Eigenössische Technische Hochschule di Zurigo) assumono in breve una posizione guida nell'area di lingua tedesca, mentre per le corrispondenti istituzioni in Italia (facoltà di agraria delle università di Torino, Milano e Udine) e in Francia (università a Grenoble, Aix-Marseille e Parigi) tale tema è palesemente meno importante.

Lo scopo delle scienze agrarie è migliorare la rendita dell'alpicoltura, ponendo al centro i fattori suolo, lavoro e capitale e spesso svolgendo analisi nell'ambito dei singoli concetti d'analisi agronomici. Le scienze agrarie hanno ad oggi prodotto la maggior parte delle pubblicazioni sull'alpicoltura, o per usare le parole di Nikolaus Grass, tutt'ora attuali:

"Finora, la ricerca più intensiva sull'alpicoltura è stata svolta dalle scienze agrarie" (Grass 1964 AL, p. 368); e il numero di tali pubblicazioni continua ad aumentare notevolmente dal 2000. A ciò hanno contribuito anche le pubblicazioni dei risultati dei due grandi progetti di ricerca svizzeri (AlpFUTUR 2013 CH) e austriaci (ALP Austria 2006 AT), che non hanno paragoni negli altri settori. Anche in questa bibliografia le pubblicazioni delle scienze agrarie si posizionano in cima alla classifica, con il 24 % di tutte le pubblicazioni, e se si contano anche le statistiche alpestri, allora tale percentuale sale al 27 %.

3.3.3 Geografia (Geo): 409 pubblicazioni o 17 % di tutti i titoli

La geografia inizia ad occuparsi di alpicoltura tra il 1900 e il 1910, per cui definiscono concetti d'analisi sistematici solo negli anni 20 del 1900 (ARBOS 1922 FR, Sieger 1925 AT). Lo scopo della geografia è comprendere l'alpicoltura come un sistema economico spazio-temporale nel paesaggio (la dimensione verticale, molto determinante nelle catene montuose, genera complicati sistemi di utilizzo temporali e spaziali, anche sulle alpi stesse), in cui l'ambiente e le forme di utilizzo tradizionali assumono un'importanza fondamentale. La tradizionale "geografia regionale", in cui la collaborazione tra aspetti naturalistici ed umanistici assume un ruolo centrale, sviluppa propri concetti scientifico-teorici per l'analisi dell'alpicoltura (In Francia nell'ambito dei "genres de vie", in Germania come "geografia alpestre" all'interno della geografia agraria, in Austria all'interno della geografia delle zone rurali), producendo una vasta gamma di monografie geografiche sull'alpicoltura di stampo sistematico, a livello statale e regionale. Con la trasformazione della "geografia regionale" tradizionale, di stampo integrativo, in una scienza spaziale moderna e sempre più specializzata, dagli anni 80 del 1900 l'interesse della geografia per l'alpicoltura recede fortemente in tutti gli stati con percentuale alpina, mentre i concetti e le esperienze tradizionali vengono poco a poco dimenticati. Ciò si riflette nel numero di pubblicazioni che raggiungono il loro apice tra il 1960 e il 1989 (in media 45 pubblicazioni per decennio) e che dal 2000 si riducono a soli 11 titoli per decennio.

3.3.4 Folclore (Vol): 366 pubblicazioni o 15 % di tutti i titoli

Per il settore tradizionale folclore, oggi chiamato "etnologia europea", "antropologia culturale" o "scienze culturali empiriche" nell'area di lingua tedesca e definito in Italia e in Francia come etnologia, etnografia o antropologia (le sue definizioni sono estremamente diverse negli stati con percentuale alpina), le alpi sono particolarmente importanti, perché hanno conservato molto tradizioni da molto tempo scomparse nelle vallate delle Alpi e nelle pianure; ecco perché il loro studio semplifica notevolmente la comprensione delle forme di vita rurali tradizionali, che formano il nucleo del folclore tradizionale. La ricerca alpestre folcloristica inizia timidamente nel 1900, ma solo dal 1940 conquista una maggiore importanza ed è maggiormente diffusa in Svizzera (quasi il 40 % di tutte le pubblicazioni folcloristiche provengono dalla Svizzera). Anche nel settore folclore esistono concetti importanti per la ricerca dell'alpicoltura, ma a livello pan-alpino sono presente solamente tre monografie su tale ambito (Weiss 1941 CH/GR, Cevc 1972 + 1992 SI). Con la trasformazione del folclore in una scienza culturale e sociale più moderna, la cui attenzione è rivolta all'analisi dei fenomeni quotidiani delle società urbane attuali (che si riflette in una ridenominazione del settore), a partire dagli anni 80 del 1900 l'interesse per l'alpicoltura recede visibilmente. Fa eccezione soltanto l'Italia con il "Seminario Permanente di Etnografia Alpina/ SPEA" (vedere paragrafo 3.4.2).

3.3.5 Giurisprudenza (Rec): 283 pubblicazioni o 12 % di tutti i titoli

Le alpi sono particolarmente importanti per questo settore perché hanno conservato numerose forme di proprietà e di utilizzo collettive, incompatibili con il diritto romano e che forniscono importanti nozioni sulla storia del diritto europeo. Per tale proprietà collettiva non esiste un termine standardizzato (dialetti alemanni: Allmende/Allmeind, dialetti bavaresi: Gemein/Gemain; simile è la situazione in sloveno, francese e italiano); per poter discuterne assieme a livello europeo, Siegl 2017 AL propone il termine "Beni comuni", mentre Head-König et al. 2019 AL utilizzano a tal fine il termine "commons". Con la formazione degli stati moderni e le relative riforme e modernizzazioni giuridiche, nel corso del XIX secolo tale proprietà collettiva viene in parte dissolta e in parte convertita in forme giuridiche moderne (fa eccezione solo la Francia, dove ciò avviene già in seguito alla Rivoluzione francese del 1789, vedere Vivier 1998 FR). I problemi ed i conflitti giuridici a ciò associati formano, dalla seconda metà del XIX secolo, una priorità importante per la giurisprudenza, in cui il diritto alpestre assume un ruolo fondamentale. Ciò sarà essenziale per lo sviluppo, precoce e parallelo alle scienze agrarie, di una ricerca alpestre giurisprudenziale dal forte orientamento storico, che collabora strettamente con la storia agraria e il folclore e il cui apice produrrà poi una propria monografia (GRASS 1948 AT/T). Tale ricerca alpestre giurisprudenziale è particolarmente diffusa in Svizzera, in Italia (reintroduzione della proprietà collettiva nel 2017) e in Austria (ad es. in Tirolo), mentre è quasi completamente assente in Francia.

A partire dagli anni 80 del 1900, tale priorità scompare dalla giurisprudenza e, quindi, anche la ricerca alpestre giurisprudenziale recede nettamente. Solo la pubblicazione di Elinor Ostrom "Governing the Commons" (OSTROM 1990 AL) e il premio Nobel per l'Economia conferitole nel 2009 reinserisce questo tema all'ordine del giorno. Grazie a ciò, la ricerca alpestre giurisprudenziale dimostra negli ultimi due decenni una chiara ripresa e ora, oltre ai giuristi, anche gli storici si dedicano attivamente a questo tema (le pubblicazioni di storici su questioni giuridiche vengono qui raccolte).

3.3.6 Ricerca edilizia (Hau): 57 pubblicazioni o 2 % di tutti i titoli

Poiché sulle alpi fino al XX secolo inoltrato si sono conservati edifici relativamente semplici, che rappresentano spesso forme primitive o primordiali di edifici nella valle, gli edifici alpestri hanno attirato molto presto l'attenzione di appassionati e scienziati. Tale ricerca edilizia è stata svolta a lungo nell'ambito della geografia e del folclore; a causa dei cambiamenti settoriali interni, dagli anni 80 del 1900 tali ricerche vennero tuttavia spesso sospese. Oggi la ricerca edilizia ha luogo soprattutto nell'ambito del mantenimento dei monumenti e dei musei all'aperto pertinenti, assumendo tuttavia un'importanza notevolmente inferiore rispetto a prima.

3.3.7 Scienze linguistiche (Spr): 32 pubblicazioni o 1 % di tutti i titoli

Poiché i nomi, i termini e le definizioni utilizzati nell'alpicoltura sono generalmente espressioni dialettali per cui non esistono termini standardizzati e il cui sviluppo e la cui storia lessicale è molto importante (non solo per l'alpicoltura), lo scopo delle scienze linguistiche è raccogliere e analizzare esattamente tali lemmi, con le loro varianti regionali e il loro singolo significato. A tale scopo, soprattutto in Svizzera e in Italia, vengono elaborati atlanti linguistici in cui, in base a numerosi luoghi di testimonianza, viene raffigurato il punto in cui certi lemmi siano diffusi con determinate forme e la loro distinzione a livello di territorio. Con la trasformazione delle scienze linguistiche in linguistica (quindi nella struttura di una lingua), a partire dagli anni 80 del 1900 tale tradizione si interrompe.

Oltre a ciò ci sono due rami di ricerca interdisciplinari in cui l'alpicoltura gioca un ruolo importante:

3.3.8 Ramo di ricerca "Wörter und Sachen" (Lemmi e cose) (W+S): 18 pubblicazioni o appena l'1 % di tutti i titoli

In tale ramo di ricerca collaborano strettamente linguisti e folcloristi soprattutto negli anni 30 e 40 del 1900, rilevando sistematicamente i nomi di determinate cose assieme all'esatta descrizione dei singoli oggetti (sotto forma di testi integrati da disegni o fotografie). L'"Atlante linguistico ed etnografico dell'Italia e della Svizzera meridionale" (vedere JUD 1935 IT), che raffigura anche l'alpicoltura, ne è l'esempio più esaustivo. A partire dagli anni 60 del 1900 tale campo di ricerca, presente soprattutto nelle Alpi svizzere e italiane, scompare nuovamente.

3.3.9 Folclore giuridico (le pubblicazioni vengono elencate sotto folclore)

Questo campo di ricerca nell'area di intersezione tra folclore e storia giuridica (con ulteriori intersezioni nell'archeologia giuridica e nell'iconografia giuridica) nasce nel XIX secolo e persegue l'obiettivo di elaborare strutture e rappresentazioni giuridiche tradizionali da usi e fonti folcloristici (detti, fiabe). L'alpicoltura, con i suoi complicati rapporti giuridici tradizionali, ne è stata a lungo un tema importante (vedere CARLEN 1978-2007 AL); dagli anni 80 del 1900, l'importanza dell'alpicoltura per questo campo di ricerca si riduce nettamente.

3.3.10 Bibliografie (Bib): 7 pubblicazioni

Finora sono state trovate solo sette bibliografie sul tema alpicoltura: ANDEREGG 1894 CH, HAUSHOFER-HARTSCHIMMELHOF/RIEDMÜLLER 1954 DE, HOFMEISTER 1961 AL, MASINA et al. 2002 IT/TN, AA.VV. IT/TN, ALP Austria 2006 AT, SENEGAČNIK 1986 SI. Esse trattano solo aree minori del tema.

3.3.11 Varie pubblicazioni (Div): 418 pubblicazioni o 17 % di tutti i titoli

Esse comprendono in primo luogo tutte le pubblicazioni che, a causa della loro vastità tematica, non sono attribuibili ad un singolo settore, cosa che spesso avviene nelle raccolte e nelle monografie su singole alpi, spesso tematicamente molto ampie. Qui vengono inoltre elencate pubblicazioni di storia locale che generalmente trattano un ampio settore (particolarmente numerose in retoromanzo). Infine, qui vengono elencate anche le pubblicazioni il cui punto chiave non rientra nelle branche elencate (ad es. pubblicazioni di storici che si esprimono su questioni attuali di alpicoltura) o che non possono essere assegnate ad un settore né dal punto di vista dell'autore, né del titolo.

3.3.12 Pubblicazioni popolari (Pop): 179 pubblicazioni o 7 % di tutti i titoli

Si tratta di guide escursionistiche alpestri, guide sul formaggio alpestre, resoconti di esperienze di un'estate alpestre, presentazioni di alpi selezionate per un ampio pubblico e volumi illustrati.

Tali titoli vengono qui raccolti solo se contengono aspetti tematicamente rilevanti e/o pubblicati da associazioni di alpicoltura. È sorprendente come tali pubblicazioni siano per lo più recenti (l'86 % è stato pubblicato solo dal 1990). Rappresentano un importante interesse pubblico per l'alpicoltura, in forte incremento dal 1990.

3.3.13 Sintesi: la ricerca alpestre integrativa

Le analisi dell'alpicoltura delle discipline scienze agrarie, geografia, folclore e giurisprudenza si differenziano tematicamente in vari modi, ciascuna possiede tuttavia una propria finalità ed elaborazioni scientifiche. Non è mai nata una ricerca alpestre integrativa che colleghi tra loro in modo sistematico queste quattro discipline; l'approccio più ampio in questa direzione si è sviluppato negli anni 40, 50 e 60 del 1900 a Innsbruck, dove giuristi (Nikolaus Grass), geografi (Hans Kinzl) e folcloristi (Hermann Wopfner) hanno collaborato strettamente, senza tuttavia elaborare una descrizione complessiva interdisciplinare.

Alla luce di questi diversissimi sviluppi e tradizioni, è comprensibile come una descrizione complessiva pan-alpina dell'alpicoltura, fondata su basi empiriche, presenti notevoli ostacoli. Nell'intero periodo considerato da questa bibliografia ci sono in totale solo due approcci e mezzo, solo in lingua tedesca:

- il geografo svedese John Frödin presenta nel 1940-41 la grande monografia in due volumi "Zentraleuropas Alpwirtschaft", che per la prima volta copre tutte le Alpi e che, citando Philippe Arbos, elabora "sistemi di alpicoltura" (Frödin 1940- 41 AL).

- Karl Ruppert (Monaco di Baviera) organizza nel 1962 un convegno sulla "geografia alpestre" (Hartke/Ruppert 1964 AL), durante il quale sei specialisti provenienti da sei stati con percentuale alpina tengono relazioni molto istruttive e in parte simili sulla situazione attuale dell'alpicoltura nei loro stati; purtroppo non ne risulta alcuna sintesi.

- Qualche tempo fa invece, il biologo bavarese Alfred Ringler, molto legato alle scienze agrarie e alla tutela ambientale, ha presentato l'esaustivissima monografia "Almen und Alpen – Höhenkulturlandschaft der Alpen" (Ringler 2009 AL), di stampo pan-alpino, contenente dettagliate analisi empiriche e in cui gli aspetti ecologici acquistano un ruolo fondamentale.

Ci sono quindi importanti spunti, ma anche grandi lacune per una prospettiva pan-alpina sull'alpicoltura.

3.3.14 Situazione attuale

Nelle discipline geografia, folclore, ricerca edilizia e scienze linguistiche, le ricerche sull'alpicoltura degli inizi del XX secolo fino agli anni 80 del 1900 hanno un ruolo rilevante, ma successivamente la loro importanza va scemando. La causa di ciò non risiede nell'alpicoltura, ma nel fatto che in tali discipline, come del resto in molte altre discipline umanistiche, la concentrazione tematica tradizionale su forme di vita rurali viene soppiantata da un riorientamento verso forme di vita più moderne e urbane e da specializzazioni spiccatamente scientifiche. La ricerca alpestre scientifica declina sì dal 1980, ma viene rivalutata dagli anni 2000 con un nuovo dibattito sui "commons". Solo le scienze agrarie rimangono estranee a questo riorientamento, in cui il confronto scientifico con l'alpicoltura continua a rivestire un ruolo importante. Ciò dipende dal fatto che l'alpicoltura continua ad avere un peso rilevante nella prassi agricola dei singoli stati e regioni, ed è quindi indispensabile per la formazione nelle università.

Attualmente si tende a concentrare la ricerca alpestre sulla prospettiva delle scienze agrarie e ad ampliarla con questioni ecologiche. Ciò è particolarmente evidente, a mio parere, nei due grandi progetti di ricerca ALP Austria (AT) e AlpFUTUR (CH). Ciò comporta tuttavia una restrizione tematica, ecco perché con questa bibliografia rivolgo un appello affinché le ricerche e le esperienze pertinenti delle discipline geografia, folclore, giurisprudenza, ricerca edilizia e scienze linguistiche non vengano dimenticate.

3.4 ANALISI DELLE PUBBLICAZIONI PER STATI

L'analisi delle pubblicazioni raccolte nella presente bibliografia illustra chiaramente che, nei singoli stati con percentuale alpina, le ricerche sull'alpicoltura sono di natura fortemente variegata e che possiedono quindi specifiche priorità e tradizioni nazionali (vedere tabella 4).

3.4.1 Svizzera

Per numero di pubblicazioni sull'alpicoltura, la Svizzera si colloca di gran lunga al primo posto tra gli stati con percentuale alpina (705 pubblicazioni o 29 % di tutte le pubblicazioni raccolte in questa bibliografia).

Grazie al precoce e dettagliato rilevamento della situazione dell'alpicoltura, le scienze agrarie svizzere iniziarono molto tempo fa ad occuparsi di alpicoltura, producendo rapidamente pertinenti descrizioni complessive, che fino alla prima guerra mondiale assumono un ruolo guida nell'intero arco alpino. Nelle scienze agrarie svizzere, l'alpicoltura riveste sino ad oggi un ruolo importante (17 % di tutte le pubblicazioni svizzere), ciò viene ulteriormente sottolineato chiaramente dal grande progetto di ricerca AlpFUTUR (2009 - 2013).

Nonostante le precoci e dettagliate statistiche alpestri, sorprendentemente la geografia svizzera non produce spunti per una "geografia alpestre" specifica. L'alpicoltura viene sì continuamente trattata dalla geografia (il 9 % di tutte le pubblicazioni svizzere proviene dal settore geografico), ma a tal proposito non vengono sviluppati né propri concetti d'analisi, né esistono monografie sull'alpicoltura da una prospettiva geografica, così tipiche per la maggior parte degli altri stati.

Ciononostante, l'alpicoltura in Svizzera viene trattata particolarmente spesso e dettagliatamente dalla disciplina folclore (il 21 % di tutte le pubblicazioni svizzere provengono dal folclore, tra cui particolarmente numerose sono quelle del Canton Vallese), e per i Grigioni Richard Weiss elabora l'unica monografia folcloristica dell'intero arco alpino sul tema alpicoltura (Weiss 1941 CH/GR). Infine, gli studi folcloristici nell'arco alpino vengono proseguiti dal suo allievo Arnold Niederer, che continuerà a trattare l'alpicoltura (Niederer 1980 AL). Con la trasformazione del folclore in "etnologia europea", tali studi vengono tuttavia abbandonati e finiscono poco a poco nel dimenticatoio.

A causa della particolare situazione politica della Svizzera e del suo spiccato federalismo, le ricerche giurisprudenziali sull'alpicoltura e sulla proprietà collettiva sono particolarmente importanti (il 12 % di tutte le pubblicazioni svizzere provengono da questo campo, Head-König 2020 fornisce una panoramica generale) e sono particolarmente importante ad una prospettiva pan-alpina.

La Svizzera assume una posizione guida in una prospettiva pan-alpina anche nelle discipline ricerca edilizia, scienze linguistiche, "Wörter und Sachen" e nel folclore giuridico, anche se tali pubblicazioni non sono particolarmente feconde, in confronto ad altre discipline.

Riassumendo si può quindi affermare che le ricerche alpestri in Svizzera si contraddistinguono sia per la loro grande quantità, sia per la loro particolare vastità tematica.

3.4.2 Italia

560 pubblicazioni trattano l'alpicoltura sulle Alpi italiane (= 23 % di tutte le pubblicazioni). Con ciò si classifica al 2° posto degli stati con percentuale alpina.

Sebbene le Alpi italiane occupino una vastissima area dell'intera superficie alpina e comprendano decisamente molte alpi, mancano analisi dettagliate sulla situazione dell'alpicoltura su tutte le Alpi italiane. Ecco perché qui sono presenti moltissimi studi regionali e locali di vari settori, tuttavia per lo più non direttamente confrontabili tra loro.

Le pubblicazioni delle scienze agrarie sull'alpicoltura sono molto rilevanti in Italia (rappresentano il 26 % di tutte le pubblicazioni), ma il fatto sorprendente è che aumentano esponenzialmente dal 2000. Negli ultimi due decenni, autori quali Luca Battaglini o Michele Corti spiccano in tale ambito con numerose pubblicazioni; ciò rappresenta però un caso straordinario a livello pan-alpino.

Nella geografia, fino agli anni 30 del 1900 gli edifici alpestri hanno avuto un ruolo di rilievo, perché la ricerca edilizia è molto importante per la geografia italiana tradizionale. Manca una descrizione geografica complessiva dell'alpicoltura nelle Alpi italiane e nelle singole regioni alpine e la pubblicazione di Roberto Pracchi rappresenta ad oggi la descrizione più esaustiva dell'alpicoltura da parte della geografia italiana tradizionale (Pracchi 1943 IT); si tratta tuttavia solo di un approccio (ricco di materiale). Anche in Italia il numero di pubblicazioni geografiche cala sensibilmente dopo il 1990. Complessivamente, le pubblicazioni geografiche rappresentano il 14 % di tutte le pubblicazioni italiane.

Il folclore, che in Italia si chiama antropologia o etnologia, inizia ad occuparsi di alpicoltura relativamente tardi (solo dopo la seconda guerra mondiale), ma dal 1980 emergono sempre più contribuiti da questo settore, tra cui ricordiamo principalmente Pier Paolo Viazzo (soprattutto il suo articolo riassuntivo Viazzo 2004 AL). Il 17 % di tutte le pubblicazioni italiane rientrano in questo ambito; ciò significa 2° posto dopo le scienze agrarie.

Con il "Seminario Permanente di Etnografia Alpina/SPEA", l'antropologia ha creato una propria piattaforma scientifica che tratta sempre anche l'alpicoltura (gli "Atti di SPEA" vengono pubblicati nell'annuario del "Museo degli Usi e Costumi della Gente Trentina", finora 13 volumi tra il 1993 e il 2014).

Anche la giurisprudenza si occupa solo successivamente (dal 1950) di alpicoltura, ma le sue pubblicazioni sono molto importanti (16 % di tutte le pubblicazioni in Italia). Negli ultimi due decenni si registra in Italia un particolare incremento delle pubblicazioni di giurisprudenza. Questo perché, dopo la sua soppressione durante il fascismo, la proprietà collettiva viene reintrodotta nel 2017 con una legge, il che porta ad ampi e svariati dibattiti (vedere Marinelli/Politi 2017 + 2019 IT, Rosati 2019 IT) e a nuove strutture (Archivio Scialoja-Bolla, vedere l'inizio di IT).

Ricerca edilizia, scienze linguistiche e il campo di ricerca "Wörter und Sachen" sono presenti in Italia e, in una prospettiva pan-alpina, si classificano al 2° posto dopo la Svizzera.

3.4.3 Austria

415 pubblicazioni trattano l'alpicoltura sulle Alpi austriache (= 17 % di tutte le pubblicazioni). Ciò corrisponde al 3° posto tra gli stati con percentuale alpina.

L'Hochschule für Bodenkultur di Vienna e il Lehr- und Versuchsstelle per l'alpicoltura della Stiria trattano precocemente l'alpicoltura nel contesto delle scienze agrarie e, sino ad oggi, hanno elaborato tale tema in modo intensivo, il cui apice è rappresentato dal progetto ALP Austria. Il 25 % di tutte le pubblicazioni austriache sull'alpicoltura provengono dal settore delle scienze agrarie.

Il geografo Robert Sieger sviluppa già precocemente approcci per una "geografia alpina" (Sieger 1907 AL), che poi approfondisce ulteriormente nell'ambito della sua "Grazer Schule der Almgeographie" (Sieger 1925 AT). Qualche tempo dopo, Hans Kinzl fonda ad Innsbruck la "Innsbrucker alm- geographische Schule" (vedere a riguardo Kinzl 1945 AT/T), negli anni 70 del 1900 vengono pubblicate due grandi monografie geografiche sull'alpicoltura di tutte le Alpi austriache (Zwittkovits 1974 AT e Penz 1978 AT) e, anche a livello di stati federati, la geografia alpestre riveste in questo periodo un ruolo importante (soprattutto a Salisburgo, in Tirolo e nel Vorarlberg). Nella sua panoramica sui campi di ricerca della geografia austriaca del 1975, Elisabeth Lichtenberger documenta esplicitamente una "geografia alpestre", che considera come parte della geografia dell'area rurale (Lichtenberger 1975/AT; nell'articolo successivo, che tratta il periodo dal 1975 al 1986, la geografia alpestre non viene tuttavia più menzionata come settore autonomo). A partire dagli anni 80 del 1900, la geografia alpestre perde notevolmente importanza anche in questo ambito, il numero di pubblicazioni relative si riduce infatti notevolmente. Complessivamente, le pubblicazioni geografiche sull'alpicoltura in Austria possiedono una posizione di rilievo e, con il 27 % delle pubblicazioni sull'alpicoltura, si classificano al primo posto in Austria.

Il numero di pubblicazioni folcloristiche sull'alpicoltura è in Austria piuttosto limitato (solo il 6 % delle pubblicazioni), ma ciò viene compensato dalle pubblicazioni dello storico e folclorista di Innsbruck Hermann Wopfner, che descrive dettagliatamente l'alpicoltura tirolese da un punto di vista folcloristico (Wopfner 1942 AT/T).

Le pubblicazioni giurisprudenziali sull'alpicoltura rivestono un ruolo importante in Austria (12 % di tutte le pubblicazioni), si deve indicare soprattutto la "rechtshistorische Schule der Almwirtschaft", fondata dallo storico giurista e culturale Nikolaus Grass, con l'unica monografia dell'alpicoltura da un punto di vista giurisprudenziale (Grass 1948 AT/T). Il Tirolo è invece attualmente l'unica regione alpina in cui siano presenti maggiori conflitti sulla proprietà collettiva, o meglio sulla proprietà di comunità agrarie (vedere Keller 2011 AT/T).

Grazie alla stretta collaborazione tra Hans Kinzl (geografia), Hermann Wopfner (folclore) e Nikolaus Grass (giurisprudenza) presso l'Università di Innsbruck, tra gli anni 40 e 60 del 1900 Innsbruck diventa il cuore della ricerca alpestre panalpina (vedere a riguardo Klein-Bruckschwaiger 1967 AT/T).

3.4.4 Francia

332 pubblicazioni trattano l'alpicoltura sulle Alpi francesi (= 14 % di tutte le pubblicazioni). Ciò corrisponde al 4° posto tra gli stati con percentuale alpina.

Nelle scienze agrarie francesi, l'alpicoltura riveste da molto tempo un ruolo solo marginale. A partire dagli anni 50 del 1900 riceve però grande attenzione, grazie ad una serie di nuove istituzioni di ricerca miratamente fondate sulle Alpi dallo stato; ecco perché le pubblicazioni sull'alpicoltura delle scienze agrarie si classificano in Francia al primo posto (32 % si tutte le pubblicazioni francesi).

Nell'ambito dell'"Institut de Géographie Alpine", fondato nel 1907 a Grenoble, si sviluppa una "géographie alpine", ed essa crea un importante presupposto per un'analisi sistematica dell'alpicoltura, precocemente svolta da Philippe Arbos (ARBOS 1922 FR). In tale analisi segue il concetto dei "genres de vie" di Paul Vidal de La Blache, che plasma la geografia umanista francese di allora, e da tale base sviluppa i cosiddetti "genres de vie pastorale", che collegano tra loro i più svariati aspetti dell'alpicoltura formando un'unità. Tale concetto viene successivamente approfondito da François Rey (Rey 1930 FR/74) e Paul Veyret (Veyret 1951 AL) e conia la tradizione francese della ricerca alpestre fino agli anni 80 del 1900. Complessivamente, le pubblicazioni geografiche sull'alpicoltura rappresentano il 25 % di tutte le pubblicazioni francesi.

Sebbene anche Arnold Van Gennep, uno dei più famosi folcloristi o etnologi francesi, svolga ricerche sulle Alpi (Van Gennep 1916 FR/73, 1932 FR, 1946 FR/05), per l'alpicoltura la ricerca etnografica ed etnologica non è poi così importante (12 % delle pubblicazioni francesi). È particolarmente sorprendente come da molto tempo tale ambito non collabori più con la geografia, che è invece molto importante in altri stati con percentuale alpina.

La ricerca giurisprudenziale (5 % delle pubblicazioni) è pressoché assente in Francia, perché la dissoluzione della proprietà collettiva tradizionale avviene già a seguito alla Rivoluzione Francese, quindi è già da molto scomparsa nel periodo considerato da questa bibliografia (vedere a riguardo Vivier 1998 FR). Solo le discussioni attuali, dopo Elinor Ostrom, portano anche in Francia a pubblicazioni pertinenti.

3.4.5 Germania

155 pubblicazioni trattano l'alpicoltura sulle Alpi bavaresi (= 6 % di tutte le pubblicazioni). Ciò corrisponde al 5° posto tra gli stati con percentuale alpina.

Le ricerche alpestri da parte delle scienze agrarie, che iniziarono molto tempo fa presso l'università agraria di Weihenstephan, hanno ancora oggi un'enorme importanza per le Alpi bavaresi (39 % di tutte le pubblicazioni, quindi 1° posto in Germania).

Nell'ambito della geografia si sviluppa solo relativamente tardi una "geografia alpestre" autonoma. Il geografo Carl Troll prende la pubblicazione della monografia di John Frödin (Frödin 1940- 41 AL) come un'occasione per sviluppare riflessioni scientifico-teoriche sulla concezione di una "geografia alpestre" (Troll 1944 AL), che intende come settore della geografia agraria nella concezione scientifica tedesca della "geografia regionale". Karl Ruppert (Monaco di Baviera) continua ad approfondire quest'idea guida negli anni 60 e 70 del 1900 e la trasforma nel suo concetto della "Müchner Schule der Sozialgeographie" (Ruppert 1964 DE; più ampia trasposizione geografica alpestre: Penz 1978 AT). Con il crollo della tradizione “geografia regionale”, dopo il Kieler Geographentag del 1969, la geografia alpestre appare superata in Germania, ma attraversa un’altra breve fase di rinascita quando, tra il 1975 e il 1990, gli studi geografico-umanistici vivono un breve rilancio nell’ambito della “Vergleichenden Geographie der Hochgebirge” (Uhlig/Haffner 1984/AL, Grötzbach 1980/AL). Ultimamente, la geografia alpestre riveste in Germania solo un ruolo marginale. Complessivamente, l’10 % delle pubblicazioni sull’alpicoltura in Germania provengono dalla geografia.

Gli studi folcloristici sull’alpicoltura sono qui davvero rari, rappresentano infatti appena il 3 % delle pubblicazioni.

Gli studi giurisprudenziali sull’alpicoltura iniziano qui già piuttosto precocemente e proseguono tutt’oggi, rappresentando l’11 % di tutte le pubblicazioni sull’alpicoltura.

3.4.6 Slovenia

97 pubblicazioni, di cui appena due terzi in lingua slovena, trattano la situazione dell’alpicoltura sulle Alpi slovene (4 % di tutte le pubblicazioni). Ciò corrisponde quindi solo al 6° posto tra gli stati con percentuale alpina, ma solo questo numero indica chiaramente che l’alpicoltura in Slovenia non dev’essere affatto trascurata.

La ricerca alpestre scientifica si sviluppa nel territorio sloveno fino alla prima metà del XX secolo, quindi anzitutto nell’ambito delle scienze agrarie (Spiller-Muys 1926 SI, Marsano 1932 SI; solo il 7 % di tutte le pubblicazioni in Slovenia provengono da tale settore) e della geografia (Ilešič 1931 AT, Jordan 1945 SI, Fajgelj 1953 SI), di cui si cita principalmente Anton Melik, uno dei geografi sloveni allora più importanti, che con la sua opera sulle alpi delle Alpi Giulie redige l’allora unica monografia sulla geografia alpestre in lingua slovena (Melik 1950 SI). Le pubblicazioni di quel periodo sono chiaramente influenzate dall’allora ricerca alpestre internazionale. La prima (breve) monografia di ricerca alpestre sulle intere Alpi slovene viene presentata da Metod Vojvoda in lingua tedesca, dato che fa parte della cerchia della scuola monacense della geografia sociale, sviluppatasi attorno a Karl Ruppert (Vojvoda 1969 SI). Vojvoda tratta soprattutto la geografia alpestre sociale ed economica nel periodo dopo la seconda guerra mondiale, consentendo quindi confronti con altri studi regionali. Negli anni 80 e 90 del 1900 e negli anni 2000, la ricerca geografica alpestre si concentra sull’analisi del cambiamento strutturale dell’alpicoltura (Senegačnik 1989 SI, Vojvoda/Senegačnik 1984 SI) e sui fattori scatenanti dei cambiamenti (Petek 2005 SI). Complessivamente, il 25 % di tutte le pubblicazioni proviene dalla geografia. Le ricerche alpestri geografiche, iniziate dalla metà del XX secolo, contengono generalmente esaustive analisi statistiche, particolarmente importanti perché in Slovenia non si ritrovano altre statistiche alpestri.

Nell’ambito del folclore o dell’etnologia, si sviluppa una ricerca alpestre attorno all’“Alpes Orientales”, un gruppo internazionale di esperti per la ricerca delle Alpi orientali. Tale struttura di ricerca è stata ideata nel 1956 dall’Istituto di Etnografia (ISN) dell’Accademia Slovena delle Scienze e delle Arti (SAZU), che organizzò periodici convegni di stampo interdisciplinare, i cui atti gettano basi importanti per la ricerca comparativa delle Alpi orientali, etnologicamente molto variegate, ma storicamente, geograficamente e culturalmente fortemente intrecciate (Novak 1961 SI, Cevc 1969 SI); a tal proposito, il 6° congresso del 1970 fu specificatamente dedicato al tema “cultura pastorale” (Cevc 1972 SI, Matičetov 1972 SI). Tone Cevc, membro dell’ISN, ha studiato quindi sistematicamente la vita e il lavoro alpestri a Velika planina e Bohinj (Cevc 1972 e 1992 SI), concentrandosi sullo sviluppo e sulla tipologia delle capanne dei pastori (Cevc 1995 SI). Negli ultimi anni, l’etnologa Špela Ledinek Lozej ha studiato la vita alpestre (Ledinek Lozej 2013 e 2016 SI), mentre ricerche etnologiche alpestri vengono svolte anche nei musei Gorenjski muzej e Goriški muzej (Novak 1968 e 1989 SI, Křižnar 1974 e 1984 SI) nonché, più recentemente, anche nel Tolminski muzej (Grego/Milinar 2019 SI). Con il 35 % di tutte le pubblicazioni, il folclore/l’etnologia si trova in vetta alla ricerca alpestre slovena.

Gli studi sulla situazione alpestre in tempi antichi, che esulano dall’ambito di questa bibliografia alpestre, vengono svolti da archeologi, paleoecologi e storici. Negli ultimi decenni, la ricerca alpestre in Slovenia viene particolarmente eseguita da etnologi, archeologi e paleoecologi.

3.4.7 Livello internazionale

Gli etnologi statunitensi svolgono continuamente, particolarmente spesso negli anni 70 del 1900, ricerche su campo nelle Alpi, in cui l’alpicoltura e la proprietà collettiva rivestono un ruolo importante. Si tratta sempre di singoli esempi selezionati, i ricercatori americani partono inoltre da quesiti completamente diversi ed utilizzano tutt'altro metodo rispetto ai colleghi europei (vedere a riguardo Niederer 1983/CH). Poiché i loro risultati vengono pubblicati in stimati editoriali e riviste scientifiche statunitensi, l'alpicoltura riesce a farsi conoscere a livello globale, a differenza delle pubblicazioni degli stati alpini, generalmente poco note al di fuori delle Alpi (vedere la voce "Etnologi statunitensi" nell'indice analitico). Il rappresentante più famoso è Robert McC. Netting, che negli anni 70 del 1900 svolse ricerche su campo nel Canton Vallese/Svizzera (Netting 1981 CH/VS). I suoi risultati verranno successivamente ripresi e citati da Elinor Ostrom nel suo libro "Governing the Commons" (Ostrom 1990), che metterà in rilievo l'alpicoltura nei dibattiti mondiali sul significato della proprietà collettiva.

3.5 SEI DIVERSI CONTESTI DI DIBATTITO NELL'ARCO ALPINO

Anche se, nei singoli stati, i dibattiti sull'alpicoltura possiedono specifiche priorità e tradizioni nazionali, potrebbe tuttavia sussistere un nesso pan-alpino tra i dibattiti. Esso è tuttavia sviluppato in modo estremamente debole per i seguenti quattro motivi:

Primo: le ricerche sull'alpicoltura su base empirica e comparativa sono pressoché assenti nell'intero arco alpino (vedere paragrafo 3.3).

Secondo: le opere più importanti sull'alpicoltura non vengono mai tradotte in altre lingue e non possono quindi essere conosciute a livello pan-alpino. In realtà, per la quadrilingue Svizzera sarebbe semplicissimo occuparsi di tale lavoro di mediazione, ma le pubblicazioni svizzere plurilingue si concentrano sulle condizioni svizzere e non ne superano i confini; anche gli stessi termini centrali dell'alpicoltura presentano specificità svizzere (vedere paragrafi 2.2.2 + 2.2.3). Inoltre, le traduzioni di Trientl (1870 AT) e Wilhelm (1868 AT) in italiano e sloveno non sono espressione di un dibattito pan-alpino, ma della varietà linguistica asburgica. Da qualche tempo ci sono però pubblicazioni, spesso plurilingue, che valicano i confini degli stati (ad es. Mayer et al. 2020 DE/OBB, Woolf/Viazzo 2002 IT/AO, APT 2001 IT/FV, Chiopris 2014 IT/FV, Koroschitz 2010 AT/K), ma si tratta di risultati di una collaborazione regionale oltre confine; queste iniziative sono molto gradite, ma non esprimono ancora nessi tra dibattiti pan-alpini.

Terzo: le discussioni politiche pan-alpine vengono da tempo sempre più spesso svolte in lingua inglese, a causa delle notevoli difficoltà e dei costi elevati associati al plurilinguismo nell'arco alpino. Ciò è particolarmente complicato per il tema alpicoltura (vedere paragrafi 1.5, 2.1, 2.2), ma ci si può comunque chiedere che ruolo svolga l'inglese in tale ambito. Il risultato è molto chiaro: l'inglese riveste un ruolo solo marginale nel dibattito sull'alpicoltura: solo il 3 % di tutte le pubblicazioni è in lingua inglese, negli ultimi due decenni il valore si aggira comunque solo intorno al 5 %. Ciò indica, relativamente parlando, che gli autori sloveni utilizzano più frequentemente la lingua inglese (la loro madrelingua viene poco compresa sulle Alpi e in Europa), seguiti dagli autori svizzeri (nel sistema universitario svizzero l'inglese ha acquisito una grande importanza), mentre negli altri stati è pressoché irrilevante. Inoltre, nella maggior parte dei casi le pubblicazioni in lingua inglese presentano i risultati di singole ricerche altamente specializzate, quindi l'inglese è pressoché insignificante nel dibattito pan-alpino sull'alpicoltura.

Quarto: *tutte* le monografie riassuntive e conclusive dei singoli stati e regioni si concentrano esclusivamente sulla propria area e non analizzano regioni alpine "straniere" oltre confine. Ecco perché, di base, manca il presupposto centrale per un dibattito pan-alpino, cioè la conseguente collocazione dell'alpicoltura locale/regionale nel suo contesto pan-alpino.

Questi quattro punti indicano chiaramente la presenza, solo parziale, di un dibattito pan-alpino sull'alpicoltura. Ciò non riguarda però solo le singole aree linguistiche nelle Alpi (tedesco, francese, italiano, sloveno), tra cui non c'è praticamente scambio, anche i confini statali esercitano una grande influenza divisoria. È il caso delle zone alpestri francofone in Francia, in Val d'Aosta e in Svizzera, delle zone alpestri italofone in Italia e in Svizzera, delle zone alpestri tedescofone in Germania, Austria, Svizzera, Liechtenstein e Alto Adige e delle zone alpestri slovenofone in Slovenia, Italia e Austria che, nonostante un regolare scambio d'informazioni istituzionalizzato (vedere Zeller 1968 + 1994 AL), non presentano quasi dibattiti in comune.

Ecco perché si può constatare che, nell'arco alpino, il tema alpicoltura presenti sei diversi nessi di dibattito, in cui i dibattiti sulle Alpi slovene sono maggiormente rivolti verso l'esterno (verso le Alpi italiane e austriache):

- le Alpi bavaresi (tedesche)
- le Alpi austriache (compreso l'Alto Adige)
- le Alpi svizzere
- le Alpi francesi
- le Alpi italiane (senza l'Alto Adige)
- le Alpi slovene

Alla luce di questa situazione, questa bibliografia persegue anche l'obiettivo di migliorare la conoscenza reciprocai dell'alpicoltura nell'intero arco alpino e intensificare la collaborazione pan-alpina.

4. DELUCIDAZIONI SULL'UTILIZZO DI QUESTA BIBLIOGRAFIA

4.1 CONTENUTO DI QUESTA BIBLIOGRAFIA (RIASSUNTO DELL'INTRODUZIONE 1.3)

Pubblicazioni sull'alpicoltura in senso proprio, quindi le loro forme di utilizzo, strutture economiche, forme di proprietà e giuridiche, i loro usi, gli edifici alpestri e il loro nome. Inizio: 1859, fine: 31 12 2020.

Ciò significa escludere i seguenti temi:

- Nessuna pubblicazione sui presupposti ambientali, sulla vegetazione, sulla salute degli animali e sulla qualità naturalistica dei prodotti alpestri.
- Nessuna monografia sull'agricoltura e su singoli comuni, valli e regioni alpini.
- Nessuna pubblicazione sul livello dei "maggenghi" e sulla foresta all'interno delle aree alpestri.
- Nessuna descrizione puramente storica (situazione dell'alpicoltura prima del 1860).
- Nessuna pubblicazione sul miglioramento concreto della gestione alpestre, incl. lo sfruttamento alpestre mediante sentieri, strade, funivie.
- Nessuna relazione sui risultati di progetti di promozione dell'alpicoltura.
- Nessuna guida escursionistica e nessun ricettario alpestre, nessuna descrizione narrativa e letteraria della vita alpestre.
- Nessun documento storico, archivio.

4.2 CRITERI FORMALI DI ESCLUSIONE

- nessuna relazione di seminari, tesina e prova scritta universitaria
- Nessuna relazione interna di uffici o organizzazioni di alpicoltura.
- Nessuna pubblicazione con meno di dieci pagine.

4.3 DIVISIONE E SUDDIVISIONE

All'inizio si trovano le pubblicazioni che riguardano l'intero arco alpino. Seguono quindi le pubblicazioni che trattano la situazione dell'alpicoltura nei sette stati con percentuale alpestre, in cui tali stati vengono elencati in ordine alfabetico (tedesco) per nome: Germania (DE), Francia (FR), Liechtenstein (FL), Italia (IT), Austria (AT), Svizzera (CH) e Slovenia (SI).

All'inizio di ciascuno stato si trovano anzitutto le pubblicazioni che riguardano l'intero area alpina di tale stato, seguono quindi le singole "regioni" (in totale 33 "regioni"), il Liechtenstein e la Slovenia non vengono ulteriormente suddivisi. Le "regioni" e il loro ordine si basano sulle statistiche ufficiali dei singoli stati.

4.4 INFORMAZIONI ALL'INIZIO DI CIASCUNA UNITÀ GEOGRAFICA

All'inizio di ciascuna unità geografica (stato o "regione"), prima delle relative pubblicazioni si elencano riassuntivamente le seguenti informazioni:

- commenti e delucidazioni sull'unità geografica, se si è modificata dal 1860, o se l'attribuzione geografica può essere ambigua.
- Le associazioni/federazioni di alpicoltura pertinenti con rivista e sito internet (se presenti).
- Siti internet che forniscono informazioni importanti per l'alpicoltura di tale unità geografica (spesso siti ricchi di materiale).
- Riferimento ad eventuali statistiche alpestri (per poterle trovare rapidamente).
- Riferimento a monografie sull'alpicoltura che comprendono settori più ampi (nessun caso singolo), per poter trovare rapidamente le pubblicazioni centrali.

4.5 INFORMAZIONI SULLA RACCOLTA BIBLIOGRAFICA

Le singole pubblicazioni vengono raccolte in base ai seguenti criteri:

- Vengono elencati solo titoli in lingua tedesca, francese, italiana, inglese, slovena e retoromanza.
- I titoli verranno raccolti più precisamente possibile (nessuna abbreviazione bibliografica) e contengono generalmente anche i numeri delle pagine di libri e monografie.
- Tutti i titoli vengono elencati secondo i criteri di raccolta bibliografica dei singoli stati. Nel farlo verranno impiegati i seguenti termini (verranno citati solo i termini utilizzati):

Tedesco	**Francese**	**Italiano**	**Inglese**	**Retoromanzo**	**Sloveno**
Hrsg.	sous la direction de	a cura di	editor	editur	urednik
Verlag	éditeur	editore/edizioni	publisher	chasa editura	založba
Band	tome/volume	volume	volume	volüm	zvezek
Auflage	édition	edizione	edition	ediziun	izdaja
S.	p.	pp.	p.	p.	str.
Nachdruck	réédition	riedizione	–	–	–
Tagungsband	actes	atti	–	–	–
Bericht	bulletin	bollettino	–	–	–
Zeitschrift	revue	rivista	–	–	–
Jahrbuch	annales	annali	–	–	–
Heft	cahier	quaderno	–	–	–
Führer	guide	guida	–	–	–
Div. Autoren	auteurs	AA.VV. (autori vari)	–	–	–

Per le antologie viene indicato una tantum il titolo completo e, in questo punto, si rimanda ai singoli contributi elencati in questa bibliografia (non tutti i contributi sono stati elencati secondo i criteri di selezione) con "siehe (vedere/voir)" (con abbreviazione delle unità geografiche come nel sommario); nei singoli contributi, dopo il titolo compare una nota che indica che la voce principale (HE) si trova nell'altro punto (con riferimento all'unità geografica).

Nel sommario e nelle intestazioni vengono elencate le abbreviazioni di tutte le unità geografiche impiegate. In questa bibliografia tali abbreviazioni vengono utilizzate per i riferimenti incrociati e gli indici.

4.6 ASSEGNAZIONE DEI TITOLI AD UN SETTORE

In tutti i titoli, alla fine della voce si indica a quale settore appartenga tale pubblicazione. Vengono quindi impiegate le seguenti abbreviazioni:

Statistiche alpestri	(Sta)
Scienze agrarie	(Agr) (anche pubblicazioni delle associazioni di alpicoltura)
Geografia	(Geo)
Folclore/Etn./Antr.	(Vol)
Giurisprudenza	(Rec)
Scienze linguistiche	(Spr)
Ricerca edilizia	(Hau)
"Lemmi + Cose"	(W+S)
Bibliografie	(Bib)
Pubblicazioni varie	(Div) (vastissima portata tematica)
Pubblicazioni popolari	(Pop) (Pubblicazioni per un ampio pubblico)

Une bibliographie sur les alpages et l'économie pastorale qui couvre toutes les régions alpines et tous les domaines pertinents n'a même pas commencé à exister. Son développement n'a été possible que dans le contexte de mon engagement de plus de 40 ans dans les Alpes, où la compréhension de leur grande diversité régionale a été et reste d'une importance majeure.

Cette bibliographie est publiée dans une édition imprimée, parce que le support du livre est idéal pour la lecture et la lecture croisée, et parce que le livre est un moyen particulièrement efficace pour obtenir une vue d'ensemble et découvrir de nombreuses choses surprenantes. Elle est également publiée simultanément dans une édition numérique (www.badhindelang.de/alpbibliografie), parce que c'est le support idéal pour une recherche ciblée.

L'introduction de cette bibliographie est également publiée en allemand, italien, français, slovène et anglais, car l'économie pastorale est un phénomène à l'échelle des Alpes qui nécessite une approche multilingue. Comme l'introduction en cinq langues contient d'importants termes spécifiques aux alpages qui manquent dans de nombreux lexiques, elle peut être bien utilisée comme aide à la traduction entre les différentes langues; de plus, la lecture des titres des publications montre de manière impressionnante comment ces termes techniques sont utilisés dans le contexte respectif – les deux peuvent faciliter la communication à l'échelle alpine au-delà des frontières linguistiques.

Je tiens à exprimer mes sincères remerciements aux personnes suivantes pour leur soutien dans la préparation de cette bibliographie :

Aigner, Susanne	*Köttmannsdorf/AT*
Bartaletti, Fabrizio	*Livorno/IT*
Corti, Michele	*Milan/IT*
Heißenhuber, Alois	*Munich/DE*
Hitz, Florian	*Chur/CH*
Hösli, Giorgio	*Mollis/CH*
Honisch, Michael	*Immenstadt/DE*
Hovorka, Gerhard	*Vienne/AT*
Hübner, Thomas	*Erlangen/DE*
Jenewein, Johann	*Innsbruck/AT*
Lampič, Barbara	*Ljubljana/SI*
Ledinek Lozej, Špela	*Ljubljana/SI*
Merlin, Friedrich	*Klagenfurt/AT*
Miklič Cvek, Lucija	*Ljubljana/SI*
Moutard, Robert	*Lyon/FR*
Penz, Hugo	*Innsbruck/AT*
Price, Martin	*Perth/UK*
Ressi, Wolfgang	*Klagenfurt/AT*
Ringler, Alfred	*Rosenheim/DE*
Rougier, Henri (†)	*Lyon/FR*
Tuor, Leo	*Chur/CH*
Zwitter, Žiga	*Ljubljana/SI*

Un remerciement tout particulier est adressé à la municipalité de Bad Hindelang, où l'économie pastorale joue un rôle important: cette commune s'engage depuis longtemps en faveur de l'agriculture de montagne et d'économie pastorale – entre autres en soutenant le „Modèle éco Hindelang" et en inscrivant l'économie pastorale au registre fédéral allemand du „patrimoine culturel immatériel" – et elle a rendu possible la publication multilingue de cette bibliographie sous forme analogique et numérique. *J'espère que grâce à cette bibliographie, la grande importance économique, culturelle et écologique d'économie pastrale dans la région alpine et en Europe sera à nouveau plus clairement perçue et que la coopération à l'échelle alpine sera intensifiée.*

Bamberg, mai 2021, Werner Bätzing

INTRODUCTION

TABLE DES MATIÈRES DE L'INTRODUCTION :

1. CARACTÉRISTIQUES CENTRALES DE LA PRÉSENTE BIBLIOGRAPHIE

1.1 OBJECTIF

L'économie pastorale dans les Alpes jouit d'une longue histoire, elle est très importante car elle rémunère près de 30 % de la superficie alpine (Ringler 2009 AL, p. 18 – le suffixe „AL" indique dans quelle partie de cette bibliographie se trouve le titre ; les abréviations sont données dans la table des matières), et elle influence la région alpine sur les plans économique, socioculturel, écologique et paysager si fortement qu'elle représente une des caractéristiques centrales de cette montagne.

La bibliographie présentée ici des publications sur l'économie pastorale suit un double objectif :

Premièrement : les connaissances liées à l'économie pastorale se perdent inlassablement. Cela ne concerne pas tellement les paysans, qui continuent d'exploiter l'économie pastorale (mais dont le nombre n'arrête pas de diminuer), mais avant tout les habitants de la région alpine et les habitants européens ainsi que les acteurs œuvrant en politique, gestion, sciences et dans les médias. La présente bibliographie doit permettre de garder en mémoire et rendre publiques ces connaissances, car elles comprennent des expériences importantes en matière de nature, de formes d'utilisation communes et de valeurs culturelles spécifiques qui ne doivent pas disparaître. Ces expériences ne sont pas essentielles uniquement pour les communes, vallées et régions alpines directement concernées, mais revêtent également une grande importance pour l'espace alpin dans son ensemble et au-delà pour toute l'Europe.

Deuxièmement : l'économie pastorale dans l'ensemble des Alpes fait face aux mêmes problèmes, à savoir l'abandon imminent de grandes surfaces, la surexploitation de parcelles plus petites, la menace de dispersion de grands prédateurs, la charge et le déplacement dus aux activités touristiques et de loisirs ainsi que la prédominance de nouvelles exigences sociales, non agricoles (protection de la nature, espaces sauvages et de compensation). Étant donné qu'il n'y a pas dans l'espace alpin d'organisation des associations de l'économie pastorale, ni de débat de société transalpin (voir les parties 3.4 et 3.5), mais étant donné que ces discussions se déroulent séparément dans les différents États et régions alpines, il n'y a que des structures de discussion fragmentées. Elles compliquent la discussion commune sur les problèmes actuels et empêchent à l'économie pastorale de devenir un acteur important dans l'espace alpin et dans toute l'Europe, acteur qui représente avec force ses objectifs et intérêts publics.

C'est pour ces deux raisons que les connaissances sur l'importance dans les Alpes et toute l'Europe de l'économie pastorale sont aujourd'hui insuffisantes. C'est pourquoi, la présente publication a pour but de documenter au moyen d'une bibliographie les longues discussions approfondies sur l'économie pastorale, qui ont eu lieu et qui continuent d'avoir lieu dans les différents États alpins et régions alpines. Il s'agit d'une part de créer une base afin de pouvoir rendre plus évident le rôle important que revêt l'économie pastorale à la population de l'espace alpin et de l'Europe, et d'autre part d'encourager et d'intensifier les discussions à l'échelle alpine sur la situation actuelle de l'économie pastorale. L'auteur y défend l'opinion qu'une collaboration sous forme d'une organisation faîtière transalpine serait très utile pour renforcer l'économie pastorale.

1.2 CONCEPTION DE FOND ET LIMITATION DE LA THÉMATIQUE

Une bibliographie transalpine et interdisciplinaire sur l'économie pastorale n'a jamais vu le jour jusqu'à maintenant : Les sept bibliographies qui existent sur ce sujet (voir la partie 3.3.10) se concentrent uniquement sur certaines zones partielles et différents domaines. L'auxiliaire usuel, l'évaluation de „bibliographies cachées“ ainsi nommées (bibliographies très détaillées de vastes aperçus globaux) ne représente dans ce cas également aucune alternative car les aperçus globaux d'envergure interdisciplinaire et internationale de l'économie pastorale font quasiment défaut (voir la partie 3.3.13) et car la plupart des publications sur l'économie pastorale est axée fortement non seulement sur l'État, mais également sur une domaine. La „bibliographie cachée“ de loin la plus vaste, la bibliographie dans la monographie d'Alfred Ringler (Ringler 2009 AL, 98 pages imprimées) considère principalement le domaine écologique-scientifique et ne couvre donc qu'une partie de la thématique. Compte tenu de cette situation de départ difficile, l'élaboration d'une bibliographie interdisciplinaire et transalpine sur l'économie pastorale représente un grand défi.

Afin que cette bibliographie ne soit pas confuse et ne s'écarte pas du sujet dans toutes les directions, j'ai restreint son contenu aux objectifs mentionnés au début de la manière suivante :

a) De nos jours, les analyses et recherches scientifiques naturelles sur l'économie pastorale sont tellement spécialisées et différenciées que les non-scientifiques et même certains scientifiques d'autres disciplines ne peuvent plus généralement les comprendre. La plupart des personnes, qui sont intéressées aujourd'hui par l'économie pastorale, ne pourraient comprendre à peine encore les sujets développés. Bien que je me sois engagé depuis des décennies pour une vision „intégratrice„ de l'espace alpin, j'ai décidé de ne pas prendre de texte scientifique naturelle. Je le fais d'autant plus facilement que la très vaste bibliographie d'Alfred Ringler (Ringler 2009 AL, p. 1339–1437 AL) est axée fortement sur les sciences naturelles et l'écologie et couvre bien cette thématique. Des publications sur les conditions naturelles des Alpes (géologie, climat, géomorphologie, hydrologie, sol), sur la végétation sur le territoire alpin, sur la santé animale et sur la qualité scientifique des produits alpins ne seront pas prises en considération dans la présente bibliographie.

b) De nombreux scientifiques et praticiens ont eu raison de toujours indiquer que l'économie pastorale est tellement liée étroitement à l'agriculture locale ou régionale et à l'agriculture en périphérie des Alpes malgré sa certaine autonomie que l'on ne peut la comprendre correctement qu'à cet égard. Si l'on suivait cette perspective, une bibliographie de l'économie pastorale devrait être une bibliographie de l'agriculture de tout l'espace alpin et de ses alentours. Étant donné que cela sortirait du cadre de la présente bibliographie, cette dernière se limite au sujet de l'économie pastorale au sens strict et exclut des représentations de l'agriculture dans l'espace alpin qui généralement thématisent *également* (souvent de manière concise) l'économie pastorale ; les seules exceptions sont les publications qui ont un chapitre portant sur l'économie pastorale et comptant pas moins de dix pages imprimées. De même, les publications portant sur la production laitière, l'élevage, les races et la production de fromagère ne sont prises en considération que si l'accent est mis sur l'économie pastorale.

c) Il existe de nombreuses publications (monographies) sur différentes communes, vallées et régions alpines qui contiennent des informations généralement succinctes sur l'économie pastorale. Ces publications ne sont pas inscrites ici ; les seules exceptions sont si elles contiennent un chapitre portant sur l'économie pastorale et comptant pas moins de dix pages imprimées.

d) De nombreuses représentations de l'économie pastorale se concentrent sur *toutes* les habitations et zones économiques utilisées de manière saisonnière au-dessus des habitations permanentes, c'est-à-dire également au niveau des „Maiensäße“ (alpages intermédiaires) ou des „Voralmen“ (montagnettes) (il n'existe pas d'expression en allemand ou français standard pour cela, mais seulement une variété d'expressions dialectales régionales). Étant donné que les problèmes et les potentiels actuels de ce niveau intermédiaire au-dessus des habitations permanentes et en dessous des habitations d'alpage diffèrent considérablement de ceux de l'économie pastorale, les publications consacrées exclusivement à ce niveau intermédiaire ne sont pas incluses dans cette bibliographie. De même, les publications consacrées exclusivement à la forêt dans les zones pastorales ne sont pas incluses.

e) Les statistiques alpines modernes de l'économie pastorale, qui ont vu le jour à partir de 1864 (Schatzmann/Wirth 1868 CH), ont donné une toute nouvelle dimension à l'étude pratique et scientifique de l'économie pastorale. Par conséquent, cette bibliographie commence autour de l'année 1860, et les publications antérieures à cette date ne sont pas incluses.

f) Même si l'histoire est indispensable pour bien comprendre la situation actuelle de l'économie pastorale, les publications à vocation purement historique qui traitent de l'économie pastorale avant 1860 sont exclues de cette bibliographie car elles se concentrent sur la situation actuelle. Cependant, pour comprendre la situation actuelle, il faut connaître les structures traditionnelles, c'est pourquoi les publications qui les représentent sont incluses.

g) Étant donné que cette bibliographie s'attache à comprendre l'économie pastorale en tant que phénomène complexe, les publications purement pratiques sur la conception et l'amélioration technique, organisationnelle, économique ou écologique de la gestion des alpages, y compris le développement des alpages par des chemins, des routes et des téléphériques, sont exclues. Seules les nombreuses monographies sur l'économie pastorale d'un point de vue agronomique, dans lesquelles l'amélioration de la gestion joue un rôle central, font exception à la règle, car ces monographies présentent également le système global de l'économie pastorale de manière systématique.

h) En outre, les guides de randonnée d'alpage exclusivement touristiques, les livres de cuisine et de recettes des alpages ainsi que les descriptions purement narratives et littéraires de la vie pastorale ne sont pas inclus dans cette bibliographie. Les livres illustrés ne sont inclus que s'ils sont systématiquement documentaires ou contiennent des photographies historiques importantes.

i) Il existe de nombreuses publications informatives sur l'économie pastorale qui sont publiées par une maison d'édition privée ou qui sont publiées par une municipalité, une coopérative d'alpage, une corporation d'alpage, une collectivité agricole ou similaire. Ces publications sont incluses dans cette bibliographie si elles sont disponibles dans une bibliothèque accessible au public.

Les limites mentionnées dans ces neuf points conduisent à ce que cette bibliographie se concentre sur les thèmes de l'économie pastorale, ses formes d'utilisation, ses structures économiques, ses formes de propriété et de droit, ses coutumes et, marginalement, sur les bâtiments alpins et les désignations (noms) correspondantes. L'utilisation transhumante est toujours incluse, car dans les Alpes du Sud-Ouest, du Sud et du Sud-Est, elle est parfois plus importante que l'économie pastorale locale.

Afin que cette bibliographie ne devienne pas trop vaste, les textes suivants sont également exclus :

- Les épreuves d'examen, les travaux de fin d'études, les travaux de séminaire et les compositions écrites dans les universités, car, contrairement aux mémoires, ils ne sont généralement pas accessibles au public. Pour les quelques documents d'examen qui sont néanmoins répertoriés dans cette bibliographie pour des raisons de contenu, un emplacement de bibliothèque où ils sont disponibles publiquement est cité dans chaque cas.

- Les rapports d'institutions (principalement des organisations d'économie alpestre, des offices agricoles d'état), qui ont été préparés pour un usage interne seulement et n'ont pas été publiés.

- Les résultats de projets de promotion de l'alpage qui ne sont généralement publiés qu'en interne dans le cadre du projet (souvent sur Internet) ; ils ne sont inclus ici que s'ils sont publiés dans des revues ou par des éditeurs accessibles au public.

- Les documents d'archives (textes manuscrits, documents dactylographiés, statuts d'alpage, règlements juridiques de toutes sortes, sources, documents historiques, etc.).

- Afin de ne pas laisser le nombre d'essais devenir trop important, seuls les essais ayant une longueur pas moins de dix pages imprimées sont inclus (ainsi, la plupart des articles des revues d'associations sur l'économie pastorale sont exclus).

Publications sur Internet : cette bibliographie se concentre sur les publications imprimées qui sont en permanence à la disposition du public dans les bibliothèques. L'Internet, en revanche, est traité avec retenue en tant que lieu de publication, car il s'agit d'un média relativement récent dont le contenu peut souvent changer, qui n'est pas nécessairement constant et dont la qualité est extrêmement variable. Afin de rendre justice au média Internet, les sites Internet pertinents sont répertoriés pour les unités géographiques avant le début des publications, et ils sont généralement riches en matériel.

Sur le thème de l'Internet en détail :

- Actuellement, les anciennes publications sont souvent disponibles dans les librairies d'occasion (à l'exception de quelques classiques souvent à des prix étonnamment bas), et on peut les trouver très facilement grâce à l'Internet. Lorsque le droit d'auteur a expiré, il existe aujourd'hui de plus en plus de réimpressions photomécaniques sous forme de publications à la demande (principalement par des sociétés américaines), qui sont mentionnées dans cette bibliographie (mais uniquement avec l'année).

- Un certain nombre de livres anciens et de volumes complets de périodiques ont maintenant été entièrement numérisés et sont librement accessibles sur Internet (livres dans les principales bibliothèques nationales, périodiques par exemple sur https://ezb.uni-regensburg.de ou www.e-periodica.ch ou www.anno.onb.ac.at ou www.persee.fr) ; étant donné qu'ils sont faciles à trouver, les adresses Internet ne sont pas indiquées dans cette bibliographie.

- Les articles des revues pertinentes, dont la publication analogique a été interrompue et qui ne sont plus publiées que sur Internet (par exemple, la „Revue de géographie alpine"), sont inclus dans cette bibliographie.

- Les résultats de projets de recherche importants et pertinents qui ne sont présentés que sur l'Internet (par exemple, les résultats de „ALP Austria") sont inclus dans cette bibliographie.

1.3 MÉTHODE D'ÉLABORATION

La base de la compilation de cette bibliographie est mon „Archive pour la recherche alpine intégrative" et, à l'intérieur de celle-ci, mon fichier sur les Alpes (fichier de littérature), que j'ai commencé en 1980 et que j'ai depuis régulièrement mis à jour et élargi. En décembre 2019, il comprenait près de 30 000 fiches ou titres (voir www.geographie.nat.fau.de/person/werner-baetzing/#collapse_2, section „Archives pour la recherche intégrative sur les Alpes", point 6 là-bas). Pour cette bibliographie, j'ai évalué mes fiches (publications) pertinentes et je les ai complétées de la manière suivante :

- Tous les titres sur l'économie pastorale figurant dans ma bibliographie ont été vérifiés et, si nécessaire, corrigés à l'aide des catalogues électroniques des bibliothèques nationales et internationales.

- Les bibliographies contenues dans les articles et les monographies sur le thème de l'économie pastorale ont été systématiquement évaluées (dans la mesure où cela n'avait pas été fait auparavant).

- Les séries de publications, les revues et les répertoires d'éditeurs pertinents ont été examinés de manière ciblée (si cela n'avait pas déjà été fait auparavant).

Pour compléter l'élaboration de cette bibliographie, les termes „Alm- und Alpwirtschaft" et leurs équivalents italiens et français ont été saisis dans les moteurs de recherche des catalogues électroniques des bibliothèques ou réseaux de bibliothèques nationales suivants :

DE : https://opacplus.bib-bvb.de
(Réseau des bibliothèques de Bavière)

FR : www.catalogue.bnf.fr
(Bibliothèque nationale de France, Paris)

FL : http://aleph.bibliothek.li
(Bibliothèque nationale du Liechtenstein, Vaduz)

IT : http://opac.sbn.it (Servizio Bibliotecario Nazionale)

AT : http://search.obvsg.at
(Réseau des bibliothèques autrichiennes)

CH : www.swissbib.ch (Catalogue de toutes les bibliothèques universitaires et de la Bibliothèque nationale suisse), depuis 2021: https://swisscovery.slsp.ch (Plate-forme suisse de services aux bibliothèques)

SI : www.nuk.uni-lj.si
(Bibliothèque nationale et universitaire de Ljubljana)

Il s'est avéré que relativement peu de nouveaux titres (moins de 10 %) sur l'économie pastorale ont été trouvés à la suite de cette recherche. Cela semble indiquer que cette bibliographie couvre une grande partie des publications pertinentes.

Cependant, il est impossible qu'une telle bibliographie couvre jamais complètement la littérature sur l'économie pastorale. Je serais très reconnaissant pour toute référence à des titres que je n'ai pas enregistrés, et je vous prie de me le faire savoir (werner.baetzing@web.de) afin que je puisse les inclure dans cette bibliographie.

1.4 CRITÈRES DE SAISIE BIBLIOGRAPHIQUES

Étant donné que l'inventaire bibliographique d'un titre diffère considérablement d'un État alpin à l'autre, les règles d'enregistrement bibliographique sont maintenues dans chaque zone linguistique et *ne* sont *pas* homogénéisées.

Afin de faciliter la recherche des titres, les informations bibliographiques – contrairement à la forme habituelle de présentation brève d'aujourd'hui – sont présentées de manière aussi détaillée que possible, c'est-à-dire avec le prénom de l'auteur, le titre et le sous-titre complet, l'éditeur, le lieu de publication, la série de publications, l'édition, la traduction dans d'autres langues, etc. Les noms des revues et des séries de publications ne sont pas abrégés, et les institutions Œuvrant en tant que rédacteurs ou éditeurs sont nommées de la manière la plus complète possible. Parce qu'il y a des différences de contenu entre les titres de 20 et de 200 pages, le nombre de pages est indiqué pour le plus grand nombre possible de monographies, livres ou brochures. Et parfois, de brèves notes sont données sur le contenu de la publication.

1.5 CONCERNANT LA LANGUE DE LA PRÉSENTE BIBLIOGRAPHIE

Le problème central de la représentation de l'économie pastorale est très diversifié dans la région alpine et consiste en ce que cette grande diversité matérielle et culturelle s'exprime dans un nombre presque infini de termes locaux, qui sont presque toujours des termes dialectaux. Un simple coup d'œil aux titres de cette bibliographie permet de constater le nombre de termes utilisés qui sont spontanément incompréhensibles pour ceux qui ne connaissent pas la région. Ces termes dialectaux sont en même temps normatifs-émotionnels de manière spécifique, de sorte qu'ils ne sont pas faciles à traduire avec des expressions de langue standard. Cependant, il est possible de rendre ces termes dialectaux dans le contexte d'une langue standard s'ils sont expliqués plus en détail, car le dialecte et la langue standard ont des caractéristiques communes importantes auxquelles on peut se référer. Les traductions dans d'autres langues sont toutefois très difficiles, car les faits économiques pastoraux concrets ne sont souvent pas connus dans d'autres régions linguistiques et parce que la dimension normative-émotionnelle des termes dialectaux n'est plus présente ici non plus.

C'est pourquoi, il est inutile de traduire les titres en langue étrangère de cette bibliographie – si vous ne comprenez pas ces titres, vous ne pouvez pas non plus comprendre ces parties de la bibliographie. Cette procédure concerne les titres en allemand, italien, français et anglais. Elle pose cependant des difficultés avec les langues dont les connaissances sont très limitées. Dans l'espace alpin, cela concerne les langues slovène et romanche, dans lesquelles des publications pertinentes sur l'économie pastorale ont été publiées. Afin que l'utilisateur sache au moins de quoi il s'agit, les titres et soustitres des publications slovènes et romanches sont traduits en allemand ou en anglais dans la présentation bibliographique de cette bibliographie. Dans les autres langues (occitan, franco-provençal, ladin, furlan, etc.), il n'existe, à ma connaissance, que des publications isolées sur l'économie pastorale.

Comme je ne parle pas moi-même le slovène ou le romanche, les collègues suivants m'ont aimablement aidé :

Les publications en *slovène* (plus quelques ajouts sur les régions voisines ainsi que les déclarations sur la notion d'économie pastorale en langue slovène et celles sur la recherche alpine en Slovénie) ont été compilées pour moi par Žiga Zwitter (géographie/histoire), Barbara Lampič (géographie), Špela Ledinek Lozej (ethnologie) et Lucija Miklič Cvek (bibliothéconomie) (toutes Ljubljana).

Les publications en *romanche* (ainsi que d'importants ajouts concernant les Grisons) ont été sélectionnées et compilées par Leo Tuor de l'Institut dal Dicziunari Rumantsch Grischun (DRG) de Coire. Il convient de noter qu'il n'existe pas „la“

langue romanche ou grisonne, mais que cette langue n'existe „que " dans les cinq idiomes suivants, chacun ayant sa propre langue écrite : Sursilvan (Vorderrhein), sutsilvan (Hinterrhein), surmiran (Albula, Vaz/Obervaz, Oberhalbstein), puter (Oberengadin), vallader (Unterengadin). Tous les titres romanches répertoriés dans cette bibliographie sont écrits dans l'une de ces cinq langues.

1.6 STRUCTURE DE LA PRÉSENTE BIBLIOGRAPHIE

Étant donné que les phénomènes agricoles, géographiques, folkloriques, juridiques et linguistiques de l'économie pastorale sont très étroitement liés, il n'est guère judicieux de les séparer par thème et de structurer cette bibliographie en fonction des différentes disciplines scientifiques. Et comme en même temps le cadre étatique et régional est très important pour l'économie pastorale, une structure géographique, c'est-à-dire une structure selon les états et les „régions ", a été choisie comme élément central de structuration de cette bibliographie. Cela présente l'avantage de rendre rapidement visibles les interconnexions entre les différentes disciplines scientifiques.

Alors que la subdivision des Alpes en États est sans ambiguïté, les „régions" sont choisies comme unités administratives de l'État qui se situent entre la commune et l'État et sont raisonnablement comparables en termes de taille ; il s'agit des „Regierungsbezirke" en Allemagne, des „départements" en France, des „regioni" en Italie (provinces uniquement dans le cas de la région Trentino-Alto Adige), des „Bundesländer" en Autriche et des cantons" ou (en raison de la petite taille de nombreux cantons) des groupes de cantons en Suisse. La Principauté du Liechtenstein et la Slovénie ne sont pas subdivisées. Les Alpes sont ainsi divisées en 33 „régions".

Bien que la subdivision des publications par domaine ou discipline scientifique ne soit pas utilisée comme élément de classification, chaque publication individuelle est affectée à un domaine (voir la partie 3.3), de sorte qu'une évaluation à cet égard est possible.

2. ÉCONOMIE PASTORALE DANS LES ALPES

2.1 TERMINOLOGIE PASTORALE

Les termes suivants sont associés aux alpages dans l'ensemble de l'espace alpin (de nombreux titres des publications de cette bibliographie fournissent des exemples de l'utilisation concrète de ces termes) :

Allemand :
- Alm (dialectes bavarois : Oberbayern, Autriche sans Vorarlberg, Tyrol du Sud)
- Alp ou Alpe (dialectes alémaniques : Allgäu, Vorarlberg, Liechtenstein, Suisse allemande)
- Berg
- Schwaige (Basse-Autriche et Styrie)
- Transhumanz (uniquement en tant que concept, pas en tant que réalité) ; au sens large, on peut y comparer le „Wanderschäferei" (berger itinérant) dans le sud de l'Allemagne, le „Pensionsviehhaltung" (élevage en pension) en Bavière ou le „Küherwesen" (élevage bovin) en Suisse.

Français :
- Alpe
- Alpage
- Montagne (grandes montagnes = alpages collectifs, souvent des bergers transhumants ; petites montagnes = alpages individuels par les membres des familles d'agriculteurs locaux)
- Estivage ou estive (Alpes du Sud)
- Transhumance

Occitan (Alpes du Sud-Ouest) :
- Gias ou Giàs (orthographe italienne) ou jas (orthographe française)

Romanche :
- Alp
- Munt

Italien :
- Alpe
- Alpeggio
- Montagna
- Grangia (Piémont)
- Malga (Alpes italiennes centrales et orientales)
- Transumanza

Slovène :
- Planina
- Staja, prestaja, rovt (montagnettes privées)
- Planšarstvo, planinsko pašništvo, transhumanca (activité d'agriculture alpine)

2.2 LA NOTION D'ÉCONOMIE PASTORALE DANS LES DIFFÉRENTES LANGUES

Il n'existe pas de terme fixe et généralement utilisé pour désigner l'économie pastorale dans les langues standard parlées dans les Alpes.

2.2.1 Allemand

Il existe deux termes dialectaux pour désigner cette situation dans la langue allemande, à savoir „Almwirtschaft" (dialectes bavarois) et „Alpwirtschaft" (dialectes alémaniques). Par conséquent, cette bibliographie utilise toujours le double terme „Alm- und Alpwirtschaft".

Au XIXe siècle, en revanche, le terme „Alpenwirtschaft" était utilisé dans l'espace germanophone comme le terme de haut allemand pour ce que l'on appelle aujourd'hui l'économie pastorale ; ce terme était utilisé à l'époque dans la législation et dans le cadastre (Penz 1978 AT, p. 15), et il a trouvé sa place dans les dictionnaires ainsi que dans les publications pertinentes. Ce faisant, on peut affirmer ce qui suit :

Alpenwirthschaft ou (après la conférence orthographique de Berlin de 1901) *Alpenwirtschaft :* ce terme est le seul utilisé dans les publications de cette bibliographie entre 1859 et 1867. De 1870 à 1912, il est utilisé avec la même fréquence que „Alpwirthschaft/Alpwirtschaft", et après cela, il n'est plus utilisé du tout.

Alpwirtschaft : Ce terme a remplacé l'expression „Alpenwirtschaft" pour la première fois en Suisse en 1867, et il s'est rapidement imposé, étant utilisé par d'importants auteurs suisses (Schatzmann, Anderegg) et par la „Schweizerische Alpstatistik". Ce terme a également été utilisé pendant longtemps dans la région linguistique bavaroise et n'a été remplacé que progressivement par le terme „Almwirtschaft" dans le courant des années 1930.

Almwirtschaft : Ce terme n'a été propagé comme terme scientifique qu'en 1907 par Robert Sieger, car le terme dialectal pluriel „Almen", contrairement au terme haut allemand „Alpen", n'est pas ambigu et permet une distinction claire entre les hauts pâturages et les montagnes dans leur ensemble (Sieger 1907 AL, p. 263). Néanmoins, ce terme n'est pas utilisé pendant près de deux décennies. Ce n'est que dans la seconde moitié des années 1920 qu'il est utilisé plus souvent, dans les années 1930 il apparaît à peu près aussi souvent que „Alpwirtschaft" (Endriss 1935 DE/ALG et Meissinger 1936 DE/ALG l'utilisent même pour l'Allgäu !), mais ce n'est qu'après la Seconde Guerre mondiale qu'il devient presque le seul terme utilisé dans la région linguistique bavaroise. Cependant, en Autriche, tant les statistiques officielles (ÖSTAT 1955 - 57 et 1976) que des auteurs importants (Schneiter 1948, Brugger et al. 1983) ont continué à utiliser le terme „Alpwirtschaft" pendant longtemps.

2.2.2 Italien

En Italie, on parle souvent de l'„economia/cultura degli alpeggi" ou de l'„economia/cultura delle malghe", mais le terme central est „alpicoltura". En Suisse italienne, en revanche, on utilise le terme „economia alpestre", ce qui est plutôt inhabituel en Italie. Dans cette bibliographie, le terme „alpicoltura" est utilisé.

2.2.3 Français

En France, on utilise les termes „économie alpestre", „économie montagnarde" ou „économie pastorale" et l'expression „vie pastorale" est également très courante. En Suisse romande, en revanche, le terme „économie alpestre" s'est imposé. Dans cette bibliographie, le terme „économie pastorale" est utilisé.

2.2.4 Slovène

À l'instar de l'expression allemande „Alm/Alp", le mot slovène „planina" désignait à l'origine une prairie pâturée, sans forêt, souvent située dans les montagnes, qui était si éloignée des habitations permanentes que le bétail ne pouvait pas être conduit au pâturage tous les jours. Ce n'est qu'avec le développement de l'alpinisme („planinstvo") qu'un nouveau sens du mot „planina" s'est développé, qui depuis lors signifie également „montagne". Depuis que la Société agricole de Gorizia a publié en 1871 une traduction slovène du manuel de Wilhelm *Die Hebung der Alpenwirthschaft* (1868 AT), le terme „planšarstvo" est également utilisé pour l'économie pastorale. Certains auteurs, notamment les géographes, préfèrent utiliser des termes dérivés du mot „planina", à savoir „planinsko gospodarstvo", „planinsko pašništvo" et, au sens strict, „planinska paša" (économie pastorale, pâturage rationné) pour décrire l'activité économique des alpages.

2.2.5 Anglais

Étant donné qu'il n'y a pas de hautes montagnes en Angleterre et donc pas d'économie pastorale, il n'y a pas de terme correspondant dans cette langue. Il est courant de parler d'„alpine economy", d'„alpine farming", d'„alpine dairy farming", d'„alpine summer farming" ou de „pastoralism", (exception Peattie 1936 AL), mais il s'agit là de termes rela-tivement généraux. Dans cette bibliographie, la notion d'„alpine pasture farming" est utilisé à cette fin.

2.2.6 Résumé

Dans la région alpine, il n'existe pas de terminologie fixe dans les langues standard pour la notion d'„économie pastorale", mais plutôt une variété considérable de termes. Un coup d'œil aux titres de cette bibliographie rend cette diversité très claire. Il est intéressant de noter que la terminologie de l'espace germanophone est axée sur l'économie (Alm- und Alpwirtschaft), que l'espace francophone accorde un rôle central à la vie en alpage (vie pastorale) et que l'espace italophone met l'accent sur la culture (alpicoltura = coltura au double sens de „agriculture" et de „culture"). Cela montre déjà dans l'usage linguistique que l'économie pastorale est perçue d'une manière quelque peu différente dans l'espace alpin.

2.3 CONDITIONS ET CARACTÉRISTIQUES DE L'ÉCONOMIE PASTORALE

En tant que chaîne de haute montagne géologiquement jeune, les Alpes présentent des vallées relativement étroites et, au-dessus de 2 000 m, des plateaux souvent larges et étendus (anciennes surfaces terrestres) qui n'ont pas encore été détruits par l'érosion car l'érosion des Alpes n'a pas encore beaucoup progressé.

Pour l'agriculture, ces caractéristiques géologiques des Alpes signifient que les terres agricoles relativement chaudes et favorables dans les vallées sont assez petites, alors que de très grandes surfaces sont disponibles en altitude. Cependant, en raison de leur climat frais et de leur courte période de végétation (les Alpes se trouvent dans la zone de transition entre les zones climatiques méditerranéennes et tempérées), ces zones ne peuvent pas être utilisées pour les cultures arables, mais uniquement comme prairies ou pâturages.

L'agriculture dans la région alpine trouve son origine au Proche-Orient („croissant fertile"). Elle se caractérise par le fait que l'agriculture et l'élevage sont à peu près sur un pied d'égalité (avec une grande flexibilité dans la pondération respective) et que l'on dispose, avec les ovins, les caprins et les bovins, de trois races d'animaux domestiques bien adaptées à l'utilisation des pâturages en montagne (ce qui n'est pas le cas dans d'autres régions du monde).

La répartition défavorable des terres agricoles potentielles dans les Alpes et les conditions de l'agriculture au Proche-Orient conduisent à une forme spécifique d'agriculture que l'on peut qualifier de „spécifique aux Alpes" : les terres agricoles de la vallée sont utilisées exclusivement pour les cultures arables et la fenaison (production de fourrage pour les animaux en hiver), tandis que les zones de montagne sont utilisées en été comme pâturages, souvent divisés en différents „Stafel" (niveaux d'altitude) afin de tirer le meilleur parti de la végétation (complétés au printemps et en automne par deux courtes périodes de pâturage transitoire sur les „Maiensäße" (alpages intermédiaires) ou les „Voralmen" (montagnettes) entre la vallée et la montagne). Le rendement des pâturages d'été en haute plaine (viande et fromage), associé au rendement des cultures arables, permet aux agriculteurs de produire suffisamment de nourriture pour passer le très long hiver en montagne. Sans l'utilisation des hautes terres pour l'agriculture alpine, il y aurait beaucoup moins d'agglomérations paysannes dans la vallée, car il faudrait beaucoup d'espace pour le pâturage d'été dans la vallée et il ne pourrait donc y avoir que relativement peu de fermes dans une vallée alpine.

Sur le versant sud des Alpes et dans les Alpes du Sud-Ouest, on trouve des hautes terres particulièrement étendues, et là, le rapport entre les petites zones agricoles dans la vallée et les grandes zones de pâturage sur les hautes terres est souvent particulièrement extrême. En même temps, les différences entre les basses altitudes sèches en été en dehors des Alpes et les hautes altitudes humides de la région alpine sont particulièrement marquées ici. Ici, en plus de l'élevage alpin local, il existe un élevage alpin transhumant, dans lequel les animaux paissent en été sur les alpages dans les Alpes et en hiver dans les plaines en dehors des Alpes (vallée du Rhône, côte méditerranéenne, vallée du Pô, zones du bassin des Balkans). C'est pourquoi de longues migrations d'hommes et de bétail sont nécessaires pour passer des zones de pâturage d'hiver aux zones de pâturage d'été (autrefois à pied, depuis le début du XXe siècle en partie par chemin de fer, depuis la fin des années 1950 par camion).

Si l'on considère l'économie pastorale dans une perspective mondiale, on constate qu'elle n'existe que dans les montagnes où l'agriculture est pratiquée selon le modèle „proche-oriental". Il s'agit en premier lieu de la longue chaîne de montagnes alpines allant du Haut Atlas et des Pyrénées à l'Himalaya en passant par les Alpes, les montagnes méditerranéennes et les Dinarides, et en second lieu des chaînes de basse montagne d'Europe centrale jusqu'à la Scandinavie. Dans toutes ces montagnes, il existe ou existait une économie pastorale selon le modèle nord-alpin dans les parties humides des montagnes, une économie pastorale transhumante selon le modèle sud-alpin dans les parties plus sèches, et un nomadisme montagnard dans les parties très sèches, où traditionnellement des groupes familiaux plus importants migrent des zones de pâturage d'hiver vers les zones de pâturage d'été, ce qui n'existe pas dans l'espace alpin. Les innovations agricoles, qui trouvent leur origine en dehors du „croissant fertile“ (chameaux, dromadaires et chevaux domestiqués dans la péninsule arabique et en Asie intérieure) jouent un rôle uniquement dans le nomadisme montagnard. Et dans le cadre de ces montagnes, l'économie pastorale de l'espace alpin représente l'un des systèmes de pâturage les plus divers et les plus différenciés.

Dans les autres montagnes de la planète, en revanche, il n'y a traditionnellement pas d'économie pastorale parce qu'il n'y a pas d'animaux dans l'agriculture de ces régions avec lesquels on pourrait utiliser le massif correspondant. On peut donc affirmer que l'économie pastorale des Alpes occupe une place prépondérante et particulière dans une perspective mondiale.

La conception „spécifique aux Alpes“ de l'agriculture permet d'utiliser au mieux les différents niveaux altitudinaux des Alpes avec leurs différentes périodes de végétation. Au fil du temps, une très grande variété de formes et de structures d'économie pastorale est apparue, et même dans la même région alpine, il n'y a presque jamais deux alpages identiques (Boesch 1951 AL, p. 206, Furrer 1980 CH, p. 374). Les différences dans l'environnement naturel, certaines expériences historiques, des normes et valeurs culturelles spécifiques, des conditions économico-politiques particulières ou de simples coïncidences jouent un rôle important dans cette diversité.

Traditionnellement, l'économie pastorale a longtemps été comprise comme l'„adaptation“ de l'agriculture à l'environnement montagnard ; cependant, cette perspective implicitement axée sur le déterminisme naturel ou géographique est insuffisante : la grande diversité d'utilisation de l'économie pastorale et de sa gestion dans la région alpine montre clairement qu'il n'existe pas „une“ adaptation (naturelle), mais plutôt une grande variété de solutions différentes. Par conséquent, il est logique de parler non pas d'„adaptation“, mais d'„innovations culturelles“ de l'économie pastorale en confrontation avec l'utilisation de l'espace montagnard.

Étant donné que le pâturage régulier et permanent modifie considérablement le spectre des espèces de la couverture végétale et que les alpages sont délibérément agrandis à un stade très précoce au détriment de la forêt, les alpages ne sont pas des paysages naturels mais cultivés, même s'ils ressemblent à première vue à des paysages naturels vierges. Ces paysages culturels doivent être gérés et entretenus par l'homme de manière très prudente afin qu'ils ne soient pas détruits par une utilisation excessive ou qu'ils ne perdent pas leur valeur fourragère en raison d'une utilisation insuffisante et soient envahis par la végétation ou la forêt. Cela demande beaucoup de travail et une connaissance précise de la dynamique naturelle de la haute montagne. De nombreux statuts d'alpage datant du Moyen Âge prouvent que les agriculteurs alpins ont été très tôt conscients de cette tâche importante et qu'ils l'ont gérée avec succès en promulguant des règlements spécifiques contre la surexploitation *et* la sous-exploitation. De cette manière, les alpages peuvent être utilisés en permanence comme pâturages sans être détruits.

2.4 DÉFINITIONS

Les alpages sont des zones de pâturage de haute altitude situées dans les montagnes au-dessus de la limite naturelle des arbres, ainsi que des zones forestières défrichées près de la limite supérieure des arbres, qui sont utilisées de la mi-fin juin à la mi-septembre environ. On parle d'économie pastorale lorsque, d'une part, la distance par rapport aux fermes habitées toute l'année d'où proviennent les animaux estivés est si grande que les alpages ne peuvent plus être cogérés depuis la ferme, mais nécessitent une structure économique propre avec ses propres bâtiments et son personnel, mais d'un autre côté, elle est si petite que des relations étroites existent entre les fermes de la vallée et „leurs“ alpages, car les alpages sont situés dans la même vallée que les fermes ou non loin derrière les bassins versants qui bordent une vallée (définition basée sur Sieger 1925 AT, p. 2). On parle d'économie pastorale transhumante ou de transhumance lorsque les animaux passent l'été sur les alpages et l'hiver en plein air dans les plaines situées en dehors de la région alpine ; dans le cas de la transhumance normale ou ascendante, les propriétaires des animaux viennent de villages situés au bord ou près des Alpes, et dans le cas de la transhumance inverse ou descendante, de villages de l'espace alpin au pied des alpages (définition basée sur Boesch 1951 AL, p. 204).

Alors qu'en Allemagne, en Autriche, en Slovénie et en Suisse, le thème de l'alpage et de l'économie pastorale est centré sur l'économie pastorale et la relation étroite entre la vallée et l'alpage, en France et en Italie, l'accent est mis sur la transhumance (voir ARBOS 1922 FR). Afin de pouvoir désigner et distinguer les deux formes d'économie pastorale de manière appropriée et égale, j'utilise pour la première fois dans l'espace germanophone les termes de *lokale* et *transhumante Alm- und Alpwirtschaft* (économie pastorale locale et transhumante) (en référence à Blache 1933 AL et Veyret 1951 AL).

Une forme particulière d'économie pastorale est la situation où les animaux passent l'hiver dans une étable dans un village intra-alpin, et au début de l'été sont conduits par un col élevé et une ligne de partage des eaux importante dans une région voisine, où ils passent l'été et retournent au village en automne. De telles situations se rencontrent souvent dans les régions alpines intérieures et relativement chaudes, où les terres agricoles s'étendent rapidement, de sorte que l'espace pour les pâturages devient rare. Par conséquent, pour le pâturage d'été, le bétail est amené de l'autre côté de la ligne de partage des eaux jusqu'aux têtes de vallées adjacentes au nord, où il y a beaucoup d'espace pour le pâturage, car ces vallées ne sont pratiquement plus utilisées pour l'agriculture depuis longtemps (et où des conflits avec les agriculteurs locaux qui s'y installent plus tard surviennent toujours). Cette forme d'économie pastorale est présente dans les Alpes bernoises (du Valais aux vallées de l'Oberland bernois), dans la Silvretta (du Prättigau/Unterengadin aux vallées latérales du Vorarlberg et du Tyrol), dans les Alpes de l'Ötztal (des vallées du Schnals et du Passeier à la vallée de l'Ötztal), dans les Alpes du Zillertal (des vallées du Pfitsch et de l'Ahrntal dans les Zillertaler Gründe) et dans les Hohe Tauern (de la vallée de l'Ahrntal dans les vallées du Tauern, de la vallée du Raintal dans la vallée de l'Arvental et de Mallnitz/Carinthia dans le Gasteiner Naßfeld), le parcours des moutons de la vallée du Schnals dans la vallée de l'Ötztal étant l'exemple le plus connu. Dans certains cas, cette forme d'économie pastorale a même conduit au fait que les frontières politiques actuelles ne suivent pas les lignes de partage des eaux et les crêtes comme d'habitude, mais s'en écartent (voir Hitz 2002 CH/GR, Pappenheim 1948 CH/GR). Il n'existe pas de présentation comparative et systématique de cette forme d'exploitation des alpages (j'ai répertorié les publications pertinentes à ce sujet dans l'index des sujets sous „Grenzüberschreitende lokale Alm- und Alpwirtschaft"). On parle à plusieurs reprises de „transhumance" (Gambicorti 2017 AL, Rachewiltz/Togni/Zipperle 1994 AL), mais ce n'est pas correct car les animaux ne passent pas l'hiver en dehors des Alpes. Il s'agit d'une variante de l'économie pastorale locale, avec des distances vers les pâturages d'été à peine plus longues que d'habitude. C'est pourquoi j'ai mis dans la définition de l'économie pastorale que les alpages sont „situés dans la même vallée que les fermes ou non loin derrière les bassins versants qui bordent une vallée".

2.5 MODES DE PROPRIÉTÉ ET D'EXPLOITATION

Il est typique de l'économie pastorale que les formes de propriété et de gestion ne soient pas identiques. La variété presque ingérable des formes et structures traditionnelles peut être résumée de manière très simplifiée comme suit (Frödin 1941–42 AL, Weiss 1941 CH/GR, Penz 1978 AT, Francardi et al. 1958 IT/PI).

2.5.1 Les formes de propriété

- *Gemeindealmen/-alpen (Alpes communales, Alpi pascolive di proprieta comunale) :* Un alpage est la propriété d'une commune (parfois aussi d'un groupe de communes ou seulement d'une ou plusieurs fractions d'une commune) ; le droit d'alpage ont toutes les personnes qui ont le droit communal.

- *Genossenschaftsalmen/-alpen (Alpes de société ou syndicales, Alpi pascolive di proprieta consortile) :* Un alpage est la propriété commune d'un groupe d'agriculteurs qui forment une coopérative, une société d'alpage ou une communauté agricole (entité juridique). Les membres de cette coopérative ont le droit d'utiliser les alpages.

- *Privatalmen/-alpen (Alpes privées, Alpi pascolive di proprieta privata) :* Un alpage appartient à une seule ferme et est la propriété exclusive de la famille qui gère cette exploitation.

- *Berechtigungs- ou Servitutsalmen (aucune désignation française ou italienne car ce type n'y existe pas) :* À l'origine, un alpage appartenait à un propriétaire noble ou monastère qui accordait à ses agriculteurs le droit d'utiliser le pâturage. Aux XVIIIe et XIXe siècles, l'alpage est passé aux mains de l'État en tant que successeur légal ; les descendants des anciens sujets avaient le droit d'utiliser l'alpage sous la forme d'une servitude d'alpage (droit d'utiliser l'alpage sur le terrain d'autrui inscrit au registre foncier).

2.5.2 Les formes de gestion

- *Travail individuel sur des alpages communaux ou coopératifs :* Chaque famille d'agriculteurs habilités fait paître son propre bétail sur l'alpage, séparément des autres familles, et fabrique également son propre fromage, pour lequel elle dispose de son propre bâtiment (privé) sur le terrain commun. Avec cette forme d'économie pastorale, de plus grands villages d'alpage se forment, qui ont souvent une chapelle.

- *Travail centralisé :* Les familles d'agriculteurs habilitées utilisent conjointement un alpage communal ou coopératif et emploient du personnel d'alpage contre rémunération qui s'occupe de tous les animaux ensemble ; tout le lait produit sur l'alpage est transformé en fromage par un laitier. Sur ces alpages, il n'y a qu'un seul bâtiment d'alpage avec les dépendances correspondantes par saison.

- *Travail familial sur des alpages privés :* Ce n'est que dans ce cas que les formes de propriété et d'utilisation coïncident, et ici les membres de la famille gèrent le propre alpage de la ferme.

- *Alpage en location :* Un agriculteur (généralement un grand agriculteur ou un berger transhumant) ou une coopérative loue un alpage avec les bâtiments qui lui appartiennent et l'utilise avec son propre bétail (parfois aussi avec du bétail pris en charge, le „bétail en pension").

Les formes traditionnelles de propriété sont généralement transformées en droit moderne dans la seconde moitié du XIXe siècle. Ce droit est très compliqué, donnant lieu à de nombreux litiges juridiques, et il est mis en Œuvre de différentes manières dans les divers États de l'espace alpin. Toutefois, ce n'est qu'à partir du milieu des années 1960, avec la modernisation en profondeur de l'agriculture de montagne que la gestion traditionnelle des alpages a été radicalement simplifiée et que le travail centralisé et commun en location a souvent remplacé le travail familial. Néanmoins, la connaissance des formes traditionnelles de propriété et de gestion est encore indispensable aujourd'hui pour pouvoir comprendre de manière adéquate la situation de l'économie pastorale.

2.6 DÉVELOPPEMENT DE L'ÉCONOMIE PASTORALE ET SITUATION ACTUELLE

On peut supposer que l'économie pastorale est apparue en même temps que l'utilisation agricole dans les Alpes, c'est-à-dire à partir de 6 500 avant J.-C. dans les Alpes occidentales et de 5 500 avant J.-C. dans les Alpes orientales. Les premiers indices se trouvent dans les Alpes maritimes françaises (40 000 gravures rupestres dans la „Vallée des Merveilles", à des altitudes comprises entre 2 000 et 2 800 m, datant de la période allant de 3 300 à 1 800 avant J.-C. ; économie pastorale transhumante), et les plus anciennes preuves archéologiques actuellement disponibles datent du IIe millénaire avant J.-C. et provenant de la région de Silvretta (économie pastorale locale).

Pendant très longtemps, seuls les moutons et les chèvres ont brouté les pâturages alpins. À partir du Moyen Âge, les bœufs et les vaches deviennent progressivement plus nombreux, mais ce n'est qu'au XIXe siècle qu'ils en viennent à dominer l'économie pastorale. Comme la transformation du lait est un travail de femmes dans toutes les sociétés agricoles de la planète (la garde des animaux, en revanche, est un travail d'hommes ou, surtout, d'enfants), le personnel des alpages est traditionnellement composé de femmes aussi, dans la mesure où du beurre et du fromage sont produits. Ce n'est qu'au XIVe/XVe siècle dans le „pays pastoral suisse" que l'économie pastorale pour l'autosuffisance est devenue une activité économique orientée vers le marché (vente des fromages à pâte dure de longue conservation sur les marchés suprarégionaux), que la transformation du lait dans les alpages suisses a été effectuée par des hommes en tant que spécialistes rémunérés – le laitier d'alpage à plein temps a remplacé la laitière d'alpage qui appartenait à la famille. Cependant, cette innovation fait une percée lente et tardive dans d'autres régions alpines.

Les premières statistiques alpines, qui ont été compilées à partir de 1864 (et qui sont documentées dans cette bibliographie), constituaient une tentative spécifique d'améliorer l'alpage traditionnel. Ces améliorations concernent les conditions de vie du personnel des alpages, la construction d'étables pour le bétail, l'approvisionnement en eau pour les hommes et les animaux, l'hygiène de la transformation du lait, l'utilisation et la distribution du fumier du bétail, le pâturage des animaux, etc. Toutefois, ce n'est qu'avec la modernisation en profondeur de l'agriculture de montagne à partir du milieu des années 1960 que l'économie pastorale a également subi des changements majeurs et a été radicalement simplifiée. Toute l'économie pastorale dans les Alpes produit en fait à un coût trop élevé et est considérée comme obsolète et superflue d'un point de vue économique libéral, ce qui entraîne un fort déclin à la fin des années 1970. À partir des années 1980, des mesures de soutien de la part des États et de l'UE se sont mises en place, de sorte que l'économie pastorale s'est quelque peu remise du creux de la vague de la période 1975–79. Mais jusqu'à aujourd'hui, la pression est très forte pour ne plus du tout utiliser les alpages en raison de contraintes économiques ou pour intensifier progressivement leur utilisation, ce qui entraîne dans les deux cas des changements écologiques indésirables. Les dernières évolutions, telles que la menace que représente pour les animaux des alpages la prolifération des ours et surtout des loups, la pression croissante de l'industrie du tourisme et des sportifs de loisir pour utiliser les alpages comme terrain d'aventure, ou les exigences sociales croissantes pour augmenter considérablement les zones de protection de la nature et les zones de nature sauvage, exercent une pression supplémentaire sur l'économie pastorale. Sans le grand engagement des agriculteurs alpins à poursuivre l'économie pastorale malgré toutes ces difficultés, elle n'existerait probablement plus aujourd'hui.

En raison de l'utilisation extensive et relativement courte des pâturages, de la difficulté d'accès et de l'éloignement, de nombreux éléments traditionnels ont été préservés beaucoup plus fortement dans l'économie pastorale que dans la vallée. Cela concerne les formes traditionnelles de l'utilisation (l'intensification agricole des vallées ne peut être mise en Œuvre que de manière limitée dans les alpages), les formes d'utilisation communes ou collectives, les formes juridiques particulières (droits médiévaux, ce qu'on appelle les „antiquités juridiques“) et les formes spécifiques de coutumes (la bénédiction alpine, la redescente des vaches des alpages et leur remise aux propriétaires, les combats de vaches, les légendes alpines). Ces éléments, qui sont étroitement liés à l'économie pastorale, représentent de manière particulière l'expérience collective de la gestion de la nature alpine, de la tradition et de la communauté villageoise dans le monde agricole de montagne. Malgré toute la modernisation de la région de la vallée, ils conservent leur validité et revêtent une importance particulière pour l'identité des habitants des montagnes. En même temps, ils maintiennent en vie les connaissances et l'expérience sur la façon dont il est possible, dans l'espace alpin, d'opérer de manière compatible avec l'environnement et à long terme sans détruire la nature. Face aux problèmes environnementaux et climatiques toujours plus importants causés par l'agriculture intensive moderne dans les plaines européennes, cette forme d'agriculture traditionnelle prend une toute nouvelle signification pour un avenir durable.

3. PUBLICATIONS SUR L'ÉCONOMIE PASTORALE : ÉVALUATION PAR DOMAINE ET PAR ÉTAT

3.1 BIBLIOGRAPHIES DANS LA RECHERCHE ALPINE

Les bibliographies jouent un rôle important dans la recherche alpine traditionnelle, non seulement parce qu'elles compilent de nombreuses références bibliographiques, mais aussi parce qu'elles constituent un outil de travail important pour délimiter un champ de recherche et pour enregistrer l'état de la recherche sur un sujet particulier. Les bibliographies sur les recherches de Walser et sur la question du Tyrol du Sud en sont des exemples classiques (Louis Carlen : *Walserforschung 1800–1970 – eine Bibliographie,* Viège 1973 ; Thomas Veiter : *Bibliographie zur Südtirolfrage 1945–1983*, Vienne 1984), la *Collana di Bibliografie geografiche delle regioni italiane* (Roma 1961–1971) en plusieurs volumes ou les quatre volumes de la série RESALP (Lama, Grenoble 1984–1990) ; plus récemment, il faut mentionner Peter Hasslacher, qui a spécifiquement utilisé l'outil bibliographique pour documenter publiquement l'état de la discussion et de la recherche sur les problèmes et conflits actuels (Peter Hasslacher : *Die Alpenkonvention – eine Dokumentation* ; Österreichischer Alpenverein, Innsbruck 2000 et autres bibliographies).

Le nombre et le type de publications (monographies, anthologies, articles de journaux, brochures) répertoriés dans cette bibliographie indiquent à eux seuls quelles disciplines scientifiques traitent de l'économie pastorale de manière plus ou moins intensive et à quelles périodes, et les titres des publications donnent déjà des indications importantes sur les principaux sujets qui sont respectivement au centre des préoccupations. Aujourd'hui, on pense souvent qu'étant donné la richesse de l'information sur Internet, de telles bibliographies sont superflues et dépassées ; cette bibliographie vise à montrer que c'est une erreur et qu'une bibliographie systématiquement compilée ne peut en aucun cas être remplacée par une recherche sur Internet.

3.2 APERÇU STATISTIQUE DES PUBLICATIONS RECUEILLIES DANS LA PRÉSENTE BIBLIOGRAPHIE

Dans la présente publication, un total de 2 403 publications de 2 000 auteurs différents des années 1859 à 2020 sont recensées, chaque publication étant affectée à un domaine (voir partie 3.3 ; les ouvrages en plusieurs volumes sont traités comme une seule publication, tandis que dans le cas de titres de série tels que le „Cadastre alpin suisse", les titres sont comptés individuellement).

Ce nombre est si important qu'il constitue une sélection représentative des publications sur l'économie pastorale. Et comme cette bibliographie a été établie de manière uniforme dans l'ensemble des Alpes, il est tout à fait logique d'évaluer les publications recensées ici de manière quantitative également. Bien que les résultats obtenus ne doivent pas être surinterprétés, ils devraient en tout cas indiquer des ordres de grandeur proches de la réalité et permettre une vue d'ensemble de la recherche sur les Alpes qui n'a pas été possible jusqu'à présent.

Ces publications sont réparties dans les langues suivantes (les publications bilingues ou trilingues sont comptées plusieurs fois lors de l'enregistrement de la langue ; pour une répartition par pays, voir le tableau 1 en annexe) :

Allemand :	1 258 publications	~ 50 %
Italien :	566 publications	~ 23 %
Français :	488 publications	~ 20 %
Anglais :	74 publications	~ 3 %
Slovène :	65 publications	~ 2,4 %
Romanche :	41 publications	~ 1,6 %
Total :	**2 492 publications**	**~ 100 %**

Les 2 403 publications (les titres multilingues ne sont comptés qu'une fois) sont réparties dans les domaines suivants :

Ensemble des Alpes (AL) :	120 titres	~ 5 %
Alpes bavaroises (DE) :	155 titres	~ 6 %
Alpes françaises (FR) :	332 titres	~ 14 %
Liechtenstein (FL) :	19 titres	~ 1 %
Alpes italiennes (IT) :	560 titres	~ 23 %
Alpes autrichiennes	415 titres	~ 17 %
Alpes suisses (CH) :	705 titres	~ 29 %
Alpes slovènes (SI) :	97 titres	~ 4 %
Total :	**2 403 titres**	**~ 100 %**

Il en ressort que les Alpes suisses occupent la première place avec une certaine marge, mais que les publications sur l'économie pastorale dans l'ensemble de l'espace alpin sont réparties assez largement dans tous les pays concernés.

Cependant, comme les zones alpines des différents États sont de taille très variable, cette évaluation n'est que d'une utilité limitée. Dans une deuxième étape, les publications sont liées à la zone de la région alpine respective. Dans ce contexte, les Alpes sont délimitées selon le champ d'application de la Convention alpine et on ne s'en écarte que dans les cas suivants : En Bavière, la délimitation des Alpes par le „Plan alpin bavarois" est utilisée (l'extension de la zone alpine par la Convention alpine en Bavière concerne les zones sans économie pastorale), en Italie, la zone des Langhe dans le Piémont est exclue (pas d'économie pastorale) et en Suisse, les (anciennes) régions pré-alpines LIM sont ajoutées aux Alpes contrairement à la Convention alpine parce qu'elles ont principalement une économie pastorale.

Le résultat, c'est-à-dire le nombre de publications pour 1 000 km² de zone alpine, est le suivant :

DE	5.110 km²	= 30 titres/1.000 km²
FR	39.850 km²	= 8
FL	160 km²	= 119
IT	51.060 km²	= 11
AT	54.250 km²	= 8
CH	26.700 km²	= 26
SI	6.870 km²	= 14
Total	**184.000 km²**	**= 13 titres/1.000 km²**

Alors que les grandes Alpes françaises, italiennes et autrichiennes sont relativement proches les unes des autres avec 8 à 11 titres/1 000 km², les Alpes suisses, un peu plus petites, se distinguent par leur forte densité de publications sur l'économie pastorale (26 titres/1 000 km²). Les petites Alpes slovènes se situent au-dessus de la moyenne alpine, et les petites Alpes bavaroises présentent même une densité particulièrement prononcée de publications pertinentes, tandis que le micro-État du Liechtenstein constitue un cas particulier.

Si nous examinons les 33 régions dans lesquelles la région alpine est divisée dans cette bibliographie, le tableau suivant apparaît (voir tableau 2 en annexe) :

Première place :	Liechtenstein	= 119 titres/1 000 km²
Deuxième place :	Allgäu	= 33
Troisième place :	Suisse centrale	= 28
Quatrième place :	Suisse occidentale	= 26
Cinquième place :	Valais	= 24
Sixième place :	Grisons	= 21
Septième place :	Suisse orientale	= 21
Huitième place :	Ticino	= 20
7 régions ont des densités comprises entre 11 et 19 titres/1 000 km² : DE/OBB, FR/73, IT/AO, IT/TN, IT/FV, IT/LI, AT/V, CH/BE, SI		
8 régions ont des densités comprises entre 6 et 10 titres/1 000 km² : IT/VE, AT/S, IT/PI, IT/BZ, AT/T, FR/74, IT/LO, FR/05		
8 régions ont des densités comprises entre 1 et 5 titres/1 000 km² : AT/O, FR/38, FR/06, AT/K, AT/ST, FR/04, AT/N, FR/26		

L'Allgäu occupe ainsi la deuxième place après le Liechtenstein, tandis que les rangs 3 à 8 sont occupés par des régions suisses. Les densités les plus faibles se trouvent dans les Alpes du Sud françaises (FR/04, FR/06 et FR/26) et dans les Alpes orientales autrichiennes (AT/N).

Enfin, nous nous pencherons sur la répartition temporelle des publications, sachant qu'il faut bien sûr tenir compte dans cette évaluation du fait que les titres actuels peuvent être enregistrés plus facilement que les titres anciens (voir tableau 3 en annexe) :

1859 – 1900	= en moyenne	20 titres par décennie
1901 – 1950	= en moyenne	89 titres par décennie
1951 – 2000	= en moyenne	212 titres par décennie
2001 – 2020	= en moyenne	408 titres par décennie

Même si cette évaluation ne doit pas être sur-interprétée en raison de la difficulté d'enregistrer les titres plus anciens, on peut affirmer que le nombre de publications sur l'économie pastorale a augmenté de manière significative au fil du temps. Cependant, comme le nombre de publications dans *toutes les* disciplines a fortement augmenté au cours de cette période, cette augmentation ne doit pas être sur-interprétée. Cependant, il peut indiquer que l'intérêt pour l'économie pastorale ne semble pas diminuer du tout au fil du temps.

3.3 ÉVALUATION DES PUBLICATIONS SELON LES DOMAINES

Bien que les aspects écologiques, économiques, socioculturels, juridiques et autres soient très étroitement liés à la situation et la gestion des alpages, on peut dire que les différentes disciplines qui s'en occupent ont chacune des approches différentes et mettent l'accent sur des contenus différents. Il est donc logique de répartir les publications sur l'économie pastorale par domaine. Par conséquent, à la fin de chaque entrée bibliographique, une abréviation de trois lettres est utilisée pour indiquer le domaine auquel le titre appartient. La classification par sujet est effectuée sur la base des qualifications professionnelles de l'auteur respectif, du contenu de la publication et du domaine de la série de publications ou de la revue dans laquelle le titre respectif apparaît.

Bien sûr, la classification par sujet est difficile (et parfois ambiguë) pour un certain nombre de titres, et le groupe „Publications diverses" (3.3.11), qui comprend toutes les publications qui ne peuvent être attribuées à aucun domaine, comprend 418 ou 17 % de tous les titres. Cependant, si l'on ne regarde pas les résultats de manière trop détaillée, mais que l'on utilise simplement les ordres de grandeur dans l'évaluation, il est possible d'obtenir des informations importantes sur la recherche sur l'économie pastorale.

Les publications de cette bibliographie peuvent être réparties en 11 domaines ou matières scientifiques, dont quatre domaines à eux seuls (sciences agricoles, géographie, folklore, droit) représentent près des trois quarts de l'ensemble des publications (pour plus de détails, voir le tableau 4 en annexe).

3.3.1 Statistiques d'alpages (Sta) : 69 publications ou 3 % de tous les titres

L'enregistrement systématique de la situation de l'économie pastorale par les associations concernées (souvent avec le soutien des autorités) commence en Suisse : l'abbé Rudolf Schatzmann, initiateur et fondateur de l'Association suisse d'économie alpestre (voir WAHLEN 1979 CH), publie en 1868 la première statistique alpine moderne de l'ensemble des Alpes (SCHATZMANN/WIRTH 1868 CH) et propose une vaste enquête, qui est compilée et publiée pour toute la Suisse entre 1891 et 1914 (voir „Statistique suisse des Alpages"). Cet exemple a été suivi avant la Première Guerre mondiale par le Tyrol (Tyrol du Nord, Tyrol de l'Est, Tyrol du Sud et Tyrol italien), la Carinthie et la Lombardie, et après la Deuxième Guerre mondiale par d'autres États et régions alpines, mais pas tous. Depuis peu, l'Internet est également utilisé pour publier des statistiques sur les alpages. Le rôle prépondérant de la Suisse se reflète dans le fait que deux tiers de toutes les statistiques sur les alpages sont publiées en Suisse. D'un point de vue technique, les statistiques sur les alpages appartiennent aux sciences agricoles ; cependant, comme elles sont d'une importance exceptionnelle en tant qu'ouvrages de référence pour la situation actuelle, elles sont présentées ici séparément afin de faciliter leur recherche dans l'abondance des publications.

3.3.2 Sciences agricoles (Agr) : 565 publications ou 24 % de tous les titres

En même temps que la situation de l'économie pastorale est enregistrée avec précision pour la première fois, leur amélioration systématique devient un thème de la science agricole : à partir de 1870, les premiers cours, la formation et le perfectionnement sur le thème de l'économie pastorale ont été proposés dans de nombreuses écoles et collèges agricoles, et les enseignants ont publié les premiers manuels sur l'économie pastorale. La „Hochschule für Bodenkultur" de Vienne (aujourd'hui : „Universität für Bodenkultur"), l'université d'agronomie de Weihenstephan (aujourd'hui : Université technique de Munich) et l'Institut polytechnique fédérale de Zurich (aujourd'hui : École polytechnique fédérale de Zurich) prennent rapidement la position de leader dans l'espace germanophone, tandis que pour les institutions correspondantes en Italie (facultés des sciences agricoles des universités de Turin, Milan et Udine) et en France (universités de Grenoble, Aix-Marseille et Paris), ce sujet est apparemment moins important.

L'objectif de la science agricole est d'améliorer l'économie pastorale. L'accent est mis sur les facteurs sol, travail et capital et l'analyse est souvent effectuée dans le cadre des concepts ou notions scientifiques respectifs de la science agricole. Les sciences agronomiques ont produit le plus grand nombre de publications sur l'économie pastorale à ce jour, ou selon les mots de Nikolaus Grass, qui sont toujours d'actualité : „Les recherches les plus intensives sur l'économie pastorale ont probablement été menées par les sciences agricoles" (Grass 1964 AL, p. 368) ; et le nombre de ces publications a sensiblement augmenté depuis l'an 2000. Les publications des résultats des deux grands projets de recherche en Suisse (AlpFUTUR 2013 CH) et en Autriche (ALP Austria 2006 AT) y ont également contribué, ce qui n'a rien de comparable dans aucun autre domaine. Toujours dans cette bibliographie, les publications en sciences agricoles sont en tête avec 24 % de l'ensemble des publications, et si l'on ajoute les statistiques sur les alpages, ce taux passe à 27 %.

3.3.3 Géographie (Geo) : 409 publications ou 17 % de tous les titres

Entre 1900 et 1910, les géographes ont commencé à s'intéresser à l'économie pastorale, et ils ont présenté pour la première fois des concepts analytiques systématiques dans les années 1920 (ARBOS 1922 FR, Sieger 1925 AT). L'objectif de la géographie est de comprendre l'économie pastorale comme un système économique spatio-temporel dans le paysage (la dimension verticale, très déterminante en montagne, conduit à des systèmes d'utilisation compliqués, décalés dans le temps et dans l'espace, y compris dans les alpages eux-mêmes), dans lequel une grande importance est accordée à l'environnement naturel et aux formes d'utilisation traditionnelles. La „géographie régionale" traditionnelle, dans laquelle la coopération des aspects des sciences naturelles et humaines joue un rôle central, développe ses propres conceptions scientifico-théoriques pour l'analyse de l'économie pastorale (en France dans le cadre des „genres de vie", en Allemagne en tant que „Almgeographie" dans le cadre de la géographie agricole, en Autriche dans le cadre de la géographie de l'espace rural), et il en résulte toute une série de monographies géographiques orientées systématiquement sur l'économie pastorale au niveau des États et des régions. Avec le passage de la „géographie régionale" traditionnelle et intégrative à une science spatiale moderne et de plus en plus spécialisée, l'intérêt de la géographie pour l'économie pastorale dans tous les pays ayant une part des Alpes a fortement diminué à partir des années 1980, et les concepts et expériences traditionnels sont progressivement tombés dans l'oubli. Cela se reflète dans le nombre de publications, qui a atteint un pic entre 1960 et 1989 (une moyenne de 45 publications par décennie) et est tombé à seulement 11 titres par décennie depuis 2000.

3.3.4 Folklore (Vol) : 366 publications ou 15 % de tous les titres

Pour la discipline traditionnelle du folklore, que l'on appelle aujourd'hui dans les pays germanophones „Kulturanthropologie" ou „Empirische Kulturwissenschaft", et que l'on appelle en Italie et en France ethnologie, ethnographie ou anthropologie (les dénominations sont extrêmement différentes dans les pays ayant une partie des Alpes), les alpages revêtent une importance particulière, car on y a conservé de nombreuses traditions qui ont disparu depuis longtemps dans les vallées des Alpes et en plaine ; leur étude facilite donc grandement la compréhension des genres de vie ruraux traditionnels – ce qui constitue le noyau du folklore traditionnel. La recherche folklorique sur l'économie pastorale a commencé de manière hésitante à partir de 1900, pour ne prendre de l'importance qu'à partir de 1940, et est la plus répandue en Suisse (près de 40 % de toutes les publications folkloriques proviennent de Suisse). Dans le domaine du folklore également, il existe des concepts importants pour l'étude de l'économie pastorale, mais dans l'ensemble des Alpes, il n'existent que trois monographies sur ce sujet (Weiss 1941 CH/GR, Cevc 1972 + 1992 SI). Avec l'évolution du folklore vers une science culturelle moderne, qui se concentre sur l'analyse des phénomènes quotidiens des sociétés urbaines d'aujourd'hui (ce qui se traduit par un changement de nom de la discipline), l'intérêt pour l'économie pastorale diminue sensiblement à partir des années 1980. La seule exception est l'Italie avec le „Seminario Permanente di Etnografia Alpina/SPEA" (voir la partie 3.4.2).

3.3.5 Droit (Rec) : 283 publications ou 12 % de tous les titres

Pour ce sujet, les alpages sont d'une importance particulière, car de nombreuses formes de propriété commune ou collective et d'utilisation commune y ont été préservées, qui sont incompatibles avec le droit romain, mais qui apportent des connaissances importantes par rapport à l'histoire juridique européenne. Il n'existe pas de terme linguistique dans les langues standard pour désigner cette propriété collective (dialectes alémaniques : „Allmende/Allmeind", dialectes bavarois : „Gemein/Gemain" ; la situation est similaire en français, en italien et en slovène) ; afin de pouvoir en discuter ensemble au niveau européen Siegl 2017 AL propose le terme „Gemeingüter" (biens communs), tandis que Head-König et al. 2019 AL utilisent le terme „commons" à cette fin.

Avec l'émergence des États modernes et les réformes et modernisations juridiques associées, cette propriété collective est partiellement dissoute et partiellement transformée en formes juridiques modernes au cours du XIXe siècle (la seule exception est la France, où cela est déjà réalisé dans le sillage de la Révolution française de 1789, voir Vivier 1998 FR). A partir de la seconde moitié du XIXe siècle, les problèmes et conflits juridiques qui y sont liés ont constitué un axe important des études juridiques, dans lesquelles le droit des alpages a joué un rôle pertinent.

C'est à cette condition que s'est développée très tôt – parallèlement aux sciences agricoles – une recherche juridique sur les alpages, qui a une forte orientation historique, qui travaille en étroite collaboration avec l'histoire agricole et le folklore et qui, comme point culminant, produit plus tard sa propre monographie (Grass 1948 AT/T, exemple Tyrol). Cette recherche juridique sur les alpages est particulièrement prégnante en Suisse, en Italie (introduction renouvelée de la propriété collective en 2017) et en Autriche (ici principalement au Tyrol), alors qu'elle est presque totalement absente en France.

A partir des années 1980, cette orientation des sciences juridiques disparaît, et avec elle, la recherche sur les alpages dans les sciences juridiques décline également très fortement. Seule la publication d'Elinor Ostrom „Governing the Commons" (Ostrom 1990 AL) et le prix Nobel de sciences économiques qui lui a été décerné en 2009 ont remis ce sujet à l'ordre du jour. Par conséquent, la recherche sur l'économie pastorale dans les sciences juridiques a connu un renouveau important au cours des deux dernières décennies, les historiens s'impliquant désormais fortement dans ce sujet en plus des juristes (les publications des historiens sur les questions juridiques sont classées ici).

3.3.6 Recherche sur l'habitat (Hau) : 57 publications ou 2 % de tous les titres

Étant donné que des bâtiments relativement simples ont souvent survécu sur les alpages jusqu'au XXe siècle, certains d'entre eux représentant les prédécesseurs ou les premières formes des bâtiments de la vallée, les bâtiments des alpages ont très tôt attiré l'attention des profanes et des scientifiques. Cette recherche sur la maison a longtemps été menée dans le cadre de la géographie et du folklore ; cependant, avec les changements internes de ces matières à partir des années 1980, cette recherche a souvent été interrompue. Aujourd'hui, la recherche sur les maisons se déroule principalement dans le cadre de la conservation des monuments et des musées de plein air concernés, mais elle a un statut beaucoup plus faible que par le passé.

3.3.7 Sciences du langage (Spr) : 32 publications ou un bon 1 % de tous les titres

Étant donné que les noms, les termes et les désignations utilisés dans l'économie pastorale sont généralement des expressions dialectales pour lesquelles il n'existe pas de termes en langue standard et dont le développement et l'histoire des mots sont d'une importance considérable (pas seulement pour l'économie pastorale), l'objectif des sciences du langage est d'enregistrer et d'analyser précisément ces mots avec leurs variantes régionales et leurs significations respectives. A cet effet, des atlas linguistiques sont en cours d'élaboration, notamment en Suisse et en Italie, dans lesquels on montre, sur la base de nombreuses localisations de documents, où se trouvent les mots les plus courants et sous quelle forme, ou comment ils se différencient dans l'espace. Avec le glissement des sciences du langage vers la linguistique (c'est-à-dire la structure d'une langue), cette tradition a commencé à se briser dans les années 1980.

En outre, il existe deux domaines de recherche interdisciplinaires dans lesquels l'économie pastorale joue un rôle majeur :

3.3.8 Domaine de recherche „Mots et choses" (W+S) : 18 publications ou un peu moins de 1 % de tous les titres

Ici, surtout dans les années 1930 et 1940, linguistes et folkloristes ont travaillé en étroite collaboration, collectant systématiquement les noms de certaines choses ainsi que la description exacte des objets respectifs (sous forme de textes complétés par des dessins et/ou des photographies). Le „Sprach- und Sachatlas Italiens und der Südschweiz“ (voir Jud 1935 IT), qui couvre également l'économie pastorale, en est l'exemple le plus complet. À partir des années 1960, ce domaine de recherche, qui était principalement représenté dans les Alpes en Suisse et en Italie, a de nouveau disparu.

3.3.9 Folklore juridique (les publications sont répertoriées dans la rubrique folklore)

Ce champ de recherche dans le domaine du folklore et de l'histoire du droit (avec d'autres chevauchements avec l'archéologie juridique et l'iconographie juridique) est apparu au XIXe siècle et avait pour objectif d'élaborer des structures et des idées juridiques traditionnelles à partir de coutumes populaires et de sources folkloriques (sagas, contes de fées). Pendant longtemps, l'économie pastorale avec ses relations juridiques traditionnelles compliquées a été un sujet important (voir Carlen 1978–2007 AL) ; depuis les années 1980, cependant, l'importance des alpages dans ce domaine de recherche a considérablement diminué.

3.3.10 Bibliographies (Bib) : 7 publications

Jusqu'à présent, seules sept bibliographies sur le sujet de l'économie pastorale ont été trouvées : Anderegg 1894 CH, Haushofer-Hartschimmelhof/Riedmüller 1954 DE, Hofmeister 1961 AL, Masina et al. 2002 IT/TN, AA.VV. 2005 IT/TN, ALP Austria 2006 AT, Senegačnik 1986 SI. Ceux-ci ne couvrent que des domaines mineurs du sujet.

3.3.11 Publications diverses (Div) : 418 publications ou 17 % de tous les titres

Il s'agit en premier lieu de toutes les publications qui, en raison de leur vaste champ thématique, ne peuvent être affectées à un seul domaine, ce qui est souvent le cas des ouvrages collectifs, ainsi que des monographies sur les alpages individuels, dont le champ thématique est souvent très large. Sont également répertoriées ici les publications d'histoire locale, qui traitent généralement d'un large éventail de sujets (elles sont particulièrement nombreuses en romanche). Enfin, sont également répertoriées ici les publications dont l'objet ne correspond pas aux disciplines énumérées (par exemple, les publications d'historiens commentant les questions contemporaines de l'économie pastorale) ou qui ne peuvent être attribuées à aucune discipline ni par l'auteur ni par le titre.

3.3.12 Publications populaires (Pop) : 179 publications ou 7 % de tous les titres

Il s'agit de guides de randonnée, de guides sur les fromages d'alpages, de rapports sur les expériences d'un été en alpage, de présentations d'alpages sélectionnés pour un public plus large et de livres illustrés. Ces titres ne sont inclus ici que s'ils présentent un contenu pertinent et/ou sont publiés par des associations pertinentes. Il est frappant de constater que ces publications sont pour la plupart récentes (86 % d'entre elles ont été publiées seulement après 1990). Elles représentent un intérêt public important pour l'économie pastorale, qui connaît une croissance rapide depuis 1990.

3.3.13 Synthèse – la recherche intégrative sur les alpages

Les analyses de l'économie pastorale provenant des disciplines de l'agronomie, de la géographie, du folklore et du droit se recoupent à bien des égards en termes de contenu, mais chacune a ses propres objectifs et concepts scientifiques spécifiques. Une recherche intégrative sur les alpages, qui combinerait ces quatre disciplines de manière systématique, n'a jamais vu le jour. L'approche la plus poussée dans cette direction a été développée à Innsbruck dans les années 1940, 1950 et 1960, où des juristes (Nikolaus Grass), des géographes (Hans Kinzl) et des folkloristes (Hermann Wopfner) ont travaillé en étroite collaboration, sans toutefois développer une représentation interdisciplinaire de l'économie pastorale.

Compte tenu de ces traditions et développements très différents, on comprend qu'une représentation globale, empirique de l'économie pastorale dans l'ensemble des Alpes représente un très grand défi. Il n'y a que deux approches et demie de ce sujet dans toute la période couverte par cette bibliographie, et elles ont toutes été présentées en allemand :

- En 1940–41, le géographe suédois John Frödin présente la grande monographie en deux volumes intitulée „Zentraleuropas Alpwirtschaft“, qui couvre pour la première fois l'ensemble des Alpes et – en se basant sur Philippe Arbos – élabore „Almwirtschaftssysteme“ (Frödin 1940 - 41 AL).

- En 1962, Karl Ruppert (Munich) a organisé une conférence sur l'„Almgeographie" (Hartke/Ruppert 1964 AL), au cours de laquelle six experts de six pays ayant une part des Alpes ont présenté des exposés très étayés et en partie comparables sur la situation respective de l'économie pastorale dans leurs pays ; malheureusement, aucune synthèse n'en a été tirée.

- Il y a quelque temps, le biologiste bavarois Alfred Ringler, étroitement associé aux sciences agricoles et à la protection de l'environnement, a présenté la monographie très complète „Almen und Alpen – Höhenkulturlandschaft der Alpen" (Ringler 2009 AL), qui porte sur l'ensemble des Alpes, contient des analyses empiriques détaillées et dans laquelle les aspects écologiques jouent un rôle central.

Ainsi, il existe des approches importantes, mais aussi de grandes lacunes pour une perspective à l'échelle alpine sur l'économie pastorale.

3.3.14 Situation actuelle

Dans les disciplines de la géographie, du folklore, de la recherche sur l'jabitat et de la langage, la recherche sur l'économie pastorale a joué un rôle important du début du XXe siècle jusqu'aux années 1980, mais a sensiblement perdu de son importance par la suite. La raison n'en est pas l'économie pastorale, mais le fait que dans ces disciplines – comme dans de nombreuses autres disciplines des sciences humaines, d'ailleurs – l'orientation traditionnelle vers les formes de vie rurales est remplacée par une nouvelle orientation vers les formes de vie modernes et urbaines et par des spécialisations scientifiques prononcées. Si la recherche juridique sur l'économie pastorale décline également à partir de 1980, elle est revalorisée par la nouvelle discussion sur les „commons" à partir des années 2000. Seules les sciences agricoles ne sont pas touchées par cette réorientation, et ici l'examen scientifique de l'économie pastorale joue un rôle pertinent tout au long du processus. Cela est dû au fait qu'elle a toujours une certaine importance dans la pratique agricole des États et régions respectifs et qu'elle est donc indispensable pour l'enseignement dans les universités.

La tendance actuelle est de centrer la recherche sur l'économie pastorale sur la perspective des sciences agricoles et de l'élargir par des questions écologiques. À mon avis, ceci est particulièrement évident dans les deux grands projets de recherche ALP Austria (AT) et AlpFUTUR (CH). Cela signifie toutefois un rétrécissement du contenu, et c'est pourquoi je plaide également avec cette bibliographie pour que les recherches et expériences pertinentes des disciplines de la géographie, du folklore, du droit, de la recherche de l'habitat et de la langage ne soient pas oubliées.

3.4 ÉVALUATION DES PUBLICATIONS SELON LES ÉTATS

L'évaluation des publications incluses dans cette bibliographie montre clairement que la recherche sur les alpages et l'économie pastorale varie fortement dans les différents pays ayant une part des Alpes, et qu'il existe dans chaque cas des priorités et des traditions nationales spécifiques (voir tableau 4 en annexe).

3.4.1 Suisse

En termes de nombre de publications sur l'économie pastorale, la Suisse occupe clairement la première place parmi les pays ayant une part alpine (705 publications ou 29 % de toutes les publications enregistrées dans cette bibliographie).

L'enregistrement précoce et détaillé de la situation de l'économie pastorale conduit les sciences agronomiques suisses à traiter très tôt de l'économie pastorale et à présenter rapidement des représentations générales pertinentes, qui jouent un rôle de premier plan dans l'ensemble de l'espace alpin jusqu'à la Première Guerre mondiale. Aujourd'hui encore, l'agriculture alpine joue un rôle important dans les sciences agricoles suisses (17 % de toutes les publications en Suisse), ce que souligne une fois de plus de manière impressionnante le grand projet de recherche AlpFUTUR (2009–2013).

Malgré les statistiques alpines précoces et détaillées, il est surprenant qu'aucune approche d'une „géographie alpine" spécifique ne se dégage de la géographie suisse. Bien que l'économie pastorale soit un thème récurrent (9 % de toutes les publications en Suisse proviennent du domaine de la géographie), il n'existe pas de concepts analytiques distincts pour celle-ci, ni de monographies sur l'économie pastorale dans une perspective géographique, comme c'est le cas dans la plupart des autres pays.

Au contraire, l'économie pastorale en Suisse est traitée de manière particulièrement fréquente et détaillée par la discipline du folklore (21 % de toutes les publications en Suisse proviennent du folklore, dont un nombre particulièrement important du Valais), et pour les Grisons Richard Weiss rédige la seule monographie folklorique de toute l'espace alpin sur le thème de l'économie pastorale (WEISS 1941 CH/GR). Par la suite, le travail folklorique dans l'espace alpin a été poursuivi par son élève Arnold Niederer, qui a traité à plusieurs reprises de l'économie pastorale (NIEDERER 1980 AL). Cependant, avec l'évolution du folklore vers une „ethnologie européenne", ce travail n'est plus poursuivi et tombe progressivement dans l'oubli.

En raison de la situation politique particulière de la Suisse et de son fédéralisme fort, la recherche juridique sur l'économie pastorale et les biens communs joue un rôle particulier (12 % de toutes les publications en Suisse proviennent de ce domaine, un aperçu concis est donné par HEAD-KÖNIG 2020), et elle est particulièrement importante ici dans une perspective alpine.

Dans les disciplines de la recherche de l'habitat, de la langage, des „mots et des choses" et du folklore juridique, la Suisse occupe également la première place dans une perspective alpine, même si ces publications ne sont pas particulièrement nombreuses par rapport aux autres disciplines.

En résumé, on peut dire que la recherche alpine en Suisse se caractérise à la fois par une grande quantité et un éventail de disciplines particulièrement large.

3.4.2 Italie

560 publications traitent de l'économie pastorale dans les Alpes italiennes (= 23 % de toutes les publications). Cela correspond à la deuxième place parmi les États ayant une part alpine.

Bien que les Alpes italiennes couvrent une très grande partie de la zone alpine totale et possèdent un nombre très élevé des alpages, il y a un manque d'analyses détaillées sur la situation de l'économie pastorale dans l'ensemble des Alpes italiennes. D'autre part, il existe un corpus particulièrement important de travaux régionaux et locaux sur différents sujets, dont la plupart ne sont toutefois pas directement comparables entre eux.

Les publications agricoles sur l'économie pastorale jouent un rôle important en Italie (elles représentent 26 % de l'ensemble des publications), et on constate qu'elles augmentent fortement à partir de l'année 2000. Des auteurs comme Luca Battaglini ou Michele Corti se distinguent par de nombreuses publications au cours des deux dernières décennies, ce qui représente une situation exceptionnelle dans l'ensemble des Alpes.

En géographie, les bâtiments alpins ont joué un rôle important jusque dans les années 1930, en raison de l'importance de la recherche sur l'habitat dans la géographie italienne. Il n'existe pas de représentation géographique globale de l'économie pastorale dans les Alpes italiennes et dans les différentes régions alpines. La publication de Roberto Pracchi représente encore la représentation la plus complète de l'économie pastorale italienne par la géographie traditionnelle italienne (PRACCHI 1943 IT) ; toutefois, il ne s'agit que d'un essai (riche en matériel). En Italie aussi, le nombre de publications géographiques a sensiblement diminué après 1990. Globalement, les publications géographiques représentent 14 % de l'ensemble des publications italiennes.

Le folklore, que l'on appelle en Italie l'anthropologie ou l'ethnologie, s'est occupé relativement tard (seulement après la Seconde Guerre mondiale) du sujet de l'économie pastorale, mais à partir de 1980, les contributions de cette discipline sont de plus en plus nombreuses, la plus importante étant celle de Pier Paolo Viazzo (notamment son article de synthèse VIAZZO 2004 AL). 17 % de l'ensemble des publications italiennes relèvent de cette discipline, ce qui la place en deuxième position derrière les sciences agricoles.

L'anthropologie a créé sa propre plateforme scientifique avec le „Seminario Permanente di Etnografia Alpina/SPEA", dans le cadre duquel l'économie pastorale est également abordée à plusieurs reprises (les „Atti di SPEA" sont publiés dans l'annuaire du „Museo degli Usi e Costumi della Gente Trentina", jusqu'à présent 13 volumes entre 1993 et 2014).

De même, les sciences juridiques ne traitent de l'économie pastorale que tardivement (à partir de 1950), mais leurs publications ont alors un statut pertinent (16 % de toutes les publications en Italie). Au cours des deux dernières décennies, les publications juridiques ont connu un essor particulièrement important en Italie. Elle est liée au fait que, après son abolition pendant la période fasciste, la propriété collective est réintroduite avec une loi nationale en 2017, avec des débats larges et variés (voir Marinelli/Politi 2017 + 2019 IT, Rosati 2019 IT) et avec de nouvelles structures (Archivio Scialoja-Bolla, voir le début de IT).

La recherche sur l'habitat, la langage et le domaine de recherche „mots et choses" sont présents en Italie et se classent au deuxième rang derrière la Suisse dans une perspective alpine.

3.4.3 Autriche

415 publications traitent de l'économie pastorale dans les Alpes autrichiennes (= 17 % de toutes les publications). Cela correspond à la troisième place parmi les États ayant une part alpine.

La „Hochschule für Bodenkultur" de Vienne et le centre d'enseignement et d'expérimentation sur l'économie pastorale en Styrie ont très tôt abordé la question de l'économie pastorale dans le cadre des sciences agricoles. Ils continuent à travailler sur ce sujet de manière intensive jusqu'à aujourd'hui, le projet ALP Austria représentant l'aboutissement de ces recherches. 25 % de toutes les publications autrichiennes sur l'économie pastorale proviennent du domaine des sciences agricoles.

Le géographe Robert Sieger a développé les premières approches d'une „Almgeographie" (Sieger 1907 AL), qu'il a approfondi dans le cadre de son „Grazer Schule der Almgeographie" (Sieger 1925 AT). Un peu plus tard, l'„Innsbrucker almgeographische Schule", fondée par Hans Kinzl, a été établie à Innsbruck (voir Kinzl 1945 AT/T). Dans les années 1970, deux grandes monographies géographiques sur l'économie pastorale dans l'ensemble des Alpes autrichiennes ont été publiées (Zwittkovits 1974 AT et Penz 1978 AT), et la géographie de l'économie pastorale a également joué un rôle important au niveau des provinces fédérales au cours de cette période (en particulier à Salzbourg, au Tyrol et au Vorarlberg). Dans son aperçu des domaines de recherche de la géographie autrichienne en 1975, Elisabeth Lichtenberger identifie explicitement la „Almgeographie", qu'elle considère comme faisant partie de la géographie des zones rurales (Lichtenberger 1975/AT ; dans l'article de continuation couvrant la période de 1975 à 1986, cependant, la „Almgeographie" n'est plus mentionnée comme un sous-domaine indépendant). A partir des années 1980, la géographie de l'economie pastorale perd également une importance considérable, et le nombre de ses publications diminue sensiblement. Globalement, les publications géographiques sur l'économie pastorale occupent une place prépondérante en Autriche. Avec 27 % des publications sur l'économie pastorale, elles occupent la première place en Autriche.

Le nombre de publications folkloriques sur l'économie pastorale en Autriche est faible (seulement 6 % des publications), mais ceci est compensé par les publications de l'historien et folkloriste d'Innsbruck Hermann Wopfner, qui présente l'économie pastorale tyrolienne d'un point de vue folklorique de manière particulièrement approfondie (Wopfner 1942 AT/T).

Les publications juridiques sur l'économie pastorale jouent un rôle important en Autriche (12 % de l'ensemble des publications), et il convient ici de faire référence à la „rechtshistorische Schule der Almwirtschaft" fondée par l'historien du droit et de la culture d'Innsbruck Nikolaus Grass avec la seule monographie sur l'économie pastorale d'un point de vue juridique (Grass 1948 AT/T). Et le Tyrol est actuellement la seule région alpine où il y a des conflits majeurs concernant les biens collectivs, à savoir les biens des communautés agricoles (voir Keller 2011 AT/T).

L'étroite collaboration à l'Université d'Innsbruck entre Hans Kinzl (géographie), Hermann Wopfner (folklore) et Nikolaus Grass (droit) fait qu'Innsbruck devient le point central de la recherche sur l'économie pastorale des années 1940 aux années 1960 (voir Klein-Bruckschwaiger 1967 AT/T).

3.4.4 France

332 publications traitent de l'économie pastorale dans les Alpes françaises (= 14 % de l'ensemble des publications). Cela correspond à la quatrième place parmi les États ayant une part alpine.

Pendant longtemps, l'économie pastorale n'a joué qu'un rôle marginal dans les sciences agricoles françaises. Cependant, à partir des années 1950 – en association avec une série de nouvelles institutions de recherche spécifiquement créées par l'État dans les Alpes – elle est devenue très importante, et c'est pourquoi les publications agricoles sur l'économie pastorale occupent la première place en France (32 % de toutes les publications françaises).

Dans le cadre de l'„Institut de géographie alpine" de Grenoble, fondé en 1907, une „géographie alpine" s'est développée, ce qui a constitué une condition préalable importante pour une analyse systématique de l'économie pastorale, présentée très tôt par Philippe Arbos (Arbos 1922 FR). Il s'oriente sur le concept des „genres de vie" de Paul Vidal de La Blache, qui a influencé la géographie humaine française de l'époque, et sur cette base, il rédige des „genres de vie pastorale", qui combinent les aspects les plus divers de l'économie pastorale en une unité. Ce concept a ensuite été développé par François Rey (Rey 1930 FR/74) et Paul Veyret (Veyret 1951 AL) et a façonné la tradition française de recherche géographique alpine jusqu'aux années 1980. Au total, les publications géographiques sur l'économie pastorale représentent 25 % de l'ensemble des publications françaises.

Bien que l'un des folkloristes ou ethnologues français les plus connus, Arnold Van Gennep, ait également effectué des recherches dans les Alpes (Van Gennep 1916 FR/73, 1932 FR, 1946 FR/05), les recherches ethnographiques ou ethnologiques sur l'économie pastorale n'ont joué qu'un rôle relativement mineur (12 % des publications françaises). Il est particulièrement frappant de constater que, pendant longtemps, il n'y a eu aucune coopération avec la géographie, qui est pourtant d'une importance capitale dans les autres pays ayant une part des Alpes.

La recherche sur le droit alpin (5 % des publications) est presque inexistante en France car la dissolution des biens collectivs traditionnels est déjà en cours dans le sillage de la Révolution française, c'est-à-dire achevée depuis longtemps au moment où commence cette bibliographie (voir Vivier 1998 FR). Seules les discussions actuelles après Elinor Ostrom mènent à des publications pertinentes également en France.

3.4.5 Allemagne

155 publications traitent de l'économie pastorale dans les Alpes bavaroises (= 6 % de toutes les publications). Cela correspond à la quatrième place parmi les États ayant une part alpine.

La recherche agricole sur les alpages, qui a débuté très tôt à l'université agricole de Weihenstephan, est aujourd'hui encore très importante pour les Alpes bavaroises (39 % de l'ensemble des publications, soit la première place en Allemagne).

Dans le contexte de la géographie, une „Almgeographie" indépendante s'est développée relativement tard. Le géographe Carl Troll a profité de la publication de la monographie de John Frödin (Frödin 1940–41 AL) pour développer des considérations scientifico-théoriques sur le concept de „Almgeographie" (Troll 1944 AL), qu'il a compris comme un sous-domaine de la géographie agricole au sein du concept scientifique allemand de „Länderkunde" (géographie régionale). Karl Ruppert (Munich) a développé cette idée centrale dans les années 1960 et 1970, en la plaçant dans son concept de la „Münchner Schule der Sozialgeographie" (école de géographie sociale de Munich) (Ruppert 1964 DE ; mise en Œuvre géographique de l'économie pastorale la plus étendue : Penz 1978 AT). Avec la désintégration de la traditionnelle „Geographie der Länderkunde" (géographie régionale) après la conférence des géographes de Kiel en 1969, la géographie de l'économie pastorale en Allemagne semble alors être dépassée, mais elle connaît une brève renaissance lorsque, entre 1975 et 1990, le travail géographique humain connaît un essor de courte durée dans le cadre de la „Vergleichende Geographie der Hochgebirge" (géographie comparée de la haute montagne) (Uhlig/Haffner 1984/AL, Grötzbach 1980/AL). Par conséquent, la géographie de l'économie pastorale n'a qu'une importance marginale en Allemagne. Au total, 10 % des publications sur l'économie pastorale en Allemagne proviennent de la domaine de la géographie.

Les ouvrages folkloriques sur l'économie pastorale sont extrêmement rares ici et ne représentent que 3 % des publications.

Les études juridiques sur l'économie pastorale ont commencé ici relativement tôt, on les trouve encore aujourd'hui, et elles représentent 11 % de toutes les publications sur l'économie pastorale en Allemagne.

3.4.6 Slovénie

97 publications – dont près des deux tiers sont en slovène – traitent de la situation de l'économie pastorale dans les

Alpes slovènes (4 % de l'ensemble des publications). Bien que cela ne corresponde qu'à la sixième place parmi les pays ayant une part des Alpes, ce seul chiffre montre clairement que la recherche de l'économie pastorale en Slovénie ne doit en aucun cas être négligée.

La recherche scientifique sur les alpages s'est développée en Slovénie dans la première moitié et au milieu du XXe siècle. Les premières publications ont été faites dans le domaine de la science agricole (Spiller-Muys 1926 SI, Marsano 1932 SI ; seulement 7 % de toutes les publications en Slovénie étaient dans ce domaine) et de la géographie (Ilešič 1931 AT, Jordan 1945 SI, Fajgelj 1953 SI). Anton Melik, l'un des plus importants géographes slovènes de l'époque, a publié la seule monographie sur l'économie pastorale des Alpes Juliennes en slovène (Melik 1950 SI). Les publications de cette époque sont clairement influencées par la recherche internationale sur les alpages de l'époque. La première (courte) monographie portant sur l'économie pastorale de l'ensemble des Alpes slovènes est présentée en allemand par Metod Vojvoda, car il appartient au cercle de l'école de géographie sociale de Munich autour de Karl Ruppert (Vojvoda 1969 SI). Vojvoda traite principalement de la géographie sociale et économique des alpages dans la période qui a suivi la Seconde Guerre mondiale, ce qui permet des comparaisons avec des études régionales plus anciennes. Dans les années 1980, 1990 e 2000, la recherche géographique sur les alpages s'est concentrée sur l'analyse des changements structurels dans l'économie pastorale (Senegačnik 1989 SI, Vojvoda/Senegačnik 1984 SI) et les moteurs du changement (Petek 2005 SI). Globalement, 25 % de toutes les publications proviennent de la géographie. Les recherches géographiques sur l'économie pastorale, qui ont été produites depuis le milieu du XXe siècle, contiennent généralement des analyses statistiques plus approfondies, qui sont particulièrement importantes car il n'existe pas d'autres statistiques sur les alpages en Slovénie.

Au sein du folklore ou de l'ethnologie, la recherche sur l'économie pastorale se développe dans le cadre des „Alpes Orientales", un groupe international d'experts pour l'étude des Alpes orientales. Cette structure de recherche a été initiée par l'Institut de Folklore (ISN) de l'Académie slovène des Sciences et des Arts (SAZU) en 1956, et des conférences régulières et interdisciplinaires ont eu lieu, dont les actes représentent des éléments importants pour l'étude comparative des Alpes orientales, ethnologiquement très diverses, mais historiquement, géographiquement et culturellement étroitement liées (Novak 1961 SI, Cevc 1969 SI) ; parmi celles-ci, la 6e conférence en 1970 était explicitement dédiée à la „culture pastorale" (Cevc 1972 SI, Matičetov 1972 SI). Tone Cevc, membre de l'ISN, a ensuite effectué des recherches systématiques sur la vie et le travail dans les alpages de Velika planina et de Bohinj (Cevc 1972 et 1992 SI), en se concentrant sur le développement et la typologie des cabanes de bergers (Cevc 1995 SI). Ces dernières années, l'ethnologue Spela Ledinek Lozej a mené des recherches sur la vie dans les alpages (Ledinek Lozej 2013 et 2016 SI), et des recherches ethnologiques sur les alpages ont également été menées dans les musées Gorenjski muzej et Goriski muzej (Novak 1968 et 1989 SI, Kriznar 1974 et 1984 SI), et plus récemment dans le Tolminski muzej (Grego/Milinar 2019 SI). Avec 35 % de l'ensemble des publications, le folklore/ethnologie est à la pointe de la recherche sur les alpages slovènes.

Des recherches sur la situation des alpages à une époque antérieure, qui dépassent le cadre de cette bibliographie sur les alpages, sont menées par des archéologues, des paléoécologistes et des historiens. Au cours des dernières décennies, les recherches sur l'économie pastorale en Slovénie ont été menées principalement par des ethnologues, des archéologues et des paléoécologistes.

3.4.7 Niveau international

Des ethnologues américains effectuent régulièrement des recherches sur le terrain dans les Alpes – surtout dans les années 1970 – dans lesquelles l'économie pastorale et la propriété collective jouent un rôle important. Il s'agit toujours d'exemples individuels choisis, et les chercheurs américains partent de questions et utilisent des méthodes complètement différentes de celles de leurs collègues européens (voir Niederer 1983/CH). Comme leurs résultats sont publiés dans des maisons d'édition et des revues scientifiques reconnues aux États-Unis, ils font connaître l'économie pastorale dans le monde entier (voir le mot-clé „ethnologues américains" dans l'index des sujets) – contrairement aux publications des États alpins, qui sont généralement peu remarquées en dehors des Alpes. Le représentant le plus connu est Robert McC. Netting effectuant des travaux de terrain en Valais/Suisse dans les années 1970 (Netting 1981 CH/VS). Ses conclusions ont ensuite été reprises et citées par Elinor Ostrom dans son livre „Governing the Commons“ (Ostrom 1990), donnant à l’économie pastorale des Alpes un rôle important dans les discussions mondiales sur la signification des biens communs.

3.5 SIX DISCUSSIONS DIFFÉRENTES DANS LA RÉGION ALPINE

Même si les discussions sur l’économie pastorale dans les différents pays ont des centres d’intérêt et des traditions nationales spécifiques, il pourrait y avoir un contexte de discussion à l’échelle alpine. Or, celle-ci est extrêmement peu développée pour les quatre raisons suivantes :

Premièrement, il n’existe pratiquement pas d’études empiriques et comparatives sur l’économie pastorale dans l’ensemble de l’espace alpin (voir la partie 3.3.13).

Deuxièmement, les ouvrages les plus importants sur l’économie pastorale ne sont jamais traduits dans d’autres langues et ne peuvent donc pas être perçus dans l’ensemble des Alpes. En fait, la Suisse quadrilingue pourrait faire le travail de médiation linguistique le plus facilement, mais les publications suisses multilingues restent uniquement liées aux conditions suisses et ne regardent pas au-delà de la frontière suisse ; et même dans les termes centraux de l’économie pastorale, il y a des particularités suisses (voir les parties 2.2.2 + 2.2.3). Et les traductions de Trientl (1870 AT) et de Wilhelm (1868 AT) en italien et en slovène ne sont pas l’expression d’une discussion à l’échelle des Alpes, mais du multilinguisme de l’Empire des Habsbourg. Depuis quelque temps, il existe des publications qui dépassent les frontières nationales, souvent en plusieurs langues (par exemple Mayer et al. 2020 DE/OBB, Woolf/Viazzo 2002 IT/AO, APT 2001 IT/FV, Chiopris 2014 IT/FV, Koroschitz 2010 AT/K), mais ce sont les résultats d’une coopération régionale transfrontalière ; aussi bienvenues que soient ces initiatives, elles ne sont pas encore l’expression de contextes de discussion transrégionaux.

Troisièmement, en raison des grandes difficultés et des coûts élevés associés au multilinguisme dans l’espace alpin, les discussions politiques à l’échelle alpine sont depuis quelque temps de plus en plus menées en anglais. Bien que cela soit particulièrement difficile dans le cas du thème de l’économie pastorale (voir les parties 1.5, 2.1, 2.2), il est néanmoins possible de se demander quel rôle l’anglais joue aujourd’hui dans ce domaine. Le résultat est très clair : L’anglais n’occupe qu’une place marginale dans les discussions sur l’économie pastorale – seulement 3 % de toutes les publications sont en anglais, et même au cours des deux dernières décennies, ce chiffre n’est que de 5 %. On constate comparativement que les auteurs slovènes utilisent l’anglais le plus fréquemment (leur langue maternelle est peu comprise dans les Alpes et en Europe), suivis des auteurs suisses (dans le système académique suisse, l’anglais a désormais un statut particulièrement élevé), alors que dans les autres pays, il ne joue pratiquement aucun rôle. En outre, les publications en anglais présentent la plupart du temps les résultats de recherches individuelles hautement spécialisées, de sorte que l’anglais n’a pratiquement aucune importance dans le débat sur l’économie pastorale à l’échelle des Alpes.

Quatrièmement, *toutes les* monographies de synthèse et présentant un bilan des différents États et régions se concentrent exclusivement sur leur propre territoire et ne jettent pas un regard au-delà de la frontière sur les régions alpines „étrangères“. Ainsi, la condition préalable essentielle à une discussion à l’échelle alpine fait défaut au niveau de la base, à savoir le positionnement réfléchi de l’économie pastorale locale/régionale dans son contexte alpin.

Ces quatre points montrent clairement qu’une discussion sur l’économie pastorale à l’échelle des Alpes n’est que rudimentaire. Toutefois, cela ne concerne pas seulement les différents domaines linguistiques (allemand, français, italien, slovène), entre lesquels il n’y a pratiquement pas d’échanges, mais les frontières nationales ont également un grand effet de séparation.

Cela concerne les zones alpines francophones en France, dans la Vallée d’Aoste et en Suisse, les zones alpines italophones en Italie et en Suisse, les zones alpines germanophones en Allemagne, en Autriche, en Suisse, en Liechtenstein et en Tyrol du Sud ainsi que les zones alpines slovénophones en Slovénie, en Italie et en Autriche, qui, malgré un échange d’informations régulier et institutionnalisé (voir Zeller 1968 + 1994 AL), ne présentent guère de discussions communes.

On peut donc affirmer qu’il existe six contextes de discussion différents dans l’espace alpin concernant le thème de l’économie pastorale, parmi lesquels les discussions dans les Alpes slovènes sont les plus ouvertes sur l'extérieur (vers les Alpes italiennes et autrichiennes) :

- Les Alpes bavaroises (allemandes)
- Les Alpes autrichiennes (y compris le Tyrol du Sud)
- Les Alpes suisses
- Les Alpes françaises
- Les Alpes italiennes (sans le Tyrol du Sud)
- Les Alpes slovènes

Face à cette situation, cette bibliographie poursuit également la tâche d'améliorer la connaissance mutuelle de l'économie pastorale dans toute la région alpine et d'intensifier la coopération à l'échelle alpine.

4. EXPLICATIONS NÉCESSAIRES À L'UTILISATION DE LA PRÉSENTE BIBLIOGRAPHIE

4.1 CONTENU DE CETTE BIBLIOGRAPHIE (RÉSUMÉ DE L'INTRODUCTION 1.3)

Publications sur l'économie pastorale au sens propre, c'est-à-dire sur ses formes d'utilisation, ses structures économiques, ses formes de propriété et de droit, ses coutumes ainsi que sur l'habitat alpin et les biens nommés. Début : 1859, fin : 31. 12. 2020.

Cela signifie l'exclusion du contenu des sujets suivants :

- Aucune publication sur les conditions naturelles, la végétation, la santé animale et la qualité naturelle de l'économie pastorale.
- Aucune monographie sur l'agriculture et sur les communautés, vallées et régions alpines individuelles.
- Aucune publication au niveau des „Maiensäße" (montagnettes) et de la forêt au sein des alpages.
- Pas de représentations purement historiques (situation de l'économie pastorale avant 1860).
- Aucune publication sur l'amélioration concrète de l'économie pastorale, y compris le développement des alpages par des chemins, des routes, des téléphériques.
- Aucun rapport sur les résultats des projets financés par l'économie pastorale.
- Pas de guides de randonnée purement touristiques sur les alpages, de livres de cuisine sur les alpages, ni de descriptions narratives et littéraires de la vie sur les alpages.
- Pas de règlements d'alpage, de documents historiques, ni de documents d'archives.

4.2 CRITÈRES D'EXCLUSION FORMELS

- Pas de travaux de séminaire, de travaux de fin d'études ou d'examens dans les universités.
- Aucun rapport interne des offices et organisations agricoles et d'alpage.
- Pas de publications de moins de dix pages imprimées.

4.3 STRUCTURE ET SUBDIVISIONS

Au début, il y a les publications qui concernent l'ensemble de l'espace alpin. Viennent ensuite les publications traitant de la situation de l'économie pastorale dans les sept États ayant une part des Alpes, ces États étant classés par ordre alphabétique (en langue allemand) de leur nom : Allemagne (DE), France (FR), Liechtenstein (FL), Italie (IT), Autriche (AT), Suisse (CH) et Slovénie (SI).

Au début de chaque état individuel, on trouve d'abord les publications qui concernent l'ensemble de l'espace alpin de cet état, puis les „régions" individuelles. Les „régions" et leur ordre sont basés sur les statistiques officielles des États respectifs.

4.4 INFORMATIONS AU DÉBUT DE CHAQUE UNITÉ GÉOGRAPHIQUE

Au début de chaque unité géographique (État ou „région"), les informations suivantes sont données sous forme d'énumération avant les publications correspondantes :

- Commentaires et explications sur l'unité géographique si elle a changé depuis 1860 ou si l'affectation géographique peut être ambiguë.
- Les associations d'économie pastorale concernés, avec leur magazine et leur site web (si disponible).
- Sites Internet fournissant des informations importantes pour l'économie pastorale de cette unité géographique (sites souvent riches en matériel).

- Référence à toute statistique existante sur les alpages (pour pouvoir les retrouver rapidement).
- Référence aux monographies sur l'économie pastorale qui couvrent des sous-zones plus larges afin de pouvoir trouver rapidement les publications centrales.

4.5 SUR L'INVENTAIRE BIBLIOGRAPHIQUE

Les différentes publications sont enregistrées selon les critères suivants :

- Seuls les titres en allemand, français, italien, anglais, slovène et romanche seront inclus.
- Les titres sont enregistrés aussi précisément que possible (pas d'abréviations bibliographiques) et comprennent généralement les numéros de page des livres, monographies et brochures.
- Tous les titres sont enregistrés selon les critères d'enregistrement bibliographique des États respectifs. Les termes suivants sont utilisés :

Allemand	**Français**	**Italien**	**Anglais**	**Romanche**	**Slovène**
Hrsg.	sous la direction de	a cura di	editor	editur	urednik
Verlag	éditeur	editore/edizioni	publisher	chasa editura	založba
Band	tome/volume	volume	volume	volüm	zvezek
Auflage	édition	edizione	edition	ediziun	izdaja
S.	p.	pp.	p.	p.	str.
Nachdruck	réédition	riedizione	–	–	–
Tagungsband	actes	atti	–	–	–
Bericht	bulletin	bollettino	–	–	–
Zeitschrift	revue	rivista	–	–	–
Jahrbuch	annales	annali	–	–	–
Heft	cahier	quaderno	–	–	–
Führer	guide	guida	–	–	–
Div. Autoren	auteurs	AA.VV. (autori vari)	–	–	–

Dans le cas des anthologies, le titre complet n'est donné qu'une seule fois, et à ce stade, les contributions individuelles incluses dans cette bibliographie (tous les contributions n'ont pas été retenus selon les critères de sélection) sont signalées par „siehe (vedere/voir)“ ; dans le cas des contributions indivi-duelles, la mention que l'entrée principale (HE) se trouve à l'autre endroit (avec référence à l'unité géographique) figure après le titre.

Les abréviations de toutes les unités géographiques utilisées sont indiquées dans la table des matières et dans les rubriques. Ces abréviations sont utilisées dans cette bibliographie pour les références croisées et pour les index.

4.6 ATTRIBUTION DE TITRES À UN DOMAINE

Pour tous les titres, le domaine d'origine de la publication est indiqué à la fin du registre par les abréviations suivantes :

Statistiques sur les alpages	(Sta)
Sciences agricoles	(Agr) (ici aussi publications des associations d'économie pastorale)
Géographie	(Geo)
Folklore/Ethn./Anthr.	(Vol)
Droit	(Rec)
Langage	(Spr)
Recherche sur l'habitat	(Hau)
„Mots + Choses“	(W+S)
Bibliographies	(Bib)
Publications diverses	(Div) (très large éventail de sujets)
Publications populaires	(Pop) (publications destinées à un large public)

Bibliografija planšarstva v Alpah, ki bi zajela vse alpske regije in vsa pomembna strokovna področja, doslej še ni obstajala. Njena izdelava je bila mogoča le v okviru mojega več kot 40-letnega ukvarjanja z Alpami, pri čemer ima razumevanje njihove velike regionalne raznolikosti še vedno pomembno vlogo.

Ta bibliografija je izšla v tiskani izdaji, ker je knjižna oblika bolj prikladna za branje, pregled in posebej za pridobitev celotnega pregleda, hkrati pa je izšla tudi v digitalni različici (www.badhindelang.de/alpbibliografie), ker je ta medij idealen za ciljno raziskovanje.

Bibliografija je objavljena v nemškem, italijanskem, francoskem, slovenskem in angleškem jeziku, kajti planšarstvo v Alpah je vsealpski pojav, ki terja večjezičen pristop. Ker vsebuje uvod v pet jezikov pomembne termine planšarstva v Alpah, ki jih v številnih slovarjih ni moč zaslediti, nam služi kot pomoč pri prevajanju. Poleg tega pa nam branje naslovov objav prikaže, kako se ti strokovni termini uporabljajo v ustreznih kontekstih – oboje lahko olajša preseganje jezikovnih ovir v komunikaciji znotraj Alp.

Za podporo pri razvoju te bibliografije bi se rad zahvalil naslednjim osebam:

Aigner, Susanne	*Köttmannsdorf/AT*
Bartaletti, Fabrizio	*Livorno/IT*
Corti, Michele	*Milano/IT*
Heißenhuber, Alois	*München/DE*
Hitz, Florian	*Chur/CH*
Hösli, Giorgio	*Mollis/CH*
Honisch, Michael	*Immenstadt/DE*
Hovorka, Gerhard	*Dunaj/AT*
Hübner, Thomas	*Erlangen/DE*
Jenewein, Johann	*Innsbruck/AT*
Lampič, Barbara	*Ljubljana/SI*
Ledinek Lozej, Špela	*Ljubljana/SI*
Merlin, Friedrich	*Celovec/AT*
Miklič Cvek, Lucija	*Ljubljana/SI*
Moutard, Robert	*Lyon/FR*
Penz, Hugo	*Innsbruck/AT*
Price, Martin	*Perth/ZK*
Ressi, Wolfgang	*Celovec/AT*
Ringler, Alfred	*Rosenheim/DE*
Rougier, Henri (†)	*Lyon/FR*
Tuor, Leo	*Chur/CH*
Zwitter, Žiga	*Ljubljana/SI*

Posebna zahvala gre občini Bad Hindelang, kjer ima alpsko planinsko gospodarstvo pomembno vlogo: ta občina se že dolgo močno zavzema za planšarstvo v Alpah, med drugim za podporo „eko modela Hindelang“ in za vpis planšarstva v Alpah v nemški zvezni seznam nematerialne kulturne dediščine. Občina Bad Hindelang je omogočila večjezično izdajo te bibliografije v analogni in digitalni obliki.

Upam, da bo ta bibliografija ponovno poudarila velik gospodarski, kulturni in ekološki pomen planšarstva v Alpah in Evropi ter okrepila vsealpsko sodelovanje.

Bamberg, maj 2021, Werner Bätzing

UVOD

KAZALO UVODA:

1. TEMELJNE ZNAČILNOSTI BIBLIOGRAFIJE

1.1. CILJ

Planinsko gospodarstvo v Alpah ima dolgo zgodovino. Gre za kmetijsko rabo skoraj 30 % celotne površine Alp (Ringler 2009 AL, str. 18 – dodatek v obliki okrajšave, v tem primeru „AL“, označuje, v katerem razdelku te bibliografije je delo navedeno; okrajšave so razrešene v kazalu). Alpski prostor tako močno zaznamuje v ekonomskem, družbeno-kulturnem in pokrajinsko-ekološkem oziru, da predstavlja eno najpomembnejših značilnosti tega gorovja. Ker v nemškem jeziku za planinsko gospodarstvo ni knjižnega izraza, se zanj uporablja hkrati oba narečna izraza, *Almwirtschaft* in *Alpwirtschaft*, če želimo obravnavati celoten alpski prostor (glej 2.2). Bibliografija objav o planinah in planinskem gospodarstvu sledi dvema ciljema:

Prvič: Znanje, povezano s planinami in planinskim gospodarstvom, se danes vse bolj izgublja. To ne velja toliko za kmete, ki se še naprej ukvarjajo s to dejavnostjo (ki pa jih je čedalje manj), temveč predvsem za prebivalce alpskega območja in Evrope ter akterje s področja politike, uprave, znanosti in medijev. Namen bibliografije je ohraniti to znanje in ga narediti javno dostopno, saj obsega zelo pomembne izkušnje na področjih ravnanja z naravo, srenjskega gospodarjenja ter kulturnih vrednot, ki se ne smejo izgubiti. Te izkušnje niso pomembne le za neposredno vpletene alpske srenje, alpske doline in alpske regije, ampak tudi za celoten alpski prostor in za vso Evropo.

Drugič: Planinsko gospodarstvo se v vseh Alpah sooča s podobnimi težavami, in sicer mu grozi opuščanje velikih površin kmetijskih zemljišč, sooča se s prekomernim izkoriščanjem manjših kmetijskih zemljišč v dolinah, s širjenjem velikih zveri, pritiski zaradi nekaterih turističnih in prostočasnih dejavnosti. Ker pa ne obstajajo vsealpska združenja za planinsko gospodarstvo in tudi ni vsealpskih razprav na to temo (glej poglavji 3.4 in 3.5), temveč potekajo takšne razprave v posameznih državah in alpskih regijah ločeno, so te razprave razdrobljene. To otežuje skupni razmislek o aktualnih težavah in preprečuje, da bi postalo planinsko gospodarstvo v alpskem prostoru in po vsej Evropi pomemben dejavnik, ki bi uspešno zastopal svoje cilje in interese v javnosti.

Zaradi teh dveh razlogov je znanje o vsealpskem in vseevropskem pomenu planinskega gospodarstva danes precej šibko. Namen te publikacije je s pomočjo bibliografije zbrati razprave na temo planin in planinskega gospodarstva v Alpah, ki so potekale in še vedno intenzivno potekajo v posameznih alpskih državah in regijah. To naj bi po eni strani ustvarilo podlago za uspešnejše ozaveščanje prebivalstva alpskega prostora in Evrope o velikem pomenu planin in planinskega gospodarstva, s čimer naj bi ta bibliografija obenem spodbudila in okrepila vsealpske razprave o trenutnem stanju planin in planinskega gospodarstva. Avtor meni, da bi bilo sodelovanje v obliki vsealpske krovne organizacije zelo smiselno za krepitev planinskega gospodarstva.

1.2 VSEBINSKA ZASNOVA IN ZAMEJITEV TEMATIKE

Doslej ni obstajal niti osnutek vsealpske in interdisciplinarne bibliografije na temo planin in planinskega gospodarstva: sedem obstoječih bibliografij na to temo (glej razdelek 3.3j) se osredotoča le na določena podobmočja in posamezna strokovna področja. Tudi običajen pripomoček „skritih bibliografij“ (zelo obsežnih seznamov literature v široko zastavljenih preglednih delih) v tem primeru ni alternativa, saj interdisciplinarno in mednarodno usmerjenih pregledov planin in planinskega gospodarstva skoraj ni (glej razdelek 3.3m) in ker so skoraj vse objave o planinah in planinskem gospodarstvu pisane ne le po posameznih državah, ampak tudi po posameznih strokah, ne interdisciplinarno. Daleč najobsežnejša „skrita bibliografija" je seznam literature v monografiji Alfreda Ringlerja (Ringler 2009 AL, 98 tiskanih strani), ki navaja predvsem ekološke in druge naravoslovne naslove, tako da zajema le del celotne tematike. Glede na pomanjkljivo izhodiščno stanje predstavlja izdelava vsealpske in interdisciplinarne bibliografije o planinah in planinskem gospodarstvu velik izziv.

Da ta bibliografija ne bi postala nepregledna in da ne bi na številnih področjih izgubljala osredotočenosti, sem njeno vsebino zožil glede na sledeče smernice:

a) Naravoslovne raziskave planin in planinskega gospodarstva so danes tako specializirane, da jih nenaravoslovci in deloma celo naravoslovci drugih strok v nekaterih primerih ne razumejo. Čeprav se že desetletja zavzemam za „integrativni" pogled na alpski prostor, sem se odločil, da v to bibliografijo ne vključim nobenega naravoslovnega besedila. Naravoslovju se je bilo toliko laže odpovedati, saj je zelo obsežen seznam literature Alfreda Ringlerja (Ringler 2009 AL, str. 1339–1437 AL) močno naravoslovno, ekološko usmerjen in to tematiko dobro pokriva. Tako ta bibliografija ne vključuje objav o fiziènogeografskih razmerah planin (geologija, podnebje, geomorfologija, hidrologija, prst, vegetacija), o zdravju živali in o naravoslovnem vrednotenju kakovosti planšarskih izdelkov.

b) Številni znanstveniki in ljudje s praktičnimi izkušnjami so vedno znova pravilno poudarjali, da je planinsko gospodarstvo kljub določeni samostojnosti tako tesno vpeto v lokalno oz. regionalno kmetijstvo ter v kmetijstvo okolice Alp, da ga je mogoče razumeti le v tem širšem kontekstu. Če bi sledili temu vidiku, bi morala postati bibliografija planin in planinskega gospodarstva bibliografija kmetijstva celotnega alpskega prostora in njegove okolice. Ker pa bi to preseglo predviden obseg, je bibliografija omejena na temo planin in planinskega gospodarstva v Alpah in ne vključuje obravnav kmetijstva v alpskem prostoru, ki sicer pogosto obravnavajo tudi planinsko gospodarstvo (vendar večinoma precej na kratko); izjema so le širše objave o kmetijstvu s s posebnim poglavjem na temo planinskega gospodarstva, ki obsega vsaj deset tiskanih strani – takšne objave so v bibliografiji navedene. Enako velja za publikacije na temo mlekarstva, živinoreje, pasem živine in sirarstva, ki so v bibliografiji navedene le, če je na planinskem gospodarstvu jasen poudarek.

c) Obstajajo številne objave (monografije) o posameznih alpskih skupnostih, dolinah ali regijah, ki običajno vsebujejo kratke zapise o planinah in planinskem gospodarstvu. Takšne publikacije v bibliografijo niso vključene; izjeme so le tiste, ki vsebujejo ločeno poglavje na temo planinskega gospodarstva, ki obsega najmanj deset tiskanih strani.

d) Številni prikazi planin in planinskega gospodarstva obravnavajo vsa občasna naselja in kmetijska zemljišča nad stalnimi naselji, torej tudi stopnjo senožetnih planin oziroma predplanin – spomladanskih in jesenskih planin (za to ni nemškega knjižnega izraza, temveč le različni regionalni narečni izrazi). Ker se trenutne težave in potenciali te vmesne stopnje nad stalnimi naselji in pod poletnimi planinami bistveno razlikujejo od tistih, značilnih za poletne planine, ta bibliografija ne vključuje objav, ki so namenjene izključno tej vmesni višinski stopnji. Prav tako niso vključene publikacije, ki na območjih poletnih planin obravnavajo le gozd.

e) Sodobne statistike planin, ki nastajajo od leta 1864 (Schatzmann/Wirth 1868 CH), so popolnoma nova podlaga za praktično in znanstveno ukvarjanje s planinami in planinskim gospodarstvom. Zato se bibliografija začne okoli leta 1860, starejše objave niso navedene.

f) Čeprav je zgodovina nujna za ustrezno razumevanje današnjega stanja planin in planinskega gospodarstva, so izključno zgodovinsko usmerjene objave, ki obravnavajo planine in planinsko gospodarstvo pred letom 1860, iz te bibliografije izključene, saj je poudarek bibliografije na sedanjih razmerah. Razumevanje sedanjega stanja pa vendarle zahteva poznavanje tradicionalnih struktur, zato so vključene publikacije, ki jih obravnavajo.

g) Ker gre pri tej bibliografiji za razumevanje planin in planinskega gospodarstva kot kompleksnega fenomena, bibliografija ne vključuje izključno praktično usmerjenih objav o tehnični, organizacijski, poslovnoekonomski ali okoljski ureditvi planin ter o izboljšanju rabe planin, vključno z izboljšavami njihove dostopnosti s potmi, cestami in žičnicami. Izjema so le tiste številne agronomske monografije o planinskem gospodarstvu, ki sicer obravnavajo predvsem izboljšanje gospodarjenja, vendar pa pri tem sistematično predstavljajo celoten sistem planinskega gospodarstva.

h) Poleg tega v bibliografijo niso vključeni tisti izletniški vodniki, ki so pomembni izključno za vodenje turistov, planinske kuharske knjige in recepti pa tudi zgolj pripovedni in literarni opisi planinskega življenja. Knjige slikovnih gradiv so vključene le, če so sistematično dokumentarno usmerjene ali vsebujejo pomembne zgodovinske fotografije.

i) Obstaja veliko informativnih publikacij o planinah in planinskem gospodarstvu, ki so izšle pri zasebnih založbah ali jih je izdala lokalna skupnost, zadruga, agrarna skupnost ali podobno. Te objave so vključene v bibliografijo le, če so na voljo v javnih knjižnicah.

Na podlagi omejitev, navedenih v zgornjih devetih točkah, se bibliografija tematsko osredotoča na planinsko gospodarstvo, oblike rabe planin, njihovih gospodarskih struktur, različne oblike lastništva in pravno formalne organizacije, šege, povezane s planinskim delom in življenjem, v manjši meri pa tudi na planinske stavbe in njihova poimenovanja. Bibliografija upošteva tudi transhumantno uporabo planin, saj je ta v jugozahodnih, južnih in jugovzhodnih Alpah deloma pomembnejša od lokalnega planšarstva.

Da pa ta bibliografija ne bi postala preobsežna, so izključena tudi naslednja besedila:

- Univerzitetne seminarske naloge, pisne vaje, izpitne naloge, diplomska in magistrska dela, ker ta, za razliko od doktorskih del, praviloma niso javno dostopna. V primeru redkih tovrstnih nalog, ki so iz vsebinskih razlogov vendarle vključene v to bibliografijo, je navedena knjižnica, kjer so javno dostopne.

- Poročila institucij (predvsem planinskogospodarskih organizacij, državnih uradov za kmetijstvo), ki so namenjena interni uporabi in niso objavljena.

- Rezultati projektov za spodbujanje planinskega gospodarstva, ki so običajno dostopni le interno; v bibliografijo so vključeni le, kadar so javno dostopni.

- Rokopisi, strojepisi in arhivski viri (planinski pašni redi, pravni predpisi vseh vrst, listine ipd.).

- Da število člankov ne bi preveč naraslo, so običajno vključeni le tisti z vsaj desetimi tiskanimi stranmi (to izključuje večino člankov iz glasil pašnih in agrarnih skupnosti idr. združenj).

Spletne objave: Bibliografija je osredotočena na tiskane publikacije, ki so trajno javno dostopne v knjižnicah. Do svetovnega spleta je ta bibliografija zadržana, saj gre za razmeroma mlad medij, katerega vsebine se lahko pogosto spreminjajo, poleg tega je kakovost spletnih objav izredno raznolika. Da pa svetovnega spleta vendarle ne bi spregledali, so pred začetkom seznama publikacij vsake geografske enote navedene zadevne spletne strani, ki običajno vsebujejo bogato gradivo.

Še o svetovnem spletu:

- Starejše publikacije so trenutno večinoma na voljo v antikvariatih (z izjemo maloštevilnih standardnih del pogosto po presenetljivo nizkih cenah), s pomočjo spleta jih je zelo lahko najti. Ko avtorske pravice potečejo, je na voljo vedno več digitalnih reprodukcij objav, ki jih je mogoče natisniti na zahtevo (večinoma ponudbe ameriških podjetij), in so navedene v tej bibliografiji (bibliografski zapis vsebuje letnico ponatisa, ne pa naziva podjetja).

- Številne starejše knjige in celotni letniki mnogih revij so digitalizirani in prosto dostopni na spletu (knjige v velikih državnih knjižnicah, revije, dostopne npr. na https://ezb.uni-regensburg.de ali www.e-periodica.ch ali www.anno.onb.ac.at ali www.persee.fr ali www.dlib.si); ker jih je enostavno najti, spletni naslovi v tej bibliografiji niso navedeni.

- Članki v pomembnih revijah, katerih analogno objavo so ukinili in zdaj izhajajo samo na svetovnem spletu (npr. „Revue de Géographie Alpine"), so vključeni v to bibliografijo.

- V to bibliografijo so vključeni rezultati velikih in pomembnih raziskovalnih projektov, ki so predstavljeni samo na svetovnem spletu (npr. rezultati projekta „ALP Austria").

1.3 METODA IZDELAVE

Osnova za izdelavo bibliografije je osebni „Arhiv za integrativno raziskovanje Alp“ Wernerja Bätzinga, ki vključuje moj alpski katalog (datoteka z bibliografskimi podatki), ki sem ga začel izdelovati leta 1980 in ga od tedaj redno posodabljam in razširjam. Decembra 2019 je vseboval skoraj 30.000 kataložnih kartic ali naslovov (glej mojo spletno stran, odsek „Archiv für integrative Alpenforschung“, točka 6). Za pričujočo bibliografijo sem pregledal kataložne listke in podatke dopolnil na naslednji način:

- Vsi naslovi o planinah in planinskem gospodarstvu, navedeni v mojem katalogu, so bili preverjeni s pomočjo elektronskih katalogov nacionalnih in mednarodnih knjižnic ter po potrebi popravljeni.

Seznami literature v člankih in monografijah na temo planin in planinskega gospodarstva so bili sistematično pregledani (če to ni bilo storjeno že prej).

- Ciljno sem pregledal objave, revije in sezname založb (če to še ni bilo storjeno).

Na koncu priprave te bibliografije pa so bili pojma *Almwirtschaft* in *Alpwirtschaft* ter njuni italijanski in francoski ustrezniki vneseni v iskalnik elektronskih katalogov naslednjih nacionalnih knjižnic oz. združenj knjižnic:

DE: https://opacplus.bib-bvb.de
(Bayerischer Bibliotheksverbund)

FR: www.catalogue.bnf.fr
(Bibliothèque Nationale de France, Paris)

FL: http://aleph.bibliothek.li
(Liechtensteiner Landesbibliothek , Vaduz)

IT: http://opac.sbn.it (Servizio Bibliotecario Nazionale)

AT: http://search.obvsg.at
(Österreichischer Bibliothekenverbund)

CH: www.swissbib.ch (Katalog aller Hochschulbibliotheken und der Schweizer Nationalbibliothek), od leta 2021 https://swisscovery.slsp.ch (Swiss Library Service Platform)

SI: www.nuk.uni-lj.si
(Narodna in univerzitetna knjižnica, Ljubljana)

Izkazalo se je, da je to iskanje prineslo razmeroma malo novih naslovov (manj kot 10 %) o planinah in planinskem gospodarstvu. To nakazuje, da ta bibliografija zajema velik del zadevnih objav.

Vendar je nemogoče, da bi takšna bibliografija v celoti zajela literaturo o planinah in planinskem gospodarstvu. Zelo hvaležen bom za podatke o naslovih, ki jih nisem zajel, ki jih, prosim, pošljite na werner.baetzing@web.de, da jih bom lahko dodal obstoječi bibliografiji.

1.4 BIBLIOGRAFSKI KRITERIJI ZA VNOS ZAPISOV

Ker se narava in način bibliografskega zapisa naslovov v posameznih alpskih državah med seboj bistveno razlikujeta, bibliografija ohranja načine bibliografskega zapisa na posameznih jezikovnih območjih in ne uvaja enotnega sistema.

Za enostavno iskanje naslovov so bibliografski podatki – v nasprotju s trenutno obliko kratkega bibliografskega zapisa – predstavljeni čim bolj podrobno, tj. avtor z imenom, naslov in celoten podnaslov, založba, kraj izida, serija, izdaja, prevod v druge jezike ipd. Naslovi revij in serij niso okrajšani, institucije, ki delujejo kot izdajatelji ali založniki, so navedene kar se da popolno. Ker je vsebinsko pomembno, ali delo obsega 20 ali 200 strani, je število strani po možnosti navedeno pri vseh monografijah, knjigah ali brošurah. Občasno je naveden kratek zapis o vsebini objave.

1.5 O JEZIKU BIBLIOGRAFIJE

Osrednji izziv pri predstavitvi planin in planinskega gospodarstva v Alpah je, da se slednje znotraj alpskega območja zelo razlikuje, in ta velika kulturna raznolikost je razvidna v skoraj neskončno velikem številu lokalnih narečnih izrazov. Že bežen pogled na naslove v tej bibliografiji jasno pokaže, koliko izrazov se uporablja, ki so ljudem iz drugih regij nerazumljivi, če se njihovih pomenov niso priučili. Hkrati so ti narečni izrazi na poseben način normativno-čustveno zaznamovani, tako da jih ni enostavno prevesti v knjižni jezik. Uporaba teh narečnih izrazov v knjižnem jeziku je mogoča, če jih podrobneje razložimo, ker imata narečje in knjižni jezik pomembne skupne značilnosti, na katere se je mogoče nasloniti. Prevajanje v druge jezike pa je zelo težavno, ker konkretna vprašanja planin in planinskega gospodarstva na drugih jezikovnih območjih pogosto sploh niso znana in ker normativno-čustvena razsežnost narečnih izrazov ni več prisotna.

Zato prevajanje naslovov iz bibliografije v tuje jezike v splošnem ni smiselno – kdor teh naslovov ne razume, tudi ne more smiselno uporabljati teh enot bibliografije. Ta komentar velja za naslove v nemškem, italijanskem, francoskem in angleškem jeziku. Vendar pa bi to načelo povzročilo težave pri objavah v jezikih, katerih poznavanje je zelo omejeno. V alpskem prostoru sta to slovenščina in retoromanščina, v katerih so bile objavljene pomembne publikacije o planinah in planinskem gospodarstvu. Da bi lahko uporabnik bibliografije vsaj v temelju spoznal vsebino teh objav, so naslovi in podnaslovi slovenskih in retoromanskih publikacij v bibliografiji prevedeni v nemščino ali angleščino. Kolikor mi je znano, obstaja v drugih jezikih (okcitanščini, frankoprovansalščini, ladinščini, furlanščini ipd.) v najboljšem primeru le nekaj objav o planinah in planinskem gospodarstvu.

Ker sam ne obvladam slovenščine in retoromanščine, so mi pri tem prijazno pomagali naslednji kolegi:

Bibliografijo publikacije v *slovenskem jeziku* (skupaj z nekaterimi dopolnitvami o sosednjih regijah ter z navedbo o pojmu planšarstva in planinskega gospodarstva v slovenskem jeziku ter o historiatu raziskovanja planin v Sloveniji) so mi pomagali sestaviti Žiga Zwitter (geografija/zgodovina), Barbara Lampič (geografija), Špela Ledinek Lozej (etnologija) in Lucija Miklič Cvek (bibliotekarstvo) (vsi v Ljubljani).

Bibliografijo publikacije v *retoromanščini* (ter pomembne dopolnitve za kanton Graubünden) je sestavil Leo Tour z Institut dal Dicziunari Rumantsch Grischun (DRG) v Churju. Pri tem je treba opozoriti, da ne obstaja en retoromanski ali graubündenskoromanski jezik, temveč da ta jezik obstaja „samo" v naslednjih petih idiomih, vsak s svojo knjižno različico: gornjesilvanski (Vorderrhein), dolnjesilvanski (Hinterrhein), surmeiranski (Albula, Vaz/Obervaz, Oberhalbstein), gornjeengadinski (Gornji Engadin) in dolnjeengadinski (Dolnji Engadin). Vsi navedeni retoromanski naslovi v tej bibliografiji so napisani v enem od teh petih idiomov.

1.6 ČLENITEV BIBLIOGRAFIJE

Ker so kmetijski, geografski, etnološki, pravni in jezikovni fenomeni planin in planinskega gospodarstva med seboj tesno povezani, jih ne bi bilo smiselno tematsko ločevati in to bibliografijo členiti po posameznih znanstvenih disciplinah. Ker pa je državni in regionalni okvir za planinsko gospodarstvo zelo pomemben, je geografska členitev po državah in „regijah" izbrana kot osrednji kriterij členitve bibliografije. Prednost tega pristopa so hitro prepoznavne navzkrižne povezave med posameznimi znanstvenimi disciplinami.

Medtem ko je delitev Alp na države jasna, so „regije" opredeljene kot državne upravne enote med občino in državo, ki so glede na svojo velikost komaj primerljive. V Nemčiji so to upravna okrožja, v Franciji departmaji, v Italiji dežele (pokrajine samo v primeru Južne Tirolske/Zgornjega Poadižja in Tridentinske pokrajine), v Avstriji zvezne dežele in v Švici kantoni oz. (zaradi majhnosti številnih kantonov) skupine kantonov. Kneževina Liechetstein in Slovenija nista razdeljeni na upravne regije. Tako so Alpe v bibliografiji razdeljene na 33 „regij".

Delitev publikacij po strokovnih področjih oz. znanstvenih disciplinah se ne uporablja kot element členitve bibliografije, vendar pa je vsaka posamezna objava uvrščena k enemu strokovnemu področju (glej razdelek 3.3), tako da bibliografija ponuja tudi vpogled v prispevke posameznih disciplin.

2. PLANINE IN PLANINSKO GOSPODARSTVO NA ALPSKEM OBMOČJU

2.1 IZRAZI ZA PLANINO

Naslednji izrazi so povezani s planinami v celotnem alpskem prostoru (kako se ti izrazi konkretno uporabljajo, zgledno ponazarjajo številni naslovi objav v bibliografiji):

nemščina:
- Alm (bavarska narečja: Zgornja Bavarska, Avstrija razen Predarlškega, Južna Tirolska)
- Alp ali Alpe (alemanska narečja: Allgäu, Predarlško, Liechtenstein, nemška Švica)
- Berg
- Schwaige (Spodnja Avstrija in Štajerska)
- Transhumanz (samo kot izraz, ne kot stvarnost); v širšem smislu primerljivo z „Wanderschäferei" v južni Nemčiji, „Pensionsviehhaltung" na Bavarskem in

„*Küherwesen*" v Švici *francoščina:*
- alpe
- alpage
- montagne (grandes montagnes = skupne planine, pogosto povezane s transhumanco; petites montagnes = individualne planine lokalnih kmetov)
- estivage oz. estive (Alpes du Sud)
- transhumance

okcitanščina (jugozahodne Alpe):
- gias oz. giàs (italijanski pravopis) ali jas (francoski pravopis)

retoromanščina:
- alp
- munt

italijanščina:
- alpe
- alpeggio
- montagna
- grangia (Piemonte)
- *malga (osrednje in vzhodne italijanske Alpe)*
- transumanza

slovenščina:
- planina
- staja, prestaja, rovt (predplanine v zasebni lasti)
- planšarstvo, planinsko pašništvo, transhumanca (planšarska dejavnost)

2.2 O IZRAZIH ZA PLANINSKO GOSPODARSTVO V RAZLIČNIH JEZIKIH

V nobenem knjižnem jeziku, ki ga govorijo v Alpah, ni splošno uporabnega izraza za planinsko gospodarstvo.

2.2.1 Nemščina

Za planinsko gospodarstvo obstajata v nemškem jeziku dva narečna izraza, „Almwirtschaft" (bavarska narečja) in „Alpwirtschaft" (alemanska narečja). Zato sta v tej bibliografiji vedno navedena oba izraza „Alm-/Alpwirtschaft".

V 19. stoletju se je na nemškem jezikovnem območju uporabljal knjižni izraz „Alpenwirtschaft" za to, kar danes označujemo z „Alm-/Alpwirtschaft". Tedaj so ta izraz uporabljali v zakonodaji in v zemljiškemo katastru (Penz 1978, str. 15 At), nastopa tudi v tedanjih enciklopedijah in v drugih zadevnih objavah. Pri tem lahko ugotovimo sledeče:

„Alpenwirthschaft" oz. (po pravopisni konferenci v Berlinu leta 1901) „Alpenwirtschaft" je edini izraz za planinsko gospodarstvo, ki se je uporabljal v publikacijah te bibliografije, objavljenih med letoma 1859 in 1867. Od leta 1870 do 1912 nastopa prav tako pogosto kot „Alpwirthschaft/Alpwirtschaft“, nato pa ga sploh niso več uporabljali.

„Alpwirtschaft“*:* Ta izraz je leta 1867 v Švici prvič nadomestil izraz „Alpenwirtschaft“ in se je hitro znatno razširil, ker so ga uporabljali pomembni švicarski avtorji (Schatzmann, Anderegg) in „Švicarska statistika planin“. Ta izraz so dolgo uporabljali tudi na bavarskem jezikovnem območju, kjer ga je v tridesetih letih 20. stoletja postopoma izpodrinil izraz „Almwirtschaft“.

„Almwirtschaft“: uporabo tega izraza kot splošnega, znanstvenega termina je šele leta 1907 prvič spodbudil Robert Sieger, ker množinsko narečni izraz „Almen“ (pašne planine) v nasprotju s tedanjim knjižnim izrazom „Alpen“ ni dvoumen in omogoča jasno pojmovno razlikovanje med gorskimi pašniki in celotnim gorovjem – Alpami (Sieger 1907 str. 263 AL). Kljub temu se izraz potem skoraj dve desetletji praktično ni uporabljal. Bolj pogosto so ga začeli uporabljati šele v drugi polovici dvajsetih let 20. stoletja, v tridesetih letih se pojavlja približno tako pogosto kot „Alpwirtschaft“ (Endriss 1935 DE/ALG in Meissinger 1936 DE/ALG ga uporabljata celo za Allgäu!), šele po drugi svetovni vojni pa je postal skoraj edini uporabljeni izraz za planinsko gospodarstvo na bavarskem jezikovnem območju. Vendar pa so v Avstriji tako uradna statistika (ÖSTAT 1955-57 in 1976) kot tudi pomembni avtorji (Schneiter 1948, Brugger/Wohlfarter 1983) še dolgo uporabljali izraz „Alpwirtschaft“.

2.2.2 Italijanščina

V Italiji pogosto uporabljajo besedne zveze „economia/cultura degli alpeggi“ ali „economia/cultura delle malghe“, osrednji izraz pa je „alpicoltura“. V italijanskem delu Švice se uporablja besedna zveza „economia alpestre“, ki je v Italiji precej neobičajna. V tej bibliografiji se uporablja izraz „alpicoltura“.

2.2.3 Francoščina

V Franciji se uporabljajo besedne zveze „économie alpestre“, „économie montagnarde“ ali „économie pastorale“, zelo pogosto pa tudi „vie pastorale“. V francosko govorečem delu Švice pa se je uveljavil izraz „économie alpestre“. V tej bibliografiji se uporablja izraz „économie pastorale“.

2.2.4 Slovenščina

Primerljivo z nemškim izrazom „Alp“ oziroma „Alm“ je tudi slovenski izraz „planina“ prvotno pomenil s travo porasel odprt svet, pogosto v gorah, namenjen paši, ki je bil od stalnega bivališča toliko oddaljen, da živine ni bilo moč dnevno goniti na pašo, marveč je tam ostala več dni. Šele z razvojem gorništva oz. „planinstva“ je izraz „planina“ postal sinonim za 'goro'. Za samo aktivnost se je od leta 1871, ko je Goriška kmetijska družba prevedla in izdala priročnik o tovrstni gospodarski dejavnosti (Wilhelm 1871), uveljavljal izraz „planšarstvo“ (prim. npr. Spiller-Muys 1926; Ilešič 1931 (gl. bibliografijo o planinah v Avstriji); v nadaljevanju tudi Cevc 1989, 1992, 1995 in A. Novak 1968, 1989, 1992). Nekateri avtorji, predvsem geografi (Jordan 1945; Melik 1950), pa so prednostno rabili izraz „planina”, za opis gospodarske dejavnosti v besedni zvezi „planinsko gospodarstvo“ ali „planinsko pašništvo“ (oz. tudi v ožjem pomenu „planinska paša”).

2.2.5 Angleščina

Ker na osrednjem prostoru angleškega jezika ni visokogorja in zato tam tudi ni planinskega gospodarstva, v angleščini ni ustreznega termina. Običajno se uporabljajo „alpine economy“, „alpine farming“, „alpine dairy farming“, „alpine summer farming“ ali „pastoralism“ (izjema Peattie 1936 AL), kar pa so vse razmeroma splošni izrazi. V tej bibliografiji zato uporabljam besedno zvezo „alpine pasture farming“.

2.2.6 Povzetek

Za planinsko gospodarstvo v alpskem prostoru ni trdnega knjižnega izrazoslovja, temveč se soočamo z znatno izrazoslovno pestrostjo. Pregled naslovov, navedenih v tej bibliografiji, omogoča jasen vpogled v to raznolikost. Zanimivo je poudariti, da je pri izrazoslovju na nemškem govornem območju v ospredju gospodarstvo („Alm/Alpwirtschaft“), na francoskem jezikovnem območju planinsko življenje („vie pastorale“), medtem ko je na italijanskem jezikovnem območju poudarjena kultura („alpicoltura“, pri čemer ima „coltura“ dvojen pomen: „pridelovanje“ in „kultura“). Tako že jezikovna raba ponazarja, da planinsko gospodarstvo na različnih območjih Alp dojemamo nekoliko drugače.

2.3 POGOJI IN ZNAČILNOSTI PLANIN IN PLANINSKEGA GOSPODARSTVA

Alpe imajo kot geološko mlado visokogorje relativno tesne in ozke doline, nad 2000 m pa imajo pogosto široke planote.

Za kmetijstvo geološke značilnosti Alp pomenijo, da so ugodnejša kmetijska zemljišča v relativno toplejših dolinah precej majhna, medtem ko so v višinah na voljo zelo obsežna območja, ki pa jih, mdr. zaradi hladnega podnebja in kratke rastne dobe (Alpe se nahajajo na prehodnem območju med sredozemskim in zmerno toplim podnebnim pasom), ni mogoče rabiti za poljedelstvo, temveč le kot travnike ali pašnike.

Prvotno kmetijstvo alpskega prostora izhaja iz Prednje Azije („Rodovitni polmesec“). Poljedelstvo in živinoreja sta (bila) dokaj enakovredna (s precejšnjimi razlikami v medsebojnem razmerju v posameznih primerih iz dejanske stvarnosti). Ovce, koze in govedo so trije tipi domačih živali, ki so dobro prilagojene paši na gorskih pašnikih (kar ne velja za nekatera druga območja na Zemlji).

Neugodna porazdelitev potencialnih obdelovalnih zemljišč v Alpah in pogoji za kmetijstvo, ki ga je zaznamovalo prednjeazijsko, so vodili do specifične oblike kmetijstva, ki ga je mogoče označiti kot „specifično alpsko“: kmetijska zemljišča v dolini uporabljajo predvsem za poljedelstvo in pridelavo sena (zimske krme za živino), medtem ko više ležeča kmetijska zemljišča poleti uporabljajo predvsem kot pašnike, ki so pogosto razdeljeni v različne višinske stopnje, s čimer kmetijstvo lahko optimalno rabi naravne vire (spomladi in jeseni to dopolnjujeta dve kratki prehodni obdobji paše na območju predplanin med dolino in poletno planino). Pridelek in prireja poletne paše (meso in sir) omogočata kmetom, da skupaj s pridelki poljščin proizvedejo dovolj živil za dolgo zimo. Brez planinskega gospodarstva bi bilo v dolini mnogo manj kmečkih naselij, saj bi za poletno pašo živine potrebovali mnogo več zemljišč, zato bi bilo v alpski dolini lahko le razmeroma malo kmetij.

Na jugu, jugozahodu in jugovzhodu Alp so še posebej obsežne planote, kjer je razmerje med majhnimi obdelovalnimi površinami v dolini in obsežnimi pašniki na planotah pogosto ekstremno. Hkrati so tu še posebej izrazite razlike med izven alpskimi nižinami s suhimi poletji in med vlažnimi višinskimi alpskimi območji. Poleg lokalnega planinskega gospodarstva tu obstaja tudi transhumantno planinsko gospodarstvo, v sklopu katerega se živina poleti pase na gorskih pašnikih, pozimi pa v nižinah izven Alp (dolina Rone, sredozemska obala, Padska in Furlanska nižina). Da bi prispeli od zimskih do poletnih pašnikov, ljudje in živina tu migrirajo na dolge razdalje (prej peš, od začetka 20. stoletja delno z železnico, od konca petdesetih let s tovornjaki).

Če se ozremo po planinskem gospodarstvu z globalnega vidika, lahko ugotovimo, da obstaja le na tistih gorskih območjih, ki jih je znanamoval „prednjeazijski“ model kmetijstva. To se nanaša predvsem na dolga pogorja od Visokega Atlasa in Pirenejev prek Alp, sredozemskih gorovij in Dinarskega gorstva pa tja do Himalaje in poleg tega na sredogorja v Evropi do Skandinavije. V vseh teh gorovjih in hribovjih obstaja ali je obstajalo planinsko gospodarstvo – v vlažnih predelih po severnoalpskem modelu, v suhih predelih transhumantno po južnoalpskem modelu, v zelo sušnih predelih pa v obliki gorskega nomadizma, kjer se tradicionalno večje skupine družin selijo od zimskih do poletnih pašnikov (česar v alpskem prostoru ni). Zato zavzema planinsko gospodarstvo v

Alpah v svetovnem kontekstu pomembno in posebno mesto.

„Alpsko specifičen“ model kmetijstva je namenjen optimalni uporabi naravnih virov različnih višinskih stopenj, z različnimi rastnimi dobami. Sčasoma je nastala izredna raznolikost oblik in struktur

planinskega gospodarsva in celo v samih Alpah je težko najti dve enaki planini (Boesch 1951 AL, str. 206, Furrer 1980 CH, str, 374). Na to raznolikost so pomembno vplivali razlike v okoljskih razmerah, zgodovinski dogodki in procesi, specifične kulturne norme in vrednote, posebne gospodarsko-politične okoliščine in naključja.

Planinsko gospodarstvo smo tradicionalno dolgo razumeli kot „prilagoditev“ kmetijstva gorskemu okolju; ta deterministični poskus razlage pa ni celovit: velika raznolikost oblik planinskega gospodarstva v Alpah pojasnjuje, da pri planinskem gospodarstvu ne gre za eno (naravno) prilagoditev, temveč obstaja veliko zelo različnih rešitev. Zato ni smiselno govoriti o „prilagoditvi", temveč o „kulturnih inovacijah" planinskega gospodarstva pri rabi gorskega prostora.

Ker redna, trajna paša pomembno spremeni vrstno sestavo pašniškega rastlinstva in ker so pašnike v Alpah že zelo zgodaj načrtno povečali s krčenjem gozda, planinski pašniki niso gradnik naravne temveč kulturne pokrajine, čeprav so na prvi pogled videti kot sestavina prvotne naravne pokrajine. S planinskimi pašniki morajo ljudje skrbno gospodariti in jih negovati, da jih ne bi poškodovala prekomerna raba ali da zaradi premajhne rabe ne upade krmna vrednost paše, se ogozdijo oziroma jih preraste grmovje. To zahteva veliko dela in temeljito poznavanje naravnih procesov v gorah. Številni srednjeveški planinski pašni redi dokazujejo, da so se uporabniki planin te pomembne naloge zavedali že zelo zgodaj in so jo uspešno izvajali, saj so pravila preprečevala pretirano ali premajhno rabo. Takšno gospodarjenje s planinskimi pašniki je trajnostno.

2.4 DEFINICIJE

Planine so visoko ležeče pašne površine v gorah nad potencialno naravno gozdno mejo ali na gozdnih krčevinah v njeni bližini, ki se uporabljajo približno od sredine/konca junija do začetka/sredine septembra. O planinskem gospodarstvu govorimo, kadar je oddaljenost od stalno naseljenih kmetij, ki pošiljajo živino v planine, tolikšna, da s pašniki ne gospodarijo iz domačije, temveč je v planini gospodarski obrat iz stavb(e) in osebja, pri tem pa obstajajo tesne povezave med kmečkim(i) gospodarskim(i) obrat(i) v dolini in „njegovo/njihovo" planino. Planine se nahajajo v isti dolini kot kmetije ali nedaleč od razvodja, ki zamejuje dolino s kmetijami (definicija se naslanja na Sieger 1925 AT, str. 2). Transhumantna oblika pašništva ali transhumanca v Alpah pa pomeni, da živali poletje preživijo v planini v Alpah, zime pa na prostem v nižinah izven alpskega območja; pri običajnejši vertikalni transhumanci, za katero je značilna poletna paša na gorskih pašnikih, prihajajo rejci iz vasi na bolj ali manj oddaljenem obrobju Alp, pri inverzni transhumanci pa iz vasi na alpskem območju ob vznožju planinskih pašnikov (definicija se naslanja na Boesch 1951 AL, str. 204).

Medtem ko je poudarek planinskega gospodarstva Nemčije, Avstrije, Švice in Slovenije na tesnih povezavah med dolino in planino, je v Franciji in Italiji prisotna tudi transhumanca (glej Arbos 1922 FR). Za ustrezno in enakovredno opredelitev in razlikovanje obeh oblik pašništva v Alpah sem v bibliografiji v nemškem jeziku prvič uporabil besedni zvezi lokalno planinsko gospodarstvo („lokale Alm-/Alpwirtschaft") in transhumantno planinsko gospodarstvo („transhumante Alm-/Alpwirtschaft"), pri čemer se naslanjam na Blache 1933 AL in Veyret 1951 AL.

Posebna oblika med transhumanco in lokalnim planinskim gospodarstvom je tista, pri kateri živina prezimi v hlevu v kaki alpski vasi, v začetku poletja pa jo čez visok prelaz in markantno razvodje ženejo v sosednjo regijo, kjer preživi poletje, jeseni pa se zopet vrne v vas. Takšen pašni sistem je pogost v zgodaj poseljenih razmeroma toplih alpskih regijah, kjer so se v zgodovini obdelovalna zemljišča hitro širila, zaradi česar je ostalo le malo prostora za pašo. Zato govedo pošljejo na poletno pašo čez razvodje v vršni del sosednje, npr. severnejše doline, kjer je več površin za pašo, ker v teh dolinah dolgo skoraj niso kmetovali (ko pa je stalna poselitev pozneje segla v te stranske doline, je prišlo do sporov z lokalnimi kmeti). To obliko najdemo v Bernskih Alpah (iz Valaisa v doline Bernskega višavja), v masivu Silvretta (iz Prättigaua/Spodnjega Engadina v predarlske in tirolske stranske doline), v Ötztalskih Alpah (iz dolin Schnalstal in Passeiertal v Ötztal), v Zillertalskih Alpah (iz doline Pfitscher (Val di Vizze) in Ahrntala (Valle Aurina) v visoke doline Zillertala) in v Visokih Turah (iz Ahrntala v turske doline , iz Raintala v Arvental in iz Mallnitza/Koroška v gasteinski Naßfeld). Migracije ovac iz doline Schnalstal v Ötztal so najbolj znan primer te oblike pašništva. V nekaterih primerih je ta oblika planinskega gospodarstva prispevala k dejstvu, da današnje politične meje ne potekajo kot običajno po razvodjih in grebenih, temveč od njih odstopajo (glej Hitz 2002 CH/GR, Pappenheim 1948 CH/GR). Sistematična primerjalna predstavitev te oblike planinskega gospodarstva ne obstaja (tozadevne objave sem navedel v stvarnem kazalu pod „Planinsko gospodarstvo, ki presega meje srenjskega ozemlja"). Navadno je ta oblika planinskega gospodarstva označena kot „transhumanca" (Gambicorti 2017 AL, Rachewiltz/Togni/Zipperle 1994 AL), kar ni pravilno, ker živali ne prezimijo izven Alp. To je različica lokalnega planinskega gospodarstva, za katero so značilne le nekoliko daljše poti do poletnih pašnikov kot običajno. Zato sem v opredelitvi lokalnega planinskega gospodarstva zapisal, da planine ležijo „v isti dolini kot kmetije ali nedaleč od razvodja, ki zamejuje dolino s kmetijami."

Poleg teh najpogostejših obstajajo še drugačne oblike planinskega pašništva.

2.5 OBLIKE LASTNINE IN UPRAVLJANJA

Za planinsko gospodarstvo v Alpah je tipično, da oblike lastnine in upravljanja niso identične. Skoraj nepregledno raznolike tradicionalne oblike in strukture je mogoče zelo poenostavljeno povzeti takole (Frödin 1941-42 AL, Weiss 1941 CH/GR, Penz 1978 AT, Francardi et al. 1958 IT/PI):

2.5.1 Oblike lastnine

- *Srenjske (skupne) planine (Gemeindealmen/-alpen, Alpes communales, Alpi pascolive di proprietà comunale):* Planina je last srenje (včasih tudi več srenj ali le njenih posamičnih delov); do paše so teoretično upravičene vse osebe, ki pripadajo srenji, v praksi pa je dejansko pašno upravičen le del pripadnikov srenje.

- *solastniške planine (Genossenschaftsalmen/-alpen, Alpes de société ou syndicales, Alpi pascolive di proprietà consortile):* Planina je skupna lastnina kmetov, organiziranih v zadrugo, konzorcij ali agrarno skupnost (pravna oseba). Člani organizacije imajo pravico do paše v planinah.

- *Zasebne planine (Privatalmen/-alpen, Alpes privés, Alpi pascolive di proprietà privata):* Planina je last ene same kmetije, ki edina gospodari s planino.

- *Služnostne oz. servitutne planine (francoske ali italijanske oznake ni, ker tam ta tip ne obstaja).* Servitutna planina je prvotno pripadala zemljiškemu gospodu (pogosto posvetnemu plemiču, škofiji ali samostanu), ki je svojim kmetom dodelil pravico do paše na tej planini. V 18. ali 19. stoletju so s sekularizacijo cerkvenih gospostev številne servitutne planine pripadle državi. Z zemljiško odvezo so servitutne planine postale del (vele)posesti, ki so nasledile dominikalno zemljo nekdanjih zemljiških gospostev ter delile nadaljnjo zgodovino teh posesti. Kljub tem spremembam imajo potomci nekdanjih podložnikov pravico do uporabe pašnikov v obliki pašne služnosti (pravica do uporabe pašnikov na tuji zemlji, vpisana v zemljiško knjigo), če ta služnostna pravica ni bila odpravljena oziroma če se oblika lastnine nad planino ni spremenila.

2.5.2 Oblike upravljanja in gospodarjenja

- *Posamična organizacija gospodarjenja v srenjski ali solastniški planini:* Vsaka kmečka družina, upravičena do paše, poleti sama skrbi za svojo živino v planini in v lastni (zasebni) stavbi na skupnem zemljišču izdeluje svoj sir. Pri takšni obliki planšarstva nastanejo večja planinska naselja, ki imajo pogosto tudi kapelo.

- *Skupna organizacija gospodarjenja:* Kmečke družine, upravičene do paše, skupaj uporabljajo srenjsko ali solastniško planino in proti plačilu zaposlujejo planinsko osebje, ki skrbi za vso živino. Vse mleko, ki ga namolzejo v planini, skupno predelajo v sir. V takšnih planinah je (navadno) le ena planinska stavba s primernimi pomožnimi objekti.

- *Posamična organizacija gospodarjenja v zasebnih planinah:* Samo v tem primeru sovpadata oblika lastništva in uporabe, tu družinski člani upravljajo planino, ki pripada kmetiji.

- *Zakupne planine:* Kmet (običajno velik kmet ali transhumantni rejec) ali združenje kmetov zakupi planino s pripadajočimi stavbami in jo uporablja za lastno živino (deloma tudi za dodatno živino, ki jo vzame na pašo, t. i. krave najemnice).

Historične oblike lastništva so v drugi polovici 19. stoletja praviloma spremenili v sodobnejše, kar zaradi kompleksnosti povzroča številne pravne spore in kar so v posameznih državah alpskega območja uredili na različne načine.
Šele s korenito modernizacijo kmetijstva in planinskega gospodarstva od sredine šestdesetih let 20. stoletja so tradicionalno rabo planin znatno poenostavili, srenjsko, solastniško oziroma zakupno planinsko gospodarstvo je pogosto nadomestilo posamično organizacijo gospodarjenja. Kljub temu je poznavanje tradicionalnih oblik lastnine in upravljanja še danes nepogrešljivo za ustrezno razumevanje stanja planinskega gospodarstva.

2.6 RAZVOJ PLANINSKEGA GOSPODARSTVA V ALPAH IN NJEGOVO DANAŠNJE STANJE

Domnevamo lahko, da je planinsko gospodarstvo v Alpah nastalo hkrati z začetki tamkajšnjega kmetijstva, od 6.500 pr. n. št. v Zahodnih Alpah in od 5.500 pr. n. št. v Vzhodnih Alpah. V francoskih Alpes-Maritimes najdemo zelo zgodnje namige na planinsko gospodarstvo (40.000 petroglifov v Vallée des Merveilles, v višinah med 2.000 m in 2.800 m, nastalih med 3.300 in 1.800 pr. n. št.; transhumantno planinsko gospodarstvo), trenutno najstarejši arheološki dokazi pa izhajajo iz 2. tisočletja pr. n. št., z območja masiva Silvretta (lokalno planinsko gospodarstvo).

V planinah so se sprva pasle predvsem ovce in koze. Od srednjega veka se je v planinah postopno številčno okrepilo govedo, vključno s kravami (v planinah pa so se pasli tudi konji), vendar govedo šele od 19. stoletja prevladuje na planinskih pašnikih. Šele v 14. ali 15. stoletju se je na švicarskem območju planinsko gospodarstvo spremenilo, saj je namesto dotedanje samooskrbne postalo tržno usmerjena gospodarska dejavnost (prodaja zorjenega, dolgo obstojnega trdega sira na nadregionalne trge). Vendar je ta sprememba le počasi in pozno prodrla v ostale alpske regije.

Izdelava prvih statistik planin v Alpah leta 1864 (ki so v v tej bibliografiji navedene) je bila del projekta za izboljšanje tradicionalnega planinskega gospodarstva. Te izboljšave se nanašajo na stanovanjske razmere planinskega osebja, izgradnjo hlevov za živino, izboljšano oskrbo z vodo za ljudi in živino, boljšo higieno pri predelavi mleka, uporabo in raztros hlevskega gnoja, boljši pašni obhod živine ipd. Šele s temeljito posodobitvijo gorskega kmetijstva od sredine šestdesetih let 20. stoletja pa se je tudi planinsko gospodarstvo korenito spremenilo in poenostavilo. Celotna pridelava gorskega kmetijstva in planinskega gospodarstva je postala predraga in je z vidika gospodarskega liberalizma štela za zastarelo in odvečno, kar je vodilo do močnega upada planinskega gospodarstva, ki je dosegel vrhunec konec sedemdesetih let. Od osemdesetih let so začeli izvajati ukrepe za spodbujanje planinskega gospodarstva s strani držav ter kasneje tudi EGS in EU, tako da si je planinsko gospodarstvo od najnižje točke v letih med 1975 in 1979 nekoliko opomoglo. Vendar pa še danes obstajajo močni gospodarski pritiski, da se pašnih planin sploh ne bi več uporabljalo ali pa da naj se njihova kmetijska raba postopno intenzivira, kar oboje vodi do neželenih okoljskih sprememb. Najnovejši razvoj, ki vključuje ogroženost živali v planinah zaradi širjenja habitata medvedov in predvsem volkov, siceršnja razhajanja med naravovarstvenimi in kmetijskimi pogledi, do katerih mestoma prihaja, vse večji pritisk turizma in prostočasnih športnih dejavnosti na območja planin, postavlja planinskemu gospodarstvu nove izzive. Brez velike zavzetosti planinskega osebja, da kljub vsem težavam še vedno vztraja pri planinskem gospodarstvu, planin danes verjetno ne bi bilo več.

Zaradi ekstenzivne in razmeroma kratkotrajne uporabe pašnikov, težavne dostopnosti in oddaljene lege so se v planinah številni tradicionalni elementi ohranili v večji meri kot v dolini. To se nanaša na tradicionalne oblike gospodarjenja (intenziviranje kmetijstva po zgledu dolin je mogoče v planini izvajati le v omejenem obsegu), skupne oblike kmetijske rabe (različne rabe srenjskih zemljišč), posebne pravne oblike (pravne starožitnosti) in posebne šege (odgon živine, kravji boji, povedke, molitev, razdelitev črede na trope posameznih lastnikov ob povratku v dolino). Te prvine, tesno povezane s planinskim gospodarstvom, temeljijo na skupnih izkušnjah z alpsko naravo, s tradicijo in z vaško skupnostjo. Svoje mesto ohranjajo kljub modernizaciji v dolini in so še danes pomembne za identiteto ljudi. Hkrati ohranjajo znanje in veščine o tem, kako je na alpskem območju mogoče gospodariti okolju prijazno in trajnostno. Glede na vedno večje okoljske in podnebne težave, ki jih sopovzroča sodobno intenzivno kmetijstvo v evropskih ravninah, dobiva ta tradicionalna oblika gospodarstva povsem nov pomen za trajnostno prihodnost.

3. OBJAVE O PLANINAH IN PLANINSKEM GOSPODARSTVU V ALPAH: VREDNOTENJE PO STROKOVNIH PODROČJIH IN DRŽAVAH

3.1 BIBLIOGRAFIJE V RAZISKAVAH ALP

V tradicionalnih raziskavah Alp imajo bibliografije pomembno mesto, saj ne gre le za sezname številnih enot literature, temveč tudi zato, ker so pomemben delovni pripomoček za razmejitev raziskovalnega področja in za pridobitev vpogleda v stanje znanstvenih raziskav na določeno temo.

Klasični primeri so bibliografije raziskav o Walserjih in o vprašanju Južne Tirolske (Louis Carlen: *Walserforschung 1800-1970 – eine Bibliographie,* Visp 1973; Thomas Veiter: *Bibliographie zur Südtirolfrage 1945-1983,* Wien 1984), številni zvezki *Collana di Bibliografie geografiche delle regioni italiane* (Roma 1961–1971) ali štirje zvezki serije RESALP (Lama, Grenoble 1984-1990); iz najnovejšega časa je treba omeniti Petra Haßlacherja, ki je bibliografijo namensko uporabil kot orodje za to, da bi glede aktualnih problemov in konfliktov javno dokumentiral stanje diskusije in stanje raziskav (Peter Hasslacher: *Die Alpenkonvention - eine Dokumentation*; Österreichischer Alpenverein, Innsbruck 2000 in druge bibliografije).

Glede na število in vrsto objav (monografije, zborniki, članki iz revij, brošure), ki so navedeni v tej bibliografiji, je iz nje mogoče razbrati, katere znanstvene discipline so se v katerem obdobju bolj ali manj intenzivno ukvarjale s planinskim gospodarstvom poleg tega že sami naslovi publikacij nakazujejo, katere teme so bile pri tem kje in kdaj v ospredju. Danes pogosto menimo, da so takšne bibliografije, glede na dostopnost informacij na svetovnem spletu, nepotrebne in zastarele; pričujoča bibliografija želi pokazati, da gre za napačno prepričanje in da sistematično sestavljene bibliografije ne more nadomestiti internetno iskanje.

3.2 STATISTIČNI PREGLED OBJAV, VKLJUČENIH V BIBLIOGRAFIJO

Pričujoča bibliografija zajema skupno 2.403 objav okoli 2.000 različnih avtorjev od leta 1859 do 2020, pri čemer je vsaka publikacija dodeljena enemu strokovnemu področju (glej razdelek 3.3; dela v več zvezkih se obravnavajo kot ena publikacija, posamezni naslovi v serijah, kot npr. „Schweizerischer Alpkataster“, pa se štejejo posamično).

Ta številka je tolikšna, da smemo predvidevati, da je ta vzorec objav o planinah in planinskem gospodarstvu v Alpah reprezentativen. Ker je bila ta bibliografija izdelana za celotno alpsko območje na enoten način, je smiselno vse vključene publikacije tudi kvantificirati. Rezultatov sicer ne smemo preinterpretirati, lahko pa pokažejo velikostne rede, ki so blizu dejanski stvarnosti in ki ponujajo vpogled v raziskave planin in planinskega gospodarstva na območju vseh Alp, ki do sedaj še ni bil mogoč.

Objave so v sledečih jezikih (dvo- ali trojezične publikacije so v jezikovni statistiki štete večkrat; glede objav po državah glej tabelo 1):

nemščina:	1 258 publikacij	~ 50 %
italijanščina:	566 publikacij	~ 23 %
francoščina:	488 publikacij	~ 20 %
angleščina:	74 publikacij	~ 3 %
slovenščina:	65 publikacij	~ 2,4 %
retoromanščina:	41 publikacij	~ 1,6 %
Skupaj:	**2 492 publikacij**	**~ 100 %**

2.403 objav (dvo- in večjezični naslovi so šteti samo enkrat) je razdeljenih na naslednja podobmočja:

Celotne Alpe (AL):	120 naslovov	~ 5 %
Bavarske Alpe (DE):	155 naslovov	~ 6 %
Francoske Alpe (FR):	332 naslovov	~ 14 %
Liechtenstein (FL):	19 naslovov	~ 1 %
Italijanske Alpe (IT):	560 naslovov	~ 23 %
Avstrijske Alpe (AT):	415 naslovov	~ 17 %
Švicarske Alpe (CH):	705 naslovov	~ 29 %
Slovenske Alpe (SI):	97 naslovov	~ 4 %
Skupaj:	**2 403 naslovov**	**~ 100 %**

To pomeni, da so švicarske Alpe z določeno prednostjo na prvem mestu, vendar pa so publikacije o planinah in planinskem gospodarstvu v vseh Alpah dokaj dobro porazdeljene po vseh državah.

Ker pa so alpske površine posameznih držav zelo različnih razsežnosti, je to vrednotenje le delno smiselno. Zato objave v drugi fazi povezujem s površino alpskega ozemlja po državah. Pri tem pri zamejitvi Alp sledim Alpski konvenciji, razen v naslednjih primerih: v Nemčiji, na Bavarskem so Alpe razmejene z Bavarskim alpskim načrtom (razširitev alpskega območja na Bavarskem z Alpsko konvencijo zajema ozemlja brez planinskega gospodarstva), v Italiji je območje Langhe v Piemontu izključeno (ni planinskega gospodarstva), v Švici pa so v nasprotju z Alpsko konvencijo vštete predalpske (nekdanje) IHG-regije (opredeljene s švicarskim zakonom za investicije, namenjene spodbujanju razvoja hribovitih območij), saj tam večinoma izvajajo planinsko gospodarstvo.

Rezultat tega je število publikacij na 1.000 km² alpske površine, in sicer:

DE	5.110 km²	= 30 naslovov/1.000 km²
FR	39.850 km²	= 8
FL	160 km²	= 119
IT	51.060 km²	= 11
AT	54.250 km²	= 8
CH	26.700 km²	= 26
SI	6.870 km²	= 14
Skupaj	**184.000 km²**	**= 13 naslovov/1.000 km²**

Medtem ko so obsežne francoske, italijanske in avstrijske Alpe s 8 do 11 naslovi na 1.000 km² razmeroma blizu, izstopajo manj obsežne švicarske Alpe z visokim številom objav o planinskem gospodarstvu (26 naslovov na 1000 km²). Maloobsežne slovenske Alpe so nad alpskim povprečjem. Še več publikacij o planinskem gospodarstvu je za območje bavarskih Alp, poseben primer pa je država Liechtenstein.

Če si v bibliografiji ogledamo porazdelitev 33 regij, na katere je v njej razdeljeno alpsko območje, se pokaže sledeče(glej tabelo 2):

1. mesto:	Liechtenstein	= 119 naslovov/1 000 km²
2. mesto:	Allgäu	= 33
3. mesto:	Osrednja Švica	= 28
4. mesto:	Valais/Wallis	= 26
5 mesto:	Zahodna Švica	= 24
6 mesto:	Graubünden/Grigioni/Grischun	= 21
7. mesto:	Vzhodna Švica	= 21
8. mesto:	Ticino/Tessin	= 20
10 regij ima med 10 in 19 naslovov/1.000 km²: DE/OBB, FR/73, IT/AO, IT/TN, IT/VE, IT/FV, IT/LI, AT/V, CH/BE, SI		
7 regij ima med 6 in 9 naslovov/1.000 km²: FR/05, FR/74, IT/PI, IT/LO, IT/BZ, AT/S, AT/T		
8 regij ima med 1 in 5 naslovov/1.000 km²: FR/04, FR/06, FR/26, FR/38, AT/K, AT/N, AT/O, AT/St		

Allgäu zaseda drugo mesto po Liechtensteinu, medtem ko so švicarske regije na tretjem do osmem mestu. Najmanjše število objav beležimo za francoske južne (FR/04, FR/06 in FR/26) in avstrijske Vzhodne Alpe(AT/N).

Naposled se ozrimo še v kronologijo objav, pri čemer je treba upoštevati, da je sodobne lažje zabeležiti od starejših (glej tabelo 3):

1859 – 1900	= v povprečju	20 naslovov na desetletje
1901 – 1950	= v povprečju	89 naslovov na desetletje
1951 – 2000	= v povprečju	212 naslovov na desetletje
2001 – 2020	= v povprečju	408 naslovov na desetletje

Čeprav zaradi težav pri evidentiranju starejših objav ocene ne gre preinterpretirati, lahko vendar opazimo naraščanje števila publikacij o planinskem gospodarstvu. Ker močno narašča število objav na *vseh* strokovnih področjih, ga ne gre razlagati, ampak razumeti kot pokazatelj, da se zanimanje za planine in planinsko gospodarstvo ohranja.

3.3 VREDNOTENJE OBJAV PO STROKOVNIH PODROČJIH

Čeprav so okoljski, gospodarski, družbeno-kulturni, pravni in drugi vidiki planinskega gospodarstva tesno povezani, imajo različne vede, ki ga raziskujejo, različne pristope in vsebinske poudarke. Zato je objave o planinskem gospodarstvu smiselno razčleniti po strokovnih področjih. Na koncu vsake bibliografske enote je s tričrkovno okrajšavo označeno, kateremu strokovnemu področju pripada. Področna umestitev je določena glede na strokovne kvalifikacije avtorja, vsebino ter siceršnje strokovno področje zbirke ali revije, kjer je objava izšla.

Seveda je področna strokovna razvrstitev pri številnih naslovih težavna (in včasih dvoumna), tako da skupina „Razno", kamor so umeščene tiste objave, ki jih ni mogoče dodeliti nobenemu strokovnemu področju, obsega kar 418 ali 17 % vseh naslovov. Če rezultatov ne vzamemo preveč podrobno, ampak se osredotočimo na velikostni red, ta omogoči vpogled v raziskave o planinskem gospodarstvu.

Objave so v bibliografiji razdeljene na 11 strokovnih področij, pri čemer štirim strokovnim področjem (agronomija, geografija, etnologija, pravo) pripada tri četrtine vseh publikacij (podrobnosti glej v tabeli 4).

3.3.1 Statistike planin (Sta): 69 publikacij ali 3 % vseh naslovov

Sistematično dokumentiranje planinskega gospodarstva se je (pogosto s podporo oblasti) začelo v Švici: župnik Rudolf Schatzmann, pobudnik in ustanovitelj Švicarskega združenja za planinsko gospodarstvo (*Schweizerischer Alpwirtschaftlicher Verein*) (glej Wahlen 1979 CH), je leta 1868 objavil prvo sodobno statistiko planin celotnih Alp (Schatzmann/Wirth 1868 CH) in spodbudil obsežno raziskavo za celotno švicarsko območje, ki je bila objavljena med leti 1891 in 1914 (glej „ Schweizerische Alpstatistik/CH"). Temu zgledu so še pred prvo svetovno vojno sledile Tirolska (severna, vzhodna, južna Tirolska v Avstriji in Južna Tirolska v Italiji), Koroška in Lombardija, po drugi svetovni vojni pa druge, a nikakor ne vse alpske države in regije. V zadnjem času se tudi svetovni splet uporablja za objavo statističnih podatkov o planinah. Vodilno vlogo ima Švica, kjer sta objavljeni dve tretjini vseh statistik o planinah. V strokovnem smislu sodijo statistike o planinah k agronomiji, ker pa gre v trenutnih okoliščinah za posebej pomembna referenčna dela, so – da jih je lažje najti v množici publikacij – prikazana ločeno.

3.3.2 Agronomija (Agr): 565 publikacij ali 24 % vseh naslovov

Hkrati s prvim natančnim dokumentiranjem razmer v planinskem gospodarstvu je njegovo sistematično izboljševanje postalo tema agronomije: Od leta 1870 so na številnih kmetijskih šolah različnih stopenj uvedli tečaje, izpopolnjevanja in usposabljanja o planinskem gospodarstvu, predavatelji pa so objavili prve učbenike o planšarstvu. *Hochschule für Bodenkultur*, danes *Universität für Bodenkultur*, na Dunaju, Visoka šola za kmetijstvo Weihenstephan (danes *Technische Universität München*) in švicarska politehnična visoka šola (danes *Eigenössische Technische Hochschule*) v Zürichu so postale vodilne na nemškem jezikovnem območju, medtem ko je bila ta tema v primerljivih ustanovah v Italiji (fakultetah za kmetijstvo na univerzah v Torinu, Milanu in Vidmu) in v Franciji (na univerzah v Grenoblu, Aixu-Marseillu in v Parizu) manj pomembna.

Cilj agromomije je izboljšati donos planinskega gospodarstva, pri čemer so osrednji dejavniki tla, delo in kapital, analiza pa navadno sledi vsakokratnim agronomskim konceptom. Doslej je največ publikacij o planinskem gospodarstvu izšlo v okviru agronomije – z besedami Nikolausa Grassa, ki še vedno držijo: „Agronomija je doslej najbolj intenzivno raziskovala planinsko gospodarstvo" (Grass 1964 AL, str. 368). Število agronomskih objav na temo bibliografije od leta 2000 še znatno narašča, k čemer so prispevale tudi objave rezultatov dveh večjih raziskovalnih projektov v Švici (AlpFUTUR 2013 CH) in v Avstriji (ALP Austria 2006 AT), ki nimata primerjav na drugih strokovnih področjih. Tudi v pričujoči bibliografiji je največ objav s področja agronomije, in sicer 24 % vseh publikacij; če jim dodamo še statistike planin pa jih je 27 %.

3.3.3 Geografija (Geo): 409 publikacij ali 17 % vseh naslovov

Med leti 1900 in 1910 so se s planinami in planinskim gospodarstvom začeli ukvarjati geografi; v dvajsetih letih so prvič predstavili sistematične analitične koncepte (Arbos

1922 FR, Sieger 1925 AT). Geografi preučujejo planine kot prostorsko-časovni gospodarski sistem v pokrajini (vertikalna razsežnost, ki je v gorah zelo pomembna, sooblikuje kompleksne časovno in prostorsko raznolike sisteme rabe, tudi v samih planinah), pri čemer je pomemben preplet vplivov naravnega okolja in tradicionalnih oblik rabe. Tradicionalna „deželoznanska geografija", pri kateri je bilo ključno součinkovanje naravoslovnih in humanističnih vidikov, je za preučevanje planinskega gospodarstva razvila lastne znanstvenoteoretske koncepte (v Franciji v okviru „genres de vie", v Nemčiji kot „Almgeographie" v okviru agrarne geografije, v Avstriji v okviru geografije podeželja), kar je spodbudilo vrsto sistematičnih geografskih monografij o planinah in planinskem gospodarstvu na ravni držav in regij. Zaradi spremembe tradicionalne, integrativne „deželoznanske geografije" k sodobni, vse bolj specializirani znanosti o prostoru, se od osemdesetih let prejšnjega stoletja zanimanja geografov za planine v vseh alpskih državah zmanjšuje, tradicionalni geografski koncepti in izkušnje pa se postopoma pozabljajo. To je razvidno iz števila objav, ki je doseglo vrh med letoma 1960 in 1989 (v povprečju 45 publikacij na desetletje), od leta 2000 pa se je število publikacij zmanjšalo na 11 naslovov na desetletje.

3.3.4 Narodopisje oziroma etnologija (Vol): 366 publikacij ali 15 % vseh naslovov

Poimenovanja vede se v alpskih državah zelo razlikujejo: v nemško govorečih državah „evropska etnologija", „kulturna antropologija" ali „empirične kulturne študije", v Italiji in Franciji „etnologija", „etnografija" ali „antropologija", na Slovenskem pa „etnologija" (poleg starejšega poimenovanja „narodopisje"), ki se na Slovenskem deloma prekriva s folkloristiko ter (kulturno) antropologijo. Za tradicionalno raziskovalno področje teh ved so planine še posebej pomembne, ker so se tu ohranile tradicije, ki so v alpskih dolinah in na ravninah že davno izumrle; preučevanje planin pomembno prispeva k razumevanju tradicionalnega načina življenja na podeželju, kar je bilo osrednje zanimanje narodopisja. Narodopisne raziskave planin so se s počasno dinamiko začele od leta 1900, šele od leta 1940 so zelo pomembne in so najobsežnejše v Švici (skoraj 40 % vseh narodopisnih publikacij je iz Švice). Tudi narodopisje je razvilo analitično-teoretski aparat za preučevanje planin, vendar so na vsem alpskem območju tovrstne monografije maloštevilne (Weiss 1941 CH/GR, Cevc 1972 SI, Cevc 1992 SI).

Z razvojem narodopisja v vedo o kulturi in družbi se je spremenil tudi raziskovalni fokus, ki je prešel na analizo vsakdanjih pojavov in praks v sodobnih (mdr. urbanih) družbah (kar je razvidno tudi iz preimenovanja vede). Zanimanje za preučevanje planin se od osemdesetih let prejšnjega stoletja znatno zmanjšuje. Izjema je le Italija s seminarjem „Seminario Permanente di Etnografia Alpina/ SPEA" (glej razdelek 3.4.2).

3.3.5 Pravo (Rec): 283 publikacij ali 12 % vseh naslovov

Za področje prava so planine še posebej pomembne, saj so se v planinskem gospodarstvu ohranile številne oblike skupne lastnine in rabe, ki niso združljive z rimskim pravom in omogočajo pomemben (v starejši pravni zgodovini precenjen) vpogled v zgodovino prava v Evropi. Za to skupno lastnino v alpskih jezikih ni knjižnih izrazov (alemanski dialekti: „Allmende"/„Allmeind", bavarski dialekti: „Gemein"/„Gemain"; podobno je v francoščini, italijanščini in slovenščini). Siegl (2017 AL) je – da bi omogočil razpravo na evropski ravni – predlagal izraz „Gemeingüter", medtem ko Head-König et al. 2019 AL za to uporabljajo izraz „commons".

Z nastankom sodobnih držav in s tem povezanimi pravnimi reformami in modernizacijo je bila skupna lastnina v 19. stoletju deloma ukinjena in deloma preoblikovana v sodobne pravne oblike (izjema je le Francija, kjer je bilo to izvedeno že po francoski revoluciji leta 1789, glej Vivier 1998 FR). S tem povezani pravni problemi in spori so od druge polovice 19. stoletja v središču zanimanja pravne znanosti, pri čemer ima planinsko pravo pomembno vlogo. Zato so se pravne raziskave planin začele razvijati zgodaj, vzporedno z agronomskimi, bile so historično usmerjene, značilno je bilo tesno sodelovanje z agrarno zgodovino in narodopisjem. Vrhunec so dosegle kasneje z Grassovo monografijo (1948 AT/T). Pravne raziskave planin in planinskega gospodarstva so še posebej razširjene v Švici, Italiji (ponovna uvedba srenjske oz. skupne lastnine leta 2017) in Avstriji (zlasti na Tirolskem), deloma tudi v Sloveniji, medtem ko jih v Franciji skorajda ni.Od osemdesetih let 20. stoletja se fokus na planine v pravni znanosti izgublja, število pravnih raziskav planin je močno upadlo. Šele s knjigo Elinor Ostrom „Governing the Commons" (Ostrom 1990 AL), ki je leta 2009 prejela Nobelovo nagrado za ekonomijo, je bila tematika ponovno deležna pozornosti. Posledično so v zadnjih dveh desetletjih pravne raziskave planin oživele ter so se pravnikom pridružili tudi zgodovinarji (objave zgodovinarjev o pravnih vprašanjih so uvrščene v ta razdelek bibliografije).

3.3.6 Raziskave stavbarstva (Hau): 57 publikacij ali 2 % vseh naslovov

Ker so se v planinah še globoko v 20. stoletje ohranile razmeroma preproste stavbe, ki mestoma vsebujejo starejše gradbene prvine stavbarstva v dolini, so planinske stavbe že zgodaj pritegnile pozornost laikov in raziskovalcev. Preučevanje stavbarstva je bilo del geografije in narodopisja, vse do notranjih sprememb teh ved v osemdesetih letih 20. stoletja, ko je bilo pogosto opuščeno. Danes se stavbarstvo preučuje predvsem v okviru varstva kulturne dediščine in muzeologije (muzeji na prostem), vendar v manjši meri kot prej.

3.3.7 Jezikoslovje (Spr): 32 publikacij ali dober 1 % vseh naslovov

Ker so imena, izrazi in poimenovanja, v rabi pri planinskem gospodarjenju, navadno narečni, brez knjižnih ustreznic, in ker sta razvoj in etimologija besedišča pomembna (ne le za planšarstvo), jezikoslovne raziskave natančno dokumentirajo in analizirajo besedišče v regionalni in pomenski raznolikosti in podobnostih. V ta namen nastajajo v Švici, Italiji in Sloveniji jezikovni atlasi, ki v kartografski obliki prikazujejo, kje se uporabljajo katere besede in v kakšni obliki. Z usmeritvijo jezikoslovja k preučevanju strukture jezika od osemdesetih let 20. stoletja dalje je zanimanje za planinsko izrazje zamrlo.

Še dve interdisciplinarni raziskovalni polji, ki v pomembni meri raziskujeta planinsko gospodarstvo:

3.3.8 Preučevanje „besed in stvari“ (Wörter und Sachen) (W+S): 18 publikacij ali manj kot 1 % vseh naslovov

Predvsem v tridesetih in štiridesetih letih 20. stoletja so jezikoslovci in narodopisci tesno sodelovali in sistematično preučevali izraze, skupaj z natančnim opisom stvari (besedila, dopolnjena z risbami in/ali fotografijami). Najobsežnejši primer je jezikovni in stvarni atlas Italije in južne Švice (*Sprach- und Sachatlas Italiens und der Südschweiz*, glej Jud 1935 IT), ki obsega tudi planine in planinsko gospodarstvo. Od šestdesetih let so tovrstne raziskave, razširjene predvsem v Švici in Italiji, zamrle.

3.3.9 Pravno narodopisje oziroma etnologija: publikacije so navedene v razdelku narodopisje

Pravno narodopisje združuje narodopisje in pravno zgodovino (mestoma tudi pravno arheologijo in pravno ikonografijo) se je razvilo v 19. stoletju z namenom raziskovanja običajnega prava in pravnih predstav na podlagi šeg, običajev in slovstvenih virov (povedke, pravljice). Planinsko gospodarstvo s kompleksnimi tradicionalnimi pravnimi razmerji je že dolgo pomembna tema (glej Carlen 1978-2007 AL); zanimanje za planine je znotraj te znanstvene usmeritve močno upadlo od osemdesetih let 20. stoletja.

3.3.10 Bibliografije (Bib): 7 publikacij

Bibliografija vsebuje le sedem bibliografij na temo planin in planinskega gospodarstva v Alpah: Anderegg 1894 CH, Haushofer-Hartschimmelhof/Riedmüller 1954 DE, Hofmeister 1961 AL, Senegačnik 1986 SI, Masina et al. 2002 IT/TN, AA.VV. 2005 IT/TN, ALP Austria Nanašajo se na ožje tematike.

3.3.11 Razno (Div): 418 publikacij ali 17 % vseh naslovov

Razdelek obsega objave, ki jih zaradi tematske širine ni moč razvrstiti na eno samo strokovno področje, kar je pogosto pri zbornikih in pri monografijah o posameznih planinah, ki so tematsko pogosto zasnovani zelo široko. V ta razdelek so umeščene tudi domoznanske publikacije, ki se običajno nanašajo na številna strokovna področja (še posebej številne so v retoromanščini). Sem so umeščene tudi publikacije, katerih fokus ne ustreza nobenemu navedenemu strokovnemu področju (npr. objave zgodovinarjev, ki obravnavajo aktualno planinsko problematiko, ter tiste, ki jih glede na avtorja ali naslov ni mogoče pripisati nobenemu strokovnemu področju.

3.3.12 Poljudne objave (Pop): 179 publikacij ali 7 % vseh naslovov

To so pohodniški vodniki po planinah in sirarskih poteh, poročila o življenju in delu v planini prek pašne sezone, poljudne predstavitve posamičnih planin in fotografske monografije. V bibliografijo so tovrstna dela vključena le, če so vsebine relevantne in/ali so jih objavila planšarska združenja. Gre večinoma za novejše publikacije (86 % jih je izšlo po letu 1990) in odražajojavno zanimanje za planine in planinsko gospodarstvo, ki od leta 1990 narašča.

Sinteza – integrativno raziskovanje planin in planinskega gospodarstva: Agronomske, geografske, narodopisne in pravne analize planin in planinskega gospodarstva se v nekaterih vidikih prekrivajo, vendar ima vsaka veda lastne cilje in teoretsko-analitične koncepte. Integrativno preučevanje, ki bi sistematično združevalo vse štiri discipline, se ni razvilo. Najbližje mu je sodelovanje pravnika (Nikolaus Grass), geografa (Hans Kinzl) in narodopisca (Hermann Wopfner) v štiridesetih, petdesetih in šestdesetih letih prejšnjega stoletja v Innsbrucku, vendar niso pripravili celovite interdisciplinarne predstavitve.

- Glede na različne disciplinarne tradicije in razvoje je razumljivo, da je empirični vsealpski pregled planin in planinskega gospodarstva zelo velik izziv. V obdobju, ki ga pokriva naša bibliografija, smo priobčili le dva in pol poskusa, vsi v nemščini: Švedski geograf John Frödin je med 1940 in 1941 objavil monografijo "Zentraleuropas Alpwirtschaft" (*Planine in planinsko gospodarstvo v Srednji Evropi*) v dveh delih, ki je prvič zajela celotne Alpe in – na podlagi dela Philippa Arbosa – razdelala sisteme planinskega gospodarstva (Frödin 1940-41 AL).

- Leta 1962 je Karl Ruppert (München) organiziral konferenco o "geografiji planin" (Hartke/Ruppert 1964 AL), na kateri je šest strokovnjakov zelo dobrih poznavalcev iz šestih alpskih držav predstavilo mestoma primerljive referate o planinah in planinskem gospodarstvu v njihovih državah, žal pa na tej podlagi niso objavili sinteze.

- Nedavno je bavarski biolog Alfred Ringler, ki je tesno sodeluje z agronomi in okoljevarstveniki, objavil obsežno vsealpsko monografijo „Almen und Alpen – Höhenkulturlandschaft der Alpen" (*Planine – gorska kulturna pokrajina Alp,* Ringler 2009 AL), ki obsega podrobne empirične analize okoljskih vidikov.

Napravljeni so bili pomembni koraki, še vedno pa so tudi velike vrzeli v vsealpskem pogledu na planine in planinsko gospodarstvo.

Trenutno stanje: Na področju geografije, etnologije, preučevanja stavbarstva in jezikoslovja so bile planine in planinsko gospodarstvo pomembna tema od začetka 20. stoletja do osemdesetih let. Po tem jim ni bilo namenjene več toliko pozornosti. Razlog ni v planinah in planinskem gospodarstvu, temveč v dejstvu, da je v naštetih disciplinah – tako kot še v nekaterih drugih humanističnih disciplinah – preučevanje podeželskega načina življenja nadomešča preučevanje sodobnih urbanih načinov življenja, poleg tega prihaja do ozke strokovne specializacije. Primerljivo je od leta 1980 manj raziskovalne pozornosti namenjene pravnemu preučevanju planinskega gospodarstva, ki pa je od prvega desetletja 21. stoletja vnovič pridobilo na pomenu z razpravo o „skupnem" (*commons*). Samo v agronomiji ima razprava o planinskem gospodarstvu konstantno pomembno vlogo, kar je povezano z dejstvom, da je raziskovanje planin do neke mere pomembno za kmetijsko gospodarstvo alpskih držav in regij ter je topogledno visokošolsko usposabljanje nepogrešljivo.

Trenutno prevladujejo agronomske raziskave planin, razširjene in poglobljene z ekološkimi vprašanji. To je po mojem mnenju še posebej očitno v dveh velikih raziskovalnih projektih – ALP Austria (AT) in AlpFUTUR (CH). To pa pomeni tudi vsebinsko zoženje in s pričujočo bibliografijo želim pokazati, da ne gre pozabiti na raziskovalne prakse in izsledke na področju geografije, etnologije, prava, preučevanja stavbarstva in jezikoslovja.

3.4 VREDNOTENJE OBJAV PO DRŽAVAH

Analiza objav v bibliografiji kaže, da se obseg, fokus in raziskovalne tradicije med posameznimi alpskimi državami razlikujejo (glej tabelo 4).

3.4.1 Švica

Po številu objav o planinah in planinskem gospodarstvu je Švica na prvem mestu med alpskimi državami (705 objav ali 29 % vseh publikacij v bibliografiji).

Zgodnje podrobno beleženje razmer v planinskem gospodarstvu je pomenilo, da se je švicarska agronomija že razmeroma zgodaj pričela ukvarjati s planinskim gospodarstvom. Kmalu so bile izdane celovite predstavitve, ki so bile vse do prve svetovne vojne vodilne na celotnem alpskem območju. Še danes ima preučevanje planšarstva pomembno mesto v švicarski agronomiji (17 % vseh publikacij v Švici), kar je poudaril tudi veliki raziskovalni projekt AlpFUTUR (2009–2013).

Kljub zgodnjim in podrobnim statistikam planin se v švicarski geografiji niso oblikovali niti zametki „geografije planin“. Čeprav obstaja veliko razprav o planinah (9 % vseh publikacij v Švici je s področja geografije), niso zasnovali posebnih analitičnih konceptov, prav tako ni geografskih monografij o planinah, značilnih za večino drugih držav.

Namesto tega se v Švici s planinskim gospodarstvom posebej intenzivno in podrobno ukvarja narodopisje (21 % vseh publikacij v Švici je narodopisnih, še posebej mnogo jih je iz Valaisa/Wallisa). Za celotno območje kantona Graubünden/Grigioni/Grischun je skoraj edino narodopisno monografijo o planinskem gospodarstvu v celotnih Alpah spisal Richard Weiss (Weiss 1941 CH/GR). Z narodopisnimi raziskavami na alpskem območju, ki vedno znova obravnavajo tudi planšarstvo, je nadaljeval njegov učenec Arnold Niederer (Niederer 1980 AL). Z razvojem narodopisja v „evropsko etnologijo“ pa se s tovrstnimi raziskavami ne nadaljuje.

Zaradi posebnih političnih razmer v Švici in izrazitega federalizma imajo pravne raziskave o planinskem gospodarstvu in srenjski oziroma skupni lastnini posebno mesto (12 % vseh publikacij v Švici je povezanih s pravnimi vprašanji, kratek pregled ponuja Head-König 2020), pri čemer je še posebej izrazita vsealpska perspektiva.

V preučevanju stavbarstva, jezikoslovju, preučevanju „besed in stvari“ in pravnem narodopisju ima Švica vodilni položaj v Alpah, četudi te publikacije niso posebej številne v primerjavi z drugimi disciplinami.

Skratka, za raziskovanje planin v Švici je značilna tako številčnost kot tudi strokovna širina objav.

3.4.2 Italija

Planine in planinsko gospodarstvo v italijanskih Alpah obravnava 560 objav (= 23 % vseh), kar umešča Italijo na drugo mesto med alpskimi državami.

Čeprav zavzemajo italijanske Alpe zelo velik del celotnega alpskega območja in se v njih nahaja zelo veliko planin, manjkajo podrobne analize o stanju planinskega gospodarstva za italijanske Alpe kot celoto. Obstaja pa veliko regionalnih in lokalnih del z različnih strokovnih področij, ki pa običajno med seboj niso neposredno primerljiva.

Objave o planinskem gospodarstvu s področja agronomije imajo v Italiji pomembno vlogo (predstavljajo 26 % vseh publikacij) in od leta 2000 dalje njihovo število hitro narašča. Avtorji, kot sta Luca Battaglini ali Michele Corti, v zadnjih dveh desetletjih izstopajo po številu del, kar je izjemno tudi v vsealpskem kontekstu.

Geografske raziskave so se do tridesetih let osredotočale na planinsko stavbarstvo, skladno s pomembnim mestom preučevanja stavbarstva v italijanski geografiji. Ne obstaja niti splošna geografska predstavitev planin in planinskega gospodarstva za celotne italijanske Alpe niti za posamezne regije. Delo Roberta Pracchija je do danes najobsežnejša tradicionalna geografska predstavitev planinskega gospodarstva italijanskih Alp (Pracchi 1943 IT), dasiravno gre le za (z gradivom bogat) članek. Tudi v Italiji se je število geografskih publikacij o planinah in planinskem gospodarstvu po letu 1990 znatno zmanjšalo. Na splošno predstavljajo geografske objave 14 % vseh italijanskih publikacij na obravnavane teme.

Narodopisje, antropologija in etnologija, so se s tematiko planin in planinskega gospodarstva začeli ukvarjati razmeroma pozno (šele po drugi svetovni vojni). Od leta 1980 število del narašča, predvsem zaradi del Piera Paola Viazza (glej zlasti njegov sintetični članek Viazzo 2004 AL). V to strokovno področje sodi 17 % vseh italijanskih publikacij v bibliografiji, kar je drugo mesto, za agronomijo.

S seminarjem o alpski etnografiji („Seminario Permanente di Etnografia Alpina/SPEA“) je antropologija oblikovala znanstveno platformo, v okviru katere se je večkrat tematiziralo tudi planinsko gospodarstvo (poročila so objavljena v letopisu muzeja „Museo degli Usi e Costumi della Gente Trentina“ (Annali di San Michele), doslej je izšlo 13 zvezkov med leti 1993 in 2014).

Pravo se je pozno pričelo ukvarjati s planinskim gospodarstvom (šele od leta 1950), vendar zavzema pomebno mesto (16 % vseh objav v Italiji). Še posebej močan razcvet zaznavamo v zadnjih dveh desetletjih; povezan je s skupnim srenjskim lastništvom, ki je bilo odpravljeno v obdobju fašizma in vnovič uvedeno z nacionalnim zakonom leta 2017, ter s posledičnimi vsebinsko širokimi in raznolikimi razpravami (glej Marinelli/Politi 2017 + 2019 IT, Rosati 2019 IT) in novimi ustanovami (npr. Archivio Scialoja-Bolla, glej začetek IT bibliografije).

V Italiji so prisotni tudi raziskave stavbarstva, jezikoslovne študije in preučevanje „besed in stvari"; iz vsealpske perspektive so na teh področjih na drugem mestu za Švico.

3.4.3 Avstrija

Planine in planinsko gospodarstvo v avstrijskih Alpah so obravnavani v 415 objavah (= 17 % vseh), kar Avstrijo umešča na tretje mesto med alpskimi državami.

Universität für Bodenkultur na Dunaju ter učno in raziskovalno središče za planinsko gospodarstvo na Štajerskem sta že zgodaj obravnavala planšarstvo v okvir agronomije. S temo se intenzivno ukvarjajo še danes, pri čemer je projekt ALP Austria vrhunec tovrstnih raziskovalnih prizadevanj. Na področje agronomije sodi 25 % vseh avstrijskih objav bibliografije.

Geograf Robert Sieger je že zgodaj začel z geografijo planin (*Almgeographie*) (Sieger 1907 AL), ki jo je v nadaljevanju razvil v okviru graške šole geografije planin (*Grazer Schule der Almgeographie*) (Sieger 1925 AT). Nekoliko kasneje je v Innsbrucku nastala tamkajšnja šola geografije planin (*Innsbrucker alm-geographische Schule*), ki jo je ustanovil Hans Kinzl (glej Kinzl 1945 AT/T); v sedemdesetih letih sta bili objavljeni dve obsežni geografski monografiji o planinskem gospodarstvu v vseh avstrijskih Alpah (Zwittkovits 1974 AT in Penz 1978 AT). Tudi na ravni zveznih dežel je imela geografija planin v tem obdobju pomembno vlogo (zlasti na Salzburškem, Tirolskem in Predarlskem). V pregledu raziskovalnih smeri avstrijske geografije iz leta 1975 je Elisabeth Lichtenberger izrecno opredelila geografijo planin kot del geografije podeželja (Lichtenberger 1975 AT; v nadaljnjem članku, ki obravnava čas med 1975 in 1986, ta ni več navedena kot samostojno (pod)področje vede). Od osemdesetih let dalje je tudi v Avstriji geografija planin izgubila na pomenu in število objav je opazno upadlo. Geografske publikacije o planinah in planinskem gospodarstvu zavzemajo vidno mesto in so s 27 % vseh objav na prvem mestu v Avstriji.

Maloštevilnost narodopisnih objav o planinskem gospodarstvuv Avstriji (le 6 % publikacij) odtehtajo temeljite objave innsbruškega zgodovinarja in narodopisca Hermanna Wopfnerja, ki je obravnaval tirolske planine in planinsko gospodarstvo (Wopfner 1942 AT/T).

Pravne publikacije o planšarstvu v avstrijskih Alpah imajo pomembno mesto (12 % vseh publikacij), in sicer velja posebej poudariti innsbruško pravnozgodovinsko šolo preučevanja planinskega gospodarstva (*rechtshistorische Schule der Almwirtschaft*), ki jo je utemeljil pravni in kulturni zgodovinar Nikolaus Grass in spoznanja objavil v edini monografiji, ki planinsko gospodarstvo obravnava s pravnega vidika (Grass 1948 AT/T). In prav Tirolska je trenutno v širšem alpskem kontekstu tista regija, kjer potekajo izstopajoče obsežni spori glede skupne lastnine, in sicer glede lastništva agrarnih skupnosti (glej Keller 2011 AT/T).

Zaradi tesnega sodelovanja med Hansom Kinzlom (geograf), Hermannom Wopfnerjem (narodopisec) in Nikolausom Grassom (pravnik) na innsbruški univerzi je bil Innsbruck med štiridesetimi in šestdesetimi leti 20. stoletja najpomembnejše središče raziskav planin v Alpah (glej Klein-Bruckschwaiger 1967 AT/T).

3.4.4 Francija

Planine in planinsko gospodarstvo v francoskih Alpah obravnava 332 objav (= 14 % vseh), kar umešča Francijo na četrto mesto med alpskimi državami.

Planinsko gospodarstvo je imelo v francoskih agronomskih raziskavah dolgo le obrobno mesto. Od petdesetih let 20. stoletja dalje pa je – skupaj s številnimi novimi raziskovalnimi institucijami, ki jih je država ciljno ustanovila v Alpah – postalo pomembna tematika, zato zasedajo agronomske objave o planinskem gospodarstvu prvo mesto v Franciji (32 % vseh francoskih publikacij).

Kot del *Institut de Géographie Alpine*, ustanovljenega leta 1907 v Grenoblu, se je razvila „*géographie alpine*" (geografija

Alp), v okviru katere je Philippe Arbos že zelo zgodaj priobčil sistematično analizo planinskega gospodarstva (Arbos 1922 FR). Ta je temeljila na konceptu *„genres de vie"* (način življenja) geografa Paula Vidala de La Blachea, ki je tedaj zaznamoval francosko humano geografijo. Tako je Arbos uvedel t. i. „genres de vie pastorale" (pastirski način življenja), ki je povezal zelo različne vidike planinskega gospodarstva. Koncept sta nadalje razvila François Rey (Rey 1930 FR/74) in Paul Veyret (Veyret 1951 AL). Francoske geografske raziskave planin je zaznamoval do osemdesetih let. Geografske objave o planinah obsegajo skupaj 25 % vseh francoskih publikacij bibliografije.

Čeprav je Arnold Van Gennep, eden najbolj znanih francoskih etnologov, raziskoval tudi v Alpah (Van Gennep 1916 FR/73, 1932 FR, 1946 FR/05) so etnološke raziskave planin in planinskega gospodarstva razmeroma maloobsežne (12 % francoskih publikacij). Zlasti je presenetljivo, da dolgo ni bilo nikakršnega sodelovanja etnologov z geografi, ki je bilo v drugih alpskih državah pomembno.

Preučevanje pravnih vidikov planinskega gospodarstva v Franciji komajda obstaja (5 % publikacij), ker je bila skupna oziroma srenjska lastnina ukinjena že po francoski revoluciji, torej je bil ta proces zaključen dolgo pred začetnim datumom pričujoče bibliografije (glej Vivier 1998 FR). Šele aktualne razprave, ki sledijo delu Elinor Ostrom tudi v Franciji vodijo do tozadevnih objav.

3.4.5 Nemčija

Planine in planinsko gospodarstvo v bavarskih Alpah obravnava 155 objav (= 6 % vseh), kar umešča Nemčijo na peto mesto med alpskimi državami.

Agronomske raziskave planin, ki so jih že zgodaj izvajali na *Hochschule Weihenstephan*, so še danes zelo pomembne za bavarske Alpe (39 % vseh publikacij, kar pomeni prvo mesto v Nemčiji).

„Geografija planin" pa se je v nemški geografiji razvila razmeroma pozno. Geografu Carlu Trollu je bila objava monografije Johna Frödina (Frödin 1940–1941 AL) priložnost za znanstvenoteoretski premislek o zasnovi „geografije planin" (Troll 1944 AL) v okviru nemškega razumevanja „deželoznanstva" („Länderkunde") kot dela agrarne geografije. Karl Ruppert (München) je to osrednjo idejo v šestdesetih in sedemdesetih letih vključil v „münchensko socialnogeografsko šolo" (*Müchner Schule der Sozialgeographie*) (Ruppert 1964 DE; najobsežnejše tovrstno delo s področja geografije planin Penz 1978 AT). Z razpadom tradicionalne „deželoznanske geografije" (*Geographie der Länderkunde*) po srečanju geografov v Kielu leta 1969 se je zdelo, da je geografija planin v Nemčiji zastarela, vendar se je vnovič razcvetela med letoma 1975 in 1990 v delih humanih geografov, kot del „primerjalne geografije visokogorja" (Uhlig/Haffner 1984/AL, Grötzbach 1980/AL). Zatem je imela geografija planin v Nemčiji le še obrobno mesto. V Nemčiji je v okviru geografije nastalo skupaj 10 % vseh v tej bibliografiji navedenih objav na temo planin in planinskega gospodarstva.

Narodopisna dela o planšarstvu so izjemno redka, obsegajo le 3 % objav.

Pravna dela o planinah in planinskem gospodarstvu so začeli objavljati razmeroma zgodaj in jih pišejo kontinuirano do danes; skupaj obsegajo 11 % vseh nemških objav o planinah in planinskem gospodarstvu.

3.4.6 Slovenija

Planine in planinsko gospodarstvo v slovenskih Alpah obravnava 97 publikacij (4 % vseh), od tega skoraj dve tretjini v slovenskem jeziku. Slovenija je tako na šestem mestu med alpskimi državami, ampak iz številk je razvidno, da raziskovanja planin v Sloveniji ne gre zanemariti.

Znanstveno raziskovanje planin na Slovenskem se je najprej, v prvi polovici in sredini 20. stoletja, razvilo v agronomiji (Spiller-Muys 1926 SI, Marsano 1932 SI; le 7 % vseh objav o planinah v slovenskih Alpah je s tega področja) in geografiji (Ilešič 1931 AT, Jordan 1945 SI, Fajgelj 1953 SI, sploh pa eden vodilnih slovenskih geografov tega časa – Anton Melik, čigar delo o planinah v Julijskih Alpah je edina tedanja geografska monografija o planinah na Slovenskem, Melik 1950 SI). Delo teh avtorjev je že bilo pod vplivom trendov mednarodnih raziskav o planinah v Alpah. Prvo (kratko) monografijo o planinah na celotnem alpskem območju Slovenije je (v nemščini) objavil Metod Vojvoda, ki je bil v tesnih stikih z münchensko socialnogeografsko šolo Karla Rupperta (Vojvoda 1969 SI); poudarek tega dela je na socialno- in gospodarskogeografskih temah, in sicer predvsem v obdobju po drugi svetovni vojni, kar omogoča primerjave s starejšimi obsežnejšimi regionalnimi študijami. V osemdesetih in devetdesetih letih 20. stoletja je bilo geografsko raziskovanje prednostno usmerjeno v gospodarjenje in preobrazbo planin (Senegačnik 1989 in 1999 SI; Vojvoda in Senegačnik 1984 SI). Spreminjanje funkcij in razvoj planin v 19. in 20. stoletju je v sklopu podrobne raziskave sprememb rabe tal obravnaval Franci Petek (Petek 2005 SI), ki je ugotavljal ključne dejavnike teh sprememb. Statistični podatki in terenski popisi v geografskih študijah od vključno sredine 20. stoletja nadomeščajo pomanjkanje siceršnjih planinskih statistik. 25 % vseh objav o planinah v slovenskih Alpah v tej bibliografiji je geografskih.

Zanimanje za preučevanje planin in planinskega gospodarstva v etnoloških raziskavah se je porodilo okviru mednarodne skupine za raziskave kulture v Vzhodnih Alpah Alpes Orientales, ki je nastala leta 1956 na pobudo Inštituta za slovensko narodopisje SAZU (ISN) in redno organizirala interdisciplinarna znanstvena srečanja, da bi primerjalno raziskali etnološko raznoliko, a zgodovinsko, geografsko in kulturno povezano vzhodnoalpsko območje (Novak 1961 SI, Cevc 1969 SI); šesto srečanje je bilo v celoti posvečeno "pastirski kulturi" (Cevc 1972 SI, Matičetov 1972 SI). Sodelavec ISN, Tone Cevc, je v nadaljevanju sistematično preučeval življenje in delo v planinah, na območju Velike planine in Bohinja (Cevc 1972 in 1992 SI). Raziskovalna prizadevanja je posvetil predvsem razvoju in tipologiji planinskih stanov (Cevc 1995 SI). V zadnjih letih se preučevanju planinskega življenja posveča Špela Ledinek Lozej (Ledinek Lozej 2013 in 2016 SI). Sočasno so se preučevanju planin ter planinskega življenja in gospodarjenja posvečali v Gorenjskem in Goriškem muzeju (Novak 1968 in 1989 SI, Križnar 1974 in 1984 SI), v zadnjem času pa tudi v Tolminskem (Grego/Mlinar 2019 SI) in Gornjesavskem muzeju. S 35 % vseh objav te bibliografije je etnologija na Slovenskem najbolj dejavna veda na področju raziskovanja planin in planinskega gospodarstva.

Starejšo zgodovino planin raziskujejo arheologi, paleoekologi in zgodovinarji. Ravno arheologi in paleoekologi se v zadnjih desetletjih poleg etnologov najbolj intenzivno ukvarjajo z raziskavami planin na Slovenskem.

3.4.7 Mednarodna raven

Antropologi iz ZDA so večkrat – še posebej pogosto v sedemdesetih letih prejšnjega stoletja – izvajali terenske raziskavev Alpah, pri katerih imajo planine, planinsko gospodarstvo in skupna lastnina pomembno mesto. Delo se vedno osredotoča na izbrane študije primerov. Ameriški raziskovalci si postavljajo povsem drugačna vprašanja in uporabljajo drugačne metode dela kot njihovi evropski kolegi (glej Niederer 1983/CH). Ker so njihovi rezultati objavljeni pri priznanih znanstvenih založbah in revijah v ZDA, postaja alpsko planinsko gospodarstvo z njihovimi deli poznano po vsem svetu – v nasprotju z objavami iz alpskih držav, ki so izven Alp običajno malo opažene (glej ključno besedo „Antropologi iz ZDA " v stvarnem kazalu). Najbolj poznan je Robert McC. Netting, ki je v sedemdesetih letih izvedel terensko raziskavo v švicarskem Valaisu/Wallisu (Netting 1981 CH/VS). Njegove izsledke je kasneje uporabila in navajala Elinor Ostrom v knjigi *Governing the Commons* (Upravljanje skupnega) (Ostrom 1990), kar postavlja alpsko planinsko gospodarstvo na pomembno mesto v svetovnih razpravah o pomenu skupne lastnine.

3.5 ŠEST RAZLIČNIH SKLOPOV RAZPRAV NA ALPSKEM OBMOČJU

Čeprav so razprave o planinah in planinskem gospodarstvu v vsaki državi specifične, zavezane lastnim poudarkom in tradicijam, bi bilo še vedno moč razviti vsealpsko razpravo. Žal je ta slabo razvita iz sledečih razlogov:

Prvič, skorajda ni empiričnih in primerjalnih raziskav planin in planinskega gospodarstva za celotno alpsko območje (glej razdelek 3.3.13).

Drugič, najpomembnejša dela o planinah in planinskem gospodarstvu se nikoli ne prevaja v druge jezike in jih zato znotraj širšega alpskega območja številni ne morejo upoštevati. Štirijezična Švica bi dejansko lahko najlažje jezikovno posredovala, vendar se večjezične švicarske publikacije nanašajo izključno na švicarske razmere in se ne ozirajo onkraj švicarskih meja; celo osrednji izrazi, ki se uporabljajo v planinskem gospodarjenju, imajo švicarske posebnosti (glej razdelek 2.2b + c). Tudi prevoda Trientla (1870 AT) in Wilhelma (1868 AT) v italijanščino in slovenščino nista sad vsealpske razprave, temveč večjezičnosti Habsburške monarhije. Že nekaj časa sledimo čezmejnim, pogosto večjezičnim, publikacijam (npr. Mayer et al. 2020 DE/OBB, Woolf/Viazzo 2002 IT/AO, APT 2001 IT/FV, Chiopros 2014 IT/FV, Koroschitz 2010 AT/K), vendar so ti rezultati čezmejnega regionalnega sodelovanja; dasiravno so dobrodošle, pa niso odraz širše mednarodne nadregionalne razprave.

Tretjič, zaradi velikih težav in visokih stroškov, povezanih z večjezičnostjo na alpskem območju, vsealpske politične razprave že nekaj časa vse pogosteje potekajo v angleškem jeziku. To je še posebej težko pri obravnavi tem o planinah in planinskem gospodarstvu (glej razdelke 1.5, 2.1, 2.2), zato se lahko vprašamo, kakšno vlogo ima danes angleščina na tem področju. Odgovor je jasen: angleščina ima v razpravah o planinah in planinskem gospodarstvu v Alpah le obrobno vlogo – le 3 % vseh objav je v angleščini, celo v zadnjih dveh desetletjih le 5 %. Ugotavljamo, da slovenski avtorji angleščino uporabljajo najpogosteje (slovenščino razume le peščica ljudi v Alpah in v Evropi), sledijo jim švicarski avtorji (v švicarskem znanstvenem sistemu ima angleščina posebej visoko mesto), medtem ko v ostalih alpskih državah angleščino v objavah o planinah in planinskem gospodarstvu komajda uporabljajo. Poleg tega so objave v angleščini v večini primerov rezultat visoko specializiranih raziskav na posamične teme, tako da je angleščina komajda pomembna v vsealpski razpravi o planinah.

Četrtič, vse zajete sintezne monografije posameznih držav in regij se osredotočajo izključno na svoje ozemlje in ne gledajo prek meja v „tuje“ alpske regije. To pomeni, da manjka podlaga za dolgoročno vsealpsko razpravo, in sicer premišljena umestitev lokalnega/regionalnega planinskega gospodarstva v vsealpski kontekst.

Te štiri točke jasno kažejo, da je vsealpska razprava o planinskem gospodarstvu šele na začetku. To ne velja samo za posamezna jezikovna območja (nemško, francosko, italijansko in slovensko), med katerimi skoraj ni nobene izmenjave, ločevalni učinek imajo pri tem tudi državne meje. To velja npr. za francosko govoreča alpska območja v Franciji, v dolini Aoste v Italiji in v Švici, italijansko govoreča planinska območja v Italiji in Švici, nemška območja planin v Nemčiji, Avstriji, Liechtensteinu, Južni Tirolski (Italija) in Švici ali slovenska ozemlja v Sloveniji, Avstriji in Italiji, ki kljub rednim in institucionaliziranim izmenjavam informacij (glej Zeller 1968 + 1994 AL), skoraj ne premorejo skupne diskusije o planinah in planinskem gospodarstvu.

Zato ugotavljamo, da obstaja na alpskem območju šest različnih geografskih kontekstov razprav o planinah in planinskem gospodarstvu, izmed katerih so slovenske razprave še najbolj odprte navzven (do avstrijskih in italijanskih):

- bavarske (nemške) Alpe
- avstrijske Alpe (z Južno Tirolsko)
- švicarske Alpe
- francoske Alpe
- italijanske Alpe (brez Južne Tirolske)
- slovenske Alpe

Namen pričujoče bibliografije je torej tudi izboljšati medsebojno poznavanje planin in planinskega gospodarstva v celotnem alpskem prostoru ter okrepiti vsealpsko sodelovanje.

4. POJASNILA ZA UPORABO BIBLIOGRAFIJE

4.1 VSEBINA BIBLIOGRAFIJE (POVZETEK UVODA 1.3)

Objave o planinah in planinskem gospodarstvu v pravem pomenu besede, to je o oblikah rabe planin, gospodarskih strukturah, oblikah lastništva in pravni ureditvi, šegah in navadah pa tudi o stavbarstvu in poimenovanju. Začetek: 1859, konec: 31. 12. 2020.

To je pomenilo izključitev sledečih tem:

- Nobenih publikacij o okoljskih razmerah, zdravju živine in o naravoslovnih analizah kakovosti planšarskih proizvodov.
- Nobenih monografij o kmetijstvu in o posameznih skupnostih, dolinah ali regijah.
- Nobenih publikacij o senožetnih planinah („*Maiensäße*“) in o gozdovih na območju planin.
- Nobenih izključno zgodovinskih objav (stanje planinskega gospodarstva pred letom 1860).
- Nobenih publikacij o praktičnem izboljšanju upravljanja vključno z izboljšavami dostopnosti s potmi, cestami in žičnicami.
- Nobenih poročil o rezultatih projektov za spodbujanje planinskega gospodarstva.
- Nobenih izključno turističnih izletniških in pohodniških vodnikov, kuharskih knjig, pripovednih in literarnih opisov življenja v planini.
- Nobenih arhivskih dokumentov.

4.2 FORMALNA MERILA ZA IZKLJUČITEV

- Nobenih univerzitetnih seminarskih nalog, pisnih vaj in izpitnih nalog.
- Nobenih internih poročil državnih kmetijskih uradov in kmetijskih (tj. tudi planinskogospodarskih) organizacij.
- Nobenih publikacij z manj kot desetimi tiskanimi stranmi.

4.3 RAZČLENITEV IN PODČLENITVE

Na začetku so objave, ki zadevajo celotno alpsko območje. Sledijo publikacije, ki obravnavajo položaj planinskega gospodarstva v sedmih alpskih državah , pri čemer so razvrščene po abecednem vrstnem redu imen v nemškem jeziku: Nemčija (DE), Francija (FR), Liechtenstein (FL), Italija (IT), Avstrija (AT), Švica (CH) in Slovenija (SI).

Na začetku vsake posamezne države so najprej tiste publikacije, ki zadevajo celotno alpsko območje države, nato pa sledijo posamezne „regije“, pri čemer državi Liechtenstein in Slovenija nista podrazčlenjeni. Vrstni red „regij“ sledi uradni statistiki posamezne države.

4.4 PODATKI NA ZAČETKU VSAKE GEOGRAFSKE ENOTE

Na začetku vsake geografske enote (države ali „regije“) so v ključnih točkah navedene naslednje informacije:

- Pripombe in pojasnila o geografski enoti, če se je ta od leta 1860 spremenila ali če je geografska dodelitev lahko dvoumna.
- Društva/združenja, povezana s planinskim gospodarjenjem, z revijami, ki jih izdajajo, in spletnimi stranmi (če so na voljo).
- Spletne strani, ki nudijo pomembne informacije o planinah in planinskem gospodarstvu dotične geografske enote (pogosto bogate z različnim gradivom).
- Sklic na obstoječe statistike planin (da bi jih lahko hitro našli).
- Sklic na monografije o planinah in planinskem gospodarstvu, ki vključujejo večja podobmočja (in ne le posamične primere), da bi lahko hitro našli ključna dela.

4.5 BIBLIOGRAFSKI ZAPIS

Posamezne publikacije so navedene po naslednjih merilih:

- Vključeni so samo naslovi v nemškem, francoskem, italijanskem, angleškem, slovenskem in retoromanskem jeziku.
- Objave so zabeležene čim natančneje (ne s kratko bibliografsko navedbo) in običajno obsegajo število strani knjig, monografij in brošur.
- Vsi naslovi so zabeleženi v skladu s kriteriji bibliografskega zapisa posamezne države. Bibliografija uporablja naslednje izraze:

Nemščina	**Francoščina**	**Italijanščina**	**Angleščina**	**Retoromanščina**	**Slovenščina**
Hrsg.	sous la direction de	a cura di	editor	editur	urednik
Verlag	éditeur	editore/edizioni	publisher	chasa editura	založba
Band	tome/volume	volume	volume	volüm	zvezek
Auflage	édition	edizione	edition	ediziun	izdaja
S.	p.	pp.	p.	p.	str.
Nachdruck	réédition	riedizione	–	–	ponatis
Tagungsband	actes	atti	–	–	zbornik
Bericht	bulletin	bollettino	–	–	poročilo
Zeitschrift	revue	rivista	–	–	revija
Jahrbuch	annales	annali	–	–	(1x/leto)
Heft	cahier	quaderno	–	–	zvezek
Führer	guide	guida	–	–	vodnik
Div. Autoren	auteurs	AA.VV. (autori vari)	–	–	razl. avtorji

V primeru zbornikov je celoten naslov naveden le enkrat in tam so navedeni tudi sklici na posamezne prispevke, ki so vključeni v bibliografijo (v skladu z izbirnimi merili niso nujno zajeti vsi članki iz zbornika), opremljeni z „glej“ (*siehe/ vedere/voir*) (s kratico geografske enote kot v kazalu). Pri posameznih prispevkih iz zbornikov pa je za naslovom opomba, da je glavni vnos (HE – nem. Haupteintrag) na drugem mestu (s sklicem na geografsko enoto).

V kazalu in uvodu so geografske enote navedene z okrajšavami, ki jih bibiografija uporablja za navzkrižno sklicevanje in na seznamih.

4.6 DODELITEV STROKOVNEGA PODROČJA

Pri vsaki objavi je na koncu vnosa navedeno, na katero strokovno področje se nanaša. Bibliografija uporablja naslednje okrajšave:

Statistics on alpine pasture farming	(Sta)
Agronomija	(Agr)(tu so tudi objave združenj za gospodarjenje s planinami)
Geografija	(Geo)
Narodopisje/Etnologija/Antropologija	(Vol)
Pravo	(Rec)
Jezikoslovjes	(Spr)
Preučevanje stavbarstva	(Hau)
„Besede in stvari“	(W+S)
Bibliografije	(Bib)
Razno	(Div) (zelo širok tematski obseg)
Poljudne objave	(Pop)

A bibliography on alpine pasture farming which encompasses all the alpine regions and all the relevant disciplines has never been compiled before. Its development was only possible in the context of my own personal involvement with the Alps over the last 40 years, in which my understanding of the considerable diversity of this region is, and continues to be, of key importance.

This bibliography has been published as a printed edition because the medium of a book is ideally suited to reading and skimming, and as a book also provides an especially good overview and the opportunity to discover many surprising things. It has also been published in a digital edition (www.badhindelang.de/alpbibliografie), because this is the ideal medium for targeted research.

The introduction to this bibliography has also been published in German, Italian, French, English and Slovenian at the same time, because alpine pasture farming is an alpine-wide phenomenon which requires multilingual access. As the five-language introduction contains important alp-specific terms which do not exist in many vocabularies, it can also be used as a translation aid between the different languages; in addition to this, reading the titles of the publications shows clearly how these technical terms are used in the respective context – both of which can help to ease alpine-wide communications across the language barriers, which is underdeveloped.

I would like to thank the following people for their assistance during the compilation of this bibliography:

Aigner, Susanne	*Köttmannsdorf/AT*
Bartaletti, Fabrizio	*Livorno/IT*
Corti, Michele	*Milan/IT*
Heißenhuber, Alois	*Munich/DE*
Hitz, Florian	*Chur/CH*
Hösli, Giorgio	*Mollis/CH*
Honisch, Michael	*Immenstadt/DE*
Hovorka, Gerhard	*Vienna/AT*
Hübner, Thomas	*Erlangen/DE*
Jenewein, Johann	*Innsbruck/AT*
Lampič, Barbara	*Ljubljana/SI*
Ledinek Lozej, Špela	*Ljubljana/SI*
Merlin, Friedrich	*Klagenfurt/AT*
Miklič Cvek, Lucija	*Ljubljana/SI*
Moutard, Robert	*Lyon/FR*
Penz, Hugo	*Innsbruck/AT*
Price, Martin	*Perth/UK*
Ressi, Wolfgang	*Klagenfurt/AT*
Ringler, Alfred	*Rosenheim/DE*
Rougier, Henri (†)	*Lyon/FR*
Tuor, Leo	*Chur/CH*
Zwitter, Žiga	*Ljubljana/SI*

My very special thanks also go to the local community of Bad Hindelang, in which the alpine pasture farming plays an important role: this local community has worked hard on behalf of the alpine economy for a long time – among others, with the support of the "Hindelang Eco Model" and the entry of the alpine pasture farming into the German federal register of "Intangible Cultural Heritage" – and has made the multilingual publication of this bibliography possible in both analogue and digital form. With this bibliography, I hope that the considerable economic, cultural and ecological importance of alpine pasture farming in both the Alpine region and Europe will be better understood once again, and that the alpine-wide cooperation will be intensified.

Bamberg, May 2021, Werner Bätzing

INTRODUCTION

TABLE OF CONTENTS OF THE INTRODUCTION:

1. KEY CHARACTERISTICS OF THIS BIBLIOGRAPHY

1.1 OBJECTIVES

Alpine pasture farming has a very long history in the Alps. It is also extremely important, because alpine pasture farming covers almost 30 % of the total alpine area (Ringler 2009 AL, p. 18 – the suffix "AL" refers to the section of this bibliography in which the title is to be found; the abbreviations are provided in the table of contents). It also shapes the alpine region in economic, social-cultural and ecological landscape terms to such an extent that it is one of the key characteristics of this mountainous region.

The bibliography of publications about alpine pasture farming presented here has two objectives:

Firstly: the knowledge associated with alpine pasture farming is increasingly being lost. This isn't so relevant to the farmers, who will continue to practise alpine pasture farming (although they are becoming fewer and fewer in number), but it certainly is relevant to the inhabitants of both the alpine region and Europe, as well as the stakeholders from the areas of politics, administration, science and the media. The objective of this bibliography is to record this knowledge and to make it publicly available, as it contains very important experience-based knowledge about nature, community-based forms of use and specific cultural values which it is very important to preserve. This knowledge isn't just of importance to the alpine communities, valleys and regions that it addresses directly, it is also of great significance to the entire alpine region and, beyond that, Europe as a whole.

Secondly: alpine pasture farming faces similar problems throughout the Alps. These include the threatened abandonment of greater areas, the overuse of smaller areas, threats due to the spread of large predator species, pressure and displacement due to tourism and recreational activities, as well as decline due to new social, non-agricultural uses (nature conservation, areas of compensation and wilderness). However, as there is no alpine-wide organisation of alpine pasture farming associations or federations, and as there is no alpine-wide context of discussion (refer to Sections 3.4 and 3.5) because the discussions take place separately in the individual countries and alpine regions, the structures of the discussions are scattered and fragmented. This hampers the shared discussion of current problems, and prevents alpine pasture farming both in the alpine region and Europe as a whole from acting as a major player which is able to represent its objectives and interests in the public arena on a convincing basis.

For these two reasons, knowledge of the importance of alpine pasture farming in both the Alps and throughout Europe currently tends to be lacking. The objective of this publication is, therefore, to thoroughly document, by means of a bibliography, the extensive discussions surrounding the subject of alpine pasture farming, which have been and continue to be conducted intensively in the individual alpine countries and regions. On the one hand, this aims to create a basis for making the considerable importance of alpine pasture farming clearer to the population of the alpine region and Europe, while on the other hand, to stimulate and intensify the discussions throughout the Alps on the current situation of alpine pasture farming. In this respect, the author takes the position that in order to strengthen alpine pasture farming, a cooperation in the form of an alpine-wide umbrella organisation would be a very good idea.

1.2 CONCEPT OF CONTENT AND DELIMITATION OF SUBJECT MATTER

A bibliography on alpine pasture farming which encompasses all the alpine regions and all the relevant subject areas has never been compiled before: the seven bibliographies which exist on this topic (refer to Section 3.3.10) only focus on specific sub-areas and on individual subject areas. Furthermore, the usual source of support, the evaluation of what are known as "hidden bibliographies" (very extensive bibliographies in wide-ranging overviews), is not an alternative in this case, as there is an almost complete lack of interdisciplinary and internationally-oriented overviews of alpine pasture farming (refer to Section 3.3.13), and because almost all the publications on alpine pasture farming are oriented strongly to their specific country and specific subject. By far the most extensive "hidden bibliography", the bibliography in the monograph by Alfred Ringler (Ringler 2009 AL, 98 printed pages), primarily lists titles in the category of ecological-natural sciences, and therefore only covers part of the topic. In view of this difficult starting situation, the compilation of an alpine-wide and interdisciplinary bibliography about alpine pasture farming is a major challenge.

To prevent this bibliography from being confusing and overflowing with content on several pages, I have delimited its content in terms of the objective referred to at the beginning as follows:

a) Today, the analyses and research on alpine pasture farming from the perspective of the natural sciences are so highly specialised and differentiated that non-natural scientists – and in some cases natural scientists from other subject areas – would find them difficult to grasp. Today, most people who are interested in alpine pasture farming are unlikely to understand the content which is covered. Although I have been committed to taking an "integrative" view of the alpine region for decades, it is for this reason that I have decided against including any texts from the natural sciences in this bibliography. This omission is all the easier, as the extensive bibliography by Alfred Ringler (Ringler 2009 AL, p. 1339-1437) is strongly oriented to the category of natural sciences and ecology, and addresses this topic very effectively. For this reason, publications on the natural conditions of alpine pastures (geology, climate, geomorphology, hydrology, soil), on the vegetation of alpine pastures, on animal health and on the quality of the alpine produce in terms of the natural sciences are not included in this bibliography.

b) Many scientists and practitioners have rightly pointed out time and again that despite having a certain degree of independence, alpine pasture farming is so closely interwoven with both local and regional agriculture and the agriculture in the surrounding area of the Alps that it can only be adequately understood in this context. If one were to take this perspective, a bibliography on alpine pasture farming would have to be a bibliography of the agriculture of the entire alpine region and its surrounding area. However, as this would extend beyond the scope of this bibliography, it is limited to the topic of alpine pasture farming in the specific sense, and excludes representations of agriculture in the alpine region, which usually *also* address alpine pasture farming (but usually rather briefly); exceptions to this are only made if such publications have a separate chapter on the topic of alpine pasture farming consisting of at least ten printed pages. The same applies to publications on dairy farming, livestock breeding, breeds of livestock and cheese production, which are only taken into account if they focus clearly on alpine pasture farming.

c) There are numerous publications (monographs) about individual alpine communities, alpine valleys and alpine regions, which usually also contain brief statements on alpine pasture farming. Such publications are not included here; exceptions are only made if they have a separate chapter on the subject of alpine pasture farming consisting of at least ten printed pages.

d) Several representations of the alpine pasture farming focus on *all* the seasonally-used settlements and farmed areas above the permanent settlements, i.e. also the level of the upland pasture (in German, "Maiensäße" or "Voralmen"; there is no expression in High German for this, only a variety of regional expressions). Since the current problems and prospects of this intermediate level – which is above the permanent settlements and below the alpine settlements – differ significantly from those of alpine pasture farming, this bibliography does not include publications which exclusively discuss this intermediate level. Similarly, publications which exclusively discuss areas of woodland within the areas of alpine pasture are not included either.

e) The modern statistics on alpine pasture farming, which emerged from 1864 onwards (Schatzmann/Wirth 1868 CH), put the practical and scientific study of alpine pasture farming on a completely new footing. This bibliography therefore approximately begins in the year 1860, and publications before that time are not taken into account.

f) Even though history is indispensable for being able to adequately understanding the present situation of alpine pasture farming, historically-oriented publications which address the situation of alpine pasture farming before 1860 are excluded from this particular bibliography, as it focuses on the present-day situation. Understanding the present situation, however, requires knowledge of traditional structures, which is why publications that discuss these are also included.

g) Since this bibliography is concerned with the understanding of alpine pasture farming as a complex phenomenon, purely practical publications about the technical, organisational, managerial or ecological configuration and improvement of the farming of alpine pastures, including the development of alpine pastures with roads and cable cars, are excluded. An exception is only made for the numerous monographs on alpine pasture farming from an agronomic perspective in which improvements to farming play a central role, as these monographs also present the overall system of alpine pasture farming on a systematic basis.

h) Moreover, alpine pasture hiking guides that are only relevant to tourism, alpine pasture cookery and recipe books, as well as purely narrative and literary descriptions of life on alpine pastures are not included in this bibliography either. Illustrated books are only included if they are of a systematic, documentary nature, or they contain important historical photographs.

i) Several informative publications on alpine pasture farming exist which have been published by a private publishing house or by a local community, an alpine cooperative, an alpine corporation, an agricultural association or similar. These publications have then been included in this bibliography if they are available in a publicly-accessible library.

The delimitations referred to in these nine points mean that this bibliography focuses on the topics of alpine pasture farming, its forms of use, its economic structures, its forms of ownership and legal forms, its traditions, and to a lesser extent, on the alpine buildings and the relevant designations (names). At the same time, transhumant alpine pasture farming is consistently included, as in the south western, southern and south eastern Alps, it is sometimes more important than local alpine pasture farming.

To prevent this bibliography from being too extensive, texts of the following type are also excluded:

- Examination papers, final year papers, seminar papers and term papers at universities, because – in contrast to dissertations – they are not usually publicly accessible. For the few exam papers which are nevertheless listed in this bibliography for reasons of content, a library location where they are publicly available is cited in each case.

- Reports from institutions (mainly alpine pasture farming organisations, state agricultural offices), which have been prepared for internal use only and have not been published.

- Results of projects supporting alpine pastures which are usually only published internally within the project (frequently on the internet); these are only included here if they are published in publicly-accessible journals or publications.

- Archive materials (handwritten texts, typewritten documents, statutes, legal regulations of all kinds, sources, historical documents, deeds, etc.).

- To prevent the number of essays from being excessive, in most cases, only essays that have at least ten printed pages are included (most essays from alpine pasture farming association journals are therefore excluded).

Internet publications: The focus of this bibliography is on printed publications which are continuously available to the public at public libraries. The internet, in contrast, is treated cautiously as a place of publication, because it is a relatively new medium whose content can often change, which does not necessarily offer constancy, and whose quality is extremely variable. To do some justice to the medium of the internet, at the beginning of the geographical units, some relevant websites are listed before the start of the publications, which are generally rich in material.

On the subject of the internet in detail:

- Older publications are currently frequently available in second hand bookshops (with the exception of a few classics at surprisingly low prices), and can be found very easily thanks to the internet. When the copyright has expired, photocopied reprints are currently available increasingly frequently as print-on-demand publications (mostly American companies), which are referred to in this bibliography (but only with the year).

- A number of older books and complete volumes of journals have now been fully digitalised and are freely accessible on the internet (books in leading national libraries, journals, for example, at https://ezb.uni-regensburg.de or www.e-periodica.ch or www.anno.onb.ac.at or www.persee.fr); because they are easy to find, the internet addresses are not provided in this bibliography.

- Essays in relevant journals, the analogue publication of which has been discontinued and which are now only published on the internet (such as the "Revue de Geographie alpine") are included in this bibliography.

- Findings of major and relevant research projects which are only published on the internet (the findings of "ALP Austria", for example), are included in this bibliography.

1.3 METHODS OF COMPILATION

The basis for the compilation of this bibliography is my "Archive for Integrative Alpine Research" and within that, my Alpine Index (literature file), which I began in 1980 and have updated and expanded regularly ever since. As of December 2019, this included nearly 30,000 index cards or titles (refer to the "Archive for Integrative Alpine Research" section on www.geographie.nat.fau.de/person/werner-baetzing/#collapse_2, item 6). For this bibliography, I evaluated my relevant index cards (publications) and complemented and supplemented them as follows:

- All of the titles on alpine pasture farming which are listed in my bibliography have been checked, and where necessary, corrected with the use of the electronic catalogues at national and international libraries.

- The bibliographies on the subject of alpine pasture farming contained in essays and monographs have been systematically evaluated (insofar as this had not occurred before).

- Relevant series of publications, journals and publishers' directories have been specifically reviewed (insofar as this had not occurred before).

To complete the preparation of this bibliography, the terms alpine pasture farming ("Alm- und Alpwirtschaft" in German) and their Italian and French equivalents were entered into the search engines of the electronic catalogues at the following national libraries and/or library networks:

DE: https://opacplus.bib-bvb.de (Bavarian Library Network)

FR: www.catalogue.bnf.fr
(Bibliotheque Nationale de France, Paris)

FL: http://aleph.bibliothek.li
(Liechtenstein National Library, Vaduz)

IT: http://opac.sbn.it (Servizio Bibliotecario Nazionale)

AT: http://search.obvsg.at (Austrian Library Network)

CH: www.swissbib.ch (Catalogue of all university libraries and the Swiss National Library),
since 2021 https://swisscovery.slsp.ch (Swiss Library Service Platform)

SI: www.nuk.uni-lj.si
(National and University Library of Ljubljana)

In this respect, it transpired that relatively few new titles on alpine pasture farming (fewer than 10 %) were found as a result of this search. This is probably a pointer that this bibliography has made a record of a majority of the relevant publications.

It is impossible for a bibliography of this kind to ever record all of the literature on alpine pasture farming, however. I would be very grateful for any references to titles that I have not recorded. Please notify me (werner.baetzing@web.de), so that I can include them in this bibliography.

1.4 BIBLIOGRAPHICAL RECOGNITION CRITERIA

As the method of bibliographical recognition for a particular title differs considerably from one alpine country to the next, the rules regarding the bibliographical recognition have been maintained in each language area and have *not* been homogenised.

To find titles easily and without problems, the bibliographical information – in contrast to today's usual form of brief presentation – is presented in as much detail as possible, i.e. author with first name, title plus full subtitle, publisher, place of publication, publication series, edition, translation into other languages, and the like. The names of journals and series of publications are not abbreviated, and institutions acting as editors or publishers are named as fully as possible. As it makes a difference in terms of the content as to whether a title has 20 or 200 pages, the number of pages is given for as many monographs, books or brochures as possible. Occasionally, brief notes on the contents of the publication are also given.

1.5 ON THE LANGUAGE OF THIS BIBLIOGRAPHY

The central problem in the presentation of alpine pasture farming is the varied nature of alpine pasture farming in the alpine region. This considerable degree of material and cultural variety is expressed in an almost infinite number of local words which are almost always from local dialects. A cursory glance at the titles in this bibliography makes it clear how many terms are used which are at first glance incomprehensible to those unfamiliar with the region. At the same time, these dialect words are normative and emotional in a specific way, which means that they are not easy to translate into standard expressions. However, if they are explained in more detail, it is possible to render these dialect words within the context of standard language, as dialect and standard language have key commonalities to which reference can be made. Translations into other languages are very difficult, though, as specific alpine pasture farming contexts are often unknown in other language areas and because the normative-emotional dimension of the dialect words does not exist there either.

It therefore makes little sense to translate the foreign language titles in this bibliography – so those who don't understand these titles will be unable to make appropriate use of these parts of the bibliography. This relates to titles in German, Italian, French and English. It does, however, cause difficulties with languages that have fewer speakers. In the alpine region, this concerns the Slovenian and Romansh languages, in which relevant publications on alpine pasture farming have also been published. To at least ensure that the user knows what these publications are about, the titles and subtitles of the Slovenian and Romansh publications have been translated into German or English in the bibliographical presentation in this bibliography. To the best of my knowledge, only isolated publications on alpine pasture farming exist in other languages (Occitan, Franco-Provençal, Ladin, Furlan, etc.).

Since I do not speak Slovenian or Romansh myself, the following colleagues kindly assisted me in this area:

The publications in *Slovenian* (plus some additions on neighbouring regions as well as the statements on the term alpine pasture farming in the Slovenian language and those on alpine pasture farming research in Slovenia) were compiled for me by Žiga Zwitter (geography/history), Barbara Lampič (geography), Špela Ledinek Lozej (ethnology) and Lucija Miklič Cvek (library sciences) (all Ljubljana).

The publications in *Romansh* (as well as important additions concerning Grisons) were selected and compiled by Leo Tuor of the Institut dal Dicziunari Rumantsch Grischun (DRG) in Chur. It should be noted that there is no such thing as "the" Romansh language, but that this language "only" exists in the following five idioms, each with its own written language: Sursilvan (Anterior Rhine), Sutsilvan (Posterior Rhine), Surmiran (Albula, Vaz/Obervaz, Oberhalbstein), Puter (Upper Engadine), Vallader (Lower Engadine). All of the Romansh titles listed in this bibliography are written in one of these five idioms.

1.6 STRUCTURE OF THIS BIBLIOGRAPHY

Since the agricultural, geographical, ethnographic, legal and linguistic phenomena of alpine pasture farming are very closely interwoven, it makes little sense to separate them according to topic or to structure this bibliography according to individual scientific disciplines. And because the country and regional framework is very important for alpine pasture farming, a geographical structure, i.e. a structure according to countries and "regions", has been chosen as the central structuring element of this bibliography. This has the advantage that the interconnections between the individual scientific disciplines quickly become clear.

While the subdivision of the Alps into countries is unambiguous, "regions" are chosen as administrative units within countries that lie somewhere between the local community and the country, and are reasonably comparable in terms of size; these are *Regierungsbezirke* in Germany, *Départements* in France, *Regioni* in Italy (*Provinces* in the case of South Tyrol-Trentino), *Bundesländer* in Austria and *Cantons* or (because of the small size of many cantons) groups of cantons in Switzerland. The Principality of Liechtenstein and Slovenia are not subdivided further. On this basis, the Alps are divided into 33 "regions".

Although the breakdown of publications according to subject area and/or scientific disciplines is not used as an element of classification, each individual publication is assigned to a subject area (refer to Section 3.3), which means that an evaluation is possible in this respect.

2. ALPINE PASTURE FARMING IN THE ALPS

2.1 TERMS FOR "ALPINE PASTURE FARMING"

The following terms are associated with the term "alpine pasture farming" throughout the alpine region (many of the titles of the publications in this bibliography provide examples of how these terms are used in specific terms):

German:
- Alm (Bavarian dialect: Upper Bavaria, Austria without Vorarlberg, South Tyrol)
- Alp or Alpe (Alemannic dialect: Allgäu, Vorarlberg, Liechtenstein, Switzerland)
- Berg
- Schwaige (Lower Austria and Styria)
- Transhumance (only as a term, not as reality); in a broad sense, comparable to "Wanderschäferei" in southern Germany, "Pensionsviehhaltung" in Bavaria or "Küherwesen" in Switzerland.

French:
- Alpe
- Alpage
- Montagne (grandes montagnes = community alpine pastures, often transhumant herders; petites montagnes = individual alpine pastures farmed by members of local farming families)
- Estivage or Estive (Alpes du Sud)
- Transhumance

Occitan (Southwest Alps):
- Gias (Italian spelling) or jas (French spelling)

Romansh:
- Alp
- Munt

Italian:
- Alpe
- Alpeggio
- Montagna
- Grangia (Piemonte)
- Malga (central and eastern Italian Alps)
- Transumanza

Slovenian:
- Planina
- Staja, prestaja, rovt (privately-owned upland pastures)
- Planšarstvo, planinsko pašništvo, transhumanca (alpine pasture farming)

2.2 ABOUT THE TERM "ALPINE PASTURE FARMING" IN THE DIFFERENT LANGUAGES

There is no fixed, generally used term for alpine pasture farming in any of the standard languages that are spoken in the Alps.

2.2.1 German

There are two dialect words for this in the German language, namely *Almwirtschaft* (Bavarian dialect) and *Alpwirtschaft* (Alemannic dialect). Therefore, in German, this bibliography always uses the dual term "Alm- und Alpwirtschaft" for alpine pasture farming.

In the 19th century, on the other hand, the term "Alpenwirtschaft" was used in the German-speaking world as the High German or standard German term for what is now referred to as Alm or Alpwirtschaft *(alpine pasture farming)*; this term was used in the legislation and in the land cadastre at that time (Penz 1978 AT, p. 15), and found its way into the vocabulary used in conversation as well as the relevant publications. In this respect, it is possible to state the following:

Alpenwirthschaft or (following the orthographic conference in Berlin of 1901) *Alpenwirtschaft*: this term is the only term to be used in the publications recorded in this bibliography between 1859 and 1867. From 1870 to 1912 it is used with the same frequency as "Alpwirthschaft/Alpwirtschaft", after which it is not used at all.

Alpwirtschaft: This term replaced "Alpenwirtschaft" for the first time in Switzerland in 1867, and it quickly gained considerable currency in German-speaking countries being used by important Swiss authors (Schatzmann, Anderegg) and by the "Schweizerische Alpstatistik". This term was also used in the Bavarian language area for a long time, and was only gradually replaced by the term "Almwirtschaft" during the course of the 1930s.

Almwirtschaft: This term was not proposed as a general, scientific term until 1907 by Robert Sieger, because in contrast to the High German term "Alpen" at that time, the plural dialect word of "Almen" is not ambiguous and allows for a clear conceptual distinction to be made between the high pastures and the mountains as a whole (Sieger 1907 AL, p. 263). This term has gone unused for almost two decades, however. Only in the second half of the 1920s it is used more often, in the 1930s it appears about as frequently as "Alpwirtschaft" (Endriss 1935 DE/ALG and Meissinger 1936 DE/ALG even use it for the Allgäu!), only after the Second World War does it become almost the only term used in the Bavarian language area. However, in Austria, both the official statistics (ÖSTAT 1955-57 and 1976) and leading authors (Schneiter 1948, Brugger/Wohlfarter 1983) continued to use the term "Alpwirtschaft" for a long time.

2.2.2 Italian

In Italy, people often speak of the "economia/cultura degli alpeggi" or the "economia/cultura delle malghe", but the key term is "alpicoltura". In Italian-speaking Switzerland, on the other hand, the term "economia alpestre" is used, which is rather unusual in Italy. In this bibliography the term "alpicoltura" is used.

2.2.3 French

In France, the terms "économie alpestre", "économie montagnarde" or "économie pastorale" are used, and the expression "vie pastorale" is also very common. In French-speaking Switzerland, on the other hand, the term "économie alpestre" has become established. In this bibliography, the term "économie pastorale" is used.

2.2.4 Slovenian

Similar to the German expression "Alm/Alp", the Slovenian word "planina" originally referred to a grazed grassland free of woodland, often in the mountains, which was so far away from the permanent settlements that it was impossible to drive the cattle to pasture every day. A new meaning of the word "planina" only developed with the development of alpinism ("planinstvo"), which has also meant "mountain" ever since. The term "planšarstvo" has also been used for alpine farming ever since the Gorizia Agricultural Society published a Slovenian translation of Wilhelm's manual *Die Hebung der Alpenwirthschaft* (1868 AT) in 1871. Some authors, especially geographers, prefer to use terms derived from the word "planina", namely "planinsko gospodarstvo", "planinsko pašništvo" and, more narrowly, "planinska paša" (alpine pasture) to describe the farming of alpine pastures.

2.2.5 English

As there are no high mountains in the core area of the English language and therefore no alpine pasture farming, there is no corresponding term in the English language. The phrases "alpine economy", "alpine farming", "alpine dairy farming", "alpine summer farming" or "pastoralism" are often used (exception Peattie 1936 AL), although they are all relatively general terms. Therefore, in this bibliography, the phrase "alpine pasture farming" is used.

2.2.6 Summary

There is no fixed standard phrase for the term "alpine pasture farming" in the alpine region, and a considerable variety of terms are used. A glance at the titles in this bibliography makes this very clear. It is interesting to note that the terminology in the German-speaking area focuses on economy (Alm- und Alpwirtschaft), while in the French-speaking area life in the alps plays a central role (vie pastorale), and in the Italian-speaking area, culture is emphasised (alpicoltura = coltura, with a double meaning of "cultivation" and "culture"). This demonstrates that in terms of linguistic usage, alpine pasture farming is perceived somewhat differently throughout the alpine region.

2.3 CONDITIONS AND CHARACTERISTICS OF ALPINE PASTURE FARMING

As a geologically recent mountain range, the Alps have relatively small and narrow valleys, and above 2,000 m, often have wide and extensive plateaus (age-old land surfaces) that have not yet been destroyed by erosion because the erosion of the Alps has not yet progressed very far.

For the agricultural sector, the geological characteristics of the Alps mean that the favourable land available for farming in the valley, which has a warmer climate, is limited, while very extensive areas are available at high altitudes. Due to their colder climate and short growing season (the Alps are in the transition zone between the Mediterranean and temperate climate zones), these areas cannot be used for arable farming, and are only suitable for use as meadows or pastures.

The form of farming in the alpine region actually originated in the Near East ("Fertile Crescent"). It is characterised by the fact that arable farming and livestock farming are on a more or less equal footing (with considerable flexibility in the respective weighting), and that with sheep, goats and cattle, three domesticated breeds of local livestock are available which are suited to mountain pastures (which is not the case in other parts of the world).

The unfavourable distribution of potential farmland in the Alps and the conditions of farming which draws its origins from the Near East has led in a specific form of farming which can be described as "alpine-specific": the farmland in the valley is used exclusively for arable farming and hay-making (production of winter animal fodder), while the upland areas are used in the summer as pasture land, often divided into different "Stafel" (tiers) to make the best use of the vegetation (supplemented in the spring and the autumn by two brief transitional grazing periods on the upland pastures – *"Maiensäße" or "Voralmen"* – between valley and mountain). Together with the harvest from the arable farming, the yield from summer grazing on the high plains (meat and cheese) enables farmers to produce enough food to get through the very long winters in the mountains. Without the use of the uplands for alpine pasture farming, there would be far fewer farming settlements in the valley, as a lot of space would be required for the summer grazing in the valley and there would only be sufficient space for relatively few valley farms.

The southern side of the Alps and the south-western Alps are home to particularly extensive uplands, and it is here that the relationship between the small agricultural areas in the valley and the extensive areas of pasture in the uplands is often particularly extreme. At the same time, in summer the differences between the warm and arid low altitudes outside the Alps and the high humid altitudes in the alpine region are particularly pronounced here. In addition to local alpine pasture farming, this area is also home to transhumant alpine pasture farming, in which the animals graze on the alpine pastures in the mountains in the summer, and in the lowlands outside the Alps in the winter (Rhone Valley, coast of the Mediterranean, Po Valley, basin areas of the Balkans). This means that long migrations by man and cattle are necessary when moving from the winter- to the summertime grazing areas (in the old days, by foot, since the early 20th century partially by rail, since the end of the 1950s, by truck).

If we look at alpine pasture farming from the global perspective, we can see that it only exists in those mountains where the farming is based on the "Near Eastern" traditions. This mainly relates to the extensive alpine mountain range from the High Atlas and the Pyrenees to the Alps, the mountains of the Mediterranean and the Dinarides to the Himalayas, and secondly the low mountain ranges of central Europe to Scandinavia. In all these mountains, there is ,or has been, alpine pasture farming according to the North Alpine tradition in the wetland areas of the mountains, transhumant alpine pasture farming according to the South Alpine tradition in the more arid areas, and mountain nomadism in the very arid areas, whereby larger family groups traditionally migrate from the winter- to the summertime areas of pasture – which does not occur in the alpine region. Only in mountain nomadism do agricultural innovations which had their origins outside the "Fertile Crescent" (camels, dromedaries and horses that were domesticated in the Arabian Peninsula and Inner Asia) play a role. And within the framework of these mountains, the alpine pasture farming in the alpine region constitutes one of the most varied and highly differentiated grazing systems.

In the other mountain ranges worldwide, in contrast, alpine pasture farming does not traditionally take place, as the farms there do not have the livestock that would be able to make appropriate use of the mountain terrain. It can be said that the alpine pasture farming in the Alps occupies a prominent and special position from the worldwide perspective.

The "alpine-specific" form of farming serves to make the best possible use of the different altitude levels of the Alps, with their various growing seasons. Therefore, over the course of time, an exceptionally wide variety of alpine pasture farming methods and structures emerges, which means there are rarely ever two alpine pastures that are the same, even in the same alpine region (Boesch 1951 AL, p. 206, Furrer 1980 CH, p. 374). Differences in the natural environment, certain historical experiences, specific cultural norms and values, particular economic-political conditions or simple coincidences play an important role in this diversity.

Traditionally, alpine pasture farming has long been understood to mean the "adaptation" of the farming to the mountain environment; however, this implicitly environmentally or geographically deterministic perspective falls short: the very varied nature of alpine pasture farming in the alpine region makes it clear that there is not "one" (natural) form of adaptation, but that a great variety of different solutions exists. Therefore, rather than using the term "adaptation", it is more appropriate to talk of the "cultural innovations" when discussing the use of alpine pasture farming.

As a regular and continuous form of grazing significantly alters the range of species of the existing vegetation, and as the alpine pastures are deliberately extended at a very early stage to the detriment of the indigenous woodland, alpine pastures are not natural, but cultivated landscapes, even if they may look unspoilt and natural at first glance.

It is necessary for these cultivated landscapes to be farmed and maintained by man very carefully, so that they are neither destroyed by overuse nor lose their value through under use, becoming overgrown or reforested. This requires a lot of work as well as precise knowledge of the natural dynamics of the high mountain areas. Many of the alpine pasture farming statutes from the Middle Ages show that the alpine farmers were aware of this important responsibility at a very early stage, and that they responded to it successfully by enacting specific regulations against overuse *and* under use. In this way, the alpine pastures can be used on a continuous basis as grazing land without being destroyed for a very long time.

2.4 DEFINITIONS

Alpine pastures are high-altitude grazing areas in the mountains above the natural tree line, as well as cleared forest areas near the upper tree line, which are used from around mid/end of June until mid-September. Alpine pasture farming is when the distance to the farmhouses which are lived in all year around and from which the livestock which grazes on the higher alpine pastures originate is so great that the alpine pastures cannot be managed from the farmhouse and require their own economic structure, with their own buildings and staff, but this distance is small enough for close relations to exist between the valley farms and "their" alpine pastures, as the alpine pastures are located in the same valley as the farmhouses, or aren't far behind the watershed divides which border a valley (definition based on Sieger 1925 AT, p. 2). Transhumant alpine pasture farming, or transhumance, is when the livestock spends the summer on the alpine pastures in the Alps and the winter in the open on the lowlands outside the alpine region; in the case of normal, or ascending transhumance, the owners of the livestock come from villages on the edge of or near the Alps, while in the case of inverse, or descending transhumance, they are from villages in the alpine region at the foot of the alpine meadows (definition based on Boesch 1951 AL, p. 204).

In terms of the topic of alpine pasture farming, in Germany, Slovenia, Austria and Switzerland the focus is on the alpine pasture, with the close relationship between the valley and the high alpine pasture, while in France and Italy the focus is on transhumance (refer to ARBOS 1922 FR). To be able to designate and distinguish between both forms of alpine pasture farming appropriately and on an equal basis, I have therefore used the terms *local* and *transhumant alpine pasture farming* (with reference to Blache 1933 AL and Veyret 1951 AL) for the first time in the German language area.

A particular form of alpine pasture farming is the situation in which the livestock spends the winter in a stable in an inner-alpine village, before being driven over a high pass and a prominent watershed divide into a neighbouring region in the early summer, where it then stays before returning to the village in the autumn. This is often found in inner alpine and relatively warm alpine regions that were settled a long time ago, and in which the areas used as farmland are rapidly expanding, leading to a scarcity of land for pasture. For this reason, for their summer grazing, the livestock are brought across the watershed divide to the adjacent valley heads to the north, where there is plenty of space for grazing, because these valleys have seen little use for farming purposes for a long time (and where conflicts invariably arise with the local farmers who subsequently settle there).

This form of alpine pasture farming is found in the Bernese Alps (from the Valais to the valleys of the Bernese Oberland), in the Silvretta (from the Prättigau/Lower Engadine to the lateral valleys of the Vorarlberg and Tyrol), in the Ötztal Alps (from the Schnals and Passeier valleys to the Ötztal valley), in the Zillertal Alps (from the Pfitscher and Ahrntal valleys to the Zillertaler Gründe) and in the Hohe Tauern (from the Ahrntal valley to the Tauern valleys, from the Raintal valley to the Arvental valley and from Mallnitz/Carinthia to the Gasteiner Naßfeld), with the driving of the sheep from the Schnals valley to the Ötztal valley being the best-known example. In some cases, this form of alpine pasture farming has also led to the fact that today's political borders do not follow watershed divides and ridges as usual, but deviate from them (refer to Hitz 2002 CH/GR, Pappenheim 1948 CH/GR).

No comparative-systematic presentation exists about this form of alpine pasture farming until today (I have listed the relevant publications about this in the subject index under "Cross-border local alpine pasture farming"). This is repeatedly referred to as "transhumance" (Gambicorti 2017 AL, Rachewiltz/Togni/Zipperle1994 AL), but it is not correct, as the animals do not spend the winter outside the Alps. This is a variant of local alpine pasture farming, with only slightly longer distances to the summer pastures than usual. That is why, in the definition of local alpine pasture farming, I stated that the alpine pastures are "located in the same valley as the farmhouses or aren't far behind the watershed divides which border a valley."

2.5 FORMS OF OWNERSHIP AND MANAGEMENT

In alpine pasture farming, it is typically the case that the forms of ownership and management are not identical. The almost limitless variety of the traditional forms and structures can be summarised in very simple terms as follows (Frödin 1941-42 AL, Weiss 1941 CH/GR, Penz 1978 AT, Francardi et al. 1958 IT/PI).

2.5.1 Forms of ownership

- *Community alpine pastures (Gemeindealmen/-alpen, Alpes communales, Alpi pascolive di proprieta comunale):* An alpine pasture is owned by a local community (in some cases, a group of local communities, or just one or several groups in a local community); the alpine pastures can be used by all persons who have the community right.

- *Cooperative alpine pastures (Genossenschaftsalmen/-alpen, Alpes de societe ou syndicales, Alpi pascolive di proprieta consortile):* An alpine pasture is the common property of a group of farmers who form a cooperative, an alpine corporation or an agricultural community (legal entity). The members of this cooperative are entitled to use the alpine pasture.

- *Private alpine pastures (Privatalmen/-alpen, Alpes prives, Alpi pascolive di proprieta privata):* An alpine pasture belongs to a single farm, and is in the sole ownership of the family which manages that farm.

- *Entitlement or servitude alpine pastures (Berechtigungs- oder Servitutsalmen, no French or Italian designation, as this type does not exist there):* An alpine pasture originally belonged to a landlord (noble ruler or monastery), who granted his farmers the right to use the alpine pasture. In the 18th/19th century, the alpine pasture fell into the hands of the state as the legal successor; the descendants of the former subjects had the right to use the pasture in the form of a pasture servitude (the right to use the pasture on other people's land, as registered in the land register).

2.5.2 Forms of management

- *Individual alpine pasture on community or cooperative alpine pastures:* Each farming family with the respective entitlement grazes its own cattle on the alpine pasture separately from the other families, and also makes its own cheese, for which it has its own (private) building on common land. With this form of alpine pasture farming, large alpine villages are formed, which often have their own chapel.

- *Cooperative alpine pasture:* The families with the respective entitlement jointly use a community or cooperative alpine pasture and employ paid alpine pasture workers who look after all the livestock together; all the milk produced on the alpine pasture is processed into cheese by an alpine dairyman. On alpine pastures of this kind, there is only one alpine pasture building with the corresponding outbuildings per tier.

- *Single alpine pasture on private pastures:* Only in this case do the forms of ownership and use coincide, and in this case, the family members manage the farm's own alpine pasture.
- *Leasehold alpine pastures:* A farmer (usually a large-scale farmer or a transhumant herdsman) or a cooperative leases an alpine pasture, and uses it for its own livestock (and sometimes other livestock against payment, known as "Pensionsvieh" or "boarding livestock").

The traditional forms of ownership are mostly carried over into modern law in the second half of the 19th century, which is very complicated, giving rise to numerous legal disputes, and which is implemented in different ways in the various countries in the alpine region. It isn't until the far-reaching modernisation of agriculture and alpine pasture farming from the mid-1960s onwards that the traditional use of alpine pastures is radically simplified, however, and community or cooperative alpine pastures on a leasehold basis frequently replace individual alpine pastures. Nevertheless, to be able to adequately understand the situation of alpine pasture farming, knowledge of the traditional forms of ownership and management remains indispensable to this day.

2.6 DEVELOPMENT OF ALPINE PASTURE FARMING AND THE CURRENT SITUATION

It is to be assumed that alpine pasture farming emerges around the same time as agricultural farming in the Alps, i.e. from 6,500 BC in the Western Alps and from 5,500 BC in the Eastern Alps. There are some very early indications of this in the French Maritime Alps (40,000 rock drawings in the "Vallee des Merveilles" at altitudes between 2,000 m and 2,800 m from the period between 3,300 and 1,800 BC; transhumant alpine pasture farming), and the oldest archaeological evidence currently available is from the Silvretta region (local alpine pasture farming) and dates from the 2nd millennium BC. For a very long time, it is mostly only sheep and goats that are grazed on the alpine pastures. From the Middle Ages onwards, cattle gradually becomes greater in number, although it isn't until the 19th century that they dominate alpine pasture farming. As milk processing is women's work in all farming societies the world over (shepherding, in contrast, is men's or, above all, children's work), as far as butter or cheese is made, the workers at the alpine pasture are traditionally women as well. It isn't until alpine farming develops from being a self-sufficient practice into a market-oriented economic activity in the 14th/15th century in the "Swiss pastoral country" (the sale of long-lasting hard cheese on cross-regional markets), that the milk processing on the Swiss Alps is done by men as paid experts – and the full-time alpine dairyman replaces the alpine family dairywoman. This innovation only makes slow and late inroads into other alpine regions, however.

The first statistics on alpine pasture farming, which are compiled from 1864 onwards (and which are documented in this bibliography), are a targeted attempt to improve traditional alpine pasture farming. These improvements concern the living conditions of the alpine pasture workers, the construction of stables for the cattle, the supply of water for people and animals, the hygiene of the milk processing, the use and distribution of the cattle manure, the grazing of the animals, and so on. However, it isn't until the far-reaching modernisation of mountain farming from the mid-1960s onwards that alpine pasture farming undergoes major changes and is radically simplified. At this time, produce from mountain and alpine pasture farming is, in fact, too expensive, and considered obsolete and superfluous from an economic perspective, leading to a sharp decline by the end of the 1970s. From the 1980s onwards, support measures on the part of the countries and the EU take effect, which sees alpine pasture farming recovers somewhat from its low point of the period 1975-79. To this day, however, there remains considerable pressure to discontinue alpine pasture farming on greater grounds, or to gradually intensify more and more on smaller grounds, both of which lead to unwelcome ecological changes. Moreover, the latest developments, such as the threat to livestock on the alpine pastures due to increasing numbers of bears and (especially) wolves, the increasing pressure of the tourism industry and visitors to use alpine pastures for sports and recreation, or the increasing social demands to considerably expand areas of conservation and wilderness, are also putting an additional strain on alpine pasture farming. Without the considerable commitment of the alpine farmers to continue alpine pasture farming despite all these difficulties, it would probably no longer exist today.

Due to the extensive and relatively short use of the pastures, their difficult accessibility and remote locations, many traditions have been preserved to a far greater extent in alpine pasture farming than is the case with the farming in the valley. This affects traditional forms of farming (the agricultural intensification of the valleys can only be implemented to a limited extent in the alpine pastures), forms of common use (varied community uses), special legal forms (medieval rights, known as "legal antiquities") and specific customs (the cattle drive, cow fights, alpine legends, the cattle procession). In a special way, these things, which are linked closely to alpine pasture farming, represent the collective experience of managing alpine nature, traditions, and the village community in the world of mountain farming. Despite all the modern developments in the valleys, they still retain their validity and are of particular importance to the identity of the people in the mountains. And at the same time, they keep alive the knowledge and experiences about environmentally-friendly and long-term methods of farming that do not destroy the nature in the alpine region. In view of the ever-increasing environmental and climate problems caused by intensive modern agriculture in the European lowlands, this traditional form of farming is gaining a completely new significance for a sustainable future.

3. PUBLICATIONS ON ALPINE PASTURE FARMING: EVALUATION ACCORDING TO SUBJECT AREA AND COUNTRY

3.1 BIBLIOGRAPHIES IN THE FIELD OF ALPINE RESEARCH

Bibliographies play an important role in traditional alpine research, not only because they bring numerous literary references together, but also because they are an important working tool for defining a field of research and establishing a record of the state of the research on a particular topic. Classic examples of this are the bibliographies on the research into the Walser and the South Tyrolean question (Louis Carlen: *Walserforschung 1800-1970 – eine Bibliographie,* Visp 1973; Thomas Veiter: *Bibliographie zur Südtirolfrage 1945-1983*, Vienna 1984), the multi-volume *Collana di Bibliografie geografiche delle regioni italiane* (Rome 1961-1971), or the four volumes of the RESALP series (Lama, Grenoble 1984-1990); more recently, Peter Hasslacher can be mentioned, who specifically used the bibliography to publicly document the state of the discussions and research surrounding current problems and conflicts (Peter Hasslacher: *Die Alpenkonvention – eine Dokumentation*; Österreichischer Alpenverein, Innsbruck 2000, and other bibliographies).

The number and type of publications (monographs, anthologies, journal articles, brochures) listed in this bibliography can themselves be seen to indicate which scientific disciplines address alpine pasture farming to a greater or lesser detail and in which periods of time, while the titles of the publications provide important indications as to which key topics are the primary focus in each case.

Today, given the wealth of information available on the internet, it is often thought that bibliographies of this kind are superfluous and outdated; this bibliography, however, aims to show that this is a wrong, and that a systematically-compiled bibliography can by no means be replaced by an internet search.

3.2 STATISTICAL OVERVIEW OF THE PUBLICATIONS TO BE RECORDED IN THIS BIBLIOGRAPHY

All in all, 2,403 publications by 2,000 different authors from the years 1859 to 2020 have been recorded in this publication, with each publication having been assigned to a specific subject area (refer to Section 3.3; multi-volume works are treated as one publication, while in the case of series titles such as the "Swiss Alpine Pasture Farming Cadastre", the titles are counted individually).

This number is so large that it constitutes a representative selection of publications on alpine pasture farming. And since this bibliography has been compiled in a uniform way throughout the Alps, it also makes perfect sense to evaluate the publications which are recorded here on a quantitative basis. Although the results obtained should not be overly interpreted, they should certainly indicate orders of magnitude which are realistic and which allow for an overview of research into alpine pastures farming that has not been possible so far.

These publications are distributed across the following languages (bilingual or trilingual publications are counted several times when making a record of the language; for a breakdown by country, refer to Table 1 in the annex):

German:	1,258 publications	~ 50 %
Italian:	566 publications	~ 23 %
French:	488 publications	~ 20 %
English:	74 publications	~ 3 %
Slovenian:	65 publications	~ 2,4 %
Romansh:	41 publications	~ 1,6 %
In total:	**2,492 publications**	**~ 100 %**

The 2,403 publications (multilingual titles counted only once) are distributed across the following sub-areas:

Alps as a whole (AL):	120 titles	~ 5 %
Bavarian Alps (DE):	155 titles	~ 6 %
French Alps (FR):	332 titles	~ 14 %
Liechtenstein (FL):	19 titles	~ 1 %
Italian Alps (IT):	560 titles	~ 23 %
Austrian Alps	415 titles	~ 17 %
Swiss Alps (CH):	705 titles	~ 29 %
Slovenian Alps (SI):	97 titles	~ 4 %
In total:	**2,403 titles**	**~ 100 %**

This demonstrates that the Swiss Alps are in first place by some margin, but also that the publications on alpine pasture farming in the alpine region as a whole are spread fairly widely across all of the relevant countries.

Since the alpine areas in the individual countries vary greatly in size, however, this evaluation is only of limited use. Therefore, in a second step, the publications are related to the area of the respective alpine region. In this respect, the demarcation of the Alps takes place according to the scope of the Alpine Convention, which is only deviated from in the following cases: in Germany/Bavaria the demarcation of the Alps takes place according to the "Bavarian Alpine Plan" (the extension of the alpine area by the Alpine Convention in Bavaria affects areas without alpine pasture farming), in Italy, the Langhe area in Piedmont is excluded (no alpine farming), and in Switzerland, the alpine foothill (former) IHG or LIM regions are added to the Alps, contrary to the Alpine Convention, as they mostly used for alpine farming.

The end result, i.e. the number of publications per 1,000 km² of alpine area, is as follows:

DE	5,110 km²	= 30 titles/1,000 km²
FR	39,850 km²	= 8
FL	160 km²	= 119
IT	51,060 km²	= 11
AT	54,250 km²	= 8
CH	26,700 km²	= 26
SI	6,870 km²	= 14
Overall	**184,000 km²**	**= 13 titles/1,000 km²**

Whereas the large French, Italian and Austrian Alps are relatively similar to each other with 8 to 11 titles/1,000 km², the somewhat smaller Swiss Alps stand out due to their high density of publications on alpine farming (26 titles/1,000 km²).

The small Slovenian Alps are above the alpine-wide average, while the smaller Bavarian Alps have a particularly pronounced density of relevant publications, with the tiny country of Liechtenstein being a special case.

If we consider the 33 regions into which the alpine region is divided in this bibliography, the following picture emerges (refer to Table 2):

First place:	Liechtenstein	= 119 titles/1,000 km²
Second place:	Allgäu	= 33
Third place:	Central Switzerland	= 28
Fourth place:	Western Switzerland Switzerland	= 26
Fifth place:	Valais	= 24
Sixth place:	Grisons	= 21
Seventh place:	Eastern Switzerland	= 21
Eighth place:	Ticino	= 20
8 regions have densities of between 11 and 19 titles/1,000 km²: IT/AO, IT/TN, IT/FV, IT/LI, AT/V, DE/OBB, SI, CH/BE, FR/73		
8 regions have densities of between 6 and 10 titles/1,000 km²: IT/VE, AT/S, IT/PI, IT/BZ, AT/T, FR/74, IT/LO, FR/05		
8 regions have densities of between 1 and 5 titles/1,000 km2: AT/O, FR/38, FR/06, AT/K, AT/St, FR/04, AT/N, FR/2[6]		

This puts the Allgäu in second place after Liechtenstein, while places 3 to 8 are occupied by Swiss regions. The lowest densities are to be found in the Southern Alps of France (FR/04, FR/06 and FR/26) and in the Eastern Alps of Austria (AT/N).

We will lastly take a look at the temporal distribution of the publications, whereby in this evaluation, it is must naturally be remembered that records of current titles can be made more easily than old titles (refer to Table 3):

1859 – 1900	= on average	20 titles per decade
1901 – 1950	= on average	89 titles per decade
1951 – 2000	= on average	212 titles per decade
2001 – 2020	= on average	408 titles per decade

Even if this evaluation must not be over-interpreted due to the difficulties when making a record of older titles, it can be stated that the number of publications on alpine pasture farming has increased significantly over time. As the number of publications in *all* subject areas rose sharply during this period, however, this increase should not be over-interpreted. It can serve as an indication that the interest in alpine pasture farming does not seem to diminish at all over time, though.

3.3 EVALUATION OF PUBLICATIONS BY SUBJECT AREA

Although the ecological, economic, socio-cultural, legal and other aspects are very closely intertwined in alpine pasture farming, it can be said that the various subject areas which deal with it each have different approaches and set different emphases in terms of the content. It therefore makes sense to break down the publications on alpine pasture farming according to subject area. Therefore, at the end of each bibliographic entry, a three-letter abbreviation is given in order to indicate the subject area to which the title belongs. The subject classification takes place on the basis of the professional qualifications of the respective author, the contents of the publication and the subject area of the publication series or journal in which the respective title appears.

It is naturally the case that with a series of titles, the subject classification is difficult (and can sometimes be ambiguous), and group "Varied publications" (3.3.11), which includes all publications that cannot be assigned to any subject area, comprises 418, or 17 %, of all titles. If one avoids looking at the results in too much detail, however, and simply makes reference to the orders of magnitude in the evaluation, it is possible to gain important insights into the research on alpine pasture farming.

The publications in this bibliography can be divided into 11 subject areas, with four subject areas alone (agricultural sciences, geography, ethnology, legal sciences) accounting for almost three quarters of all the publications (for details, refer to Table 4).

3.3.1 Alpine pasture farming statistics (Sta): 69 publications or 3 % of all titles

The systematic recording of the situation regarding alpine pasture farming by relevant associations (often with the support of the authorities) starts in Switzerland: in 1868, father Rudolf Schatzmann, initiator and founder of the Schweizerischer Alpwirtschaftlicher Verein *(Swiss Alpine Pasture Farming Association)* (refer to Wahlen 1979 CH), publishes the first set of modern alpine statistics for the entire Alps (Schatzmann/Wirth 1868 CH), and initiates a comprehensive survey which is compiled and published for the whole of Switzerland between 1891 and 1914 (refer to "Schweizerische Alpstatistik/CH"). Before the First World War, this example is followed by Tyrol (North, East, South Tyrol and Italian Tyrol), Carinthia and Lombardy, and after the Second World War by additional, but by no means all alpine countries and regions. Recently, the internet has also been used to publish statistics on alpine pasture farming. The leading role of Switzerland is reflected by the fact that two thirds of all the statistics on alpine pasture farming are published in Switzerland. Technically, the statistics on alpine pasture farming belong to the agricultural sciences; however, as they are of major importance as reference works for the current situation, they are shown separately here so as to make them easier to find in the abundance of publications.

3.3.2 Agricultural sciences (Agr): 565 publications or 24 % of all titles

At the same time as an accurate record of alpine pasture farming is being made for the first time, its systematic improvement also becomes a topic of interest in the agricultural sciences: from 1870 onwards, the first courses, further training programmes and apprenticeships on the topic of alpine pasture farming become available at several agricultural schools and colleges, and the teachers there publish the first textbooks on alpine pasture farming. The University of Natural Resources and Applied Life Sciences in Vienna, Weihenstephan School of Agriculture (today: the Technical University of Munich) and the Swiss Federal Polytechnic in Zurich (today: Swiss Federal Institute of Technology in Zurich) quickly assume the leading roles in the German-speaking world, while at the equivalent institutions in Italy (the faculties of agricultural sciences at the universities in Turin, Milan and Udine) and France (universities in Grenoble, Aix-Marseille and Paris), the topic appears to be less important.

The goal of agricultural sciences is to improve the harvests of the alpine pasture farming, with the factors of soil, labour and capital being central, and the analysis often taking centre stage within the scope of the analytical concepts of agricultural sciences. The agricultural sciences have yielded most of the publications on alpine pasture farming to date, or in the words of Nikolaus Grass, which are still relevant: “To date, the most intensive research on alpine pasture farming has probably been carried out by the agricultural sciences” (Grass 1964 AL, p. 368); moreover, the number of these publications has clearly increased since the year 2000. The publications of the findings of the two major research projects in Switzerland (AlpFUTUR 2013 CH) and Austria (ALP Austria 2006 AT) have also made a contribution in this respect, for which nothing comparable is available in any other field. In this bibliography, publications from the field of agricultural sciences come top, accounting for 24 % of all publications.

3.3.3 Geography (Geo): 409 publications, or 17 % of all titles

Geographers first began to address alpine pasture farming between 1900 and 1910, and presented systematic analytical concepts on it for the first time in the 1920s (ARBOS 1922 FR, Sieger 1925 AT). The aim of the discipline of geography is to understand alpine pasture farming as a spatial-temporal system of farming in the landscape (the vertical dimension, which is decisive in the mountains, leads to complicated, temporally and spatially staggered systems of use, also in the alpine pastures themselves), with great importance being attached to the natural environment and traditional forms of use. The traditional “regional geography”, in which the co-operation between aspects of natural and human sciences plays the central role, develops its own theoretical scientific concepts for the analysis of alpine pasture farming (in France within the scope of the “genres de vie”, in Germany as “Almgeographie” (alpine pasture farming geography) within agricultural geography, in Austria within the geography of rural areas), and on this basis, a full series of systematically-oriented geographical monographs on alpine pasture farming at the level of countries and regions can be seen to emerge. With the change from the traditional, integrative “regional geography” to a modern, increasingly specialised form of geographical science, the interest of the discipline of geography in alpine pasture farming in all countries which have a share of the Alps declined sharply from the 1980s onwards, and the traditional concepts and experiences gradually fell by the wayside. This is reflected in the number of publications, which peaked between 1960 and 1989 (an average of 45 publications per decade) before falling to just 11 titles per decade since 2000.

3.3.4 Ethnology (Ethn.): 366 publications or 15 % of all titles

For the traditional subject of ethnology, which is currently called “European ethnology”, “cultural anthropology” or “empirical cultural studies” in German-speaking countries, and which is known as “ethnology”, “ethnography” or “anthropology” in Italy and France (the names vary considerably in the countries that have a share of the Alps), the alpine pasture farming is of particular importance, as many traditions have been preserved here which have long since disappeared in the valleys of the Alps and in the lowlands; for this reason, their study greatly eases our understanding of traditional rural ways of life – which is at the heart of traditional ethnology. The research on alpine pasture farming begins hesitantly from 1900 onwards, and only attains greater importance from 1940 onwards, being most widespread in Switzerland (almost 40 % of all ethnographic publications come from Switzerland). In the field of ethnology, too, there are important concepts for the study of alpine pasture farming, although there are only three monographs on this subject for the Alps as a whole (Weiss 1941 CH/GR, Cevc 1972 + 1992 SI). With the change of ethnology towards a modern cultural science which focuses on the analysis of everyday phenomena in the urban societies of today (which is reflected in a renaming of the subject), the interest in alpine pasture farming can be seen to noticeably decrease from the 1980s onwards. The only exception is Italy, with the “Seminario Permanente di Etnografia Alpina/SPEA” (refer to Section 3.4.2).

3.3.5 Legal sciences (Rec): 283 publications or 12 % of all titles

Alpine pasture farming is of particular importance for this subject, because they are places in which forms of community ownership and forms of common use have been preserved which are incompatible with Roman law and allow for important insights in terms of European legal history. There is no term for this form of community ownership in standard German (Alemannic dialects: “Allmende/Allmeind”, Bavarian dialects: “Gemein/Gemain”; the situation is similar in Slovenian, French and Italian); in the interests of enabling a shared discussion at the European level, Siegl 2017 AL proposes the term "Gemeingüter" *(common property)*, while Head-König et al 2019 AL use the term "commons". With the emergence of modern nation states and the associated legal reforms and modernisations, in the course of the 19th century, community ownership is partially dissolved and partially transformed into modern legal forms of ownership (the only exception being France, where this is achieved earlier following the French Revolution of 1789, refer to Vivier 1998 FR). From the second half of the 19th century onwards, the associated legal problems and conflicts are an important focus of the legal sciences, in which the laws on alpine pastures play a relevant role. This is the prerequisite for the very early development – simultaneously to the agricultural sciences – of the legal research into alpine pasture farming, which has a strong historical orientation, which works closely together with agricultural history and ethnology and which, as its high point, ultimately yields its own monograph (Grass 1948 AT/T). The research into alpine pasture farming from the perspective of the legal sciences is particularly prevalent in Switzerland, Italy (the renewed introduction of community ownership in 2017) and Austria (in this case, mainly in the Tyrol), while it is almost completely absent in France.

From the 1980s onwards, this focal point of the legal sciences disappears, and with it, the research into alpine pasture farming in the legal sciences also falls into a very sharp decline. It is only the publication by Elinor Ostrom, "Governing the Commons" (Ostrom 1990 AL) and the Nobel Prize in Economic Sciences which was awarded to her in 2009 that finally puts this topic back on the agenda. This has seen the research into alpine pasture farming in the legal sciences experiencing a significant revival over the last two decades, with historians now becoming heavily involved in this topic in addition to students of law (publications by historians on legal issues are categorised here).

3.3.6 Research into buildings (Hau): 55 publications or 2 % of all titles

Since relatively simple buildings often survived on alpine pastures well into the 20th century, some of which represent the earliest or early forms of buildings in the valley, the buildings on the alpine pastures were quick to attract the interest of both laypersons and scientists. For a long time, the research into the buildings took place in the scope of geography and ethnology; however, with the internal changes in these subjects from the 1980s onwards, it often ground to a halt. Today, the research into the buildings mostly takes place within the scope of the preservation of historical monuments and the relevant open-air museums, but has a much lower status than it used to.

3.3.7 Linguistics (Spr): 31 publications or 1 % of all titles

As the names, terms and designations used in alpine pasture farming are usually dialect expressions for which no terms exist in standard language, and whose development and etymology is of considerable importance (not only for alpine pasture farming), traditional linguistics has the goal of precisely recording and analysing these words, with their regional variants and their respective meanings. For this purpose, linguistic atlases are compiled, particularly in Switzerland and Italy, which show, on the basis of numerous document locations, where which words are in widespread use and in which form, or how they differ from a geographical perspective. With the shift towards modern linguistics (i.e. the structure of a language), in the 1980s, this tradition fell into decline.

There are also two interdisciplinary fields of research in which alpine pasture farming plays a major role:

3.3.8 The research field of "Words and Objects" (W+S): 18 publications or just under 1 % of all titles

In this area – in the 1930s and 1940s in particular – linguists and ethnologists work very closely together, systematically collecting the names for certain things together, with the exact description of the respective objects (in the form of texts that are supplemented by drawings and/or photographs). The "Sprach- und Sachatlas Italiens und der Südschweiz" *(Atlas of Languages and Objects of Italy and Southern Switzerland)* (refer to Jud 1935 IT), which also covers alpine pasture farming, is the most detailed example of this. From the 1960s onwards, this field of research, which mainly took place in the Swiss and Italian Alps, disappears again.

3.3.9 Legal ethnography (publications are listed under ethnography)

This field of research, which is to be found in the area of ethnology and legal history which overlaps (including further overlaps with legal archaeology and legal iconography) first emerged in the 19th century, and had the goal of elaborating traditional legal structures and ideas from folk customs and folk sources (legends, fairy tales). For a long time, with its complicated traditional legal relationships, alpine pasture farming was an important topic in this respect (refer to CARLEN 1978-2007 AL); since the 1980s, however, the importance of alpine pasture farming in this field of research has declined quite considerably.

3.3.10 Bibliographies (Bib): 7 publications

To date, only seven bibliographies are to be found on the subject of alpine pasture farming: ANDEREGG 1894 CH, HAUSHOFER-HARTSCHIMMELHOF/RIEDMÜLLER 1954 DE, HOFMEISTER 1961 AL, MASINA et al. 2002 IT/TN, AA.VV. 2005 IT/TN, ALP Austria 2006 AT, SENEGAČNIK 1986 SI. These only address minor areas of the subject.

3.3.11 Varied publications (Div): 418 publications or 17 % of all titles

This primarily includes all publications which, due to the broad nature of their subject matter, cannot be assigned to a single subject area, which is often the case with collective works or with monographs on individual alpine pastures, which are frequently very broad in terms of their subject matter. Local history publications are also listed here, which usually address a wide range of subjects (these are particularly numerous in Romansh). Finally, publications are also listed here, the focus of which does not match the listed disciplines (e.g. publications by historians commenting on contemporary issues of alpine pasture farming), or which cannot be assigned to a discipline either by the author or by the title.

3.3.12 Popular publications (Pop): 179 publications, or 7 % of all titles

These are alpine hiking guides, guides to alpine cheese, reports on experiences of a summer in the Alps, presentations on selected alpine pastures for a wide public audience and illustrated books. Titles of this kind are only included here if they contain relevant content and/or are published by alpine associations. It is noticeable that most of these publications are recent (86 % of them were published after 1990). They represent an important form of public interest in alpine pasture farming which has been growing rapidly since 1990.

3.3.13 Synthesis – integrative alpine pasture research

The analyses of alpine pasture farming from the disciplines of agricultural science, geography, ethnography and the legal sciences overlap in many ways in terms of their content, but each has its own subject-specific objectives and scientific concepts. An integrative form of alpine pasture farming research which would combine these four disciplines in a systematic way never came into being; the most far-reaching approach in this direction was developed in Innsbruck in the 1940s, 1950s and 1960s, where legal scientists (Nikolaus GRASS), geographers (Hans Kinzl) and ethnographic experts (Hermann Wopfner) worked closely together, albeit without developing an overall interdisciplinary representation.

In view of these very different traditions and developments, it is understandable that an empirically-based overall representation of alpine pasture farming throughout the Alps constitutes a considerable challenge. There have only been two and a half attempts at this in the entire period covered by this bibliography, all having been presented in German:

- In 1940-41, Swedish geographer John Frödin presents the large, two-volume monograph "Zentraleuropas Alpwirtschaft" *(Central Europe's alpine pasture farming)*, which covered the entire Alps for the first time and which – inspired by Philippe Arbos – addresses "Almwirtschaftssysteme" *(alpine pasture farming systems)* (FRÖDIN 1940-41 AL).

- In 1962, Karl Ruppert (Munich) held a conference on "Alpine pasture farming geography" (HARTKE/RUPPERT 1964 AL), at which six experts from six countries with a share of the Alps gave in-depth and to an extent comparable presentations on the respective situation of alpine pasture farming in their countries; unfortunately, a composition was never created on this basis.

- Some time ago, Bavarian biologist Alfred Ringler, who is closely associated with agricultural sciences and environmental protection, presented the very detailed monograph "Almen und Alpen – Höhenkulturlandschaft der Alpen" *(Alps – High Altitude Cultivated Landscape of the Alps)* (RINGLER 2009 AL), which has an alpine-wide focus, contains detailed empirical analyses and in which ecological factors play a key role.

Therefore, important approaches have been made, but there are also large gaps, in terms of an alpine-wide perspective on alpine pasture farming.

3.3.14 The current situation

In the disciplines of geography, ethnology, research into buildings and linguistics, the research into alpine pasture farming plays a relevant role from the beginning of the 20th century until the 1980s, but noticeably declines in importance thereafter. The reason for this is not the alpine pasture farming itself, but the fact that in these disciplines – as is the case in many other disciplines in the humanities – the traditional orientation towards the rural way of life is replaced by a new orientation towards a modern, urban way of life and by pronounced scientific areas of specialisation. Although the research on alpine pasture farming in legal sciences also falls into decline from the 1980 onwards, it is rejuvenated by the new discussion surrounding "commons" from the 2000s onwards. It is only the agricultural sciences that are not affected by this reorientation, where the scientific examination of alpine pasture farming can be seen to play a relevant role throughout. This is because this still has a certain level of importance in the agricultural practices of the respective countries and regions, and is therefore indispensable to the education which is provided at colleges and universities.

The current tendency is for the research into alpine pasture farming to focus on the perspective of the agricultural sciences and to extend this by addressing ecological issues. In my opinion, this is particularly evident in the two major research projects of ALP Austria (AT) and AlpFUTUR (CH). This, however, means a narrowing of the content, which is why, with this bibliography, I also wish to argue that the relevant research and experience of the disciplines of geography, ethnology, law, research into buildings and linguistics should not be allowed to be forgotten.

3.4 EVALUATION OF PUBLICATIONS BY COUNTRY

The evaluation of the publications included in this bibliography clearly shows that research on alpine pasture farming varies greatly in the individual countries with a share of the Alps, and that specific national focal points and traditions exist in each case (refer to Table 4).

3.4.1 Switzerland

In terms of the number of publications on alpine farming, Switzerland is clearly in first place among the countries with a share of the Alps (705 publications, or 29 % of all publications recorded by this bibliography).

Due to the early, detailed recording of the situation of alpine pasture farming, the subject area of Swiss agricultural sciences address alpine farming at a very early stage, and soon publishes relevant general representations which play a leading role in the entire alpine region until the First World War. To date, alpine pasture farming plays a relevant role in Swiss agricultural sciences (17 % of all publications in Switzerland), which is once again impressively underlined by the major research project AlpFUTUR (2009 – 2013).

Despite the early and detailed statistics on alpine pasture farming, surprisingly, no attempts to create a specific "alpine pasture farming geography" emerge from within the Swiss community of geographers. Although alpine pasture farming remains a recurring topic (9 % of all publications in Switzerland originate from the field of geography), there are no separate analytical concepts for it, nor are there any monographs on alpine pasture farming from a geographical perspective, as is otherwise typical for most other countries.

Instead, alpine pasture farming in Switzerland is addressed particularly frequently and in great detail by the discipline of ethnology (21 % of all publications in Switzerland come from ethnology, including a particularly large number from the Valais), while Richard Weiss drafts the only ethnographic monograph on the subject of alpine farming in the entire alpine region for Grisons. (Weiss 1941 CH/GR). The ethnographic work in the alpine region is subsequently continued by his successor Arnold Niederer, who repeatedly addresses alpine pasture farming (Niederer 1980 AL). With the transformation of the subject of ethnology into "European ethnology" in Switzerland, however, this work is discontinued, and is gradually forgotten.

Due to the special political situation of Switzerland and its pronounced federalism, the research into alpine pasture farming from the perspective of the legal sciences and into community ownership plays a particular role (12 % of all publications in Switzerland are from this field, a concise overview is provided by Head-König 2020), and it is particularly pronounced here from an alpine-wide perspective.

In the disciplines of research into buildings, linguistics, "words and objects" and legal ethnology, Switzerland also occupies the leading position from an alpine-wide perspective, even though these publications are not particularly numerous in comparison with the other disciplines.

In summary, it can be said that alpine research in Switzerland is characterised by both its high level of quantity and a particularly pronounced breadth of expertise.

3.4.2 Italy

Some 560 publications address alpine pasture farming in the Italian Alps (= 23 % of all publications). This corresponds to second place among the countries with a share of the Alps.

Although the Italian Alps have an exceptionally high number of alpine pastures, there is a lack of detailed analysis on the situation of alpine pasture farming in the Italian Alps as a whole. Despite this, there is a particularly large body of regional and local work from various subjects, most of which, however, is not directly mutually comparable.

Agricultural publications on alpine pasture farming play an important role in Italy (they account for 26 % of all publications), and it is also noticeable that they increase sharply from the year 2000 onwards. Authors such as Luca Battaglini or Michele Corti stand out with numerous publications over the last two decades; from the alpine-wide perspective, this is exceptional.

In terms of the subject of geography, alpine buildings played an important role until the 1930s due to the importance of the research into buildings in the subject area of Italian traditional geography. There is no overall geographical representation of alpine pasture farming in the Italian Alps or in the individual alpine regions, and the publication by Roberto Pracchi still amounts to the most comprehensive presentation of Italian alpine farming by traditional Italian geography (Pracchi 1943 IT); however, it is only an essay (albeit one which is rich in material). In Italy, the number of geographical publications also fell noticeably after 1990. Overall, geographical publications account for 14 % of all Italian publications.

Ethnology, which is also referred to as anthropology in Italy, was relatively late (only after the Second World War) in addressing the subject of alpine pasture farming, although from 1980 onwards, there are increasing numbers of contributions from this subject area, the most important of which is Pier Paolo Viazzo (especially his summarising article, Viazzo 2004 AL). Some 17 % of all Italian publications fall under this subject heading, which means it is in second place behind agricultural sciences.

Anthropology has created its own scientific platform with the "Seminario Permanente di Etnografia Alpina/SPEA", in the scope of which alpine pasture farming is also repeatedly addressed (the "Atti di SPEA" are published in the yearbook of the "Museo degli Usi e Costumi della Gente Trentina", so far, 13 volumes between 1993 and 2014).

Additionally, the legal sciences only address alpine pasture farming at a late stage (from 1950 onwards), although their publications can be considered to be relevant (16 % of all publications in Italy). In the last two decades, there has been a particularly strong increase in the publications in Italy from perspective of the legal sciences. This is related to the fact that following from its abolition during the fascist period, community property is reintroduced with a nationwide law in 2017, which is associated with wide-ranging and varied debates (refer to Marinelli/Politi 2017 + 2019 IT, Rosati 2019 IT) and with new structures (Archivio Scialoja-Bolla, refer to the beginning of IT).

Research into buildings, linguistics and the research field of "words and objects" are all present in Italy, and they take second place behind Switzerland from an alpine-wide perspective.

3.4.3 Austria

Some 415 publications address alpine pasture farming in the Austrian Alps (= 17 % of all publications). This corresponds to third place among the countries that have a share of the Alps.

The University of Natural Resources and Applied Life Sciences in Vienna and the "Lehr- und Versuchsstelle" *(practical training centre)* for alpine pasture farming in Styria address alpine pasture farming as part of agricultural sciences at an early stage, and they continue to address this topic in detail to this day, with the ALP Austria project being the high point of this research. Some 25 % of all Austrian publications on alpine pasture farming are from the area of agricultural sciences.

The geographer Robert Sieger developed some early approaches for an "alpine pasture farming geography" (Sieger 1907 AL), which he built on further at his "Grazer Schule der Almgeographie" *(Graz School for Alpine Pasture Farming Geography)* (Sieger 1925 AT). A little later, the "Innsbrucker almgeographische Schule" *(Innsbruck School for Alpine Pasture Farming Geography)*, founded by Hans Kinzl, was established in Innsbruck (refer to Kinzl 1945 AT/T). In the 1970s, two large geographical monographs on alpine pasture farming in the Austrian Alps as a whole were published (Zwittkovits 1974 AT and Penz 1978 AT), and during this period, alpine pasture geography also played an important role at the level of the federal states (especially in Salzburg, Tyrol and Vorarlberg). In her overview of the fields of research in Austrian geography in 1975, Elisabeth Lichtenberger makes explicit reference to an "alpine pasture farming geography", which she considers part of the geography of rural areas (Lichtenberger 1975/AT; in the following article covering the period from 1975 to 1986, however, alpine pasture geography is no longer referred to as an independent sub-topic). From the 1980s onwards, alpine pasture farming geography also falls markedly in importance, and the number of its publications falls noticeably. Overall, the geographical publications on alpine pasture farming have a prominent position in Austria, and with 27 % of publications on alpine pasture farming, they come first in Austria.

The number of ethnographic publications on alpine pasture farming in Austria is low (just 6 % of publications), but this is compensated for by the publications by Innsbruck historian and ethnographer Hermann Wopfner, who presents alpine pasture farming in the Tyrol from the perspective of ethnology in a particularly thorough way (Wopfner 1942 AT/T).

The publications of the legal sciences on alpine pasture farming play a relevant role in Austria (12 % of all publications). In this respect, special reference should be made to the "rechtshistorische Schule der Almwirtschaft" (school of the legal history of alpine pasture farming) founded by the Innsbruck legal and cultural historian Nikolaus Grass, with the only monograph on alpine pasture farming from the perspective of legal sciences (Grass 1948 AT/T). Moreover, the Tyrol is currently the only alpine region in which there are, at present, major conflicts over community ownership, namely the ownership of agricultural communities (refer to Keller 2011 AT/T).

The close cooperation at the University of Innsbruck between Hans Kinzl (geography), Hermann Wopfner (ethnology) and Nikolaus Grass (legal sciences) sees Innsbruck becoming the focal point of the Alps-wide alpine pasture research between the 1940s and the 1960s (refer to Klein-Bruckschwaiger 1967 AT/T).

3.4.4 France

Some 332 publications address alpine pasture farming in the French Alps (= 14 % of all publications). This corresponds to fourth place among the countries that have a share of the Alps.

For a long time, alpine pasture farming played only a marginal role in French agricultural sciences. However, from the 1950s onwards – in conjunction with a series of new research institutions specifically set up in the Alps by the French state – it became very important, which is why agricultural publications on alpine farming are in first place in France (32 % of all French publications).

In the scope of the "Institut de Géographie Alpine" which was founded in Grenoble in 1907, a "géographie alpine" developed, which formed an important prerequisite for a systematic analysis of alpine pasture farming, which was presented at an early stage by Philippe Arbos (ARBOS 1922 FR). Arbos orients his work to the concept of the "genres de vie" by Paul Vidal de La Blache, which influenced the French human geography of the time, and on this basis, drafts "genres de vie pastorale", which bring the most varied aspects of alpine farming together into one unit. This concept is then developed further by Francois Rey (Rey 1930 FR/74) and Paul Veyret (Veyret 1951 AL), and shaped the French tradition of geographical alpine research until the 1980s. Overall, geographical publications on alpine pasture farming account for 25 % of all French publications.

Although one of the best-known French folklorists or ethnologists, Arnold Van Gennep, also carries out research in the

Alps (VANGENNEP 1916 FR/73, 1932 FR, 1946 FR/05), ethnographic or ethnological research on alpine pasture farming only plays a relatively minor role (12 % of French publications). It is particularly striking that there has been no cooperation at all with geography for a long time, which is of relevance to other countries that have a share of the Alps.

Alpine research from the perspective of the legal sciences (5 % of publications) is almost non-existent in France, because the dissolution of traditional community ownership first began in the wake of the French Revolution, and had long since been completed by the time that this bibliography begins (refer to Vivier 1998 FR). In France, only the current discussions following the work of Elinor Ostrom lead to relevant publications.

3.4.5 Germany

Some 155 publications address alpine pasture farming in the Bavarian Alps (= 6 % of all publications). This corresponds to fifth place among the countries that have a share of the Alps.

Agricultural research into alpine pasture farming, which begins at an early stage at Weihenstephan School of Agriculture, is still very important for the Bavarian Alps today (39 % of all publications, or first place in Germany).

In the context of geography, an independent "alpine pasture farming geography" develops at a relatively late stage. The geographer Carl Troll takes the publication of John Frödin's monograph (Frödin 1940-41 AL) as an opportunity to develop scientific considerations on the concept of "alpine pasture farming geography" (Troll 1944 AL), which he understood as being a sub-field of agricultural geography within the German scientific concept of "regional geography". Karl Ruppert (Munich) elaborates on this central idea in the 1960s and 1970s, placing it in his concept of the "Munich School of Social Geography" (Ruppert 1964 DE; most detailed implementation of the concept of alpine pasture farming geography: Penz 1978 AT).

With the disintegration of the traditional "regional geography" after the Kiel Geographers' Conference in 1969, alpine pasture farming geography in Germany appears to be outdated, although it experiences a brief blossoming again when, between 1975 and 1990, the work in the field of human geography experiences a short-lived upturn in the form of the "comparative geography of the high mountains" (Uhlig/Haffner 1984/AL, Grötzbach 1980/AL). After this, alpine pasture farming geography only has marginal importance in Germany. Overall, 10 % of the publications on alpine pasture farming in Germany are from the subject of geography.

Ethnographic works on alpine pasture farming are extremely rare, and account for only 3 % of all publications.

Legal studies on alpine pasture farming begin here relatively early, they can still be found today, and they account for 11 % of all publications on alpine pasture farming in Germany.

3.4.6 Slovenia

Some 97 publications – of which almost two thirds are in Slovenian – address the situation of alpine pasture farming in the Slovenian Alps (4 % of all publications). Although this only corresponds to 6th place among the countries that have share of the Alps, this figure alone makes it clear that research into alpine pastures in Slovenia should by no means be neglected.

The scientific research on alpine pasture farming first develops in Slovenia in the first half of the, and the mid, 20th century. The first publications are from the field of agricultural sciences (Spiller-Muys 1926 SI, Marsano 1932 SI; just 7 % of all publications in Slovenia were from this field) and geography (Ilešič 1931 AT, Jordan 1945 SI, Fajgelj 1953 SI). Anton Melik, one of the most important Slovenian geographers at that time, publishes the only monograph on alpine pastures farming in the Julian Alps in Slovenian (Melik 1950 SI). The publications of this time are clearly influenced by the research into international alpine pasture farming of the time.

The first (short) monograph to examine alpine pastures in the entire Slovenian Alps is presented in German by Metod Vojvoda, who is from the circle of the Munich School of Social Geography led by Karl Ruppert (Vojvoda 1969 SI). Vojvoda mainly looks at the social and economic geography of alpine pasture farming in the post-World War II period, which allows for comparisons to be made with older regional studies. In the 1980s, 1990s and 2000s, the geographical research on alpine pasture farming focuses on the analysis of the structural changes in alpine pasture farming (Senegačnik 1989 SI,

VOJVODA/SENEGAČNIK 1984 SI) and the drivers of change (PETEK 2005 SI). Overall, 25 % of all publications are from the subject area of geography. The geographical research on alpine pasture farming, which has taken place since the mid-20th century, usually contains more extensive statistical analyses, which are particularly important because there are no other statistics on alpine pasture farming in Slovenia.

In the field of ethnology, the research into alpine pasture farming develops within the scope of the "Alpes Orientales", an international group of experts studying the Eastern Alps. This research structure was initiated by the Institute of Ethnology (ISN) of the Slovenian Academy of Sciences and Arts (SAZU) in 1956, and there were regular, interdisciplinary conferences, the proceedings of which represent important building blocks for the comparative study of the very ethnologically diverse, but historically, geographically and culturally closely interwoven Eastern Alps (NOVAK 1961 SI,CEVC 1969 SI); of these, the 6th conference in 1970 was explicitly dedicated to "pastoral culture" (CEVC 1972 SI, MATIČETOV 1972 SI). Tone Cevc, a member of the ISN, subsequently systematically researched alpine pasture life and work on Velika planina and in Bohinj (CEVC 1972 and 1992 SI), focusing on the development and typology of shepherds' huts (CEVC 1995 SI).

In recent years, ethnologist Špela Ledinek Lozej has been researching alpine pasture life (LEDINEK LOZEJ 2013 and 2016 SI), and ethnological research into alpine pasture farming has also been carried out at the Gorenjski and Goriški museums (NOVAK 1968 and 1989 SI, KRIŽNAR 1974 and 1984 SI), and more recently at the Tolminski museum (GREGO/MILINAR 2019 SI). With 35 % of all publications, folklore/ethnology is at the forefront of the Slovenian alpine pasture farming research.

The research into the situation of alpine pasture farming in earlier times, which goes beyond the scope of this bibliography, is carried out by archaeologists, paleo-ecologists and historians. In recent decades, the alpine pasture farming research in Slovenia has largely been carried out by ethnologists, archaeologists and paleo-ecologists.

3.4.7 International level

Ethnologists from the USA have repeatedly conducted field research in the Alps – especially frequently in the 1970s – in which alpine pasture farming and community ownership play a relevant role. This research work always focuses on selected individual examples, and the American researchers start from completely different research questions and use completely different methods from their European colleagues (refer to NIEDERER 1983/CH). As their results are published in recognised scientific publishing houses and journals in the USA, they succeed in raising the profile of the alpine pasture farming of the Alps worldwide (refer to the keyword "USA ethnologists" in the subject index) – in contrast to publications from the alpine countries, which are generally little noticed outside the Alps.

The best known representative is Robert McC. Netting, who completes fieldwork in Valais, Switzerland in the 1970s (NETTING 1981 CH/VS). His findings are later taken up and cited by Elinor Ostrom in her book "Governing the Commons" (OSTROM 1990), which gives alpine pasture farming a relevant role in the global discussions on the meaning of community ownership.

3.5 SIX DIFFERENT DISCUSSION CONTEXTS IN THE ALPINE REGION

Even though the discussions on alpine pasture farming in the individual countries have specific national focuses and traditions, it remains theoretically possible for an alpine-wide discussion context to exist. This has only developed to a very limited extent for the following four reasons, however:

Firstly, there are very few empirically based and comparative studies on alpine pasture farming in the alpine region as a whole (refer to Section 3.3.13).

Secondly, the most important works on alpine pasture farming are never translated into other languages, so they are not generally accessible throughout the Alps. Although it is the case that Switzerland, a country with four official languages, could do the communicative mediation work the most easily, the multilingual Swiss publications only focus on the conditions in Switzerland and do not look beyond the Swiss border; and Swiss peculiarities also exist in central terms of alpine pasture farming (refer to Sections 2.2.2 + 2.2.3). Furthermore, the translations by TRIENTL (1870 AT) and WILHELM (1868 AT) into Italian and Slovenian are not the reflection of an alpine-wide discussion, but of the multilingual nature of the Habsburg Empire. For some time, there have been publications that cross country borders, often in several languages (e.g. Mayer et al. 2020 DE/OBB, Woolf/Viazzo 2002 IT/AO, APT 2001 IT/FV, Chiopris 2014 IT/FV, Koroschitz 2010 AT/K). However, these are the results of cross-border regional cooperation; and as welcome as these initiatives are, they are not yet an expression of region-spanning discussion contexts.

Thirdly, due to the considerable difficulties and high costs associated with multilingualism in the alpine region, the alpine-wide political discussions have, for some time, increasingly been conducted in English. Although this is particularly difficult in the case of the topic of alpine pasture farming (refer to Sections 1.5, 2.1, 2.2), it is still possible to ask what role English plays in this today. The result is very clear: English only has a marginal place in the discussions on alpine farming – just 3 % of all publications are in English, and even over the last two decades this figure is still just 5 %. In this context, Slovenian authors use English the most frequently in relative terms (their native language is little understood either in the Alps or in Europe), followed by Swiss authors (in the Swiss academic system, English now has a particularly high status), while in the other countries it barely plays any role at all. Moreover, the publications in English mostly present the results of highly specialised individual research, which means that English has very little significance in the alpine-wide discussion on alpine pasture farming.

Fourthly, *all the* summarising and balancing monographs of the individual states and regions focus exclusively on their own territory and do not look across the border at “foreign” alpine regions. The central prerequisite for an alpine-wide discussion therefore is missing at the grass roots level, namely, a reflected placing of the local/regional alpine pasture farming in its alpine-wide context.

These four points make it clear that an alpine-wide discussion on alpine pasture farming only exists at the rudimentary level. However, this not only relates to the individual language areas (German, French, Italian, Slovenian), between which almost no discussion takes place, but also to the country borders, which also have a great separating effect.

This is true for the French-speaking alpine areas in France, in the Aosta Valley and in Switzerland, the Italian-speaking alpine areas in Italy and Switzerland, the German-speaking alpine areas in Germany, Austria, Switzerland, Liechtenstein and South Tyrol, as well as the Slovenian-speaking alpine regions in Slovenia, Italy and Austria, between which, despite a regular and institutionalised exchange of information (refer to Zeller 1968 + 1994 AL), almost no common discussion takes place.

It can therefore be stated that there are six different discussion contexts in the alpine area concerning the topic of alpine pasture farming, of which the discussions in the Slovenian Alps are most open to the outside (towards the Italian and Austrian Alps):

- The Bavarian (German) Alps
- The Austrian Alps (including South Tyrol)
- The Swiss Alps
- The French Alps
- The Italian Alps (without South Tyrol)
- The Slovenian Alps

In view of this situation, this bibliography also has the task of improving the mutual knowledge of alpine pasture farming throughout the alpine region and intensifying alpine-wide cooperation.

4. EXPLANATIONS REGARDING THE USE OF THIS BIBLIOGRAPHY

4.1 CONTENT OF THIS BIBLIOGRAPHY (SUMMARY OF THE INTRODUCTION 1.3)

Publications on alpine pasture farming in the proper sense, i.e. their forms of use, economic structures, forms of ownership and law, their customs as well as the alpine buildings and named property. Start: 1859, end: 31 12 2020.

This means the exclusion of the following topics from the contents:

- No publications on the natural conditions, vegetation, animal health or the natural quality of the alpine pasture farming produce.
- No monographs on agriculture or on individual alpine communities, valleys and regions.
- No publications at the level of the upland pastures ("Maiensäße") or the woodland within the alpine pastures.
- No purely historical representations (the situation of alpine pasture farming before 1860).
- No publications on the specific improvements to alpine pasture farming, including the development of the alpine pastures due to roads or cable cars.
- No reports about the results of alpine pasture farming funding projects.
- No tourist guides to alpine pastures/hiking guides, alpine cookery books, narrative-based or literary descriptions of life on alpine pastures.
- No historical documents, archive records.

4.2 FORMAL EXCLUSION CRITERIA

- No seminar papers, term papers or exams from universities
- No internal reports from agricultural or alpine pasture farming offices and organisations.
- No publications with less than ten printed pages.

4.3 OUTLINE AND SUBDIVISIONS

The bibliography starts with the publications which relate to the entire alpine region. These are followed by the publications which address the situation of alpine pasture farming in the seven countries that have a share of the Alps, which are listed in alphabetical order of their names (in german language): Germany (DE), France (FR), Liechtenstein (FL), Italy (IT), Austria (AT), Switzerland (CH) and Slovenia (SI).

At the beginning of each individual country are first those publications that concern the entire alpine region of that country, followed by the individual "regions", where Liechtenstein and Slovenia are not subdivided. The "regions" and their order are based on the official statistics of the respective countries.

4.4 INFORMATION AT THE BEGINNING OF EACH GEOGRAPHICAL UNIT

At the beginning of each geographical unit (country or "region"), the following information is given in bullet form before the corresponding publications:

- Comments and explanations on the geographical unit if it has changed since 1860 or if the geographical assignment is ambiguous.
- The relevant alpine pasture farming associations with their magazine and website (if available).
- Internet sites providing important information for the alpine pasture farming of this geographical unit (often internet sites with a considerable amount of material).
- Reference to any existing alpine pasture farming statistics (to be able to find them quickly).
- Reference to monographs on alpine pasture farming that cover larger sub-areas (not individual cases) to be able to find the central publications quickly.

4.5 REGARDING THE BIBLIOGRAPHICAL RECOGNITION

The individual publications are recorded according to the following criteria:

- Only titles in German, French, Italian, English, Slovenian and Romansh are included.
- Titles are recorded as accurately as possible (no bibliographic abbreviations), and usually include the page numbers of books, monographs and brochures.
- All the titles are recorded according to the bibliographic recognition criteria of the respective countries. The following terms are used (only the terms that are used are mentioned):

German	French	Italian	English	Romansh	Slovenian
Hrsg.	sous la direction de	a cura di	editor	editur	urednik
Verlag	éditeur	editore/edizioni	publisher	chasa editura	založba
Band	tome/volume	volume	volume	volüm	zvezek
Auflage	édition	edizione	edition	ediziun	izdaja
S.	p.	pp.	p.	p.	str.
Nachdruck	réédition	riedizione	–	–	–
Tagungsband	actes	atti	–	–	–
Bericht	bulletin	bollettino	–	–	–
Zeitschrift	revue	rivista	–	–	–
Jahrbuch	annales	annali	–	–	–
Heft	cahier	quaderno	–	–	–
Führer	guide	guida	–	–	–
Div. Autoren	auteurs	AA.VV. (autori vari)	–	–	–

In the case of anthologies, the full title is given only once, and at this point the individual contributions included in this bibliography (not all contributions were included according to the selection criteria) are referred to with “siehe (vedere/voir)” (with the abbreviation of the geographical units as in the table of contents); in the case of individual contributions, the note that the main entry (HE) is in the other place (with reference to the geographical unit) appears after the title.

Abbreviations are listed in the table of contents and in the headings for all geographical units used. These abbreviations are used in this bibliography for cross-references and the indexes.

4.6 ASSIGNMENT OF TITLES TO A SUBJECT AREA

For all titles, the subject area from which the publication originates is noted at the end of the entry. The following abbreviations are used:

Statistics on alpine pasture farming	(Sta)
Agricultural sciences	(Agr) (including publications from alpine pasture farming associations)
Geography	(Geo)
Folklore/Ethn./Anthr.	(Vol)
Legal sciences	(Rec)
Linguistics	(Spr)
Research into buildings	(Hau)
“Words + Objects”	(W+S)
Bibliographies	(Bib)
Varied publications	(Div) (very wide range of topics)
Popular publications	(Pop) (publications for a wide audience)

BIBLIOGRAPHIE
ALM- UND ALPWIRTSCHAFT IM ALPENRAUM

BIBLIOGRAFIA
ALPICOLTURA NELLE ALPI

BIBLIOGRAPHIE
ÉCONOMIE PASTORALE DANS LES ALPES

BIBLIOGRAFIJA
PLANINSKO GOSPODARSTVO V ALPAH

BIBLIOGRAPHY
ALPINE PASTURE FARMING IN THE ALPS

1. GESAMTER ALPENRAUM/ENTIRE ALPINE REGION (AL)

An dieser Stelle werden Publikationen verzeichnet, die den gesamten Alpenraum oder größere Teile des Alpenraumes (Alpengebiete in mehreren Staaten) thematisieren, oder die den gesamten Alpenraum oder größere Teile von ihm explizit in den europäischen oder mediterranen Kontext stellen. Deutschsprachige Titel zu den „Ostalpen" (behandelte Gebiet in der Regel: Österreichische Alpen, Bayerische Alpen und Südtirol) und Publikationen, die sich auf das Arbeitsgebiet des Deutschen und Östereichischen Alpenvereins beziehen, werden unter „Österreichische Alpen" verzeichnet.

Publications are listed here which adress the alpine region as a whole or large parts of it (alpine regions in several countries) or which explicitly place the alpine region as a whole, or large parts of it, in the European or Mediterranean context. German language publications about the "Ostalpen" (the Eastern Alps, i.e. the Austrian and Bavarian Alps and the South Tyrol) and publications which refer to the working area of the German and Austrian Alpine Associations, are listed under the "Austrian Alps".

Alm- und alpwirtschaftliche Organisationen/
Alpine pasture farming organizations:
Solche Strukturen gibt es nicht. Es gibt jedoch die „Internationalen Alm-/Alpwirtschaftstagungen", die seit 1961 alle zwei Jahre an wechselnden Orten durchgeführt werden (zuletzt: 2010 in Gonten CH/AR, 2012 in Bruneck IT/BZ, 2014 im Großen Walsertal AT/V, 2016 in Kranjska Gora/SI, 2018 in Garmisch-Partenkirchen DE/OBB, 2022 in Visp CH/VS) und die dem wechselseitigen Austausch dienen. Siehe dazu Zeller 1994 AL und SAV 2013 CH, S. 48. Ansätze für den Aufbau eines alpenweiten alm-/alpwirtschaftlichen Verbandes gab es im Rahmen von ALP Austria, des Projekts „Réseau Alpestre francophone" (Interreg-Finanzierung) und der Internationalen Alm-/Alpwirtschaftstagungen (siehe Zeller 1994 AL).

Organisations of this kind do not exist. International alpine pasture farming meetings do take place however, which have been held two years at alternating locations since 1961 (most recently, 2010 in Gonten CH/AR, 2012 in Bruneck IT/BZ, 2014 in Großes Walsertal AT/V, 2016 in Kranjska Gora SI, 2018 in Garmisch-Partenkirchen DE/OBB, 2022 in Visp CH/VS), and which serve the purpose of shared discussions. In this respect, refer to Zeller 1994 AL and SAV 2013 CH, p. 48. Attemps to develop an alpine pasture farming organization for the Alps as a whole have been made in the scope of ALP Austria, in the "Réseau Alpestre francophone" project (financed by Interrreg) and in the scope of the international alpine pasture farming meetings (refer to Zeller 1994 AL).

Internetseiten/Websites:
www.verba-alpina.gwi.uni-muenchen.de Projekt Verba alpina (DE, FR, IT, SL, RG, EN)

Alm-Alpstatistiken:
–

Monographien:
Frödin 1940/41
Hartke/Ruppert 1964
Nowotny 1991
Ringler 2009
Schuppli 1935
Spann 1923
Stebler 1903
Werner 1981
Wilckens 1874

Publikationen:

ABRAHAM, Raimund J./DAPRA, Josef (1963): *Elementare Architektur.* Residenz-Verlag, Salzburg, 74 S. Nachdruck: Verlag Anton Pustet, Salzburg 2001 (Hau).

AGfB, Hrsg. (1968): *4. internationale Alpwirtschaftstagung – Vorträge und Diskussionen.* Veranstaltet von der Arbeitsgemeinschaft für Bergbauernfragen (AGfB) vom 30.08. bis 03.09. 1967 in Oberstdorf. Bayerischer Landwirtschaftsverlag, München/Basel/Wien, 125 S. (= Bayerisches landwirtschaftliches Jahrbuch 45, Sonderheft 1) (Agr).

Siehe ULMER 1968 AT, AA.VV. 1968 IT, BRÜCKER 1968 CH, RUPPERT 1968 DE, SILBERNAGL 1968 DE/OBB, BRUGGER 1968 AT/T, ZELLER 1968 AL.

Alparc (2001): *Gestion des alpages – gestione degli alpeggi – Almwirtschaft.* Alparc, Chambéry, 116 S. (= Les Actes du Réseau Alpin Espaces Protégés 2) (Div).

ARBOS, Philippe (1923): *The geography of the pastoral life, illustrated with European examples.* In: Geographical Revue (New York) 13, p. 559-575 (Geo).

ArgeAlp, Hrsg. (2001): *Alpwirtschaftliche Nutzungsformen/ Economia alpestre e forme di sfruttamento degli alpeggi.* Historikertagung/Convegno Storico Bellinzona 1996. Verlagsanstalt/Casa editrice Athesia, Bozen/Bolzano, 211 S. (= Schriftenreihe der Arbeitsgemeinschaft Alpenländer/ Collana della Comunità di lavoro regioni alpine) (Div).

Siehe MATHIEU 2001 AL, STADLER 2001 AT/V, TESTORELLI 2001 IT/LO, KOLLER 2001 AT/S, CHIESI 2001 CH/TI, GIACOMONI 2001 IT/TN, NÖSSING 2001 IT/BZ.

AVA (1999): *Presente e futuro dei pascoli alpini in Europa. Fra tradizione ed innovazione. Bisogni, novità tecniche, implicazioni culturali ed ambientali.* A cura di: Associazione per la valorizzazione degli alpeggi/AVA. FrancoAngeli, Milano, 236 pp. (Agr).

BÄTZING, Werner (1997): *Stichworte „Alm/Alp", „Almbrauchtum", „Alm-/Alprechte" und „Alm-/Alpwirtschaft".* In: Werner BÄTZING: *Kleines Alpen-Lexikon. Umwelt – Wirtschaft – Kultur.* Verlag C. H. Beck, München. S. 15-23 (= Beck'sche Reihe 1205) (Geo).

BARTOSIEWICZ, László/GREENFIELD, Haskel J., Hrsg. (1999): *Transhumant Pastoralism in Southern Europe. Recent Perspectives from Archaeology, History and Ethnology.* Anchor Publ., Budapest, 245 p. (= Archaeolingua alapítvány – series minor 11) (Vol).

See CEVC 1999 SI, SENEGAČNIK 1999 SI, SMERDEL 1999 SI.

BATICLE, Yves (1974): *L'élévage ovin dans les pays européens de la Méditerranée occidentale.* Thèse de doctorat dans Histoire locale. Éd. Belles Lettres, Paris, 598 p. (= Publications de l'Université de Dijon XLVII) (Div).

Comparaison Espagne, Italie, France.

BAZZANELLA, Marta/KEZICH, Giovanni, editors (2020): *Shepherds Who Write. Pastoral graffiti in the uplands of Europe from prehistory to the modern age.* BAR Publishing, Oxford, 256 p. (= BAR International Series) (Vol).

BERGIER, Jean-François (2001): *Histoire de l'économie alpine – concepts et périodisation. Quelques idées.* Dans: Erreffe n. 43, pp. 13-16 (HE: VIAZZO/WOOLF 2001 AL) (Div).

BERLEPSCH, Hermann Alexander von (1861): *Sennenleben in den Alpen/Der Geißbub/Alpstubeten oder Aelplerfest.* In: Hermann Alexander BERLEPSCH: *Die Alpen in Natur- und Lebensbildern.* Verlagsbuchhandlung Hermann Costenoble, Leipzig, S. 331-352/361-372/385-396; 5., vermehrte und verbesserte Auflage 1885, Nachdrucke 2010, 2014, 2016 (Div).

- English edition: *Chalet Life in the Alps/The Goat-Boy/"Alpstubete" or Alpine Feast.* In: Hermann Alexander von BERLEPSCH: *The Alps or sketches of life and nature in the mountains.* Translated by Leslie Stephen. Longman, Green, Longman and Roberts, London 1861, p. 306-326/ 334-344/356-367, reprints 2011, 2015, 2019.
- Édition française: *Économie alpestre/Les Gardeurs de Chévres ou de mountons/Les Fêtes pastorales.* Dans: Hermann Alexander von BERLEPSCH: *Les Alpes – descriptions et récits.* H. Georg, Bâle/Genève 1868, p. 318-347/ 353-367/380-393; réédition 2014.

BEUERMANN, Arnold (1960): *Formen der Fernweidewirtschaft: Transhumanz – Almwirtschaft – Nomadismus.* In: Deutscher Geographen-Tag in Berlin 1959 – Tagungsbericht und wissenschaftliche Abhandlungen. Franz Steiner Verlag, Stuttgart, S. 277-290 (Geo).

Blache, Jules (1965): *Traits généraux de l'exploitation agro-pastorale*. Dans: Revue de Géographie Alpine 53, n° 4, p. 561-604 (Geo).

Blache, Jules (1934): *Les types de migrations pastorales montagnardes. Essai de classification*. Dans: Revue de Géographie Alpine 22, n° 2, p. 525-531 (Geo).

Trois types: Le nomadisme – la transhumance – l'estivage. La transhumance si divise à „type méditerranéen" et „type tropical", toutes les deux avec les formes „ascendant – descendant".

Blache, Jules (1933): *L'homme et la montagne*. Librairie Gallimard, Paris, 190 p. (= Géographie Humaine) (Geo).

Présentation au niveau globale; „la transhumance méditerranéenne" et „la vie pastorale alpestre (type helvétique)" jouent un rôle important. Compte rendu de Philippe Arbos dans: Revue de Géographie Alpine 22/1934, n° 4, pp. 851-860.

Boesch, Hans (1951): *Nomadismus, Transhumanz und Alpwirtschaft*. In: Die Alpen - Zeitschrift des Schweizer Alpen-Club (SAC) 27, S. 202-207 (Geo).

Brakensiek, Stefan (2000): *Gemeinheitsteilungen in Europa. Neue Forschungsergebnisse und Deutungsangebote der europäischen Geschichtsschreibung*. In: Jahrbuch für Wirtschaftsgeschichte 41, Heft 2, S. 9-15 (= Einführungsartikel in das Themenheft *Gemeinheitsteilungen in Europa. Die Privatisierung der kollektiven Nutzung des Bodens im 18. und 19. Jahrhunderts*) (Rec).

Siehe Beaur 2000 FR, Vivier 2000 FR.

Bravo, Giangiacomo (2001): *Dai pascoli ad internet. La teoria delle risorse comuni*. In: Stato e Mercato – rivista quadrimestrale (Bologna) 21, n. 63, pp. 487-512 (Rec).

Brisebarre, Anne-Marie/Lebaudy, Guillaume/Vidal González, Pablo (2018): *Où pâturer?* Cardère éditeur, Avignon, 176 p. (Agr).

Caldera, Beppe (2012): *Formaggi d'altura. 175 alpeggi di 75 valli in tutto l'arco alpino*. Vivalda Ed., Torino, 255 pp. (Pop).

Carlen, Louis/Imboden, Gabriel, Hrsg. (1994): *Alpe – Alm. Zur Kulturgeschichte des Alpwesens in der Neuzeit. Vorträge des dritten internationalen Symposiums zur Geschichte des Alpenraums, Brig 1993*. Forschungsinstitut zur Geschichte des Alpenraums. Rotten-Verlag, Brig 1994, 176 S. (= Veröffentlichungen des Forschungsinstituts zur Geschichte des Alpenraums Stockalperschloss Brig Bd. 3) (Rec).

Siehe Burmeister (AT/V), Werner (DE/OBB), Niederer (CH).

Carlen, Louis, Hrsg. (1978-2007): *Forschungen zur Rechtsarchäologie und Rechtlichen Volkskunde*. Schulthess-Verlag, Zürich, Band 1/1978 bis Band 24/2007 (Rec).

In dieser Zeitschrift spielt die Alm- und Alpwirtschaft stets eine gewisse Rolle. In der Nachfolgezeitschrift „Signa Iuris – Beiträge zur Rechtsikonographie, Rechtsarchäologie und Rechtlichen Volkskunde" (Peter Junkermann-Verlag, Halle/Saale, Bd. 1/2008 ff.) tritt sie dagegen deutlich zurück.

Carlen, Louis (1970): *Das Recht der Hirten. Zur Rechtsgeschichte der Hirten in Deutschland, Österreich und der Schweiz*. Österreichische Kommissionsbuchhandlung, Innsbruck, 235 S. (= Studien zur Rechts-, Wirtschafts- und Kulturgeschichte Bd. 7) (Rec).

Carrier, Elsé Haydon (1932): *Water and Grass. A Study of the Pastoral Economy of Southern Europe*. Christophers, London, 434 p. (Geo).

Rezension von Philippe Arbos in: Revue de Géographie Alpine 21/1933, n° 4, p. 860-863.

Carrier, Nicolas/Mouthon, Fabrice (2010): *Paysans des Alpes. Les communautés montagnardes au Moyen Âge*. Presses Universitaires de Rennes, Rennes, 417 p. (Rec).

Erster Gesamtüberblick über diese Thematik, sehr systematisch angelegt (communautés paysannes, paroissiales, familiales); wegen der Bedeutung für die Gegenwart wird dieser historisch ausgerichtete Text in diese Bibliographie aufgenommen.

Premier aperçu général de ce sujet, très systématique (communautés paysannes, paroissiales, familiales). Le texte est inclus dans cette bibliographie en raison de sa pertinence pour le présent.

Charbonnier, Quentin/Romagny, Thomas, coordination (2012): *Pastoralismes d'Europe – rendez-vous avec la modernité!* Association Française de Pastoralisme et Assemblé permanente des chambres d'Agricultures (sous la direction de). Cardère éditeur, Avignon, 176 p. (= Revue „Pastum", série séminaires) (Agr).

Collis, John/Pearce, Mark/Nicolis, Franco, editors (2016): *Summer farms. Seasonal exploitation of the uplands from prehistory to the present.* J. R. Collis Publications, Sheffield, 247 p. (= Sheffield Archaeological Monographs 16) (Div).
See Carrer 2016 IT/TN, Collis et al. 2016 IT/TN.

Davies, Elwyn (1941): *The patterns of transhumance in Europe.* In: Geography 26, no. 4, p. 155-168 (Geo).

Debarbieux, Bernard/Duclos, Jean-Claude et al. (1999): *Transhumances.* Éditions Glénat, Grenoble, 113 p. (= Revue L'ALPE n° 3) (Pop).

Demélas, Marie-Danielle/Vivier, Nadine, sous la direction de (2003): *Les propriétés collectives face aux attaques libérales (1750 – 1914). Europe occidentale et Amérique latine.* Presses Universitaires de Rennes, Rennes, 328 p. (Rec).
Régions dans les Alpes: Allemagne, Suisse, France, Italie.

Di Maio, Marziano (1977): *I formaggi delle Alpi.* In: Rivista della Montagna (Torino) VIII, n. 29, pp. 128-135 (Pop).

Dodgshon, Robert A./Olsson, E. Gunilla A. (2007): *Seasonality in European Mountain Areas. A study in human ecology.* In: Palang, Hannes/Soováli, Helen/Pointsman, Arnu (ed.): *Seasonal Landscapes.* Springer, Dordrecht, p. 85-101 (= Landscape Series 7) (Div).

Dumont, Bertrand, coordinateur (2018): *L'élevage en Europe – une diversité de services et d'impacts.* Institut National de la Recherche Agraronomique/INRA, Paris, 160 p. (= INRA Productions Animales 30, n° 4, Numéro special) (Agr).

Eibl, Jutta/Kremer, Daniela (2009): *Almwirtschaft im Alpenraum – Glossar Deutsch, Französisch, Italienisch/Économie alpestre dans les Alpes – glossaire allemand, français, italiano/Economia alpestre nell'arco alpino – glossario tedesco, francese, italiano.* Institut für Translationswissenschaft der Universität Innsbruck, Innsbruck, 138 S. (Spr).

Forni, Gaetano (2004): *Preistoria e protostoria della malga nell'arco alpino.* In: SM – Annali di San Michele 17, pp. 157-180 (HE: Kezich/Viazzo AL) (Vol).

Fritsché, Emma (1913): *La Transhumance – étude de géographie humaine.* Dans: Bulletin de la Société Royale de Géographie d'Anvers XXXVI, p. 105-126 (Geo).

Frödin, John (1940-1941): *Zentraleuropas Alpwirtschaft.* H. Aschehoug & Co., Oslo, 2 Bände, 411 und 579 S. (= Instituttet for sammenlignende Kulturforskning, Serie B: Skrifter, Bd. 38, 1 + 2) (Geo).
Band 1: Einleitung. 1. Teil: Alpwirtschaft in Gebieten nördlich von den Alpen (Riesengebirge, Schwarzwald, Vogesen, Schweizer Jura, Schweizer Mittelland). 2. Teil: Die Naturverhältnisse der Alpen (Oberflächenformen, Klima, Pflanzendecke). 3. Teil: Die Alp- und Sennwirtschaft in den französischen Alpen (Das Gebiet der Dauersiedlungen; Die Viehzucht und ihre Veränderungen; Die Viehzucht im Winter und die Futterproduktion; Die Weiden; Die Organisation der Alpwirtschaft – sehr stark untergliedert; Die alpwirtschaftliche Besiedlung; Die Milchproduktion der Alpwirtschaft; Die Unterhaltung und Verbesserung der Weiden; Die gegenwärtige Verwendung der Alpweiden - Veränderungen und Rückgang der Alpwirtschaft.
Band 2: 4. Teil: Die Alp- und Sennwirtschaft in den Schweizer Alpen (Das Gebiet der Dauersiedlungen; Die Viehzucht und ihre Veränderungen; Die Viehzucht im Winter und die Futterproduktion; Die Weiden; Die Organisation der Alpwirtschaft – sehr stark untergliedert; Die Dauer der Alpzeit; Die alpwirtschaftliche Besiedlung; Die Milchwirtschaft auf den Alpen; Die Unterhaltung und Verbesserung der Alpen; Gegenwärtige Benützung der Alpweiden; Veränderungen und Rückgang der Alpwirtschaft). 5. Teil: Die Alp- und Sennwirtschaft in den Ostalpen (Das Gebiet der Dauersiedlungen; Die Viehzucht und ihre Veränderungen; die Gewinnung von Heu und Winterfutter; Die Weiden; Die Organisation der Alpwirtschaft – sehr stark untergliedert; Die Dauer der Alpzeit; Die alpwirtschaftliche Besiedlung; Die Milchprodukte auf den Alpen; Gegenwärtige Benützung der Alpweiden; Veränderungen und Rückgang der Alpwirtschaft; Verschiebungen der Grenzen des Gürtels mit Sennereibetrieb.
Erste alpenweite Darstellung der Alpwirtschaft. Die Teile 3-5 werden in dieser Bibliographie einzeln aufgeführt, siehe Frödin FR, CH, DE, AT, IT, SI.
Compte rendu de Philippe Arbos dans: Revue de Géographie Alpine 30/1942, n° 1, p. 193-198.

Frödin, John (1929): *La distribution et les types divers de l'habitat d'estivage en Europe.* Dans: Svensk Geogr. Arsbok (Lund) 5, S. 176-194 (Hau).

Gambicorti, Mauro (2017): *Über Gletscher und Grenzen. Die jahrtausendealte Tradition der Transhumanz in den Alpen*. Mit einem Essay von Anja Salzer. Edition Raetia, Chur, 256 S. (Pop).

Viehwanderungen von Südtirol über die Grenze: Von Mals nach Rasass (CH/GR), vom Vinschgau ins Ötztal (AT/T), vom Pfitschtal ins Zillertal (AT/T), vom Ahrntal ins Krimmler Achental (AT/S) und von Taufers zu den Almen Jagdhaus (Osttirol) und Seebach (AT/S).

Garnsey, Peter (1986): *Mountain Economies in Southern Europe. Or: Thoughts on the Early History, Continuity and Individuality of Mediterranean Upland Pastoralism.* In: Markus Mattmüller (Hrsg.): *Wirtschaft und Gesellschaft in Berggebieten/Économies et sociétés de montagne.* Schwabe-Verlag, Basel, p. 7-29 (= Itinera 5/6) (Div).

Girardin, Paul (1947): *Les paysages alpestres en liaison avec les abbayes, les pélérinages et les saints de la montagne.* Dans: Geographica Helvetica 2, S. 65-74 (Geo).

Grass, Nikolaus (1990): *Alm und Wein. Aufsätze aus Rechts- und Wirtschaftsgeschichte*. Hrsg. von Louis Carlen/Hans Constantin Faussner. Weidmann-Verlag, Hildesheim, 435 S. (Rec).

Grass, Nikolaus (1964): *Almrecht, Almzwang, Älpungsvertrag.* In: Wolfgang Stammler/Adalbert Erler/Ekkehard Kaufmann (Hrsg.): *Handwörterbuch zur deutschen Rechtsgeschichte*. Verlag Erich Schmidt, Berlin, Band 1, Lieferung 1, S. 123-133 (Rec).

Grass, Nikolaus (1964): *Forschungen zur Rechtsgeschichte der Alpwirtschaft. Ein Literaturbericht vornehmlich über Innsbrucker Dissertationen*. In: Zeitschrift der Savigny-Stiftung für Rechtsgeschichte, Germanistische Abteilung 81, S. 368-378. Wiederabdruck in: Nikolaus Grass: *Alm und Wein*. Hildesheim 1990, S. 368-378 (HE: Grass 1990 AL) (Rec).

Grass, Nikolaus (1959): *Die Almwirtschaft in Geschichte, Volkstum und Recht*. In: *Festschrift Karl Gottfried Hugelmann zum 80. Geburtstag*. Scientia-Verlag, Aalen, Bd. 1, S. 159-188. Wiederabdruck in: Nikolaus Grass: *Alm und Wein*. Hildesheim 1990, S. 65-94 (HE: Grass 1990 AL) (Rec).

Grass, Nikolaus (1952): *Fluchtrechte in den Alpenländern*. In: Juristische Blätter (Wien) 74, S. 227-229. Wiederabdruck in: Nikolaus Grass: *Alm und Wein*. Hildesheim 1990, S. 105-109 (HE: Grass 1990 AL) (Rec).

Grass, Nikolaus (1948): *Zur Kontinuität im bäuerlichen Rechte der Alpenländer.* In: Zeitschrift der Savigny-Stiftung für Rechtsgeschichte, Germanistische Abteilung 66, S. 516-524. Wiederabdruck in: Nikolaus Grass: *Alm und Wein*. Hildesheim 1990, S. 96-104 (HE: Grass 1990 AL) (Rec).

S. 518/98: „Das Alpengebiet zeichnet sich aus durch die hohe wirtschaftliche und rechtliche Bedeutung, welche dem Gemeinland gegenüber dem Sondereigen noch heute zukommt."

Greyerz, Otto von (1933): *Alpenwörter. Untersuchungen über die Sprachgemeinschaft im alpinen Wortschatz der deutschen Alpenvölker.* In: Otto von Greyerz: *Sprache, Dichtung und Heimat. Studien, Aufsätze und Vorträge über Sprache und Schrifttum der deutschen Schweiz und der östlichen deutschen Alpenländer.* Verlag A. Francke, Bern, S. 72-145 (Spr).

Worte aus der Alm- und Alpwirtschaft finden sich in folgenden Abschnitten: II. Gegenstände der Milchwirtschaft; IV. Weidevieh und Weidewirtschaft; VI. Verschiedenes aus Alpennatur und Älplerleben.

Grötzbach, Erwin (1980): *Die Nutzung der Hochweidestufe als Kriterium einer kulturgeographischen Typisierung von Hochgebirgen*. In: Christoph Jentsch/Herbert Liedtke (Hrsg.): *Höhengrenzen in Hochgebirgen*. Saarbrücken, S. 265-277 (= Arbeiten aus dem Geographischen Institut des Saarlandes 29) (Geo).

Grüne, Niels/Hübner, Jonas/Siegl, Gerhard, Hrsg. (2015): *Ländliche Gemeingüter. Kollektive Ressourcennutzung in der europäischen Agrarwirtschaft/Rural Commons. Collective Use of Resources in the European Agrarian Economy.* StudienVerlag, Innsbruck/Wien/Bozen, 312 S. (= Jahrbuch für Geschichte des ländlichen Raumes 12) (Rec).

Siehe Brakensiek 2015 DE, Granet-Abisset 2015 FR, Pechlaner 2015 IT/BZ, Mocarelli 2015 IT/LO, Pöll 2015 AT/T, Grüne/Siegl 2015 AT/T, Head-König 2015 CH, Grüne/Hübner/Siegl 2015 AL.

Grüne, Niels/Hübner, Jonas/Siegl, Gerhard (2015): *Resümee – Institutionen und Praktiken kollektiver Ressourcennutzung in der europäischen Agrarwirtschaft. Vergleichende Betrachtungen und Forschungsperspektiven.* In: Niels Grüne et al. (Hrsg.): *Ländliche Gemeingüter.* Innsbruck, S. 274-295 (HE: Grüne et al. 2015 AL) (Rec).

HAFF, Karl (1949): *Alpwirtschaft, Alpvolkskunde und Recht*. In: Vierteljahresschrift für Sozial- und Wirtschaftsgeschichte 38, S. 134-154 (Rec).

HAFF, Karl (1942): *Neue Alprechtsstudien. Teil I: Die Rechtsgebräuche in der Alpwirtschaft und deren Feststellung in Großdeutschland und Norwegen. Teil II: Alprechtsfunde aus Nordtirol, speziell aus dem Tannheimer Tal*. In: Allgäuer Heimatfreund. Blätter für Heimatforschung und Heimatpflege, Nr. 49 der neuen Folge, S. 1-11. Wiederabdruck von Teil I in: Vierteljahresschrift für Sozial- und Wirtschaftsgeschichte 34/1942, S. 181-186 (Rec).

Zu Karl HAFF siehe Nikolaus GRASS: Karl Haff und die Rechts- und Wirtschaftsgeschichte der Alpenländer. In: Kurt BUSSMANN/Nikolaus GRASS (Hrsg.): Festschrift Karl Haff zum siebzigsten Geburtstag dargebracht. Innsbruck 1950, S. 83-94. Und: Nikolaus GRASS: Nachruf auf Karl Haff (1879 – 1955). In: Vierteljahresschrift für Sozial- und Wirtschaftsgeschichte 42/1955, S. 378-384.

HAID, Hans (1992): *Alm und Alpe*. In: Hans HAID: *Aufbruch in die Einsamkeit. 5000 Jahre Überleben in den Alpen*. Rosenheimer Verlagshaus, Rosenheim, S. 33-96 (Pop).

HARDIN, Garett (1968): *The Tragedy of the Commons*. In: Science n. 162, p. 1243-1248. Deutsch unter dem Titel *Die Tragik der Allmende* in: Michael LOHMANN (Hrsg.): *Gefährdete Zukunft. Prognosen amerikanischer Wissenschaftler*. Dtv, München 1973, S. 29-46 (= dtv 920) (Div).

Sehr häufig zitierte Position, die aber nur die klassischen liberalen Argumente reformuliert und die konkreten Erfahrungen mit der Allmende und der Alm- und Alpwirtschaft gar nicht kennt.

Very frequently cited publication which, however, only reformulates the classical liberal arguments and which has no specific experiences with the "Allmende" or alpine pasture farming.

HARTKE, Wolfgang/RUPPERT, Karl, Hrsg. (1964): *Almgeographie*. Kolloquium Rottach-Egern 1962. Hrsg.: Deutsche Forschungsgemeinschaft, Bad Godesberg. Franz Steiner Verlag, Wiesbaden 1964, 144 S. (= DFG-Forschungsberichte 4) (Geo).

Siehe RUPPERT 1964 DE, KLEMENČIČ 1964 SI, MORANDINI 1964 IT, WINKLER 1964 CH, LOUP 1964 FR, BERGER 1964 AT.

HEAD-KÖNIG, Anne-Lise/LORENZETTI, Luigi/STUBER, Martin/WUNDERLI, Rahel, Redaktion (2019): *Pâturages et forêts collectifs. Économie, participation, durabilité/Kollektive Weiden und Wälder. Ökonomie, Partizipation, Nachhaltigkeit*. Chronos-Verlag, Zürich, 294 S. (= Histoire des Alpes/Storia delle Alpi/Geschichte der Alpen 24) (Rec).

Siehe HEAD-KÖNIG 2019 AL, BONAN/LORENZINI 2019 IT, VIALLON et al. 2019 CH, SIEGL 2019 AT/T.

HEAD-KÖNIG, Anne-Lise (2019): *Les multiples facettes de l'accès aux biens communaux et leur jouissance. Une diversité européenne parfois similaire à celle de la Suisse?* Dans: Histoire des Alpes/Storia delle Alpi/Geschichte der Alpen 24, p. 65-86. (HE: HEAD-KÖNIG et al 2019) (Rec).

HOFMEISTER, Burkhard (1961): *Wesen und Erscheinungsform der Transhumance. Zur Diskussion um einen agrargeographischen Begriff*. In: Erdkunde 15, S. 121-135 (Geo).

HOFMEISTER, Burkhard (1961): *Report on transhumance. A selected international bibliography*. In: Professional Geographer 13, issue 2, p. 37-39 (Bib).

JACOBEIT, Wolfgang (1961): *Schafhaltung und Schäfer in Zentraleuropa bis zum Beginn des 20. Jahrhunderts*. VEB Akademie-Verlag, Berlin, 604 S., zweite Auflage 1987, 462 S. (= Veröffentlichungen des Instituts für Deutsche Volkskunde an der Deutschen Akademie der Wissenschaften zu Berlin 25) (Vol).

JACOBEIT, Wolfgang (1954): *Transhumanz und Wanderschäferei*. In: *Völkerforschung*. Vorträge der Tagung der Völkerkunde an der Humboldt-Universität Berlin vom 25.-27. April 1952. VEB Akademie-Verlag, Berlin, S. 70-77 (Vol).

KEZICH, Giovanni/VIAZZO, Pier Paolo (2004): *Il destino delle malghe. Trasformazioni nello spazio alpino e scenari futuribili in un sistema di consuetudini d'alpeggio*. Atti di SPEA (Seminario permanente di etnografia alpina) n. 7. Museo degli Usi e Costumi della Gente Trentina, San Michele all'Adige, 262 pp. (= SM – Annali di San Michele 17) (Vol).

Vedere GRASSI 2004 IT, CORTI 2004 IT/LO, FORNI 2004 AL, MASINA 2004 IT/TN, ISABELLA 2004 IT/FV, VIAZZO 2004 AL.

KOBER, Pascal, rédaction (2001): *L'or des alpages – fromages et fromagers*. Éditions Glénat, Grenoble, 112 p. (= Revue L'ALPE n° 11) (Pop).

KRAMER, Dieter (2012): *Kulturelle und historische Dimensionen der Diskussion um Gemeinnutzen. Ein Beispiel für die Aktualität von Themen der Europäischen Ethnologie*. In: Zeitschrift für Volkskunde 108, S. 265-285 (Vol).

LAFFONT, Pierre-Yves, éd. (2006): *Transhumance et estivage en Occident des origines aux enjeux actuels*. Presses Universitaires du Mirail, Toulouse, 415 p. (Div).
Dans les Alps sont traités seulement les Alpes françaises.

LICHTENBERGER, Elisabeth (1979): *Die Sukzession von der Agrar- zur Freizeitgesellschaft in den Hochgebirgen Europas*. In: Peter HAIMAYER/Peter MEUSBURGER/Hugo PENZ (Zusammenstellung): *Fragen geographischer Forschung*. Festschrift des Instituts für Geographie zum 60. Geburtstag von Adolf Leidlmair (Leidlmair-Festschrift I). Innsbruck, S. 401-436 (= Innsbrucker Geographische Studien 5) (Geo).
Darin Abschnitt 6 „Der Niedergang der Hochweidewirtschaft" zum Niedergang von „klassischer Almwirtschaft, Transhumance und Hirtennomadismus".

LÖHR, Ludwig (1971): *Nutzung der Almen und Bergwiesen*. In: Ludwig LÖHR: *Bergbauernwirtschaft im Alpenraum. Ein Beitrag zum Agrarproblem der Hang- und Berggebiete*. Leopold Stocker Verlag, Graz/Stuttgart, S. 116-140 (Agr).

LOUP, Jean (1963): *L'exploitation des alpages dans les Alpes*. Dans: Revue de Géographie Alpine 51, n. 3, p. 393-428 (Geo).
Part I: L'exploitation des alpages et ses difficultés. II: Géographie actuelle des alpages dans les Alpes: Les alpages du Tyrol autrichien/Les alpages bavarois/Les alpages valdôtains/Les alpages dans les Alpes françaises. III: Les principales améliorations alpestres.

MATHIEU, Jon (2001): *Ovini, bovini, caprini. Cambiamenti nell' allevamento alpino dal XVI al XIX secolo*. In: Erreffe n. 43, pp. 17-25 (HE: VIAZZO/WOOLF AL) (Div).

MATHIEU, Jon (2001): *Zur Einführung. Alpwirtschaft und Agrarintensivierung*. In: Arge Alp (Hrsg.): Alpwirtschaftliche Nutzungsformen. Bozen, S. 25-39 (HE: Arge Alp 2001 AL) (Div).

MAYER, Robert (1937): *Drei Jahrzehnte almgeographischer Forschung in einigen Hochgebirgen Europas*. In: Zeitschrift für Erdkunde (Frankfurt) 5, Heft 19, S. 769-781 (Geo).

NIEDERER, Arnold (1980): *Économie et formes de vie traditionelles dans les Alpes/Mentalités et sensibilités*. Dans: Paul GUICHONNET (sous la direction de): *Histoire et Civilisations des Alpes*. Tome II: *Destin humain*. Ed. Privat/Payot, Toulouse/Lausanne, p. 5-136.
- Edizione italiana: *Economia e forme tradizionali di vita nelle Alpi*. In: Paul GUICHONNET (a cura di): *Storia e civiltà delle Alpi*. Vol. II: *Destino umano*. Jaca-Book, Milano 1987, pp. 9-156.
- Deutsche Ausgabe: *Traditionelle Wirtschafts- und Kulturformen in den Alpen. Teil 1: Die materielle Kultur. Teil 2: Die immaterielle Kultur.* In: Klaus ANDEREGG/Werner BÄTZING (Hrsg.): Arnold Niederer – Alpine Alltagskultur zwischen Beharrung und Wandel. Ausgewählte Arbeiten aus den Jahren 1956 bis 1991. Verlag Haupt, Bern/Stuttgart/Wien 1993, S. 147-264, zweite durchgesehene Auflage 1996 (Vol).

Alpenweit ausgerichtete Darstellung der Alpen aus volkskundlicher Sicht, in der Alm- und Alpwirtschaft, Küherwesen und Transhumanz einen breiten Stellenwert einnehmen.

ORLAND, Barbara (2004): *Alpine milk – dairy farming as a premodern strategy of land use*. In: Environment and History 10, no. 3, p. 327-364 (Div).

ORTOLANI, Marc/VERNIER, Olivier/BOTTIN, Michel, sous la direction de (2012): *Propriété individuelle et collective dans les États de Savoie*. Actes du colloque international de Turin 9-10 octobre 2009. Serre éditeur, Nice, 316 p. (= Mémoires et Travaux de l'Association Méditerranéenne d'Histoire et d'Ethnologie Juridique, 1ere série, no 9) (Rec).
Voir BERTHIER 2012 FR/73, BRACCIA 2012 IT/LI, DE POORTER 2012 FR/06, ORTOLANI 2012 FR/06.

OSTROM, Elinor (1990): *Governing the Commons – the Evolution of Institutions for Collective Action*. Cambridge University Press, Cambridge, pp. 294 (Div).
- Deutsche Ausgabe: *Die Verfassung der Allmende – jenseits von Staat und Markt*. Verlag Mohr Siebeck, Tübingen 1999, 316 S. (= Die Einheit der Geisteswissenschaften 104).
- Edizione italiana: *Governare i beni collettivi. Istituzioni pubbliche e iniziative delle comunità*. Marsilio Editore, Venezia 2007, 399 pp.
- Édition française: *Gouvernance des biens communs. Pour une nouvelle approche des ressources naturelles*. Éditions de Boeck, Bruxelles 2015, 300 p.

Gegenposition zur verbreiteten Position von Hardin 1968 AL. Ostrom greift dabei auf empirische Erfahrungen der Alpwirtschaft (Arbeiten von Robert McC. Netting in der Gemeinde Törbel/Wallis/Schweiz: Netting 1981 CH/VS) zurück.

Counter position to the frequently cited position of Hardin 1968 AL. In this respect, Ostrom refers to empirical studies regarding alpine pasture farming of Robert McC. Netting in Switzerland (Netting 1981 CH/VS).

Parain, Charles (1969): *Esquisse d'une problématique des systèmes européens d'estivage à production fromagère.* In: L'Ethnographie, nouvelle série 62-63, p. 3-28. Réédition in: Charles Parain: *Outils, ethnies et développement historique.* Éditions Sociales, Paris 1979, p. 373-403 (Vol).

Pascal, Blaise, éditeur (1984): *L'élevage et la vie pastorale dans les montagnes de l'Europe au Moyen Age et à l'époque moderne.* Actes du Colloque international. Clermont-Ferrand, 438 p. (= Publications de l'Institut d'Études du Massif Central, fascicule XXVII) (Div).

Peattie, Roderick (1936): *Alp pastures and alp economy.* In: Roderick Peattie: Mountain geography. A critique and field study. Harvard University Press, New York, p. 233-281; second edition 1971 (Geo).

Planhol, Xavier de (1961-79): *Nomades et Pasteurs I – XIX.* Dans: Revue Géographique de l'Est vol. 1, n° 3, p. 291-310, vol. 2, n° 2-3, p. 295-318, vol. 3, n° 3, p. 269-298, vol. 4, n° 3, p. 315-328, vol. 5, n° 3, p. 355-374, vol. 6, n° 3, p. 291-320, vol 7, n° 3, p. 373-384, vol. 8, n° 3-4, p. 363-374, vol. 9, n° 3-4, p. 413-433, vol. 10, n° 3-4, p. 329-348, vol. 11, n° 3-4, p. 423-443, vol. 12, n° 2-3, p. 325-337, vol. 14, n° 3-4, p. 331-376, vol. 15, n° 3-4, p. 297-323, vol. 19, n° 3-4, p. 303-346 (Geo).

Vue d'ensemble mondial, dans laquelle les Alpes sont également représentées.

Weltweit angelegter Überblick, in dem auch die Alpen dargestellt werden („transhumance méditerranéenne", „Transhumants et Bergers de l'Europe moyenne", „Vie pastoral de type alpestre").

Rachewiltz, Siegfried W. de/Togni, Roberto/Zipperle, Andreas (1994): *Transumanza. Weideplätze wechseln.* Edition Sturzflüge/Edition Löwenzahn, Bozen/Innsbruck, 103 S. (Pop).

Darin: S. de Rachewiltz: Von Menschen und Schafen am Steilhang – ein kulturhistorischer Streifzug (S. 5-36, Thema Schafhaltung und Transhumanz in Tirol, mit Glossar der Dialektausdrücke), A. Zipperle: Fototeil (zum Beitrag Rachewiltz, S. 37-86), R. Togni: Weiden und Weideplätze wechseln – in den figurativen Künsten und Museen (S. 87-100, europa- und alpenweit ausgerichtet).

Rhoades, Robert E./Thompson, Stephen J. (1975): *Adaptive Strategies in Alpine Environments – Beyond Ecological Particularism.* In: American Ethnologist 2, no. 3, p. 535-551 (Vol).

Riediger, Hans/Thies, Wilhelm (1959): *Das Alpwesen. Ein Modellthema für das 5. und 6. Schuljahr.* Verlag Moritz Diesterweg, Franfurt a.M./Berlin/Bonn, 96 S., 1964[2] (= Diesterwegs Handbücherei des exemplarischen Lernens 2) (Div).

Ringler, Alfred (2009): *Almen und Alpen. Höhenkulturlandschaft der Alpen. Ökologie, Nutzung, Perspektiven.* Verein zum Schutz der Bergwelt, München, 132 S. + CD-ROM mit 1.448 S. (Agr).

Umfangreichste und aktuellste Darstellung der Situation der Almen/Alpen in alpenweiter Perspektive. Literaturverzeichnis: S. 1.339-1.437 (v.a. ökologisch ausgerichtet).

Ringler, Alfred (2007): *Almzukunft und Almförderung. Ökologische Perspektiven im Klima- und Politikwandel.* In: ANLiegen Natur – Zeitschrift der ANL für Naturschutz, Pflege der Kulturlandschaft und Nachhaltige Entwicklung 31, Heft 1, S. 34-51 und Heft 2, S. 62-75 (Agr).

Rinschede, Gisbert (1996): *Die Transhumance im westlichen Mittelmeergebiet und in Kalifornien – ein geographischer Vergleich.* In: Berliner Geographische Studien 44, S. 365-377 (Geo).

Rizzi, Enrico (1992): *Alpeggi dei monasteri e insediamenti Walser. In: L'opera dei monasteri nella colonizzazione alpina/Das Werk der Klöster bei der Besiedlung der Alpen.* Atti dell' VIII Congresso Internazionale di Studi Walser 1990/Akten der VIII. Internationalen Walser Studientagung 1990. Fondazione Enrico Monti, Anzola d'Ossola, pp. 89-111 (Div).

Ruppert, Karl/Gräf, Peter (1985): *Begriffe „Alm" und „Almwirtschaft".* In: Emil Meynen (Hrsg.): Internationales Geographisches Glossarium, deutsche Ausgabe. Franz Steiner Verlag, Stuttgart, S. 35-40 (Geo).

Santillo Frizell, Barbro (2009): *Arkadien – Mythos und Wirklichkeit.* Böhlau Verlag, Köln/Weimar/Wien, 188 S. (Div).

Die Bedeutung der Transhumanz und der pastoralen Landschaften in der griechisch-römischen Antike und ihre Auswirkungen bis heute.

Schennach, Martin P. (2016): *„Verwirrung aller Rechtsverhältnisse“? Gemeindeordnung und Gemeindegut im Mitteleuropa des 19. Jahrhunderts.* Antrittsvorlesung an der Rechtswissenschaftlichen Fakultät der Universität Innsbruck. In: Zeitschrift für Neuere Rechtsgeschichte 38, Heft 1-2, S. 30-59. Populäre Fassung: *„Unendliche Streitigkeiten“? Zu Konflikten um das Gemeindegut im Mitteleuropa des 19. Jahrhunderts.* Sonderpublikation der „Tiroler Gemeindezeitung“, hrsg. vom Tiroler Gemeindeverband, Innsbruck, Dezember 2013, 16 S. (Rec).

Schennach, Martin P. (2013): *Zwischen Partizipation und Exklusion? Rechtliche Nutzungsregime am Gemeinschaftsgut im Alpenraum aus rechtshistorischer Perspektive.* In: Hubertus Schumacher/Wigbert Zimmermann (Hrsg.): *90 Jahre Fürstlicher Oberster Gerichtshof (Liechtenstein).* Festschrift für Gert Delle Karth. Jan Sramek-Verlag, Wien, S. 795-827 (Rec).

Schuppli, Paul (1935): *Almwirtschaft.* In: Paul Schuppli: *Neuzeitliche Rindviehhaltung unter besonderer Berücksichtigung der Weide- und Almwirtschaft. Ein Leitfaden für die Praxis und landwirtschaftliche Versuchsanstalten.* Verlag Paul Parey, Berlin, 3., völlig neubearbeitete Auflage, S. 108-152 (= Thaer-Bibliothek 110) (Agr).

Schuppli, Paul (1908): *Alpwirtschaft.* In: Paul Schuppli: *Viehhaltung und Alpwirtschaft einschließlich der zugehörigen Betriebszweige Futterbau, Milchwirtschaft und Schweinehaltung. Ein Leitfaden für Land- und Alpwirte, landschaftliche Schulen und zum Selbststudium.* Paul Parey, Berlin, S. 116-160, 2. Auflage 1909 (= Thaer-Bibliothek 110) (Agr).

Schwackhöfer, Wolfgang (1980): *Almforschung in Österreich, der Schweiz und Bayern.* In: Berichte zur Raumforschung und Raumplanung (Wien) 24, Heft 6, S. 11-24 (Agr).

Sibilla, Paolo (1991): *L'alpeggio – considerazioni su di una istituzione storico-culturale.* In: Daniele Jalla (a cura di): *Gli uomini e le Alpi/Les hommes et les Alpes.* Atti del convegno. Regione Piemonte, Assessorato alla cultura, Torino, pp. 120-135 (Vol).

Sieger, Robert (1907): *Zur Geographie der zeitweise bewohnten Siedlungen in den Alpen.* In: Geographische Zeitschrift 13, Heft 7, S. 361-369. Wiederabdruck in: Harald Uhlig/Willibald Haffner (Hrsg.): *Zur Entwicklung der vergleichenden Geographie der Hochgebirge.* Wissenschaftliche Buchgesellschaft, Darmstadt 1984, S. 70-81 (= Wege der Forschung CCXXIII) (Geo).

Siegl, Gerhard (2017): *Ländliche Gemeingüter im Alpenraum. Überblick und Desiderata.* In: Markus Denzel/Andrea Bonoldi/Anne Montenach/Françoise Vanotti (Hrsg.): *Oeconomia Alpium.* Bd. 1: *Wirtschaftsgeschichte des Alpenraums in vorindustrieller Zeit. Forschungsaufriss, -konzepte und -perspektiven.* De Gruyter/Oldenbourg, München, S. 103-121 (Rec).

Darin u.a.: Der deutsche „Allmende“-Begriff und das alternative Konzept der „ländlichen Gemeingüter“ – Ältere Forschungsansätze (1850-1960) – Jüngste Forschungsansätze (ab Ostroms „Governing the Commons“ 1990).

Spann, Joseph (1923): *Alpwirtschaft.* Verlag F. P. Datterer, Freising, 568 S. (Agr).

Spann, Joseph (1919): *Der Rückgang der Alpsennerei in der Schweiz, Österreich und Bayern unter besonderer Berücksichtigung des bayerischen Allgäus.* Phil. Dissertation an der TH München. Verlag Gerber, München, 79 S. (Agr).

Stebler, Friedrich Gottlieb (1903): *Alp- und Weidewirtschaft. Ein Handbuch für Viehzüchter und Alpwirte.* Parey-Verlag, Berlin, 471 S. (Agr).

Streifeneder, Thomas/Giuliani, Clare/Hofmann, Christian (2018): *Eine grenzüberschreitende Analyse der Politiken für die Almwirtschaft in den Alpen.* In: Tobias Chilla/Franziska Silker (Hrsg.): *Grenzüberschreitende Raumentwicklung Bayerns.* Akademie für Raumforschung und Landesplanung, Hannover, S. 45-71 (= Arbeitsbericht der ARL 23) (Agr).

Tasser, Erich/Aigner, Susanne/Egger, Gregory/Tappeiner, Ulrike (2013): *Alm-/Alpatlas – atlante delle malghe.* Hrsg.: Arbeitsgemeinschaft Alpenländer ARGE ALP. Tappeiner Verlag, Lana, 185 S. (Div).

Gebiet ARGE ALP = IT/BZ, IT/TN, AT/T, AT/S, AT/V, DE/OBB, DE/ALG, CH/GR, CH/SG.

Troll, Carl (1944): *Die Alpwirtschaft der mitteleuropäischen Gebirge als Forschungsgegenstand der Landwirtschaftsgeographie. Zu John Frödins Werk über den Gegenstand.* In: Berichte zur Deutschen Landeskunde, hrsg. von der Abteilung für Landeskunde im Reichsamt für Landesaufnahme (Verlag S. Hirzel, Leipzig) 4, Heft 1-2, S. 5-13 (Geo).

Uhlig, Harald/Haffner, Willibald, Hrsg. (1984): *Zur Entwicklung der vergleichenden Geographie der Hochgebirge.* Wissenschaftliche Buchgesellschaft, Darmstadt, 588 S. (= Wege der Forschung CCXXIII) (Geo).

Darin Sieger 1907 AL und Ruppert 1965 DE.

Vernus, Michel (1998): *Une saveur venue des siècles – Gruyères, Abondance, Beaufort, Comté.* Cabédita, Yens sur Morges, 152 p. (= Archives vivantes) (Pop).

Verona, Marzia (2014): *Pascolo vagante/Pâturage nomade 2004 – 2014.* Prefazione di Annibale Salsa. Edizioni L'Artistica, Savigliano, 242 pp. (Agr).

Veyret, Paul (1951): Géog*raphie de l'élevage.* Gallimard, Paris, 254 p. (= Géographie humaine 23) (Geo).

Weltweit angelegte Überblicksdarstellung, in der die Alpen eine wichtige Rolle spielen.

Vue d'ensemble mondial, dans laquelle les Alpes sont fortement représentées.

Veyret unterscheidet zwischen/Veyret distingue „Élevages sans agriculture" avec „Les pasteurs transhumants" (3. partie, chapitre III), et „Élevages combinés avec d'agriculture" avec „Élevage montagnards de type alpin" (3. partie, chapitre IV).

Viazzo, Pier Paolo (2004): *Antropologia alpina, ricerca storica, "sistema della malga", futuro dell'alpeggio.* In: SM – Annali di San Michele 17, pp. 245-262 (HE: Kezich/Viazzo 2004 AL) (Vol).

Viazzo, Pier Paolo/Woolf, Stuart, a cura di (2001): *L'alpeggio e il mercato. Colloquio internazionale a Cogne 2000.* In: Erreffe – la ricerca folklorica (Ed. Grafo, Brescia) n. 43, 101 pp. (Vol).

Vedere Bergier 2001 AL, Mathieu 2001 AL, Fontaine 2001 FR, Déturche 2001 FR/74, Allovio 2001 IT/AO, Aime 2001 IT/PI, Pascolini 2001 IT/FR, Sanga 2001 IT/LO, Sibilla 2001 IT/AO.

Vulliamy, Dominique, rédactrice (2012): *Au bon lait des alpages.* Éditions Glénat, Grenoble, 112 p. (= Revue L'ALPE n° 56) (Pop).

Werner, Paul (1981): *Almen. Bäuerliches Wirtschaftsleben in der Gebirgsregion.* Callwey Verlag, München, 220 S. (Div).

Breit angelegte (Natur, Geschichte, Recht, Wirtschaft, Gerät, Brauchtum, Sachkultur, Gebäude) und reich illustrierte Darstellung für ein breites Publikum mit Schwerpunkt Ostalpen.

Wilckens, Martin (1874): *Die Alpenwirthschaft der Schweiz, des Algäus und der westösterreichischen Alpenländer.* Verlag W. Braumüller, Wien 1874, 387 S. Neuausgabe: Verlag Parey, Berlin 1885, 387 S. (Agr).

Windisch, Walter (1982): *Beim Senn.* H. Stürtz-Verlag, Würzburg, 79 S. (= Alte Handwerksberufe) (Pop).

Wyss-Meier, Anton Josef (2007): *Der Betruf im deutschsprachigen und rätoromanischen Raum.* Verlag Appenzeller Volksfreund, Appenzell, 367 S. (Vol).

Zeller, Wilhelm (1994): *Internationale Almwirtschaftstagungen von 1961 bis heute.* In: Der Alm- und Bergbauer (Innsbruck) 44, Nr. 6-7, S. 258-271 (Agr).

Zeller, Wilhelm (1968): *Internationale Veranstaltungen der Alpwirtschaft.* In: Bayerisches landwirtschaftliches Jahrbuch 45, Sonderheft 1, S. 119-125 (HE: AGfB 1968 AL) (Agr).

Zerbe, Stefan (2019): *Renaturierung spezifischer Ökosysteme bzw. Nutzungstypen in Mitteleuropa mit den Alpen – Subalpines und alpines Grasland.* In: Stefan Zerbe: *Renaturierung von Ökosystemen im Spannungsfeld von Mensch und Umwelt. Ein interdisziplinäres Fachbuch.* Springer Spektrum, Berlin, S. 183-208 (Div).

Zinsli, Paul (1968): *Walser Volkstum in der Schweiz, in Vorarlberg, Liechtenstein und Italien. Erbe – Dasein – Wesen.* Verlag Huber, Frauenfeld, 549 S. - 2. Auflage 1969, 3. Auflage 1970, 4. Auflage 1976; 5., durchgesehene und durch Nachträge ergänzte Auflage im Verlag Terra Grischuna, Chur 1986, 558 S.; 6., ergänzte und erweiterte Auflage im Verlag Bündner Monatsblatt, Chur 1991, 664 S.; 7., ergänzte Auflage im Verlag Bündner Monatsblatt, Chur 2002, 566 S. (Vol).

Auf Seite 87-90 verneint Zinsli die Frage, ob es eine spezifische walserische Alpwirtschaft gebe: Die Einzelsennerei auf der genossenschaftlich verwaltetenen Hofalp mit der festen Beziehung zwischen Einzelhof und Alphütte, die oft als typisch walserisch angesehen wird, gibt es auch außerhalb der Walsergebiete, und diese Form der Alpwirtschaft findet sich auch nicht in allen Walsersiedlungen.

Zwitter, Žiga/Rasran, Leonid (2021): *Species-rich grasslands in the Alps – Environment, History, and Historical Ecology.* Verlag der Österreichischen Akademie der Wissenschaften, Wien, ca. 250 p., forthcoming (Div).

Diese Monographie behandelt unter einer umwelthistorischen Perspektive eine Reihe von Themen, die auch für diese Bibliographie relevant sind.

This monograph adresses a number of topics from the perspective of environmental history, which are also relevant to this bibliography.

2. DEUTSCHE ODER BAYERISCHE ALPEN

2.1 GESAMTE BAYERISCHE ALPEN (DE)

Die Bayerischen Alpen werden von der Alpenkonvention weit abgegrenzt, indem die Grenzen von Landkreisen (und nicht die Grenzen von Gemeinden wie in den anderen Staaten mit Alpenanteil) als Alpengrenze festgelegt werden. Dadurch zählen größere voralpine Gebiete zum Geltungsbereich der Alpenkonvention, in denen es keine Alm- und Alpwirtschaft gibt. Deshalb wird in dieser Bibliographie die Abgrenzung der Bayerischen Alpen im Rahmen der bayerischen Landesentwicklung („Alpenplan“) verwendet.

Publikationen, die sich auf das gesamte Gebiet des Deutschen und Österreichischen Alpenvereins beziehen, werden unter Österreich (AT) aufgeführt.

In Deutschland gibt es nur im Bundesland Bayern Alpengebiete. Im württembergischen Allgäu, das früher gelegentlich mit zu den Alpen gerechnet wurde, gibt es kein „Berggebiet“, und auch der Geltungsbereich der Alpenkonvention ist auf Bayern beschränkt, so dass deutsche und bayerische Alpen eigentlich ein Synonym sind. Da der Begriff „Deutsche Alpen“ jedoch historisch negativ besetzt ist (Ausdruck der Nationalsozialisten zur Bezeichnung der Alpengebiete, die ab 1938 zum „Deutschen Reich“, später zum „Großdeutschen Reich“ gehören, also die bayerischen und die österreichischen Alpen ohne Südtirol; siehe Zillich 1941 AT), wird er in dieser Bibliographie nicht verwendet.

The Bavarian Alps are delimited by the Alpine Convention in a broad sense to the extent that the borders of “Landkreise” (districts, and not the borders of “Gemeinde” or local communities, as in the other countries) are defined as the borders of the Alps. This means that bigger alpine foothill regions where there is no alpine pasture farming are also part of the Alps. Therefore, this bibliography uses the delimitation of the Bavarian Alps according to the “Alpenplan” (the delimitation of the Bavarian Alps in the context of the land planning of Bavaria).

Publications which refer to the entire geographical region of the German and Austrian Alpine Association are listed under Austria.

In Germany, the Alps are only located in Bavaria. The “württembergisches Allgäu” region (which is part of Baden-Württemberg), which was sometimes considered to be part of the Alps, does not have any “mountainous regions”. Moreover, the validity of the Alpine Convention is confined to Bavaria; therefore, the German Alps and the Bavarian Alps are synonyms. As the expression “Deutsche Alpen” (German Alps) has negative connotations (it was the expression used for the Alps in the “Third Reich”, which were part of the “German Reich” from 1938 and then the “Greater German Reich”, i.e. the Bavarian and Austrian Alps without the South Tyrol), this expression is not used in this bibliography.

Alm- und alpwirtschaftliche Organisationen:
Es gibt keine bayernweite Organisation für die Alm- und Alpwirtschaft, sondern zwei getrennte Vereine für Oberbayern und für das Allgäu (siehe dort).

Internetseiten:
–

Alm- und Alpstatistiken:
Alm-/Alperhebung 1976: Englmaier 1978

Monographien:
BayStMELF 1969 und 1972
Hibler 1923
Ringler 2010

Publikationen:
AGER, Thomas (1957): *Le pâturage sylvo-pastorale dans l'économie alpestre de la Bavière.* In: Bulletin de la Fédération Française d'Économie Alpestre 7 (Agr).

AGER, Thomas (1954): *Almwirtschaft.* In: Alois SCHLÖGL (Hrsg.): *Bayerische Agrargeschichte. Die Entwicklung der Land- und Forstwirtschaft seit Beginn des 19. Jahrhunderts.* Bayerischer Landwirtschaftsverlag, München, S. 105-120 (Agr).

AMMANN, Hans (1936): *Almwirtschaft in den bayerischen Bergen.* Kohlhammer-Verlag, Stuttgart/Berlin, 29 S. (= Beihefte der Reichsstelle für den Unterrichtsfilm) (Agr).

ANL (1984): *Landschaftspflegliche Almwirtschaft.* Hrsg.: Bayerische Akademie für Naturschutz und Landschaftspflege, Laufen 98 S. (= Laufener Seminarbeiträge 4/84) (Div).

BAUER, Johanna (2017): *Auf den Bergen wohnt die Freiheit. Sennerinnen in den bayerischen Alpen – früher und heute.* Volk-Verlag, München, 224 S. (Pop).

BayStMELF (2010): *Alm- und Alpwirtschaft in Bayern.* Hrsg.: Bayerisches Staatsministerium für Ernährung, Landwirtschaft und Forsten, München, 114 S. (Agr).

BayStMELF (1983): *Almwirtschaft in Bayern. Bauern im Dienst der Allgemeinheit.* Hrsg.: Bayerisches Staatsministerium für Ernährung, Landwirtschaft und Forsten, München, 12 S. (= Schriftenreihe BayStMELF 21) (Agr).

BayStMELF (1969): *Almen/Alpen in Bayern.* Band 1: Textband, Band 2: Karten. Hrsg.: Bayerisches Staatsministerium des Innersten, Oberste Baubehörde und Bayerisches Staatsministerium für Ernährung, Landwirtschaft und Forsten, München 89 S. + 56 Karten im Maßstab 1: 25.000 (= Schutz dem Bergland – eine landeskulturelle Pflicht, Band 2.1 und 2.2) (Agr).

BRAKENSIEK, Stefan (2015): *Traditionen und neuere Tendenzen der deutschen Forschung zur Geschichte ländlicher Gemeingüter. Ein Überblick.* In: Niels GRÜNE et al. (Hrsg.): *Ländliche Gemeingüter.* Innsbruck, S. 54-67 (HE: GRÜNE/HÜBNER/SIEGL 2015 AL) (Rec).

BÜTTNER, Thomas/HASLACH, Hansjörg/KRINGS, Wilfried/PIRKL, Anton (2013): *Alm, Alpe.* In: *Handbuch der historischen Kulturlandschaftselemente in Bayern.* Hrsg. und Verlag: Bayerischer Landesverein für Heimatpflege, München, S. 174-181 (= Heimatpflege in Bayern 4) (Div).

ENGLMAIER, Alois/RUHL, Gernot/RINGLER, Alfred/DANZ, Walter (1978): *Strukturdaten der Alm-/Alpwirtschaft in Bayern. Ergebnisse der Alm-/Alperhebung 1976.* Verlag Geobuch, München, 48 S. + Anhänge (= Schriftenreihe des Alpeninstituts 9) (Sta).

Sozioökonomische und ökologische Analyse der 1.258 bayerischen Almen in 92 Gemeinden, die 1.252 km² Fläche (= 25 % der Bayerischen Alpen) umfassen. Mit 47 Tabellen auf Landkreis-Ebene, 11 Tabellen auf Gemeinde-Ebene und 11 Karten auf Gemeinde-Ebene.

FRÖDIN, John (1941): *Die Alp- und Sennwirtschaft der Ostalpen.* In: Zentraleuropas Alpwirtschaft. Oslo, Bd. 2, S. 401-579 (HE: FRÖDIN 1941 AL) (Geo).

GEBHARD, Torsten (1955): *Die Sachkultur der Almwirtschaft in Bayern.* In: Bayerisches Jahrbuch für Volkskunde 6, S. 45-56 (Vol).

GLAUERT, Günter (1949): *Almwirtschaftsforschung und Almgeographie in Bayern.* In: Berichte zur deutschen Landeskunde 6, S. 145-156 (Geo).

GUEYDON, Anne (2012): *Die Bedeutung der Gemeinschaftsalmen für die Landnutzung im Alpengebiet Bayerns – eine ökonomische und institutionelle Analyse.* Dissertation TU München, München, 193 S. (Agr).

HAFF, Karl (1910): *Die Weide-, Forst- und Alpengenossenschaften im rechtsrheinischen Bayern und das bürgerliche Recht; mit einem Rechtsgutachten.* In: Festschrift für Hugo von Burckhard, zum Doktor-Jubiläum überreicht von der rechts- und staatswissenschaftlichen Fakultät der Universität Würzburg. Verlag F. Enke, Stuttgart, 55 S. (Rec).

Rechtsrheinisches Bayern = Gebiet des heutigen Bundeslandes Bayern; linksrheinisches Bayern = Rheinpfalz.

HAUSHOFER, Heinz (1980): *Die politische Bedeutung der Almen und Alpen.* In: Bayerisches landwirtschaftliches Jahrbuch 57, S. 578-587. Wiederabdruck in: Heinz HAUSHOFER: *Aus der Bayerischen Agrargeschichte 1525 – 1978. Gesammelte Beiträge zur Bayerischen Agrargeschichte. Festschrift zum 80. Geburtstag*. Hrsg. von Pankraz Fried/Wolfgang Zorn. BLV-Verlagsanstalt, München/Wien/Zürich 1986 (Agr).

Haushofer-Hartschimmelhof, Heinz/Riedmüller, Sophia, Bearbeiter (1954): *Bayerische Agrar-Bibliographie. Schriftenkunde der bayerischen Landwirtschaft und Fischerei.* Bayerischer Landwirtschaftsverlag, München, 480 S., darin *Allmende* (S. 36-38), *Genossenschaftswesen* (S. 56-58), *Almwirtschaft* (S. 175-179), *Milchwirtschaft* (S. 237-264), *Schaf- und Ziegenzucht* (S. 273-281) (Bib).

Die für diese Bibliographie relevanten Teilgebiete wurden von Heinz Haushofer bearbeitet und sie repräsentieren den Stand am Ende des Zweiten Weltkriegs. Für jedes Teilgebiet gibt er eine kurze Einführung, und zur Almwirtschaft schreibt er, dass der Weihenstephaner Professor für Tierzucht, Joseph Spann, eine „wissenschaftliche Schule der Almwirtschaft" begründet habe.

Heilmannseder, Marianne (1987): *Das Alm-Wanderbuch. Oberbayern – Allgäu – Nordtirol.* BLV Verlagsgesellschaft, München, 160 S. (Pop).

Hibler, Ignaz Johann (1923): *Die Grundlagen von Almwirtschaft und Almrecht in Bayern. Ein Beitrag zur Lösung der bayerischen Forstrechtsfrage*. Eigenverlag, Garmisch, 204 S. (Rec).

Hibler, Ignaz Johann (1910-19): *Die bayerische Almwirtschaftsfrage mit besonderer Beziehung auf eine Lösung der Alm-, Weide- und Waldnutzungen (Servituten)*. Eigenverlag, Garmisch, 1. Teil 1910, 42 S., 2. Teil 1916, 44 S., 3. Teil 1919, 39 S. (Rec).

Holleis, Peter (1999): *Alm-/Alpdatei der bayerischen Alpen. Der schwierige Weg der Aktualisierung*. In: Schriftenreihe der Bayerischen Landesanstalt für Bodenkultur und Pflanzenbau (Freising), Sondernummer 1/00, 30 S. (Agr).

Hornberger, Theodor (1959): *Die kulturgeographische Bedeutung der Wanderschäferei in Süddeutschland – süddeutsche Transhumanz*. Verlag der Bundesanstalt für Landeskunde, Remagen, 173 S. (= Forschungen zur deutschen Landeskunde 109) (Geo).

Jobst, Ernst (1979): *Was wird aus unseren Almen?* In: Jahrbuch des Vereins zum Schutz der Alpenpflanzen und -tiere (München) 44, S. 41-59 (Div).

Keim, Helmut (1996): *Die Almgebäude im bayerischen Alpenraum. Versuch einer typologischen Darstellung*. In: Freundeskreis-Blätter (Freundeskreis Freilichtmuseum Südbayern) 35, S. 10-35 (Hau).

Lochner, Karin/Felbert, Peter von (2018): *Sehnsucht Alm. Vom Glück des einfachen Lebens*. Bruckmann-Verlag, München, 192 S. (Pop).

Loup, Jean (1963): siehe AL

Ortler, Sepp/Nusser, Horst (2009): *Alm, Almwirtschaft und Bergweide in Deutschland.* In: Sepp Ortler/Horst Nusser: *Landwirtschaftsproblematik in Süddeutschland, dargestellt an ausgewählten Beispielen – zwischen Milchrebellen, Alpenbetonierern und Subventionsförderern.* Nusser-Verlag, München, S. 119-136 (= Geographie kompakt 27) (Geo).

Ringler, Alfred (2010): *Alm- und Alpwirtschaft in Bayern*. Hrsg.: Bayerisches Staatsministerium für Ernährung, Landwirtschaft und Forsten, München, 114 S. (Agr).

Ringler, Alfred/Belter, H. (2005): *Almgebiete und Almregionen in Bayern*. Gutachten im Auftrag des Bayerischen Staatsministeriums für Ernährung, Landwirtschaft und Forsten. Rosenheim, 153 S. (Agr).

Nicht veröffentlichtes, sehr materialreiches Gutachten mit arcview-Karten.

Ringler, Alfred (1992): *Der Naturschutzbeitrag der Almwirtschaft im Spannungsfeld mit landeskulturellen Zielen.* In: Bayerisches Landwirtschaftliches Jahrbuch 69, S. 203-233 (Agr).

Ringler, Alfred (1988): *Almökologie. Die Almwirtschaft im Wandel der Zeit und ihre ökologischen Auswirkungen.* Teilband zum Landschaftspflegekonzept Bayern. Bayerisches Staatsministerium für Umwelt und Landesentwicklung, München 475 S. (Agr).

Die Publikation dieses Textes kam nicht zustande, aber er wurde vielfach kopiert. Ein Exemplar befindet sich in der Bibliothek von „Pro Natura" in Basel.

RUPPERT, K. (1968): *Die Almwirtschaft der deutschen Alpen in wirtschaftsgeographischer Sicht*. In: Bayerisches landwirtschaftliches Jahrbuch 45, Sonderheft 1, S. 38-51 (HE: AGfB 1968 AL) (Geo).

RUPPERT, Karl (1965): *Almwirtschaft und Fremdenverkehr in den Bayerischen Alpen. Ein Beitrag zum kulturgeographischen Entwicklungsproblem im Hochgebirge*. In: Tagungsbericht und wissenschaftliche Abhandlungen, Deutscher Geographentag Heidelberg 1963. Franz Steiner Verlag, Wiesbaden, S. 325-334. Wiederabdruck in: Harald UHLIG/Willibald HAFFNER (Hrsg.): *Zur Entwicklung der Vergleichenden Geographie der Hochgebirge*. Wissenschaftliche Buchgesellschaft, Darmstadt 1984, S. 281-291 (Geo).

RUPPERT, Karl (1964): *Betrachtungen zur almgeographischen Situation in den deutschen Alpen*. In: Wolfgang HARTKE/Karl RUPPERT (Hrsg.): *Almgeographie*. Wiesbaden, S. 11-41 (HE: HARTKE/RUPPERT 1964 AL) (Geo).

SILBERNAGL, Helmut (2002): *Almsommer. Geschichten über Almen, Sennerinnen und Senner, Almviecha und bäuerliche Kultur*. Verlag Bergemann & Mayr, Miesbach, 282 S. (Pop).

SPANN, Joseph (1954): *Der Begriff „Rindergras" oder „Kuhrecht" in der Alpwirtschaft*. In: Landwirtschaftliches Jahrbuch für Bayern 31, S. 656-681 (Agr).

SPANN, Joseph (1952): *Die Bedeutung des Waldes für die Alpwirtschaft*. Volkswirtschaftlicher Verlag, Kempten, 15 S. (Agr).

SPANN, Joseph (1930): *Die Bedeutung der Almwirtschaft für das bayerische und österreichische Alpen- und Alpenvorgebiet und Maßnahmen zu ihrer Förderung (Auszug aus dem Referat gleichen Titels)*. In: Deutsch-österreichische Agrarfragen. Referate und Arbeitsberichte aus der Tätigkeit der landwirtschaftlichen Fachausschüsse der deutsch-österreichischen und österreichisch-deutschen Arbeitsgemeinschaft in Berlin, München und Wien. Verlag Parey, Berlin, S. 150-151 (= Berichte über Landwirtschaft N. F. 20) (Agr).

SPANN, Joseph (1925): *Die Alpwirtschaft in Bayern und ihre Förderung*. Weihenstephan, 8 S. (= Flugschriften der Bayerischen Alm- und Weidewirtschaftsstelle 1) (Agr).

SPATZ, Günter (1999): *Almwirtschaft – Ökosystem in labilem Gleichgewicht*. In: Geographische Rundschau 51, Heft 5, S. 241-247 (Agr).

STENGEL, Freiherr von (1889): *Alpwirthschaft und Alprecht*. In: Zeitschrift des Deutschen und Österreichischen Alpenvereins XX, S. 1-18 (Rec).

STENGEL, Freiherr von (1886): *Die Alpwirthschaft und ihr Recht*. In: Mitteilungen des Deutschen und Österreichischen Alpenvereins, Neue Folge Bd. II, der ganzen Reihe Bd. XII, S. 247-252 (Rec).

TRUMSPERGER, Alfred (1987): *Lehreinheit Alm-/Alpwirtschaft*. Hrsg.: Deutscher Alpenverein, Referat für Natur- und Umweltschutz, München 32 S. (Div).

WILLOWEIT, Dietmar (1994): *Die öffentlich-rechtlichen Gemeindenutzungsrechte in Bayern. Historische Genese und dogmatische Konsequenzen eines juristischen Interpretationsmodells*. Ergon-Verlag, Würzburg, 100 S. (= Würzburger rechtswissenschaftliche Schriften 1) (Rec).

ZELLER, Wilhelm (1967): *Alp- und Almwirtschaft in der Bundesrepublik Deutschland*. In: Allgäuer Bauernblatt 35, S. 1194-1197 (Agr).

2.2 REGIERUNGSBEZIRK OBERBAYERN (OBB)

Almwirtschaftliche Organisationen:
Almwirtschaftlicher Verein Oberbayern/AVO, Sitz: Miesbach: www.almwirtschaft.net mit Zeitschrift „Der Almbauer – Mitteilungen für Alm-, Berg- und Grünlandbauern und über Forstrechte" (monatlich).

Internetseiten:
www.aelf-hk.bayern.de Fachzentrum Almwirtschaft, Amt für Ernährung, Landwirtschaft und Forsten Holzkirchen, für Oberbayern
www.almwirtschaft.net Materialreiche Seiten zur Almwirtschaft in Oberbayern, u.a. mit Verzeichnis aller Almen: ⇢ Unsere Almen ⇢ Almverzeichnis, mit 770 Einträgen.
www.agrarkulturerbe.de ⇢ Sonderbereich: Oberbayerische Almen: Internetseite der Gesellschaft für Agrargeschichte e.V. (Frankfurt/M). Von Gerhard Oelkers aufgebaute Datenbank

der oberbayerischen Almen; enthält Angaben zu etwa 1.500 bestoßenen und aufgelassenen Almen.
www.almen-datenbank.de Internetseite des Heimat- und Geschichtsvereins Achental e. V., enthält Almdaten für die Region Achental, Bergen und Reit im Winkl.
www.glentleiten.de Freilichtmuseum Glentleiten des Bezirks Oberbayern in Großweil (mit Baugruppe zur Almwirtschaft).

Almstatistiken:
Siehe DE

Monographien:
Oelkers 2011/12

Publikationen:

Ager, Thomas (1960): *Die Almwirtschaft*. In: Leonhard Rückert (Hrsg.): *Oberbayern – Land und Leute*. Burkhard-Verlag Ernst Heyer, Essen, S. 226-231 (= Deutsche Landschaft 9) (Pop).

Ager, Thomas (1957): *Die oberbayerische Almwirtschaft in Zahlen. Ergebnis der Alm-Erhebungen 1950-54*. Hrsg.: Landwirtschaftsamt Miesbach, Miesbach, 24 Blätter mit Tabellen (Agr).

Anzengruber, Martin/Brandstetter, Elisabeth (2014): siehe AT/S

Bachmann, Christoph (2019): *Es glühen die Felder, die Berge und das Moos – Land-, Alm- und Torfwirtschaft in Grassau und Rottau*. Marktgemeinde Grassau, Grassau, 427 S. (= Die Geschichte der Marktgemeinde Grassau 11) (Div).

Bieler, Hansjörg von/Danz, Walter/Heringer, Josef/Kremser, H./Ringler, Alfred (1974): *Almsanierung Rotwand. Modellstudie zur integralen Neuordnung eines Almgebietes durch Flurbereinigung*. Geographische Buchhandlung, München, 42 S. + Beilagekarte 1: 10.000 (= Schriftenreihe des Alpen-Instituts 1) (Div).

Bock, Wilfried (1979): *Pensionsviehhaltung im Berchtesgadener Land. Ausmaß, Herkunft und Probleme am Beispiel der Berechtigungsalmen des Forstamtes Berchtesgaden*. In: Zeitschrift für Wirtschaftsgeographie 23, Nr. 2, S. 52-58 (Geo).

Danz, Walter (1971): *Über die Beziehungen zwischen Alm und Talgut im Landkreis Miesbach*. In: Bayerisches landwirtschaftliches Jahrbuch 48, S. 372-378. Und in: Der Almbauer 23/1971, S. 119-128 (Geo).

Edelmann, Max (1966): *Die Almen im Tegernseer Tal. Zur Rechts- und Wirtschaftsgeschichte des ehemaligen Klostergerichtes Tegernsee*. Staatswissenschaftliche Dissertation an der Universität Innsbruck bei Nikolaus Grass. Selbstverlag des Verfassers, München, 303 S. (Rec).

Fehn, Klaus (1968): *Almen und Almwirtschaft im Berchtesgadener Land vom Mittelalter bis zur Gegenwart*. In: Zeitschrift für Agrargeschichte und Agrarsoziologie 16, S. 36-54 (Geo).

Feser, Johann/Schmutterer, Max (1898): *Die Alpenwirthschaft (in Oberbayern)*. In: Der 1. Kreisausschuß von Oberbayern (Hrsg.): *Die Landwirthschaft im Regierungsbezirk Oberbayern. Gewidmet den Teilnehmern an der XXXIV. Wanderversammlung bayerischer Landwirthe in Rosenheim 1898 als Nachtrag zur Denkschrift vom Jahre 1885*. München, S. 262-283 (Agr).

Fischbacher, Georg (1956): *Über das Waldweideproblem und die Bergbauernfrage. Ein Beitrag zur Landeskultur am Beispiel der Röthensteinalm – Risserkogelgebiet*. In: Bayerisches landwirtschaftliches Jahrbuch 33, Sonderheft 2, S. 3-99 (Agr).

Fried, Pankraz (1969 und 1964): siehe AT/T

Funk, Claudia/Schmid, Adelheid (2003): *Ein Sommer auf der Alm. Bilder und Geschichten einer Lebensweise*. Mucca-Verlag, Miesbach, 221 S. (Pop).

Goettgens, Fritz (1924): *Die Alpwirtschaft im östlichen Oberbayern*. Dissertation Universität Würzburg, Würzburg, 101 S. (Agr).

Greimel, Bernhard/Entfellner, Stefan/Thum, Wolfgang (2019): *Die Wössner Almen*. Hersg.: Heimat- und Geschichtsverein Achental. Selbstverlag der Gemeinde Unterwössen, Unterwössen, 376 S. (Div).

Greimel, Bernhard (2010): *„Gon Almtreibn" – Almen und Almwirtschaft im Chiemgau*. In: Hausbuch für den Chiemgau und Rupertiwinkel 2, S. 19-27 (Div).

GROLL, Eugen (1917): *Die Hebung der Alpwirtschaft, ein Mittel zur Erhaltung und Mehrung unserer heimischen Tierbestände*. Verlag: Verband für Reinzucht des Pinzgauer Rindes in Oberbayern, Traunstein, 92 S.; 2. und 3. Auflage mit Untertitel: *Die oberbayerischen Alpen*, Traunstein, 1918 (Agr).

GRUBMILLER, Otto (1926): *Almwirtschaft und Almwirtschaftspolitik in Bayern unter besonderer Berücksichtigung der Almverhältnisse im Bezirksamt Miesbach*. Dissertation Universität Erlangen, Erlangen, 172 S. (Rec).

HAUBER, S. (1920): *Der Rückgang der Vegetationsgrenzen in den Alpen und ihre Bedeutung für die Almwirtschaft*. In: Forstwissenschaftliches Centralblatt 42, Nr. 12, S. 436-443 (Div).

HEIGL, Martin (2016): *Die Almen im Ammergau und ihre Geschichte*. Hrsg.: Historischer Arbeitskreis, Unterammergau, 182 S. (= Beiträge zur Geschichte des Ammergaus, Bd. 13) (Div).

HEILMANNSEDER, Marianne (1988): *Almen in Oberbayern. Geschichte – Brauchtum – Leben*. Stöppel-Verlag, Weilheim, 95 S. (Pop).

HINTERSTOISSER, Michael (2007): *Almwirtschaft in Oberbayern – Situation und Perspektiven*. In: ANLiegen Natur (ANL-Zeitschrift) 31, Heft 1, S. 52-56 (Agr).

JOBST, Ernst (1962): *Über die Beziehungen zwischen Land- und Forstwirtschaft im oberbayerischen Bergbauerngebiet*. Forstwissenschaftliche Dissertation an der Universität München. Bayerisches Staatsministerium für Ernährung, Landwirtschaft und Forsten, Ministerialforstabteilung, München, 167 S. (= Mitteilungen Staatsforstverwaltung Bayern 32) (Agr).

KARGL, J. (1947): *Die Almwirtschaft im Bezirk Garmisch. Maßnahmen zu ihrer Förderung*. Dissertation TU München, Fakultät für Landwirtschaft, Freising, 297 S. (Agr).

KEIM, Helmut (2002): *Oberbayerische Almgebäude im Freilichtmuseum Glenleiten*. In: Traditiones – Acta Instituti Ethnographiae Slovenorum (Ljubljana) 31, Nr. 1, S. 32-52 (Hau).

KEIM, Helmut/RAUTENBERG, Ute (1990): *Die Baugruppe „Almwirtschaft" im Freilichtmuseum*. In: Freundeskreis-Blätter (Freundeskreis Freilichtmuseum Südbayern) 29, S. 36-107 (Hau).

KÜFNER, Walter (1995): *Die Almwirtschaft im Landkreis Berchtesgadener Land von 1953 – 1993*. In: Berchtesgadener Heimatkalender (Verlag Plenk, Berchtesgaden) 1995, S. 189-198 (Div).

LAUBER, B. (1941): *Die natürlichen, geschichtlichen und wirtschaftlichen Grundlagen des Landkreises Tölz, seine Landwirtschaft im allgemeinen und seine Almwirtschaft im besonderen*. Dissertation an der Technichen Hochschule München, München, 247 S. (Agr).

LENTNER, Joseph Friedrich (um 1850): *Das Alpenwesen im bayerischen Hochgebirge. Gerichte Werdenfels, Tölz, Tegernsee, Miesbach, Rosenheim, Traunstein, Reichenhall und Berchtesgaden*. In: Joseph Friedrich LENTNER: *Bavaria – Land und Leute im 19. Jahrhundert. Oberbayern: Die Landgerichte im Gebirge*. Hrsg. von Paul Ernst RATTELMÜLLER. Süddeutscher Verlag, München 1988, S. 13-25 (Div).

LETTMAIER, Karl (1939): *Die Alpwirtschaft im Bezirk Traunstein. Maßnahmen zu ihrer Förderung*. Dissertation an der Technischen Hochschule München, Fakultät für Landwirtschaft 1939. Verlag C. Gießel, Bayreuth, 127 S. (Agr).

LINNER, Aribert (1952): *Die Almwirtschaft in den Chiemgauer Bergen zwischen Prien- und Achental*. Dissertation an der Naturwissenschaftlichen Fakultät der Technischen Hochschule München, München, 110 S. (Agr).

MAASBERG, Jürgen (1967): *Die Almwirtschaft des Klosters Ettal und der umliegenden Gebiete im ehemaligen Klostergrundherrschaftsbezirk Ettal in geschichtlicher, wirtschaftlicher und rechtlicher Betrachtung*. Wirtschaftswissenschaftliche Dissertation an der Universität Innsbruck bei Nikolaus GRASS, Innsbruck, 291 S. (Rec).

MALAISE, Viktor von (1951): *Die Landwirtschaft des Landkreises Rosenheim im allgemeinen, seine Almwirtschaft im besonderen*. Dissertation an der Technischen Hochschule München, Fakultät für Landwirtschaft, Freising, 221 S. (Agr).

Mayer, Marius/Job, Hubert (2010): *Raumrelevante Konflikte zwischen Almwirtschaft, Naturschutz und Tourismus. Ergebnisse einer Befragung in den oberbayerischen Alpen.* In: Naturschutz und Landschaftsplanung 42, Heft 2, S. 55-63 (Geo).

Mayer, Marius/Job, Hubert/Ruppert, Karl (2010): *Raumfunktionale Zusammenhänge zwischen Almwirtschaft und Tourismus in den Nördlichen Kalkalpen. Fallbeispiele Isarwinkel (Bayern) und Rissbach-/Bächental (Tirol).* In: Berichte zur deutschen Landeskunde 84, S. 59-88 (Geo).

Mayer, Marius/Job, Hubert/Ruppert, Karl (2008): *Spannungsfeld der Raumfunktionen. Almwirtschaft und Tourismus – Kulturlandschaft Isarwinkel/Rissbachtal.* In: Jörg Maier (Hrsg.): *Ziele und Strategien einer aktuellen Politik für periphere ländliche Räume in Bayern.* Akademie für Raumforschung und Landesplanung, Hannover, S. 93-120 (= Arbeitsmaterial der ARL) (Geo).

Müllauer, Elisabeth (1995): *Almgeschichten – Erinnerungen an die Almsommer 1946 bis 1951.* Aufgezeichnet 1994 für ihre Kinder und Enkelkinder. Eigenverlag der Autorin, Oberbindham, 127 S., 2. Auflage 1997 (Pop).

Murböck, Jakob (1935): *In Gottes Namen fahren wir! Ein Buch für die Almleute.* Verlag Josef Kösel/Friedrich Pustet, München, 170 S. (Div).

NP (2014): *Das höchste Leben. Almwirtschaft im Berchtesgadener Land.* Hrsg.: Nationalpark Berchtesgaden, Berchtesgaden, 144 S. (= Ausstellungskatalog) (Pop).

Oelkers, Gerhard (2011-12): *Unsere Almen. Bild-Lexikon der oberbayerischen Almen in 6 Bänden.* Verlag G. Oelkers, München (Div):
- Bd. 1: *Unsere Almen im Landkreis Bad Tölz-Wolfratshausen.* 2011, 282 S.
- Bd. 2: *Unsere Almen im Landkreis Garmisch-Partenkirchen.* 2012, 282 S.
- Bd. 3: *Unsere Almen im Landkreis Miesbach.* 2012, 427 S.
- Bd. 4: *Unsere Almen im Landkreis Traunstein.* 2012, 335 S.
- Bd. 5: *Unsere Almen im Landkreis Rosenheim.* 2012, 348 S.
- Bd. 6: *Unsere Almen im Landkreis Berchtesgadener Land.* Erscheint nicht mehr.

Otto, W. (1885): *Alpenwirthschaft (in Oberbayern).* In: Kreiscomité des landwirthschaftlichen Vereins von Oberbayern (Hrsg.): *Die Landwirthschaft im Regierungsbezirk Oberbayern. Denkschrift, gewidmet den Teilnehmern an der XXVI. Wanderversammlung bayerischer Landwirthe in Tölz 1885.* München, S. 225-242 (Agr).

Peetz, Hartwig (1869): *Culturhistorische Einblicke in die Alpenwirthschaft des Chiemgaues.* Hrsg. vom Landwirtschaftlichen Verein zu Traunstein. Fleischmann, München, 59 S. (Agr).

Plettenberg, Thomas (2003): *Ein Sommer auf der Alm. Bilder und Geschichten einer Lebensweise.* Mucca-Verlag, Miesbach, 221 S. (Pop).

Ranke, Karl (1930): *Die Alm- und Weidewirtschaft des Berchtesgadener Landes.* Dissertation an der Technischen Hochschule München 1929. Verlag Kastner & Callwey, München, 109 S. (Agr).

Ringler, Alfred et al. (2015): *Almen im Grenzraum zwischen Bayern und Salzburg. Schlussbericht Bayern des INTERREG IV A-Projektes Bayern-Österreich 2007-2014.* Amt für Ernährung, Landwirtschaft und Forsten (AELF), Traunstein, 252 S. (Agr).

Analyse der 225 Almen der Berchtesgadener und Traunsteiner Bergregion in Hinblick auf ihre ökologische Bedeutung.

Ringler, Alfred (2014): *INTERREG IV A – Almregion Bayerisch-Salzburger Kalkalpen. Naturschutzfachliches, volkswirtschaftliches und touristisches Gesamtpotential in der Almregion Bayerisch-Salzburger Kalpalpen.* In: Herbert Weingartner (Hrsg.): *Almregion Bayerisch-Salzburger Kalkalpen.* Salzburg, S. 81-97 (HE: Weingartner 2014 AT/S) (Agr).

Schwaiger, Johanna/Zörkler, Barbara (1997): *Die Chronik der Lechner-Alm.* Eigenverlag, Brannenburg, 64 S. (Pop).

Seibold, Kaspar (1946): *Die Almwirtschaft im Bezirk Miesbach. Maßnahmen zu ihrer Förderung.* Dissertation an der Technischen Hochschule München, München, 424 S. (Agr).

Silbernagl, Helmut (1980): *Die oberbayerische Almwirtschaft.* In: Bayerisches Landwirtschaftliches Jahrbuch 57, S. 594-600 (Agr).

SILBERNAGL, Helmut (1968): *Bereinigung der Weiderechte in Oberbayern.* In: Bayerisches landwirtschaftliches Jahrbuch 45, Sonderheft 1, S. 51-58 (HE: AGfB 1968 AL) (Agr).

SPITZER, Wolfgang/PRINZ, Thomas (2014): siehe AT/S

STANGASSINGER, Brigitte, Hrsg. (2008): *Bauern und Almen in Berchtesgaden. Eine Dokumentation.* Plenk-Verlag, Berchtesgaden, 288 S. (Vol).

STARZMANN, Gustav-Adolf (2016): *Wie eine ehemals salzburgische Alm in Reichenhall bayrisch wurde. Die Suche nach dem in Vergessenheit geratenen Ursprung der Zwieselalm.* In: Mitteilungen der Gesellschaft für Salzburger Landeskunde 156, S. 323-341 (Div).

STATTMANN, Eduard (1981): *Die Almwirtschaft Oberbayerns und ihre Arbeitskräfte, dargestellt am Beispiel der Landkreise Bad Tölz-Wolfratshausen, Miesbach und Rosenheim.* Dissertation an der Technischen Universität München, Fakultät für Landwirtschaft und Gartenbau, Freising (Agr).

STATTMANN, Eduard (1981): *Entwicklung, Struktur und derzeitige Situation des Personals auf oberbayerischen Almen, dargestellt an Beispielen der Landkreise Bad Tölz-Wolfratshausen, Miesbach und Rosenheim.* In: Bayerisches landwirtschaftliches Jahrbuch 58, S. 532-590 (Agr).

STEINER, Stephanie (2010): *Von Sennerinnen, Wildschützen und Hüterbuben – zum neuen Präsentationskonzept der Baugruppe Almen.* In: Jahrbuch für die oberbayerischen Freilichtmuseen Glenleiten und Amerang 5, S. 78-95 (Vol).

STEINER, Stephanie (2010): *„Die haben mich ja gut brauchen können" – Kühbubenalltag auf einer oberbayerischen Alm um 1950.* In: Jahrbuch für die oberbayerischen Freilichtmuseen Glenleiten und Amerang 5, S. 96-109 (Vol).

STOLZ, Otto (1938): *Geschichte der Almen im Karwendel.* In: Zeitschrift für bayerische Landesgeschichte 1, Nr. 11, S. 9-44 (Div).

TÖPFNER, Paul (1969): *Die Almwirtschaft im Chiemgau.* In: Paul TÖPFNER: *Heimatbuch des Landkreises Traunstein,* Bd. IV, Heft 5. Erdl-Verlag, Trostberg (Div).

TRAMITZ, Christiane (2017): *Harte Tage, gute Jahre. Die Sennerin vom Geigelstein.* Knaur-Verlag, München, 271 S. (Pop).

WEIDLICH, Ariane (2003): *Kühe – Käse – Kranzzeug. Zwei Sennerinnen aus Berchtesgaden berichten.* In: Maximilian BÖHM (Hrsg.): *Auf der Hut – Hirtenleben und Weidewirtschaft. Ausstellungskatalog.* Verlag des Oberpfälzer Freilichtmuseums, Neusath-Perschen, S. 84-103 (= Schriften süddeutscher Freilichtmuseen 2) (Pop).

WERNER, Paul (1994): *Die Baulichkeiten auf den Almen im Berchtesgadener Land. Der Rundumkaser.* In: Louis CARLEN/Gabriel IMBODEN (Hrsg.): *Alpe – Alm.* Brig, S. 65-88 (HE: CARLEN/IMBODEN 1994 AL) (Hau).

WERNER, Paul (1984): *Bäuerliche Baukultur im Berchtesgadener Land. Dokumentation eines Landkreises.* Verlag Plenk, Berchtesgaden, 506 S., 1986[2], 1998[3] (Hau).
Darin auch die Gebäude der Almwirtschaft.

WÖRNDL, Rupert (1998): *Wälder und Almen im Priental. Entwicklung des Waldes sowie der Forst- und Weiderechte im 19. und 20. Jahrhundert.* Hrsg.: Heimat- und Geschichtsverein Aschau. Gemeinde Aschau i. Ch., Aschau im Chiemgau, 277 S., 2. Auflage unter dem Titel *Wälder und Almen. Waldentwicklung, Forst- und Weiderechte im Oberen Priental.* 2008, 515 S. (= Quellenband II zur Chronik Aschau) (Div).

WÖRNDL, Rupert (1996): *500 Jahre Almwirtschaft im Priental. Die Almen im Almbezirk Aschau im Chiemgau und ihre Geschichte.* Hrsg.: Heimat- und Geschichtsverein Aschau, Aschau i. Ch., 94 S. (Div).

ZAUNER, Josef (1953): *Die Rechtsnatur der altbayerischen Dorfgemeinde und ihrer Nutzungsrechte aufgrund einer Untersuchung in Kochel, im Bereich des ehemaligen Klostergerichts Benediktbeuern.* Juristische Dissertation an der Universität München, München 117 S. (Rec).

2.3 REGIERUNGSBEZIRK SCHWABEN/ALLGÄU (ALG)

Alpwirtschaftliche Organisationen:
Alpwirtschaftlicher Verein im Allgäu/AVA, Sitz: Immenstadt: www.alpwirtschaft.de mit Zeitschrift „Auf der Alpe – Blätter zur Förderung der Allgäuer Alpwirtschaft" (monatlich).

Internetseiten:
www.aelf-ke.bayern.de Fachzentrum Alpwirtschaft, Amt für Ernährung, Landwirtschaft und Forsten Kempten, für Schwaben.
www.alpwirtschaft.de Materialreiche Seiten zur Alpwirtschaft im Allgäu.
www.rechtler.de Rechtler der Ortsgemeinde Oberstdorf (siehe Nowotny 2000 DE/ALG).
www.allgaeu-viehscheid.de Informationen zum Viehscheid im Allgäu.
www.bergbauernmuseum.de Allgäuer Bergbauernmuseum Immenstadt-Diepholz (Schwerpunkt: Milchwirtschaft im Allgäu, mit historischer Museumsalpe).
www.oberstdorf-lexikon.de ⇢ Alpwirtschaft.
www.alpgenuss.de Verein Allgäuer Alpgenuss e.V. (66 Alpen).
www.natur-schutz-stiftung.de „Manfred Kurrle Naturschutzstiftung Allgäuer Hochalpen" mit Teilprojekt „Restaurierung der Alpgebäude".

Alpstatistiken:
Siehe DE

Monographien:
Krieger 1952
Nowotny 1991

Publikationen:

Alpgenuss (2016): *Alpgenuss-Wanderungen im Allgäu (mit 66 Alpen). Entdecken – Erleben – Genießen*. Agrar-Verlag-Allgäu (AVA), Kempten, 192 S., [2]2017, [3]2019 (Pop).

AVA (2000): *75 Jahre Alpwirtschaftlicher Verein im Allgäu e. V. 1925 – 2000*. In: Auf der Alpe (Alpwirtschaftlicher Verein im Allgäu) 52, Heft 4, S. 37-64 (Agr).

AVA (1975): *50 Jahre Alpwirtschaftlicher Verein im Allgäu e. V. 1925 – 1975*. Hrsg. und Verleger: Alpwirtschaftlicher Verein im Allgäu, Immenstadt, 92 S. (Agr).

Bätzing, Werner (2018): *Zur Bedeutung der Alpwirtschaft für Bad Hindelang und für die Alpen*. In: Martin Kluger et al.: Kühe. Menschen. Berge. Die 46 Alpen von Bad Hindelang im Allgäu. Augsburg. S. 4-10 (HE: Kluger 2018 ALG) (Geo).

Bernhard, Bruno, Redaktion (2003): *Allgäuer Sennereiführer. Juwelen der Allgäuer Käseherstellung*. Hrsg.: Landwirtschaftsamt Kempten/Lindau, Ländliche Emtwicklungsgruppe Allgäu. Verlag Fink, Lindenberg, 55 S. (Pop).

Elhardt, Georg (1934): *Das Recht der Alpwirtschaft im bayerischen Allgäu*. Rechtswissenschaftliche Dissertation an der Universität Jena. Druck Oechelhäuser, Kempten, 156 S. (Rec).

Endriss, Gerhard (1935): *Die Almen im bayerischen Allgäu und in Vorarlberg*. In: Geographische Wochenschrift (F. Hirt, Breslau) 46, S. 1107-1111 (Geo).

Frey, Rudolf (1933): *Die Alpwirtschaft des Bezirks Füssen. Wege zu ihrer Hebung*. Dissertation an der Technischen Hochschule München, Fakultät für Landwirtschaft bei J. Spann, Freising, 158 S. (Agr).

Geiger, A. (1915): *Das Molkerei- und Käsereiwesen im bayerischen Allgäu*. In: *Produktion, Absatz, Preisbildung von Molkereierzeugnissen*. 3. Teil: *Milchwirtschaftliche Erzeugnisse*. Verlag Duncker & Humblot, München/Leipzig, S. 163-302 (= Schriften des Vereins für Sozialpolitik 140/3) (Agr).

Gise, Freiherr Ludwig von (1884): *Die Alpenwirthschaft und ihr Betrieb*. Hrsg. vom Milchwirtschaftlichen Verein im Allgäu. Kösel-Verlag, Kempten, 107 S. (Agr).
Der Autor ist Mitbegründer der Allgäuer Alpenversuchsstation in Immenstadt.

Haff, Karl (1902): *Geschichte der ostalemannischen Gemeinlandsverfassung unter Berücksichtigung bajuvarischer Weistümer Tirols, Oberbayerns und Salzburgs*. Rechtswissenschaftliche Dissertation an der Universität Würzburg. In: Zeitschrift des Historischen Vereins für Schwaben und Neuburg 29, S. 1-78 (Rec).
Nach Haushofer/Riedmüller 1954 DE, S. 37 bedeutet diese Arbeit den Beginn der neueren Diskussion über die Allmende in Bayern.

HAIBL, Michaela (2000): *„Je höher der Bearg, je besser d'Waid, je stérker s Futter." Eine Annäherung an Alpwirtschaft und Alpleben*. In: Otto KETTEMANN/Helga HOFFMANN (Hrsg.): *„Droben im Allgäu, wo das Brot ein End' hat." Zur Kulturgeschichte einer Region*. Schwäbisches Bauernhofmuseum Illerbeuren, Kronburg-Illerbeuren, S. 189-200 (= Schriften des Schwäbisches Bauernhofmuseums Illerbeuren 14) (Vol).

HERMANN, Norbert (1984): *Der wirtschaftliche Umbruch – Viehzucht, Viehhandel und Alpwirtschaft*. In: Norbert HERMANN: *Kempten und das Oberallgäu. Bilder aus der Geschichte der Stadt und des Landkreises*. Verlag für Heimatpflege im Heimatbund Allgäu, Kempten, S. 269-281 (Div).

HÖRMANN, Christoph (1986): *Von der Allmende bis zum heutigen „Verein der ehemaligen Rechtler der Ortsgemeinde Oberstdorf"*. In: Unser Oberstdorf – Blätter zur Oberstdorfer Heimatgeschichte, Heft 10, S. 112-128 (Rec).

JIRZIK, Eberhard/JIRZIK, Ruth (2015): *Alpwandern in den Allgäuer Bergen*. Bvd-Verlag, Biberach, 399 S. (Pop).

KLEINSCHMIDT, Walter (1925): *Allmenden im bayerischen Allgäu. Ein Beitrag zur Allmendenfrage*. Dissertation Universität Würzburg, Würzburg, 167 S. (Rec).

KLUGER, Martin et al. (2018): *Kühe. Menschen. Berge. Die 46 Alpen von Bad Hindelang im Allgäu. Immaterielles Kulturerbe in Bayern*. Hrsg.: Marktgemeinde Bad Hindelang. context verlag Augsburg, Augsburg, 168 S. (Div).

KLUGER, Martin et al. (2014): *Kulturerbe Alpwirtschaft in Bad Hindelang im Naturschutzgebiet Allgäuer Hochalpen*. Hrsg.: Eberl-Medien. context verlag Augsburg, Augsburg, 120 S. (Div).
Beiträge von Martin KLUGER, Werner BÄTZING, Leo HIEMER, Alfred RINGLER, Wolfgang BIRK, Matthias SCHMID, Adalbert MARTIN, Marcel HUBER und Josef MILLER.

KRIEGER, Franz (1955): *Allgäuer Alpwirtschaft einst und jetzt*. In: Karl LINDNER: *Geschichte der Allgäuer Milchwirtschaft*. Kempten, S. 101-124 (HE: LINDNER 1955 ALG) (Agr).

KRIEGER, Franz (1950): *Allgäuer Alpwirtschaft einst und jetzt*. Volkswirtschaftlicher Verlag, Kempten, 52 S. (Agr).

KRIESE, Wilfried (2002): *Käse statt Zinsen. Die Alpe Sonnhalde (Oberstaufen) – von der Vision zum Erfolg*. Mauer-Verlag, Rottenburg am Neckar, 90 S. (Pop).

LINDNER, Karl (1955): *Geschichte der Allgäuer Milchwirtschaft. 100 Jahre Allgäuer Milch im Dienst der Ernährung*. Hrsg.: Milchwirtschaftlicher Verein im Allgäu, Kempten, 582 S. (Agr).

MEISSINGER, Ernst (1936): *Almgeographie des Illerquellgebietes*. Dissertation Universität Frankfurt/M. Verlag Konrad Triltsch, Würzburg, 74 S. + 2 Karten (Geo).
Gebiet der Gemeinde Oberstdorf mit 40 Alpen.

NOWOTNY, Peter (2000): *Die Oberstdorfer Rechtler*. In: Otto KETTEMANN/Helga HOFFMANN (Hrsg.): *„Droben im Allgäu, wo das Brot ein End' hat". Zur Kulturgeschichte einer Region*. Schwäbisches Bauernhofmuseum Illerbeuren, Kronburg-Illerbeuren, S. 119-122 (Rec).
Als „Rechtler" werden in Oberstdorf und im Allgäu diejenigen Personen bezeichnet, die das Recht auf Allmendenutzung (Alpnutzung) besitzen. Dieses Recht ist nicht an Personen oder Eigentümer, sondern an das Haus gebunden.

NOWOTNY, Peter (1994): *Alpwirtschaft im Allgäu. Entwicklung, Stand und Aussichten*. In: Joseph UHLING (Redaktion): *Schutz und Nutzung des Berglandes*. Tagungsbericht der 15. Drei-Länder-Wegebautagung 1993 in der Bundesrepublik Deutschland in Oberstdorf. Bundesministerium für Ernährung, Landwirtschaft und Forsten, Bonn, S. 53-68 (Agr).

NOWOTNY, Peter (1991): *Alpwirtschaft. Die Entstehung unserer Kulturlandschaft im Alpenraum*. Verlag für Heimatpflege, Kempten, 139 S. (= Allgäuer Heimatbücher 90) (Agr).
Zwar alpenweit ausgerichtet, aber Schwerpunkt liegt im Allgäu.

RITTER, Gisbert (2004): *Westallgäuer Käsestraße – die Straße zum Genießen. Das Erlebnis: Im Allgäu von Sennerei zu Sennerei*. Hrsg. und Verlag: Westallgäuer Käsestraße, Lindau, 28 S. (Pop).

SCHÖLLER, Wilhelm (1928): *Die Pfrontener Allmende – ein gemeinschaftliches Privateigentum der 435 Markgenossen*. Beilage des Füssener Blattes „Der Landwirt" Nr. 29-31 (Rec).

SCHOLL, Ulrich (1986): *Alpwirtschaft – die Alpen im Ostrachtal*. In: Ulrich SCHOLL: *Aus der Geschichte des Ostrachtales*, Band 2. Marktgemeinde Hindelang, Hindelang, S. 715-811 (Div).

SPANN, Joseph (1950): *Die Schneeflucht und ihr Recht auf den Alpen unter besonderer Berücksichtigung des Allgäus.* Volkswirtschaftlicher Verlag, Kempten, 7 S. (Agr).

SPANN, Joseph (1919): *Der Rückgang der Alpsennerei in der Schweiz, Österreich und Bayern unter besonderer Berücksichtigung des bayerischen Allgäus.* Dissertation an der Technischen Hochschule München. Verlag Gerber, München 79 S. (Agr).

SPATZ, Günter (1970): *Pflanzengesellschaften, Leistungen und Leistungspotenzial von Allgäuer Alpweiden in Abhängigkeit von Standort und Bewirtschaftung.* Dissertation an der Fakultät für Landwirtschaft und Gartenbau der Technischen Universität München, München, 145 S. (Agr).

SPATZ, Günter/ZELLER, Wilhelm (1968): *Entwicklung und Leistung der Allgäuer Alpwirtschaft im Nagelfluhgebiet in Abhängigkeit von Höhenlage und Exposition in den Jahren 1950 bis 1966.* In: Bayerisches landwirtschaftliches Jahrbuch 45, S. 16-36 (Agr).

SPATZ, Karl (1917): *Die Alpwirtschaft im bayerischen Allgäu.* Dissertation an der Universität Tübingen, Tübingen (Agr).

STANKOWSKI, Martin (2003): *Bauen am Berg – Die Alpen des Landkreises Oberallgäu.* Kunstverlag Josef Fink, Lindenberg, 352 S. (Hau).

STEINER, Thaddäus (1980): *Allgäuer Alpnamen. Das Alter der Allgäuer Alpwirtschaft nach Aussage der Alpnamen.* Verlag für Heimatpflege, Kempten, 180 S. (= Allgäuer Heimatbücher, Bd. 80). Neuausgabe: Kunstverlag Josef Fink, Lindenberg 2010, 180 S. (Spr).

WEIZMANN, Hermann (2009): *Die Alpwirtschaft.* In: Hermann WEIZMANN: *Chronik Ofterschwang.* Gemeinde Ofterschwang, Ofterschwang, S. 62-77 (Div).

WIESNER, Herbert (1933): *Die alpwirtschaftlichen Verhältnisse des Bezirkes Sonthofen im bayerischen Allgäu. Notwendige Maßnahmen zur Förderung des Betriebes einer sachgemäßen Alpwirtschaft.* Dissertation an der Technischen Hochschule München 1931 bei Josef SPANN. Buchdruckerei J. Kellermann, Fürth in Bayern, 223 S. (Agr).

WILCKENS, Martin (1874): siehe AL

ZELLER, Wilhelm (1996): *Land- und Alpwirtschaft.* In: Rudolf VOGEL (Hrsg.): *Immenstadt im Allgäu. Landschaft, Geschichte, Gesellschaft, Wirtschaft, kulturelles und religiöses Leben im Lauf der Jahrhunderte.* Eberl-Verlag, Immenstadt, S. 385-404 (Agr).

ZELLER, Wilhelm (1992): *Die Alpwirtschaft im Allgäu, ihre Entwicklung und ihr jetziger Stand.* In: Bayerisches landwirtschaftliches Jahrbuch 69, S. 191-202 (Agr).

ZELLER, Wilhelm (1976): *Alpwirtschaftliche Förderung und 50 Jahre Alpwirtschaftsverein im Allgäu.* In: Der Alm- und Bergbauer 26, S. 74-86 (Agr).

ZELLER, Wilhelm (1975): *50 Jahre Alpwirtschaftlicher Verein im Allgäu 1925 – 1975.* Hrsg. und Verlag: Alpwirtschaftlicher Verein im Allgäu, Immenstadt, 92 S. (Agr).

ZIRKEL, Heinrich Bernhard/GRUNDMANN, Werner (1976): *Die Alpwirtschaft.* In: Heinrich Bernhard ZIRKEL/Werner GRUNDMANN: *Geschichte des Marktes Oberstdorf, einschließlich der neuen Gemeindegebiete von Schöllang und Tiefenbach.* Band 3: *17. und 18. Jahrhundert bis zum Anschluß an Bayern.* Hrsg. und Verleger: Gemeinde Markt Oberstdorf, Oberstdorf, S. 13-74 (Div).

3. ALPES FRANÇAISES

3.1. ALPES FRANÇAISES ENTIÈRES (FR)

Publications, qui ne peuvent être attribuées à un seul département et qui couvrent de plus grandes parties des Alpes, sont répertoiriées ici. Cela s'applique aux domaines suivants:

- „Alpes du Nord" et „Alpes du Sud": Délimitation naturelle des Alpes du Nord humides („Alpes de vache") des Alpes du Sud sèches („Alpes de mouton") au moyen de la ligne Valence – Écrins – Bardonecchia. Délimitation politique: Alpes du Nord = 38, 73, 74, Alpes du Sud = 04, 05, 06, 26. Le département Drôme (26) est inclus parfois aussi dans les Alpes du Nord. Les Alpes du Sud sont inclus en France dans les montagnes méditerranéennes.
- Régions: La région Rhône-Alpes (dès 2016: Région Auvergne-Rhône-Alpes) se compose dans les Alpes des départements 26, 38, 73, 74, la région Provence-Alpes-Côte-d'Azur/PACA des départements 04, 05, 06.
- „Dauphiné": La territoire du Dauphnié a été divisé dans l'année 1791 en les départements 05, 26 et 38.
- „Provence": La Provence couvre dans les Alpes traditionellement les Alpes du Sud sans les territoires du Dauphiné et du Comté de Nice (partie du département 06).

Dans les départements du Var (83) et du Vaucluse (84) il existe des zones plus petites, qui appartiennent aux Alpes. Cependant, comme aucune publication n'a été trouvée sur l'economie pastorale, ils ne sont pas pris en compte ici. Les Publications sur les Alpes du Sud, sur la région PACA e sur la Provence incluent généralement ces zones.

Publikationen, die nicht einem einzelnen Département zuzuordnen sind und die größere Teile der französischen Alpen umfassen, werden hier verzeichnet. Dies betrifft folgende Gebiete:

- „Alpes du Nord" und „Alpes du Sud": Naturräumliche Abgrenzung der feuchten „Alpes du Nord" („Alpes de vache") von den trockenen „Alpes du Sud" („Alpes de mounton") mittels der Linie Valence (Rhône-Tal) – Écrins – Bardonecchia. Politische Abgrenzung: „Alpes du Nord" = 38, 73, 74; „Alpes du Sud" = 04, 05, 06, 26. Das Département Drôme (26) wird teilweise auch zu den „Alpes du Nord" gerechnet. Die „Alpes du Sud" werden in Frankreich zu den „montagnes méditerranénnes" gerechnet.
- Régions: Die „Région Rhône-Alpes" (seit 2016 „Région Auvergne-Rhône-Alpes") besteht in den Alpen aus den Départements 26, 38, 73, 74, die „Région Provence-Alpes-Côte-d'Azur/PACA" aus 04, 05, 06.
- „Dauphiné": Das Gebiet des „Dauphiné" wurde 1791 in die Départements 05, 26 und 38 aufgeteilt.
- „Provence": Die „Provence" umfasst in den Alpen traditionellerweise die „Alpes du Sud" ohne die Gebiete des „Dauphiné" und des „Comté de Nice" (Teile von 06).

In den Départements Var (83) und Vaucluse (84) gibt es kleinere Gebiete, die zu den Alpen gezählt werden. Da dazu jedoch keine alpwirtschaftlichen Publikationen gefunden wurden, werden diese Départements hier nicht aufgeführt. Publikationen zu den Alpes du Sud, zur région PACA und zur Provence schließen diese Gebiete in der Regel ein.

Organisations de l'économie pastorale:
L'organisation la plus importante avec une très longue tradition a changé de nom à plusieurs reprises:

- *Société française d'économie alpestre* (Chambéry): 1913 – 1927.
- *Fédération française d'économie alpestre* (Grenoble): 1928 – 1959.
- *Fédération française d'économie montagnarde* (Grenoble): ab 1960.

Cette organisation (voir Gerbaux 1993 FR) existe toujours, mais elle est inactive depuis des années, sauf dans les deux départements de Savoie: *Société d'économie alpestre de Savoie* (SEA 73) et *Société d'économie alpestre de la Haute-Savoie* (SEA 74); Site Internet commun: www.echoalp.com

Association française de pastoralisme/AFP (Die/Drôme), fondée 1984, avec revue „Pastum" (2 x/an): www.pastoralisme.net
Association des Bergères et Bergers des Alpes du Sud et de Provence/ABBASP: www.aspir.eu
Association des Pâtres des Alpes du Nord: www.alpages38.org
Centre d'Études et de Réalisations Pastorales Alpes-Méditerranée/CERPAM (Manosque), fondé 1982, avec „La Lettre du Cerpam" (3 x/an): www.cerpam.com

Sites Internet:
http://enquete-pastorale.irstea.fr/ Paturoscope: Enquête Pastorale 2012-2014.
www.maisonduberger.com Maison du Berger. Centre d'interpretation des cultures pastorales alpines (Champsaur/Valgaudemar).
www.grandehistoirealpages.fr La Grande Histoire des Alpages. Une plateform de partage de l'Université Savoie Mont Blanc (Chambéry) et les Fonds de dotation Montagne Vivante
www.transhumance.org/ Maison de la Transhumance, St. Martin-de-Crau
www.larouto.eu La Routo – itinéraire agritouristique sur les pas de la transhumance

Enquêtes Pastorales:
Enquête Pastorale 1949/50: Jeannin 1953
Enquête Pastorale 1963: Gardelle 1968
Enquête Pastorale 1971-72: Bonard 1976
Enquête Pastorale 1983: Melot/Jouvion 1990
Enquête Pastorale 1996-97
Enquête 2012-2014: Dobremez 2016

Monographies:
Arbos 1922
Briot 1896 + 1907
Gardelle 1999/2000
Gerbaux 1993

Publications:
AFP (1998): *Brûlages dirigés*. Association Française de Pastoralisme (sous la direction de), Die, 200 p. (= Pastum 13, n° 51-52, numéro spécial) (Agr).

AFPF (1987): *La forêt et l'élevage en région méditerranéenne française*. Association Française pour la Production Fourragère/AFPF, Paris, 296 p. (= Revue „Fourrages", numéro hors-série) (Agr).

Alavoine-Mornas, Françoise/Madelrieux, Sophie (2015): *Coopératives laitières – facteurs de maintien de l'élevage laitier en montagne?/Dairy Cooperatives – what Factors Contribute to Maintaining Mountain Dairy Farming?* Dans: Revue de Géographie Alpine 103, n° 1, 15 p. (Agr).

Arbos, Philippe (1922): *La vie pastorale dans les Alpes françaises. Étude de géographie humaine*. A. Colin, Paris, 718 p. (= Bulletin de la Société scientifique de l'Isère XLII) (Geo).
Disposition: Introduction (la vie pastorale en général et dans les Alpes en particulier; définition nomadisme et transhumance). I: Conditions de la vie pastorale dans les Alpes françaises (conditions physiques et humaines; les limites et l'étendue de la zone pastorale; la propriété; la fauchaison). II: L'exploitation du bétail (l'importance du bétail, les caractères, son rôle dans la vie économique dans le Moyen âge; la crise économique du XIXe siècle; les pays de petit bétail; les pays de gros bétail; les pays mixtes). III: Les genres de vie pastorale (le genre savoyard; le genre des Préalpes méridionales; le genre des Alpes provençales; grandes montagnes – petites montagnes; les montagnettes, les remues, les granges; applications régionales). IV: La vie pastorale dans ses rapports avec l'habitat et la circulation (influence sur l'habitat permanent et temporaire; les maisons élémentaires et „en hauteur"; le commerce du bétail et des produits laitiers; le trafic d'exportations; le commerce intérieur; l'étude des foires).
Frödin: „...das ohne Widerspruch bedeutendste aller über die Geographie der Alpwirtschaft bis jetzt veröffentlichte Werk..." (1940 AL, Bd. 1, S. XXIV). Voir le presentation de Raoul Blanchard dans: Revue de Géographie Alpine 10/1922, n° 3, p. 459-471.
Arbos développe sur la base de la conception des „genres de vie" de Paul Vidal de La Blache les „genres de vie pastorale", qu'il divise en trois types dans la partie III. De plus, il a développé pour la première fois la distinction entre „grandes montagnes" et „petites montagnes", et il divise la transhumance en „transhumance normale", „transhumance inverse" et „transhumance commerciale".

Arbos entwickelt auf der Grundlage der Konzeption der „genres de vie" von Paul Vidal de La Blache die „genres de vie pastorale", die er in Teil III in drei Typen ausdifferenziert. Außerdem entwickelt er erstmals die Unterscheidung zwischen „grandes montagnes" und „petites montagnes", und er unterteilt die Transhumanz in „transhumance normale", „transhumance inverse" und „transhumance commerciale".

Arbos, Philippe (1913): *L'élévage dans les Alpes*. Dans: Bulletin des Halles – feuille des denrées agricoles, supplément des numéros des 27 mars, 3, 10, 17, 24 avril, 2 et 9 mai (Geo).

Armand, Hélène/Morana, Jeanne/Pedrotti, Christian (2018): *Fromages de montagne – la saveur est dans l'alpage*. Neva éditeur, Lyon, 103 p. (= Artisans des montagnes) (Pop).

Armand, Hélène (2017): *Bergères en leurs alpages*. Éditions Glénat, Grenoble, 192 p. (Pop).

Armand, Hélène/Pedrotti, Christian (2000): *Divas en herbe – les vaches des Alpes*. Éditions Libris, Seyssinet, 142 p. (Pop).
Races de vaches: L'Abondance, La Tarine, La Villarde, L'Hérens.

Auboiron, Bruno/Lansard, Gilles (2006): *Transhumance. Un berger raconte...* Édisud, Aix-en-Provence, 159 p. (Pop).

Auboiron, Bruno/Lansard, Gilles (1998): *La Transhumance et le berger. Une tradition vivante*. Éditions Edisud, Aix-en-Provence, 144 p. (Pop).

Aubron, Claire/Garambois, Nadège/Nozières-Petit, Marie-Odile, sous la direction de (2019): *L'économie agropastorale revisitée. Formes et conditions de développement de systèmes agropastoraux conciliant création de richesse et d'emplois et entretien des écosystèmes*. Cardère éditeur, Avignon, 136 p. (Agr).

Aubron, Claire/Peglion, Marceline/Nozières, Marie-Odile/Boutonnet, Jean-Pierre (2014): *Démarches qualité et pastoralisme en France. Synergies et paradoxes/Quality schemes and pastoralism in France*. Dans: Revue de Géographie Alpine 102, nº 2, 16 p. (Agr).

Baecque, Antoine de (2019): *Ma transhumance. Carnets de routo*. Éd. Arthaud/Flammarion, Paris, 400 p. (Pop).

Bardiau, Philippe (1997): *Bergers – gardiens de l'Alpe*. Éd. Didier & Richard, Grenoble, 128 p. (Pop).

Bazin, Gilles (1986): *Quelles perspectives pour l'élevage ovin dans les montagnes sèches?* INRA (Institut National de la Recherche Agronomique), Paris, 42 p. (Agr).

Béaur, Gérard (2000): *Über eine mehrdeutige Diskussion. Gemeinheitsteilungen, Eigentumsfrage und agrar-ökonomischer Fortschritt (Frankreich im 18. und 19. Jahrhundert)*. In: Jahrbuch für Wirtschaftsgeschichte 41, Heft 2, S. 33-44 (HE: Brakensiek 2000 AL) (Rec).

Bérard, Laurence/Marchenay, Philippe (2007): *Les fromages des Alpes du Nord. Une culture de la montagne*. Ed. Le Dauphiné Libéré, Grenoble, 52 p. (= Les Patrimoines) (Pop).

Blanchard, Raoul (1943-1954): *Les Alpes Occidentales*. B. Arthaud, Grenoble/Paris, 7 tomes en 12 volumes, 5.030 p. (Geo).
Ceci est la monographie la plus vaste jamais publiée sur une région alpine avec de nombreuses représentations sur l'économie pastorale.
Dies ist die umfangreichste Monographie, die jemals über eine Alpenregion publiziert wurde. Darin gibt es zahlreiche Aussagen zur Alpwirtschaft.

Bornard, André/Cozic, Philippe/Brau-Nogué, Catherine (1995): *Pratiques pastorales traditionelles et actuelles des alpages laitiers des Alpes du Nord*. In: Ethnozootechnie 55, p. 41-49 (HE: Spindler 1995 FR) (Agr).

Bornard, André/Melot, Gérard/Lautre, Alain (1976): *Enquête Pastorale. Principaux résultats du recensement des Unités Pastorales sur la zone de montagne française*. Sous la direction de Ministère de l'Agriculture, réalisée par le S.C.E.E.S. (Service Central des Enquêtes et Études Statistiques, Division statistiques foresterières et rurales) et la Division I.N.E.R.M (Institut National d'études rurales montagnardes) du C.T.G.R.E.F. (Centre Technique du Génie Rural des Eaux et des Forêts), Paris/Saint-Martin-d'Hères. 257 p. avec 96 tableaux statistiques (Sta).

Bossy, Simone (1985): *Associations foncières pastorales (A.F.P.) et groupements pastoraux (G.P.) – bilan d'une décennie*. Dans: Revue de Géographie Alpine 73, nº 4, p. 439-463 (Geo).

Briot, Félix (1907): *Les Alpes Françaises. Nouvelles études sur l'économie alpestre. Diverses questions générales et monographies*. Éd. Berger-Levrault, Paris, 324 p., réédition 2012 (Agr).

Briot, Félix (1896): *Les Alpes françaises. Études sur l'économie alpestre et l'application de la loie du 4 avril 1882 à la restauration et à l'amélioration des pâturages*. Éd. Berger-Levrault, Paris, 537 p., réédition 2012 (Agr).

Briot, Félix (1886): *Vues sur la question pastorale dans les Alpes*. Dans: Annuaire du Club Alpin Français 12, p. 482-498 (Agr).

Brisebarre, Anne-Marie (2013): *Chemins de transhumances. Histoire des bêtes et bergers du voyage*. Éd. Delachaux & Niestlé, Paris, 240 p. (Agr).

Brisebarre, Anne-Marie/Fabre, Patrick/Lebaudy, Guillaume, sous la direction de (2009): *Sciences sociales. Regards sur le pastoralisme contemporain en France*. Maison de la Transhumance et Cardère éditeur, Avignon, 144 p. (Agr).

Brisebarre, Anne-Marie (2007): *Bergers et Transhumances*. Éditions De Borée, Clermont-Ferrand, 223 p. (Agr).

Brisebarre, Anne-Marie (1980): *Le berger*. Prétexte de Jean Giono. Éd. Berger-Levrault, Paris, 165 p. (= Métiers d'hier et d'aujourd'hui) (Agr).

Cantaloube, Jacqueline (2002): *Sur les pas des bergers. Estive et transhumance*. Éditions Ouest-France, Rennes, 124 p. (Pop).

Cardot, Émilie (1897): *L'économie alpestre et la genèse du régime pastoral*. P. Jacquin, Besançon, 15 p. (Agr).

Chabert, Louis (1988): *Les Associations Foncières Pastorales – les enseignements d'une decennie de fonctionnement. L'exemple des Alpes Françaises du Nord*. Dans: Peter Haimayer (Hrsg.): *Probleme des ländlichen Raumes im Hochgebirge*. Institut für Geographie der Universität Innsbruck, Innsbruck, S. 185-192 (= Innsbrucker Geographische Studien 16) (Geo).

Chabrand, Ernest (1906): *Le pâturage dans les Alpes. Étude d'économie alpestre*. Xavier Drevet éditeur, Grenoble, 26 p. (= Bibliothèque scientifique du Dauphiné). Réédition: Hachette Livre BnF, Paris 2014 (Agr).

Charbonnier, Quentin (2012): *1972 – la loi pastorale française*. La Cardère éditions, Avignon, 144 p. (Agr).

Charbonnier, Quentin/Romagny, Thomas (2012): voir AL

Coen, Marcel/Moyal, Maurice (1952): *Sheep Trek in the French Alps*. In: The National Geographic Magazin 101, n. 4, p. 545-564. Enlarged edition as book: *On the road to pastures new*. Phoenix House, London 1956, 160 p. + 16 p. illustrations, 2. edition: The Country Book Club, London 1958 (Pop).

Texte journalistique (Coen: foto, Moyal: texte) d'une transhumance traditionelle de 2.000 moutons (race: mérinos d'Arles) de la Crau à travers la vallée de la Durance jusqu'à la vallée de la Tinée (Alpes Maritimes). Parce que cette transhumance sera modernisée un peu plus tard (transport par camion), ce texte a une grande valeur documentaire. Voir Fabre/Lebaudy 2002 FR.

Journalistische Dokumentation (Coen: Fotos, Moyal: Text) einer traditionellen Wanderung von 2.000 Schafen der Rasse Mérinos d'Arles von der Crau (Rhônedelta) durch das Durance-Tal bis ins oberste Tinée-Tal (Alpes Maritimes) im Jahr 1951 (3 Wochen, 280 km). Dadurch, dass diese Wanderungen wenig später modernisiert werden (LKW-Transport), besitzt diese Dokumentation einen besonderen dokumentarischen Wert. Siehe dazu Fabre/Lebaudy 2002 FR.

Cost, Pierre et al. (1987): *Histoire et actualité de la transhumance en Provence*. Éd. Les Alpes de Lumière (Forcalquier) n° 95-96, 91 p. (Agr).

Couzy, Agnès/De Merville, Claude (2000): *Randonnées en Alpages. Dauphiné: Chartreuse, Vercors, Dévoluy, Belledonne, Oisans, Briançonnais*. Éditions Glénat, Grenoble, 144 p. (Pop).

CTGREF (1973): *De la Provence au Briançonnais – la grande transhumance ovine*. Centre Technique Génie Rural Eaux et Fôrets (CTGREF), Grenoble, 80 p. (Agr).

Daget, Philippe/Godron, Michel, coordination (1995): *Pastoralisme. Troupeaux, espaces et sociétés*. Éd. Hatier, Paris, 510 p. (= Universités francophones) (Agr).

Deffontaines, Jean-Pierre/Landais, Étienne (1988): *André L. – un berger parle de ses pratiques.* Institut National de la Recherche Agronomique, Département de Recherches sur les Systèmes Agraires et de Développement, Versailles/Dijon/Mirecourt, 112 p.; réédition augmentée et illustrée: *André Leroy – berger d'alpage.* Cardère éditeur, Avignon 2020, 248 p. (= Hors les drailles) (Agr).

Delavigne, Anne-Elène/Roy, Frédérique (2004): *„La vie privée du berger". Incursions cinématographiques dans l'habitat de bergers transhumants en estive.* Dans: Revue de Géographie Alpine 92, n° 3, p. 95-112 (Vol).

Delfosse, Claire (1998): *De l'illustration du genre de vie pastoral au produit patrimonial. Le statut du fromage chez les géographes alpins depuis 1920.* Dans: Revue de Géographie Alpine 86, n° 4, p. 15-33 (Geo).

Devin, Hélène, coordination (2011): *Guide des associations foncières pastorales.* Association Française de Pastoralisme/Cardère éditeur, Avignon, 166 p. (Agr).

Dobremez, Laurent/Bray, Frédéric/Borg, Dominique (2016): *Enquête Pastorale 2012-2014. Principaux résultats de l'Enquête Pastorale 2012-2014 dans le massif des Alpes.* IRSTEA (Institut National de Recherche en Sciences et Technologies pour l'environnement et l'agriculture), Grenoble, 85 p. (Sta).
Informations complémentaires: http://enquete-pastorale.irstea.fr/

Dobremez, Laurent/Nettier, Baptiste/Legeard, Jean-Pierre/Caraguel, Bruno/Garde, Laurent/Vieux, Simon/Lavorel, Sandra/Della-Vedova, Muriel (2014): *Les alpages sentinelles. Un dispositif original pour une nouvelle forme de gouvernance partagée face aux enjeux climatiques/Sentinel Alpine Pastures. An original programme for a new form of shared governance to face the climate challenge.* In: Revue de Géographie Alpine 102, n° 2, 14 p. (Div).

Dodgshon, Robert (2019): *The Alps and Their Common Property – Regulation and Exploitation* and *The Alpage of the Western Alps – Europe's Highest Cultural Landscape.* In: Robert Dodgshon: *Farming Communities in the Western Alps 1500 – 1914.* Springer Nature Switzerland, Cham, chapter 5 and 6, p. 89-144 (Div).
Région: Alpes françaises, Val d'Aosta, Suisse romande (VS, VD, FR).

Doisneau, Robert (1999): *La transhumance de Robert Doisneau.* Éditions Actes Sud, Arles, 106 p. (Pop).

Drogue, Daniel (1950): *Les ovins dans les Alpes Françaises. Répartition et évolutions récentes du cheptel autochthone.* Dans: Revue de Géographie Alpine 38, n° 4, p. 633-678 (Geo).

Duclos, Jean-Claude (2018): *La transhumance. Actualité d'une pratique millénaire.* Éditions Le Dauphiné Libéré, Grenoble, 50 p. (= Les patrimoines) (Pop).

Duclos, Jean-Claude/Fabre, Patrick/Garde, Laurent (2017): *Élevage pastoral, espaces protégés et paysages.* Éd. Cardère/Maison de la Transhumance/CERPAM, Avignon/St. Martin-de-Crau/Manosque, 168 p. (Vol).

Duclos, Jean-Claude/Fabre, Patrick (2016): *Pasteurs, paysages. Pastoralisme en Provence-Alpes-Côte d'Azur.* La Maison de la Transhumance et Éditions Actes Sud, Arles, 232 p. (Vol).

Duclos, Jean-Claude et al., sous la direction de (2002): *Transhumance – relique du passé ou pratique d'avenir? Actes des journées euro-méditerranéennes de la transhumance.* Maison de la Transhumance et Éditions Cheminement, Paris, 339 p. (Vol).

Duclos, Jean-Claude/Mallen, Marc (1998): *Transhumance et biodiversité – du passé au présent.* Dans: Revue de Géographie Alpine 86, n° 4, pp. 89-101 (Div).

Duclos, Jean-Claude/Togni, Roberto (1995): *La transhumance, la fête et le paysage.* Dans: Lares - quadrimestrale di studi demoetnoantropologici (Firenze) 61, n. 2, pp. 221-233 (Vol).

Duclos, Jean-Claude/Pitte, André, sous la diretion de (1994): *L'homme et le mouton dans l'espace de la transhumance.* Musée dauphinois et éd. Glénat, Grenoble, 320 p. (Vol).

Duclos, Jean-Claude/Pitte, André (1991): *De Crau en Vercors – une grande transhumance ovine.* Musée Dauphinois et Éditions A, Die, 155 p. (Vol).

Duclos, Jean-Claude (1991): *Le berger, il pastore, lou pastre.* Dans: Daniele Jalla (a cura di): *Gli uomini e le Alpi/Les Hommes et les Alpes.* Atti del Convegno a Torino. Regione Piemonte/Communauté de Travail des Alpes Occidentales (CO.TR.A.O.), Torino, pp. 157-164 (Vol).

Emeric, Denis (2002): *Berger. Sur la route des grandes transhumances à pied.* Éd. Cheminements, Paris, 201 p. (= Gens d'ici) (Pop).

Ernoult, C./Favier, G., sous la direction de (1997): *Atlas pastoral Provence-Alpes-Côte-d'Azur.* CEMAGREF (Centre National du Machinisme Agricole du Génie Rural des Eaux et des Forêts), Saint-Martin-d'Hères, 64 p. (Agr).

Ernoult, C./Dobremez, L./Favier, G., sous la direction de (1996): *Atlas pastoral Rhône-Alpes.* CEMAGREF, Saint-Martin-d'Hères, 96 p. (Agr).

Eychenne, Corinne/Buclet, Nicolas, sous la direction de (2017): *Activités pastorales et dynamique territoriales. Quelles articulations? Quelles synergies?* Association Française de Pastoralisme/Cardère éditeur, Avignon, 128 p. (= Numéro hors-série de la revue „Pastum“) (Agr).

Eychenne, Corinne/Lazaro, Lucie (2014): *L'estive entre „bien communs“ et „biens collectifs“. Représentation des espaces pastoraux et modalités d'action public/Summer pastures between „commons“ and „public Goods“.* Dans: Revue de Géographie Alpine 102, n° 2, 12 p. (Rec).

Fabre, Lucien-Albert (1909): *L'exode du montagnard et la transhumance du mouton en France.* Sous la direction de la Société d'Agriculture, Sciences et Industrie de Lyon. A. Rey Imprimeures-Éditeurs, Lyon, 44 p. Réédition: Hachette Livre BnF, Paris 2016 (Agr).

Fabre, Patrick (2011): *La transhumance de la Provence aux Alpes. Le travail de gardiennage du berger en Alpages.* Dans: Ethnozootechnie n° 80, p. 95-104 (Div).

Fabre, Patrick/Lebaudy, Guillaume, sous la direction de (2002): *Transhumance sur la route des alpages 1951.* Images en Manœuvres Éditions/Maison de la Transhumance, Marseille, 141 p. (Vol).

Voir Coen/Moyal 1952 FR; première publication de ce texte en langue française avec introduction important de G. Lebaudy (p. 10-19).

Siehe Coen/Moyal 1952 FR; erstmalige Publikation dieses Textes in französischer Sprache mit wichtiger Einführung von G. Lebaudy (S. 10-19).

Fabre, Patrick (1997): *Hommes de la Crau. Des coussouls aux alpages.* Cheminement Éditions, Paris, 310 p. (Vol).

Faure, Muriel (1998): *Patrimonialisation des productions fromagères dans les Alpes du Nord – savoirs et pratiques techniques.* Dans: Revue de Géographie Alpine 86, n° 4, p. 51-60 (Geo).

Feydy, Yves (1972): *La grande transhumance de la Camargue aux alpages du Galibier.* Centre Technique Genie Rural Eaux et Fôrets/GTGREF, Grenoble, 80 p. (Agr).

Finbert, Elian-Judas (1956): *Provence Pastorale et transhumance.* Horizons de France éditeurs, Paris, 158 p. (= Visages du Monde) (Pop).

Finbert, Elian-Judas (1942): *La vie pastorale. Brebis et Bergers.* Éd. R. Julliard, Paris, 330 p. (= Les Cahiers Ruraux 1) (Agr).

Fontaine, Laurence (2001): *Autosubsistance et commercialisation de „la montagne“ dans les Alpes françaises à l'époque moderne.* Dans: Erreffe n. 43, pp. 27-33 (HE: Viazzo/Woolf 2001 AL) (Vol).

Frödin, John (1940): *Die Alp- und Sennwirtschaft der französischen Alpen.* In: Zentraleuropas Alpwirtschaft. Oslo, Bd. 1, S. 259-411 (HE: Frödin 1940-41 AL) (Geo).

Garde, Laurent/Dimanche, Marc/Lasseur, Jacques (2014): *Permanence et mutations de l'élevage pastoral dans les Alpes du Sud/Permanences and changes in pastoral farming in the Southern Alps.* Dans: Revue de Géographie Alpine 102, n° 2, 14 p. (Geo).

Garde, Laurent, coordination (1996): *Guide pastoral des espaces naturels du sud-est de la France.* Éditions CERPAM, Manosque, 256 p. (Geo).

Gardelle, Charles (1999-2000): *Alpages – terre de l'été. Des montagnards d'antan aux alpages d'aujourd'hui.* Tome 1: *Savoie.* Tome 2: *Dauphiné.* Édition La Fontaine de Siloé, Chambéry, 349 p. + 320 p. (collection „Les Savoisiennes“) (Geo).

Gardelle, Charles (1989): *L'inalpage des vaches laitières – réalités et images d'une spécificité alpine*. Dans: Revue de Géographie Alpine 77, n° 1-3 (*Quelle Spécificité Montagnarde?*), p. 293-302 (Geo).

Gardelle, Charles (1978): *Évolution recente de la transhumance ovine dans les Alpes de 1964 à 1976*. Dans: Revue de Géographie Alpine 66, n° 2, p. 211-212 (Geo).

Gardelle, Charles (1973): *La vie pastorale dans les Alpes françaises*. Dans: Revue de Géographie Alpine 61, n° 3, p. 449-461 (Geo).

Gardelle, Charles, coordination (1968-1974): *Enquête pastorale dans les Alpes françaises réalisée en 1963 révision enquête 1949-1959*. Sous la direction du Institut National d'Études Rurales Montagnards INERM, CERAFER, Grenoble, 1 volume études générales et 7 volumes pour les 42 régions pastorales alpines (= étude CERAFER/INERM n°. 39) (Sta):
- *1. Les Préalpes du Nord, Chablais, Giffre, Bornes, Bauges, Chartreuse, Vercors*. 58 p.
- *2. Nord du sillon alpin, Val d'Arly, Combe de Savoie, Belledonne. 33 p.*
- *3. Préalpes du Sud, Diois, Baronnies, Préalpes de Digne, Préalpes de Grasse, Var moyen*. 45 p.
- *4. Alpes Niçoises, Haut Verdon, Haut Var, Tinée, Vésubie, Roya, Bevera*. 60 p.
- *5. Vallées internes. Mont Blanc, Beaufortin, Oisans, Maurienne, Tarentaise, Queyras, Ubaye, Briançonnais*. 81 p.
- *6. Pays de la Moyenne Durance, Beauchêne, Dévoluy, Gapençais, Bas Embrunais, Pays de Seyne, Haut Embrunais*. 44 p.
- *7. Sud du sillon alpin, Matésine, Beaumont valbonnais, Trièves, Champsaur, Massifs centraux méridionaux*. 39 p.
- *8. Études générales: Conditions physiques du monde pastoral, propriété du sol et formes de location, l'inalpage des laitières, l'inalpage des bovins sans lait, l'inalpage des ovins indigènes, la transhumance ovine, l'inalpage des chèvres, tourisme et vie pastorale*. 338 p.

Gardelle, Charles (1965): *La transhumance ovine entre les régions méditerranéennes et les Alpes en 1964*. Dans: Revue de Géographie Alpine 53, n° 3, p. 449-477 (Geo).

Gardelle, Charles (1964-65): *Le déclin de la vie pastorale*. Dans: Bulletin de la Fédération Française de l'Économie Montagnarde 15, p. 433-442 (Geo).

Garnier, Jean-Claude/Labouesse, François (2000): *Quand société et ruralité renovellent leur relation – les fêtes de la transhumance dans le Midi méditerranéen*. Dans: Michel Rautenberg et al. (sous la direction de): *Campagnes de tous nos désirs*. Éditions de la Maison des sciences de l'homme, Paris, pp. 123-139 (Vol).

Garnier, Jean-Claude/Laurence, Pierre/Labouesse, François/Salmon, Claude (1997): *Les fêtes de la transhumance dans le Midi méditerranéen et leur développement récent – contextes, enjeux et significations*. Rapport final de recherche. INRA et Ministère de la Culture, Montpellier, 230 p. (Vol).

Garnier, Jean-Claude (1995): *Les fêtes de la transhumance – un indicateur des transformations actuels des zones et milieux d'élevage dans l'arrière-pays méditerranéens*. Dans: Ethnozootechnie 55, p. 93-102 (HE: Spindler 1995 FR) (Vol).

Gerbaux, Françoise (1993): *La cause des montagnes. De la Société Française d'Économie Alpestre à la Fédération Française d'Économie Montagnarde 1913 – 1993*. Édition Revue de Géographie Alpine, Grenoble, 111 p. (= RGA numéro hors-série, publié avec le concours de la Fédération Française d'Économie Montagnarde) (Div).

Girard, Laurence, sous la direction de (2007): *Aux côtés des bergers et des loups. Pour l'avenir de nos montagnes*. Publié par l'Assiciation „À pas de loup", Dieulefit, 175 p. (Div).

Granet-Abisset, Anne Marie (2015): *Natural territories – cultural territories. Tensions and conflicted challenges surrounding French high Alpine real estate since the nineteenth century*. In: Niels Grüne et al. (Hrsg.): *Ländliche Gemeingüter*. Innsbruck, S. 116-127 (HE: Grüne/Hübner/Siegl 2015 AL) (Vol).

Guet, Jean/Bornard, André (1995): *La domaine pastoral montagnard – espace d'exception, espace d'expérience*. Dans: Josette Barruet (coordination): *Montagne. Laboratoire de la diversité. Hommage à Louis Guimet*. CEMAGREF, Saint-Martin-d'Hères, p. 107-116 (Agr).

HUBERT, Bernard, sous la direction de (2010): *La rusticité – l'animal, la race, le système d'élevage?* Association Française de Pastoralisme et Cardère éditeur, Avignon, 120 p. (Agr).

JACOUPY, Jacqueline (1933): *La transhumance.* Éd. Stock, Paris, 138 p. (= Les livres de nature illustrés) (Pop).

JEAN-BRUNHES DELAMARRE, Mariel, sous la direction de (1962): *Bergers de France. Exposition ayant eu lieux au Musée des arts et traditions populaires.* Dans: Arts et traditions populaires 10, p. 7-327 (Vol).

JEANNIN, A. (1953): *L'enquête pastorale de 1949-50 et la question pastorale du Corse.* Dans: Bulletin de la Fédération Française d'Économie Alpestre 3, p. 45-87 + 2 cartes (Sta).

JOANNET, Henri (2013): *La Transhumance en Provence.* Éditions Sutton, Tours, 128 p. (= Mémoire en images) (Pop).

JOUGLET, Jean-Pierre/BORNARD, André/DUBOST, Michel (1992): *Élements de pastoralisme montagnard.* CEMAGREF, Grenoble, 165 p. (= Études du CEMAGREF, série montagne 3) (Agr).

JOURDAIN-ANNEQUIN, Colette/DUCLOS, Jean-Claude, sous la direction de (2006): *Aux origines de la transhumance. Les Alpes et le vie pastorale d'hier à aujourd'hui.* Éditions Picard, Paris, 315 p. (Vol).

JOUVEN, Magali (2016): *L'agroécologie – du nouveau pour le pastoralisme?* Cardère éditeur, Avignon, 103 p. (Agr).

KREITMANN, Louis (1930): *Les modes de gestion des paturages communaux.* Dans: L'Économie alpestre - bulletin de la Fédération Française d'Économie Alpestre 10, p. 119-130 (Agr).

LACHIVER, Marcel (1997): *Dictionnaire du monde rural. Les mots du passé.* Éd. Fayard, Paris, 1752 p. (Spr).

Parmi les 40.000 mots du passé il y a aussi ceux du domaine de l'économie pastorale et des biens communaux.

Unter den 40.000 traditionellen Wörtern bzw. Begriffen, die hier aufgeführt werden, sind auch solche, die aus dem Bereich der Alpwirtschaft, des Gemeinschaftseigentums und der kollektiven Nutzungsformen stammen.

LAMBERT, Dominique (2006): *Bergers et transhumances. Pâtures, des plaines aux alpages.* Neva éditions, Magland, 104 p. (= Artisans des montagnes) (Pop).

LAMBERTIN, Michel (2016): *Les Alpes – la phytosociologie et le pastoralisme. Quelques éléments pour connaître et gérer un alpage.* Éditions L'Harmattan, Paris, 608 p. (Agr).

LANDROT, Patrick (1999): *L'alpage – une tradition vivante et modernisée.* Dans: Agreste – la statistique, l'évaluation et la prospective agricole, les cahiers n° 41, p. 25-33 (Agr).

LEBAUDY, Guillaume (2016): *Les Métamorphoses du bon berger. Mobilités, mutations et fabrique de la culture pastorale du Sud de la France.* Cardère éditeur, Avignon, 334 p. (Vol).

LEBAUDY, Guillaume (2006): *Des „Gens de Moutons". Sur les traces des bergers piémontais dans l'espace de la grande transhumance provençale-alpine.* Dans: Pierre-Yves LAFFONT (éd.): *Transhumance et estivage en Occident. Des origins aux enjeux actuels.* Presses Universitaires du Mirail, Toulouse, p. 341-354 (Vol).

LEBAUDY, Guillaume (2000): *Dans les pas des bergers piémontais en Provence.* Dans: Le monde alpin et rhodanien 28, n° 1-3, p. 151-174 (Vol).

LEGEARD, Jean-Pierre (2002): *Les transhumances ovines provençales dans le massif des Alpes de Sud.* Dans: Jean-Claude DUCLOS et al. (éd.): *Transhumance – relique du passé ou practique d'avenir.* Éditions Cheminement, Paris, p. 153-164 (Agr).

LEGEARD, Jean-Pierre (1996): *Les bergers d'alpage en chiffres – résultat des enquêtes auprès des responsables d'alpages et leurs bergers en fin d'estive 1995.* Documentation multigr. CERPAM, Manosque, 51 p. et annexes (Agr).

LOUP, Jean (1964): *Geographie der Almen in den französischen Alpen.* In: Wolfgang HARTKE/Karl RUPPERT (Hrsg.): *Almgeographie.* Wiesbaden, S. 101-114 (HE: HARTKE/RUPPERT 1964 AL) (Geo).

LOUP, Jean (1963): voir AL

LYON, Édouard (2020): *Repenser les alpages communaux au temps de la „révolution silencieuse" – autours du film „Alpages" d'Armand Chartier (1953).* Dans: Fabien LOCHER (sous la direction de): *La nature en communs. Ressources, environnement et communautés (France et Empire français XVIIe – XXIe siècle).* Éditions Champ Vallon, Ceyzérieu, p. 259-282 (= L'environnement a une histoire) (Div).

Mahaut, Suzanne (1940): *La répartition des bovins dans les Alpes françaises*. Dans: Revue de Géographie Alpine 28, n° 2, p. 109-156, avec carte au niveau des communes (Geo).

Maritano, Guido Mauro (2009): *L'ultima sinfonia pastorale. Tra Parigi, Alpi e Provenza – la saga dei vecchi bergers*. Daniela Piazza Editore, Silea (IT), 192 pp. (Pop).

Mauron, Marie (1951): *La Transhumance – du Pays d'Arles aux Grandes Alpes*. Éd. Amiot-Dumont, Paris, 211 p. Rééditions 1959 et 1963 (Pop).

Mélet, Pierre (1951): *Une experience d'estivage en commun dans les préalpes du sud. Guide pratique à l'usage des éleveurs de mouton*. Éd. Muret & Clavel, Gap, 72 p. (= Les Cahiers paysans alpins) (Agr).

Melot, Gérard/Jouvion, P. (1990): *Recensement des unités pastorales en 1983*. Sous la direction de la Ministère de l'Agriculture et Service Centrale des Enquêtes et Études Statistiques, Paris, 137 p. (Sta).

Mériaudeau, Robert (1989): *La spécificité foncière de la montagne française*. In: Revue de Géographie Alpine 77, n° 1-3 (*Quelle Spécificité Montagnarde?*), p. 203-210 (Geo).

"La spécificité foncière de la montagne française ... s'exprime ... par la forte proportion de l'appropriation publique dans les parties les plus élevées et/ou forte pente."

Messines du Sourbier, Jean (1954): *L'économie pastorale dans les Alpes françaises*. Dans: Actes officielles du Congrès de l'économie alpine. Grenoble, tome 1, p. 131-166 (Agr).

Meuret, Michel/Garde, Laurent/Moulin, C.-H./Nozières-Petit, Marie-Odile/Vincent, Marc (2017): *Élevage et loups en France. Historique, bilan et pistes de solutions*. Dans: INRA Production Animales 30, n. 5, p. 465-478. (INRA = Institut National de la Recherche Agronomique) (Agr).

Meuret, Michel, coordinateur (2010): *Un savoir-faire de berger*. Eduagri éditions/Éditions Quae, Dijon/Versailles, 333 p. (Agr).

Miège, Jean (1961): *L'organisation de l'élevage*. Dans: Jean Miège: *La vie rurale dans le Sillon alpin. Étude géographique*. Éd. M.-Th. Génin, Paris, p. 537-601 (Geo).

Mounet, Coralie/Turquin, Olivier (2014): *Espace et acteurs pastoraux – entre pastoralisme(s) et pastoralité(s)/Pastoral areas and actors between pastoralism and pastorality*. Dans: Revue de Géographie Alpine 102, n° 2, 6 p. (Geo).

Moustier, Philippe/Rieutort, Laurent (2010): *Des trains de moutons pour se nourir. Transhumance ferroviaire et alimentation à travers l'exemple provençal*. Dans: Revue d'histoire des chemins de fer 41, p. 89-109 (Div).

Mouthon, Fabrice (2000): *Le règlement des conflicts d'alpage dans les Alpes occidentales (XIIIe – XVIe siècle)*. Dans: Actes des congrès des historiens médiévistes de l'enseignement supérieur public (Paris) 31, p. 259-279 (Div).

Aperçu de la recherche historique très detaillée (Alpes françaises plus Engelberg CH/OW et St. Maurice CH/VS). En raison de l'importance du sujet ce livre est inclus ici.

Sehr materialreicher Forschungsüberblick über die Situation in den französischen Alpen (und in Engelberg und St. Maurice in der Schweiz). Wegen der Bedeutung des Themas wird dieser Beitrag hier aufgenommen.

Msika, Bruno/Lebaudy, Guillaume/Caraguel, Bruno (2015): *L'alpage au pluriel. Quel avenir pour l'alpage, ce lieu commun bien singulier?* Maison du Berger, Fédération des Alpages de l'Isère et Cardère editeur, Avignon, 264 p. (Agr).

Niez, Thierry/Blanchin, Jean-Yves (2002): *Cabanes pastorales d'alpages dans les Alpes du Sud. Techniques pastorales*. Centre d'Études et de Réalisations Pastorales Alpes-Mediterranée/CERPAM, Manosque, 129 p. (Hau).

Picchioni, Jean, editeur (2004): *Sociétés pastorales – sociétés urbaines. Pour quel avenir commun?* Sous la direction de la Fédération des alpages de l'Isère. Éditions de la Cardère, Morières, 64 p. (Vol).

Reffay, Annie (1982): *Un colloque sur les alpages: L'espace pastoral*. (Rencontre des 19 et 20 mars 1981 au Musée Dauphinois de Grenoble). Dans: Revue de Géographie Alpine 70, n° 4, p. 315-328 (Geo).

Repparaz, A. de (1969): *La transhumance ovine provençale. Évolution et problèmes actuels*. Dans: Recherches méditerranéennes 8, p. 223-251 (Vol).

REVELIN, Michel (2017): *Les enjeux du pastoralisme face aux loups*. Éditions 7, Vienne, 219 p. (Div).

RIBSTEIN, Josiane (2007): *La transhumance bovine dans le massif alpin vosgien et l'arc alpin. Approche ethno-écologique.* Dans: Société d'Ethnozootechnie, Rambouillet, 162 p. (Publications d'Ethnozootechnie hors-série n° 7) (Vol).

RICARD, Daniel (1994): *Les montagnes fromagères en France. Terroirs, agriculture de qualité et appellations d'origine*. Ed. CERAMAC, Université Blaise Pascal, Clermont-Ferrand, 496 p. (Agr).

RIEUTORT, Laurent (1995): *L'élévage ovin en France. Espaces fragiles et dynamique des systèmes agricoles*. Ed. CERAMAC, Université Blaise Pascal, Clermont-Ferrand, 511 p. (Agr).

RINSCHEDE, Gisbert (1979): *Die Transhumance in den französischen Alpen und in den Pyrenäen*. Münster, 312 S. + 5 Beilagekarten (= Westfälische Geographische Studien 32) (Geo).

RINSCHEDE, Gisbert (1978): *Die Rindertranshumance in den französischen Alpen*. In: Mitteilungen der Österreichischen Geographischen Gesellschaft 120, S. 74-98 (Geo).

RINSCHEDE, Gisbert (1976): *Die Transhumance in den französischen Westalpen und in den Pyrenäen*. In: 40. Deutscher Geographentag Innsbruck 1975 – Tagungsbericht und wissenschaftliche Abhandlungen. Franz Steiner-Verlag, Stuttgart, S. 809-830 (Geo).

RINSCHEDE, Gisbert (1976): *Transhumante Hirten und Betriebe in den Französischen Alpen und in den Pyrenäen*. In: Sociologia Ruralis 16, n° 3, S. 291-307 (Geo).

ROBERT, Jean (1954): *Un habitat temporaire – les Montagnettes dans les Alpes françaises du Nord*. Dans: Mélanges Géographiques offerts au Doyen Ernest Bénévent. Editions Ophrys, Gap, p. 167-182 (Hau).

ROBERT, Jean (1939): *L'habitat temporaire dans les montagnes pastorales des Alpes françaises du Nord*. Étude de Géographie humaine. Dans: Revue de Géographie Alpine 27, n° 3, p. 483-589 (Hau).

ROMAN, Pascal (2012): *Alpages – coutumes et traditions*. Éditions de l'Astronome, Thonon-les-Bains, 48 p. (= Les Cahiers du Colporteur) (Pop).

ROMAN, Pascal (2006): *Les vaches et la fabrication du fromage*. Éditions de l'Astronome, Thonon-les-Bains, 48 p. (Pop).

ROUQUETTE, Pierre (1913): *Transhumance des troupeaux en Provence et en Bas-Languedoc*. Thèse de doctorat de droit et des sciences économiques, Université de Montpellier. Impr. Firmin & Montane, Montpellier, 329 p. (Div).

SPEA (1925): *1er congrès international, 2e congrès national de l'alpage tenu à Gex en 1924, les 9 et 10 juillet 1924. Procès-verbal des séances*. Sous la direction de la Société française d'économie alpestre (SPEA). Impr. L. Michaux, Bellegarde, 180 p. (Agr).

SPINDLER, François, sous la direction de (1995): *La transhumance bovine*. Journée d'étude de la Société d'Ethnozootechnie, 19 mai 1995 à Saint-Martin-d'Hères. Société d'Ethnozootechnie – patrimoines et savoirs en élevage, Paris, 124 p. (= Ethnozootechnie 55) (Div).
Voir Bornard et al. 1995 FR, Crettaz 1995 CH, Garnier 1995 FR, Preiswerk 1995 CH, Viallet 1995 FR/73.

TURQUIN, Olivier, coordinateur (2017): *Manuel des bergers d'alpage*. Association des bergères et bergers des Alpes du Sud et de Provence et Maison du Berger. Imprimerie de Haute-Provence, La Brillanne, 249 p. (Agr).

VAN GENNEP, Arnold (1932): *Le Dauphiné traditionnel*. Tome 3: *Les fêtes périodiques et religieuses*. Bourg-la-Reine, 228 p. Réédition: Éd. Curandera, Voreppe 1992 (Vol).

VIGIER, Philippe (1963): *Essai sur la répartition de la propriété foncière dans la région alpine*. Éd. SEVPEN, Paris, 275 p. (Rec).

VINCENT, Marc (2011): *Les alpages à l'épreuve des loupes. Pratiques de bergers entre agri-environnement et prédateur protégé*. Éditions le la maison des sciences de l'homme/ Éditions Quae, Paris/Versailles, 422 p. (Agr).

VINCENT, Paul (1977): *Le paradis des alpages*. Éditions France-Empire, Paris, 266 p. (= L'homme face à la nature 21) (Pop).

Vivier, Nadine (2000): *Politische und soziale Hemmnisse gegen die Aufteilung der Gemeingüter in Frankreich (1750 – 1914).* In: Jahrbuch für Wirtschaftsgeschichte 41, Heft 2, S. 45-56 (HE: Brakensiek 2000 AL) (Rec).

Vivier, Nadine (1998): *Propriété collective et identité communale. Les biens communaux en France 1750 – 1914.* Publications de la Sorbonne, Paris, 352 p. (= Histoire de la France aux XIX et XX siècles 46) (Rec).

Les propriétés collectives ont été considérées à partir de la seconde moitié du XVIIIe siècle comme des obstacles au progrès agricole et même au progrès social. La question des propriétés et usages collectifs s'apaise au XIXe siècle, après les vives polémiques durant la Révolution, puis le traumatisme créé dans certains régions par les ventes forcées de biens communaux. Cela explique la volonté des gouvernements successifs de calmer les esprits, en protégeant la propriété communale restante.

Ab der zweiten Hälfte des 18. Jahrhunderts wird das Gemeinschaftseigentum als hinderlich für den landwirtschaftlichen und auch für den sozialen Fortschritt angesehen. Nach den heftigen Konflikten während der Revolution und besonders nach den traumatischen Erfahrungen mit dem zwangsweisen Verkauf des Gemeinschaftseigentums in einigen Regionen beruhigen sich die Diskussionen um Gemeinschaftseigentum anschließend wieder, weil die nachfolgenden Regierungen die aufgebrachten Geister gezielt zu beruhigen versuchen, indem sie das verbliebene Gemeinschaftseigentum nicht mehr antasten.

3.2 DÉPARTEMENT ALPES-DE-HAUTE-PROVENCE (04)

Ce département porte le nom „Basses Alpes" jusqu'en 1970.

Dieses Département trug bis 1970 den Namen „Basses-Alpes".

Organisations de l'économie pastorale:
CERPAM: voir FR
Association Éleveurs et Montagnes, Digne-les-Bains:
www.eleveursetmontagnes.org

Sites Internet:
–

Enquêtes pastorales:
Voir FR

Monographies:
–

Publications:

Arthaud, A. (1961-62): *La transhumance dans les Basses-Alpes.* Dans: Bulletin de la société scientifique et littéraire des Basses-Alpes tome 36, n°. 227-228, p. 263-288, tome 37, n° 229, p. 18-36, n° 230, p. 79-108, n° 231-232, p. 121-150 (Div).

Bazin, Gilles et al. (1984): *Évolution du système agraire et situation de l'élevage ovin à Tartonne (Alpes-de-Haute-Provence).* INRA (Institut National de la Recherche Agronomique), Paris, 55 p. (Agr).

Briot, Félix (1909): *Économie pastorale de la vallée de l'Ubaye.* Dans: Annales de la science agronomique française et étrangère, 3e série, vol. IV, p. 218-227 (Agr).

Del Rosso, Laurent/Mosseron, Maxence (2015): *Habiter l'alpage. Cabanes d'estives au fil du Verdon. Alpes-de-Haute-Provence.* Éditions Lieux Dits, Lyon, 88 p. (= Parcours du Patrimoine) (Hau).

Derbez, Henri (1935): *L'élévage du mouton dans la vallée de l'Ubaye.* Imprimerie Bosc Frères, Oullins, 68 p. (Agr).

Flagge, Ludwig (1935): *Provenzalisches Alpenleben in den Hochtälern des Verdon und der Bléone. Ein Beitrag zur Volkskunde der Basses-Alpes.* Edizioni Leo S. Olschki, Firenze, 191 pp. (= Archivum romanicum, serie II: linguistica, vol. 19) (W+S).

Savornin, H./Noussitou (1966-67): *Aspects et equipement de l'élevage ovine dans les Basses-Alpes.* Dans: Bulletin de la Fédération Française d'Économie Montagnarde n° 17, p. 291-306 (Agr).

Sayette, A. de la (1984): *Évolution du système agraire et situation de l'élevage bovin dans le Haut Verdon (Alpes du Sud).* INRA (Institut National de la Recherche Agronomique), Paris, 129 p. (Agr).

Sclafert, Thérèse (1939): *Un aspect de la vie économique dans les hautes vallées des Alpes du Sud – la surcharge pastorale.* Dans: Bulletin de l'Association de Géographes françaises n° 120, p. 58-66 (Div).

Seveau, Arnoult (2017): *Roger – une vie de berger entre Durance et Lubéron*. Édité à compte d'auteur, Mirabeau, 206 p. (Pop).

Truchot, H. (1937): *Les troupeaux transhumantes du Sud-Est de la France. Leur vie, leur histoire*. Dans: Bulletin de la société scientifique et littéraire des Basses-Alpes tome 24, p. 161-193 (Agr).

Veyret, Paul (1946): *Sédentaires et Transhumants. A propos de la Moyenne Durance alpestre*. Dans: *France méridionale et pays ibériques – mélanges géographiques en hommage à Daniel Fischer*. Éd. Privat, Toulouse, p. 467-477 (Geo).

3.3 DÉPARTEMENT HAUTES-ALPES (05)

Organisations de l'économie pastorale:
Voir FR

Sites Internet:
–

Enquêtes pastorales:
Voir FR

Monographies:
Briot 1884
Van Gennep 1946

Publications:

Arbos, Philippe (1915): *Les moines pasteurs de Durbon (commune Saint-Julien-en-Beauchène)*. Dans: Revue de Géographie Alpine 3, n°. 2, p. 145-161 (Geo).

Baridon, Honoré/Leroy, Yves/Carlier, Pierre (1989): *Sur les Traces des Bergers et Chasseurs de Dormillouse (Freissinières – Hautes-Alpes)*. Éd. Yves Leroy, Freissinières, 124 p. Édition rééditée et complétée: Freissinières 2000 (Vol).

Briot, Félix (1884): *Étude sur l'économie pastorale des Hautes-Alpes*. Éd. Bureaux de la Revue des Eaux et Forêts, Paris, 144 p. (Agr).

Buffault, Pierre (1913): *Le Briançonnais forestier et pastoral. Essai de monographie*. Éditions Berger-Levrault, Paris, 232 p. (Agr).

Castéla, Paul (1958): *La vie pastorale dans le haut Champsaur*. Dans: Revue de Géographie Alpine 46, n° 3, p. 509-515 (Geo).

Cusin, F. (1933): *Les améliorations pastorales dans le département des Hautes-Alpes*. Dans: Bulletin de la Fédération Française de l'Économie Alpestre 13, p. 103-110 (Agr).

Deffontaines, Jean-Pierre (1998): *Pour un diagnostic d'alpages. Une traduction de l'expertise des bergers en language cartographique. L'exemple de l'alpage du Saut du Laire (Hautes-Alpes, France)*. Dans: Revue de Géographie Alpine 86, n° 1, p. 33-41 (Geo).

Gibert, André (1923): *L'exploitation pastorale*. In: André Gibert: *Le Valgaudemar*. Dans: Revue de Géographie alpine 11, n° 4, p. 725-739 (Geo).

Giese, Wilhelm (1932): *Viehwirtschaft (Das Vieh/Die Alpwirschaft/Butter- und Käsebereitung)*. In: Wilhelm Giese: *Volkskundliches aus den Hochalpen des Dauphiné*. Habilitation im Fach Romanistik an der Universität Hamburg. Verlag Friederichsen, de Gruyter & Co., Hamburg, S. 97-104 (= Hamburgische Universität, Abhandlungen aus dem Gebiet der Auslandskunde 37, Reihe B: Völkerkunde, Kulturgeschichte und Sprachen 18).
- Édition française: *L'économie pastorale*. Dans: Wilhelm Giese: *Mots et choses en Haut-Dauphiné dans les années 30*. Dans: Le Monde alpin et rhodanien 18/1990, n° 3-4, p. 135-143 (W+S).

Région: Oisans (38), Briançonnais (05), Vallouise (05) et Queyras (05). Compte rendu dans: Revue de Géographie Alpin 21/1933, p. 462-465.
Die französische Ausgabe erscheint im Rahmen eines Themenheftes zur „l'école romaniste de Hambourg".

Guet, Jean et al. (1983): *Pastoralisme montagnard. Recherches en Briançonnais*. CEMAGREF-INERM (Centre National du Machinisme Agricole du Génie Rural des Eaux et des Forêts/Institut National Études Rurales Montagnardes), Grenoble, 188 p. (= Études 188).

Jean-Brunhes Delamarre, Mariel (1975): *L'estivage. De la problématique générale proposé par Charles Parain au cas particulier de Saint-Véran*. Dans: *Ethnologie et Histoire. Forces productives et problèmes de transition*. Éditions Sociales, Paris, p. 303-337 (Vol).
Voir Parain 1969 AL.

Jean-Brunhes Delamarre, Mariel (1970): *Le berger dans la France des villages. Bergers communs à Saint-Véran en Queyras et à Normée en Champagne*. Éd. C.N.R.S., Paris, 292 p. (= Études et documents de l'institut d'éthnologie) (Vol).

Jean-Brunhes Delamarre, Mariel (1969): *Quelques aspects de l'élevage traditionnel en France*. Dans: Bulletin de l'Association de Géographes Françaises n. 370, p. 369-380 (Vol).

Laugier (1931): *Concours d'améliorations et forestières des 1929 (cantons de Guillestre et Aiguilles)*. Dans: Bulletin de la Fédération Française de l'Économie Alpestre 11, p. 91-109 (Agr).

Leynaud, E./Georges, M. (1966): *Aspects géographiques de l'élévage dans la zone de montagne du département des Hautes-Alpes*. Dans: Études rurales n. 18, p. 5-36 (Geo).

Long, Vincent (2018): *Impact du retour du loup sur la conduit d'élevage ovine en zone de montagne. Enquête dans le département des Hautes-Alpes*. Thèse d'exercise, Médecine Vétérinaire. Université Lyon 1, Lyon, 98 p. (Div).

Martin, E. (1932): *Hautes-Alpes. Concours d'améliorations pastorales et forestières de 1931*. Dans: L'économie alpestre française 12, p. 69-86 (Agr).

Meyzenq, Claude (1975): *L'élevage de l'agneau gras dit „de Sisteron" à travers les Alpes du Sud. L'exemple des Hautes-Alpes*. Dans: Revue de Géographie Alpine 63, n° 4, p. 447-469 (Geo).

Mordant, J. (1948): *L'élevage dans la région du Queyras*. Imprimerie Foulan, Paris, 73 p. (Agr).

Poncet, A. (1959-60): *Concours d'alpages de 1959 – Cantons de la Grave, Monéstière-les-Bains, Briançon*. Dans: Bulletin de la Fédération Française d'Économie Alpestre, p. 591-632 (Agr).

Reffay, Annie (1985): *Alpages et tourisme de part et d'autre du Col du Lautaret*. Dans: Revue de Géographie Alpine 73, n° 3, 297-312 (Geo).

Reffay, Annie (1982): *Alpages et tourisme dans le canton de l'Argentière*. Dans: Revue de Géographie Alpine 70, n° 4, p. 329-348 (Geo).

Reffay, Annie (1980): *Les alpages du Bas-Embrunais face au développement touristique*. Dans: Revue de Géographie Alpine 68, n° 4, p. 327-347 (Geo).

Reffay, Annie/Mounerie, Annie (1980): *Alpages et développement touristique en Valgaudemar*. Dans: Revue de Géographie Alpine 68, n° 2, p. 113-127 + Erratum: 68, n° 3, p. 222 (Geo).

Reffay, Annie/Mounerie, Annie (1979): *Alpages et développement touristique dans le bassin de la Bonne*. Dans: Revue de Géographie Alpine 67, n° 1, p. 51-73 (Geo).

Rogie, J. P. (1957-58): *Compte rendu du concours d'alpages des Hautes-Alpes en 1957*. Dans: Bulletin de la Fédération Française d'Économie Alpestre, p. 420-440 (Agr).

Rogie, J. P. (1956-57): *Concours d'alpages de 1956 – Canton de Guillestre*. Dans: Bulletin de la Fédération Française d'Économie Alpestre, p. 539-557 (Agr).

SEA-HA (1955-56): *Concours d'alpages de 1955 (canton de l'Argentière)*. Sous la direction de la Société d'Économie Alpestre des Hautes-Alpes. Dans: Bulletin de la Fédération Française d'Économie Alpestre, p. 441-457 (Agr).

SEA-HA (1954-55): *Concours de l'alpages en 1954 (région du Queyras)*. Sous la direction de la Société d'Économie Alpestre des Hautes-Alpes. Dans: Bulletin de la Fédération Française d'Économie Alpestre, p. 329-350 (Agr).

SEA-HA (1953-54): *Concours d'alpages de 1953 (Cantons de Savines et d'Embrun)*. Sous la direction de la Société d'Économie Alpestre des Hautes-Alpes. Dans: Bulletin de la Fédération Française d'Économie Alpestre, p. 267-297 (Agr).

Van Gennep, Arnold (1946): *Folklore des Hautes Alpes. Étude descriptive et comparée de psychologie populaire*. Tome 3: *Les fêtes périodiques et religieuses*. Éd. Mainsonneuve, Paris, 256 p. Réédition: *Les Hautes-Alpes traditionelles*. Tome 3. Éditions des Hautes-Alpes, Gap 1992, 256 p. (Vol).

VIVIER, Nadine (1992): *Le Briançonnais rural aux XVIIIe et XIXe siècles*. Éditions L'Harmattan, Paris, 296 p. (= Chemins de la mémoire), réédition 2000 (Rec).

VIVIER, Nadine (1990): *Les biens communaux du Briançonnais aux XVIIIe et XIXe siècle*. Dans: Études rurales 117, p. 139-158 (Rec).

VIVIER, Nadine (1987): *Les communautés rurales du Briançonnais de 1713 à 1914*. Thèse de 3e cycle, Université Paris X, Paris, 691 p. (Rec).

3.4 DÉPARTEMENT ALPES-MARITIMES (06)

Les changements territoraux dans la vallée du Roya de 1947 (les deux communes Tenda/Tende et Briga marittima/La Brigue viennent d'Italie en France) concernent aussi la transhumance traditionelle (voir BÄTZING 2018 IT/LI) et les biens communaux (voir DE POORTER 2012 FR/06).

Die Gebietsveränderungen im oberen Roya-Tal (italienisch: Roia) im Jahr 1947 (Wechsel der beiden Gemeinden Tenda/Tende und Briga marittima/La Brigue von Italien nach Frankreich) betreffen auch die transhumante Alpwirtschaft (siehe BÄTZING 2018 IT/LI) und les biens communaux (siehe DE POORTER 2012 FR/06).

Organisations de l'économie pastorale:
Association Éleveurs et Montagnes, Digne-les-Bains: *www.eleveursetmontagnes.org*

Sites Internet:
–

Enquêtes pastorales:
Voir FR

Monographies:
ABBE ET AL. 1996
GOURDON 2014

Publications:

ABBE, André/BRESC, Henri/OLLIVIER, Jean-Paul (1989): *Bergers de Provence et du Pays Niçois*. Serre Éditeur, Nice, 128 p., 2.édition 2002 (Vol).

ARNEODO, Federico/GILÌ, Eric (2006): voir IT/PI

BENHAMMOU, Farid (2010): *Une géopolitique du loup dans les Alpes-Maritimes – du conflict à la coexistence*. Dans: Histoire des Alpes/Storia delle Alpi/Geschichte der Alpen 15, p. 261-279 (Div).

BOSIO, S. (1957-58): *Étude sur la vie pastoral dans la commune de Saint-Dalmas-le-Salvage*. Dans: Bulletin de la Société d'Économie Alpestre, p. 275-283 (Agr).

BOYÉ, Edouard (1888): *Les Alpes Maritimes – considérations au point du vue forestier, pastoral et agricole*. Impr. Danel, Lille, 140 p.; réédition 2013 (Agr).

COLLETTA, Gérard (1976): *Bergers de la Tinée*. Éd. L'Armourier, Saint-Saveur-sur-Tinée, 130 p. (Pop).

DE POORTER, Serge (2012): *La frontière de 1947 dans les Alpes-Maritimes et le partage des biens communaux frontalièrs (1947-1963)*. Dans: Marc ORTOLANI et al. (sous la direction de): *Propriété individuelle et collective dans les États de Savoie*. Serre éditeur, Nice, p. 211-239 (HE: ORTOLANI 2012 AL) (Rec)

DUGELAY, Arthur (1959-60): *Sur un cas juridique pastoral particulier – les droits de bandite de l'ancien comté de Nice*. Dans: Bulletin de la Fédération Française d'Économie Alpestre, p. 303-316 (Rec).
„Les droits de bandite" sont les droits du pâturage pendant plusieurs années sur toutes propriétés communales ou particulières dans une zone spécifiquement définie. Ces droits sont considérées comme des obstacles pour un pâturage moderne.
Die „droits de bandite" sind das Recht der Viehweide für eine Reihe von Jahren auf allen propriétés communales ou particulières in einem konkret definierten Gebiet. Dieses traditionelle Recht gilt als Verhinderung einer modernen und effektiven Weidenutzung.

DUGELAY, Arthur (1956-57): *L'amélioration des alpages des Alpes-Maritimes. Considérations générales*. Dans: Bulletin de la Fédération Française d'Économie Alpestre, p. 365-376 (Agr).

DUGELAY, Arthur (1956-57): *L'élévage ovin dans les Alpes-Maritimes. Les terrains de parcours – pâturages et alpages des alpes-Maritimes.* Dans: Bulletin de la Fédération Française d'Économie Alpestre, p. 137-150 (Agr).

DUGELAY, Arthur (1943): *Le retour à la terre et le problème sylvo-pastoral dans les Alpes-Maritimes.* Dans: Revue des Eaux et Forêts IX série, tome 41, p. 141-153 + 221-233 + 280-290 + 339-351 + 416-432 (Agr).

GÉNEAU, G. (1927): *Le rachat des bandites dans les Alpes-Maritimes.* Dans: Revue des Eaux et Forêts 65, p. 375-377 (Rec).

GUIOT, Leonide (1884): *Les Droits de Bandite dans le Comté de Nice. Histoire, jurisprudence, opportunité de leur extinction. Études d'Économie agricole et pastorale.* Éd. Visconti, Nice, 220 p.; réédition 2018 (Rec).

GOURDON, Marie-Louise et Michel (2014): *Nos bergers. Histoire du pastoralisme dans les Alpes-Maritimes.* Éditions du Cabri, Breil-sur-Roya, 369 p. (Div).

GOURDON, Michel et Marie-Louise (2009): *Berger d'en haut.* Éditions du Cabri, Breil-sur-Roya, 141 p. (Pop).

LABARRIÈRE, Jean (1922): *Le pâturage d'été et d'hiver dans la région de l'ancien comté de Nice. Alpes, Terre de cour, bandites.* Thèse pour le doctorat, faculté de droit, Université d'Aix-en-Pro-vence. Les Presses Universitaires de France. Paris, 122 p. (Rec).

LANTERI, Corinne et Didier (2010): *Bergers et brebis de La Brigue entre histoire et avenir.* Éditions Patrimoine et Traditions Brigasques, La Brigue, 190 p. (Vol).
Voir BÄTZING 2018 IT/LI.

MALAUSSÉNA, Paul-Louis (1998): *Pratiques agro-pastorales. Les droits de bandite dans l'ancien comté de Nice.* Dans: Bibliothèque de l'École des chartes 156, n° 1, p. 143-153 (Rec).

ORTOLANI, Marc (2012): *Le droit de bandite dans le pays niçoise. Étapes d'une réflexion.* Dans: Marc ORTOLANI et al. (sous la direction de): *Propriété individuelle et collective dans les États de Savoie.* Serre éditeur, Niçe, p. 111-129 (HE: ORTOLANI 2012 AL) (Rec).

PALMERO, Beatrice (2020, 2011 et 2008): voir IT/PI et IT/LI

3.5 DÉPARTEMENT DRÔME (26)

Organisations de l'économie pastorale:
Voir FR

Sites Internet:
–

Enquête pastorale:
Voir FR

Monographies:
–

Publications:

ADAM (1953-54): *Concours d'alpages 1953.* Dans: Bulletin de la Fédération Française d'Économie Alpestre, p. 263-416 (Agr).

OSTERMANN, Ole/PAUTHENET, Yves/CORNUT, Guylaine (1990): *Les études de gestion des territoires pastoraux fragiles.* Dans: Revue de Géographie Alpine 78, n° 4, p. 43-51 (Geo).

SAUVAN, Emile (1937): *L'élévage des agneaux gras et le commerce de la viande dans les préalpes dauphinoises du Sud.* Dans: Revue de Géographie Alpine 25, n° 4, p. 699-709 (Geo).

WULLSCHLEGER, Michel (1991): *Éleveurs et forestiers en Vercors occidental aux XVIIIe et XIXe siècle.* Dans: Le Monde alpin et rhodanien 19, n° 1, p. 43-82 (Vol).

3.6 DÉPARTEMENT ISÈRE (38)

Organisations de l'économie pastorale:
Fédération des Alpages de l'Isère: www.alpages38.org

Sites Internet:
www.maisondesalpages-besse.com Musée de la Maison départementale des Alpages de Besse-en-Oisans.

Enquêtes pastorales:
Voir FR

Monographies:
–

Publications:

ADAM (1955-56): *Concours d'alpages 1955 (Régions Beaumont, Valbonnais, Valjouffrey)*. Sous la direction de l'Association dauphinoise pour l'aménagement des montagnes/ ADAM, section régionale de la F.F.E.A. Dans: Bulletin de la Fédération Française d'Économie Alpestre, p. 399-439 (Agr).

ADAM (1954-55): *Concours d'alpages 1954 (Région du Vercors et du Trièves)*. Dans: Bulletin de la Fédération Française d'Économie Alpestre, p. 289-326 (Agr).

ADAM (1952-53): *Rapport sur le concours d'alpages de 1952*. Dans: Bulletin de la Fédération Française d'Économie Alpestre, p. 227-245 (Agr).

Alavoine-Mornas, Françoise/Hirczak, Maud/Bergeret, Agnès/ Madelrieux, Sophie (2019): *La fin de „l'or blanc" en montagne? Évolutions de l'économie laitière dans les territoires du Sud-Isère/The end of „white gold" in the mountains. Evolutions of the dairy economy in the territories of Sud-Isère*. Dans: Revue de Géographie Alpine 107, n° 4, 18 p. (Agr).

Allix, André (1929): *L'élevage*. Dans: André Allix: *Un pays de haute montagne - L'Oisans. Étude géographique*. Librairie Armand Colin, Paris, p. 501-557. Réédition Paris 1975 (Geo).

Bardet, H. (1937): *Concours d'alpages année 1936. Haut bassin de l'Isère (amont de Moûtiers) sauf vallée du Doron de Bozel*. Dans: L'économie alpestre française 17, p. 40-88 (Agr).

Barussaud, Marie (1961): *Le développement touristique de l'Alpe d'Huez*. Dans: Revue de Géographie Alpine 49, n° 2, p. 275-292 (Geo).

Bernard Brunet, Claude/Gaucherand, Stéphanie (2007): *Pastoral diagnosis for alpine cattle in Huez*. CEMAGREF, Saint-Martin-d'Hères, 56 p. (Agr).

Blache, Jules (1931): *Les massifs de la Grande-Chartreuse et du Vercors*. Tome 2: *Géographie humaine*. Éditions Didier & Richard, Grenoble, 514 p., réimpression: Laffitte reprints, Marseille 1978 (Geo).

Boireau, F. X./Méot, A./Reveret, C. (1985): *Impact du développement touristique sur le milieu montagnard – l'Alpe d'Huez*. Institut de Géographie Alpine, Grenoble, 200 p. (Geo).

Breteau, Emmanuel et al. (2011): *Un berger, des bergères*. Sous la direction de: La Maison du Berger/La Fédération des Alpages de l'Isère/L'Association des bergers de l'Isère. Cardère éditeur, Avignon, 48 p. (Vol).

Chardon, Michel (1986): *Transformations économiques et mutations des paysages en Oisans – le cas de l'Alpe d'Huez*. Dans: Revue de Géographie Alpine 74, n° 1-2, p. 177-187 (Geo).

Charre, Jean-Pierre (1982): *Un exemple d'évolution de déplacement pastoraux à Venosc (Oisans)*. Dans: Revue de Géographie Alpine 70, n° 4, p. 349-365 (Geo).

Comte, Roger (1985): *L'Alpe d'Huez – 50 ans d'histoires vécues*. Éd. Didier & Richard, Grenoble, 314 p. (Div).

Debarbieux, Bernard (1987): *Propriété des alpages, structures sociales et organisation de l'espace agraire: Clavans et Besse en Oisans (1830 – 1986)*. Dans: Revue de Géographie Alpine 75, n° 1, p. 43-61 (Geo).

Degener, Cord (1964): *Viehwirtschaft*. In: Cord Degener: *Abwanderung, Ortswüstung und Wandel der Landnutzung in den Höhenstufen des Oisans*. Geographisches Institut der Universität, Göttingen, S. 119-136 (= Göttinger Geographische Abhandlungen 32) (Geo).

Giese, Wilhelm (1932): voir FR/05

Huin, F. (1953-54): *Une commune à vocation pastorale – Gresse-en-Vercors*. Dans: Bulletin de la Fédération Française de l'Économie Alpestre, p. 363-401 (Agr).

MP (1995): *Sur la piste des troupeaux*. Maison du Patrimoine (MP) d'Huez et de l'Oisans, Vizille, 47 p. (Pop).

Ténot, Suzanne (1919): *Le bétail (La vie pastorale/Les animaux/La vie de bétail/Les produits des bétail)*. In: Suzanne Ténot: *Le Massif de Belledonne. Étude de Géographie humaine*. Dans: Revue de Géographie Alpine 7, n° 4, p. 635-649 (Geo).

Vieilly, Jean (1935): *La production laitière dans le département de l'Isère*. Dans: Revue de Géographie Alpine 23, n° 3, p. 613-634 (Geo).

3.7 DÉPARTEMENT SAVOIE (73)

Les Publications concernant toute la Savoie (départements 73 et 74) sont répertoriées sous „Savoie“ (73).

Publikationen zu Gesamt-Savoyen (Départements 73 und 74) werden unter „Savoie“ (73) verzeichnet.

Organisations de l'économie pastorale:
Société d'économie alpestre de Savoie (SEA 73): www.echoalp.com

Sites Internet:
–

Enquêtes pastorales:
Voir FR

Monographies:
Gardelle 1999

Publications:

Anchierri, L. (1963-64): *Concours d'alpages en 1963 – cantons de Moûtiers et Bozel.* Dans: Bulletin de la Fédération Française de l'Économie Alpestre, p. 805-814 (Agr).

Anchierri, L. (1957-58): *La Maurienne et l'exploitation pastorale*. Dans: Bulletin de la Fédération Française de l'Économie Alpestre, p. 383-413 (Agr).

Anchierri, L. (1953-54): *La transhumance des bovins dans le département de la Savoie*. Dans: Bulletin de la Fédération Française de l'Économie Alpestre, p. 54-60 (Agr).

Anchierri, L. (1953-54): *Concours d'alpages 1953 en Tarentaise.* Dans: Bulletin de la Fédération Française de l'Économie Alpestre, p. 193-262 (Agr).

Anchierri, L. (1952-53): *Concours d'alpages dans le canton de Beaufort.* Dans: Bulletin de la Fédération Française d'Économie Alpestre, p. 177-212 (Agr).

Arbos, Philippe (1913): *L'économie pastorale dans quelques vallées savoyardes.* Dans: Revue de Géographie Alpine 1, n° 1, p. 45-71 (Geo).

Arbos, Philippe (1912): *La vie pastorale en Tarentaise.* Dans: Annales de Géographie 21, n° 118, p. 323-345 (Geo).

Arnaud, E. (1957-58): *Les problèmes économiques et sociaux dans l'évolution de la vie pastorale en montagne – Saint-Colomban-des-Villards, Lanslebourg.* Dans: Bulletin de la Fédération Française de l'Économie Alpestre, p. 142-155 (Agr).

Berthier, Bruno (2012): *Les ambiguïtés institutionnelles de la „grande montagne à Gruyère“ traditionelle dans les hautes vallées savoyardes. Entre propriété collective du sol et exploitation communautaire des troupeaux.* Dans: Marc Ortolani et al. (sous la direction de): *Propriété individuelle et collective dans les États de Savoie.* Nice, p. 63-110 (HE: Ortolani 2012 AL) (Rec).

Bessat, Hubert/Germi, Claudette (1995): *Lieux en mémoire de l'alpe: Toponymie des alpages en Savoie et Vallée d'Aoste.* Thèse de doctorat Dialectologie, Université Grenoble 3 en 1993. Éditions littéraires et linguistique de l'Université de Grenoble, Grenoble, 256 p. (Spr).

Besson, Daniel (1995): *Le reblochon. De la fabrication locale au marché européen.* Dans: *Campagnes, forêts et alpages de Savoie.* Chambéry, p. 137-148 (HE: SocSavSav 1995 FR/73) (Div).

Bouvier, B./Reynaud, C./Morin, P./Poulet, T. (1981): *L'élevage ovin en Savoie.* ISARA-Agro school, Lyon, 161 p. (Agr).

Bozon, Pierre (1968): *Estivage, affouragement et habitat rural dans les hautes vallées de Maurienne.* Dans: Revue de Géographie Alpine 56, n° 2, p. 359-365 (Geo).

Buttin, Jacques (1943): *Étude juridique sur les fruits communs dans les montagnes de Tarentaise.* Thèse de droit, Université de Grenoble. Éd. Allier, Grenoble, 116 p. (Rec).

Chauvin, J. (1959-60): *Concours d'alpages dans le canton de Beaufort*. Dans: Bulletin de la Fédération Française de l'Économie Alpestre, p. 565-585 (Agr).

Chavoutier, Lucien (1995): *La résurgence des alpages dans l'évolution contemporaine des Grandes Alpes de Savoie (1960 – 1990).* Dans: *Campagnes, forêts et alpages de Savoie.* Chambéry, p. 251-260 (HE: SocSavSav 1995 FR/73) (Div).

CHAVOUTIER, Lucien (1980): *L'Histoire millénaire des alpages – des abbayes aux champs de ski*. Sous la direction de la Société savoisienne d'histoire et d'archéologie, Chambery, 64 p. (= Revue „L'Histoire en Savoie", numéro hors série). 4e édition: Chambery 1988, 96 p. (Div).

CHAVOUTIER, Lucien (1977): *Des moines cisterciens aux paysans savoyards – la création des alpages*. Société Savoisienne d'Histoire et d'Archéologie, Chambéry, 24 p. (= L'Histoire en Savoie n° 46) (Div).

CHAZAL, Annie (2006): *Mémoires d'alpages – Bessans, Haute Maurienne*. Édition Association Bessans jadis et aujourd'hui, Bessans, 193 p. (Pop).

CROZE-TOUSSAINT, Jacqueline (2017): *Une aventure humaine... dans les alpages d'Aussois en Savoie*. Éd. Books on Demand, Paris, 172 p. (Div).

DELATTRE, Frédéric/HAUWUY, Agnès/PERRON, Loic (2005): *Les Appellations d'Origine Contrôlée fromagères des Savoie. Dynamiques passées, acquis et risques de rupture face aux évolutions en cours (PAC, urbanization)*. Dans: Revue de Géographie Alpine 93, n° 4, p. 111-126 (Geo).

DELPECH, R. (1973): *Recherches effectuées en 1971 sur les alpages de haute Maurienne*. Dans: Travaux Scientifiques du Parc National Vanoise 3, p. 53-64 (Div).

DIGARD, Jean-Paul (1974): *La Vie pastorale à Bonneval-sur-Arc (haute Maurienne)*. Dans: Le Monde alpin et rhodanien 2, n° 2-4, p. 7-57 (Vol).

DUBOURGEAT, Jean-Pierre (1983): *Les alpages de la Haute Combe de Savoie*. Dans: *La sociabilité des Savoyards*. Actes du 29° congrès des Sociétés savantes de Savoie. Chambéry, p. 183-194 (= Numéro special de la revue „Histoire en Savoie") (Geo).

DUFOURNET, Paul (1995): *Témoignages sur certains aspects d'une civilisation alpestre finissante*. Dans: *Campagnes, forêts et alpages de Savoie*. Chambéry, p. 181-198 (HE: SocSavSav 1995 FR/73) (Vol).

EMERY, M. (1959-60): *Concours d'alpages. Région d'Albertville*. Dans: Bulletin de la Fédération Française d'Économie Alpestre, p. 541-560 (Agr).

FAURE, Muriel (1999): *Un produit agricole „affinée" en object culturel. Le fromage Beaufort dans les Alpes du Nord*. Dans: Terrain 9, n° 33, p. 81-92 (Div).

FRISON-ROCHE, Roger (1993): *Au temps des alpages. La vie extraordinaire d'Anastase Personnettaz, seigneur des Alpages*. Éditions La Fontaine de Siloé, Montmélian, 126 p. (= Les Savoisiennes). 2e édition 2000. 3e édition: *Au temps des alpages. Requiem pour les montagnards d'antan*. Chambéry 2008, 160 p. (Vol).

FUKSA-ANSELME, Elisa (1998): *Clichés pour mémoire – de la foire aux alpages*. Éditions Derrier, Saint-Jean-de-Maurienne, 239 p. (= Travaux de la Société d'histoire et d'archéologie de Maurienne) (Div).

GARDELLE, Charles (1999): *Alpages – terres d'été. Volume 1: Savoie*. Éditions Fontaine de Siloé, Chambéry, 349 p. (Geo).

GARDELLE, Charles et Françoise (1977): *Sécheresse et inalpage en Savoie*. Dans: Revue de Géographie Alpine 65, n° 2, p. 203-207 (Geo).

GARDELLE, Charles (1967): *La vie pastorale se maintient dans le Beaufortin*. Dans: Revue de Géographie Alpine 55, n° 3, p. 549-554 (Geo).

GLAREY, Patrizia/DÉTURCHE BAPTISTON, Philippe (2000): voir IT/AO

GUÉRIN, Jean-Paul (1972): *Les fruitières savoyards (Savoie et Haute-Savoie)*. Dans: Revue de Géographie Alpine 60, n° 3, p. 453-466 (Geo).

LACROIX, Bernard/TOUANEN, Freddy (2005): *Les mystères de la montagne – légendes et récits de l'alpage*. Éditions Cabédita, Yens, 179 p. (Pop).

LECLERC, Jeanne (1932): *Deux mois chez les pasteurs avérolais*. Dans: Terre, Air, Mer - la Géographie 58, p. 233-260 (Geo).
Avérole, 2035 m, hameau de Bessans (Haute-Maurienne).

LYNCH, Édouard (2018): *„Produit des alpages de Savoie". Une contribution régionale à l'élaboration de la „loi montagne" du 9 janvier 1985*. Dans: Gilles RICHARD/Sylvie OLLITRAULT (sous la direction de): *Les années Mitterrand 1984 – 1988. L'alternance et la première cohabitation vue des régions*. Presse Universitaires de Rennes (pur-éditions), Rennes, p. 221-232 (Div).

Lynch, Édouard/Harvois, France (2016): *Le Beaufort. Réinventer le fruit commun.* Éditions Libel, Lyon, 344 p. (Div).

Maistre, Gilbert (1995): *L'alpage de Vormy – de l'alpage aux cabanons estivaux.* Dans: *Campagnes, forêts et alpages de Savoie.* Chambéry, p. 261-273 (HE: SocSavSav 1995 FR/73) (Div).

Mériaudeau, Robert (1986): *A qui la terre? La propriété foncière en Savoie et Haute-Savoie.* Institut de Géographie Alpine, Grenoble, 480 p. (Geo).

Mériaudeau, Robert (1983): *Les biens communaux à jouissance héréditaire dans le département de la Savoie.* Dans: Revue de Géographie Alpine 71, n° 3, p. 233-252 (Geo).

Messines, Jean (1939): *Concours d'alpages. Canton de Bozel et partie aval du canton de Moutiers.* Dans: L'économie alpestre française 18/19, p. 48-74 (Agr).

Messines, Jean (1936): *Concours d'alpages. Canton de Beaufort.* Dans: L'économie alpestre française 16, p. 23-64 (Agr).

Messines, Jean (1935): *Concours d'alpages. Région d'Albertville, cantons de Grésy-sur-Isère, Albertville et Ugine.* Dans: L'économie alpestre française 15, p. 38-72 (Agr).

Messines, Jean (1934): *Concours d'alpages. Arrondissement de Chambéry – les Bauges.* Dans: L'économie alpestre française 14, p. 32-51 (Agr).

Messines, Jean (1933): *Concours d'alpages année 1932. Moyenne et Basse Maurienne.* Dans: L'économie alpestre française 13, p. 42-78 (Agr).

Mestrallet, Dominique (1995): *Le travail du lait en alpage. Fabrication de la tomme au Petit Mont-Cenis.* Dans: *Campagnes, forêts et alpages de Savoie.* Chambéry, p. 277-294 (HE: SocSavSav 1995 FR/73) (Div).

Millon, Pierre (1997): *Randonées dans les alpages de Savoie et Haute-Savoie.* Éd. Glénat, Grenoble, 144 p. (Pop).

Novel-Terrier, Olga (1989): *Les alpages avant l'or blanc. Mon village dans les années cinquante. En Savoie, la vie quotidienne des montagnards.* Éd. Horvath, Lyon, 104 p. (Pop).

Onde, Henri (1943): *Verts alpages, vieux procès.* Dans: Revue de Savoie III, p. 154-158 (Geo).

Onde, Henri (1932): *La transhumance en Maurienne et en Tarentaise.* Dans: Revue de Géographie Alpine 20, n° 3, p. 237-251 (Geo).

Portier, J. (1938-39): *Concours d'alpages – cantons de Modane et Lanslebourg.* Dans: Bulletin de la Fédération Française de l'Économie Alpestre, p. 80-98 (Agr).

Raulin, Henri (1972): *Organisation agropastorale d'un hameau savoyard.* Dans: J. Thomas/L. Bernot (sous la direction de): *Langues et techniques, nature et société.* Vol. II: *Approche ethnologique, approche naturaliste.* Ed. Klincksiek, Paris, p. 105-112 (Vol).

Reffay, Annie (1977): *Alpages et tourisme dans la partie aval de la haute Maurienne.* Dans: Travaux scientifiques du Parc National de la Vanoise, n° 8, p. 95-114 (Geo).

Reffay, Annie (1976): *Alpages et développement touristique en haute Maurienne.* Dans: Travaux scienifiques du Parc National de la Vanoise, n° 7, p. 31-58 (Geo).

Reffay, Annie (1976): *La survie de l'élevage bovin dans deux communes touristiques de haute montagne – Tignes et Val d'Isère.* Dans: Actes IC[e] Congrès National Sociétés Savantes – études géographiques sur la montagne. Éd. Bibliothèque nationale, Paris, p. 41-54 (Geo).

Reffay, Annie (1974): *Les alpages de haute Tarentaise face au développement touristique.* Dans: Travaux scientifiques du Parc National de la Vanoise, n° 5, p. 55-76 (Geo).

Reffay, Annie (1974): *Alpages et stations de sports d'hiver en haute Tarentaise.* Dans: Revue de Géographie Alpine 62, n° 1, p. 41-73 (Geo).

Rémy, Jacques (2005): *Des fruits communs aux groupements pastoraux. Constructions d'identités professionelles.* Dans: Geschichte der Alpen/Histoire des Alpen/Storia delle Alpi 10, p. 251-265 (Vol).

Rey, Francçois (1931): *Concours d'alpages en 1930 – Haute-Maurienne*. Dans: Bulletin de la Fédération Française d'Économie Alpestre, p. 67-82 (Geo).

Rey, François (1930): *Concours d'alpages en 1929 – Vallon du Doron de Bozel et Tarentaise*. Dans: Bulletin de la Fédération Française d'Économie Alpestre, p. 48-77 (Geo).

Rey, François (1930): *L'éxploitation pastorale dans le département de la Savoie*. Librairie Dardel, Chambéry, 92 p. (Geo).

Scarzella, Paolo (1997): voir IT/PI

SEA 73 (1955-56): *Concours d'alpages. Les cantons de Moûtiers et Bozel*. Sous la direction de la Société d'Économie Alpestre/SEA de la Savoie. Dans: Bulletin de la Fédération Française de l'Économie Alpestre, p. 229-287 (Agr).

SEA 73 (1953-54): *Concours d'alpage en Haute-Tarentaise*. Dans: Bulletin de la Fédération Française de l'Économie Alpestre, p. 193-261 (Agr).

SEA 73 (1936-37): *Concours d'alpages de 1936 en haute et moyenne Tarentaise*. Dans: Bulletin de la Fédération Française d'Économie Alpestre, p. 42-85 (Agr).

SocSavSav (1995): *Campagnes, forêts et alpages de Savoie (13e – 20e siècle)*. 33e congrès de Sociétés Savantes de Savoie. Chambéry, 327 p. (= Mémoires et Documents de la Société savoisienne d'histoire et d'archéologie XCII) (Div).
Voir Besson 1995 FR/73, Dufournet 1995 FR/73, Chavoutier 1995 FR/73, Maistre 1995 FR/73, Mestrallet 1995 FR/73.

Touanen, Freddy (1996): *Les mystères de la montagne – légendes et récits de l'alpage*. Cabédita Éditions, Morges, 179 p. (= Archives vivantes), réédition 2000 (Pop).

Van Gennep, Arnold (1916): *En Savoie. Du berceau à la tombe*. Éd. M. Dardel, Chambéry, 328 p. Réédition: Laffitte reprints, Marseille 1981 (Vol).

Viallet, Hélène (1995): *Les déplacements des troupeaux dans le Beaufortin*. Dans: Ethnozootechnie 55, p. 31-39 (HE: Spindler 1995 FR) (Agr).

Zuber, R. (1944): *La vie pastorale en haute Tarentaise*. Paris, 263 p. (Geo).

3.8 DÉPARTEMENT HAUTE-SAVOIE (74)

Organisations de l'économie pastorale:
Société d'économie alpestre de la Haute-Savoie (SEA 74): www.echoalp.com

Sites Internet:
–

Enquêtes pastorales:
Voir FR

Monographies:
–

Publications:
Allefresde, Maurice (1952): *Les fabrications fromagères en Haute-Savoie*. Dans: Revue de Géographie Alpine 40, n° 4, p. 625-641 (Geo).

Bachet, Pierre (1948): *Le régime des fruitières en Haute-Savoie et l'économie laitière alpestre*. Thèse de Médecine Vétérinaire, Université de Lyon. Imprimerie Le Messager, Thonon, 32 p. (Div).

Bessat, Hubert (2010): *Le patois et la vie traditionelle aux Contamines-Montjoie*. Vol. 1: *La nature, les activités agro-pastorales et forestières*. Éditions littéraires et linguistique de l'Université de Grenoble, Grenoble, 321 p. (Spr).

Bouverot, M. (1956-57): *Concours d'améliorations pastorales et forestières. Massif du Giffre*. Dans: Bulletin de la Fédération Française de l'Économie Alpestre, p. 499-529 (Agr).

Bouverot, M. (1955-56): *Concours d'alpages 1955: Le Sud des Bornes et le Nord des Bauges*. Dans: Bulletin de la Fédération Française de l'Économie Alpestre, p. 357-388 (Agr).

Brachet, Fernand (1939): *L'alpage dans la haute vallée du Fier (Haute-Savoie)*. Thèse de Médecine Vétérinaire, Université Lyon. Impr. de Bosc frères, M. et L. Riou, Lyon, 60 p. (Div).

CDDP (2000): *Alpage en Faucigny.* Centre Départemental de Documentation Pédagogique (CDDP) Haute-Savoie et Paysalp – Écomusée de Savoie, Viuz-en-Sallaz, 32 p. (Div).

Chatelain, Michelle (1995): *Alpages – terres d'été.* Tome 1: *En mon pays de haute enfance.* Tome 2: *Carnets d'une alpagiste.* Éditions La Fontaine de Siloé, Montmélian, 564 p. Réédition: 2000 et 2004 (= Les carnets de vie) (Pop).

Chatiliez, Guy (1977): *Alpage de mon enfance.* Éditions Stock, Paris, 263 p. Réédition: Éditions Le Tour, Paris 2005, 185 p. (Pop).

Dartigue-Paccalet, Joëlle (2017): *Les alpages à Chamonix – terre d'hier pour les hommes de demain.* Éditions du Pas de Chèvre, Chamonix, 192 p. (Div).

Delavenna, L. (1934): *Concours d'alpages de 1933 – de la Dranse de Morzine au Lac Léman.* Dans: L'économie alpestre française, p. 14-31 (Agr).

Depraz, André (2000): *L'alpage au quotidien – fromage en Abondance.* Éditions Cabédita, Morges, 110 p. (= Archives vivantes) (Div).

Déturche, Philippe (2001): *Diversité des productions marchandes. Le cas des „montagnes" du Chablais.* Dans: Erreffe n. 43, pp. 35-44 (HE: Viazzo/Woolf AL) (Vol).

Duparc, Pierre (1984): *La montagne d'Aufferrand. Cinq cent cinquante ans de communauté pastorale.* Dans: *Économies et sociétés dans le Dauphiné mediéval.* Actes du 108° congrès national des sociétés savantes. Comité des travaux historiques et scientifiques, Paris, p. 161-181 (Div).

Faure, Muriel (1998): *Patrimonialisation des productions fromagères dans les Alpes du Nord (Chablais) – savoirs et pratiques techniques.* Dans: Revue de Géographie Alpine 86, n° 4, p. 51-60 (Geo).

Gardelle, Charles et Françoise (1976): *Histoire d'un alpage communautaire, l'alpage de Loriaz (Haute-Savoie).* Dans: Revue de Géographie Alpine 64, n° 2, p. 185-205 (Geo).

Gauthron, F. (1931): *Concours d'alpages en 1930 – Chablais-Giffre.* Dans: L'économie alpestre française, p. 53-86 (Agr).

Girardin, R./Kreitmann, Louis (1928): *Concours d'alpages en 1927 – section départementale de la Haute-Savoie (Abondance en Chablais).* Dans: L'économie alpestre française, p. 28-44 (Agr).

Graber, E. (1939): *Concours d'alpages de 1938 – Haute-Savoie (Régions les Voirons, le Salève, le Nord des Bauges).* Dans: L'économie alpestre française, p. 5-13 (Agr).

Guichonnet, Paul (1999): *Arthur de la Dent d'Oche – une dernière saison en alpage.* Éditions La Fontaine de Siloé, Montmélian, 144 pp. (Geo).

Guichonnet, Paul (1956): *La montagne d'Aufferrand. Un demimillénaire d'éxploitation pastorale.* Dans: Revue de Savoie, n° 4, p. 291-301 (Geo).

Lizet, Bernadette (1998): *Le génie des alpages. Paysage, vache, fromage en Abondance.* Dans: Revue de Géographie Alpine 86, n° 4, p. 35-50 (Geo).

Rabot, Charles (1913): *La vie pastorale dans la Savoie septentrionale.* Dans: La Géographie XXVII, p. 348-357 (Geo).

Reffay, Annie (1967): *Vie pastorale d'une moyenne montagne – le Chablais.* Dans: Revue de Géographie Alpine 55, n° 3, p. 401-468 (Geo).

Reffay, Annie (1966): *La vie pastorale dans le massif du Chablais.* Thèse, Institut de Géographie Alpine, Grenoble, 234 p. (Geo).

Roman, Pascal (2008): *Morzine - Avoriaz. Des alpages aux champs de ski.* Éditions de l'Astronome, Thonen-les-Bains, 64 p. (= Les Cahiers du Patrimoine) (Pop).

SEA 74 (1955-56): *Concours d'alpages: Est du Chablais.* Sous la direction de la Société d'Économie Alpestre/SEA de la Haute-Savoie. Dans: Bulletin de la Fédération Française de l'Èconomie Alpestre, p. 201-228 (Agr).

SEA 74 (1953-54): *Concours d'alpages. Vallée de l'Arve en amont de Cluses.* Dans: Bulletin de la Fédération Française de l'Économie Alpestre, p. 127-179 (Agr).

4. FÜRSTENTUM LIECHTENSTEIN (FL)

Die Alpwirtschaft Liechtensteins ist heute stark mit der schweizerischen Alpwirtschaft, vor allem mit der im Kanton Sankt Gallen, verbunden.

Today, the alpine pasture farming in Liechtenstein is linked closely to Swiss Alpine pasture farming, especially with farming in the Canton of St. Gallen.

Alpwirtschaftliche Organisationen:
Landesalpenkommission des Fürstentums Liechtenstein

Internetseiten:
–

Alpstatistiken:
–

Monographien:
Klenze 1879

Publikationen:

AStFL (1959): *Gemeindewaldungen, Grundeigentum der Gemeinden, Alpweiden im Eigentum der Gemeinden, Alpweiden in Genossenschaftseigentum, Waldfläche im ganzen.* Amt für Statistik des Fürstentums Liechtenstein, Vaduz, 13 S. (= Statistische Publikationen 204) (Agr).

Beck, Christoph (2015): *400 Jahre Kauf Schädlersboden.* Hrsg. und Verleger: Alpgenossenschaft Kleinsteg, Triesenberg, 72 S. (Div).

Beck, David (1955): *Alpwirtschaft und Alpbrauch in Liechtenstein.* In: Schweizer Volkskunde 45, Nr. 3, S. 33-41 (Vol).

Beck, David (1942): *Die Alprechtsbücher oder Beigla der Alpgenossenschaft Grosssteg in der Gemeinde Triesenberg.* In: Jahrbuch des Historischen Vereins für das Fürstentum Liechtenstein 42, S. 55-72 (Rec).

Büchel, Josef (1988): *Alpen und Heuberge.* In: Josef Büchel: *Geschichte der Gemeinde Triesen*, Bd. 1. Hrsg. und Verleger: Gemeinde Triesen, Triesen, S. 390-498 (Div).

Frick, Alexander (1969): *Von Albabfahrtsherzchen und weiteren religiösen Bräuchen auf unseren Alpen.* In: Bergheimat – Jahresschrift des Liechtensteiner Alpenvereins, S. 45-74 (Vol).

Frick, Alexander (1965): *Die liechtensteinische Alpwirtschaft.* In: Bergheimat – Jahresschrift des Liechtensteiner Alpenvereins, S. 45-57 (Vol).

Frick, Franz (2018): *Uufgfahra.* In: Bergheimat – Jahresschrift des Liechtensteiner Alpenvereins, S. 19-28 (Div).

Goop, Rudolf (2008): *Menschen am Schellenberg. Eine volkskundliche, sozialgeschichtliche Dokumentation einer Gemeinde im Fürstentum Liechtenstein während der Zeit von 1880 bis zur Mitte des 20. Jahrhunderts.* Band 2: *Land-, Alp- und Waldwirtschaft.* Hrsg.: Gemeinde Schellenberg. Böhlau-Verlag, Wien, 303 S. (Vol).

Hilbe, Herbert/Pepić, Eva (2003): *500 Jahre Alpgenossenschaften Schaan. Festschrift zur Alpteilung von Gritsch und Guschg 1503.* Gemeinde Schaan, Schaan, 197 S. (= DoMuS-Schriftenreihe 4) (Agr).

Hoch, Emil (1992): *Die Alpwirtschaft in Liechtenstein.* Diplomarbeit am Geographischen Institut der Universität Innsbruck bei Hugo Penz, Innsbruck, 95 S. (vorhanden: Liechtensteinische Landesbibliothek) (Geo).

Klenze, Hippolyt Ludwig von (1879): *Die Alpwirthschaft im Fürstentum Liechtenstein – ihre Anfänge, Entwicklung und gegenwärtiger Zustand. Eine Skizze eines landwirthschaftlichen Musterbetriebes*. Eugen Ulmer-Verlag, Stuttgart, 122 S. Nachdruck mit einer Einleitung von Alois Ospelt: Topos-Verlag, Vaduz 1985. Weitere Nachdrucke 2016 und 2019 (Agr).

Marxer, Adolf/Oehry, Johann (2005): *Die Unterländer Alpen in Vorarlberg*. In: Eintracht – Zeitschrift für Heimat und Brauchtum (Vaduz) 38, S. 9-28 (Vol).

Ospelt, Alois (2013): *Alpwirtschaft*. In: Historisches Lexikon des Fürstentums Liechtenstein. Chronos-Verlag, Zürich: www.historisches-lexikon.li/Alpwirtschaft (Div).

Ospelt, Ernst (1986): *Die Alpen im Fürstentum Liechtenstein und deren Bedeutung*. In: Die Blaue - alpwirtschaftliche Monatsblätter (Langnau/Schweiz) 3, S. 84-93 (Agr).

Ospelt, Ernst (1962): *Der Alpkataster in Liechtenstein*. In: Bergheimat – Jahresschrift des Liechtensteiner Alpenvereins, S. 44-51 (Agr).

Schwarzelmüller, Wolfgang et al. (1984): siehe AT

Vogt, Emanuel (1993): *Die Balzner Alpen*. Eigenverlag des Autors, Balzers, 64 S. (Div).

Wanger, Harald (1992): *Aus der Geschichte der Alpen von Schaan*. In: Bergheimat – Jahresschrift des Liechtensteiner Alpenvereins, S. 7-28 (Div).

Wickli, Bruno (1999): *Die Walser am Triesenberg und ihre Wirtschaftsform*. In: Bausteine zur liechtensteinischen Geschichte (Chronos-Verlag, Zürich) 1, S. 371-410 (Div).

5. ALPI ITALIANE

5.1 INTERE ALPI ITALIANE (IT)

In questo punto vengono elencate le pubblicazioni, che comprendono varie regioni. Ciò riguarda le Alpi orientali italiane, appartenenti a BZ, TN, VE e FV. Le Alpi occidentali italiane (PI, AO, LI) vengono invece elencate sotto "Piemonte", perché il loro territorio si trova principalmente in Piemonte, mentre il territorio che si trova in Liguria e nella Valle d'Aosta è abbastanza piccolo.

An dieser Stelle werden Publikationen, die mehrere regioni umfassen, aufgeführt. Dies betrifft die italienischen Ostalpen (Alpi orientali), die zu BZ, TN, VE und FV gehören. Die italienischen Westalpen (Alpi occidentali, PI, AO, LI) werden dagegen unter „Piemonte" verzeichnet, weil die piemontesischen Alpen gegenüber den kleinen Gebieten in Ligurien und dem Valle d'Aosta sehr stark dominieren.

Organizzazioni dell'alpicoltura:
In Italia non esiste un'associazione nazionale dell'alpicoltura. È l'Associazione italiana allevatori a svolgere ancora prevalemente questo compito in ambiente molto ridotto.

Einen alm-/alpwirtschaftlichen Verein oder Verband gibt es in Italien nicht. Am ehesten erfüllt noch der Verband der italienischen Viehhalter diese Aufgabe in stark reduziertem Rahmen:

Associazione italiana allevatori/A.I.A. (www.aia.it) con sede a Roma e sezioni in tutte le regioni italiane.

Altre organizzazioni:

Associazione per la valorizzazione degli alpeggi, sede: Trescore Balneario (Bergamo).
Società per lo Studio e la valorizzazione dei Sistemi Zootecnici Alpini (www.sozooalp.it), sede: San Michele all'Adige (TN); pubblicazioni: Quaderni SoZooAlp 0 (2002) – n. 9 (2016): Questi volumi rappresentano gli atti della società (da 2001 a 2006 annuali, da 2008 biennali).

Amici degli alpeggi e della montagna – AmAMont (https://amamont.com): Associazione transfrontaliera per la ruralità alpina, per la montagna da vivere e per la cooperazione tra regioni e cantoni, fondata 2008, sede: Sondrio/Lombardia, da 2015 anche con una associazione svizzera (vedere CH).
Istituto sperimentale per l'assestamento forestale e per l'alpicoltura (ISAFA), sede: Villazzano di Trento, 1969 – 2004 (pubblicazioni: Comunicazioni di ricerca dell'Istituto), poi trasformato (con abbandono della sezione alpicoltura) in: *Unità di ricerca per il monitoraggio e la pianificazione forestale (MFP).* Vedere Bezzi 1993 IT, Castellani 1994 IT.

Siti Internet:
www.ruralpini.it Resistenza rurale – Alpeggi, cultura rurale, agroalimentazione tradizionale, politica contadina. Sito Internet a cura di Michele Corti.
www.festivalpastoralismo.org Associazione "Festival del Pastoralismo" – Bergamo (da 2014 a 2018 annuale, da 2018 biennale); "Bergamo – capitale della transumanza".
www.usicivici.unitn.it Centro Studi e Documentazione sui Demani civici e le Proprietà collettive, Università di Trento. Con "Bibliografia sui domini collettivi" di Pietro Nervi e "Archivio Scialoja-Bolla – annuali di studi sulla proprietà collettiva" (da 2003, da 2018 "collana"). Centro per lo studio della proprietà collettiva con una certa importanza dell'alpicoltura.
https://demanianocivico.it Associazione per la tutela delle proprietà collettive e dei diritti di uso civico (Aproduc).

Censimenti degli alpeggi:
Vedere le regioni

Monografie:
Gori-Montanelli 1939
Gusmeroli 2012
Ianelli 1989
Piccioli 1923
Saldarelli 1949
Voglino 1912

Pubblicazioni:

AA.VV. (2018): *Alpeggi e malghe delle Alpi.* Editoriale Domus, Rozzano (MI), 122 pp. (= Gli speciali di "Meridiani Montagne" n. 18) (Pop).

È un caso eccezionale, che una rivista montana popolare con grande tiratura dedichi un fascicolo intero al tema alpicoltura.

Es ist außergewöhnlich, dass eine poluläre Bergzeitschrift mit hoher Auflage der Alm- und Alpwirtschaft ein ganzes Heft widmet.

AA.VV. (2000): *Formaggi d'alpeggio. Il pascolo, l'animale, la razza, il prodotto.* Atti del V Convivo "Formaggio sotto il cielo", Cavalese, 15 settembre 2000. Edizioni ANFoSC (Associazione Nazionale Formaggi Sotto il Cielo), Potenza, 238 pp. (Agr).

AA.VV. (1968): *Die Alpwirtschaft im italienischen Alpenraum.* Hrsg.: Italienischer Ausschuß für Bergbauernfragen. In: Bayerisches landwirtschaftliches Jahrbuch 45, Sonderheft 1, S. 33-36 (HE: AGfB 1968 AL) (Agr).

Arbos, Philippe (1916): *Études sur l'habitat de montagne en Italie.* Dans: Revue de Géographie Alpine 4, n° 2, p. 259-274 (Geo).

Presentazione e discussione della ricerca geografica italiana degli alpeggi (Tonioli 1913 IT/LO e De Gasperi 1914 IT/FV).

Barbieri, Giuseppe (1955): *Osservazioni geografico-statistiche sulla transumanza in Italia.* In: Rivista Geografica Italiana 62, pp. 15-30 (Geo).

Battaglini, Luca/Ramanzin, Maurizio (2014): *Il paesaggio agrozootecnico e silvopastorale della montagna alpina.* In: Bruno Ronchi/Giuseppe Pulina/Maurizio Ramanzin (a cura di): Il paesaggio zootecnico italiano. FrancoAngeli, Milano, pp. 47-76 (Agr).

Battaglini, Luca, a cura di (2007): *L'allevamento ovino e caprino nelle Alpi. Tra valenze eco-culturali e sostenibilità economica.* Nuove Arti Grafiche, Trento, 257 pp. (= Quaderni SoZooAlp 4) (Agr).

Bernardini, Ferruccio (1963): *Nozioni elementari di selvicoltura e alpicoltura.* Edagricole, Bologna, 144 pp. Ristampe 1970 e 1977 (Agr).

Berutti, Alessandro (1930): *Sull'alpe con gli alpigiani.* Unitipografica Pinerolese, Pinerolo, 163 pp. (Div).

Bezzi, Alessandro et al. (1993): *La tipologia dei pascoli alpini. Metodi rilevamento e di elaborazione adottati dalla sezione alpicoltura dell'ISAFA.* Atti del seminario di studio sui pascoli alpini a Villazzano (Trento), 19 – 21 settembre 1991. Istituto Sperimentale per l'Assestamento Forestale e per l'Alpicoltura (ISAFA), Villazzano di Trento, 83 pp. (= Comunicazioni di ricerca ISAFA 93/1) (Agr).

Bonan, Giacomo/Lorenzini, Claudio (2019): *Montagne condivise, montagne contestate. Le risorse d'uso collettivo delle Alpi orientali (secoli XVI-XIX).* In: Histoire des Alpes/Storia delle Alpi/Geschichte der Alpen 24, pp. 87-103 (HE: Head-König et al. 2019 AL) (Rec).

Bovolenta, Stefano/Sturaro, Enrico, a cura di (2016): *Tutela e promozione dei territori alpini.* Nuove Arti Grafiche, Trento, 101 pp. (= Quaderni SoZooAlp 9) (Agr).

Bovolenta, Stefano/Sturaro, Enrico, a cura di (2014): *I formaggi – protagonisti della zootecnica alpina.* Nuove Arti Grafiche, Trento, 182 pp. (= Quaderni SoZooAlp 8) (Agr).

Bovolenta, Stefano, a cura di (2010): *Zootecnica e montagna – quali strategie per il futuro?* Nuove Arti Grafiche, Trento, 282 pp. (= Quaderni SoZooAlp 6) (Agr).

Bovolenta, Stefano/Ventura, Walter, a cura di (2002): *Greggi, mandrie e pastori al servizio del territorio. Esperienze concrete nell'arco alpino.* Edizioni Istituto Agrario di San Michele all'Adige, San Michele all'Adige, 55 pp. (= Quaderni SoZooAlp 0) (Agr).

Busse, W. (1930): *Die Hebung der italienischen Alpwirtschaft.* In: Reichsministerium für Ernährung und Landwirtschaft (Hrsg.): Berichte über Landwirtschaft Neue Folge Bd. 12, Heft 2, S. 283-314 (Agr).

Casari, Marco (2007): *Emergence of Endogenous Legal Institutions – Property Rights and Community Governance in the Italian Alps.* In: The Journal of Economic History 67, n. 1, pp. 191-226 (Rec).

CASTELLANI, Camillo (1994): *Le origini, i compiti e le pubblicazioni sull'attività del Istituto Sperimentale per l'Assestamento Forestale e per l'Alpicoltura nel venticinquesimo anno dall'inaugurazione della prima sede dell'Ente.* Istituto Sperimentale per l'Assestamento Forestale e per l'Alpicoltura (ISAFA). Villazzano di Trento, 36 pp. (Agr).

CAZZOLA, Franco (1993): *Ovini, transumanza e lana in Italia dal medioevo all'età contemporanea.* In: Franco CAZZOLA (a cura di): *Percorsi di pecore e uomini. La pastorizia in Emilia Romagna dal medioevo all'età contemporanea.* Editrice Clueb, Bologna, pp. 7-46 (Div).

CERRETTI, Claudio (1994): *L'analisi geografica delle terre comuni.* In: Bollettino della Società Geografica Italiana 11, pp. 489-500 (Geo).

CIASCHI, Antonio/TOMASELLA, Elisa (2007): *La montagna e il diritto. Terreni agricoli, boschi e proprietà collettive – elementi geografici e giuridici.* A cura del Istituto Nazionale della Montagna. Bononia University Press, Bologna, 268 pp. (= Quaderni della Montagna) (Rec).

CORTI, Michele, a cura di (2019): *La transumanza tra storia e presente.* Edizioni Festival del Pastoralismo – Bergamo, Corna Imagna (BG), 216 pp. (= Studi sulla Transumanza e l'alpeggio 1) (Agr).

Vedere VARINI 2019 I/VE, CORTI 2019 I/LO, LAMBERTI/NESTI 2019 I/LI, BATTAGLINI 2019 I/PI, VERONA 2019 I/PI, SULIS/VACHINO 2019 I/PI.

CORTI, Michele (2014): *Allegre pastorelle, pascoli fioriti e barbuti casari – l'universo simbolico della comunicazione commerciale lattiero-casearia tra idillio e conflitto sociale.* In: Latte & linguaggio (Ravenna) 1, pp. 70-103 (Agr).

CORTI, Michele (2010): *La reintroduzione sulle Alpi dell'orso e del lupo – le ragioni degli ecologisti e quelle dei pastori e alpigiani, ma non solo.* In: Confronti. Autonomia lombarda – le idee, i fatti, le esperienze 9, n. 1, pp. 97-124 (Agr).

CORTI, Michele (2009): *Riti di fieno e del latte. Alpi, inizio XXI secolo.* In: Luca FAORO/Giovanni KEZICH (a cura di): *Quaggiù sulle Montagne.* Atti di SPEA (Seminario Permanente di Etnografia Alpina) n. 11. Museo degli Usi e Costumi della Gente Trentina, San Michele all'Adige, pp. 249-284 (= SM – Annali di San Michele 22 (Agr).

CORTI, Michele/DE ROS, Giorgio/STRUFFI, Lauro (2006): *In malga. Indagini in quattro aree delle Alpi Centrali sugli atteggiamenti dei turisti-escursionisti riguardo agli alpeggi.* In: Sociologia urbana e rurale 28, pp. 125-138 (Agr).

CORTI, Michele (2005): *Contadini e allevatori del Nord nelle transizioni rurali del XX e XXI secolo.* In: SM - Annali di San Michele 18, pp. 135-174 (Agr).

CREMONA, Luigi/SOLETTI, Francesco (2002): *L'Italia dei formaggi. 490 formaggi Dop o tradizionali.* Ed. Touring Club Italiano, Milano, 256 pp. (= Guide tematiche) (Div).

DE GASPERI, Giovanni Battista (1922): *Studi sulla vita pastorale nelle Alpi.* In: Giovanni Battista DE GASPERI: *Scritti vari di Geografia e Geologia* – pubblicazione postuma a cura di Giotto DAINELLI. Ricci Ed., Firenze, pp. 315-328 (Geo).

D'ERRICO, Pasquale (1970): *Alpicoltura 1 e agricoltura montana anno accademico 1970-71 – corso di laurea in scienze forestali.* Facoltà di Agraria, Università di Bari, Bari, 335 pp. (Agr).

DOVIER, Simonetta, a cura di (2004): *Il sistema delle malghe alpine. Aspetti agro-zootecnici, paesaggistici e turistici.* Nuove Arti Grafiche, Trento, 203 pp. (= Quaderni SoZooAlp 1) (Agr).

ENDRIZZI, Leone (1927): *Note di alpicoltura ed economia montana svizzera per i nostri agricolturi.* Arti Grafiche Tridentum, Trento, 74 pp. (Agr).

FANCHIOTTI, C. (1891): *Sull'importanza dell'alpicoltura in Italia.* In: Bolletino del Club Alpino Italiano vol. 25, n. 58, pp. 325-346 (Div).

FRÖDIN, John (1941): *Die Alp- und Sennwirtschaft der Ostalpen.* In: Zentraleuropas Alpwirtschaft. Oslo, Bd. 2, S. 401-579 (HE: FRÖDIN 1941 AL) (Geo).

In diesem Rahmen „soll auch die Alpwirtschaft der übrigen italienischen Alpen kurz berührt werden" (FRÖDIN 1941 S. 401). Das bedeutet, dass die italienischen Westalpen in diesem Werk nur sehr randlich behandelt werden.

Le Alpi occidentali italiane vengono trattate da Frödin soltanto marginalmente.

GEROLA, Filippo Marcabruna/GEROLA, Uldarico (1955-57): *Ricerche sui pascoli delle Alpi centro-orientali.* In: Memorie del Museo di Storia Naturale della Venezia Tridentina 10-11, pp. 75-445 (Geo).

GIARELLI, Luca, a cura di (2013): *Naturalmente divisi. Storia e autonomia delle antiche comunità alpine.* Atti del convegno di studio (Breno, Palazzo della cultura, 29 settembre 2012). Ed. Youcanprint, Valcamonica, 382 pp. (Rec).
Vedere CASTELLANI 2013 IT/TN, ARMANO 2013 IT/VE.

GIODA, Alessandro (1932): *Pascoli alpini.* G. B. Paravia Tip., Torino, 92 pp. (= Biblioteca agricola) (Agr).

GORI-MONTANELLI, Lorenzo (1939): *Selvicoltura e Alpicoltura.* Fratelli Lega ed., Faenza, 373 pp., 2. edizione: 1950 (Agr).

GRASSENI, Cristina (2011): *Re-inventing food – alpine cheese in the age of global heritage.* In: Anthropology of food (Paris) 8, 12 p. (Vol).

GRASSENI, Cristina (2003): *Packaging skills – calibrating Italian cheese to the global market.* In: Susan STRASSER (ed.): *Commodifying everything – consumption and capitalist enterprise.* Taylor & Francis, New York, p. 341-381 (Vol).

GRASSI, Corrado (2004): *La distribuzione spaziale del sistema ‚malga' considerata dal punto di vista geolinguistico. Una proposta di metodo.* In: SM – Annali di San Michele 17, pp. 17-23 (HE: KEZICH/VIAZZO 2004 AL) (Spr).

GROSSI, Paolo (2019): *Il mondo delle terre collettive. Itinerari giuridici tra ieri e domani.* Edizioni Quodlibet, Macerata, 112 pp. (Rec).

GROSSI, Paolo (1977): *" Un altro modo di possedere". L'emersione di forme alternative di proprietà alla coscienza giuridica postunitaria.* Giuffrè Editore, Milano, 392 pp. Ristampa anastatica con integrazioni: Milano 2017, 438 pp. (= Per la storia del pensiero giuridico moderno 5) (Rec).
Parte I: Dibattito Europeo, Parte II: Vicenda Italiana. Vedere MARINELLI/POLITI 2017 IT.

GUIDETTI, Massimo/STAHL, Paul H., a cura di (1976): *Un'Italia Sconosciuta. Comunità di villaggio e comunità familiari nell'Italia dell'800.* Jaca-Book, Milano, 407 pp. (= Già e non ancora 26) (Rec).
Vedere PADULA 1976 IT/AO, JACINI 1976 IT/LO, RAFFAGLIO 1976 IT/LO, RIZZOLI 1976 IT/TN, PELIZZARO 1976 IT/TN, PERTILE 1976 IT/VE, ANDRICH 1976 IT/VE, RIZZOLI 1976 IT/VE, PODRECCA 1976 IT/FV, CARRETTO 1976 IT/PI.

GUSMEROLI, Fausto (2012): *Prati, pascoli e paesaggio alpino.* A cura della Società per lo Studio e la Valorizzazione dei sistemi zootecnici alpini (SoZooAlp), San Michele all'Adige, 263 pp. (Agr).

GUSMEROLI, Fausto (1988): *Fondamenti per una moderna alpicoltura nelle malghe alpine.* Arti Grafiche, Sondrio, 61 pp. (= Supplemento a "Rezia agricoltura e zootechnica" 5-6) (Agr).

IANELLI, Pierino (1989): *Alpicoltura.* Edagricole, Roma, 327 pp. (Agr).

IANNAVELLI, Antonio (2018): *I "beni collettivi" dal pre-moderno al post-moderno.* In: Archivio Scialoja-Bolla – annali di studi sulla proprietà collettiva n. 2, pp. 27-55 (Rec).

JABERG, Karl/JUD, Jakob, Hrsg. (1960): *Index zum Sprach- und Sachatlas Italiens und der Südschweiz. Ein prodädeutisches etymologisches Wörterbuch der italienischen Mundarten.* Verlag Stämpfli & Co., Bern 744 S. (W+S).

JABERG, Karl/JUD, Jakob, Hrsg. (1935): *Sprach- und Sachatlas Italiens und der Südschweiz/Atlante linguistico et etnografico dell'Italia e della Svizzera meridionale.* Bd. VI: 1. Teil: *Groß- und Kleintierzucht,* 2. Teil*: Weide und Alpwirtschaft (u.a.).* Verlag Ringier, Zofingen. Karten 1.046-1.246 (W+S).
Siehe dazu JABERG/JUD 1928 IT, SCHEUERMEIER 1943/56 IT.

JABERG, Karl/JUD, Jakob (1928): *Der Sprachatlas als Forschungsinstrument. Kritische Grundlegung und Einführung in den Sprach- und Sachatlas Italiens und der Südschweiz.* Max Niemeyer Verlag, Halle, 243 S. (Spr).

KEZICH, Giovanni, a cura di (1999): *Scheuermeier – le Alpi e dintorni.* Atti di SPEA (Seminario Permanente di Etnografia Alpina) n. 4. Museo degli Usi e Costumi della Gente Trentina, San Michele all'Adige, 274 pp. (= SM – Annali di San Michele 12) (Vol).
Vedere SCHEUERMEIER 1943/56 IT.

LORENZI, Arrigo (1930): *Forme ed aspetti della pastorizia seminomade nell'Italia Settentrionale.* In: Atti XI Congresso Geografico Italiano, Napoli, Vol. III, pp. 1-17 (Geo).

LORENZI, Arrigo (1928): *Pastorizia seminomade sopravivente nella pianura padana. Nota antropogeografica.* In: Atti dell'Istituto Veneto di SS.LL.AA. 77, n. 2, pp. 701-715 (Geo).

LOUVIN, Roberto, a cura di (2017): *Mondi montani da governare. Storie, ambienti, collettività, culture.* Aracne editori, Aprilia, 267 pp. (= Diritto e ambiente 17) (Div).

LUCIANI, Matteo (2017): *Custodi Erranti – uomini e lupi a confronto/Errant Keepers – men and wolves in comparison.* Pandion edizioni, Roma, 271 pp.; 2. ed. 2019 (Div).

MARINELLI, Fabrizio/POLITI, Fabrizio, a cura di (2019): *Domini collettivi ed usi civici. Riflessioni sulla legge n. 168 del 2017.* Atti del XIV Convegno annuale del Centro studi sulle proprietà collettive e la cultura del giurista "Guido Cervati". Pacini editore, Pisa, 112 pp. (= Assetti fondiari collettivi 3) (Rec).

Legge n. 168 del 2017, vedere ROSATI 2019 IT.

MARINELLI, Fabrizio/POLITI, Fabrizio, a cura di (2017): *"Un altro modo di possedere" - Quaranta anni dopo.* Atti del Convegno annuale del Centro studi sulle proprietà collettive e la cultura del giurista "Guido Cervati". Pacini editore, Pisa, 128 pp. (= Assetti fondiari collettivi 2) (Rec).

Vedere GROSSI 1977 IT.

MARINELLI, Fabrizio (2016): *Un'altra proprietà. Usi civici, assetti fondiari collettivi, beni comuni.* Pacini editore, Pisa, 79 pp. Seconda edizione: 2018, 184 pp. (Rec).

MOCARELLI, Luca (2019): *I beni collettivi e gli usi civici nella montagna italiana di fronte alle trasformazioni economiche e sociali del 1900 – una risorsa o un relitto del passato?* In: Archivio Scialoja-Bolla (Trento), n. 1, pp. 149-164 (Rec).

MOCARELLI, Luca (2015): *Usi civici e spazi colletivi in Italia settentrionale dall'età moderna ad oggi.* In: Glocale – rivista molisana di storia e scienze sociali 9-10, pp. 55-79 (Rec).

Risultato di un'analisi INEA di 1947: 56 % di tutti i comuni italiani, che hanno proprietà collettiva e 59 % di tutte le associazioni agrarie italiane collocate nella regione alpina (p. 60).

MOCARELLI, Luca (2013): *Spazi e diritti collettivi nelle aree montane – qualche riflessione su Alpi e Appennini in età moderna.* In: Proposte e ricerche – economia e società nella storia dell'Italia centrale 31, n. 70, pp. 173-202 (Rec).

MORANDINI, Giuseppe (1964): *Die almgeographische Situation in den italienischen Alpen.* In: Wolfgang HARTKE/Karl RUPPERT (Hrsg.): *Almgeographie.* Wiesbaden, S. 57-73 (HE: HARTKE/RUPPERT 1964 AL) (Geo).

MORENO, Diego (1990): *Dal documento al terreno. Storia e archeologia dei sistemi agro-silvo-pastorali.* Il Mulino editore, Bologna, 276 pp. (= Ricerca). Nuova edizione: *Attualità di una proposta storica,* a cura di Carlo MONTANARI/Maria Angela GUIDO. Genova University Press, Genova 2018, 457 pp. (Geo).

MOSER, L. (1956-57): *I pascoli montani dell'arco alpino nell'economia e nella legislazione italiana.* In: Bulletin de la Fédération Française d'Économie Alpestre, p. 145-160 (Rec).

NANGERONI, Giuseppe (1944): *Considerazioni sulle costruzioni rurali e sull'alpeggio nelle Alpi Italiane.* Istituto Editoriale Cisalpino, Milano, 72 pp. (Geo).

NERVI, Pietro, a cura di (2003): *Cosa apprendere dalla proprietà collettiva. La consuetudine fra tradizione e modernità.* Atti della 8 Riunione scientifica. Ed. Cedam, Padova, 380 pp. (Rec).

PASCOLINI, Mauro et al. (2001): *Alpeggi e produzioni lattiero-casearie.* Atti del convegno SoZooAlp. Edizioni Regione Autonoma Trentino Alto Adige, Trento, 97 pp. (Agr).

PIANO, Efisio, a cura di (2011): *Pascoli e formaggi d'Alpe.* Atti del Convegno conclusivo del Progetto di ricerca "I terroir delle Alpi per la caratterizzazione e la difesa delle produzioni casearie d'alpeggio", Torino, 19-20 ottobre 2010. Edizioni CRA-FLC, Lodi, 169 pp. (Div).

PICCIOLI, Lodovico e Elvira (1923): *Alpicoltura.* Unione Tipografico-Editrice Torinese (UTET), Torino, 168 pp. (= Nuova enciclopedia agraria italiana in ordine metodico V) (Agr).

PICCIOLI, Lodovico (1913): *Note di alpicoltura.* Tip. M. Ricci, Firenze, 134 pp. (Agr).

Pracchi, Roberto (1965): *I "generi di vita" nella montagna italiana e le loro recenti modificazioni*. In: Atti XIX Congresso Geografico Italiano. Ed. Noseda, Como, vol. 2, pp. 67-97 + interventi (Morandini, Nangeroni, Veyret et al.) pp. 97-106 (Geo).

Discussione del concetto scientifico "genres de vie" (Paul Vidal de La Blache) e trasferimento dei risultati alle montagne italiane, nonché discussione specifica con Emanuel De Martonne (Les Alpes, Paris 1941). Nel ambito dei "generi di vita" l'alpicoltura gioca un ruolo importante.

Pracchi, Roberto (1943): *Aspetti della vita pastorale nelle Alpi Italiane*. In: Bolletino della Reale Società Geografica Italiana, serie VII, vol. VIII, fascicolo 3, pp. 129-155 (Geo).

Pracchi, Roberto (1942): *Il fenomeno della transumanza sul versante italiano delle Alpi*. Ed. Marzorati, Como, 128 pp. (Geo).

Romagnoli, Emilio/Trebeschi, Cesare/Germano, Alberto/Trebeschi, Andrea, a cura di (1992): *Comunioni familiari montane 2*. Atti del Seminario di studi per una proprietà collettiva moderna (Cortina d'Ampezzo, 21 giugno 1991). Istituto di Diritto Agrario Internazionale e Comparata, Firenze. Ed. Paideia, Brescia, 664 pp. (Rec).

Romagnoli, Emilio (1986): *Regole dell'Arco Alpino*. In: *Novissimo Digesto Italiano*. Ed. UTET, Torino, Appendice, vol VI, pp. 604-614 (Rec).

"Regole": vedere IT/VE.

Romagnoli, Emilio/Trebeschi, Cesare, a cura di (1975): *Comunioni familiari montane. Testi legislative, sentenze, studi e bibliografia*. Istituto di Diritto Agrario Internazionale e Comparata, Firenze. Ed. Paideia, Brescia, 729 pp. (Rec).

Romani, Marzio A., a cura di (1988): *"Alpe" e "Alpi". Economie e società della montagna tra medioevo e XIX secolo*. Grafo editore, Brescia, 261 pp. (= Cheiron – rivista semestrale del "Centro di Ricerche Storiche e Sociali Federico Odorici" 4, n. 7-8) (Div).

Ronchi, Bruno (1988): *Zootecnica nelle regioni di montagna – alpicoltura 2*. Athena ed., Roma, 221 pp. (Agr).

Rosati, Simone, a cura di (2019): *"Il cammino delle terre comuni". Dalle leggi liquidatorie degli usi civici al riconoscimento costituzionale dei domini collettivi*. Atti del I convegno nazionale sui domini collettivi (Tarquinia, 8 giugno 2019). Bollettino 2019 della Società tarquiniense d'arte e storia. Tarquinia/Terni, 388 pp. (= Supplemento n. XLV alle fonti di storia cornetana) (Rec).

Con la legge n. 168 del 20 novembre 2017 è stata istituita la figura giuridica dei Domini collettivi, con la quale viene finalmente riconosciuta dalla Costituzione italiana, oltre alla proprietà pubblica e privata, la proprietà colletiva quale patrimonio identitario delle comunità locali, su cui si fonda la loro storia secolare.

Mit dem nationalen Gesetz Nr. 168 vom 20. 11. 2017 wird die Rechtsperson des Gemeinschaftseigentums geschaffen. Damit wird von der italienischen Verfassung neben dem öffentlichen und dem privaten Eigentum endlich auch das Gemeinschaftseigentum als zentrales Erbe der lokalen Selbstverwaltungsstrukturen anerkannt, auf dem ihre jahrhundertealte Geschichte aufbaut.

Rossi, Giovanni (2000): *Per la storia delle proprietà collettive in area alpina – appunti preliminari*. In: Stefano Barbacetto: *"Tanto del ricco quanto del povero"*. Pasian di Prato, pp. 9-21 (HE: Barbacetto 2000 IT/FV) (Rec).

Saldarelli, Renato (1949): *Alpicoltura. Legislazione, opere di miglioria dei pascoli montani e organizzazione conduzione dell'alpeggio*. Ed. Priulla, Palermo 175 pp. (Agr).

Scaramellini, Guglielmo/Bonardi, Luca (2001): *La géographie italienne et les Alpes de la fin du XIXe siècle à la Seconde Guerre mondiale*. In: Revue de Géographie Alpine 89, n° 4 (Themenheft: "*Les géographes inventent les Alpes*"), p. 133-158 (Geo).

Una "geografia alpina" come in Francia esiste in Italia solo marginalmente (pp. 144-146). Gli studi sulla vita pastorale sono numerosi in Italia, ma restano per lo più studi isolati (pp. 140). Più frequentemente che in altri stati, gli studi italiani sull'alpicoltura sono legati all'analisi delle abitazioni, perché l'analisi delle abitazioni o insediamenti rurali è un tema centrale delle ricerche geografiche italiane tradizionali.

Eine „géographie alpine" wie in Frankreich hat sich in Italien nur in schwachen Ansätzen herausgebildet (S. 144-146). Arbeiten zur „vie pastorale" sind zwar zahlreich, bleiben aber meist vereinzelte Studien (S. 140). Dabei wird die Alpwirtschaft häufiger als in anderen Staaten mit der Analyse der Alpgebäude verbunden, weil die Analyse der Landwirtschaftsgebäude (abitazioni o insediamenti rurali) in Italien einen großen Forschungsschwerpunkt der traditionellen Geographie darstellt.

SCARIN, Emilio/PRETE PEDRINI, Maria Rosa (1949): *L'insediamento stagionale in Italia. Vol. 1: Allevamento pastorale. Norme per eseguire l'esercitazione scritta.* Libreria Editrice Mario Bozzi, Genova, 28 pp. (= Pubblicazioni del Istituto di Geografia dell'Università di Genova n. 7) (Geo).

SCHEUERMEIER, Paul (1943 + 1956): *Bauernwerk in Italien, der italienischen und rätoromanischen Schweiz.* Band 1: *Eine sprach- und sachkundliche Darstellung landwirtschaftlicher Arbeiten und Geräte.* Eugen Rentsch Verlag, Erlenbach-Zürich 1943, 326 S. Band 2: *Eine sprach- und sachkundliche Darstellung häuslichen Lebens und ländlicher Geräte.* Verlag Stämpfli, Bern 1956, 529 S. (W+S).

- Edizioni italiane: SCHEUERMEIER, Paul (1980): *Il lavoro dei contadini. Cultura materiale e artigianato rurale in Italia e nella Svizzera italiana e retoromanza.* Ed. Longanesi, Milano, vol. 1: 196 pp., vol 2: 292 pp.
- SCHEUERMEIER, Paul (1980): *Il lavoro contadino in Italia, nella Svizzera italiana e nella Svizzera reto-romancia. Descrizione linguistica et etnografica dei lavori e degli strumenti agricoli. Alpicoltura – lavorazione del latte – fienagione.* Scelta dei testi, delle illustrazioni e cura della versione italiana di Alberto GUARALDO. Tirrenia-Stampatori, Torino, 182 pp.

Grundlage ist der „Sprach- und Sachatlas Italiens und der Südschweiz“ (siehe JUD 1935/IT). Bei den einzelnen Themen besitzt auch die Alpwirtschaft ihren Stellenwert, und hier ist der Vergleich zwischen den konkreten Ausprägungen der Alpwirtschaft an den verschiedenen Belegorten besonders aufschlussreich.

La base di Scheuermeier è il "Sprach- und Sachatlas Italiens und der Südschweiz" (Atlante delle lingue e cose in Italia e nella Svizzera meridionale), in cui anche l'alpicoltura assume una posizione relevante. Molto importante è il confronto tra le variazioni concreti dell'alpicoltura nelle varie località.

Vedere SCHEUERMEIER IT/PI, IT/LO, IT/TN, IT/VE, CALTAGIRONE 1997 IT/LO e KEZICH 1999 IT.

SPAMPANI, Giuseppe (1910): *Coltura montana con speciale riguardo alla alpicoltura.* Ulrico Hoepli editore, Milano, 424 pp. con 171 incisioni (= Manuali Hoepli) (Agr).

TALAMUCCI, Paolo (1975): *Agricoltura montana e alpicoltura. Ad uso degli studenti del Corso di Laurea in Scienze Forestali.* Edizioni Cooperativa Libraria Universitatis Studii Florentini (Clusf), Firenze, 329 pp. (Agr).

TRIENTL, Adolf (1870): *Le megliorazioni nell'alpicoltura – versione italiano del dottor Francesco Unterkirchner.* M. Kupper-Fronza Tip. Ed., Trento, 86 pp. (Agr).

VENTURI, G. Pietro (1982): *Appunti di alpicoltura dalle lezioni del prof. G. Pietro Venturi. Anno accademico 1970-71.* Facoltà di agraria, Università di Bologna. Libricooper, Bologna, 154 pp. (Agr).

VEZZANI, Vittorino (1944): *Verso una nuova alpicoltura. Conferenza tenuta nell'adunanza dell'Accademia di agricoltura di Torino il 16 marzo 1944.* Istituto sperimentale zootecnico di Torino, Torino, 174 pp. (= Annali del Istituto 87) (Agr).

VEZZANI, Vittorino (1925): *L'actuelle condition de l'alpage en Italie.* In: 1er Congrès International et 2e Congrès National de l'Alpage à Gex, 09.-10.07. 1924, Bellegarde (Agr).

VIAZZO, Pier Paolo (2010): *Pastoral and peasant family systems in mountain environments – comparative evidence from the Italian alps.* In: Bernard DEROUET/Luigi LORENZETTI/Jon MATHIEU (sous la direction de): *Pratiques familiales et sociétés de montagne, XVIe – XXe siècles.* Schwabe-Verlag, Basel, p. 245-264 (= Itinera – Beihefte zur Schweizerischen Zeitschrift für Geschichte 29) (Vol).

VOGLINO, Enrico (1912): *Boschi e pascoli alpestri.* Ed. Ottavi, Casale Monferrato, 260 pp., seconda edizione: 1923, 249 pp. (= Biblioteca Agraria Ottavi CV) (Agr).

VOLANTI, Ugo (1955): *I pascoli e la loro bonifica.* Edizioni REDA, Roma, 325 pp. (= Manuali di agricoltura 7) (Agr).

ZANETTI, Giovanni (1973): *I centro giorni dell'alpeggio.* In: Rivista della Montagna IV, n. 13, pp. 2-7 (Pop).

5.2 REGIONE PIEMONTE (PI)

Le Alpi occidentali italiane sono le zone alpine delle regioni Piemonte, Val d'Aosta e Liguria. Poiché le Alpi piemontesi ne occupano la maggior parte, i titoli sulle Alpi occidentali italiane vengono elencati sotto Piemonte.

Als „Alpi occidentali“ werden in Italien die Alpengebiete in den Regionen Piemonte, Val d'Aosta und Liguria bezeichnet.

Da die piemontesischen Alpen dabei den allergrößten Teil einnehmen, werden Titel über die italienischen Alpi occidentali unter Piemonte verzeichnet.

Organizzazioni dell'alpicoltura:
Associazione Regionale Allevatori Piemonte – ARAP (www.arapiemonte.it), vedere IT.

Siti Internet:
–

Censimenti degli alpeggi piemontesi:
1955/57: Francardi et al. 1958
1976/79: Pastorini et al. 1980

Monografie:
Verona 2006

Pubblicazioni:

Acconci, Donatella (1977): *Malghe e magari in una valle del Cuneese (Val Grana).* In: Rivista di economia agraria 4, pp. 883-894 (Agr).

Agosti, Patrick/Balocco, Veronica/Zordan, Anita (2005): *Nostalgia dell'Alpe. La vita in alpeggio – sacrificio, lavoro, passione.* Associazione "Insieme per il Biellese", Sagliano Micca, 48 pp. (Pop).

Aime, Marco (2011): *Rubare l'erba. Con i pastori lungo i sentieri della transumanza.* Ed. Ponte alle Grazie, Milano 115 pp. (Vol).

Aime, Marco/Allovio, Stefano (2002): *Un'identità negoziata. Pastori roaschini 1870 – 1970.* In: Pier Paolo Viazzo (a cura di): *Un mondo negoziato – un mondo guadagnato. Antropologia, storia locale e storia delle Alpi.* Atti di SPEA (Seminario Permanente di Etnografia Alpina) 5. Museo degli Usi e Costumi della Gente Trentina, San Michele all'Adige, pp. 11-18 (= SM – Annali di San Michele 15) (Vol).

Aime, Marco/Allovio, Stefano/Viazzo, Pier Paolo (2001): *Sapersi muovere – pastori transumanti di Roaschia.* Meltemi Ed., Roma, 237 pp. (= Gli Argonauti 77) (Vol).
Il comune di Roaschia (Alpi Marittime) è fortemente caratterizzato dalla transumanza inversa.
Die Gemeinde Roaschia (Alpi marittime) ist stark durch inverse Transhumanz geprägt.

Aime, Marco/Allovio, Stefano/Viazzo, Pier Paolo (2001): *I due versanti della montagna – forme e mutamenti della mobilità a Roaschia (Valle Gesso).* In: Geschichte der Alpen 6, pp. 181-194 (Vol).

Aime, Marco (2001): *Alpeggi a fontina, alpeggi a toma tra Valle d'Aosta e Alpi Marittime.* In: Erreffe n. 43, pp. 63-70 (HE: Viazzo/Woolf 2001 AL) (Vol).
Fontina: Hard fat cheese, collective management, typical of the Aosta Valley. Toma: Low-fat cheese, run by individual families, typical of great parts of Alps in Piemonte.

Aime, Marco/Allovio, Stefano (1998): *Narrazioni ed equilibri. Il caso dei pastori transumanti di Roaschia.* In: Giovanni Kezich/Pier Paolo Viazzo (a cura di): *Equilibri sulle Alpi.* San Michele dell'Adige, pp. 49-82 (HE: Kezich/Viazzo 1998 CH/VS) (Vol).

Aimerito, Francesco (2011): *Aspetti storico-giuridici della pastorizia in Piemonte – produzione casearia e normativa locale.* In: Antonello Mattone/Pinuccia F. Simbula (a cura di): *La Pastorizia mediterranea. Storia e diritto (secolo XI – XX).* Carocci editore, Roma, pp. 921-945 (Rec).

ALEPO (2019): *Lemma "alpeggio".* In: Atlante Linguistico et Etnografico del Piemonte occidentale/ALEPO. A cura del Istituto dell'Atlante Linguistico Italiano. Torini, Vol. V, pp. 71-81 (testo) e 465-467 (carta n. 284) (Spr).

Arneodo, Federico/Gilì, Eric (2006): *Le pastoralisme – de l'antiquité aux pratiques modernes/La pastorizia – dall'antichità alla modernità.* In: Thierry Boisseaux/Patrizia Rossi (a cura di): *Atlas du patrimoine naturel et culturel Mercantour – Marittime/Atlante del patrimonio naturale e culturale Mercantour – Marittime.* Parc national du Mercantour/Parco naturale Alpi Marittime, senza luogo, fiche/scheda 9, pp. 8 + carte/cartina C: *Usage des unités pastorales/L'uso delle unità pastorali* (Div).

Avondo, Gian Vittorio/Maccari, Serena (2013): *Pascoli e vigneti. Presidi caseari e enologici nelle zone alpine e prealpine del Piemonte.* Priuli & Verlucca, Ivrea, 104 pp. (= Quaderni di cultura alpina 101) (Vol).

Bätzing, Werner (2018): vedere IT/LI

Barbaglia, Daniele/Cresta, Renato/Monti, Claudio (2009): *Alpi, alpigiani e formaggi dal Mottarone alla Formazza*. Ed. Alberti, Verbania, 452 pp. (Pop).

Battaglini, Luca Maria (2019): *Transumanza in Piemonte – un opportunità multifunzionale?* In: Michele Corti (a cura di): *La transhumanza tra storia e presente*. Corna Imagna, pp. 189-196 (HE: Corti 2019 IT) (Agr).

Battaglini, Luca/Porcellana, Valentina/Verona, Marzia (2013): *Restare, tornare, resistere. Storie di giovani pastori nelle montagne piemontesi*. In: Mauro Varotto (a cura di): *La Montagna che torna a vivere. Testimonianze e progetti per la rinascita delle Terre Alte*. Ed. Nuovodimensione, Portogruaro, pp. 41-54 (Agr).

Battaglini, Luca/Verona, Marzia/Corti, Michele (2012): *Sostenibilità dell'allevamento pastorale in Piemonte. Primi risultati di un progetto finalizzato*. In: Mauro Varotto/Benedetta Castiglioni (a cura di): *Di chi sono le Alpi? Appartenenze politiche, economiche e culturali nel mondo alpino contemporaneo*. Padova University Press, Padova, pp. 132-141 (Agr).

Belsani, Enrico (1926): *I pascoli alpini della provincia di Cuneo*. Tipografia Zaverio Gastaldi, Cuneo, 65 pp. (Agr).

Benedetto, Maria Ada (1953): *Il regime della proprietà fondiaria nel diritto consuetudinario dell'Alta Valle di Susa (con appendice di documenti)*. Osservatorio italiano di diritto agrario (a cura di). Ed. Coppini, Firenze, 131 pp. (Rec).

Berattino, Guglielmo (2005): *Traversella in Val di Brosso – storia di una comunità alpina nell'alta Valchiusella*. Vol. 3: *L'attività agro-pastorale attraverso i secoli*. A cura del Club Amici Valchiusella. Tipografia Bardessono, Ivrea, 298 pp. (Div).

Blanchard, Raoul (1953): *La vie pastorale dans les montagnes piémontaises*. In: 50e Anniversaire du Séminaire de Géographie, Université de Liège, Liège, p. 59-66 (Geo).

Fonte: Raoul Blanchard: Les Alpes Occidentales, tome VI: Le Versant Piémontais, Grenoble/Paris 1952/1954, 2 vol, 755 p.

Bonacini, Angelo/Chiej-Gamacchio, Giuseppe/Tommasina, Cesare/Voglino, Pietro (1910): *I pascoli alpini del Circondario di Torino*. Relazione della Commissione d'Inchiesta nominata dal Comizio Agrario del Circondario di Torino. Inchiesta economico-agraria sui paesi montuosi del Circondario di Torino. Torino, 175 pp. (Sta).

Regione: Valli di Lanzo, suddivisi per comuni.

Bottero, Nella (1989): *marghé e früciàu in un paese del kié – la prea*. In: Valados Usitanos - quadrimestrale dal Centro Studi e Iniziative "Valados Usitanos" (Paesana) n. 32, pp. 14-26 (Vol).

Alpicoltura in Val Ellero (Alpi Liguri).

Bruna, Tommaso (1938): *Pascoli alpini ed incremento del patrimonio zootecnico in provincia di Torino*. Ed. Volante, Torino, 40 pp. (= Società culturale e propaganda agraria 16) (Agr).

Bruno, Vittorio Chiaffredo (2020): *Storie di uomini ed alpeggi in Val Pellice. L'economia, l'agricoltura, l'allevamento e la gastronomia*. LAReditore, Perosa Argentina, 464 pp. (Div).

Caldera, Giuseppe (2018): *Guida ai formaggi d'alpeggio. Le produzioni delle piccole aziende casearie di Liguria, Piemonte e Valle d'Aosta*. Fusta editore, Saluzzo, 270 pp. (Pop).

Calleri, Giacomo (1966): *Alpeggi biellesi. Tecniche casearie tradizionali, terminologia, arte pastorale. Con una nota di Piero Foddanu sull'abitazione alpina*. Centro Studi Biellesi, Biella, 167 pp. + carta allegata (= Pubblicazioni del Centro Studi Biellesi 6) (Vol).

Carretto, Giacomo (1976): *Forme di proprietà colletiva nell'Appennino ligure-piemontese*. In: Massimo Guidetti/Paul Stahl (a cura di): *Un'Italia sconosciuta*. Milano, pp. 215-238 (testo originale di 1910) (HE: Guidetti/Stahl 1976 IT) (Rec).

Parte 1: Resti di possessi comuni al Colle di Tenda, in Val di Stura e in Val Maira (pp. 215-224), parte 2: Possessi comuni di circondari di Alba e Mondovì (pp. 224-228), parte 3-6: comunaglie liguri (pp. 228-238).

Cavallero, Andrea, a cura di (2007): *I tipi pastorali delle Alpi piemontesi – vegetazione e gestione dei pascoli delle Alpi occidentali*. Alberto Perdisa Edizioni, Bologna, 467 pp. (Agr).

Cevasco, R./Poggi, G. (1999): *Per una definizione del patrimonio rurale delle Valli Monregalesi – alpeggi della "raschera"*. In: G. Gallante Garrone/A. Griseri/S. Lombardini/L. Mamino/A. Torre (a cura di): *Le risorse culturali delle valli monregalesi e la loro storia*. Comunità Montana Valli Monregalesi, Mondovì, pp. 9-29 (Div).

Comba, Rinaldo/Dal Verme, Annalisa/Naso, Irma, a cura di (1996): *Greggi, mandrie e pastori nelle Alpi occidentali (secoli XII – XX)*. Società per gli studi storici, archeologici ed artistici della Provincia di Cuneo, Cuneo, 211 pp. (= Da Cuneo all'Europa 6) (Div).
Vedere Pagliana 1996 IT/PI.

Corti, Michele/Battaglini, Luca/Verona, Marzia (2012): *Pastoralismo tra azione e conoscenza – il progetto Propast in Piemonte*. In: Quaderni SoZooAlp 7, pp. 175-192 (Agr).

Daviso di Charvensod, M. C. (1950): *Notizie storiche sulla pastorizia nelle Alpi Occidentali*. In: Atti del 15° Congresso Geografico Italiano, Vol. 2, pp. 806-810 (Geo).

Delforno, Giovanni (1960): *Il formaggio Castelmagno*. A cura del Istituto Zootecnico Caseario per il Piemonte. Tip. A. Cordani, Milano, 51 pp. (Agr).
Der Castelmagno-Käse (nach der gleichnamigen Gemeinde im oberen Grana-Tal) ist einer der berühmtesten Alp-Käse der italienischen Alpen.

Di Maio, Marziano (1988): *Vaì, gias e vastére. Toponomastica del massiccio Marguareis-Mongioie*. Edizioni Valados Usitanos, Torino, 166 pp. Nuova edizione a cura del Gruppo Speleologico Piemontese. Ed. UGET, Torino 2019, 160 pp. + carte allegate (Spr).

Duclos, Jean-Claude (1991): vedere FR

Fantino Grièt, Mario (2012): *Tempi che furono – la vita quotidiano dei pastori di Roaschia*. In: Valados Usitanos, n. 100-101, pp. 97-108 (Vol).

Fassio, Giulia (2014): *Alpigiani della val Pellice fra mutamenti demografici e tradizione famigliare*. In: La Beidana – cultura e storia delle Valli Valdesi n. 81, pp. 27-41 (Vol).

Fassio, Giulia/Battaglini, Luca/Porcellana, Valentina/Viazzo, Pier Paolo (2014): *The Role of the Family in Mountain Pastoralism – Change and Continuity*. In: Mountain Research and Development 34, n. 4, p. 336-343 (Vol).
Regione Valli Chisone e Pellice.

Francardi, Pietro/Terreno, Giuseppe/Pastorini, Fausto M. (1958): *I pascoli nei comuni montani del Piemonte*. A cura della Camera di Commercio, Industria e Agricoltura della Provincia di Torino, Torino, 417 pp. (= Quaderni di Cronache economiche 11) (Sta).

Garibaldo, Daniela (2000-01): *S' mera uz Öru. L'alpeggio alle grange Horres di Millaures (Valle della Dora Riparia)*. In: Valados Usitanos – quadrisemestrale dal centro studi e iniziative "Valados Usitanos" (Paesana) XXIV, n. 65, pp. 12-26; XXIV, n. 66, pp. 10-27; XXV, n. 68, pp. 51-67 (Div).

Gruppo Alpini (1989): *La Montagna dei Twergi*. Gruppo Alpini di Ornavasso, Ornavasso, 225 pp. (Div).

IPLA (2009): *Escursioni in alpeggio. Alla scoperta degli ambienti, del lavoro e dei prodotti d'alpe – province di Torino e Cuneo*. Istituto per le piante da legno e l'ambiente/IPLA. Regione Piemonte, Torino, 144 pp. (Pop).

Jori, Lina (1959): *Considerazioni sulla diffusione di alcuni termini relativi agli insediamenti umani nelle Alpi piemontesi*. In: Rivista geografica Italiana LXVI, pp. 264-281 (Spr).
Fonte: Tavolette IGM (Istituto Geografico Militare); termini (fra l'altro): Alp, Bergeria, Gias, Grangia, Muanda.

Landini, Piero (1932): *La Valle Devero e le sue condizioni antropiche e pastorali*. In: Bollettino Storico per la Provincia di Novara XXVI, pp. 1-43 (Geo).

Landini, Piero (1930): *L'habitat economico-pastorale nel bacino sorgentifero del Po*. In: La Geografia 18, n. 1-6, pp. 68-83 (Geo).

Landini, Piero (1929): *L'habitat permanente e pastorale nella Valle Varaita*. In: Bollettino della Reale Società Geografica Italiana, serie VI, vol. 6, pp. 230-255 (Geo).

Landini, Piero (1928): *Le condizioni geografiche fondamentali dell' "habitat" permanente e pastorale in Valle Antrona (Alpi Pennine)*. In: Bollettino Storico per la Provincia di Novara XXII, pp. 447-481 (Geo).

Landini, Piero (1927): *La vita pastorale nell'Alta Valle Varaita*. In: Bollettino della Reale Società Geografica Italiana, serie VI, vol. 4, n. 3-4, pp. 154-191 (Geo).

LEBAUDY, Guillaume (2012): *De la Demontine à la Sambucana. Le façonnage d'une nouvelle race ovine pour relancer l'élevage dans la vallée Stura di Demonte (Piémont, Italie).* Dans: Ethnozootechnie n° 91, p. 73-85 (Vol).

Demontina: razza bovina tradizionale; Sambucana: razza ovina tradizionale. Il nome "Demontina" deriva dal comune di Demonte, piccolo capoluogo della valle Stura; il nome "Sambucana" deriva dal comune di Sambuco nell'alta valle, fortemente caratterizzato dalla transumanza inversa.

LEBAUDY, Guillaume/FABRE, Patrick/MARTINI, Stefano/ROSSO, Maria Elena, a cura di (2012): *La Routo – sulle vie della transumanza tra le Alpi e il mare/Sur les chemins de la transhumance entre les Alpes et la mer.* Riedizione/Réédition augmentée: Ecomuseo della Pastorizia, Maison de la Transhumance, Maison du Berger; Nerobianco edizioni, Cuneo, 192 pp. (= Saggistica, Storia, Territorio 41) (Vol).

Nella Valle Stura di Demonte esisteva tradizionalmente, oltre all'alpicoltura locale un'alpicoltura transumante con pastori francesi ("bergers") dalla Crau e una transumanza con pastori piemontesi ("margari") dalla Pianura Padana.

Im Tal der Stura di Demonte gab es früher neben der lokalen Alpwirtschaft eine transhumante Alpwirtschaft durch französische Bergers (aus der Crau) und durch piemontesische Margari (aus der Po-Ebene).

LEBAUDY, Guillaume/ALBERA, Dionigi, a cura di (2001): *La Routo – sulle vie della transumanza tra le Alpi ed il mare/Sur les chemins de la transhumance entre les Alpes et la mer*. Ecomuseo della Pastorizia e Edizioni Primalpe, Cuneo, 141 pp. (Vol).

MARITANO, Guido Mauro (2000): *Alla ricerca dei pascoli migliori – transumanza e pastorizia tra pianura e montagna*. Arti grafiche San Rocco, Grugliasco, 334 pp. (Div).

MAZZI, Benito (2008): *Pascoli sotto il cielo. Con 42 itinerari vigezzini.* A cura degli Amici della Montagna. Ed. Marchionne, Varese, 191 pp. (Pop).

MERCALLI, Luca/SASSO, Chiara (2004): *Le mucche non mangiano cemento – viaggio tra gli ultimi pastori di Valsusa e l'avanzata del calcestruzzo*. Società Meteorologica Subalpino/SMS, Torino, 320 pp. (Div).

MICCOLI, Giulia (2016): *Ovini, caprini, bovini e caseificazione. Il lessico dell'alpicoltura nelle inchieste piemontesi dell'Atlante linguistico italiano.* Consiglio Regionale del Piemonte, Torino, 160 pp. (= Centro Gianni Oberto 5) (Spr).

Vedere ALEPO 2019 IT/PI.

MORIANI, Roberto (1981): *Upega – Carnino – Viozene*. In: Novel Temp – quaderno di cultura e studi occitani alpini (Sampeyre) n. 17, pp. 72-82 (Vol).

Regione della cultura brigasca (transumanza inversa)

Gebiet der Brigasker-Kultur in Piemont (inverse Transhumanz).

Vedere BÄTZING 2018 IT/LI.

OLIVA, M. (1938): *L'alpeggio nella Valle Formazza el il formaggio tipico Batelmatt.* Tipografia G. Ramella, Firenze, 31 pp. (Agr).

PACI, Corrado (1928): *Pascoli alpini e industria casearia montana.* In: Subalpina – rivista mensile illustrata della provincia di Cuneo 1, n. 1-2, pp. 49-63 (Pop).

PAGLIANA, Tullio (1996): *Gli alpeggi dell'alta Val Tanaro e la vita dei pastori*. In: Rinaldo COMBA/Annalisa DAL VERME/Irma NASO (a cura di): *Greggi, mandrie e pastori nelle Alpi occidentali.* Cuneo, pp. 149-178 (HE: COMBA et al. 1996 IT/PI) (Vol).

PAGLIANA, Tullio (1995): *"A muntoo d' l'olpe". Pascoli, alpeggi e margari nelle Valli di Ormea.* Associazione culturale "Ulmeta" e comune di Ormea, Ormea, 102 pp. (= Quaderno 4 del Museo Etnografico Alta Val Tanaro) (Vol).

PALMERO, Beatrice (2020): *Le "Alpi di prossimità" e la costruzione dello spazio locale. Memoria e uso dei pascoli di Tanarello e Marta (1250-1939).* Laboratorio di Storia delle Alpi (LabiSAlp), Academy of Architecture, Università della Svizzera italiana, Medrisio, 13 pp. (= Working paper LabiSAlp) (Div).

PALMERO, Beatrice (2011): *Usages et autorité du pâturage sur les montagnes liguro-piémontaises (XVe – XXe siècle).* In: Susanne BERTIER-FOGLAR/François BERTRANDY (sous la direction de): *La montagne. Pouvoirs et conflits de l'Antiquité au XXIe siècle.* Éd. Université de Savoie, Chambéry, p. 229-249 (= Laboratoire Langages, Littératures, Sociétés 18) (Div).

PASCAL, Elena (1997): *Gli alpeggi di Massello. Note in margine di una mostra.* In: La Beidana – cultura e storia nelle Valli Valdesi 13, n. 3, pp. 20-32 (Div).

Pastorini, Fausto/Salsotto, Attilio/Bignami, Gian Romolo (1980): *Alpicoltura in Piemonte – indagini e ricerche sull'attività pastorale e ricensimento dei pascoli montani.* A cura dell'Unione Camere Commercio, Industria, Artigianato, Agricoltura del Piemonte, Torino, vol. 1: 166 pp., vol. 2: 488 pp. (Sta).

Vol. 1: L'ambiente e l'uomo/L'indagine/Le Alpi nelle province/Le Alpi nella regione. Vol. 2: Tabelle a livello delle comunità montane (suddivisione: comuni) con elenco di tutti gli alpeggi piemontesi (1.053 alpeggi).

Peyronel, Ettore (2000): *Attività consorzionali e cooperativistiche in Val Germanasca. Un esempio: Il Gran Consortile di Riclaretto.* In: La Beidana – cultura e storia nelle Valli Valdesi 16, n. 3. pp. 17-28 (Rec).

Ranzani, Luigi (2015): *Alla scoperta di alpeggi e formaggi passeggiando tra Verbano e Ossola.* Monterosa Edizioni, Grignese, 148 pp.; [2]2017, 152 pp. (Pop).

Roletto, Giorgio (1924): *Les zones de végétation des Alpes Cottiennes dans leurs rapports avec l'économie pastorale.* In: Revue de Géographie Alpine 12, p. 645-668 (Geo).

Roletto, Giorgio (1921): *La zona pastorale delle Valli di Lanzo. Ricerche di geografia antropica ed economica.* In: La Geografia IX, n. 1-2, pp. 3-25 (Geo).

Roletto, Giorgio (1920): *La transumanza in Piemonte.* In: Rivista Geografica Italiana 27, pp. 114-120 (Geo).

Roletto, Giorgio (1918): *Ricerche antropogeografiche sulla Val Pellice.* Tipografia Ricci, Firenze, 124 pp. (= Collana "Memorie", supplemento alla Rivista Geografica Italiana 35) (Geo).

Vedere la compte rendu di Philippe Arbos in: Revue de Géographie Alpine 7/1919, p. 397-406. Roletto presenta anche l'alpicoltura; a tali parti fanno riferimento esplicito Fassio 2014 IT/PI e Fassio et al. 2014 IT/PI.

Rondelli, Maria (1929): *Le abitazioni temporanee della Valle di Ala (Piemonte) – parte II: Usi e costumi pastorali.* In: L'Universo n. 9, pp. 897-918 (Vol).

Rondelli, Maria (1925): *Le abitazioni temporanee della Valle di Ala (Piemonte).* In: L'Universo n. 7, pp. 531-557 (Hau).

Rosso, Giuseppe (1950): *Vita economica, insediamento stagionale, tipi di abitazione nelle valli superiori del Pesio e dell'Ellero nell'Alto Monregalese.* In: Atti dell'Accademia Ligure di Scienze e lettere 7, fascicolo 1, pp. 57-94 (Div).

Rota, Alessandro (1918): *I pascoli alpini del Canavese.* Relazione edita per cura del sottocomitato zootecnico di Ivrea. Tip. L. Garda, Ivrea, 46 pp. (Agr).

Rovelli, Paola (2017): *Il museo dell'alpeggio (Alpe Devero).* In: Oscellana – rivista illustrata della val d'Ossola 47, n. 2, pp. 135-144 (Pop).

Sala, Giovanni (1929): *Statistica dei beni silvo-pastorali delle province di Torino ed Aosta.* A cura della Regia Academia di Agricoltura. Tip. E. Schioppo, Torino 145 pp. (Sta).

Scarzella, Paolo (1997): *Strutture agropastorali del paesaggio tra Piemonte e Savoia/Structures agro-pastorales du paysage en Piémont-Savoie.* In: Vera Comoli, Françoise Very/Vilma Fasoli (a cura di): *Le Alpi – storia e prospettive di un territorio di frontiera/Les Alpes – histoire et perspectives d'un territoire transfrontalier.* Politecnico di Torino e Celid editori, Torino, pp. 244-255 (Agr).

Scarzella, Paolo (1988): *Struttura di alpeggi nella Valle Susa.* In: Vera Comoli Mandracci (a cura di): *Piemonte.* Ed. Laterza, Roma/Bari, pp. 151-158 (= L'architettura popolare in Italia) (Hau).

Scarzella, Paolo (1974): *Strumenti per l'interpretazione delle strutture e delle vicende di insediamenti pastorali alpini.* In: Neve International (Torino) XVI, n. 4, pp. 51-61 (Hau).

Serra, Giandomenico (1954): *Sulla terminologia rurale delle stazioni pastorali e agricole fondate da monasteri Benedettini e Cistercensi.* In: Bollettino della Società per gli Studi Storici, Archeologici ed Artistici della Provincia di Cuneo 33, pp. 1-9 (Spr).

Sibilla, Paolo (1991): *L'alpeggio nella tradizione culturale delle Alpi Occidentali.* In: Ernesta Cerulli (a cura di): *Tra uomo e animale.* Ed. Dedalo, Bari, pp. 203-224 (Vol).

Sprengel, Udo (1988): *Entwicklung und aktueller Strukturwandel der Alpwirtschaft in den ossolanischen Alpengemeinden (Provinz Novara, Italien).* In: Peter Haimayer (Hrsg.): *Probleme des ländlichen Raumes im Hochgebirge*. Innsbruck, S. 193-206 (= Innsbrucker Geographische Studien 16) (Geo).

Sulis, Emilio/Vachino, Giovanni (2019): *Il "progetto transumanza". Alle radici della identità biellese.* In: Michele Corti (a cura di): *La transumanza tra storia e presente.* Corna Imagna, pp. 209-216 (HE: Corti 2019 IT) (Vol).

Teppa, Guido, con la collaborazione di Gotta, Alessandro (2011): *La risorsa pastorale in Val Grande di Lanzo. Studio comparativo con le trasformazioni in ambito vegetazionale, strutturale e zootecnico avvenuto nelle limitrofe Valli Orco e Soana.* In: Società Storica delle Valli di Lanzo (a cura di): *Pagine nuove. Giovani autori per la storia e la cultura delle Valli di Lanzo.* Vol. 2. Società Storica delle Valli di Lanzo, Lanzo Torinese, pp. 73-89 (= Collana della Società Storica delle Valli di Lanzo CXIV) (Agr).

Thaon di Revel, Carlo Francesco (1939): *Situazione silvo-pastorale montana della provincia di Torino ed opera del Comitato Nazionale Forestale.* Comitato Nazionale Forestale, sezione della provincia di Torino, Milano, 20 pp. (Agr).

Verona, Marzia (2019): *Dove vai, pastore? Centinaia di migliaia di passi sulle tracce del gregge.* In: Michele Corti (a cura di): *La transumanza tra storia e presente.* Corna Imagna, pp. 197-208 (HE: Corti IT) (Agr).

Verona, Marzia (2017): *Capre 2.0 – una tradizione antica che torna attuale.* Blu Edizioni, Torino, 233 pp. (Agr).

Verona, Marzia (2016): *Storie di pascolo vagante – un viaggio sorprendente alla scoperta del mondo dei pastori nomadi.* Ed. Laterza, Bari, 111 pp. (Agr).

Verona, Marzia (2012): *Di questo lavoro mi piace tutto. Giovani allevatori del XXI secolo, la passione per combattere la crisi.* L'Artistica Editrice, Savigliano, 448 pp. (Agr).

Verona, Marzia/Corti, Michele/Battaglini, Luca (2010): *L'impatto della predazione lupina sui sistemi pastorali delle valli cuneesi e torinesi.* In: Stefano Bovolenta (a cura di): *Zootecnica e montagna – quali strategie per il futuro?* SoZooAlp, San Michele all'Adige, pp. 149-167 (= Quaderni SoZooAlp 6) (Agr).

Verona, Marzia (2006): *Dove vai, pastore? Pascolo vagante e transumanza nelle Alpi Occidentali agli albori del XXI secolo.* Ed. Priuli & Verlucca, Scarmagno, 252 pp. (= Quaderni di cultura alpina 84-85) (Agr).

Verona, Marzia (2006): *Vita d'alpeggio. Cultura, tradizione e prodotti dalla valle Tanaro alle valli del Canavese.* Blu Edizioni, Peveragno, 285 pp. (Agr).

5.3 REGIONE VALLE D'AOSTA/VALLÉE D'AOSTE (AO)

Organizzazioni dell'alpicoltura:
Associazione Regionale Allevatori Valdostani/Association Régionale éleveurs Valdôtains – AREV (www.arev.it), vedere IT.

Siti Internet:
www.autonomiebenicomuni.eu Associazione Autonomie Beni Comuni Valle d'Aosta/Autonomies Biens Communs (ABC VdA)

Censimenti degli alpeggi:
–

Monografie:
Bétemps 2009

Pubblicazioni:
AA.VV. (2004): *Hie de chésch. Saveurs de l'alpe. Tomme e beurre de Gressoney/Sapori dell'alpe. Toma e burro di Gressoney/Würze von der Alm. Käse und Butter von Gressoney.* Arti Grafiche E. Duc, Aosta, 94 pp. (= Catalogo della mostra tenuta a Gressoney Saint Jean) (Pop).

AA.VV. (1988): *Les alpages – hier, aujourd'hui, demain. L'entretien du paysage montagnard, une approche transfrontalière.* Fondazione Courmayeur, Courmayeur (AO), 74 pp. (= Quaderni della Fondazione 3) (Div).

Aime, Marco (2001): vedere IT/PI

Allovio, Stefano (2006): *Strategie e processi di costruzione di un prodotto tipico – il caso della Fontina della Valle d'Aosta.* In: Annali di San Michele 19, pp. 201-234 (= Atti del Seminario Permanente di Etnografia Alpina 9) (Vol).

Allovio, Stefano (2001): *L'imporsi della Fontina in Valle d'Aosta fra alpeggi e strategie di mercato.* In: Erreffe n. 43, pp. 45-54 (HE: Viazzo/Woolf 2001 AL) (Vol).

Benedetto, Maria Ada (1992): *Ricerche sulle consorterie valdostane.* In: Emilio Romagnoli et al. (a cura di): *Comunioni familiari montane*, vol II. Atti del seminario di studio *Per una proprietà collettiva moderna.* Paideia Editrice, Brescia, pp. 208-254. Riedizione: 2000 (Rec).

Benedetto, Maria Ada (1976): *Ricerche sulle consorterie valdostane.* Arti grafiche E. Duc, Aosta, 85 pp. (Rec).

Berthet, Aimé (1958): *La vie pastorale dans le massif du Grand-Paradis.* Imprimerie Valdôtaine, Aosta, 136 p. (Geo).

Bessat, Hubert/Germi, Claudette (1995): vedere FR/73

Bétemps, Alexis (2005): *La vie dans les alpages valdôtaines dans la première moitié du XX siècle, avec un appendice sur magie, immaginaire et superstition dans les alpages d'antan.* Ed. Priuli & Verlucca, Scarmagno, 208 p.

- Edizione italiana: *La vita negli alpeggi valdostani nella prima metà del Novecento, con una appendice su magia, immaginario e superstizione negli alpeggi d'antan.* Ed. Priuli & Verlucca, Scarmagno 2009, 208 pp., 2. edizione: 2019 (Vol).

Bravo, Giangiacomo (2002): *Risorse comuni tra regole tradizionali e società moderna – alpeggi e sistemi di irrigazione in Valle d'Aosta.* In: *Dominii collettivi nella pianificazione strategica dello sviluppo delle aree rurali* – atti della VII riunione scientifica a Trento. Ed. Cedam, Padova, pp. 105-137 (Rec).

Brix, Tiziana (2013): *Le développement des associations communitaires et la solidarité dans le monde rural.* In: Tiziana Brix et al. (sous la direction de): *Solidarité et subsidiarité en Vallée d'Aoste – une symbiose séculaire.* Association Valdôtaine des Archives Sonores, Tipografia Duc, Aosta, p. 71-90 (Rec).

Cossavella, Augusta e Cesare, a cura di (2020): *Alpages e conduttori d'alpeggio in Valle d'Aosta.* Priuli & Verlucca ed., Scarmagno, 176 pp. (Div).

De Gasperi, Giovanni Battista (1913): *La vita pastorale nella vallata di Gressoney.* In: Rivista Geografica Italiana XX, pp. 619-626 (Geo).

Dodgshon, Robert (2019): vedere FR

Faval, Chérie (2014): *Dal comune al pubblico, dal comune al privato – i pascoli in Valle d'Aosta tra evoluzione e involuzione delle "consorterie".* In: Histoire des Alpes/Storia delle Alpi/Geschichte der Alpen 19, pp. 75-90 (Rec).

Gerbelle, Justin (1985): *Batailles de reines – chroniques et palmarès (1946-1984).* Musumeci Ed., Aosta, 201 pp. (Pop).

Glarey, Patrizia/Déturche Baptiston, Philippe (2000): *Dall'alpeggio al mercato. Il patrimonio economico-culturale delle Alpi. Il ruolo degli alpeggi nell'organizzazione della produzione dei formaggi Fontina e Abondance.* A cura di: Comunità Europea – fondo di sviluppo regionale/Associazione dei Musei di Cogne/Paysalp - écomusée de Savoie. Le Château Edizioni, Aosta, 78 pp. (Vol).

Grisero, Vittorio (1961): L*e consorterie silvo-pastorali della Valle d'Aosta.* In: Rivista di Diritto Agrario XL, fasc. 4, pp. 656-669 (Rec).

Grisero, Vittorio (1955): *Organizzazione ed esercizio della impresa pastorale valdostana.* In: Rivista di Economia Agraria 10, pp. 315-335 (Agr).

Grisero, Vittorio (1954): *Profilo storico della proprietà e dell'esercizio dei pascoli montani della Valle d'Aosta.* In: Annali della Facoltà Agraria dell'Università di Pisa 15, pp. 127-151 (Agr).

Janin, Bernard (1963): *La vie rurale et pastorale dans le Val de Rhêmes.* In: Revue de Géographie Alpine 51, n° 3, pp. 463-513 (Geo).

Loup, Jean (1985): *Pasteurs et agriculteurs (dans le Parc national du Grand Paradis).* In: Revue de Géographie Alpine 73, n° 1-2, p. 87-112 (Geo).

Loup, Jean (1983): *L'agriculture et les alpages dans les communes du Parc national du Grand Paradis.* Institut de Géographie Alpine, Grenoble, 179 p. (Geo).

Loup, Jean (1963): vedere AL

Louvin, Robert (2012): *Un bene comune tra pubblico e privato. Profili giuridici del fenomeno delle consorterie valdostane.* Le Château Edizioni, Aosta, 119 pp. (Rec).

Maccari, Paolo/Ramires, Luciano (2001): *Alpages – histoires d'hommes dans les montagnes du Val d'Aoste.* Musumeci editore, Quart, 180 p.
- Edizione italiana: *Alpeggi – storie di uomini sulle montagne della valle d'Aosta.* Con appendice: *Gli alpeggi in Valle d'Aosta* (276 alpeggi). Musumeci Editore, Quart 2001, 180 pp. (Div).

Marini, Pio L. (1925): *La transumanza nella Valle d'Aosta.* In: Atti del IX Congresso Geografico Italiano a Genova 1924, vol 2. Sestri, pp. 120-124 (Geo).

Orusa, Luciano (2000): *Le consorterie valdostane.* In: Pietro Nervi (a cura di): *Le terre civiche tra l'istituzionalizzazione del territorio e il declino dell'autorità locale di sistema.* Atti della IV Riunione scientifica del Centro studi e documentazione sui demani civici e le proprietà collettive. Ed. Cedam, Padova, pp. 159-170 (Rec).

Padula, Alfredo (1976): *Le consorterie valdostane.* In: Massimo Guidetti/Paul H. Stahl (a cura di): *Un'Italia Sconosciuta.* Milano, pp. 49-64 (riproduzione di un testo di 1911) (HE: Guidetti/Stahl 1976 IT) (Rec).

Perrin, Joseph-César/Favre, Saverio/Remacle, Claudine/Bétemps, Alexis/Philippot, Lidia (2009): *Muri d'alpeggio in Valle d'Aosta. Storia e vita.* Ed. Priuli & Verlucca, Scarmagno, 213 pp.
- Édition française: *Murs d'alpages en Valle d'Aoste. Histoire & vécu.* Priuli & Verlucca, Scarmagno, 213 pp. (Hau).

Petronio, Ugo (1999): *Le consorterie valdostane.* In: Rivista di diritto agrario LXXVIII, pp. 372-423 (Rec).

Priuli, Lidia, redazione (1979): *Arte pastorale – artigianato tipico ed altro in Val d'Aosta.* Ed. Priuli & Verlucca, Ivrea, 420 pp. (Vol).

Sacco, Federico (1952): *L'avenir de l'élevage valdôtain.* Tipografia Grafiche ITLA, Aosta, 218 pp. (Geo).

Sala, Giovanni (1929): vedere IT/PI

Sestini, Alto (1930): *Observations et recherches sur les vallées de Courmayeur.* In: Memorie geologiche e geografiche di Giotto Dainelli, volume I. Istituto geologico, Firenze, pp. 259-290 (Geo).

Sibilla, Paolo (2001): *Uomini e animali in Valle d'Aosta e altrove.* In: Erreffe n. 43, pp. 91-101 (HE: Viazzo/Woolf 2001 AL) (Vol).

Vanni, Manfredo (1951): *La vita pastorale nella Valtournanche.* In: Rivista Geografica Italiana LXIII, fasc. 4, pp. 291-310 (Geo).

Verona, Marzia (2018): *Alpeggi, alpigiani, formaggi della Valle d'Aosta. 23 itinerari escursionistici.* Monte Rosa edizioni, Grignese, 167 pp. (Pop).

Woolf, Stuart/Viazzo, Pier Paolo (2002): *Formaggi e mercati. Economie d'alpeggi in Valle d'Aosta e Haute-Savoie.* Le Château Edizioni, Aosta, 176 pp. (Vol).

Zappa, Flavio (2008): *I segni visibili e invisibili del paesaggio rurale. Stein e Bétti, due alpi walser.* A cura dell'Associazione culturale Augusta. Tip. Valdostana, Aosta, 237 pp. (Div).

5.4 REGIONE LOMBARDIA (LO)

Organizzazioni dell'alpicoltura:
Associazione Regionale Allevatori della Lombardia – ARAL (www.aral.lom.it), vedere IT.

Siti Internet:
www.festivalpastoralismo.org Festival del Pastoralismo (Bergamo: Capitale della Transumanza del Nord Italia)
https://pastorilombardi.wordpress.com Associazione Pastori Lombardi

Censimenti degli alpeggi:
SAL 1902-1912
Della Marianna et al. 2004
Marengoni 1990

Monografie:
Corti 2009, 2011, 2014, 2015
Regione Lombardia 1975

Pubblicazioni:

Agostini, Guido (1950): *La vita pastorale nel gruppo dell'Adamello. Memorie di geografia antropica.* Saturnia Arti Grafiche, Trento, 89 pp. (= Collana Consiglio Nazionale delle ricerche, centro di studi per la geografia antropica vol V, fascicolo II) (Geo).

Albertini, Renzo (1950): *Le "baite" di Valfurva – un particolare aspetto della vita pastorale.* In: Atti del XV Congresso Geografico Italiano, Torino, pp. 478-485 (Geo).

Alther, Yolanda (2014): *Vertikal mobil. Ein Beitrag zum Verständnis alpiner Wirtschaftsformen in der Archäologie.* Chur, 131 S. (= Archäologie in Graubünden, Sonderheft 3) (Div).

Struttura arcaica dell'alpicoltura nelle Valli di Bitto/Alpi Orobie.
Archaische Form der Alpwirtschaft in den Valli di Bitto/Alpi Orobie.

Benetti, Aurelio/Benetti, Dario/Dell'Oca, Angela/Zola, Diego (1983): *Uomini delle Alpi – contadini e pastori della Valtellina.* Jaca-Book, Milano, 336 pp. (= Terra Italiana 1) (Vol).

Berrutti, Giuseppe et al. (1989): *Malghe e alpeggi dell'Alta Valcamonica.* Nuova Editoriale Duomo, Milano, 90 pp. + carta allegata (Vol).

Berrutti, Mario/Maculotti, Giancarlo (2001): *Pastori di Valcamonica. Studi, documenti, testimonianze su un antico lavoro della montagna.* Grafo Ed., Brescia, 230 pp. (Vol).

Bianchini, Giovanni (1985): *Gli alpeggi della Val Tartano. Economia e degrado ambientale nella crisi dei pascoli alpini.* Tip. Mitta, Sondrio, 167 pp. (Geo).

Bonati, Roberto (2015): *Il bitto della Valvaronne – un formaggio unico, un alpeggio ingiustamente dimenticato.* Accademia italiana della cucina, delegazione di Lecco, Lecco, 97 pp. (= Appunti 5) (Div).

Boscacci, Valeria/Pedruzzi, Anna, a cura di (2004): *La vita sui monti di Albosaggia. Raccolta di testimonianze sul modo di vivere e operare sui maggenghi e sugli alpeggi fino agli anni '60 del '900.* Biblioteca Comunale di Albosaggia, Albosaggia (SO), 223 pp. (Vol).

Caccamo, Germano/Galli, Stefano (2013): *Una causa di 133 anni per cinque "vaccate" sull'alpeggio di Spluga sopra Villa di Chiavenna.* In: Clavenna – Bolletino annuale del Centro di Studi Storici Valchiavennaschi 52, pp. 159-178 (Div).

Caltagirone, Fabrizio (1997): *Contadini e allevatori in Valtellina. Cultura materiale e saperi tradizionali nel Bormiese.* In appendice: *L'indagine di Paul Scheuermeier nel bormiese del 1920.* L'Officina del Libro, Sondrio, 176 pp. (W+S).

Carissoni, Anna (2004): *Pastori. La pastorizia bergamasca e il vocabulario Gaì.* Edizioni Villadiseriana, Ponteranica (BG), 222 pp. (Vol).

Carissoni, Anna (1985): *Pastori. Studi, documenti, testimonianze sulla pastorizia bergamasca.* Edizioni Villadiseriana, Ponteranica (BG), 159 pp. (Vol).

Carminati, Antonio/Locatelli, Costantino (2004): *Bergamini – ventun racconti di vita contadina della Valle Taleggio.* A cura di Centro Studi Valle Imagna, Sant'Omobono Terme, 592 pp. (Vol).

Carminati, Caterina/Corti, Michele (2008): *Gli alpeggi dei monti lariointelvesi. Tappe per gustare ambiente e sapori antichi/ The Alpine pastures of the Lake Como and the Intelvi Valley area. Stages to taste ancient flavours and places.* Bellavite editore, Missaglia (LC), 80 pp. (Pop).

Corti, Michele – vedere www.ruralpini.it

Corti, Michele (2019): *I "bergamini" – un profilo dei protagonisti della transumanza bovina lombarda.* In: Michele Corti (a cura di): *La transumanza tra storia e presente.* Corna Imagna, pp. 95-144 (HE: Corti 2019 IT) (Agr).

Transumanza inversa di bovini tra le Alpi bergamasche e la Pianura Padana. Grazie alla loro lunga esperienza nel commercio di bestiame e formaggio, nel XIX/XX secolo i bergamini divennero pionieri dell'ammodernamento agricolo in Lombardia.

Inverse Rinder-Transhumanz zwischen den Bergamasker Alpen und der Po-Ebene. Dank ihren langen Erfahrungen beim Vieh- und Käsehandel werden die Bergamini im 19./20. Jahrhundert zu Pionieren der Agrarmodernisierung in der Lombardei.

CORTI, Michele (2016): *Tra resistenza casearia e innovazione. Il caso del (formaggio) "storico ribelle".* In: Quaderni SoZooAlp 9, pp. 71-80 (Agr).

Nelle Valli del Bitto (valli laterali delle Alpi orobie che si terminano a Morbegno sull'Adda) esiste una lunga tradizione di produzione casearia, che nel 1996 portò alla classificazione del formaggio Bitto come prodotto DOP. Dal 1994 si svolgono accese discussioni sulla "giusta" modalità di produzione e sulla "giusta" delimitazione della regione di produzione; nel 2006 un gruppo di produttori tradizionali lascia l'associazione di produttori e fonda la "Società del Bitto". Rinstaurano le severe regole tradizionali della produzione casearia e dal 2006 chiamono il loro formaggio "Bitto storico" e, dal 2016 (quando viene loro proibito di usare il nome "Bitto") "storico ribelle".

In den Valli del Bitto (Seitentäler der Orobischen Alpen, die bei Morbegno in die Adda münden) gibt es eine sehr lange Tradition der Käseherstellung, die dazu führte, dass der Bitto-Käse 1996 die Auszeichnung DOP (Denominazione d'Origine Protetta) erhielt. Seit 1994 gibt es heftige Diskussionen um die „richtige" Art und Weise seiner Herstellung und um die Abgrenzung seiner Produktionsregion, und 2006 verlässt eine Gruppe traditioneller Produzenten die Erzeugergemeinschaft und gründet die „Società del Bitto". Sie reaktivieren die traditionellen, strengen Regeln der Käseproduktion und nennen ihren Käse ab 2006 „Bitto storico" bzw. ab 2016 (als ihnen der Name „Bitto" verboten wird) „storico ribelle".

CORTI, Michele/CAMOZZINI, Giacomo/BUZZONI, Pietro (2015): *Arte casearia e zootecnica. Tradizioni da leggenda in Valsassina.* Edizioni Bellavite, Missaglia (LC), 384 pp. (Agr).

La Valsassina è una delle zone più importanti per la produzione casearia in tutta Italia.

Die Valsassina gehört zu den wichtigsten Gebieten der Käseproduktion in ganz Italien.

CORTI, Michele (2014): *La civiltà dei bergamini. Un'eredità misconosciuta. La tribù lombarda dei malghesi tra montagna e la pianura dal 14° al 20° secolo.* A cura di Centro Studi Valle Imagna, Sant'Omobono Terme, 462 pp. (Agr).

CORTI, Michele (2014): *Sulle vie dei formaggi "Principi delle Orobie". Appunti per un progetto di valorizzazione multifunzionale del territorio alle falde del "Tre Signori" in chiave Expo 2015.* In: Quaderni Brembani 12, pp. 149-164 (Agr).

CORTI, Michele (2011): *I ribelli del Bitto. Quando una tradizione casearia diventa eversiva.* Slow Food Editore, Bra, 192 pp. (Agr).

CORTI, Michele/RUFFONI, Cirillo (2009): *Il formaggio ‚Val del Bitt'. La storia, gli uomini, gli alpeggi. Come nasce un mito caseario.* Ente regionale per i servizi all'agricoltura e foreste/ ERSAF, Regione Lombardia, Milano, 180 pp. (Agr).

CORTI, Michele (2008): *I fabbricati dell'alpeggio e la lavorazione del latte.* ERSAF, Milano, 31 pp. (Agr).

CORTI, Michele (2008): *Gli animali degli alpeggi.* ERSAF, Milano, 31 pp. (Agr).

CORTI, Michele (2008): *L'organizzazione dell'alpeggio tra passato e presente.* ERSAF, Milano, 31 pp. (Agr).

CORTI, Michele/SCARZELLA, Paolo/TRIVELLA, L. (2007): *Gli elementi del paesaggio pastorale del lario intelvese. Identificazione, recupero, rinfunzionalizzazione.* In: Centro studi valle Imagna (a cura di): *Abitare le Alpi. Insediamenti rurali e cultura del paesaggio.* Atti della sedicesima edizione della Rassegna Incontri Tra/Monti. Centro Studi Valle Imagna, Sant'Omobono Terme (BG), pp. 209-277 (Agr).

CORTI, Michele (2007): *I sistemi di produzioni ovicaprini nelle alpi lombarde. La situazione attuale alla luce della loro evoluzione storica e del ruolo socioterritoriale.* In: Quaderni SoZooAlp 4, pp. 25-38 (Agr).

CORTI, Michele/DE ROS, Giorgio/BIANCHI, M. L. (2005): *Un sistema zootecnica di una valle prealpina e le sue prospettive alla luce di criteri di sostenibilità. Il caso della Valtaleggio.* In: Quaderni di SoZooAlp 2, pp. 130-139 (Agr).

CORTI, Michele (2004): *Süssura de l aalp. Il sistema dell'alpeggio nelle Alpi lombarde.* In: SM – Annali di San Michele 17, pp. 31-155 (HE: KEZICH/VIAZZO 2004 AL) (Agr).

CORTI, Michele (2004): *Le valenze turistiche ed educative del sistema delle Alpi pascolive. Indagini sugli eventi turistici sul tema dell'alpeggio.* In: Quaderni SoZooAlp 1, pp. 53-89 (Agr).

CORTI, Michele/FOPPA, Giuseppe, a cura di (1999): *La pecora Bergamasca. Storia, immagini, sistema d'allevamento della più importante razza ovina delle Alpi.* Provincia di Bergamo, Area IV: Economia e Lavoro, Servizio sviluppo agricolo e forestale, Bergamo, 156 pp. (Agr).

DA PRADA, Giovanni, a cura di (1984): *L'alpeggio Valcervo dal 1620 ai nostri giorni.* Parrocchia di Fusine, Fusine, 220 pp. (= *La magnifica comunità et li homini delle Fusine* 4) (Div).

DELLA MARIANNA, Giampaolo/GUSMEROLI, Fausto/PUCCIO, Cristian (2004): *Gli alpeggi della Comunità Montana Valtellina di Sondrio.* A cura della Comunità Montana Valtellina di Sondrio e della Fondazione Fojanini di Studi Superiori, Sondrio, 199 pp. (Sta).

ERBA, Giovanni/GUSMEROLI, Fausto/RIZZI, Italo (1986): *Alpeggi e pascoli in Valtellina.* A cura del Servizio provinciale agricoltura, foreste e alimentazione (SPAFA), Bergamo, 103 pp. (= Supplemento a Rezia Agricola e Zootecnica n. 3-4) (Agr).

FANCHI, A. (1967): *Alcuni aspetti del popolamento attuale nella valle del Bitto – le dimore rurali e l'alpeggio.* In: Bolletino Club Alpino Italiano XLVI, n. 79, pp. 57-94 (Hau).

FENAROLI, Luigi (1923): *Il comune montano di Pisogne. Il suo presente ed il suo avvenire. Saggio monografico con speciale riguardo all'alpicoltura.* In: Le stazioni sperimentali agrarie italiane (Modena) 56, pp. 351-377 (Agr).

FORMIGONI, Luigi (1930): *La Valsassina e l'allevamento del bestiame bovino di razza Bruna Alpina.* Sindacata allevatori valsassinesi aderente alla Federazione provinciale fascista degli agricoltori. Stampa tip. Artigianelli, Lecco, 27 pp. (Agr).

GALLI, Eros/PICCARDI, Biago (2013): *La malga – espressione d'uomini. Fabbricati rurali delle montagne di Val Grigna.* Regione Lombardia, Milano, 44 pp. (= I quaderni di Valgrigna 5) (Hau).

GIARELLI, Luca, a cura di (2013): vedere IT (un gran parte dei articoli in questo volume sono dedicati alle Alpi lombarde).

GRASSENI, Cristina (2017): *The Heritage Arena. Reinventing Cheese in the Italian Alps.* Berghahn Books, New York/Oxford, 202 p. (= Food, Nutrition, and Culture 5) (Vol).

Esempio di formaggio "Strachitunt" dalla Val Taleggio (dal 2014 prodotto DOP).

Der „Strachitunt" (Blauschimmelkäse) wird im Val Taleggio (Provinz Bergamo) produziert und ist seit 2014 DOP-Produkt.

GUSMEROLI, Fausto/DELLA MARIANNA, Giampaolo/AROSIO, Gabriella/POZZOLI, Luisa (2004): *I pascoli dell'Alta Valtellina. Guida pratica alla loro conoscenza.* A cura della Comunità Montana Alta Valtellina, Comune di Livigno, Fondazione Fojanini di Studi Superiori, Sondrio, 87 pp. (Agr).

GUSMEROLI, Fausto/DELLA MARIANNA, Giampaolo/POZZI, Matteo (1997): *Alpicoltura e turismo rurale in un comprensorio pascolivo delle Orobie valtellinesi: Albosaggia (SO).* A cura dell'Amministrazione provinciale di Sondrio, Assessorato Agricoltura. Tip. Bettini, Sondrio, 55 pp. (Agr).

JACINI, Stefano (1976): *Il regime comunitario delle terre in Lombardia.* In: Massimo GUIDETTI/Paul H. STAHL (a cura di): *Un'Italia Sconosciuta.* Milano, pp. 65-74 (Original: Milano 1856) (HE: GUIDETTI/STAHL 1976 IT) (Rec).

MARENGONI, Marco (1990): *Alpeggi in provincia di Bergamo.* A cura della Provincia di Bergamo, settore agro-silvo-pastorale, caccia e pesca. Ferrari grafiche, Clusone (BG), 259 pp. Seconda edizione: Clusone 1997, 264 pp. (Sta).

MEAZZA, Carlo (2020): *Rèmench. Transumanza in Lombardia.* Con testi di Marta MORAZZONI, Anna CARISSONI, Giovanni MOCCHI, Lucia MAGGIOLO. Pubblinova Edizioni Negri, Gallarate (VA), 266 pp. (Div).

MIOZZI, Maurizio (1992): *Vita sui monti. Gli alpeggi delle valli Dumentina, Veddasca e Molinera.* Josca Edizioni, Varese, 254 pp. (Div).

MOCARELLI, Luca (2015): *Managing common land in unequal societies. The case of the Lombard Alps in the eighteenth century.* In: Niels GRÜNE et al. (Hrsg.): Ländliche Gemeingüter. Innsbruck, S. 138-149 (HE: GRÜNE/HÜBNER/SIEGL 2015 AL) (Rec).

MOE, Dagfin/FEDELE, Francesco F. (2019): *Alpe Borghetto. Origins and evolution of a summer farm area in the Italian central Alps, based on vegetation history and archeology – neolithic to present.* In: Vegetation History and Archaeobotany 28, no. 2, p. 141-162 (Div).

NANGERONI, Giuseppe (1940): *Tipi di alpeggio nelle valli Oròbie occidentali.* In: Rivista Geografica Italiana XLVII, fasc. 2, pp. 174-182 (Geo).

Nangeroni, Giuseppe (1930): *Studi sulla vita pastorale nella Val Malenco (Valtellina).* In: Bollettino della Reale Società Geografica Italiana, serie VI, vol. VII., pp. 182-204 (Geo).

Pettinari, Giuseppe (2005): *Quella casa lassù in montagna. Malghe, transumanza e bergamini. I Moretti – storie di vita vissuta tra montagna e pianura.* Grafica G. M., Spino d'Adda, 158 pp. (Div).

Piatta, Livio/Zecca, Emanuela (2007): *Una tradizione di qualità in Valtellina – sua maestà Il Bitto/A quality tradition in Valtellina – his majesty The Bitto.* Edizioni World Images, Sondrio, 128 pp. (Pop).

Raffaglio, Gino (1976): *Le vicinie della Val Camonica e della Val di Scalve.* In: Massimo Guidetti/Paul H. Stahl (a cura di): *Un'Italia Sconosciuta.* Milano, pp. 79-86 (Original: Milano 1908) (HE: Guidetti/Stahl 1976 IT) (Rec).

Regione Lombardia (1975): *Indagine sui pascoli della Lombardia. Atti dell'incontro tenuto a Milano il 18 dicembre 1974.* A cura della Giunta Regionale della Lombardia, Assessorato Economia Montana e Foreste, Milano. Editrice San Marco, Trescore Balbeano (BG), 230 pp. + 2 grandi carte ripiegate in tasca (= Atti della Giunta Regionale della Lombardia n. 12) (Agr).

Roletto, Giorgio (1930): *L'économie pastorale d'une commune du haut Val Trompia (Italie du Nord).* In: Revue de Géographie Alpine 18, n° 1, pp. 163-174 (Geo).

Saibene, Cesare (1959): *Il versante orobico valtellinese. Ricerche antropogeografiche.* Consiglio Nazionale delle Ricerche, Roma, 214 pp. (= Memorie di Geografia Antropica XIV) (Geo).

SAL, a cura di (1902–12): *Atti della commissione d'inchiesta sui pascoli alpi.* A cura della Società Agraria di Lombardia/ SAL, Tipografia Agraria, Milano (Sta):
- Vol. I, fasc. I: *I pascoli alpini della Valtellina.* 1902, 109 pp.
- Vol. I, fasc. II: *I pascoli alpini della Valtellina.* 1903, 166 pp.
- Vol. I, fasc. III: *I pascoli alpini della Valtellina e del Chiavennese.* 1904, 166 pp.
- Vol. II: *I pascoli alpini della provincia di Bergamo.* 1907, 385 pp.
- Vol. III: *I pascoli alpini della provincia di Como.* 1912, 370 pp.

Sanga, Glauco (2001): *Donne all'alpeggio.* In: Erreffe n. 43, pp. 83-90 (HE: Viazzo/Woolf 2001 AL) (Vol).

Scheuermeier, Paul (2007): *La Lombardia dei contadini 1920 – 1932.* Vol. I: *Lombardia orientale - Le province di Brescia e Bergamo,* e vol. III.: *Lombardia occidentale.* A cura di Giovanni Bonfadini/Fabrizio Caltagirone/Italo Sordi. Grafo Editore, San Zeno Naviglio (BS), 324 pp. + 384 pp. (W+S).

Spagnoli, Sonia (2011): *L'alpeggio nel cuore. Trent'anni d'alpeggio in Val Gabbia.* Tipografia Valgrigna, Esine, 47 pp. (= I quaderni di Valgrigna 2) (Pop).

Testorelli, Mario (2001): *L'alpeggio in Valfurva – un esempio emblematico.* In: ArgeAlp (a cura di): *Economia alpestre e forme di sfruttamento degli alpeggi.* Bolzano, p. 41-53 (HE: Arge Alp 2001 AL) (Geo).

Toniolo, Antonio Renato (1913): *Ricerche di antropogeografia nell'Alta Valcamonica. Studi sopra la distribuzione della popolazione.* In: Memorie Geografiche, supplemento alla Rivista Geografica Italiana (Firenze) n. 23, pp. 245-363 (= Studi sopra la distribuzione della popolazione II) (Geo).
Vedere Philippe Arbos in: Revue de Géographie Alpine 4/1916, n° 2, pp. 259-267.

Zani, Carlo/Bertelli, Antonia/Tamagni, Giulia Benedetta, a cura di (2013): *Malghe e abitazioni di montagna.* Grafo Ed., Brescia, 63 pp. (= I tesori del bresciano – itinerari d'arte, storia e natura 7) (Pop).

Zucchelli, Valentina et al. (2012): *La formagella della valle di Scalve con il latte d'alpeggio.* Regione Lombardia, Agricoltura, Milano, 127 pp. (Div).

5.5 PROVINZ SÜDTIROL/ALTO ADIGE (BZ)

Vedere le note introduttive sul Tirolo (AT/T).

Siehe die Eingangsbemerkung unter Tirol (AT/T).

Almwirtschaftliche Organisationen (siehe IT):
Südtiroler Bauernbund: www.sbb.it
Verband der Südtiroler Kleintierzüchter: www.kleintierzucht.it
Rinderzuchtverband Südtirol: www.rinderzuchtverband.it

Internetseiten:
–

Almstatistiken:
Statistik der Alpen von Deutsch-Tirol 1873: Graf 1880-82
Almerhebung von 1967: Hilscher 1967

Monographien:
Plank 1983
Tasser et al. 2001

Publikationen:
AA.VV. (2001): siehe IT/TN

Albertini (1955): siehe IT/TN

Ausserer, Karl (1937): *Die Seiseralpe. Eine geographisch-historische und namenkundliche Studie.* Wagner, Innsbruck, 80 S. (= Schlern-Schriften 38) (Geo).

Bauer, Karl (1999): *Hirten, Vieh und Almen.* Selbstverlag Goldrain-Latsch, 95 S. (Pop).

Bernhart, Udo/Laner, Jul Bruno (1992): *Seiser Alm. Landschaften und Jahreszeiten, Natur und Kultur.* BLV, München, 143 S. (Pop).

Brugger, Franz (2004): *125 Jahre Sennereigenossenschaft Innichen. Eine Chronik über die älteste Sennereigenossenschaft in Tirol (1875 – 2000).* Sennereigenossenschaft Innichen, Innichen, 220 S. (Agr).

Caramaschi, Renzo (2009): *Zu Almen und Schutzhütten in Südtirol. 165 Wandertipps mit Karten und Bildern.* Edition Raetia, Bozen, 712 S.
- Edizione italiana: *Per malghe e per rifugi in Alto Adige. 165 escursioni illustrate con cartine e immagini.* Edizione Raetia, Bolzano 2012, 712 pp. (Pop).

Dellago, Otto/Vonmetz, Luis/Ortner, Peter (2008): *Die Südtiroler Seiser Alm am Scheideweg.* In: Jahrbuch des Vereins zum Schutz der Bergwelt (München) 73, S. 33-48 (Div).

Fischer, Klaus (1974): *Die Almwirtschaft.* In: Klaus Fischer: *Agrargeographie des westlichen Südtirol. Der Vinschgau und seine Nachbartäler.* Verlag Wilhelm Braumüller, Wien/Stuttgart, S. 157-185 (Geo).

Fischer, Klaus (1970): *Die Schafweidewirtschaft der Schnalstaler Höfe.* In: Der Schlern 44, Heft 5, S. 185-192 (Geo).

Gams, Helmut (1971): *Die Wandlungen der Seiser Alm.* In: Jahrbuch des Vereins zum Schutz der Bergwelt (München) 36, S. 9-17 (Div).

Gatterer, Anton (1960): *Die bäuerliche Wirtschaft in der Brunecker Gegend mit besonderer Berücksichtigung der Almwirtschaft.* Staatswissenschaftliche Dissertation an der Universität Innsbruck bei Nikolaus Grass, Innsbruck, 197 S. (Rec).

Gietzen, Hubert-Otto (1970): *Die Almwirtschaft im oberen Vintschgau unter besonderer Berücksichtigung des Wattlesgebietes.* Habilitationsschrift an der Universität Innsbruck bei Nikolaus Grass. Innsbruck, 300 S. (Rec).

Graf, Ludwig (1880-82): *Die Statistik der Alpen von Deutsch-Tirol.* Innsbruck, 1880-82, 2 Bände, zus. 1081 S. (HE: Graf 1880-82 AT/T) (Sta).
Aufnahmejahr: 1873. Die Angaben zu den Almen in Südtirol finden sich in Band 2. Auswertungen bei Inama-Sternegg 1883 AT/T.

Grass, Nikolaus (1988): *Die Hochalm der Völser auf dem Schlern in geschichtlich-rechtshistorischer Sicht.* In: Josef Nössing (Bearbeiter): *Völs am Schlern 888 – 1988, ein Gemeindebuch.* Eigenverlag der Gemeinde, Völs, S. 269-282 (Rec).

Grass, Nikolaus (1986): *Aus der Rechtsgeschichte der Seiser Alm.* In: Der Schlern 60, Heft 5-6, S. 293-314. Wiederabdruck in: Nikolaus Grass: *Alm und Wein.* Hildesheim 1990, S. 193-220 (HE: Grass 1990 AL) (Rec).

Grass, Nikolaus (1954): *Comaun Kastelrut. Aus der Rechtsgeschichte einer Südtiroler Urmarkgemeinschaft.* In: Zeitschrift der Savigny-Stiftung für Rechtsgeschichte, Germanistische Abteilung 71, S. 353-366. Wiederabdruck in: Nikolaus Grass: *Alm und Wein.* Hildesheim 1990, S. 179-192 (HE: Grass 1990 AL) (Rec).

Grass, Nikolaus (1947): *Von der Nemesalpe bei Sexten im Pustertal.* In: *Beiträge zur Geschichte und Heimatkunde Tirols.* Festschrift Hermann Wopfner Teil 1. Universitätsverlag Wagner, Innsbruck, S. 37-52 (= Schlern-Schriften 52). Wiederabdruck in: Nikolaus Grass: *Alm und Wein.* Hildesheim 1990, S. 163-178 (HE: Grass 1990 AL) (Rec).

HILSCHER, Herbert (1967): *Ergebnisse einer Almerhebung in Südtirol.* Verlag Ferrari-Auer, Bozen, 139 S. Tabellarische Darstellung der Almerhebung von 1967 (Sta).

HILSCHER, Herbert (1963): *Die kleinen Privatalmen in Südtirol. Problem der Gegenwart, Spiegel geschichtlicher Vergangenheit.* In: Südtiroler Bauernkalender 18, 12 S. (Agr).

HITZ, Florian (2002): siehe CH/GR

HOHENSTEIN, Bärbel (1961): *Das Gadertal, seine Land- und Almwirtschaft.* Geographisches Institut der Universität Innsbruck, Innsbruck, 179 S. (vorhanden: Universitätsblibliothek Innsbruck) (Geo).

HUTER, Franz (1979): *Landschaft und Brauchtum. Das Bild der alten Seiser Alm.* In: *Studien zur Landeskunde Tirols und angrenzender Gebiete – Festschrift für Adolf Leidlmair,* Bd. 2. Innsbruck, S. 307-318 (= Innsbrucker Geographische Studien 6) (Div).

JENTSCH, Christoph (1979): *Jüngere Wandlungen in der Almwirtschaft des östlichen Südtirols am Beispiel des oberen Ahrntales.* In: *Studien zur Landeskunde Tirols und angrenzender Gebiete.* Festschrift für Adolf Leidlmair Bd. 2. Innsbruck, S. 319-326 (= Innsbrucker Geographische Studien 6) (Geo).

JOOS, Markus (1984): *Alpwirtschaft im Hochgebirge im Grenzbereich dreier Staaten – Die Milchviehalpung und ihr wirtschaftliches Umfeld in den drei Gemeinden Nauders (Nordtirol), Münster (Graubünden) sowie Taufers im Münstertale (Südtirol).* Diplomarbeit an der Universität Wien, Wien, 101 S. (vorhanden: Landesbibliothek Dr. Friedrich Teßmann, Bozen) (Geo).

JUNG, Gabriele (1985): *Die Almwirtschaft des Ultentales.* In: Der Schlern 59, S. 255-272 (Vol).

KERNER VON MARILAUN, Anton (1866): siehe AT/T

LANER, Jul Bruno (2016): *Seiser Alm Alpin. Entwicklung eines Wintersportgebietes in den Dolomiten.* Tappeiner-Verlag, Bozen, 128 S.
- Edizione italiana: *Alpe di Siusi Alpin. Lo sviluppo di una zona sciistica nelle Dolomiti.* Tappeiner Editrice, Bolzano, 128 pp. (Div).

LUTZ, Wilhelm (1960): *Die Seiser Alm.* In: Zeitschrift des Deutschen Alpenvereins 85, S. 74-82 (Geo).

MAYR, Wolfgang (1959): *Der Ritten – eine volkswirtschaftliche und volkskundliche Studie.* Staatswissenschaftliche Dissertation an der Universität Innsbruck bei Nikolaus GRASS, Innsbruck, 138 S. (Vol).

MENARA, Hanspaul (1982): *Südtiroler Hochalmen. Ein Bildwanderbuch.* Verlagsanstalt Athesia, Bozen, 149 S. (Pop).

MEURER, Manfred, Hrsg. (1992): *Die Südtiroler Almwirtschaft und das Bracheproblem aus ökologischer Sicht.* Institut für Geographie und Geoökologie am Karlsruher Institut für Technologie, Karlsruhe, 72 S. (= Karlsruher Beiträge zu Geographie und Geoökologie 2) (Geo).

MORODER, Edgar (2001): *Seiser Alm – Monte de Seuc – Alpe di Siusi. Flurnamenkarte – Parzellenkarte – Begleitbuch.* Hrsg.: Heimatpflegeverein St. Ulrich/Lia per Natura y Usanzes. Mapgraphic/Geographischer Verlag, St. Michael/Eppan, 84 S. + 2 Karten im Maßstab 1: 10.000 (Spr).

NÖSSING, Josef/HOFER, Florian/MAYR, Julia, Hrsg. (2016): *Gemeinschaftlicher Besitz. Geschichte und Gegenwart der Bürgerlichen Nutzungsrechte in Südtirol und Trentino/Usi civici e beni collettivi nelle Province di Trento e di Bolzano.* Hrsg. und Verleger: Südtiroler Bauernbund, Bozen, 223 S. (Rec).

NÖSSING, Josef (2001): *Almen in Südtirol. Das Beispiel Seiser Alm.* In: ArgeAlp (Hrsg.): *Alpwirtschaftliche Nutzungsformen.* Bozen, S. 151-170 (HE: Arge Alp 2001 AL) (Agr).

OBERTHALER, Gottfried (1999): *Die Ultner Almen. Eine traditionelle Bergbauernkultur.* Museumsverein Ulten, Ulten, 164 S. (Vol).

PACE, Silvio (1975): Siehe IT/TN

PAZELLER, Martin (1987): *Die Entwicklung der Alpwirtschaft in Südtirol im Laufe eines Jahrhunderts, insbesondere im Planailtal, sowie die grenzüberschreitende Alpung zwischen Südtirol, Österreich und der Schweiz.* Diplomarbeit an der Universität für Bodenkultur in Wien, Wien, 97 S. (vorhanden: Landesbibliothek Dr. Friedrich Teßmann, Bozen) (Agr).

Pechlaner, Evi (2015): *Agrargemeinschaften und Gemeingüter in Südtirol. Beobachtungen zum Spannungsfeld österreichischer und italienischer Rechtsordnungen.* In: Niels Grüne et al. (Hrsg.): *Ländliche Gemeingüter.* Innsbruck, S. 128-137 (HE: Grüne/Hübner/Siegl 2015 AL) (Rec).

Pichler, Eduard (2012): *Almwirtschaft.* In: Eduard Pichler: *Welschnofen - von der alten Zeit.* Bd. 4: *Siedlung und Wirtschaft.* Folio-Verlag, Wien/Bozen, S. 132-190 (Div).

Plank, Josef (1983): *Stand und Entwicklung der Almwirtschaft in Südtirol.* Phil. Diss. Universität Innsbruck, Innsbruck 187 S. (Geo).

Praxmarer, Georg (1996): *Die Almwirtschaft im Naturpark Texelgruppe.* Diplomarbeit an der Universität für Bodenkultur Wien, Wien, 97 S. (vorhanden: Landesbibliothek Dr. Friedrich Teßmann, Bozen) (Agr).

Prugger, Irene (2012): *Südtiroler Almgeschichten.* Löwenzahn-Verlag, Innsbruck, 256 S. (Pop).

Schindler, F. (1890): siehe AT/T

Siegen, Josef (2006): siehe CH/VS

Silbernagl, Hansjörg (2019): *Die Güter der Allmende in der Provinz Bozen... Fragestellungen bezüglich der Kompatibilität zwischen dem Sinn, wie er im neuen Gesetz enthalten ist, und der geltenden Bestimmung in der Provinz Bozen.* In: Archivio Scialoja-Bolla (Trento), n. 1, pp. 119-136 (Rec).

Tasser, Erich/Tappeiner, Ulrike/Cernusca, Alexander (2001): *Südtirols Almen im Wandel. Ökologische Folgen von Landnutzungsänderungen.* Europäische Akademie Bozen, Bozen, 266 S. (= Arbeitshefte 28) (Div).
Gebiet Waltner Mähder/St. Leonhard in Passeier.

Tscholl, Heinrich (1978): *Die Almwirtschaft.* In: Heinrich Tscholl: *Der Tschögglberg. Eine bevölkerungs- und wirtschaftsgeographische Untersuchung.* Selbstverlag des Geographischen Instituts der Universität Innsbruck, Innsbruck, S. 79-88 (= Innsbrucker Geographische Studien 4) (Geo).

Tschurtschenthaler, Paul (1912): *Die Abfahrt von der Alm im Pustertal.* In: Zeitschrift für österreichische Volkskunde XVIII, S. 176-183 (Vol).

Werner, Karl-Heinz (1969): *Die Almwirtschaft des Schnalstales unter Einbeziehung der Herdenwanderung ins innerste Ötztal.* Wirtschaftswissenschaftliche Dissertation an der Universität Innsbruck bei Nikolaus Grass, Innsbruck, 300 S. (= Studien zur Rechts-, Wirtschafts- und Kulturgeschichte 2) (Div).

Zanotti, Luigi (1964 + 1971): siehe IT/TN

Ziernhöld, Josef (1949): *Die Almwirtschaft des Obervintschgaues (Südtirol). Maßnahmen zu ihrer Förderung.* Diss. Technische Hochschule München, München, 139 S. (Agr).

Zillich, Rudolf (1957): *Die Seiseralm – ein Problem bergbäuerlicher Wirtschaft in Südtirol.* In: Die Bodenkultur (Wien) 9, Heft 4, S. 443-468 (Agr).

5.6 PROVINCIA DI TRENTO (TN)

Vedere le note introduttive sul Tirol (AT/T).

Siehe die Eingangsbemerkung unter Tirol.

Le pubblicazioni sulla regione “Triveneto” o “Tre Venezie” (= Venezia Tridentina, Euganea, Giulia, il territorio delle regioni Trentino-Alto Adige, Veneto e Friuli-Venezia Giulia) vengono presentate qui.

Publikationen zur Region „Triveneto“ oder „Tre Venezie“ (= Venezia Tridentina, Euganea, Giulia, also das Gebiet der heutigen Regionen Trentino-Alto Adige, Veneto und Friuli-Venezia Giulia) werden hier verzeichnet.

Organizzazioni dell’alpicoltura:
Federazione Provinciale Allevatori Trento: www.fpatrento.it (vedere IT).
Associazione Allevatori Ovicaprini Trentini:
www.trentinoagricoltura.it ⟶ settori ⟶ zootecnica ⟶ ovicaprini

Siti Internet:
www.mcfiemme.eu Magnifica Comunità di Fiemme: Questa comunità dell’anno 1111 comprende 11 comuni (9 nella Valle di Fiemme, 1 nella Val di Fassa, 1 in Alto Adige), divisi in 8 (succesivamente 11) “regole”. Pascoli, boschi e diritti per caccia e pesca sono fino 1807 di proprietà collettiva e vengono utilizzati collettivamente (oggi solo boschi e pesca).

Essendo uno degli esempi più importanti di proprietà collettiva nelle Alpi, questa comunità viene elencata in questa bibliografia. Per le "regole" in Trentino vedere Nequirito 1988 IT/TN, per le "regole" nella regione Veneto vedere l'introduzione.

Diese Comunità aus dem Jahr 1111 umfasst elf Gemeinden (9 Fleimstal, 1 Fassatal, 1 Südtirol), die in 8 (später 11) „regole" untergliedert ist. Weiden, Wälder, Jagd- und Fischereirechte sind bis 1807 in gemeinschaftlichem Eigentum und werden gemeinsam genutzt (heute nur noch Wald und Fischerei). Weil es sich um eines der wichtigsten Beispiele für Gemeinschaftseigentum in den Alpen handelt, wird diese Comunità in diese Bibliographie aufgenommen. Zu den „regole" im Trentino siehe Nequirito 1988 IT/TN, zu den „regole" in der Region Veneto siehe die dortige Einleitung.

Censimenti delle malghe:
Alpstatistik 1885-88: Kaltenegger 1889

Monographie:
Malacarne 2009
Miori/Sottovia 2005

Pubblicazioni:
AA.VV. (2005): *In tema di malga – suggerimenti bibliografici.* Biblioteca della Camera di Commercio, Industria, Artigianato e Agricoltura di Trento, Trento, 29 pp. (Bib).

AA.VV. (2005): *Malghe – tra gestione ambientale integrata e cultura del territorio.* Atti del convegno "Ars Venandi" a San Lorenzo in Banale il 27 agosto 2004. Ed. Ars Venandi, San Lorenzo in Banale (TN), 144 pp. (= Quaderni del circolo "Ars Venandi" 2) (Agr).

AA.VV. (2001): *Alpeggi e produzioni lattiero casearie.* Atti del convegno a Fiera di Primiero, 22 febbraio 2001. Regione Trentino-Alto Adige, Trento, 112 pp. (Agr).

AA.VV. (2001): *Andar per formaggi di malga in Trentino. Le malghe ed i caseifici partecipanti al secondo concorso provinciale per formaggi prodotto con latte di malga.* ESTAT, Trento, 67 pp. (Agr).

Agostini (1950): vedere IT/LO

Albertini, Renzo (1955): *La vita pastorale nel gruppo di Brenta.* Saturnia Arti Grafiche, Trento 119 pp. (Geo).

Albertini, Renzo (1955): *La vita pastorale sul gruppo Ortles-Cevedale.* In: Economia Trentina n. 4-5, pp. 5-119 (Geo).

Amistadi, Ezio (2002): *Malga Campo in comune di Arco 1481 – 1973. Tra archivio e memoria.* In: SM - Annali di San Michele (Museo degli Usi e Costumi della Gente Trentina) 15, pp. 19-30 (Vol).

Battisti, Cesare (1904): *Noterelle statistiche sul bestiame da pascolo, le malghe, le latterie e l'industria dei latticini nel Trentino.* In: Rivista Tridentum, fasc. 4, pp. 159-173. Ristampa in: *Boschi e Pascoli del Trentino. Cesare Battisti, studioso della sua terra.* Osservatorio sull'ambiente, Trento 1996 (Agr).

Bazzanella, Marta (2018): *Sui sentieri dei pastori. Itinerari escursionistici alla scoperta delle scritte dei pastori di Fiemme.* Museo degli Usi e Costumi della Gente Trentina, BQE edizioni, Trento, 128 pp. (Vol).

Bella, Michele (2019): *Acta Montium. Le malghe delle Giudicarie. Ricerca storico-geografica.* Ed. Youcanprint, Lecce, 488 pp. (Geo).
Descrizione delle 563 malghe delle Giudicarie.

Bergamini, Serenella/Zanette, Tatiana (2012: *Caseificazione e allevamento in Val di Fassa.* In: Mondo Ladino – Boletin de l'Istitut Cultural Ladin (Vigo di Fassa) 36, pp. 77-185 (Vol).

Bigaran, Federico/Villa, Marta (2019): *Gestione delle aree di uso civico in provincia di Trento – protezione della biodiversità e salvaguardia del paesaggio. Il case study dell'allevamento e monticazione della vacca di razza rendena. Un approccio ecologico ed antropologico.* In: Archivio Scialoja-Bolla (Trento), n. 1, pp. 365-390 (Vol).

Boninsegna, Giacomo (2010): *Regola Feudale di Predazzo. Una presenza plurisecolare attiva nella comunità e nel territorio.* In: Archivio Scialoja-Bolla (Trento), n. 1, pp. 261-267 (Rec).

Botrè, U. (1942): vedere Pastore 2002 IT/VE

CARRER, Francesco (2016): *The "invisible" shepherd and the "visible" dairyman. Ethnoarchaeology of alpine pastoral sites in the Val di Fiemme (Eastern Italian Alps).* In: John COLLIS et al. (ed.): *Summer farms.* Sheffield, p. 97-107 (HE: COLLIS et al. 2016 AL) (Div).

CARRER, Francesco/ANGELUCCI, Diego Ercole/PEDROTTI, Annaluisa (2013): *Montagne e pastorizia. Stato dell'arte e prospettive di ricerca.* In: Diego Ercole ANGELUCCI et al. (a cura di): *APSAT 2. Paesaggi d'altura del Trentino. Evoluzione naturale e aspetti culturali.* Ed. SAP – Società Archeologica, Mantova, pp. 125-139 (Div).

CASTELLANI, Zeffrino (2013): *I beni indivisi in Trentino. Il caso della comunità delle Regole di Spinale e Manez.* In: Luca GIARELLI (a cura di): *Naturalmente divisi.* Valcamonica, pp. 279-290 (HE: GIARELLI 2013 IT) (Rec).

CIS, Carlo (2008): *Le malghe di Ledro. Il mestiere della pastorizia fino al 19 secolo.* Tonelli Ed., Riva del Garda, 421 pp. (Div).

COLLIS, John/AVANZINI, Marco/SALVADOR, Isabella (2016): *Pastoral land use and climate between the 17th and 19th century in the Italian Southern Alps (Pasubio massif, Trento), a preliminary report.* In: John COLLIS et al. (ed.): *Summer farms.* Sheffield, p. 138-153 (HE: COLLIS et al. 2016 AL) (Div).

CUEL, Roberta/SIMONI, Mario/DAIDOLA, Giorgio (2013): *Le risorse collettive in un comune trentino – una gestione sostenibile?* In: Archivio Scialoja-Bolla (Trento), n. 1, pp. 181-200 (Rec).

DEGIAMPIETRO, Candido (1972): *Storia di Fiemme e della Magnifica Comunità dalle origine all'istituzione dei comuni.* A cura del Comitato sostenitore di pubblicazioni storiche e scientifiche della Valle di Fiemme. Edizioni Manfrini, Calliano (TN), 125 pp. (Rec).

FAGGIANI, Luigi (2009): *Le malghe del parco naturale Adamello-Brenta. Guida escursionistica.* Ente parco Adamello-Brenta, Strembo (TN). 215 pp. (Pop).

FAGGIANI, Luigi (1999): *Le malghe del Trentino. Viaggio nel tempo sulle tracce di un mondo antico.* Vivalda Ed., Torino, 142 pp. (Pop).

FERRARI, Elisa, a cura di (2007): *Pastori nelle Alpi. Storia e testimonianze.* Giunti Progetti Educativi, Provincia Autonoma di Trento, Firenze/Trento, 96 pp. (Vol).

FERRO, Gaetano (1962): *L'alpeggio al passo di San Pellegrino (Dolomiti).* In: Bollettino della Reale Società Geografica Italiana serie IX, vol. III, pp. 29-44 (Geo).

FRANCESCHINI, Italo (2013): *Beni comuni e finanziamento della comunità. L'affitto degli alpeggi a Pinzolo nella prima età moderna.* In: Archivio Scialoja-Bolla (Trento), n. 1, pp. 239-260 (Rec).

GIACOMONI, Fabio (2001): *La tutela dell'alpeggio nelle carte di regola del Trentino.* In: ArgeAlp (a cura di): *Economia alpestre e forme di sfruttamento degli alpeggi.* Bolzano, pp. 119-149 (HE: Arge Alp 2001 AL) (Rec).

GILBERTI, Socrate/OLIVA, Luigi/ZORZI, Vitaliano (1920): *Il caseificio, l'alpicoltura e l'allevamento del bestiame nel Trentino. Relazioni lette al Congresso nazionale dell'industria del latte in Trento, 22-24 agosto 1920.* Consiglio provinciale d'agricoltura, Trento, 28 pp. (Agr).

GURSCHLER, Susanne (2019): *Gemeinsam gegen alle Widerstände. Talgemeinde Fleims – Magnifica Comunità di Fiemme.* In: Alpenvereinsjahrbuch BERG 2019, S. 224-233 (Pop).

KALTENEGGER, Ferdinand (1889): *Die Alpwirthschaft (in Wälschtirol).* In: Ferdinand KALTENEGGER/Heinrich ADLER: *Rinder der österreichischen Alpenländer.* 4. Heft: *Grau- und Braunvieh in Italienisch-Südtirol.* Wien, S. 184-260 + Anhang: Tabelle D (alpstatistische Haupttabelle) (HE: KALTENEGGER 1879-1904 AT) (Sta).

Die Überschrift dieses Teils lautet nur „Die Alpwirthschaft". Der Kolumnentitel verzeichnet „Wälschtirol", im Text wird jedoch stets von „Italienisch-Südtirol" gesprochen. Die Erhebungen haben wohl direkt vor der Drucklegung stattgefunden (ein Jahr wird nicht angegeben), und sie orientieren sich an denen in „Deutsch-Tirol" (INAMA-STERNEGG 1888 wird explizit genannt), um eine Vergleichbarkeit zu ermöglichen.

Gliederung: Teil I: Alpstatistische Einleitung. Teil II: Die Alpwirthschaft in den Hauptthalbezirken: a) Etschthal; b) Nocethal; c) Avisiothal; d) Cismonethal; e) Fersina-Brentathal; f) Sarca- und Chiesethal.

Kezich, Giovanni (2005): *Vita in malga. Immagini 1930 – 2005.* Fotografie di A. G. F. Bernadinatti. EsaExpo Editore, Civezzano, 62 pp. (= Catalogo della mostra a Trento) (Vol).

Leonardelli, Fabrizio (2019): *"De terra Regule". Antiche tracce ed elementi relativi a proprietà collettive e comunità nel territorio oltre il Bus de Vela, incluso tra Monte Bondone e Paganella-Gazza (Trentino).* In: Archivio Scialoja-Bolla (Trento), n. 1, pp. 195-244 (Rec).

Malacarne, Adolfo (2009): *Transumanze – sulle tracce degli ultimi pastori del Triveneto.* Libreria Editrice Agorà, Feltre, 216 pp. (Vol).

Masina, Erica (2004): *Consuetudini d'alpeggio nella catena del Lagorai.* In: SM – Annali di San Michele 17, pp. 181-195 (HE: Kezich/Viazzo 2004 AL) (Vol).

Masina, Erica/Mott, Antonella/Libardi, Massimo, a cura di (2002): *La malga nei libri – Borgo Valsugana 20-23 giugno 2002 (catalogo).* Biblioteca comunale, Borgo Valsugana, 32 pp. (Bib).

Miori, Massimo/Sottovia, Lucio (2005): *Prati e pascoli del Trentino.* Provincia Autonoma di Trento, Assessorato all'agricoltura, al commercio e turismo. Trento, 96 pp. (Agr).

Nequirito, Mauro (2011): *"Non abbiasi a vedere alcuno ridotto in estrema miseria e povertà". Beni comuni, proprietà collettive e usi civici sulla montagna trentina tra '700 e '900.* Provincia Autonoma di Trento, Sopraintendenza per i beni librari, archivistici e archeologici, Trento, 157 pp. (= Quaderni Beni librari e archivistici del Trento 11) (Rec).

Nequirito, Mauro (2010): *La montagna condivisa. L'utilizzo collettivo dei boschi e dei pascoli in Trentino dalle riforme settecentesche al primo Novecento.* Giuffrè Editore, Milano, 383 pp. (= Archivio Scialoja-Bolla – annali di studi sulla proprietà colletiva 2.2010) (Rec).

Nequirito, Mauro (1993): *Tutela e sfruttamento dell'ambiente nelle antiche "regole" del Trentino.* In: Giovanni Kezich/Pier Paolo Viazzo (a cura di): *"La Frontiera nascosta rivisitata". Ecologia, economia, etnicità nell'arco alpino.* Atti di SPEA (Seminario Permanente di Etnografia Alpina) 1. Museo degli Usi e Costumi della Gente Trentina, San Michele all'Adige, pp. 75-83 (= SM – Annali di San Michele 6) (Rec).

Nequirito, Mauro (1988): *Le carte di regola delle comunità trentine. Introduzione storica e repertorio bibliografico.* Gianluigi Arcani Editore, Mantova, 93 pp. (Rec).

Neri, Mauro (2011): *Magie di malga tra ricotte, formaggi e leggende.* Federazione provinciale allevatori/Provincia autonoma di Trento, Trento, 91 pp. (Vol).

Nisi, Domenico/Villa, Marta (2017): *Percorsi pastorali e itinerari devozionali mariani sulla via Monte Baldo – Oetztal. Una lettura archeologica ed antropologica.* In: Histoire des Alpes/Storia delle Alpi/Geschichte der Alpen 22, pp. 231-251 (Vol).

Nössing, Josef/Hofer, Florian/Mayr, Julia (2016): vedere IT/BZ

Pace, Silvio (1975): *Usi civici, associazioni agrarie e Comunioni familiari nella regione Trentino – Alto Adige.* Casa editrice I.C.A., Trento, 392 pp. (Rec).

Pecile, Angelo, a cura di (2003): *Malghe da formaggio.* Provincia Autonoma di Trento, Dipartimento Agricoltura, Alimentazione, Foreste e Montagna, Servizio Vigilanza e Promozione dell'attività agricola. Trento, 176 pp. (Agr).

Pelizzaro, Baldassare (1976): *La vicinia di Pieve Tesino.* In: Massimo Guidetti/Paul H. Stahl (a cura di): *Un'Italia Sconosciuta.* Milano, pp. 103-122 (testo originale di 1893) (HE: Guidetti/Stahl 1976 IT) (Rec).

Penz, Hugo (1984): *Stellung und Funktionswandel der Hochweidestufe in Tirol und im Trentino.* In: Erwin Grötzbach/Gisbert Rinschede (Hrsg.): *Vergleichende Kulturgeographie der Hochgebirge.* Katholische Universität Eichstätt, Eichstätt, S. 305-325 (= Eichstätter Beiträge 12, Abteilung Geographie) (Geo).

Riccadonna, Graziano, a cura di (2005): *Malghe – tra gestione ambientale integrata e culturale del territorio.* Atti del convegno ononimo a San Lorenzo in Banale. Ars Venandi Ed., San Lorenzo in Banale, 144 pp. (= Quaderni di Ars Venandi 2) (Vol).

Rizzoli, Giulio (1976): *La comunità di Fiemme e i suoi vicini.* In: Massimo Guidetti/Paul H. Stahl (a cura di): *Un'Italia Sconosciuta.* Milano, pp. 87-101 (testo originale di 1904) (HE: Guidetti/Stahl 1976 IT) (Rec).

ROCCA, Gianluigi (2018): *L'uomo di nuvole e lana.* Museo della Malga, Caderzone (TN), 212 pp. (Vol).

ROCCA, Gianluigi (2008): *I giorni di malga. Testimonianze d'alpeggio dalle malghe di Caderzone in Val Rendena.* Museo della Malga, Caderzone, 111 pp. (Vol).

ROSÀ, Andrea (2018): *Le proprietà collettive delle valli di Fiemme e di Fassa fra tradizione e sviluppo.* In: Archivio Scialoja-Bolla (Trento), n. 1, pp. 129-155 (Rec).

SALVADOR, Isabella/AVANZINI, Marco (2014): *Costruire il paesaggio. L'alpeggio dal tardo medioevo alle soglie della Grande Guerra in un settore del Trentino meridionale.* In: Spogli di Studi trentini/storia 93, n. 1, pp. 79-114 (Div).

SALVADOR, Isabella/AVANZINI, Marco (2012): *Uomo e montagne in Pasubio. L'alpicoltura prima della Grande Guerra.* In: Archivio trentino 2, pp. 132-171 (Div).

SARTORI-MONTECROCE, Tullius von (1891): *Die Thal- und Gerichtsgemeinde Fleims und ihr Statutarrecht. Beitrag zu einer Bibliographie der italiensch-tirolerischen Statuten.* Universitätsverlag Wagner, Innsbruck, 222 S. (= Zeitschrift des Ferdinandeums für Tirol und Vorarlberg, Ser. 3, Band 36) (Rec).

SCHEUERMEIER, Paul (1995): *Il Trentino dei contadini 1921 – 1931.* A cura di Giovanni KEZICH et al.; Museo degli Usi e Costumi della Gente Trentina. San Michele all'Adige, 389 pp., seconda edizione 1997 (W+S).

SELLAN, Giuliana (1993): *"La malga? Bruciatela!" Territorio, risorse, spazio nella cultura dei Mòcheni della Valle del Fersina.* In: Giovanni KEZICH/Pier Paolo VIAZZO (a cura di): *"La Frontiera nascosta rivisitata". Ecologia, economia, etnicità nell' arco alpino.* Atti di SPEA (Seminario Permanente di Etnografia Alpina) 1. Museo degli Usi e Costumi della Gente Trentina, San Michele all'Adige, pp. 91-108 (= SM – Annali si San Michele 6) (Vol).

SPRINGHETTI, Rindo (1928): *La valorizzazione delle malghe.* Tip. Vesc. Artigianelli, Trento, 16 pp. (Agr).

ŠEBESTA, Giuseppe (1982): *La via delle malghe.* Museo degli Usi e Costumi della gente trentina. San Michele all'Adige, 48 pp. Riedizione in: Giuseppe ŠEBESTA: *Scritti etnografici.* Museo degli Usi e Costumi della gente trentina. San Michele all'Adige 1982, 822 pp. (Vol).

TAFNER, Alberto/FAGANELLO, Flavio (1980): *Das Fleimstal.* Manfrini Editori, Calliano (TN), 141 S.
- Edizione italiana: *La valle di Fiemme.* Calliano 1985, 137 pp. (Rec).

Zentrales Thema: Magnifica Comunità di Fiemme.
Contenuto centrale: Magnifica Comunità di Fiemme.

TAMANINI, Bruno (1956): *I pascoli montani della Provincia di Trento.* In: Economia Atesina 3, pp. 117-136 (Agr).

VETTORI, Marco (2006): *Malghe da formaggio.* Provincia autonoma di Trento, Trento, 163 pp. (Agr).

WILHELM, Gustavo (1874): *Che cosa sono le latterie sociali? Una parola agli economi rurali dei paesi alpine austriaci.* Libera traduzione pubblicata dalla Società agraria di Rovereto per incarico dell'Ecc. L. R. Ministero dell'Agricoltura. Stab. Tip. Di Vigilio Sottochiesa, Rovereto, 23 pp. (testo originale: vedere WILHELM 1968 AT) (Agr).

WWF (1991): *Malghe del Lagorai. Proposta per un utilizzo ragionato di un patrimonio economico, culturale e ambientale.* A cura di: WWF, sezioni Bassa Valsugana e Tesino, Valli di Fiemme e Fassa. Centro stampa Gaiardo, Borgo Valsugana, 28 pp. (Div).

ZANOTTI, Luigi/DAL LAGO, Adriano (1973): *Valorizzazione di una malga situata nei comuni di Arco – Drena.* In: Economia Trentina 22, pp. 103-112 (Agr).

ZANOTTI, Luigi (1971): *Alpicoltura nella regione Trentino-Alto Adige.* Direzione generale dei servizi forestali della regione Trentino-Alto Adige, Trento, 108 pp. (Agr).

ZANOTTI, Luigi (1964): *Valorizzazione dei pascoli e potenziamento delle malghe nella regione Trentino-Alto Adige.* Regione Trentino-Alto Adige, Assessorato all'economia montana e foreste e assessorato all'agricoltura e cooperazione, Trento, 65 pp. (Agr).

ZIEGER, Antonio (1973): *La Magnifica Comunità di Fiemme.* Ed. Temi, Trento, 125 pp.; seconda edizione rivista a cura della Magnifica Comunità di Fiemme, Cavalese 1996, 166 pp. (Rec).

5.7 REGIONE VENETO (VE)

Organizzazioni dell'alpicoltura:
Associazione Regionale Allevatori del Veneto/ARAV: www.arav.it (vedere IT).
Associazione regionale produttori latte del Veneto/ A.PRO.LA.V.: www.aprolav.com

Siti Internet:
www.regole.it Le regole d'Ampezzo. – Nelle Dolomiti sono conservate sino ad oggi strutture di proprietà collettiva sotto forma di "regole", tra le più importanti di tutto l'arco alpino, in cui l'alpicoltura assume un ruolo importante. Vedere Regione Veneto 2019 IT/VE.

In den Dolomiten haben sich in Form der „regole" Strukturen gemeinschaftlichen Eigentums bis heute erhalten, die zu den wichtigsten des gesamten Alpenraumes zählen. Bei ihnen spielt die Alm- und Alpwirtschaft eine zentrale Rolle. Siehe dazu Regione Veneto 2019 IT/VE.

Censimenti delle Malghe:
Censimento delle Malghe 1980: Costantini 1983

Monographie:
Perco 1991
Viero 2005

Pubblicazioni:
Andrich, Gian Luigi (1976): *Un'antica forma di proprietà collettiva nel bellunese*. In: Massimo Guidetti/Paul H. Stahl (a cura di): *Un'Italia Sconosciuta*. Milano, pp. 135-147 (testo originale di 1896) (HE: Guidetti/Stahl 1976 IT) (Rec).

Armano, Linda (2013): *Evoluzione e natura giuridica delle Regole Ampezzane*. In: Luca Giarelli (a cura di): *Naturalmente divisi*. Valcamonica, pp. 291-300 (HE: Giarelli 2013 IT) (Rec).

Barpi, Antonio (1876): *La pastorizia del Cadore. Studi statistici, zootecnici, igienici ed agricolo-veterinarii*. Tip. Tiziano, Cadore, 119 pp. (Agr).

Belli, Marina (2003): *Un modello di gestione, valorizzazione e tutela del territorio alpino – le antiche regole di San Vito di Cadore*. In: In Alta – cronaca della Società Friulana, sezione Udine, del Club Alpino Italiano LXXXV, pp. 47-58 (Rec).

Beltrame, Antonio, a cura di (2007): *La cultura delle malghe e il futuro dell'alpeggio*. Atti del omonimo convegno a Montebelluna. Papergraf Edizioni, Piazzola sul Brenta, 151 pp. (= Libreria universitaria) (Div).

Berni, Pietro/Sauro, Ugo/Varanini, Gian Maria, a cura di (1991): *Gli alti pascoli dei Lessini Veronesi. Storia, natura, cultura*. La Grafica Editrice, Verona, 365 pp. (Div).

Berni, Pietro/Fabbris, Luigi, a cura di (1983): *Montagna e marginalità nel Veneto. Un'analisi tipologica delle malghe venete nella prospettiva dell'intervento pubblico*. Ed. Cleup, Padova, 172 pp. (Agr).

Bertolotti, Attilio (1909): *Alpicoltura ed alpeggio nella provincia di Verona*. Regione Veneto, Ente Sviluppo agricolo del Veneto. Tip. G. Mandelli, Cremona, 101 pp. (Agr).

Bonan, Giacomo (2019): *The State in the Forest. Contested Commons in the Nineteenth Century Venetian Alps*. White Horse Press, Cambridge, 240 pp. (Rec).

Cambié, Giorgio Maria (1982): *Un'attività economica tradizionale delle montagne veronesi – la malga*. In: Laren – bollettino sociale della Società di etnografia italiana 48, n. 1, pp. 39-63 (Vol).

Carbogno, Achille (2011): *La civiltà dell'alpeggio. Le casere del Comelico*. Università adulti/anziani di Belluno, sezione di Comelico/Sappada, Comelico, 32 pp. (Hau).

Castiglioni, Gian Battista (1968): *Contributo allo studio dell'alpeggio nelle prealpi venete tra il Lago di Garda e il Brenta*. Società Cooperativa Tipografica, Padova, 69 pp. (= Memorie della Accademia Patavina, classe di scienze morali, lettere ed arti, vol. LXXXI) (Geo).

Cesco Frare, Piergiorgio, a cura di (2016): *Montagne d'erba – ad pasculandum et secandum. La fienagione a Costalta in Comelico – storia, tecniche, luoghi*. Associazione Amici del Museo di Costalta e Regola di Costalta, Costalta di Cadore, 95 pp. (= Quaderni del museo Àngiul Sai 1) (Vol).

CHIUMENTI, Roberto/SARTORI, Luigi (1984): *Le malghe tra passato e futuro. Risultati di un'indagine sull'altopiano di Asiago.* In: Genio Rurale 47, n. 12, pp. 19-35 (Agr).

COPPE, Alberto/GAZZI, Daniele, a cura di (1998): *Cargàr montagna. Uomini e animali sul massiccio del Grappa. Alano di Piave, Quero, Seren del Grappa (secolo 20).* Edizioni DBS, Seren del Grappa, 352 pp.; ²1999 (Div).

COSTANTINI, Battista, coordinatore (1983): *Carta Regionale delle Malghe.* A cura della Regione Veneto, Giunta Regionale, Dipartimento per le Foreste e l'Economia montana. Deltagraph Ed., Padova, 48 pp. + 19 carte IGM 1: 50.000 (Sta).

COZZI, Giulio/BIZZOTTO, Marina/RIGONI STERN, Gianbattista (2006): *Uso del territorio, impatto ambientale, benessere degli animali e sostenibilità economica dei sistemi di allevamento della vacca da latte presenti in montagna. Il caso di studio dell'Altopiano di Asiago.* In: Quaderni SoZooAlp 3, pp. 7-25 (Agr).

DA DEPPO, Iolanda/CASON, Paola (1999): *Le attività pastorali nell'area ladina del Centro Cadore. Osservazioni etnografici e linguistiche.* A cura della Comunità Montana del Centro Cadore e Union Ladina del Cadore de Medo. Tip. Tiziano, Pieve di Cadore, 411 pp. + 1 carta topografica (Vol).

DA ROS, Emanuela (2017): *Vivere in malga.* Dario De Bastiani editore, Vittorio Veneto, 247 pp. (Pop).

DALLA COSTA, Silvia/RIGONI STERN, Gianbattista (2001): *La via delle malghe.* Comunità Montana dell'Altopiano, Asiago, 143 pp. (Agr).

DALVIT, Adriano (1972): *Le organizzazioni comunitarie dei montanari nello sviluppo della economia alpina con particolare riferimento alle alte valli bellunesi (Comelico – Ampezzano – Livinallongo).* Padova, 79 pp. (Agr).

DALVIT, Giuseppe (1962): *La crisi dell'alpeggio del bestiame – esistono le premesse per una concreta soluzione?* A cura della Camera di Commercio, Industria e Agricoltura di Belluno. Tip. S. Benetta, Belluno, 10 pp. (Agr).

DE MARTIN, Gian Candido (1990): *I regioni regolieri cadorini tra diritto anteriore vivente e ordinamento vigente.* In: Gian Cadido DE MARTIN (a cura di): *Comunità di villaggio e proprietà collettiva in Italia e in Europa.* Cedam ed., Padova, pp. 195-226 (Rec).

DE MARTIN, Gian Candido (1983): *Le "regole" cadorine fra tradizione e adeguamento.* In: Dolomiti – rivista di cultura e attualità della provincial di Belluno 6, n. 3, pp. 7-21 (Rec).

DE VECCHI, Giuseppe (1977): *Tre aspetti delle attività silvo-pastorali nel Longaronese prima del 1963.* Istituto Bellunese di ricerche sociali e culturali, Belluno, 75 pp. (= Quaderni del Istituto n. 3) (Vol).

DI TOMMASO, Marco/MAMMANO, Gisella (2012): *Alla scoperta di malghe e casere.* Vol 1: *Prealpi,* Vol 2: *Dolomiti.* Ed. Tamari, Maserà di Padova, 128 + 223 pp. (= Itinerari alpini 109 + 110) (Pop).

FILIPPI, Fiorenzo (1985): *Atlante del territorio silvo-pastorale delle regole e del comune di Cortina d'Ampezzo.* Geo-Grafica Ed., Primiero (TN), 194 pp. (Rec).

FINCATI GIRARDI, Andreina (1999): *Andar per malghe sull'Altopiano di Asiago.* Libreria di Demetra, Colognola ai Colli (VR), 95 pp. (Pop).

FONTANIVE, Giorgio (2011): *Ciesmata (comune di Alleghe, Belluno) – storia di un alpeggio e del suo recupero.* A cura del Corpo Nazionale Soccorso Alpino e Speleologico, stazione di Alleghe. Tip. Piave, Belluno, 94 pp. (Pop).

GARDELLE, Charles/GUET, Jean (1970): *Les Alpages dans les Préalpes vénitiennes et les Dolomites.* Dans: Revue de Géographie Alpine 58, n° 1, pp. 189-191 (Geo).

GRAZIOLI, Domenico (2006): *L'alpeggio in una comunità montana dell'arco alpino orientale.* In: CAI - comitato scientifico (a cura di): *Percorsi scientifici. Tra geografia, ambiente e cultura nella montagna dell'Italia settentrionale.* Contributi a tre convegni scientifici del Comitato scientifico Ligure, Piemontese e Valdostano del CAI. Ed. Briganti, Genova, pp. 73-82 (Div).
Comunità montana di Feltre.

INNOCENTE, Mario (2005): *Malghe e formaggi del Grappa. Qualità e tradizione dei prodotti di montagna.* Associazione regionale produttori latte del Veneto, Lancenigo (TV), 61 pp. (Agr).

Koroschitz, Werner et al. (2010): *Le Malghe dell'area transfrontaliera...* Klagenfurt, 124 pp. (Veneto: pp. 80-122) (HE: Koroschitz AT/K) (Agr).

Lago, Luciano (1970): *La vita pastorale nel Comélico dopo il ritorno al frazionamento territoriale regoliero.* Università degli Studi di Trieste, Istituto di Geografia, Trieste, 57 pp. + 1 carta (= Monografie del Istituto di Geografia n. 1) (Geo).

Lorenzi, Raffaello (2010): *Valore Costituzionale dei Diritti sulle Terre Regoliere.* Tesi di laurea in Giurisprudenza, Università di Modena e Reggio Emilia. Europrint, Quinto di Treviso, 79 pp. (Rec).

Lorenzini, Claudio/Bernardin, Giuseppina (2013): *Assenti più o meno illustri – "Comunità alpine" e il bosco. Il caso delle Alpi orientali.* In: Histoire des Alpes/Storia delle Alpi/Geschichte der Alpen 18, pp. 179-195 (Rec).

Luchetta, Claudio A. (2017): *Casei, casere, casot, casurai di altri tempi sul territorio di Vallada e malghe storiche di Palmina da Inte, Pradaz e Costaza di proprietà di Vallada in comune di Falcade.* A cura di: Union Ladina Val Biois e Pro Loco Vallada Agordina. Libreria Alpina Itinera, Santa Giustina (BL), 133 pp. + 1 carta geografica (Spr).

Marcomini, Alberto/Castiglioni, Paolo/Castiglioni, Sara (2014): *Asiago in malga.* Stella Edizioni, Toscanella, 160 pp. (Div).

Maresio Bazolle, Antonio (1886): *Della monticazione estiva nel bellunese.* Capitolo estratto da lui da un suo lavoro maggiore, tuttora inedito. Tip. dell'Alpigiano, Belluno, 37 pp. Ristampa in: Antonio Maresio Bazolle: *Il possidente bellunese*, a cura di Daniela Perco. Feltre 1986 (Agr).

Merlo, Maurizio (1977): *L'organizzazione comunitaria della montagna veneta. Note storico-economiche.* In: Rivista di Storia dell'Agricoltura XVII, n. 1, pp. 37-58 (Rec).

Paniera, Walter (1994): *I pastori dell'Altopiano – transumanza e pensionatico.* In: Aldo Stella (a cura di): *Storia dell'Altopiano dei Sette Comuni – territorio e istituzioni.* Edizioni Neri Pozza, Vicenza, pp. 419-445 (Vol).

Pastore, Emilio (2002): *Le razze ovine autoctone del Veneto.* Regione del Veneto, Veneto Agricoltura. Verona, 143 pp. In appendice: Urbano Botrè: *Gli allevamenti ovini nelle tre venezie.* Ministero dell'Agricoltura e Foreste, Ispettorato agrario compartimentale, Venezia 1942, 55 pp. (Agr).

Pastore, Emilio/Fabbris, Luigi, a cura di (1999): *L'allevamento ovi-caprino nel Veneto. Analisi e prospettive future di un settore ricco di storia.* Regione del Veneto, Veneto Agricoltura, Verona, 197 pp. (Agr).

Perco, Daniela, a cura di (1997): *Insediamenti temporanei nella montagna bellunese.* Comunità Montana Feltrina, Centro per la Documentazione della Cultura Poplare. Libreria Pilotto editrice, Feltre, 215 pp. (= Quaderni del Centro per la Documentazione della Cultura Popolare 14) (Vol).

Perco, Daniela, a cura di (1991): *Malgari e pascoli. L'alpeggio nella provincia di Belluno.* Comunità Montana Feltrina/Centro per la Documentazione della Cultura Popolare. Libreria Pilotto editrice, Feltre, 251 pp. (= Quaderni del Centro per la Documentazione della Cultura Popolare 10) (Vol).

Perco, Daniela, a cura di (1982): *La pastorizia transumante nel Feltrino.* Comunità Montana Feltrina, Centro per la Documentazione della Cultura Popolare. Libreria Pilotto editrice, Feltre, 163 pp. (= Quaderni del Centro per la Documentazione della Cultura Popolare 3) (Pop).

Pertile, Antonio (1976): *I laudi del Cadore.* In: Massimo Guidetti/Paul H. Stahl (a cura di): *Un'Italia Sconosciuta.* Milano, pp. 123-133 (testo originale di 1889) (HE: Guidetti/Stahl 1976 IT) (Rec).

Posocco, Franco/Lorenzi, Stefano (2009): *Regole d'Ampezzo. L'obiettivo "Parco delle Dolomiti" come scelta strategica delle Regole di Ampezzo.* In: Archivio Scialoja-Bolla (Trento), n. 1, pp. 163-176 (Rec).

Pototschnig, Umberto (1953): *Le Regole della Magnifica Comunità Cadorina.* Società Editrice Vita e Pensiero, Milano, 151 pp. (Rec).

Quintarelli, G. (1923): *Note sulla Lessinia veronese – nomadismo montanaro.* In: Atti e memorie dell'Accademia d'agricoltura, scienze e lettere di Verona, serie IV, XXV, pp. 201-206 (Agr).

Regione Veneto (2019): *Situazione delle Regole costituite nel Veneto.* In: Regione del Veneto – il portale della Regione del Veneto: www.regione.veneto.it ⇢ cerca "regole" ⇢ le regole ⇢ situazione Regole nel Veneto (Rec).

In 17 comuni della regione Veneto esistono 51 "regole" (nel sito internet alla sezione "mappa" anche rappresentazione cartografica). Questi 17 comuni si trovano quasi tutti nelle Dolomiti in provincia di Belluno.

In 17 Gemeinden der Region Veneto gibt es 51 „Regole" (unter „mappa" auch Kartendarstellung). Diese liegen fast ausschließlich in den Dolomiten (Provincia di Belluno).

Rizzoli, Giulio (1976): *"Allmenden" germaniche dei Monti Lessini.* In: Massimo Guidetti/Paul H. Stahl (a cura di): *Un'Italia Sconosciuta.* Milano, pp. 149-156 (testo originale di 1906) (HE: Guidetti/Stahl 1976 IT) (Rec).

Rossi, Giovan Battista (1982): *Alpeggio e lavorazione del latte (capitoli 4 e 5).* In: Giovan Battista Rossi: *Civiltà agricola agordina. Appunti etnografici.* Nuovi Sentieri Editore, Belluno, pp. 135-154 + illustrazioni 193-222 (W+S).

Sauro, Ugo et al. (2013): *Tracce di antichi pastori negli alti Lessini.* La Grafica Editrice, Verona, 368 pp. (Vol).

Scarin, Emilio (1946): *Le "Regole" e l'insediamento stagionale della "Magnifica Comunità di Ampezzo".* In: Annuario dell'Istituto di Geografia Ateneo Genovese 2, pp. 118-170 (Geo).

Scarton, Dino, a cura di (1997): *Maiolere e malghe nel comune di Cesiomaggiore.* Ed. Rasai, Seren del Grappa, 134 pp. (Div).

Scheuermeier, Paul (2011): *Il Veneto dei contadini 1921 – 1932.* A cura di Daniela Perco et al.; Colla Editore, Vicenza, 324 pp. (= Cultura popolare veneta, 3ª serie) (W+S).

Tamis, Ferdinando (1990): *L'alpeggio nella storia agordina.* In: Archivio Storico di Belluno, Feltre e Cadore, anno 61, n. 270, pp. 22-32 e n. 271, pp. 82-90 (Div).

Tessaro, Piero (1998): *Montagne e malghe dal Grappa al Cesén. Immagini e memorie di alpeggio e vita in montagna su Grappa, Tomatico, Vallina e Cesén.* Con 370 foto d'epoca e recenti. Studio Editoriale Synthesis, Roma, 269 pp. (Vol).

Varini, Sergio (2019): *Transumanza bovina veneta.* In: Michele Corti (a cura di): *La transumanza tra storia e presente.* Corna Imagna, pp. 59-76 (HE: Corti 2019 IT) (Agr).

Varini, Sergio (2018): *La montagna che vive in pianura. XIX e XX, due secoli di migrazioni di uomini e di transumanza di bestiame – dalla montagna alla pianura fino alla gronda lagunare veneta.* Edizioni Bozzetto, Milano, 320 pp. (Agr).

Transumanza bovina tradizionale (fino al 1930) tra l'Altopiano di Asiago e la laguna Veneta; le abitazioni dei pastori si trovano al margine delle Alpi vicentine.

Traditionelle Rinder-Transhumanz (bis 1930) zwischen dem Altopiano di Asiago und der Küste bei Venedig; die Wohnorte der Hirten liegen am Rande der Alpen bei Vicenza.

Vendrami, Stefano/Viel, Laura, coordinamento (2010): *Buone pratiche gestionali delle malghe tra Veneto, Friuli-Venezia Giulia e Carinzia.* A cura della Regione del Veneto, Direzione Competitività Sistemi Agroalimentari, Mestre (Venezia), 71 pp. (= Transrural Network Almwirtschaft/Alpeggio) (Agr).

Viero, Leonello (2005): *La vera transumanza – mondo della malga ed altro.* Graficompos, Monselice (PD), 246 pp. (Agr).

Vigolo, Maria Teresia (1997): *La pastorizia.* In: Gian Battista Pellegrini (a cura di): *I lavori dei contadini.* Edizioni Neri Pozza, Vicenza, pp. 365-484 (= Cultura Popolare Vicentina) (Vol).

Zanderigo Rosolo, Giandomenico (2013): *I "laudi" delle Regole di Candide, Lorenzago e San Vito in Cadore.* Istituto Bellunese di ricerche sociali e culturali, Belluno, 585 pp. (= Quaderni del Istituto, serie "Diritto regoliero" n. 3) (Rec).

Zanetti, Laura/Berni, Paolo (1987): *Formaggi e cultura della malga.* Polisnova Ed., Verona, 129 pp.; 2. edizione: Nuova grafica Cierre, Verona 1988, 129 pp. (Vol).

Zeper, Nereo (2013): *Malghe e malgari agordini negli anni 1974 – 1975.* Istituto bellunese di ricerche sociali e culturali, Belluno, 249 pp. (= Quaderni del istituto 42) (Vol).

Ziliotti, Umberto, coordinamento (2004): *Tratti essenziali della tipologia veneta dei pascoli di monte e dintorni.* Regione del Veneto, Direzione regionale delle foreste e dell'economia montana ed Accademia Italiana di Scienze Forestali, giunta regionale, Venezia, 2 volumi, 264 + 208 pp. (Agr).

5.8 REGIONE FRIULI-VENEZIA GIULIA (FV)

Nel 1919 la Val Canale della Carinzia (con i comuni attuali Tarvisio, Malborghetto-Valbruna, Pontebba) entra a far parte dell'Italia. Questo cambiamento ha fino ad oggi un impatto sull'alpicoltura della regione (vedere FRENER 2008 IT/FV).

Im Jahr 1919 wurde das kärntnerische Kanaltal/Val Canale (heutige Gemeinden Tarvisio, Malborghetto-Valbruna, Pontebba) dem Staat Italien zugesprochen. Diese Veränderung hat bis heute Auswirkungen auf die Almwirtschaft in diesem Gebiet (siehe FRENER 2008 IT/FV).

Organizzazioni dell'alpicoltura:
Associazione Allevatori del Friuli Venezia Giulia: www.aafvg.it (vedere IT).

Siti Internet:
www.malghefvg.it Agenzia regionale per il sviluppo rurale (www.ersa.fvg.it), con una lista delle 55 malghe da latte della regione (italiano, deutsch, english).

Censimenti delle malghe:
PIRONA 1869

Monografie:
FALESCHINI 1970
PASUT 2016

Pubblicazioni:

AA.VV. (2008): *Malghe e tradizioni popolari.* Carsa per Editoriale FVG, Pescara, 93 pp. (= Meraviglie del Friuli Venezia Giulia 7) (Pop).

AA.VV. (2005): *Andar per casere in Carnia (54 escursioni).* A cura dell'Associazione Sezioni Carniche del Club Alpino Italiano/ASCA. Edizione Andrea Moro, Udine, 238 pp. (Pop).

AMATI, Renato (1961): *Il problema dell'alpeggio in Carnia.* In: Monti e Boschi – Rivista mensile di tecnica agraria e forestale e di vita montana (Milano) XII, pp. 4-18 (Agr).

AMBROSOLI, Mauro (2011): *Pastorizia e agricoltura nel Friuli in età moderna.* In: Antonello MATTONE/Pinuccia F. SIMBULA (a cura di): *La Pastorizia mediterranea. Storia e diritto (secoli XI – XX).* Carocci editore, Roma, pp. 667-690 (Div).

APT (2001): *Via delle malghe carniche – Karnischer Almweg.* Cooperativa Utopie Concrete e Azienda di Promozione Turistica della Carnia, Venzone, 12 fascicoli/Hefte, 192 pp. (Pop).

APT (1998): *La Via delle Malghe. Itinerari naturalistici.* Cooperativa Utopie Concrete e Azienda di Promozione Turistica della Carnia, Venzone, 96 pp. (Pop).

BARBACETTO, Stefano/DELL'OSTE, Gilbert/LORENZINI, Claudio (2016): *Per una storia dell'alpeggio nell'Incarojo (e in Carnia) fra tardo medioevo ed età moderna – problemi e prospettive.* In: Memorie Storiche Forogivliesi – giornale della depvtazione di storia patria per il Frivli (Udine) XCIV-XCV, pp. 121-149 (Div).

BARBACETTO, Stefano (2000): *"Tanto del ricco quanto del povero". Proprietà collettive ed usi civici in Carnia tra Antico Regime ed età contemporanea.* Coordinamento dei Circoli Culturali della Carnia (Cercivento). Lithostampa, Pasian di Prato, 405 pp. (= Mito e storia della Carnia 14) (Rec).

1. Le Origini e l'età patriarcale. 2. Ordinamento della Carnia d'antico regime. 3. Beni comuni di Carnia tra diritto proprio e legislazione veneta. 4. Beni promiscui e questioni di confine. 5. I Beni "comunali" di Carnia nel diritto del XIX secolo. 6. Le terre civiche di Carnia nel XX secolo. 7. Usi civici in senso stretto ed altri dirittivi collettivi. 8. Conclusioni.

BARBACETTO, Stefano (2000): *Le terre collettive in comune di Paluzza tra passato e presente.* In: Tischlbongara Piachlan – Quaderni di cultura timavese 4, pp. 16-42 (Rec).

Isola linguistica tedesca/Deutsche Sprachinsel Tischlwang/Timau in der Gemeinde Paluzza/UD.

BASSI, Ivana/CARESTIATO, Nadia (2016): *Common property organisations as actors in rural development. A case study of a mountain area in Italy.* In: International Journal of the Commons 10, no. 1, p. 363-386 (Rec).

Consorzi vicinali in Canal del Ferro e Val Canale.

BATTISTIG, Luisa, a cura di (2019): *Živiet na planinah/Vivere sui pascoli – Matajur.* Edizioni Most, Čedad/Cividale del Friuli, 119 pp. (Vol).

BERTHOD, Flavio (1901): *L'alpeggio.* In: Bullettino della Associazione Agraria Friulana, serie 4, 18, pp. 250-252 (Agr).

Bovolenta, Stefano/Romanzin, Alberto (2014): *Formaggi DOP alpine e razze allevate. Il Montasio "Solo di Pezzata Rossa Italiana"*. In: Quaderni SoZooAlp 8, pp. 23-38 (Agr).

Bovolenta, Stefano/Del Zan, Francesco/Menegon, Sandro (2010): *L'uomo domini sul bestiame... Dalla pastorizia alla zootecnica.* Agenzia regionale per lo sviluppo rurale/ERSA, Gorizia, 496 pp. (Agr).
La storia dell'allevamento in Friuli Venezia Giulia dall'Alto Medievo alla fine del '900.

Bovolenta, Stefano/Martellani, Virginia/Fabro, Carla/Susmel, Piero (2002): *L'alpeggio in Friuli Venezia Giulia – due casi di studio (Malga Pramosio/Carnia e Malga Le Valli e Malga Caolana/Pordenone).* In: Agribusiness, Paesaggio & Ambiente 6, n. 3, pp. 212-222 (Agr).

Braidot, Salvino (1972): *Il Montasio friulano.* Stamp. Dovetti, Udine, 79 pp. (= Quaderni della Fiera camponaria nazionale di Pordenone) (Div).

Braidot, Salvino (1936): *Il formaggio Montasio.* A cura del Comitato nazionale per il latte e suoi derivati. Società anonima arte della stampa, Roma, 29 pp. (Div).

Bulligan, F. (2004): *Pastori carnici a Fontanabona e Brazzacco.* In: Metodi e ricerche – rivista di studi regionali 23, n. 1, pp. 39-50 (Vol).

Carestiato, Nadia (2010): *Proprietà collettiva e sviluppo locale. Tre casi di studio in Friuli-Venezia Giulia.* In: Bollettino della Società geografica italiana, serie 13, vol. 3, n. 4, pp. 823-843 (Geo).

Carestiato, Nadia (2008): *Beni comuni e proprietà collettiva come attori territoriali per lo sviluppo locale.* Tesi di dottorato, dipartimento di Geografia, Università degli studi di Padova, Padova, 185 pp. (= Scuola di dottorato di ricerca in territorio, ambiente, risorse, salute, XX ciclo) (Geo).
Casi di studio: Comuni di Pesariis, Ravascletto e Carso Triestino.

Carestiato, Nadia (2006): *La proprietà collettiva come opportunità di sviluppo locale sostenibile.* In: Marina Bertoncin (coordinatore): Quaderni del Dottorato (Università di Padova, Dipartimento di Geografia, dottorato di Ricerca "Uomo e Ambiente") n. 1, pp. 79-88 (Geo).

Chiaradia, Giosuè (2015): *L'universo dimenticato – stalle, malghe, latterie nel Friuli Occidentale.* Forum Editrice Universitaria Udinese, Udine, 334 pp. (Hau).

Chiaradia, Goisuè (2014): *Le casere nel Friuli Occidentale. Aspetti di una millenaria civiltà scomparsa in pochi decenni.* In: Tierre Furlane/Terra Friulana 6, n. 21, pp. 48-59 (Hau).
A pagina 54 riproduzione della cartina di Tonizzo 1903 IT/FV.

Chiopris, Giordano/Pasut, Davide/Pittino, Ennio/Sanna, Maurizio/Volpe, Valentino (2014): *Das Monitoring der Almen für die Entwicklung der Almwirtschaft in Friaul-Julisch Venetien – Leitfaden für die Almbewirtschaftung/Il monitoraggio degli alpeggi per lo sviluppo dell'alpicoltura in Friuli-Venezia Giulia – linee guida per la gestione delle malghe/The Monitoring of alpine farms for the development of mountain agriculture in Friuli-Venezia Giulia – guidelines for alpine farm management.* Agenzia regionale per lo sviluppo rurale/ERSA, Gorizia, 271 pp. (Agr).

Chiopris, Giordano/Pittino, Ennio, a cura di (2013): *Malga che vai... Formaggio che trovi. Le malghe da latte della montagna friulana.* Agenzia regionale per lo sviluppo rurale/ERSA, Gorizia, 104 pp. (Agr).

Colledani, Gianni (1992): *Monteà e dismonteà. Malghe e malghesi delle nostre montagne.* In: Manlio Michelutti (a cura di): Âs Int e Cjere – il territorio dell'antica Pieve d'Asio. 69° congresso della Società Filologica Friulana. Udine, pp. 569-582 (Vol).

Čotar, Danijel (1988): *Il Montasio dalla A alla Z. Tradizione e tecnologia.* In: Giancarlo Ricci (a cura di): *Montasio, un sapore infinito.* Consorzio per la tutela del formaggio Montasio, Udine, pp. 41-110 (Div).

Da Pozzo, Ulderica (2004): *Malghe e Malgari.* Forum Editrice Universitaria Udinese, Udine, 256 pp., seconda edizione 2005 (Vol).

Danelutto, Antonio (2009): *Le malghe del Montasio.* In: Tierre Furlane/Terra Friulana – rivista di cultura del territorio (Udine) 1, n. 1, pp. 99-107 (Div).

DANELUTTO, Antonio (2003): *Le malghe del Montasio.* In: Emilia MIRMINA (a cura di): *Canal del Ferrro e Valcanale nel tempo.* Relazioni al convegno "Aspetti storici, economici e culturali del Canale del Ferro e della Valcanale" a Malberghetto. Cleup ed., Padova, pp. 104-116 (Div).

DE GASPERI, Giovanni Battista (1914): *Le casere del Friuli.* In: *Memorie geografiche*, supplemento alla Rivista Geografica Italiana VIII, n. 26, pp. 295-461 (= Studi sulle abitazioni umane in Italia 1) (Geo).

Vedere la presentazione di Philippe ARBOS in: Revue de Geógraphie Alpine 4/1916, n° 2, pp. 267-274.

DE ZORZI, Cristina/MARIUTTO, Annamaria, a cura di (2015): *Monte Casone – Farra e Fratte.* A cura dell'Associazione Lis Aganis – Ecomuseo regionale delle Dolomiti Friulane. Comune di Andreis, Andreis, 72 pp. (= Pagine dall'Ecomuseo 12) (Div).

DEGASPERI, Fiorenzo (2011): *I vecchi dei nostri vecchi erano pastori.* Ed. Curcu & Genovese, Trento, 303 pp. (Pop).

DEPOLLO, Vinicio/GUALANDRA, Giancarlo (1980): *Lassù sui monti - le malghe dimenticate.* Con appendice: Enrico MARCHETTANO: *I pascoli alpini della Carnia e del Canal del Ferro, descrizione critica di 215 malghe.* Estratto dal Bullettino dell'Associazione Agraria Friulana (Udine 1911). Ed. Graphik Studio, Udine, 119 pp. (Agr).

DOVIER, Simonetta/BOVOLENTA, Stefano/PASUT, Davide/VENERUS, Sonia (2006): *Le malghe della dorsale Cansiglio-Cavallo. Un progetto per la valorizzazione dell'attività alpicolturale.* Agenzia Regionale per lo Sviluppo Rurale/ERSA, Gorizia, 240 pp. (Agr).

DREOSSI, Gianfranco/PASCOLINI, Mauro (1995): *Malghe e casere della montagna friulana. Itinerari escursionistici per tutti.* Ed Co.EL, Udine, 159 pp.; seconda edizione: *Malghe e alpeggi della montagna friulana. Facili escursioni alla scoperta di storia, tradizioni e prodotti tipici.* Ed. Co.EL, Udine 2010, 223 pp. (Pop).

DUCA, Renato/DORSI, Marina/COSMA, Renato (2009): "...*Perché li abbiate a goder unitamente in comun a pascolo e legne." La singolare valenza storico-sociale dei beni comunali nel territorio di Monfalcone tra 16 e 19 secolo.* Associazione Culturale Bisiaca, Ronchi dei Legionari (GO), 224 pp. (Div).

FADELLI, Alessandro, a cura di (2015): *Storie di malghe e di alpeggio nel comune di Polcenigo.* Lis Aganis – Ecomuseo Regionale delle Dolomiti Friulane e comune di Polcenigo. Polcenigo, 48 pp. (= Pagine dell'ecomuseo 13) (Div).

FALESCHINI, Giuseppe (1970): *L'alpeggio in Carnia. Risultanze dell'indagine effetuata del dottore G. Faleschini.* A cura della Regione Autonoma Friuli-Venezia Giulia, Assessorato dell'Agricoltura, Foreste e Economia Montana. Editoriale Libraria, Trieste, 254 pp. (Agr).

FRENER, Magdalena (2008): *Die Bewirtschaftung von Überlandgrundstücken durch Agrargemeinschaften in den östlichen Karnischen Alpen. Historische Hintergründe, aktuelle Sachverhalte und mögliche künftige Strategien.* Masterarbeit am Institut für Raumplanung und Ländliche Neuordnung der Universität für Bodenkultur Wien bei Gerlind WEBER, Wien, 144 S. (Standort: Kärntner Landesarchiv in Klagenfurt) (Agr).

"Überlandgrundstücke" sono superficie agrarie di proprietà collettiva, che si trovano in territorio estero dal tracciamento del confine del 1918 (sei comunità agrarie di Carinzia con superfici in Friuli-Venezia Giulia, una comunità agraria friulana con superfici in Carinzia). Poiché tali "Überlandgrundstücke" sono per lo più alpeggi, questo studio viene menzionato qui. Vedere MERLIN 2019 AT/K.

„Überlandgrundstücke" sind Grundstücke von Agrargemeinschaften, die seit der Grenzziehung von 1918 im Ausland liegen (sechs Kärntner Agrargemeinschaften mit Flächen in Friaul-Julisch Venetien, eine Friauler Agrargemeinschaft mit Flächen in Kärnten). Da es sich bei diesen Überlandgrundstücken meist um Almflächen handelt, wird diese Arbeit hier aufgeführt. Siehe dazu MERLIN 2019 AT/K.

FURLAN, Andrej (1995): *Svojevrsten način planšarstva v Terski dolini ter analiza dveh primerov stavbne dediščine terskih planšarjev (Ein ungewöhnlicher Fall von Almbewirtschaftung im Hochtal Del Torre und die Analyse zweier Architekturbeispiele).* In: Planšarske stavbe v Vzhodnih Alpah: Stavba tipologija in varovanje stavbne dediščine: Zbornik (Die Sennhütten in den Ostalpen: Die Bautypologie und der Schutz der Sennhütten: Sammelband). Znanstvenoraziskovalni centre SAZU, Ljubljana, str. 111-118 (HE: CECV 1995 SI) (Vol).

GASPARDIS, Gian Battista (1914): *L'allevamento della pecora e della capra nel Goriziano.* In: Bullettino dell'Associazione Agraria Friulana 31, pp. 109-120 (Agr).

Giraldi, Nicolò (2018): *Andar per malghe in Friuli-Venezia Giulia.* A cura della Agenzia Regionale per lo Sviluppo Rurale/ERSA. GEDI, Trieste, 159 pp. (Pop).

Isabella, Domenico (2004): *Le malghe di Sauris fra tradizione orale e storia.* In: SM – Annali di San Michele 17, pp. 197-206 (HE: Kezich/Viazzo 2004 AL) (Vol).

Koroschitz, Werner et al. (2010): *Le Malghe dell'area transfrontaliera...* Klagenfurt, 124 pp. (Friuli: pp. 55-79) (HE: Koroschitz 2010 AT/K) (Agr).

Ledinek Lozej, Špela (2020): *Planšarstvo v Furlaniji-Julijski krajini (Alpine transhumance in Friuli-Venezia Giulia).* In: Mija Ogrin (urednica): *Življenje v Alpah: Življenje v Alpah nekoč in danes – od prve obljudenosti visokogorskega sveta pred več tisoč leti do trajnostnega razvoja turizma danes (Living in the Alps: Life in the Alps once and now – from the first population of the highlands thousands of years ago to the sustainable development of tourism today).* Zbornik posveta (Conference proceedings) 6. oktobra 2017, Stara Fužina, Bohinj. Bohinjska Bistrica: ArheoAlpe, zavod za kulturo, izobraževanje in turizem Bohinj. Stara Fužina, Turizem Bohinj, str. 94-101 (Vol).

Ledinek Lozej, Špela (2016): *Dairying in the mountain pastures in the Julian Alps. Heritages, utopias and realities.* In: Studia Ethnologica Croatica 28, p. 91-111 (Vol).

Loszach, Susanna/Menegon, Silvano/Pastore, Emilio/Bovolenta, Stefano (2007): *L'allevamento ovino e caprino sulla montagna del Friuli Venezia Giulia.* In: Quaderni SoZooAlp 4, pp. 51-62 (Agr).

Lucchini, G. (1933): *Alpeggio e malghe in Carnia.* Udine (Agr).

Marchettano, Enrico (1911): *I pascoli alpini della Carnia e del Canal del Ferro. Descrizione critica di 215 malghe.* In: Bullettino dell'Associazione Agraria Friulana – organo della Cattedra Ambulante Provinciale di Agricoltura 53/1908 – 56/1911. Con Cartina geografica di E. Marchettano nella scala 1: 100.000: *I pascoli alpini della Carnia e del Canal del Ferro (la numerazione corrisponde all'ordine seguito nella descrizione delle malghe.* Edizione libro: Edizione Seitz, Udine 1911, 150 pp. Ristampa: Depollo/Gualandra 1980 IT/FV (Agr).
Cattedra ambulante di agricoltura: vedere voce "Cattedre ambulanti di agricoltura" su: Wikipedia (IT).

Marinelli, Giovanni (1880): *Le casere del Friuli secondo la loro altezza sul livello del mare.* In: Bullettino dell'Associazione Agraria Friulana, n. 20-21, pp. 154-156 e 161-164 (Geo).

Merlin, Friedrich W. (2019): vedere AT/K

Mongiat, Bruno (2004): *La malga. La casa delle vacanze delle mucche. Progetto "Via delle malghe carniche".* Tip. Moro, Tolmezzo (Pop).

Musoni, F. (1914): *Influenza del carsismo sulla vita pastorale del bacino medio del Natisone.* In: Mondo sotterraneo IX, n. 6, pp. 103-125 (Geo).

Pascolini, Marta (2015): *Negli spazi dell'alpe. La malga, un luogo di tradizione nella montagna friulana.* In: Stefano Morandini (a cura di): *I luoghi della tradizione in Friuli.* Litografia Pasian, Prato, pp. 177-207 (Vol).

Pascolini, Mauro (2003): *Uso e trasformazione degli insediamenti temporanei in quota nella montagna friulana.* In: Ugo Mattana/Evelin Vardanega (a cura di): *Montagne, dimore, segni d'uomo. Rapporti in trasformazione.* Università di Padova, Padova, pp. 115-129 (= Quaderni del dipartimento di geografia 21) (Hau).
Pagina 115: Cartina "La distribuzione delle malghe, attive e non attive, della montagna friulana".

Pascolini, Mauro (2001): *L'alpeggio nelle Alpi orientali. Modelli storici e situazione attuale. Una prospettiva geografica.* In: Erreffe n. 43, pp. 71-81 (HE: Viazzo/Woolf 2001 AL) (Geo).

Pascolini, Mauro, a cura di (1997): *L'alpeggio nella regione Friuli-Venezia Giulia. Le prospettive di sviluppo dell'attività malghiva, gli aspetti socioeconomici e gli strumenti giuridico-normativi di sostegno nella legislazione regionale, nazionale e comunitaria – elaborati finali.* Università degli Studi di Udine, Dipartimento Economia, Società e Territorio (EST)/Regione Autonoma Friuli-Venezia Giulia, Servizio Autonomo per lo sviluppo della montagna. Udine (Geo).

Pascolini, Mauro (1996): *"Fra monti crodosi". Boschi e pascoli del Canale della Torre.* In: Gianfranco Ellero (a cura di): *Tarcint e Valadis de Tôr.* Atti del 73 congresso della Società Filologica Friulana. Edizioni Società Filologica Friulana, Tarcento, pp. 131-140 (Geo).

Pascolini, Mauro (1994): *Evoluzione del sistema insediativo nella val di Gorto – "la mont discjamada" – l'abbandono delle malghe.* In: Manlio Michelutti (a cura di): *In Guart – anime e contrade della Pieve di Gorto.* Atti del 71° congresso della Società Filologica Friulana. Udine, pp. 109-126 (Geo).

Pascolini, Mauro (1992): *L'alpeggio nelle Valli del Natisone. La perdita di un originale modello di sfruttamento delle risorse.* In: Vincenzo Orioles (a cura di): *Studi in memoria di Giorgio Valussi – testi raccolti.* Ed. Dell'Orso, Alessandria, pp. 45-62 (Geo).

Pascolini, Mauro/Tessarin, Nicoletta (1985): *Lavoro in montagna. Boscaioli e malghesi della regione alpina friulana.* FrancoAngeli, Milano, 235 pp. (= Collana dell'Istituto di sociologia internazionale 5) (Vol).

Pasut, Davide (2016): *Scenari per l'alpicoltura friulana.* Agenzia regionale per lo sviluppo rurale/ERSA, Gorizia, 233 pp. (Agr).

Pasut, Davide/Romanzin, Alberto/Bovolenta, Stefano (2016): *Malga Montasio. Una storia friulana.* Società per lo Studio e la Valorizzazione dei Sistemi Zootecnici Alpini, San Michele all'Adige, 150 pp. (Agr).

Pasut, Davide/Venerus, Sonia/Dovier, Simonetta/Bovolenta, Stefano (2004): *Le attività agro-pastorali nella dorsale Cansiglio-Cavallo – una risorsa per il territorio.* In: Quaderni SoZooAlp 1, pp. 102-118 (Agr).

Pecile, Domenico (1911): *L'attuale stato delle idee sui problemi pastorali e forestali e il loro cammino nell'ultimo decennio.* In: Bullettino dell'Associazione Agraria Friulana 56, n. 17-20, pp. 359-369 (Agr).

Perusini, Gaetano (1972): *Vita pastorale in Friuli. Premessa ad un'inchiesta etnografica.* In: Alpes Orientales VI. Acta Sexti Conventus de Ethnographia Alpium orientalium tractantis. München, pp. 11-17. E in: Ce fastu? Rivista della Società Filologica Friulana LXXXIII, n. 2, pp. 285-292 (Vol).

Pirona, L. (1869): *Statistica Pastorale. Annotazioni della Giunta di Statistica per la Provincia di Udine.* In: Bullettino dell'Associazione Agraria Friulana 14, pp. 465-551 (Sta).

Podrecca, Carlo (1976): *Le vicinie della Slavia italiana.* In: Massimo Guidetti/Paul H. Stahl (a cura di): *Un'Italia Sconosciuta.* Milano, pp. 157-168 (testo originale di 1885) (HE: Guidetti/Stahl 1976 IT) (Rec).

Sanson, Umberto (1997): *Malghe e malghesi a Caneva.* In: Gian Carlo Gri (a cura di): *Canevra.* Atti del 74° congresso della Società Filologica Friulana. Udine, pp. 47-58 (Vol).

Sanson, Umberto (1994): *Malghe e regolamento per l'uso del pascolo sulla montagna del comune di Polcenigo.* In: Sot la Nape (periodico della Società Filologica Friulana) 46, n. 1, pp. 79-98 (Vol).

Sanson, Umberto (1979): *La malga (El masonil).* In: Sot la Nape 31, n. 1, pp. 68-85 (Vol).

Scheidlin, August von (1876): vedere AT/K (Canalthal: II, 2)

Screm, Nazario (2006): *Le malghe antiche della valle d'Incaroja e la loro storia.* Tip. A. Moro, Tolmezzo, 157 pp. (Div).

Simonetti, Gualtiero/Visintini Romanin, Maria (2007): *Malghe nel tempo. Casere ed alpeggi nel comune di Forni Avoltri.* A cura del comune di Forni Avoltri. Tip. Cortolezziz, Paluzza (UD), 87 pp. (Div).

Tomadini, Mario (2017): *Il segreto della malga.* La Voce Ed., Pordenone, 143 pp. (Vol).

Tomadini, Mario (2011): *I pascoli del silenzio. Casere e caseranti nel Piano del Cavallo (1850 – 1950).* La Voce Ed., Pordenone, 284 pp. (Vol).

Tonizzo, Detalmo (1903): *I pascoli alpini nei distretti di Spilimbergo e Maniago.* In: Bullettino dell'Associazione Agraria Friulana serie IV, XX, pp. 113-216 + carta allegata (Agr).
Ristampa della carta allegata in: Chiaradia 2014 IT/FV, p. 54.

Valussi, Giorgio (1954): *Evoluzione delle attività economiche nella Val Degano con particolare riguardo alla vita pastorale.* A cura della Camera di Commercio, Industria e Agricoltura. Tip. Doretti, Udine, 151 pp. (Geo).

Vendrami, Stefano/Viel, Laura (2010): vedere IT/VE

Volpini, Cesare (1958): *I diritti di servitù sulle foreste demaniali del tarvisiano. Aspetti storici e riflessi attuali.* Centro Studi critici, Udine, 91 pp. (Rec).

Zilli, Sergio (2000): *Alpeggio e paesaggio. L'evoluzione del territorio dopo il declino dell'uso agro-pastorale della montagna friulana.* In: In Alto – cronaca della Società Alpina Friulana CXVIII, pp. 105-120 (Vol).

Zilli, Sergio (1996): *La permanenza delle malghe nella conca di Sauris/Der Verbleib der Almen in der Senke von Sauris.* In: AA.VV.: *Insediamenti alpini nelle Dolomiti, in Carnia e nei territori Walser/Alpine Siedlungen in den Dolomiten, in Karnien und in den Gebieten der Walser.* Regione Veneto + Fondazione G. Angelini. Verona/Belluno, pp. 145-161 (Vol).

Zilli, Sergio (1993): *Il declino dell'allevamento in quota nella montagna friulana. Il caso di Sauris.* In: Metodi e ricerche – rivista di studi regionali (Udine) XII, n. 2, pp. 95-110. Riedito e aggiornato in: Donatella Cozzi/Domenico Isabella/Elisabetta Navarra (a cura di): *Sauris Zahre – una comunità delle Alpi Carniche.* Forum Editrice Universitaria Udinese, Udine 1998, pp. 189-203 (Vol).

5.9 REGIONE LIGURIA (LI)

La parte centrale della catena montuosa delle Alpi Liguri con le cime le più alte e il maggior numero di alpeggi appartiene politicamente alla regione Piemonte (provincia di Cuneo). La regione Liguria comincia dalle Alpi liguri sul Monte Saccarello, e il Colle di Cadibona o Bocchetta di Altare segna il confine tra Alpi ed Appennino. La regione delle Langhe, che fa parte delle Alpi secondo la Convenzione delle Alpi, non viene inclusa.

Der zentrale Teil der Gebirgsgruppe der Ligurischen Alpen mit den höchsten Gipfeln und der größten Zahl der Alpweiden gehört zur Region Piemonte (Provincia di Cuneo). Die Region Liguria beginnt in den Ligurischen Alpen erst am Monte Saccarello, und die Grenze zwischen den Alpen und dem Apennin bildet der Colle di Cadibona oder Bocchetta di Altare. Das Langhe-Gebiet, das die Alpenkonvention zu den Alpen rechnet, wird hier nicht einbezogen.

Organizzazioni dell'alpicoltura:
I compiti dell'*Associazione Regionale Allevatori Liguria* sono trasferito da poco all'ARAP-Piemonte.

Siti Internet:
–

Censimenti degli alpeggi:
–

Monografie:
–

Pubblicazioni:

Bätzing, Werner (2018): *Die Hirtenkultur der Brigasker.* In: Werner Bätzing: *Grande Traversata delle Alpi. Der große Weitwanderweg durch die Alpen des Piemont.* Teil 2: *Der Süden – vom Susa-Tal ans Mittelmeer.* Rotpunktverlag, Zürich, 8., aktualisierte Auflage, S. 260-263 (Geo).

I brigaschi sono una cultura caratterizzata dalla transumanza inversa attorno il Monte Saccarello, le cui superfici agrarie appartengono oggi alla Francia (06), al Piemonte (CN) e alla Liguria (IM). Vedere Bellati 1979 IT/LI, Lamberti/Nesti 2019/LI, Massajoli 1984, 2009 IT/LI, Moriani 1981 IT/PI, Lanteri 2010 FR/06. I nuovi confini del 1947 hanno compromesso queste strutture e hanno indebolite fortemente la pastorizia transumante tradizionale e le proprietà collettive (vedere Ortolani 2012 FR/06).

Die Brigasker sind eine durch inverse Transhumanz geprägte Kultur um den Monte Saccarello herum, deren Gebiet heute zu Frankreich (06), zu Piemont (CN) und zu Ligurien (IM) gehört. Siehe Bellati 1979 IT/LI, Lamberti/Nesti 2019 IT/LI, Massajoli 1984, 2009 IT/LI, Moriani 1981 IT/PI, Lanteri 2010 FR/06. Die neuen Grenzen im Jahr 1947 haben die traditionellen Viehwanderungen und das traditionelle Gemeinschaftseigentum (siehe Ortolani 2012 FR/06) sehr stark beeinträchtigt.

Basso, Enrico (2011): *Tracce di consuetudini pastorali negli statuti del Ponente ligure.* In: Antonello Mattone/Pinuccia F. Simbula (a cura di): *La Pastorizia mediterranea. Storia e diritto (secolo XI – XX).* Carocci editore, Roma, pp. 133-153 (Vol).

Braccia, Roberta (2012): *Le proprietà collettive negli statuti rurali del Ponente ligure – alcuni rilievi e riflessioni.* In: Marc Ortolani et al. (sous la direction de): *Propriété individuelle et collective dans les États de Savoie.* Serre éditeur, Niçe, p. 47-61 (HE: Ortolani 2012 AL) (Rec).

Bellati, Giovanni (1979): *Un'isola territoriale in Liguria – Val Verdeggia*. In: Quaderni di Studi e Ricerche di Geografia Economica e Regionale (Genova) 8, 1976-79, pp. 94-149 (Geo).

Carretto, Giacomo (1976): vedere IT/PI

Forner, Werner (2015): *Nomenklaturen der Weidewirtschaft in den Südalpen*. In: Thede Kahl/Johannes Kramer/Elton Prifti (Hrsg.): *Romanica et Balcanica – Wolfgang Dahmen zum 65. Geburtstag*. Akademische Verlagsgesellschaft München, München, S. 235-264 (= Jenaer Beiträge zur Romanistik 7) (Spr).

Als „Südalpen" bezeichnet Forner die Region nördlich von Nizza/San Remo.

Gabellieri, Nicola/Pescini, Valentina/Tinterri, Daniele, a cura di (2020): *Sulle tracce dei pastori in Liguria. Eredità storiche e ambientali della transumanza*. SAGEP editore, Genova, 192 pp. (Div).

Lamberti, Andrea/Nesti, Walter (2019): *Alpi marittime – alla ricerca delle transumanze perdute*. In: Michele Corti (a cura di): *La transumanza tra storia e presente*. Corna Imagna, pp. 171-187 (HE: Corti 2019 IT) (Vol).

Lamboglia, Carmelo (1923): *La transumanza nelle Alpi Liguri*. In: Atti dell'VIII° Congresso Geografico Italiano (Firenze), vol. II, pp. 421-427 (Geo).

Massajoli, Pierleone/Boschieri, Paola (2009): *"A Sucetà da Binda" di Piaggia*. In: Il Nido d'Aquila – rivista etno-antropologica e linguistica delle culture delle Alpi Liguri-Marittime (Genova) 27, n. 51, pp. 5-16 (Vol).

Massajoli, Pierleone (1984): *Cultura alpina in Liguria – Realdo e Verdeggia*. Sagep Ed., Genova, 256 pp. (Vol).

Palmero, Beatrice (2020 e 2011): vedere IT/PI

Palmero, Beatrice (2008): *La réglementation de la conflictualité champêtre en milieu pastoral. Le cas des pâturages intercommunaux (Ligurie – Comté de Nice)*. Dans: Patrimoines du Haut Pays (Saint-Martin-Vésubie) 9, p. 82-105 (Div).

Petracco Sicardi, Giulia (1983): *Tra Liguria e Provenza – la transumanza degli ovini*. In: Christian Angelet et al. (a cura di): *Langue – dialecte – littérature – études romanes à la mémoire de Hugo Plomteux*. University Press Leuven, Leuven, pp. 253-261 (Vol).

Salsa, Annibale, a cura di (2002): *Pastorizia, transumanza e segni dell'uomo tra le Alpi e il bacino del Mediterraneo*. A cura di: Laboratorio di Antropologia Storica e Sociale delle Alpi marittime/LASA (Zuccarello). Stampa Zetagrafica, Mondovì, 157 pp. (= Quaderni di Antropologia delle Alpi marittime) (Div).

Scarin, Emilio (1952): *L'insediamento stagionale in Liguria – le sedi dell'allevamento pastorale*. Consiglio Nazionale delle Ricerche, Roma, 76 pp. (= Centro di studi per la geografia antropica presso l'Istituto di geografia della Università di Roma VII, fasc. II) (Geo).

Vecchiattini, Rita/Gnone, Marta (2015): *Costruzioni e paesaggi d'alpeggio delle Alpi liguri – conoscenza per una tutela possibile*. In: Il Capitale Culturale – Studies on the Value of Cultural Heritage (Macerata) 12, pp. 663-688 (Hau).

6. ÖSTERREICHISCHE ALPEN

6.1 GESAMTE ÖSTERREICHISCHE ALPEN (AT)

Publikationen, die die gesamten österreichischen West- (K, S, T, V) oder die gesamten österreichischen Ostalpen (N, O, St) umfassen, werden hier verzeichnet. Da es im Bundesland Burgenland, das einen sehr kleinen Anteil an den Alpen besitzt, keine Almen gibt, wird dieses Bundesland (genauso wie Wien) hier nicht berücksichtigt.

Publications which cover the entire western Austrian Alps (K, S, T, V) or the entire eastern Austrian Alps (N, O, St) are listed here. In the federal state of Burgenland, which occupies a very little part of the Alps, there is no alpine pasture farming, so Burgenland is not listed here (the same applies to Vienna).

Alm- und alpwirtschaftliche Organisationen:
Almwirtschaft Österreich (früherer Name: *Österreichische Arbeitsgemeinschaft für Alm und Weide*) mit der Zeitschrift „Der Alm- und Bergbauer – Fachzeitschrift für den bergbäuerlichen Raum" seit 1950 (9 Hefte pro Jahr): www.almwirtschaft.com

Internetseiten:
https://gruenerbericht.at Grüner Bericht 2019 des Bundesministeriums Nachhaltigkeit und Tourismus (Wien). Darin auf S. 167 Tabellen 2.1.9.2 und 2.1.9.3 mit Zahlenreihen zur Almwirtschaft (2000 – 2018).
www.alpwirtschaft.com Seite von Dipl.-Ing. Franz Legner (materialreich)
https://de.wikipedia.org/Agrargemeinschaft Agrargemeinschaft in Österreich. Das traditionelle Gemeinschaftseigentum, das in der Almwirtschaft eine große Rolle spielt, ist in Österreich heute als „Agrargemeinschaft" (juristische Person) gefasst.
www.schuleambauernhof.at Schule am Bauernhof und Erlebnis Alm (Bildung/Fortbildung).

Alm- und Alpstatistiken:
Alpkataster 1949-52: ÖSTAT 1955-57 (siehe dazu: Penz 1978, S. 18-19)
Almerhebung 1974: ÖSTAT 1976 (siehe dazu: Penz 1978, S. 18)
Almerhebung 1986: ÖSTAT 1988 (mit erweiterter Definition „Alm", deshalb Ergebnisse nicht direkt mit denen von 1974 vergleichbar)

Monographien:
Brugger/Wohlfahrter 1983
Glatz et al. 2005
Holzner 2007
Leidenfrost/Pascher 1958
Penz 1978
Schneiter 1948
Thallmayer 1907
Wohlfarter 1973
Zwittkovits 1974

Publikationen:

Ackerbauministerium, Hrsg. (1908): *Alpwirtschaftspolitik in Österreich.* Hrsg: k. k. Ackerbauministerium. Verlag Frick, Wien, 99 S. (Agr).

Aigner, Susanne/Egger, Gregory (2010): *Tourismus – ein wirtschaftliches Standbein für die Almwirtschaft in Österreich.* In: Jahrbuch des Vereins zum Schutz der Bergwelt (München) 74-75, S. 17-28 (Agr).

Aigner, Susanne/Egger, Gregory/Gindl, Gerhard (2003): *Almen bewirtschaften. Pflege und Management von Almweiden. Praxisbuch.* Leopold Stocker-Verlag, Graz, 126 S. (Agr).

Albrecht, Hans (1943): *Neuzeitliche Praxis der Almwirtschaft.* Reichsnährstandsverlag, Innsbruck, 92 S. (= Die bergländische Landwirtschaft 1) (Agr).

ALBRECHT, Hans (1922): *Unsere Almen – unser Nationalreichtum. Ein Mahnruf zur Hebung der Landwirtschaft Österreichs.* Heimatverlag Stocker, Graz, 26 S. (= Landhefte) (Agr).

ALP Austria (2006): *ALP Austria – Programm zur Sicherung und Entwicklung der alpinen Kulturlandschaft.* Zweijähriges inter- und transdisziplinäres Forschungsprojekt (Wissenschaft, Politik und österreichische Arbeitsgemeinschaft für Alm und Weide). Auftraggeber: Lebensministerium (Wien) und Bundesländer Kärnten, Oberösterreich, Steiermark, Salzburg, Tirol, Vorarlberg. Gesamtkoordination: Umweltbüro Klagenfurt, Klagenfurt. Ziele: Darstellung der Almwirtschaft (9.116 bewirtschaftete Almen mit gut 1 Mio. Hektar Fläche), Erfassung des Handlungsbedarfs und Erarbeitung von Strategien, Maßnahmen und Optionen für eine nachhaltige, ökonomisch, ökologisch und sozial verträgliche Bewirtschaftung der Almen gemäß der Alpenkonvention. Die Ergebnisse stehen im Internet auf der Seite www.almwirtschaft.com ⇢ Almwirtschaft ⇢ Projekte ⇢ Alp Austria. Alle Projektberichte werden im Jahr 2006 herausgegeben vom Lebensministerium in Wien (hier ohne die naturwissenschaftlich-ökologischen Berichte aufgeführt):
- Alp Austria: *Literaturdatenbank.* 38 S. (1500 Titel) (Bib).
- ALP Austria: *Metadatenbank* (Agr).
- EGGER, Gregory/BOGNER, Daniel/RESSI, Wolfgang: *Projekthandbuch.* 62 S. (Agr).
- RESSI, Wolfgang/GLATZ, Susanne/EGGER, Gregory/BOGNER, Daniel: *Programm und Plan zur Entwicklung der Almwirtschaft.* 262 S. (= Vernetzung der Ergebnisse) (Agr).
- PARIZEK, Thomas: *Almen und Almwirtschaft in Österreich. Auswertung und Analyse der landwirtschaftlichen Struktur der österreichischen Almwirtschaft.* 77 S. (Agr).
- WAGNER, Klaus/BOGNER, Daniel/RESSI, Wolfgang/PARIZEK, Thomas/FUCHS, Magdalena: *Almregionen Österreichs und deren Analyse.* 105 S. (Agr).
- TRIXL, Hubert: *Was die Alm leistet. Beschreibung und Bewertung der Funktionen der Almflächen mit Hilfe von Nachhaltigkeitskriterien.* 114 S. (Agr).
- GREIF, Franz/RIEMERTH, Astrid: *Gesamtökonomische Bedeutung der Almen Österreichs. Eine statistische Komplexanalyse.* 33 S. (Agr).
- OBERHAMMER, Martin: *Betriebswirtschaftliche Analyse von Almbetrieben.* 118 S. (Agr).
- ARNBERGER, Arne/MUHAR, Andreas/STERL, Petra: *Auswirkungen des Tourismus.* 52 S. (Div).
- BUCHGRABER, Karl/BOHNER, Andreas: *Gutachten über die Auswirkungen von Wintersporteinrichtungen auf die landwirtschaftliche Nutzung der Almen (an den Beispielen Obertauern und Zauchensee).* 30 S. (Div).
- KIRCHENGAST, Christoph: *Kulturwissenschaftliche Perspektiven.* 140 S. (Div).
- HAAS, Rainer/MEIXNER, Oliver: *Strategisches Marketingkonzept.* 125 S. (Div).
- HELLEBART, Stefan: *Almwirtschaft und Schutzfunktion.* 80 S. (Div).
- HELLEBART, Stefan: *Weiterentwicklung von Einforstungsalmen.* 83 S. (Div).
- HUBER, Thomas/BERGLER, Franz: *Wildökologie und Jagd.* 60 S. (Div).
- WEISS, Michael: *Multifunktionale Neuordnung von Wald und Weide am Beispiel der Rettenbachalm bei Bad Ischl.* 108 S. (Agr).
- GLATZ, Susanne/EGGER, Gregory/AIGNER, Susanne: *Auswirkungen von Natura 2000 auf Almen.* 163 S. (Div).
- EGGER, Gregory/RIPPEL-KATZMAIER, Irene/ANGERMANN, Karoline/AIGNER, Susanne: *Alpwirtschaftsplan Gibau. Almwirtschaftlicher Maßnahmenplan im Natura 2000-Gebiet Verwall (Vorarlberg).* 111 S. (Agr).
- EGGER, Gregory/RIPPEL-KATZMAIER, Irene/ANGERMANN, Karoline/AIGNER, Susanne: *Almwirtschaftsplan Obersehren (Bregenzerwald).* 91 S. (Agr).

Siehe auch: AIGNER/EGGER 2010 AT, EGGER 2006, GLATZ et al. 2005 AT, KIRCHENGAST 2008 AT, SCHÖNHART 2015 AT.

BARBACETTO, Stefano (2020): *Gemeindegut und Nutzungsrechte in der Judikatur des österreichischen Verwaltungsgerichtshofes (1876-1918).* In: Zeitschrift für Neuere Rechtsgeschichte 42, Nr. 1-2, S. 1-31 (Rec).

BAUER, Josef Ritter von (1912): *Das österreichische Alpenrecht.* Inaugurationsrede (Studienjahr 1912/13), gehalten von dem antretenden Rektor (der Hochschule für Bodenkultur). In: Veröffentlichungen der Hochschule für Bodenkultur 1912, S. 20-40 (Rec).

BERGER, Herfried (1964): *Die almgeographische Situation in Österreich.* In: Wolfgang HARTKE/Karl RUPPERT (Hrsg.): *Almgeographie.* Wiesbaden, S. 115-137 (HE: HARTKE/RUPPERT 1964 AL) (Geo).

Bruckmüller, Peter/Schmittner, Friedrich (1966): *Die land- und forstwirtschaftlichen Gemeinschaften und die Einforstungsrechte in Österreich.* Hrsg. und Verlag: Bundesministerium für Land- und Forstwirtschaft, Wien, 50 S. (= Der Förderungsdienst – Zeitschrift für Lehr- und Beratungskräfte 14/1966, Sonderheft 1) (Agr).

Brugger, Oswald/Wohlfarter, Richard (1983): *Alpwirtschaft heute.* Leopold Stocker-Verlag, Graz/Stuttgart, 268 S. (Agr).

Cizek, Karl (1879): *Der Streit um die Gemeinde-Gründe. Eine verwaltungsrechtliche Studie.* Druck und Verlag der Buchdruckerei W. Nagel, Prag, 69 S. (Rec).

Conrad, Kurt (1971): *Zur Gerätekunde der Almwirtschaft.* In: Österreichische Zeitschrift für Volkskunde, Neue Folge XXV, Gesamtserie 74, Heft 1, S. 1-20. Nachdruck in: Kurt Conrad: *Die Landschaft als Spiegelbild der Volkskultur. Hausforschung, Heimatpflege, Naturschutz, Volkskunde in Salzburg, ausgewählte Aufsätze und Vorträge. Festschrift für Kurt Conrad zum 70. Geburtstag.* Gesellschaft für Salzburger Landeskunde, Salzburg 1990, S. 454-471 (Vol).

Conrad, Kurt (1979): *Almbrauchtum I – III.* In: Richard Wolfram (Hrsg.): *Österreichischer Volkskundeatlas.* Verlag Böhlau, Wien, 6. Lieferung, Karten 108-111 und Kommentar 59 S. (Vol).

Themen: Viehsegnungen und Maulgabe vor dem Almauftrieb; Herdengeläute bei der Almfahrt; Termintage für den Almabtrieb; Namen der beim Almabtrieb verteilten Gebäcke und Speisen; Geisterhafte Wesen, für die man in der Almhütte Speisereste zurückläßt; Schmuck der Rinder beim Almabtrieb.

Domes, Norbert (1948): *Alpwirtschaftliche Karten.* Geographische Gesellschaft Wien, Wien, 20 S. (= Abhandlungen der Geographischen Gesellschaft in Wien XVI, Heft 1) (Geo).

Domes, Norbert (1936): *Die klimatisch bedingte Abhahme des Ertrages von Wald und Weide im Gebirge. Eine Untersuchung über die Gesetze der Abnahme der Hektarerträge mit der zunehmenden absoluten Höhe in den österreichischen Alpen.* Verlag Gerold's Sohn, Wien, 256 S. (Geo).

Egger, Gregory (2006): *Schutzgebietsmanagement auf Almen in Natur 2000-Gebieten.* Bundesministerium für Land- und Forstwirtschaft, Umwelt und Wasserwirtschaft, Wien, 99 S. (Agr).

Fischer, Markus, Redaktion (2018): *Altes Wissen, Almkultur & Almbräuche.* Hrsg. und Verleger: Almwirtschaft Österreich und Ländliches Fortbildungsinstitut Österreich (LFI), Wien, 28 S. (= Fachunterlagen zur Almwirtschaft) (Agr).

Fischer, Markus, Redaktion (2018): *Almprodukte und Produkt Alm.* Hrsg. und Verleger: Almwirtschaft Österreich und Ländliches Fortbildungsinstitut Österreich (LFI), Wien, 28 S. (= Fachunterlagen zur Almwirtschaft) (Agr).

Frödin, John (1941): *Die Alp- und Sennwirtschaft der Ostalpen.* In: Zentraleuropas Alpwirtschaft. Oslo, Bd. 2, S. 401-579 (HE: Frödin 1940-41 AL) (Geo).

Fruwirth, C. (1887): *Die Bewirtschaftung der Alpen.* In: Mitteilungen des Deutschen und Österreichischen Alpenvereins 13, Nr. 13, S. 143-145 und Nr. 14, S. 163-167 (Div).

Galler, Josef (2009): *Almbewirtschaftung. Weidemanagement, Düngung, Nachsaat, Unkrautregulierung, Almsanierung. Praxisratgeber.* Landwirtschaftskammer Salzburg, Salzburg, 47 S. (Agr).

Gayl, Albert (1951): *Ordnung von Wald und Weide im Bereich der Almen.* In: Angewandte Pflanzensoziologie (Springer, Wien) 2, S. 5-40 (Div).

Glatz, Susanne/Egger, Gregory/Bogner, Daniel/Aigner, Susanne/Ressi, Wolfgang (2005): *Almen erleben. Wert und Vielfalt der österreichischen Almkultur.* K-Verlag, Klagenfurt, 160 S. (Agr).

Grundlage: Projekt ALP Austria.

Glauert, Günter (1952): *Die Almwirtschaft als landschaftsgestaltender Faktor in den Ostalpen im Wandel der Zeiten.* In: Deutscher Geographentag 1951 – Tagungsbericht und wissenschaftliche Abhandlungen. Remagen, S. 235-242 (Geo).

GÖV (1906): *Die Hebung der österreichischen Alpenwirtschaft.* 153. Plenarsitzung der Gesellschaft österreichischer Volkswirte (GÖV), abgehalten am 13. November 1906. Verlag der Gesellschaft österreichischer Volkswirte, Wien, 72 S. (Div).

Grabenwarter, Christoph/Lienbacher, Georg (2004): *Verfassungsfragen von Rechten an Wald und Weide.* Neuer Wissenschaftlicher Verlag NWV, Wien/Graz, 160 S. (= Neue juristische Monographien 24) (Rec).

Greif, Franz/Kreisl, Reinhard (1989): *Anteils- und Nutzungsrechte in der österreichischen Land- und Forstwirtschaft.* Hrsg.: Bundesanstalt für Agrarwirtschaft. Österreichischer Agrarverlag, Wien, 109 S. (= Schriftenreihe Bundesanstalt für Agrarwirtschaft 57) (Agr).

Inhalt: 1. Einleitung. 2. Anteils- und Nutzungsrechte nach der Erhebung 1969/70. 3. Die Österreichischen Bundesforste als größter belasteter Betrieb. 4. Entwicklung und Bedeutung der Einforstungsrechte. 5. Die Bedeutung der Weiderechte für die Agrarstruktur. 6. Schlußfolgerungen. Siehe ÖSTAT 1977 AT.

Greif, Franz/Schwackhöfer, Wolfgang (1983): *Funktionen von Almen und ihre Messung.* Österreichischer Agrarverlag, Wien 337 S. (= Schriften der Bundesanstalt für Agrarwirtschaft 40) (Agr).

Groier, Michael, Bearbeiter (2010): *Almstatistik 2009. Zahlen und Fakten zur österreichischen Almwirtschaft.* Bundesanstalt für Bergbauernfragen, Wien, 80 S. (= Facts & Features 43) (Agr).

Groier, Michael (1993/94): *Situation und Entwicklungsperspektiven der Bergland- und Almwirtschaft.* In: Der Alm- und Bergbauer 43, S. 416-436 und 478-479 und 44, S. 18-33 (Agr).

Groier, Michael (1993): *Die Almwirtschaft in Österreich. Bedeutung und Struktur.* Bundesanstalt für Bergbauernfragen, Wien, 18 S. (= Facts & Features 11) (Agr).

Groier, Michael (1993): *Bergraum in Bewegung. Almwirtschaft und Tourismus – Chancen und Risiken.* Bundesanstalt für Bergbauernfragen, Wien, 255 S. (= BABF-Forschungsbericht 31) (Agr).

Das zentrale Fallbeispiel stammt aus der Steiermark.

Haller, Wolfram (1951): *Die rechtlichen Grundlagen für die Durchführung der Trennung von Wald und Weide.* In: Angewandte Pflanzensoziologie (Springer, Wien) 2, S. 41-52 (Rec).

Hangel, G. (1921): *Bedeutung der Almwirtschaft in Deutschösterreich und ihre Wechselbeziehungen zur Land- und Forstwirtschaft.* In: Erster österreichischer Almwirtschaftstag in Salzburg. Wien, S. 33-45 (Agr).

Heidegger, Elisabeth, Bearbeitung (2011): *Almkulinarik in Österreich – bäuerliche Köstlichkeiten von der Alm.* Hrsg.: Landwirtschaftskammer Österreich/Ländliches Fortbildungsinstitut. Niederösterreichische Landes-Landwirtschaftskammer, St. Pölten, 59 S. (Pop).

Holzner, Wolfgang (2007): *Almen. Almwirtschaft und Biodiversität.* Böhlau-Verlag, Wien/Köln/Weimar, 300 S. (= Grüne Reihe des Lebensministeriums 17) (Div).

Hubatschek, Erika (1950): *Zur Umgestaltung der Landschaft durch Almwirtschaft und Bergmahd.* In: *Alpengeographische Studien aus dem Geographischen Institut der Universität Innsbruck zum 50. Geburtstag von Prof. Dr. Hans Kinzl.* Universitätsverlag Wagner, Innsbruck, S. 141-154 (= Der Schlern 65) (Geo).

Hugelmann, Karl Gottfried (1916): *Das Recht der „Agrargemeinschaften" in den deutschen Alpenländern.* Teil I: *Die Theorie der „Agrargemeinschaften" im österreichischen bürgerlichen Recht.* In: Notariatszeitung (Wien), Nr. 16, S. 126 ff., Nr. 17, S. 134 ff., Nr. 18, S. 144 ff., Nr. 19, S. 153 f., Nr. 20, S. 159 f. (Rec).

Jaritz, Günter/Burkart-Aicher, Bettina, Hrsg. (2013): *Almen aktivieren – neue Wege für die Vielfalt. Projektergebnisse und Empfehlungen.* Hrsg. und Verlag: Amt der Salzburger Landesregierung, Abt. 13 Naturschutz und Akademie für Naturschutz und Landschaftspflege, Salzburg/Laufen, 67 S. (Div).

Jugoviz, Rudolf Anton (1908): *Wald und Weide in den Alpen. Einführender Teil: Ein Beitrag zum Ausgleiche der Spannungen zwischen Forst- und Landwirtschaft in den österreichischen Alpenländern.* Verlag W. Frick, Wien, 98 S., Nachdruck 2017 (Agr).

Kaltenegger, Ferdinand (1879-1904): *Rinder der österreichischen Alpenländer.* Hrsg. vom k.k. Ackerbau-Ministerium. Verlag Faesy & Frick, Wien, 6 Hefte in 7 Teilen (= Die Österreichischen Rinder-Racen 1) (Agr):
- 1. Heft: *Oberinnthaler und Lechthaler Typus, Tyrol.* 1879, 160 S.
- 2. Heft: *Montavoner Typus und Landvieh in Vorarlberg.* 1880, 207 S.
- 3. Heft: *Etschthaler und Wippthaler Typus in Tyrol.* 1884, 120 S.
- 4. Heft: *Westliche Gruppe der gleichmäßig einfärbigen Typen: Grau- und Braunvieh in Italienisch-Südtirol.* 1889, 313 S.

- 5. Heft: *Mittlere Gruppe der geflecktfarbigen Typen: Duxer, Zillerthaler, Pusterthaler und Pinzgauer Typus in Tirol.* 1893, 211 S.
- 6. Heft: *Salzburg, Kärnten, Steiermark.* I. (allgemeiner) Theil. 1897, 128 S.
- 6. Heft: *Salzburg, Kärnten, Steiermark.* II. (spezieller) Theil. 1904, 293 S.

Die „Alpwirthschaft“ spielt in allen Bänden eine wichtige Rolle.

KIRCHENGAST, Christoph (2009): *Chameleon Alm – alpine pastures and huts as collective symbols in Austria.* In: Luca FAORO/ Giovanni KEZICH (a cura di): *Quaggiù sulle Montagne.* Atti del SPEA (Seminario Permanente di Etnografia Alpina) n. 11. Museo degli Usi e Costumi della Gente Trentina, San Michele all'Adige, pp. 307-329 (= SM – Annali di San Michele 22) (Vol).

KIRCHENGAST, Christoph (2008): *Über Almen. Zwischen Agrikultur & Trashkultur.* innsbruck university press, Innsbruck, 138 S. (= Alpine space 5) (Vol).

KIRCHNER, Georg (1957): *Die Almwirtschaft.* In: A. SCHNEIDER/ E. BAIER/L. HULA (Hrsg.): *Acker-, Grünland- und Almwirtschaft.* Verlag Georg Fromme, Wien/München, 135 S. (= Lehrbuch der Landwirtschaft Teil II: Spezieller Pflanzenbau) (Agr).

KIRNER, Leopold/WENDTNER, Sabine (2012): *Ökonomische Perspektiven für die Almwirtschaft in Österreich im Rahmen der GAP bis 2020 und nach dem Auslaufen der EU-Milchquote. Forschungsbericht.* Bundesanstalt für Agrarwirtschaft, Wien, 74 S. (= Agrarpolitischer Arbeitsbehelf 41) (Agr).

KLEIN-BRUCKSCHWAIGER, Franz (1967): *Almstudien in Österreich und die Innsbrucker Schule der Almforschung.* In: Zeitschrift für Agrargeschichte und Agrarsoziologie 15, S. 23-32 (Agr).

KOBER, Rudolf (1937): *Die Alpverbesserungen in Anlage und Ausführung.* Verlag Carl Gerold's Sohn, Wien/Leipzig, 650 S. (Agr).

KOHL, Gerald/OBERHOFER, Bernd/PERNTHALER, Peter/RABER, Fritz, Hrsg. (2012): *Die Agrargemeinschaften in Westösterreich. Gemeinschaftsgut und Einzeleigentum.* Verlag LexisNexis. New York, 592 S. (Rec).

KREISL, Reinhard (1965): *Die Weidenutzungsrechte. Ein wirtschafts- und agrar- bzw. forstpolitisches Problem.* Dissertation an der Hochschule für Bodenkultur, Wien, 120 S. (Rec).

LEIDENFROST, Kurt/PASCHER, Otto (1958): *Almwirtschaft. Ein Leitfaden.* Hrsg. aus Anlaß des zehnjährigen Bestehens der Österreichischen Arbeitsgemeinschaft für Alm und Weide. Verlag Carl Gerold's Sohn, Wien, 120 S. (Agr).

LICHTENBERGER, Elisabeth (1975): *Forschungsrichtungen der Geographie – das österreichische Beispiel 1945 – 1975.* In: Mitteilungen der Österreichischen Geographischen Gesellschaft 117, S. 1 – 116 (Geo).

Unter 3.5 „Forschungen im ländlichen Raum“ wird als Abschnitt 3.5.4 explizit die „Almgeographie“ ausgewiesen (S. 60) und im Literaturverzeichnis werden dazu 40 Titel genannt. Auffällig ist, dass LICHTENBERGER in der Fortsetzung („Standort und Entwicklung der österreichischen Geographie 1975 – 1986“. In: Geographischer Jahresbericht aus Österreich XLV/1988, S. 41-80) die Almgeographie nicht mehr erwähnt.

LICHTENBERGER, Elisabeth (1965): *Das Bergbauernproblem in den österreichischen Alpen. Perioden und Typen der Entsiedlung.* In: Erdkunde 19, S. 39-57. Nachdruck in: Elisabeth LICHTENBERGER: *Gelebte Interdisziplinarität – ausgewählte Schriften geographischen Forschens.* Verlag der Österreichischen Akademie der Wissenschaften (ÖAW), Wien 1995, S. 149-183 (= ÖAW-Beiträge zur Stadt- und Regionalforschung 14) (Geo).

Bei der zentral wichtigen Unterscheidung zwischen „Waldbauern“ (im Osten) und „Almbauern“ (im Westen) spielt die Almwirtschaft die ausschlaggebende Rolle.

MANDL, Franz (2003): *Die schönsten Almen im Herzen Österreichs. Dachsteingebirge, Niedere Tauern, Salzkammergut.* Sonderband der Mitteilungen der ANISA, Haus im Ennstal, 312 S. (Pop).

MEIBERGER, Eva/WEICHBOLD, Martin (2010): *Konkurrenz – Kooperation. Almwirtschaft und Almtourismus.* In: Roman EGGER (Hrsg.): *Tourismus im Spannungsfeld von Polaritäten.* Lit-Verlag, Wien, S. 163-176 (= Wissenschaftliche Schriftenreihe der FHS-Forschungsgesellschaft in Puch bei Hallein) (Div).

MERLIN, Friedrich Walter/HELLEBART, Stefan/MACHATSCHEK, Michael, Hrsg. (2007): *Bergwelt im Wandel. Festschrift Erika Hubatschek zum 90. Geburtstag.* Verlag des Kärntner Landesarchivs, Klagenfurt, 278 S. (Div).

Darin Teil 3: Almwirtschaft einst und heute. Siehe ELLMAUER 2007 AT/O, PENZ 2007 AT, MERLIN 2007 AT, SEHER 2007 AT/K, MANDL 2007 AT/St, BIZJAK 2007 SI.

Merlin, Friedrich Walter (2007): *Almwegebau im Spannungsfeld Naturschutz – Landwirtschaft.* In: *Bergwelt im Wandel – Festschrift Erika Hubatschek zum 90. Geburtstag.* Klagenfurt, S. 124-130 (HE: Merlin/Hellebart/Machatschek 2007 AT) (Agr).

Nestroy, Othmar (1992): *Almen und Almwirtschaft Österreichs – Aspekte, Tendenzen und Visionen.* In: Schriften des Vereins zur Verbreitung naturwissenschaftlicher Kenntnisse in Wien 130/131, S. 25-42 (Geo).

Nestroy, Othmar (1992): *Die österreichische Almwirtschaft im Aufwind.* In: Schriften zur Wirtschaftsgeographie und Wirtschaftsgeschichte (Duisburg) 5, S. 47-74 (Geo).

Nestroy, Othmar (1984): *Wandel und Probleme der österreichischen Almwirtschaft.* In: Schriften des Vereins zur Verbreitung naturwissenschaftlicher Kenntnisse in Wien 122/123, S. 11-25 (Geo).

ÖSTAT (1988): *Die Almwirtschaft in Österreich im Jahre 1986.* Österreichisches Statistisches Zentralamt/ÖSTAT, Wien, 103 S. (= Beiträge zur Österreichischen Statistik 901) (Sta).

ÖSTAT (1988): *Almwirtschaft.* In: Österreichisches Statistisches Zentralamt (Hrsg,): Statistik-Atlas Österreich, Wien, 2. Jahrgang, Blatt 7, bestehend aus 3 Seiten mit 3 Karten und Text (Div).

ÖSTAT (1977): *Erhebung der Anteils- und Nutzungsrechte 1969/70.* Österreichisches Statistisches Zentralamt/ÖSTAT, Wien, 165 S. (Agr).

Es geht um die historisch bedingten Wald- und Weidenutzungsrechte von land- und forstwirtschaftlichen Betrieben auf gemeinschaftlich genutzten Grundstücken („Anteilsrechte") und auf fremdem Grund („Nutzungsrechte"). Diese sind vor allem in den westlichen Bundesländern (nach Lichtenberger 1965 AT „Almbauerngebiet") für die dortigen Betriebe „nach wie vor lebenswichtig" (S. 7). Fortführung siehe Greif/Kreisl 1989 AT.

ÖSTAT (1976): *Ergebnisse der Alperhebung 1974.* Österreichisches Statistisches Zentralamt/ÖSTAT, Wien, 120 S. (= Beiträge zur Österreichischen Statistik 434) (Sta).

ÖSTAT (1955-57): *Ergebnisse der Alpstatistik Österreichs.* Österreichisches Statistisches Zentralamt, Wien, 8 Hefte (Arbeitsbehelf) (Sta):

- 1. *Niederösterreich.* 1955, 28 S.
- 2. *Kärnten.* 1955, 31 S.
- 3. *Steiermark.* 1955, 59 S.
- 4. *Oberösterreich.* 1955, 31 S.
- 5. *Salzburg.* 1955, 31 S.
- 6. *Tirol.* 1957, 31 S.
- 7. *Vorarlberg.* 1957, 31 S.
- 8. *Gesamtergebnisse.* 1957, 31 S.

Papathanassiou, Maria (2011): *Sennerinnen. Zur Geschichte ländlicher Frauenarbeit in den österreichischen Alpen vom späten 18. Jahrhundert bis in die Zwischenkriegszeit.* In: Histoire des Alpes/Storia delle Alpi/Geschichte der Alpen 16, S. 297-317 (Vol).

Penz, Hugo (2007): *Entwicklungstendenzen der Almen in den österreichischen Alpen seit dem Zweiten Weltkrieg.* In: *Bergwelt im Wandel – Festschrift Erika Hubatschek zum 90. Geburtstag.* Klagenfurt, S. 116-123 (HE: Merlin/Hellebart/Machatschek 2007 AT) (Geo).

Penz, Hugo (1985): *The Status of Alpine Pastures in the Scope of Alpine Agriculture.* In: Adolf Leidlmair/Klaus Frantz (Hrsg.): *Environment and Human Life in Highlands and High-Latitude Zones. Proceedings of a Symposium of the I.G.U. Commission on Rural Development 1984 in Innsbruck.* Institut für Geographie der Universität Innsbruck, Innsbruck, S. 115-121 (= Innsbrucker Geographische Studien 13) (Geo).

Penz, Hugo (1984): *Entwicklungstendenzen der österreichischen Almwirtschaft.* In: Herbert Paschinger (Hrsg.): *Österreichische Beiträge zur Geographie der Ostalpen anläßlich des 25. Internationalen Kongresses für Geographie Paris-Alpen 1984.* Verlag Ferdinand Hirt, Wien, S. 142-148 (= Wiener Geographische Schriften 59-60) (Geo).

Penz, Hugo (1978): *Die Almwirtschaft in Österreich. Wirtschafts- und sozialgeographische Studien.* Verlag M. Lassleben, Kallmünz/Regensburg, 211 S. + Beilagekarte (= Münchner Studien zur Sozial- und Wirtschaftsgeographie 15) (Geo).

Gliederung: 1. Einführung in die Problemstellung. 2. Die bergbäuerlichen Betriebsstrukturen und deren Wandel in ihrer Bedeutung für die Almwirtschaft. 3. Die regionale Struktur der Almwirtschaft in den österreichischen Alpen. 4. Die Almwirtschaft in ihrer Bedeutung für die Landwirtschaft, die Landschaftspflege und den Fremdenverkehr. 5. Aktuelle Wandlungen in der österreichischen Almwirtschaft. 6. Die Almwirtschaftsbereiche der österreichischen Alpen. 7. Abschließende Bemerkungen und Ausblick.

Petzoldt, Leander (2000): *Alpenlore. Populäre Traditionen, Glaubensvorstellungen und Volkserzählungen vom Leben auf der Alm.* In: Gunther Hirschfelder et al. (Hrsg.): *Kulturen – Sprachen – Übergänge.* Festschrift für H. L. Cox zum 65. Geburtstag. Böhlau-Verlag, Köln, S. 277-290 (Vol).

Pevetz, Werner (1973): *Almwirtschaft und Landeskultur in Österreich.* In: Monatsberichte über die Österreichische Landwirtschaft 20, 1, S. 89-140 (Agr).

Posch, Karl (1907): *Zur Hebung der Alpwirtschaft in Österreich.* Klub der Land- und Forstwirte, Wien, 19 S. (Agr).

Prugger, Irene (2010): *Almgeschichten. Vom Leben nah am Himmel.* Löwenzahn-Verlag, Innsbruck, 256 S. (Pop).

Rebernig, Maria (1948): *Das landwirtschaftliche Servitutenproblem in Österreich.* Dissertation an der Rechts- und Staatswissenschaftlichen Fakultät der Universität Wien, Wien, 115 S. (Rec).

Schaber, Susanne/Raffalt, Herbert (2018): *Der Geschmack der Berge. Eine kulinarische Reise zu den Almen Österreichs.* Tyrolia-Verlag, Innsbruck, 241 S. (Pop).

Schaber, Susanne/Raffalt, Herbert (2015): *Almen in Österreich. Von Menschen und Tieren, von Gestern und Heute.* Tyrolia-Verlag, Innsbruck, 184 S. (Pop).

Scherr, Hans (1917): *Die Almen in den österreichischen Alpenländern.* Dissertation an der Philosophischen Fakultät der Universität Wien, Wien, 120 S. (Geo).

Schiff, Walter (1898): *Österreichs Agrarpolitik seit der Grundentlastung.* Band 1. Verlag der H. Laupp'schen Buchhandlung, Tübingen, 676 S., Nachdruck 2017 (Rec).

Darin u.a.: „Die Regulierung und Ablösung der Wald- und Weideservituten" (S. 35-163) und „Die Regulierung und Beseitigung der agrarischen Gemeinschaften" (S. 164-304).

Schmid, Ferdinand (1906): *Die Hebung der österreichischen Alpenwirtschaften.* In: Zeitschrift für Volkswirtschaft, Sozialpolitik und Verwaltung (Wien) XV, Heft 5-6, S. 565-604 (Agr).

Schneiter, Fritz (1958): *Almwirtschaft im Alpengebiet.* In: *Österreich und die Europäische Agrargemeinschaft.* Festschrift für Dr. h.c. Ing. Vincenz Schumy zum 80. Geburtstag. Österreichischer Agrarverlag, Wien, S. 242-254 (Agr).

Schneiter, Fritz (1948): *Alpwirtschaft. Lehrbuch.* Verlag Leykam, Graz, 458 S. (Agr).

Schneiter, Fritz (1942): *Die Waldweidefrage in der ostmärkischen Almwirtschaft.* In: Der Forschungsdienst – Organ der deutschen Landwirtschaftswissenschaft 14, S. 83-94 (Agr).

„Ostmark" ist die offizielle Bezeichnung des ehemaligen Staates Österreich durch das Deutsche Reich in den Jahren 1939-1942.

Schönhart, Susanne, Redaktion (2015): *Almwirtschaftliches Basiswissen – von der Bedeutung der Almen.* Hrsg. und Verlag: Almwirtschaft Österreich und Ländliches Fortbildungs-Institut Österreich, Wien, 64 S. (= Fachunterlagen zur Almwirtschaft) (Agr).

Schröder, Peter (1989): *Die Almwirtschaft in Österreich nach den Ergebnissen der Almerhebung 1986.* In: Geographische Rundschau 41, Heft 10, S. 575-580 (Geo).

Schwackhöfer, Wolfgang (1980): *Stand und Ergebnisse von Alm-Forschungen in Österreich.* In: Der Förderungsdienst – Fachzeitschrift für Agrarwirtschaft (Wien) 28, Heft 11, S. 316-323 (Agr).

Schwarzelmüller, Wolfgang (1993): *Wald und Weide im Gebirge.* Universität für Bodenkultur, Wien, 108 S. (= BOKU-Raumplanung: Lehrmittel) (Agr).

Schwarzelmüller, Wolfgang (1989 + 1997): *Alpschutz und Alpverbesserung. Arbeitsunterlagen zu den Vorlesungen „Alpschutz und Alpverbesserung", Teil 1 und 3.* Hrsg. und Verlag: Institut für Raumplanung und Ländliche Neuordnung der Universität für Bodenkultur, Wien, Teil 1, 1989, 106 S. und Teil 3, 1997, 106 S. (Agr).

Schwarzelmüller, Wolfgang/Willi, Georg/Broggi, Mario F. (1984): *Schafalpung in Österreich und im Fürstentum Liechtenstein.* Institut für Raumplanung und Agrarische Operationen der Universität für Bodenkultur, Wien, 25 S. (= BOKU-Raumplanung, Reihe „extracts" 8) (Agr).

SEGER, Martin (2019): *Grünland. Rinderzucht und Almwirtschaft.* In: Martin SEGER: *Österreich. Raum und Gesellschaft – Vermessung der Landschaft – Porträts der Bundesländer.* Hrsg. und Verleger: Naturwissenschaftlicher Verein für Kärnten, Klagenfurt am Wörthersee, S. 88-92 mit 5 Karten (Geo).

Darin S. 90-91: Karte Almflächen in Österreich und ihre Nutzungsformen.

SEHER, Walter (2007): *Die Bedeutung von Agrargemeinschaften...* siehe SEHER 2007 AT/K

SENFT, Hilde und Willi (2001): *Die schönsten Almen Österreichs. Brauchtum und Natur – erwandert und erlebt.* Leopold Stocker-Verlag, Graz/Stuttgart, 288 S. (Pop).

SENFT, Hilde und Willi (1986): *Unsere Almen – erleben, verstehen, bewahren.* Leopold Stocker-Verlag, Graz/Stuttgart, 188 S. (Pop).

SIEGER, Robert, Herausgeber (1925): *Beiträge zur Geographie der Almen in Österreich.* Verlag von Ulrich Mosers Buchhandlung, Graz, 175 S. (Geo).

Rezension von Philippe ARBOS in: Revue de Géographie Alpine 14/1926, S. 813-816. Siehe SIEGER 1925 AT, JURINKA/SPREITZER 1925 AT/T, SPREITZER 1925 AT/K, KRÖPFL 1925 AT/St, WEINHARDT 1925 AT/St.

SIEGER, Robert (1925): *Almen und Almgeographie.* In: Robert SIEGER (Hrsg.): *Beiträge zur Geographie der Almen in Österreich.* Graz, S. 1-15 (HE: SIEGER 1925 AT) (Geo).

SIEGER, Robert (1912): *Forschungen in der Almregion.* In: Deutsche Rundschau für Geographie 34, S. 401-405 (Geo).

SIEGER, Robert: (1907): *Almstatistik und Almgeographie.* In: Mitteilungen des Deutschen und Österreichischen Alpenvereins, Neue Folge XXIII, der ganzen Reihe XXXIII, Nr. 18, S. 225-226 (Geo).

SIEGER, Robert (1906): *Almwesen und Alpenverein. Eine Anregung.* In: Mitteilungen des Deutschen und Österreichischen Alpenvereins, Neue Folge XXII, der ganzen Reihe XXXII, Nr. 19, S. 227-230 (Geo).

SOMMEREGGER, Franz (1912): *Agrarverfassung der Landgemeinde und Landeskulturpolitik in Österreich seit der Grundentlastung.* Dissertation an der Philosophischen Fakultät der Friedrich-Wilhelms-Universität zu Berlin. St. Josef-Vereinsbuchdruckerei, Klagenfurt, 123 S. (Rec).

Wichtig für die Entstehung der Agrargemeinschaften.

STENGEL, Freiherr von (1889 und 1886): siehe DE.

THALLMAYER, Rudolf A. (1907): *Österreichs Alpwirtschaft.* Selbstverlag von Robert und Hugo Hitschmann. Wien 256 S. (= Archiv für Landwirtschaft – Beilage zur „Wiener Landwirtschaftlichen Zeitung" XLIII) (Agr).

TREMEL, Ferdinand (1975): *Zur Rechtsgeschichte des Almwesens.* In: Louis CARLEN/Fritz STEINEGGER (Hrsg.): *Festschrift Nikolaus Grass zum 60. Geburtstag.* Universitätsverlag Wagner, Innsbruck, Band 2, S. 3-18 (Rec).

TRIENTL, Adolf (1870): *Die Verbesserung der Alpen-Wirthschaft.* Verlag Carl Gerold's Sohn, Wien, 68 S. (Agr).

Dieses Buch ist auch in einer italienischen (siehe TRIENTL 1870 IT) und slowenischen Übersetzung (siehe TRIENTL 1872 SI) erschienen.

ULMER, Ferdinand (1968): *Bedeutung und Auswirkung der Alpwirtschaft innerhalb der Raumordnung.* In: Bayerisches Landwirtschaftliches Jahrbuch 45, Sonderheft 1, S. 16-28 (HE: AGfB 1968 AL) (Div).

WAGNER, Christoph/TRUMLER, Gerhard (1993): *Käse für Kenner. Geschichte und Gegenwart der österreichischen Käsekultur.* Verlag Brandstätter, Wien, 221 S. (Div).

WALLNER, Franz (1912): *Wald-, Weide- und Alpengenossenschaften.* In: Allgemeine Österreichische Gerichts-Zeitung, S. 269 ff. (Rec).

WILHELM, Gustav (1868): *Die Hebung der Alpenwirthschaft – ein Mahnwort an die Alpenwirthe Österreichs nach den in der Schweiz gemachten Wahrnehmungen.* Verlag des k. k. Ackerbau-Ministeriums in Commission bei Carl Gerold's Sohn, Wien, 115 S. (Agr).

Dieses Buch ist auch in einer slowenischen (siehe WILHELM 1871 SI) und italienischen Übersetzung (siehe WILHELM 1874 IT/TN) erschienen.

WOHLFARTER, Richard (1972): *Bergbauerntum und touristische Erschließung der Almzone.* In: Land- und Forstwirtschaft – Fremdenverkehr. Bericht über das Symposium 1972 der Österreichischen Gesellschaft für Land- und Forstwirtschaftspolitik. Wien, S. 35-46 (Agr).

WOHLFARTER, Richard (1973): *Entwicklung, Stand und Zukunftsaussichten der österreichischen Alm- und Weidewirtschaft.* Dissertation an der Hochschule für Bodenkultur in Wien 1971. Agrartechnischer Dienst des Amtes der Tiroler Landesregierung (Hrsg.). Selbstverlag des Amtes der Tiroler Landesregierung, Innsbruck, 287 S. (Agr).

ZAILER, Victor Johann (1903): *Die Land- und Alpenwirtschaft in den österreichischen Alpenländern.* Dissertation an der Universität Jena. Selbstverlag des Autors, Wien, 138 S. (Agr).

ZILLICH, Rudolf (1948): *Der richtige Almbetrieb.* Erzherzog-Johann-Verlag, Graz, 88 S. (= Grüne Schriftenreihe) (Agr).

ZILLICH, Rudolf (1941): *Almwirtschaft im Deutschen Alpenraum.* In: Josef PAPESCH/Wilfried von TEPPNER (Hrsg.): *Natur – Forschung – Nutzung.* Steirische Verlagsanstalt, Graz, S. 113-124 mit 16 Bildern (= Das Joanneum – Beiträge zur Naturkunde, Geschichte, Kunst und Wirtschaft des Ostalpenraumes 5) (Div).

ZWITTKOVITS, Franz (1988): *Veränderungen im österreichischen Almwirtschaftsraum.* In: Peter HAIMAYER (Hrsg.): *Probleme des ländlichen Raumes im Hochgebirge.* Selbstverlag des Instituts für Geographie der Universität Innsbruck, Innsbruck, S. 163-172 (= Innsbrucker Geographische Studien 16) (Geo).

ZWITTKOVITS, Franz (1983): *Der Rückgang der Almwirtschaft in den österreichischen Alpen (19./20. Jahrhundert).* In: Hermann KELLENBENZ (Hrsg.): *Wirtschaftsentwicklung und Umweltbeeinflussung (14. – 20. Jahrhundert).* Bericht der 9. Arbeitstagung der Gesellschaft für Sozial- und Wirtschaftsgeschichte. Steiner-Verlag, Wiesbaden, S. 73-88 (= Beiträge zur Wirtschafts- und Sozialgeschichte 20) (Geo).

ZWITTKOVITS, Franz (1975): *Almen und Almwirtschaft in Österreich.* In: Richard WOLFRAM (Hrsg.): *Österreichischer Volkskundeatlas.* Verlag Hermann Böhlau, Wien, 5. Lieferung, Bl. 75-77 (Karten) und Kommentarband, 56 S. (Geo).

ZWITTKOVITS, Franz (1974): *Die Almen Österreichs.* Selbstverlag des Autors, Zillingdorf (Niederösterreich), 419 S. + drei Beilagekarten (= Vorabdruck der Karten 75-77 aus: Österreichischer Volkskundeatlas 1975) (Geo).

Gliederung: 1. Einleitung: Begriff, Almtypen, Almraum, Quellen. 2. Allgemeiner Teil: Almflächen, Eigentums-/Bewirtschaftungsverhältnisse, Almsiedlungen, gealptes Vieh, Alpprodukte, Almpersonal. 3. Regionaler Teil: das östliche und das westliche Almgebiet, Mischgebiete, Gebiete mit aregionalen Vorkommen. 4. Zusammenfassender Teil: Veränderungen von der vorindustriellen Zeit bis zur Gegenwart, West-Ost-Unterschied, Zusammenhänge zwischen der Almwirtschaft und anderen Wirtschaftssparten sowie landes-kulturellen Belangen. Anhang: Alm-Statistiken.

6.2 BUNDESLAND KÄRNTEN (K)

Publikationen, die die gesamten Hohen Tauern und das Gebiet des Nationalparks Hohe Tauern (K, T, S) umfassen, werden unter „Salzburg“ aufgeführt. Zum Kanaltal siehe IT/FV.

Publications, which cover the entire Hohe Tauern region or the entire region of the Hohe Tauern National Parc (K, T, S) are listed under “Salzburg”. For the Val Canal refer to IT/FV.

Almwirtschaftliche Organisationen:
Kärntner Almwirtschaftsverein: www.almwirtschaft-ktn.at

Internetseiten:
–

Almstatistiken:
Almstatistik 1870: SCHEIDLIN 1873-1891

Monographien:
AIGNER 2004

Publikationen:

AIGNER, Susanne (2004): *Leitlinien einer nachhaltigen Almwirtschaft am Beispiel des Kärntner Almrevitalisierungsprogramms.* Dissertation (Geographie) an der Universität Klagenfurt, Klagenfurt, 211 S. (Geo).

APT (2001): siehe IT/FV

BERGER, Herfried (1956): *Formen des Almwesens in den östlichen Karnischen Alpen.* In: Mitteilungen der Geographischen Gesellschaft Wien 98, S. 29-42 (Geo).

BREITSCHÄDEL, W. (1923): *Sommer- und Wintersiedlungsgrenze in Kärnten.* Dissertation an der Universität Wien, Wien (Geo).

Bruckmüller, Peter/Schmittner, Friedrich (1964): *Die Gemeinschaften und Einforstungsrechte in der Land- und Forstwirtschaft Kärntens.* Hrsg. und Verlag: Agrarwirtschaftliches Institut der Hochschule für Bodenkultur, Wien, 71 S. + Tabellenanhang (Rec).

Drapela, Judith/Jungmeier, Michael (2000): *Alpwirtschaft und Alptypologie (Projekt Arge MU4).* E.C.O. Institut für Ökologie, Klagenfurt, 142 S. (Agr).

Drapela, Judith/Jungmeier, Michael (1999): *Alminventar Nationalpark Hohe Tauern Kärnten.* Studie im Auftrag der Nationalparkverwaltung Hohe Tauern Kärnten. E.C.O. Institut für Ökologie, Klagenfurt, 97 S. (Div).

Egger, Gregory/Aigner, Susanne (1999): *Naturschutz und Almwirtschaft in Kärnten.* In: Kärntner Naturschutzberichte Heft 4, S. 52-74 (Agr).

Egger, Gregory (1994): *Almen, Menschen und Nationalpark im Tauerntal. Wissenschaftliche Grundlagenerhebung zur Erstellung eines Almentwicklungsplanes im Nationalpark Hohe Tauern, Tauerntal, Gemeinde Mallnitz.* Institut für angewandte Ökologie, Klagenfurt, 7 Teile (Agr):
- Teil 1: *Analyse und Zusammenführung der naturräumlichen und almwirtschaftlichen Grundlagen.* 188 S.
- Teil 2: *Problem- und Konfliktanalyse.* 60 S.
- Teil 3: *Dokumentation der Almen.* 61 S.
- Teil 4: *Dokumentation der Kulturgüter.* 103 S.
- Teil 5: *Dokumentation der Vegetationstypen.* 94 S.
- Teil 6: *Dokumentation der Sonderstandorte.* 78 S.
- Teil 7: *Dokumentation der Referenzflächen.* 132 S.

Zusammenfassung in: Kärntner Nationalparkschriften – Wissenschaft im Nationalpark Hohe Tauern 8/1996, S. 29-54.

Egger, Gregory (1994): *Menschen und Nationalpark im (Mallnitzer) Tauerntal: Almen.* Institut für angewandte Ökologie, Klagenfurt, 61 S. (= Nationalpark Hohe Tauern 3) (Agr).

Foelsche, Birgit (1994): *Modellfall Gössnitztal? Wechselwirkungen zwischen Almwirtschaft und Regionalentwicklung im Nationalpark Hohe Tauern.* Österreichische Gesellschaft für Natur- und Umweltschutz/ÖGNU, Wien, 148 S. (= ÖGNU-Print 1/94) (Div).

Franziszi, Franz (1892): *Kärntner Alpenfahrten. Landschaft und Leute – Sitten und Bräuche in Kärnten.* Rörich Verlag, Wien, 136 S. (Vol).

Frener, Magdalena (2008): siehe IT/FV

Gallor, Gernot (2017): siehe AT/St

Glanzer, Marlies (2018): *ALManach Kärnten. Herrliche Touren zu besonderen Almen.* Hrsg.: Kärntner Almwirtschaftsverein. Kral-Verlag, Berndorf, 180 S., erweiterte Neuauflage (Pop).

Ilešič, Svetozar (1931): *Planine ob dolenji Zilji (Die Almen des unteren Gailtales).* In: Geografski vestnik (Bulletin de la Société de Géographie de Ljubljana) 7, n. 1-4, str. 120-148, with a summary in German (Geo).

Jungmeier, Michael/Egger, Gregory, Bearbeiter (1994): *Projekt Rettenbach (Gemeinde Mörtschach) – Almprogramm. Grundlagen, Ziele, Neue Wege. Modellstudie des Österreichischen Alpenvereins für die Aufnahme neuer Kooperationsformen zwischen ortsansässiger Bevölkerung und dem Alpenverein.* Österreichischer Alpenverein, Innsbruck, 61 S. (= Fachbeiträge des OeAV, Serie Alpine Raumordnung 9) (Div).

Jurinka/Spreitzer (1925): siehe AT/T.

Koroschitz, Werner et al. (2010): *Almen im Grenzgebiet von Kärnten, Friaul-Julisch Venetien und Venetien. Geschichte – Tradition – Kultur/Le Malghe dell'area transfrontaliera tra Carinzia, Friuli-Venezia Giulia e Veneto. Storia – Tradizione – Cultura.* Amt der Kärntner Landesregierung, Abt. 10, Klagenfurt, 124 S. (ein Projekt des TransRuralNetwork) (zu Kärnten: S. 19-52) (Agr).

Koroschitz, Werner (2009): *100 Jahre Kärntner Almwirtschaftsverein 1909 – 2009.* Kärntner Almwirtschaftsverein, Klagenfurt, 148 S. (Agr).

Kröpfl, Karl (1925): *Die Almwirtschaft im Koralpengebiet.* In: Robert Sieger (Hrsg.): *Beiträge zur Geographie der Almen in Österreich.* Graz S. 145-163 (HE: Sieger 1925 AT) (Geo).

Lichtenegger, Erwin (1979): *Gegenwärtiger Stand der Almwirtschaft in Kärnten.* In: Der Alm- und Bergbauer 29, Heft 11, S. 380-403 (Agr).

MERLIN, Friedrich W. (2019): *Grenzüberschreitende Agrargemeinschaften in Kärnten und Friaul – 100 Jahre ungelöste Probleme in den Karnischen Alpen.* In: Archivio Scialoja-Bolla (Trento) n. 1, S. 103-118 (Agr).
Siehe FRENER 2008 IT/FV.

MERLIN, Friedrich W. (2014): *Agrargemeinschaften in Kärnten.* In: Tobias CHILLA (Hrsg.): *Leben in den Alpen. Verstädterung, Entsiedlung und neue Aufwertungen. Festschrift für Werner Bätzing zum 65. Geburtstag.* Haupt Verlag, Bern, S. 119-131 (Agr).

MERLIN, Friedrich W. (2010): *Almen und Almwirtschaft in der Stadtgemeinde Hermagor – Pressegger See.* In: Heidi ROGY (Hrsg.): *Stadtgemeinde Hermagor – Pressegger See. Geschichte – Kultur – Natur.* Verlag des Geschichtsvereins für Kärnten, Klagenfurt, S. 133-144 (Agr).

MICKE, Tobias (2008): *Kuhl! Das Almhandbuch für Stadtmenschen.* Knaur-Taschenbuch-Verlag, München, 239 S. (Pop).

PASCHINGER, Herbert (1950): *Almgeographisches aus dem Gailtale.* In: Carinthia 58/60, Heft II, S. 87-107 (Geo).

POLSCHER, Heinrich (1918): *Almgeographisches aus der Kreuzeckgruppe. Die Bezirksweide Grazerberg.* In: Mitteilung der k. k. Geographischen Gesellschaft in Wien LXI, 514-526 und 562-591 (Geo).

SANTNER, Thomas (1925): *Untersuchungen über die Alpwirtschaft Kärntens mit der besonderen Berücksichtigung der Leistungen im Kärntner-Pinzgauer-Zuchtgebiet.* Dissertation an der Hochschule für Bodenkultur, Wien, 98 S. (Agr).

SCHEIDLIN, August von, Bearbeiter (1873-1891): *Die Alpenwirthschaft in Kärnten.* Hrsg. von der Kärntner Landwirthschafts-Gesellschaft. Im Verlage der Gesellschaft, Druck F. Kleinmayr, Klagenfurt, zwei Teile (Sta):
- I. Teil 1873, 172 S.: *Allgemeiner Teil: Geographie, Geologie, Klima, Vegetation, Wirthschaft.* Anhang: *Fragebogen für die Local-Commissionen.*
- II. Teil, 1. Heft 1875, 79 S. + Anhang (Tabellen): *Die Alpen am nördlichen Ufer der Drau.* Gruppe 7: Gebiet der Görtschitz; Gruppe 8: Gebiet der Lavant.
- II. Teil, 2. Heft 1876, 122 S. + Anhang (Tabellen): *Die Alpen am südlichen Ufer der Drau.* Gruppe 1: Lessachthal; Gruppe 2: Südliches Gebiet der Gail; Gruppe 4: Canalthal.
- II. Teil, 3. Heft 1881, 92 S. + Anhang (Tabellen): *Die Alpen am südlichen Ufer der Drau.* Gruppe 3: Nördliches Gebiet der Gail; Gruppe 5: Karawanken-Gebiet.
- II. Teil, 4. Heft 1889, 32 S. + Anhang (Tabellen): *Die Alpen am nördlichen Ufer der Drau.* Gruppe 4: Gebiet der Gegend; Gruppe 5: Gebiet der Gurk; Gruppe 6: Gebiet der Metnitz.
- II. Teil, 5. Heft 1891, 58 S. + Anhang (Tabellen): *Die Alpen am nördlichen Ufer der Drau.* Gruppe 1: Gebiet der oberen Drau; Gruppe 2: Gebiet der Möll; Gruppe 3: Gebiet der Lieser. Anhang IV: *Zusammenstellung sämmtlicher Alpen in Kärnten.*

SEHER, Walter (2007): *Die Bedeutung von Agrargemeinschaften vor dem Hintergrund des landwirtschaftlichen Strukturwandels.* In: *Bergwelt im Wandel. Festschrift Erika Hubatschek zum 90. Geburtstag.* Klagenfurt, S. 131-140 (HE: MERLIN/HELLEBART/MACHATSCHEK 2007 AT) (Agr).

SPREITZER, Hans (1926): *Die Almen von Heiligenblut.* In: *Festschrift zur Feier des 50-jährigen Bestehens des Glocknerhauses der Sektion Klagenfurt des Deutschen und Österreichischen Alpenvereins.* Klagenfurt, S. 25-38 (Geo).

SPREITZER, Hans (1925): *Die Almen des oberen Mölltales.* In: Veröffentlichungen des Deutsch-akademischen Geographen-Vereins Graz, Graz, S. 1-14 (Geo).

SPREITZER, Hans (1924): *Der Almnomadismus des Klagenfurter Beckens.* In: *Zur Geographie der deutschen Alpen. Professor Dr. Robert Sieger zum 60. Geburtstage gewidmet von Freunden und Schülern.* Verlag Seidel & Sohn, Wien, S. 70-86 (Geo).

UNTERGUGGENBERGER, Regina (2013): *Lesachtaler Namenbuch. Bergmähder, Almen, gemeinschaftlich genutzte Wald- und Weideflächen.* Eigenverlag der Autorin, Iselsberg-Stronach, 578 S. (Spr).

VENDRAMI, Stefano/VIEL, Laura (2010): siehe IT/VE

ZANKL, Josef (1970): *Almwirtschaft in Kärnten.* Dissertation an der Universität Innsbruck bei Ferdinand ULMER, Innsbruck, 61 S. (Div).

6.3 BUNDESLAND NIEDERÖSTERREICH (N)

Das Almgebiet Österreichs (Kartendarstellung bei Zwittkovits 1975) endet im äußersten Osten der Alpen im Wienerwald (Gemeinde Brand-Laaben und Kaumberg) und im Wechselgebiet (Gemeinde Mönichkirchen). Damit gibt es am Ostrand der Alpen nur in Teilen des Wienerwaldes und in der Buckligen Welt, also in sehr kleinen Alpengebieten, keine Almwirtschaft.

The alpine pasture farming region of Austria (map: see Zwittkovits 1975) ends in the Wienerwald (Gemeinde Brand-Laaben and Kaumberg) and in the Wechsel region (Gemeinde Mönichkirchen). Therefore, the only places on the eastern edge of the Alps which have not any alpine pasture farming are parts of the Vienna Wood (Wienerwald) and the "Bucklige Welt" region, i.e. very small alpine areas.

Almwirtschaftliche Organisationen:
Niederösterreichischer Alm- und Weidewirtschaftsverein: www.almwirtschaft.com

Internetseiten:
–

Almstatistiken:
–

Monographien:
Melcher 1994

Publikationen:

Albrecht, Hans (1932): *10 Jahre Alm- und Weidewirtschaft in Niederösterreich.* Agrarverlag, Wien, 16 S. (Agr).

Bittermann, August (2015): *Zwischen Romantisierung und Realität – Almwirtschaft in Niederösterreich und in der Region Eisenstraße.* In: Claudia Lueger/Gerhard Posch (Hrsg.): *Eisenstraße.* Kultur. Region. Niederösterreich, Atzenbrugg, S. 92-103 (Div).

Gruber, Erwin (2007): *Almwirtschaft und Sennerei.* In: Erwin Gruber: *Vom Eisenerz zum Wasser. Geschichte Altenberg an der Rax.* Eigenverlag des Autors, Altenburg a. d. Rax, S. 300-324 (Div).

Leder, Karl/Hassinger, Hugo (1914): *Die Jagd und die Ursachen des Rückgangs der Alpwirtschaft in Niederösterreich.* In: Monatsblatt des Vereins für Landeskunde von Niederösterreich XIII, Nr. 10, S. 146-155 (Div).

Melcher, Kurt (1994): *Niederösterreichs Almen in Gegenwart und Vergangenheit.* Dissertation an der Universität Wien, Wien, 337 S. (Vol).

NAW (1998): *ALManach Niederösterreich. 60 ausgewählte Almen mit Wanderrouten. Das Alm- und Weideland in den Regionen Mostviertel-Eisenwurzen und NÖ-Süd.* Hrsg.: Niederösterreichischer Alm- und Weidewirtschaftsverein/ NAW. Veritas-Verlag, Linz, 359 S. (Pop).

Pöchlauer-Kozel, Paula (2015): *Der ALManach Niederösterreich. Herrliche Touren zu den schönsten Almen.* Hrsg.: Niederösterreichischer Alm- und Weidewirtschaftsverein. Kral-Verlag, Berndorf, 176 S., 2. Aufl. 2017 (Pop).

Wallner, Christian (1987): *Interpretation von Farbinfrarotbildern unter besonderer Berücksichtigung des Alm- und Weidebereichs („Luftbildprojekt Hochwechsel").* Dissertation an der Universität für Bodenkultur, Wien, 255 S. (Div).

6.4 BUNDESLAND OBERÖSTERREICH (O)

Almwirtschaftliche Organisationen:
Oberösterreichische Arbeitsgemeinschaft für Alm und Weide: www.almwirtschaft.com

Internetseiten:
–

Almstatistiken:
–

Monographien:
–

Publikationen:

Aspalter, Leopold (1999): *Chronik Weidegenossenschaft Großraming 1920 – 1999.* Hrsg. und Verleger: Weidegenossenschaft Großraming, Großraming, 55 S. (Agr).

EDER, Anna (2016): *Strukturwandel der Almwirtschaft in den Oberösterreichischen Kalkalpen. Eine vergleichende Analyse quantitativer und qualitativer Strukturmerkmale.* Diplomarbeit an der Universität Salzburg, Salzburg, 133 S. (vorhanden: Universitätsbibliothek Salzburg) (Geo).

ELLMAUER, Siegfried (2014): *Die Almen im oberösterreichischen Dachsteingebirge. Vom alten und neuen Almleben.* In: Ulrike PISTOTNIK/Ilse SPITZBART/Johannes WEIDINGER (Hrsg.): *Der Dachstein im Klimawandel.* Gmunden, S. 83-101 (= Gmunder Geo-Studien 5) (Vol).

ELLMAUER, Siegfried (2008): *Almwirtschaft im Höllengebirge - vom alten und neuen Almleben. Über erloschene Almkulturen, Almensterben, Landschaftswandel und Almrevitalisierung zwischen Traun- und Attersee.* In: Klaus PETERMAYR/ Stephan GAISBAUER (Hrsg.): *Höllgang. Ergebnisse einer Feldforschung rund um das Höllengebirge.* Oberösterreichisches Volksliedwerk, Linz, S. 55-71 (= Oberösterreichische Schriften zur Volksmusik 7) (Vol).

ELLMAUER, Siegfried (2007): *Almen und ihr landeskultureller Wert.* In: *Bergwelt im Wandel. Festschrift zum 90. Geburtstag von Erika Hubatschek.* Klagenfurt, S. 104-115 (HE: MERLIN/ HELLEBART/MACHATSCHEK 2007 AT) (Vol).

HOCHHAUSER, Ralf/ERBER, Hermann (2008): *Oberösterreichische Almen. 78 traumhafte Alm- und Hüttenwanderungen.* Edition Oberösterreich, Wien/Graz/Klagenfurt, 184 S. (Pop).

ISCHLSTÖGER, Hubert (2017): Der *ALManach Oberösterreich. Herrliche Touren zu den schönsten Almen. Almenkatalog des Landes Oberösterreich.* Kral-Verlag, Berndorf, 13. Auflage, 176 S., 14. Auflage 2019 (Auflagen 1 -12: siehe SIMADER 1997 AT/O) (Pop).

KERN, W./NEUBAUER, B./WEISSENBÖCK, P. (1992): *Die Almwirtschaft als charakteristischer Bestandteil des geplanten Nationalparks Kalkalpen.* In: Helmut RIEDL (Hrsg.): *Ebenforst- und Schaumbergalm. Ein Beitrag zur Beurteilung der ökologischen Verhältnisse in Hinblick auf den geplanten Nationalpark Kalkalpen. Ergebnisse eines interdisziplinären Projektpraktikums.* Institut für Geographie der Universität Salzburg, Salzburg, S. 74-89 (Geo).

KRAWARIK, Hans (1997): *Frühe Almwirtschaft im Toten Gebirge.* In: Oberösterreichische Heimatblätter Heft 1-2, S. 64-92 (Div).

MOSER, Roman (1994): *Hallstätter- und Obertrauner Almen im Bereich des Dachsteinmassivs.* Welterbemuseum Hallstatt, Hallstatt, 32 S. (= Publikationen des Musealvereins Hallstatt) (Div).

MOSER, Roman (1973): *Die Almwirtschaft im Salzkammergut.* Manuskript, Gmunden, 600 S. (Div).

PILLICHSHAMMER, Andreas (2019): *Die Geschichte der Mondseer Hochalm.* Eigenverlag des Autors, Mondsee, 200 S. (Div).

PROHASKA, Rudolf (1927): *Die Almwirtschaft in Oberösterreich. Einführungsvortrag für den 4. oberösterreichischen Almwanderkurs.* In: Alm und Weide (München), Heft 1-3, 24 S. (Agr).

SEHER, Walter (1998): *Almbewirtschaftung und Nationalpark. Umsetzungsperspektiven einer nachhaltigen Almbewirtschaftung unter den Rahmenbedingungen eines Nationalparks. Dargestellt am Beispiel des NP Kalkalpen in Oberösterreich.* Dissertation an der Universität für Bodenkultur, Wien, 194 S. (Div).

SIMADER, Ernst, Redaktion (1997): *Der Almanach – die grünen Dächer Oberösterreichs. Der Almen-Katalog des Landes Oberösterreich und 105 ausgewählte Almen mit Wanderrouten.* Hrsg.: Agrarreferat des Amtes der Oberösterreichischen Landesregierung. Veritas Verlag, Linz, 137 S. + Karte; Neuausgabe zusammen mit Henning SCHIMMEL: *Der Almanach ... 118 ausgewählte Almen mit Wanderrouten.* NP-Buchverlag, St. Pölten/Linz [8]2004, 150 S.; 10. Auflage im Residenz-Verlag, St. Pölten/Salzburg 2008, 150 S.; 11. Auflage im Kral-Verlag, Berndorf 2012, 168 S.; 12. Auflage, Berndorf 2015, 175 S. (Neubearbeitung siehe ISCHLSTÖGER 2017 AT/O) (Pop).

WOGERBAUER, R. (1974): *Almwirtschaft in Oberösterreich.* In: Der Alm- und Bergbauer 24, S. 242-253 (Agr).

ZWITTKOVITZ, Franz (1970): *Die Almwirtschaft im südlichen Teil des Warscheneckgebietes in den letzten 200 Jahren.* In: Geographischer Jahresbericht aus Österreich XXXIII, S. 13-34 (Geo).

6.5 BUNDESLAND SALZBURG (S)

Die Publikationen, die die gesamten Hohen Tauern und das gesamte Gebiet des Nationalparks Hohe Tauern (S, T, K) betreffen, werden unter „Salzburg" aufgeführt.

Publications which refer to the entire Hohe Tauern region or to the entire region of the Hohe Tauern National Parc (S, T, K) are listed under "Salzburg".

Almwirtschaftliche Organisationen:
Salzburger Alm- und Bergbauernverein:
www.almwirtschaft.com

Internetseiten:
–

Almstatistiken:
–

Monographien:
Anzengruber 2010
Hodurek 1950
Jungmeier/Drapela 2004
Spangenberg-Resmann 1978
Titze 1943
Wallner 1910

Publikationen:
ALP Austria (2006): siehe AT

Anzengruber, Martin/Brandstetter, Elisabeth (2014): *Almförderungen in Bayern und Salzburg und ihre Auswirkungen auf die Almlandschaft.* In: Herbert Weingartner (Hrsg.): *Almregion Bayerisch-Salzburger Kalkalpen.* Salzburg, S. 1-17 (HE: Weingartner 2014 AT/S) (Geo).

Anzengruber, Martin (2010): *Almwirtschaft im Bundesland Salzburg. Eine Analyse agrarpolitischer Maßnahmen und deren Auswirkungen auf die Almwirtschaft mit besonderer Berücksichtigung der Nördlichen Kalkalpen.* Dissertation an der Universität Salzburg, Salzburg, 231 S. (= Landschaft und Nachhaltige Entwicklung 3) (Geo).

Bauernberger, Leo/Matjan, Gregor (2017): *Almsommer und Bauernherbst im Zeitalter des crossmedialen Tourismusmarketings.* In: Kurt Luger/Franz Rest (Hrsg.): *Alpenreisen. Erlebnis – Raumtransformationen – Imagination.* Studien-Verlag, Innsbruck/Wien/Bozen, S. 601-618 (= Tourismus: transkulturell & transdisziplinär 11) (Div).
„Almsommer" als Marketingstrategie der „SalzburgerLand Tourismus GmbH".

Beyer, Lioba (1987): *Der Wintersportort Obertauern. Von der saisonalen zur permanenten Besiedlung eines Paßraumes.* In: *Natur- und Kulturräume – Festschrift zum 65. Geburtstag von Professor Dr. Ludwig Hempel.* Geographisches Institut der Universität Münster, Münster in Westfalen, S. 355-371 (= Münstersche Geographische Arbeiten 27) (Geo).
Der Tourismusort Obertauern liegt auf beiden Seiten des Radstätter Tauernpasses im Almgebiet der Gemeinden Untertauern (Pongau) und Tweng (Lungau). Der Tourismus wurde hier ab den 1950er Jahren dominant.

Cernusca, Alexander, Hrsg. (1978): *Ökologische Analysen von Almflächen im Gasteiner Tal.* Universitätsverlag Wagner, Innsbruck, 390 S. (= Veröffentlichungen des österreichischen MaB-Hochgebirgsprogramm Hohe Tauern 2) (Div).
Sehr stark naturwissenschaftlich-ökologisch ausgerichtet.

Conrad, Kurt (1955): *Almwirtschaft.* In: Egon Lendl (Hrsg.): *Salzburg-Atlas.* Otto Müller Verlag, Salzburg, Blatt 29 (Karte) und S. 55-60 (Text) (Vol).

Einhorn, Peter (1988): *Der Strukturwandel der Almwirtschaft im Glemmtal (Salzburg) unter besonderer Berücksichtigung des Fremdenverkehrs insbesondere des Massenschisports als dynamischer Faktor.* Dissertation an der Naturwissenschaftlichen Fakultät der Universität Salzburg, Salzburg, 380 S. (Geo).

Einhorn, Peter (1988): *Katastrophenhochwässer und Wildbachschäden im Glemmtal. Folgen des Strukturwandels der Almwirtschaft unter Berücksichtigung des Fremdenverkehrs als dynamisierenden Faktors.* In: Guido Müller/Wolfgang Sitte/Hermann Suida (Hrsg.): *Salzburg – Mittlere Ostalpen – Wien. Exkursionsführer zum 21. Deutschen Geographentag.* Selbstverlag des Instituts für Geographie der Universität Salzburg, Salzburg, S. 109-114 (Geo).

EMPL, Ursula (1994): *Almgeographische Untersuchungen im hinteren Murtal/Lungau mit besonderer Berücksichtigung nationalparkrelevanter Aspekte.* In: Mitteilungen und Berichte des Salzburger Instituts für Raumforschung, Heft 1-4, S. 70-73 (Kurzfassung einer Diplomarbeit am Institut für Geographie, Salzburg) (Geo).

ERTL, Elisabeth (1987): *Denudationsvorgänge als Folge des almwirtschaftlichen Strukturwandels am Südostabfall des Frommerkogels.* In: Helmut RIEDL (Hrsg.): *Beiträge zur Landwirtschaftsökologie der Salzburger Kalkalpen, mit besonderer Berücksichtigung der sozioökonomischen Prozeßsteuerung.* Universitätsverlag Wagner, Innsbruck, S. 107-150 (= Veröffentlichungen des Österreichischen MaB-Programms 12) (Geo).

FUNKE, Robert (1928): *Entstehung und Entwicklung der Alm- und Weidegenossenschaften in Salzburg. Eine rechts- und wirtschaftsgeschichtliche Untersuchung.* In: Alm und Weide 9, 30 S. (Rec).

GOTTFRID, Fritz (1940): *Die Almwirtschaft in der Osterhorn- und Gamsfeldgruppe.* Dissertation (Geographie) an der Universität Wien, Wien, 350 S. + Beilagen. Kurzfassung in: Geographischer Jahresbericht aus Österreich 24/1952, S. 1-95 (Geo).

GRASSBERGER, Karl (1958): *Die Salzburger Wald- und Weidenutzungsrechte. Eine rechtsgeschichtliche Betrachtung.* Salzburger Landwirtschaftskammer, Salburg, 116 S. (Rec).

HADERER, Margit (2009): *Die Almwirtschaft im Tennengebirge. Eine historisch-statistische Untersuchung.* In: Herbert WEINGARTNER (Hrsg.): *Dachstein und Salzkammergut. Aktuelle Veränderungen und Prozesse in einem alpinen Landschaftsraum.* Selbstverlag der Arbeitsgruppe „Landschaft und Nachhaltige Entwicklung“, Salzburg, S. 71-93 (= Landschaft und Nachhaltige Entwicklung 2) (Geo).

HEIN, W. (1983): *Die Almwirtschaft im Bundesland Salzburg.* In: Der Alm- und Bergbauer 33, Heft 11, S. 412-428 (Agr).

HEUGL, Christian (2020): *Almwanderungen in Salzburg. Über 70 Touren zum Staunen, Erkunden, Abschalten.* Löwenzahn-Verlag, Innsbruck, 300 S., mit „Kleinem Almlexikon“ (Pop).

HODUREK, Herbert (1950): *Beiträge zur Wirtschafts- und Rechtsgeschichte der Alpwirtschaft im Lande Salzburg.* Staatswissenschaftliche Dissertation an der Universität Innsbruck bei Nikolaus GRASS, Innsbruck, 201 S. (Rec).

HUBATSCHEK, Erika (1992): *Bergbauern und Almwirtschaft im oberen Lungau.* In: Guido MÜLLER/Wolfgang SITTE/Hermann SUIDA (Hrsg.): *Exkursionen im Bundesland Salzburg und Nachbargebieten.* Selbstverlag des Instituts für Geographie der Universität Salzburg, Salzburg, S. 43-54 (Geo).

HUBATSCHEK, Erika (1940): *Almen und Bergmähder im oberen Lungau.* Kammer für Land- und Forstwirtschaft, Salzburg 1950, 95 S. Nachdruck der 1. Auflage und neuer 2. Teil: *Vergleich 1939 – 1984.* Verlag Erika Hubatschek, Innsbruck 1984, 184 S., 4. Auflage 2001 (Geo).

IRSCHARA, Heinrich (1978): siehe AT/T.

JUNGMEIER, Michael/DRAPELA, Judith (2004): *Almen im Nationalpark Hohe Tauern. Natur, Kultur und Nutzungen.* Universitätsverlag Carinthia, Klagenfurt, 187 S. (= Wissenschaftliche Schriften des Nationalparks Hohe Tauern) (Div).

JURITSCH, Georg, Redaktion (2013): *Almwirtschaft aus der Sicht der Almbewirtschafter, Naturschutzabteilung, Land- und Forstwirtschaft, Landesumweltanwaltschaft, Landwirtschaftskammer, Alm- und Bergbauernverein. Positionspapier.* Arbeitsgruppe Almwirtschaft (für den Inhalt verantwortlich). Hrsg. und Verlag: Amt der Salzburger Landesregierung, Abteilung Lebensgrundlagen und Energie, Referat Agrarwirtschaft, Bodenschutz und Almen, Salzburg, 65 S. (Agr).

KEIDEL, Franz (1936): *Die Almen und die Almwirtschaft im Pinzgau. Eine heimatkundliche Studie.* Universitätsverlag Wagner, Innsbruck, 72 S. + Beilagekarte (Vol).

KNAPP, Rainer (1952): *Die Almen in Salzburg mit besonderer Berücksichtigung der Almen im Lungau. Eine volkswirtschaftliche Untersuchung.* Dissertation an der Rechts- und Staatswissenschaftlichen Fakultät der Universität Innsbruck bei Nikolaus GRASS, Innsbruck 123 S. (Rec).

KOLLER, Fritz (2001): *Alm und Landgemeinde im Erzstift Salzburg.* In: ArgeAlp (Hrsg.): *Alpwirtschaftliche Nutzungsformen.* Bozen, S. 75-89 (HE: Arge Alp 2001 AL) (Rec).

Kübler, Rudi (2003): *„Kemmt's guat umi". Almabtrieb über den Krimmler Tauern.* In: Deutscher Alpenverein/Österreichischer Alpenverein/Alpenverein Südtirol (Hrsg.): *Alpenvereinsjahrbuch BERG 2003*. Tyrolia-Verlag, Innsbruck, S. 272-279 (= Zeitschrift 127) (Div).

Leitinger, Josef, Hrsg. (2007): *Almwirtschaft in Unken. Ein Beitrag zur Sonderausstellung „Almen in Unken 1830 – 2005" im Heimathaus Kalchofengut im Sommer 2007-08.* Museumsverein Festung Kniepaß, Unken, 35 S. (= Kniepaß-Schriften N.F. 26) (Div).

Maurer, Tanja (2014): *Die Pferdealpung in den Salzburger Kalkalpen.* In: Herbert Weingartner (Hrsg.): *Almregion Bayerisch-Salzburger Kalkalpen.* Salzburg, S. 53-67 (HE: Weingartner 2014 AT/S) (Geo).

Mooslechner, Walter (2002): *Almsommer.* Verlag Anton Pustet, Salzburg, 136 S. (Vol).

OeAV (2009): *Hüttschlag – Almen und Bergmähder im Großarltal.* Österreichischer Alpenverein/OeAV, Innsbruck, 48 S., zweite Auflage 2012, 50 S. (= Reihe „Bergsteigerdörfer") (Pop).

Peters, Florian Marius (2014): *Die Almgebäude in den Salzburger Kalkalpen. Eine Analyse baulicher Physiognomie, Infrastruktur und Nutzung.* In: Herbert Weingartner (Hrsg.): *Almregion Bayerisch-Salzburger Kalkalpen.* Salzburg, S. 69-80 (HE: Weingartner 2014 AT/S) (Hau).

Pichler, Claudia (1989): *Viehübertrieb der Südtiroler über die Krimmler Tauern und Almwirtschaft im Krimmler Achental.* In: Harald Waitzbauer (Hrsg.): *Das Krimmler Tauernhaus. Die alte Tafern in den Achen. Festschrift zum Jubiläum 600 Jahre Krimmler Tauernhaus.* Verlag Alfred Winter, Salzburg, S. 100-112 (Geo).

Preuss, Rudolf (1939): *Almwirtschaft.* In: Rudolf Preuss: *Landschaft und Mensch in den Hohen Tauern. Beiträge zur Kulturgeographie.* Konrad Triltsch-Verlag, Würzburg, S. 236-247 (Geo).

Reithofer, Josef (1993): *Struktur und Entwicklung der Almwirtschaft im Habachtal. Eine ökogeographische Studie zur alpinen Landnutzung im Nationalpark Hohe Tauern.* Eigenverlag, Bramberg am Wildkogel, 103 S. (vorhanden: Universitätsbibliothek Salzburg) (Geo).

Riedl, Helmut, Hrsg. (1989): *Beiträge zur Landschaftsökologie der Salzburger Kalkalpen mit besonderer Berücksichtigung der sozioökonomischen Prozeßsteuerung.* Universitätsverlag Wagner, Innsbruck, 354 S. (= Veröffentlichungen des österreichischen MaB-Programms 12) (Geo).

Die Almwirtschaft spielt in diesem Band eine relevante Rolle.

Riedl, Helmut (1984): *Vergleichende Untersuchungen zum Problem der anthropogen gesteuerten landschaftsökologischen Entwicklung in den subalpinen Höhenstufen der Salzburger Alpen.* In: Herbert Paschinger (Hrsg.): *Österreichische Beiträge zur Geographie der Ostalpen anläßlich des 25. Internationalen Kongresses für Geographie Paris-Alpen.* Verlag Ferdinand Hirt, Wien, S. 45-58 (= Wiener Geographische Schriften 59/60) (Geo).

Riedl, Helmut, Hrsg. (1983): *Die Ergebnisse des MaB-Projektes Samer Alm.* Universitätsverlag Wagner, Innsbruck, 114 S. (= Veröffentlichungen des österreichischen MaB-Programms Hohe Tauern 5) (Geo).

Stark naturwissenschaftlich-ökologisch ausgerichtet.

Riedl, Helmut (1979): *Schwerpunkte und Aspekte der landeskundlichen Forschung im Bundesland Salzburg.* In: *Studien zur Landeskunde Tirols und angrenzender Gebiete – Festschrift zum 60. Geburtstag von Adolf Leidlmair,* Bd. 2. Selbstverlag des Instituts für Geographie der Universität Innsbruck, Innsbruck, S. 429-446 (= Innsbrucker Geographische Studien 6) (Geo).

Darin Teil 6 „Der almgeographische Schwerpunkt und ökogeographische Aspekte" (S. 438-440). In einer späteren Publikation (Riedl: „Die landeskundliche Tätigkeit der Lehrkanzel Geographie II im Bundesland Salzburg". In: Salzburger Geographische Arbeiten 17/1988, S. 127-148) wird der Schwerpunkt Almgeographie nicht mehr erwähnt.

Schachinger, A. (1921): *Die Sommer- und Winter-Siedlungsgrenze in Salzburg.* Dissertation an der Universität Wien, Wien, 150 S. + Beilagekarte (= Dissertation Nr. 5240) (Geo).

Scherer, Erika/Steinkogler, Franz (2014): *Die Almwirtschaft.* In: Erika Scherer/Franz Steinkogler: *Halt' aus Bauer. Die Entwicklung der Landwirtschaft in Salzburg.* Rupertus-Verlag, Salzburg, Bd. 2, S. 118-178 (Agr).

SCHINDLBAUER, Gottfried (1987): *Almgeographische Untersuchung im Zusammenhang mit den Heimgütern an der Nordost-, Ost- und Südostabdachung des Tennengebirges.* In: Helmut RIEDL (Hrsg.): *Beiträge zur Landschaftsökologie der Salzburger Kalkalpen mit besonderer Berücksichtigung der sozioökonomischen Prozeßsteuerung.* Universitätsverlag Wagner, Innsbruck, S. 47-74 (= Veröffentlichungen des österreichischen MaB-Programms 12) (Geo).

SCHNEIDER, Detlef Maria (1985): *Die Almen des Schafberges im Salzkammergut – jüngere Wandlungen ihrer Nutzung.* In: Berichte zur deutschen Landeskunde 59, S. 419-442 (Geo).

SCHWACKHÖFER, Wolfgang (1977): *Die Nutzung der Almen und die Entwicklung der Agrarstruktur im Gasteiner Tal.* In: Berichte zur Raumforschung und Raumplanung (Wien) 21, Heft 5-6, S. 35-40 (Div).

SEHER, Walter (1998): *Almbewirtschaftung und Nationalpark.* Dissertation an der Universität für Bodenkultur Wien, Wien, 194 S. (Agr).

SPANGENBERG-RESMANN, Dagmar (1978): *Die Entwicklung der Almwirtschaft in den Oberpinzgauer Tauerntälern/Salzburg.* Selbstverlag des Geographischen Instituts der Universität Salzburg, Salzburg, 219 S. (= Arbeiten aus dem Geographischen Institut der Universität Salzburg 5) (Geo).

Gebiet: 14 Nebentäler der Salzach vom Wildgerlostal bis zum Fuscher Tal mit 241 (1910) bzw. 199 (1971) Almen. Darin auch ein Abschnitt über „Die Südtiroler im Krimmler Tal".

SPITZER, Wolfgang/PRINZ, Thomas (2014): *Entwicklung einer grenzüberschreitenden Datenbasis und räumlicher Indikatoren zur Almregion Bayerisch-Salzburger Kalkalpen.* In: Herbert WEINGARTNER (Hrsg.): *Almregion Bayerisch-Salzburger Kalkalpen.* Salzburg, S. 37-52 (HE: WEINGARTNER 2014 AT/S) (Geo).

SPLECHTNER, Ferdinand (1948): *Die Alpwirtschaftslandschaft von Kolm-Saigurn. Ein Versuch zur Einführung der Luftbilderkundung in der alpwirtschaftlichen Forschung.* Wien, 45 S. (= Abhandlungen der Geographischen Gesellschaft Wien 16, Heft 2) (Geo).

STAKELBECK, Friedericke (2010): *Der „Salzburger Almenweg" – ein sinnvolles Projekt zur Förderung eines dezentralen Wandertourismus im Bundesland Salzburg.* In: Berichte und Mitteilungen des Salzburger Instituts für Raumforschung 34, S. 237-243 (Geo).

Der „Salzburger Almenweg" dürfte der einzige Weitwanderweg in den gesamten Alpen sein, der dem Thema „Alm" gewidmet ist und der auf systematische Weise von Alm zu Alm führt.

STARKE, Harald (1984): *Die Almhütten der Postalm.* In: Rotraut ACKER-SUTTER (Hrsg.): *Heimat als Erbe und Auftrag – Beiträge zur Volkskunde und Kulturgeschichte. Festschrift für Kurt Conrad zum 65. Geburtstag.* Otto Müller Verlag, Salzburg, S. 448-454 (Hau).

STARKE, Harald (1979): *Die Almhütten des Postalmgebietes in der Osterhorngruppe (Land Salzburg, Gemeinden Strobl und Abtenau). Ein Beitrag zur Verbreitung, Typologie, Baugeschichte und Strukturveränderung.* Phil. Diss. an der Universität Wien, Wien, 350 S. (Hau).

STEHRER, Johann (1996): *Das Postalmgebiet – ein Raum im Spiegel seiner Nutzung.* In: Österreich in Geschichte und Literatur 40, Nr. 2, S. 67-78 (Geo).

STEHRER, Johann (1992): *Das Postalmgebiet – Almwirtschaftsraum im Wandel.* In: Guido MÜLLER/Wolfgang SITTE/Hermann SUIDA (Hrsg.): *Exkursionen im Bundesland Salzburg und Nachbargebieten.* Selbstverlag des Instituts für Geographie der Universität Salzburg, Salzburg, S. 103-113 (Geo).

STEHRER, Johannes (1989): *Beiträge zur Entwicklung der Almwirtschaft der östlichen Osterhorngruppe (Land Salzburg).* In: Mitteilungen der Gesellschaft für Salzburger Landeskunde 129, S. 385-410 (Geo).

STEHRER, Johann (1987): *Denudationsformen und ihre Beziehung zur Almwirtschaft im montan-subalpinen Raum des Ostteils der Osterhorngruppe.* In: Helmut RIEDL (Hrsg.): *Beiträge zur Landschaftsökologie der Salzburger Kalkalpen.* Innsbruck, S. 291-354 (HE: RIEDL 1987 AT/S) (Geo).

STEIDL, Albert (2005): *Almleben. Almleute berichten von ihren Erlebnissen auf Pinzgauer Almen zwischen 1924 und 2004. Eine kulturgeschichtliche Dokumentation.* Alpress Verlag der Pinzgauer Post, Saalfelden, 112 S. (Pop).

STEIDL, Albert (2002): *Pinzgauer Almen. Farb-Bildband.* Alpress-Verlag der Pinzgauer Post, Saalfelden, 124 S. (Pop).

STEINER, Gertraud (1998): *Sündig und sauber. Sennerinnen und Almleben in den Hohen Tauern (1750 – 1850). Eine Spurensuche zwischen Literatur und Wirklichkeit.* In: Lucia LUIDOLD et al. (Hrsg.): *Frauen in den Hohen Tauern. Vom Korsett zum Internet.* Tauriska-Verlag, Neukirchen am Großvenediger, S. 29-67 (Div).

STÖCKL, Christian (1985): *Almgeographische Studien im Bereich zwischen dem Hochkönig und der Tauernnordseite.* In: Mitteilungen der Gesellschaft für Salzburger Landeskunde 125, S. 871-928 (Geo).

STÖCKL, Christian (1983): *Almgeographische Studien im Bereich zwischen dem Hochkönig und der Tauernnordseite.* Geographische Dissertation an der naturwissenschaftlichen Fakultät der Universität Salzburg, Salzburg, 244 S. (Geo).

STRASSER, Sandra (2014): *Das Entwicklungspotential der Almen im Lungau. Eine Analyse des touristischen Entwicklungspotentials der Almen der Gemeinde Zederhaus.* In: Herbert WEINGARTNER (Hrsg.): *Almregion Bayerisch-Salzburger Kalkalpen.* Salzburg, S. 131-139 (HE: WEINGARTNER 2014 AT/S) (Geo).

TITZE, Gertrud (1943): *Die Almen der Salzburger Schieferalpen.* Verlag Franz Deuticke, Wien, 203 S. + vier Beilagekarten (= Abhandlungen der Geographischen Gesellschaft in Wien XV, Heft 1) (Geo).

Salzburger Schieferalpen: Gebiet zwischen dem Gerlos-Pass im Westen und Radstadt im Osten nördlich der Flüsse Salzach – Wagrainer Bach – Enns (571 Almen).

UNTERBERGER, Franz (2013): *Unsere Almen im Wandel der Zeit. Die Geschichte der Almen rund um Strobl.* Eigenverlag des Autors, Strobl, 129 S. (Div).

WAASS, Barbara (1988): *„Für sie gab es immer nur die Alm.“ Aus dem Leben einer Sennerin.* Böhlau-Verlag, Wien, 178 S., 2. Auflage 1994 (= Damit es nicht verlorengeht) (Pop).

WALLNER, Hans (1911): *Die jährliche Verschiebung der Bevölkerung und der Siedlungsgrenze durch die Almwirtschaft im Lungau.* In: Mitteilungen der Geographischen Gesellschaft Wien 54, S. 358-403 (Geo).

WALLNER, Hans (1910): *Die Almwirtschaft im Lungau in ihren geographischen Beziehungen.* Dissertation an der Philosophischen Fakultät der Universität Graz, Graz, 217 S. (Geo).

WEINGARTNER, Herbert, Hrsg. (2014): *Almregion Bayerisch-Salzburger Kalkalpen.* Selbstverlag der Arbeitsgruppe „Landschaft und Nachhaltige Entwicklung“, Salzburg, 165 S. (= Landschaft und Nachhaltige Entwicklung 5) (Geo).

Siehe RINGLER DE/OBB, ANZENGRUBER/BRANDSTETTER AT/S, MAURER AT/S, PETERS AT/S, SPITZER/PRINZ AT/S, STRASSER AT/S.

WEINGARTNER, Herbert/ANZENGRUBER, Martin/PRÜLLER, Stefan, Hrsg. (2008): *Almen im Tennengebirge. Ergebnisse eines interdisziplinären Projektes in den Salzburger Kalkalpen.* Selbstverlag der Arbeitsgruppe „Landschaft und Nachhaltige Entwicklung“. Salzburg, 89 S. (= Landschaft und Nachhaltige Entwicklung 1) (Geo).

WEINGARTNER, Herbert/NAGEL, Heidemarie (2000): *Alm-Lehrpfad Werfenweng. Ein Begleiter durch die Almlandschaft von Werfenweng.* Verein „Alm-Lehrpfad Werfenweng“, Werfenweng, 47 S. (Geo).

WEINGARTNER, Herbert (1999): *Möglichkeiten der Nutzung von Forschungsergebnissen im Hinblick auf nachhaltige Regionalentwicklung. Das Beispiel alpine Forschungsstation Samer Alm/Salzburg.* In: Geographischer Jahresbericht aus Österreich 56 (für 1997), S. 29-37 (Geo).

WEINGARTNER, Herbert (1987): *Almwirtschaft und aktuelle Morphodynamik. Ein Beispiel aus dem Karst im Tennengebirge.* In: Helmut RIEDL (Hrsg.): *Beiträge zur Landwirtschaftsökologie der Salzburger Kalkalpen.* Universitätsverlag Wagner, Innsbruck, S. 87-106 (= Veröffentlichungen des österreichischen MaB-Programms 12) (Geo).

ZIERLER, Peter (2013): *Nachrichten aus dem Brennwald. Die 300-jährige Geschichte einer Almwirtschaft 1713 – 2013.* Eigenverlag des Autors, Aigen-Voglhub, 70 S. (Div).

6.6 BUNDESLAND STEIERMARK (ST)

Das Gebiet der Teichalm und der Sommeralm im Grazer Bergland (etwa 30 km nordöstlich von Graz) wird mit seinen 125 Almen, die von 150 Agrargemeinschaften bewirtschaftet werden, als das „größte zusammenhängende Almgebiet Europas" bezeichnet (Selbstdarstellung).

The region of Teichalm and Sommeralm in the mountains of Graz (approx. 30 km north-east of Graz) with its 125 alpine pastures, which are used by some 150 "Agrargemeinschaften" (communities of users) referred to as the "biggest coherent alpine-pasture-farming-region of Europe" (self-designation).

Almwirtschaftliche Organisationen:
Steirischer Almwirtschaftsverein: www.almwirtschaft.com

Internetseiten:
–

Almstatistiken:
–

Monographien:
Kühndl 1966
Schneiter 1930

Publikationen:
Abrahamczik, Walter (1962): *Die Almen und Wälder im steirischen Teil des Dachsteinstockes in ihrer historischen Entwicklung.* Verlag Fromme, Wien, 104 S. (= Beiträge zur alpinen Karstforschung 16) (Div).

Friedl, Inge (2002): *Auf der Alm. Wie's früher einmal war.* Styria-Verlag, Graz, 144 S. (Pop).

Gallor, Gernot (2017): *Die Waldweide unter besonderer Berücksichtigung der Rechtslage in der Steiermark und in Kärnten vom Beginn der Neuzeit bis ins 20. Jahrhundert mit Blick auf Gegenwart und Zukunft.* Dissertation an der Rechtswissenschaftlichen Fakultät der Universität Graz, Graz, 753 S. (Rec).

Geis, Manfred (1972): *Die Bergbauern- und Almwirtschaft im Ober- und Untertal der Schladminger Tauern.* Dissertation an der Universität Gießen. Gießen, 346 S. (Geo).

Groier, Michael (1993) siehe AT

Haiding, Karl, Hrsg. (1962): *Almwirtschaft in der Steiermark. Führer durch die 7. Sonderausstellung des Heimatmuseums Trautenfels.* Heimatmuseum Schloß Trautenfels, Trautenfels, 87 S. (Div).

Hasitschka, Josef/Lieb, Gerhard K. (2012): *Johnsbacher Almen – ein kulturgeschichtlicher Wanderführer in der Nationalparkregion Gesäuse.* Österreichischer Alpenverein, Innsbruck, 181 S. (= Naturkundliche Führer Bundesländer 18) (Pop).

Haslgrübler, Petra (2017): *Bewusstseinsbildende Maßnahmen zur Erhaltung der Schafhaltung. Eine Fallstudie zum „Ennstaler Almlamm" in den Neuen Mittelschulen der Region.* AkademikerVerlag, Riga, 68 S. (Div).

Hebert, Bernhard/Mandl, Franz, Hrsg. (2009): *Almen im Visier. Dachsteingebirge, Totes Gebirge, Silvretta. Festschrift 30 Jahre ANISA.* ANISA– Verein für Alpine Forschung, Haus im Ennstal, 180 S. (= Forschungsberichte der ANISA 2) (Div).

Hebert, Bernhard/Kienast, Gerhard/Mandl, Franz, Hrsg. (2007): *Königreichalm Dachsteingebirge. 3500 Jahre Almwirtschaft zwischen Gröbming und Hallstatt.* ANISA – Verein für Alpine Forschung, Haus im Ennstal, 144 S. (= Forschungsberichte der ANISA 1) (Div).

Held, G. (1950): *Landeskunde der steirischen Stubalpe.* Dissertation an der Universität Graz, Graz, 230 S. (Geo).

Hell, Bodo/Kreissl, Eva/Mandl, Franz (1988): *Vom Leben auf der Alm. Ausstellungskatalog.* Verein Schloß Trautenfels, Trautenfels, 96 S., 3. Auflage 2004 (= Kleine Schriften des Landschaftsmuseums im Schloß Trautenfels am steiermärkischen Landesmuseum Joanneum 12) (Div).

Hornung, Josef (1929): *Almen und Besiedlung im Hochschwabgebiet.* Dissertation an der Universität Wien, Wien, 132 S. (Geo).

Kieninger, Pia Maria/Holzner, Wolfgang/Andrianos, Lucas (2011): *„Eine uralte Welt verschwindet vor unseren Augen." Pastorale Landnutzung in den Sölktälern und den Weißen Bergen.* In: Zoll+ - österreichische Schriftenreihe für Landschaft und Freiraum 18, S. 80-87 (Div).

Kühndl, Rudolf (1966): *Die Almwirtschaft der Steiermark – eine wirtschaftsgeographische Untersuchung.* Dissertation an der Hochschule für Welthandel, Wien 302 S. (Geo).

Leitner, Alois (1999): *Der Wandel der Almwirtschaft am Beispiel der Hölleralm (Rottenmanner Tauern) unter Berücksichtigung volkskundlicher Aspekte.* Bundesministerium für Land- und Forstwirtschaft, Wien, 118 S. (Vol).

Mandl, Franz (2007): *Vom Wandel der Hüttenlandschaft im Ausseerland (Steiermark).* In: *Bergwelt im Wandel. Festschrift für Erika Hubatschek zum 90. Geburtstag.* Klagenfurt, S. 156-165 (HE: Merlin/Hellebart/Machatschek 2007 AT) (Hau).

Mandl, Franz (2002): *Almhütten in der Dachstein-Tauernregion.* In: Traditiones – Acta Instituti ethnographiae Slovenorum (Ljubljana) 31, Nr. 1, S. 17-31 (Hau).

Mandl, Franz/Cerwinka, Günter, Hrsg. (1996): *Dachstein. Vier Jahrtausende Almen im Hochgebirge – das östliche Dachsteinplateau. 4000 Jahre Geschichte der hochalpinen Weide- und Almwirtschaft.* ANISA – Verein für Alpine Forschung, Haus im Ennstal, 170 S. (= Mitteilungen der ANISA 17, Heft 2-3) (Div).

Mandl, Franz/Mandl-Neumann, Herta, Hrsg. (1990): *Dachstein. Die Lackenmoosalm. Ein interdisziplinäres Forschungsprojekt zur hochalpinen Begehungs- und Besiedlungsgeschichte des östlichen Dachsteinplateaus.* ANISA – Verein für Alpine Forschung, Haus im Ennstal, 210 S. (= Mitteilungen der ANISA 11, Heft 1-2) (Div).

Morawetz, Sieghard (1956): *Wald und Alm in den Schladminger Tauern und ihre Beziehungen zum Gelände und Lokalklima.* In: Mitteilungen des Naturwissenschaftlichen Vereins für Steiermark 86, S. 84-95 (Geo).

Peintinger, Alfred (1911): *Zur Geographie und Statistik der Almen im Hochschwabgebiet.* In: Mitteilungen der k. k. Geographischen Gesellschaft in Wien 54, S. 324-335 mit 4 Seiten Tabellen (Geo).

Pichler, Franz (1981): *Die steirischen Hebalmen.* In: Gerhard Pferschy (Hrsg.): *Siedlung, Macht und Wirtschaft. Festschrift Fritz Posch zum 70. Geburtstag.* Steiermärkisches Landesarchiv, Graz, S. 165-175 (= Veröffentlichungen des steiermärkischen Landesarchivs 12) (Div).

„Hebalmen" sind Almen, auf denen Handelswaren umgeladen („gehoben") werden, weil über die Alm eine Landesgrenze verläuft und das jeweilige Transportmonopol an dieser Grenze endet.

Prieger, Angelika (1997): *Strukturwandel der Almwirtschaft und Fremdenverkehrsverhältnisse im Bereich der Planneralm, Wölzer Tauern.* Dissertation an der Universität Salzburg, 130 S. (Geo).

Puchleitner, Wolfgang (2007): *Das Almwesen in Tragöß – Geschichte und Geschichten.* Eigenverlag des Autors, Graz, 303 S. (Div).

Raffalt, Herbert (2013): *Steirische Almen. 88 genussvolle Alm- und Hüttenwanderungen.* Styria-Verlag, Wien/Graz/Klagenfurt, 192 S.; 2. Auflage 2017 (Pop).

Schneiter, Fritz (1930): *Statistik und Hebung der steirischen Almwirtschaft.* Steiermärkisches Landes-Alminspektorat, Graz, 590 S. (= Landwirtschaftliche Landesbeschreibung von Steiermark 1) (Agr).

Schuppli, Paul (1904): *Festschrift zur Eröffnungs-Feier der Landesschule für Alpwirtschaft Grabnerhof am 4. Juni 1905.* Verlag der Landesschule für Alpwirtschaft Grabnerhof, Admont, 36 S. (Agr).

Sieger, Robert (1907): *Almstatistische Probeerhebung in der Steiermark.* In: Mitteilungen der k. k. Geographischen Gesellschaft in Wien 54, S. 305-323 (Geo).

Spreitzer, Hans (1925): *Die Almen des Murauer Gebietes.* In: Robert Sieger (Hrsg.): *Beiträge zur Geographie der Almen in Österreich.* Graz, S. 49-144 (HE: Sieger 1925 AT) (Geo).

Traunmüller, Ilse (1951): *Almgeograpie der Eisenerzer Alpen.* Dissertation an der Universität Wien, Wien, 197 S. (Geo).

Weinhardt, Fritz (1925): *Der Auftrieb auf die Wölzer Almen 1759 und 1923 – vorläufige Mitteilungen.* In: Robert Sieger (Hrsg.): *Beiträge zur Geographie der Almen in Österreich.* Graz, S. 164-174 (HE: Sieger 1925 AT) (Geo).

Wittschieben, Otto (1910): *Die Alpen im Bezirk Aflenz in Steiermark. Alpstatistische Erhebung, durchgeführt vom Statistischen Landesamte für Steiermark.* In: Statistische Monatsschrift (Brünn) Neue Folge XV, S. 527-646 (Agr).

6.7 BUNDESLAND TIROL (T)

Sehr lange Zeit wird unter „Tirol“ die historische Einheit von Nord-, Ost- und Südtirol verstanden (teilweise unter Einbezug des Trentino, das auch als Welschtirol oder Italienisch-Südtirol bezeichnet wurde). Erst in den letzten Jahrzehnten setzt es sich durch, unter „Tirol“ nur das Bundesland Tirol (Nord- und Osttirol) zu verstehen. Titel, die sich auf „Tirol“ ohne nähere Spezifizierung beziehen, werden in dieser Bibliographie unter dem Bundesland Tirol aufgeführt. Publikationen, die die gesamten Hohen Tauern und das gesamte Gebiet des Nationalparks Hohe Tauern (T, S, K) umfassen, werden unter „Salzburg“ aufgeführt.

For very long time the Tyrol has been taken to mean the historical unit of northern, eastern and southern Tyrol (some-times with the inclusion of Trentino, which is also known as the Welschtirol or Italian Tyrol). The Tyrol has only been understood as being the “Bundesland Tirol” or the northern and eastern Tyrol in Austria in recent decades. Publications which refer to “Tyrol” without any further details are listed here under “Bundesland Tirol”. Publications, which refer to the entire Hohe Tauern region or the entire region of the Hohe Tauern National Parc (T, S, K) are listed under “Salzburg”.

Almwirtschaftliche Organisationen:
Tiroler Almwirtschaftsverein: www.almwirtschaft.com

Internetseiten:
www.schulederalm.at Verein „Schule der Alm“ im Valsertal
https://recht.agrar-info.at „Verein zur Förderung der Eigentümerinteressen in Tirol“: Konflikt in Tirol seit 2014 um das Eigentum von Agrargemeinschaften. Siehe dazu Keller 2011 AT/T und Siegl 2009 + 2010 AT/T.

Almstatistiken:
Statistik der Alpen von Deutsch-Tirol 1873: Graf 1880-82

Monographien:
Grass 1948
Paldele 1994

Publikationen:

AG Eng-Alm (1999): *Die Eng – ein Almdorf erzählt seine Geschichte.* Hrsg.: Agrargemeinschaft Eng-Alm. Schwaz, 95 S. (Pop).

Auer, Alois (1905): *Die Alpenwirtschaft im Bezirke Landeck, ihre wirtschaftliche Bedeutung, ihre bisherige Pflege und Vorschläge zur Verbesserung derselben.* Obermais (= Publikationen der Bodenkulturanstalt für Tirol und Vorarlberg) (Agr).

Böhm, Hans (1970): *Almwirtschaft.* In: Hans Böhm: *Das Paznauntal. Die Bodennutzung eines alpinen Tales auf geländeklimatischer, agrarökologischer und sozialgeographischer Grundlage.* Selbstverlag der Bundesforschungsanstalt für Landeskunde und Raumordnung, Bonn-Bad Godesberg, S. 78-82 und 126-136 + Tabelle V im Anhang *Statistik der Almen des Paznauntales*, 9 S. (= Forschungen zur deutschen Landeskunde 190) (Geo).

Bramböck, Hannes (2018): *Die Geschichte des Bächentales und seiner Almen.* Eigenverlag des Autors, Breitenbach, 288 S. (Div).

Brugger, Andreas (2005): *Agrargemeinschaften, Gemeindegut und rechtsstaatliche Grundsätze.* In: Tiroler Rechtsanwaltskammer (Hrsg.): *Rubriken – anwaltliche Bestandsaufnahmen.* StudienVerlag, Innsbruck/Wien/Bozen, S. 191-234 (Rec).

Brugger, Oswald (1968): *Alpsanierung in Tirol.* In: Bayerisches landwirtschaftliches Jahrbuch 45, Sonderheft 1, S. 96-101 (HE: AGfB 1968 AL) (Agr).

Crepaz, Christoph (1994): *Bewertung von Weiderechten zur Ablösung in Geld unter besonderer Berücksichtigung der Verhältnisse in Tirol.* Arbeitskreis für Alpenländische Wirtschafts- und Sozialforschung, Innsbruck, 211 S. (= Beiträge zur Alpenländischen Wirtschafts- und Sozialforschung 12) (Agr).

Drapela, Judith/Jungmeier, Michael (1998): *Almwirtschaftliche Nutzungserhebung im Nationalpark Hohe Tauern Tirol – Gesamtergebnisse.* Tiroler Nationalparkfonds Hohe Tauern, Matrei in Osttirol, 136 S. (Div).

Falser, Stephan Ritter von (1896): *Wald und Weide im Tirolischen Grundbuche. Beitrag zur Kenntnis des Tiroler Forstrechtes.* Verlag der Vereinsbuchhandlung, Innsbruck, 48 S. Nachdruck: Innsbruck 1932 (Rec).

Frey, Wolfgang (1962): *Die Almen des Gaistales in Geschichte und Recht, Wirtschaft und Volkstum.* Staatswissenschaftliche Dissertation an der Universität Innsbruck bei Nikolaus Grass, Innsbruck, 282 S. + Karte (Rec).

Fried, Pankraz (1969): *Beiträge zur Almhauslandschaft im bayerischen und tirolerischen Karwendel.* In: Bayerisches Jahrbuch für Volkskunde 19, S. 125-132 (Hau).

Fried, Pankraz (1964): *Almhütten im bayerischen und tirolerischen Karwendel. Ein Beitrag zur Haus- und Sachkultur in den Alpen.* In: Dietmar Assmann (Red.): *Volkskundliche Studien. Zum 50. Geburtstag von Karl Ilg.* Universitätsverlag Wagner, Innsbruck, S. 69-78 (= Schlern Schriften 237) (Hau).

Gietzen, Hubert-Otto (1964): *Die Almen des Stubaitales in Geschichte und Recht, Wirtschaft und Volkskunde.* Staatswissenschaftliche Dissertation an der Universität Innsbruck bei Nikolaus Grass. Selbstverlag des Autors, Innsbruck, 385 S. (Rec).

Graf, Ludwig, Redaktion (1880-82): *Statistik der Alpen von Deutsch-Tirol.* Hrsg. auf Kosten des k.k. Ackerbau-Ministeriums vom Central-Ausschusse der k. k. nordtirol. Landwirthschafts-Gesellschaft unter Redaktion des Gesellschafts-Sekretärs Ludwig Graf. Universitätsverlag Wagner, Innsbruck, 2 Bände, 1.080 S. Nachdruck Bd. 1: 2020 (Sta):
- Bd. 1 (1880, S. 1-436): *Gerichtsbezirke Kitzbühel, Hopfgarten, Kufstein, Rattenberg, Zell, Fügen, Schwaz, Hall, Innsbruck, Mieders und Steinach.*
- Bd. 2 (1882, S. 437-1.080): *Gerichtsbezirke des Oberinnthales, Lechthales, Etschthales, Eisackthales und Pusterthales nebst einer übersichtlichen Zusammenstellung sämmtlicher Alpen in Deutschtirol.*

Erhebungsjahr: 1873. Siehe Inama-Sternegg 1883 AT/T.

Grass, Nikolaus (1964): *Alm und Landstände in Tirol.* In: Standen en Landen (Löwen/Paris) 32, S. 137-189. Wiederabdruck in: Nikolaus Grass: *Alm und Wein.* Hildesheim 1990, S. 111-161 (HE: Grass 1990 AL) (Rec).

Grass, Nikolaus (1964): siehe Grass 1964 AL

Grass, Nikolaus (1962): *Prof. Richard Weiss (gest. 29. VII. 1962) und die Almforschung in Tirol.* In: Der Schlern – Monatszeitschrift für Südtiroler Landeskunde 36, S. 79-80. Wiederabdruck in: Nikolaus Grass: *Alm und Wein.* Hildesheim 1990, S. 221-222 (Rec).

Grass, Nikolaus (1958): *Aus der Geschichte der Wattentaler Almen.* In: *Wattner Buch. Beiträge zur Heimatkunde von Wattens, Wattenberg und Vögelsberg*, Universitätsverlag Wagner, Innsbruck, S. 453-502 (= Schlern Schriften 165). Wiederabdruck in: Nikolaus Grass: *Alm und Wein.* Hildesheim 1990, S. 223-274 (Rec).

Grass, Nikolaus (1948): *Beiträge zur Rechtsgeschichte der Alpwirtschaft, vornehmlich nach Tiroler Quellen dargestellt.* Universitätsverlag Wagner, Innsbruck, 285 S. (= Schlern-Schriften 56) (Rec).

Gliederung: Zur Einführung. I: Vom Almzwang und Hutzwang. II: Vom Lehnvieh. III: Die Viehpfändung. IV: Die Weidedienstbarkeiten. V: Das Schneefluchtrecht. VI: Wegrechte. VII: Viehtränke- und Wasserbezugsrecht. VIII: Holzbezugsrecht. IX: Heu-, Streu- und Düngerbezugsrecht. X: Vom Recht der Heugewinnung auf den Bergen. XI: Herrschaft und Alm.

Grüne, Niels/Siegl, Gerhard (2015): *Kontrastierende Persistenz ländlicher Gemeingüter in Tirol und der badischen Pfalz (18. – 21. Jahrhundert).* In: Niels Grüne et al. (Hrsg.): *Ländliche Gemeingüter.* Innsbruck, S. 242-255 (HE: Grüne et al. 2015 AL) (Rec).

Hägele, Erwin (1967): *Die Hinterriß. Ihre Alpwirtschaft in Geschichte, Recht und Gegenwart unter besonderer Berücksichtigung der Agrargemeinschaft Eng-Alpe.* Staatswissenschaftliche Dissertation an der Universität Innsbruck bei Nikolaus Grass. Innsbruck, 287 S. Publikation: *Die Almen der Hinterriß. Eine rechtsgeschichtliche Untersuchung.* Universitätsverlag Wagner, Innsbruck 1968, 287 S. (= Beiträge zur alpenländischen Wirtschafts- und Sozialforschung 15) (Rec).

Haff, Karl (1942) siehe Haff 1942 AL, Teil 2

Haid, Hans (2008): *Wege der Schafe. Die jahrtausendealte Hirtenkultur zwischen Südtirol und dem Ötztal.* Tyrolia-Verlag, Innsbruck, 144 S. (Pop).

Hartlmayr, Ernst (1968): *Die Almwirtschaft im Brandenberger Tal.* Dissertation an der Universität Innsbruck, Innsbruck, 294 S. (Geo).

Heilmannseder, Marianne (1987): siehe DE

Hensler, Emil (1953): *Die Landwirtschaft im Zillertal mit besonderer Berücksichtigung der Almwirtschaft.* Dissertation im Fach Geographie an der Universität Innsbruck 1950. Universitätsverlag Wagner, Innsbruck, 212 S. (= Schlern-Schriften 116) (Geo).

Holzmann, Hermann (1948): *Auf der Sattelalm. Heimatbild aus dem Wipptal.* In: Karl Ilg (Hrsg.): *Beiträge zur Volkskunde Tirols. Festschrift zu Ehren Hermann Wopfners.* 2. Teil. Wagner, Innsbruck, S. 141-148 (= Schlern-Schriften 53) (Vol).

Hye, Franz-Heinz (1967-68): *Die ältesten Weiderechtsverträge zwischen Schnals, Vent und Rofen. Zur Siedlungsgeschichte eines Tiroler Hochgebirgstales.* In: Tiroler Heimat 31-32, S. 79-91 (Div).

Ikenaga, Masahito (2001): *The transition of Alpine Pasture Management and the Development of Ecotourism in Hinterhornbach-Valley, Tyrol, in the Austrian Alps.* In: Japanese Journal of Human Geography (Kyoto) 53, no. 6, p. 48-65 (Geo).

Inama-Sternegg, Karl Theodor von (1883): *Die Alpenwirthschaft in Deutsch-Tirol.* In: Statistische Monatsschrift (Wien) 9, Heft 1, S. 1-21 (Agr).

Auswertung der Alpen-Statistik von Graf 1880-82. Zusammenfassung der wichtigsten Aussagen (mit Tabellen) in: Zeitschrift für die gesammte Staatswissenschaft (Tübingen) 40/1884, Heft 3-4, S. 754-763.

Irschara, Heinrich (1978): *Die Ahrntaler Almen im Zillertal und im Pinzgau.* In: Der Schlern 52, Heft 11, S. 595-648 (Agr).

Jäger, Georg (2008): *Fernerluft und Kaaswasser. Hartes Leben auf den Tiroler Almen.* Universitätsverlag Wagner, Innsbruck, 240 S. 2. Aufl.age 2011 (Geo).

Joos (1984) (Gemeinde Nauders) siehe IT/BZ

Jurinka, Hermann/Spreitzer, Hans (1925): *Der Anteil der Bevölkerung in Deutschtirol und Kärnten an der jährlichen Almwanderung und deren Höhengrenze.* In: Robert Sieger (Hrsg.): *Beiträge zur Geographie der Almen in Österreich.* Graz, S. 15-48 (HE: Sieger 1925 AT) (Geo).

Kalser, Josef (2015): *Die Leisacher Koflalm. Geschichte(n) zwischen dem Pustertal und dem Lesachtal.* Verlag Osttiroler Bote, Lienz, 275 S. (Div).

Kaltenegger, Ferdinand (1893): *Feldbau, Viehzucht und Alpenwirthschaft.* In: *Tirol und Vorarlberg in Wort und Bild.* Verlag Eduard Beyer, Wien, S. 513-548 (= Die österreichisch-ungarische Monarchie in Wort und Bild, auf Anregung und unter Mitwirkung des Kronprinzen Erzherzog Rudolf herausgegeben) (Agr).

Keller, Alexandra (2011): *Die Tiroler Gratwanderung (Agrargemeinschaften).* In: RAUM – österreichische Zeitschrift für Raumplanung und Regionalpolitik (ÖIR, Wien) Nr. 83, S. 48-53 (Rec).

Die Übertragung von über 2.000 km² Fläche aus dem Eigentum der Gemeinden an die Agrargemeinschaften aus dem Jahr 1952 sei verfassungswidrig und soll korrigiert werden.

Keller, Alexandra (2009): *Schwarzbuch Agrargemeinschaften.* StudienVerlag, Innsbruck, 134 S. Zweite, aktualisierte und erweiterte Auflage unter dem Titel *Schwarzbuch Tirol,* StudienVerlag, Innsbruck 2012, 200 S. (Rec).

Kerner von Marilaun, Anton (1866): *Die Alpenwirthschaft in Tirol, ihre Entwicklung, ihr gegenwärtiger Betrieb und ihre Zukunft.* In: Österreichische Revue 4, S. 57-87 und 118-147. Wiederabdruck in: Anton Kerner von Marilaun: *Der Wald und die Alpenwirtschaft in Österreich und Tirol. Gesammelte Aufsätze.* Gerdes & Hödel, Berlin 1908. Nachdruck: Institut für angewandte Pflanzensoziologie, Villach 1941, 56 S. Weiterer Nachdruck 2012 (Agr).

Gebiet: Tirol und Vorarlberg; gelegentlich wird auch der „italienische Anteil“ erwähnt.

Kinzl, Hans (1945): *Bergbauernfrage und Gebirgsentsiedlung in Tirol.* In: Berichte zur deutschen Landeskunde 4, S. 154-162 (Geo).

Klein-Bruckschwaiger (1967 AT/T) spricht davon, „dass man mit Fug und Recht auch von einer Innsbrucker almgeographischen Schule sprechen kann", weil Hans Kinzl mehrere almgeographische Dissertationen betreut hat (S. 24). Allerdings hat Hans Kinzl selbst nichts zu diesem Thema veröffentlicht. Und Hugo Penz erwähnt in seinem Artikel „Hans Kinzl (1898-1979) und das Institut für Geographie der Universität Innsbruck" (in: Jahresbericht der Innsbrucker Geographischen Gesellschaft 1997/98, S. 5-28) diesen Schwerpunkt nicht.

Klein-Bruckschwaiger, Franz (1967): *Almstudien in Österreich und die Innsbrucker Schule der Almforschung.* In: Zeitschrift für Agrargeschichte und Agrarsoziologie 15, S. 23-32 (Agr).

Klein-Bruckschwaiger, Franz (1965): *Neue Innsbrucker almwirtschaftliche Forschungen. Ein Literaturbericht.* In: Schrifttum zur Agrarwirtschaft (Wien) 5, S. 57-60 (Agr).

Klien, Robert (2004): *Die Almwirtschaft – Fließer Almen im Vergleich.* In: Robert Klien (Hrsg.): *Dorfbuch Fließ.* Gemeinde Fließ, Fließ, S. 387-404 (Div).

Kohl, Gerald/Oberhofer, Bernd/Pernthaler, Peter, Hrsg. (2010): *Die Agrargemeinschaften in Tirol. Beiträge zur Geschichte und Dogmatik.* LexisNexis, New York, 352 S. (= Schriften zum Tiroler Agrarrecht 1) (Rec).

Lang, Eberhard (1991): *Tiroler Agrarrecht II. Das Recht der Einforstungsrechte (Wald- und Weideservitute) und der agrargemeinschaftlichen Grundstücke.* Verlag Wilhelm Bruckmüller, Wien, 280 S. (= Institut für Föderalismusforschung, Schriftenreihe Verwaltungsrecht 2) (Rec).

Lechner, Eva/Hölzl, Reinhard (2008): *Tiroler Almen.* Studien-Verlag, Innsbruck, 366 S. (Pop).

Lechner, Eva (1995): *Tiroler Almen. Portrait der Nord- und Osttiroler Almlandschaft.* Edition Löwenzahn, Innsbruck, 287 S. (Pop).

Liehl, Heide (1968): *Die Alpwirtschaft im Tirolischen Lechtal in Geschichte und Recht, Wirtschaft und Brauch.* Staatswissenschaftliche Dissertation an der Universität Innsbruck bei Nikolaus Grass, Innsbruck, 421 S. (Rec).

Loup, Jean (1963): siehe AL

Mair, Walter (2003): *Osttiroler Almen. Lage, Zugang, Geschichte und Geschichten von rund 300 Almen.* Tyrolia-Verlag, Innsbruck, 216 S. (Div).

Mayer/Job/Ruppert (2010): siehe DE/OBB

Moritz, Alois (1943): *Die Almwirtschaft im Stanzertal. Beiträge zur Wirtschaftsgeschichte und Volkskunde einer Hochgebirgstalschaft Tirols.* Dissertation an der Universität Innsbruck bei Hermann Wopfner, Innsbruck, 138 S. Publikation: Universitätsverlag Wagner, Innsbruck 1956, 138 S. (= Schlern-Schriften 137) (Vol).

Nopp, Lisl (1987): *Almen und Almwirtschaft im Dorfertal. Eine volkskundliche Untersuchung in der Gemeinde Kals am Großglockner.* Österreichischer Alpenverein, Innsbruck, 95 S. (= OeAV-Dokumente 2) (Vol).

Paldele, Bruno (1994): *Die aufgelassenen Almen Tirols.* Selbstverlag des Instituts für Geographie der Universität Innsbruck, Innsbruck, 160 S. (= Innsbrucker Geographische Studien 23) (Geo).

Dies ist die einzige systematische Analyse, die zu dieser Thematik im gesamten Alpenraum durchgeführt wurde. Im Anhang Liste der aufgelassenen (1873-1986) und der wiederbewirtschafteten (1974-1986) Almen in Tirol mit Alpkataster-Nummer, Name, Gemeinde und Nutzungsform.

Penz, Hugo (2013): *Die Entwicklung des Gemeinschaftsbesitzes in den Alpen anhand von Beispielen aus Tirol.* In: Axel Borsdorf (Hrsg.): *Forschen im Gebirge/Investigating the Mountains/Investigando las Montañas. Christoph Stadel zum 75. Geburtstag.* Verlag der Österreichischen Akademie der Wissenschaften, Wien, S. 103-120 (= IGF-Forschungsberichte 5 der Forschungsstelle für Gebirgsforschung: Mensch und Umwelt) (Geo).

Penz, Hugo (2008): *Almwanderung ins Finsingtal (Vorderes Zillertal). Geographische Exkursion mit den Schwerpunkten Almwirtschaft und Veränderungen durch die Integralmelioration.* In: Jahresbericht der Innsbrucker Geographischen Gesellschaft 17, S. 193-217 (Geo).

Penz, Hugo (1996): *Ländliche Siedlungsforschung und Agrargeographie am Institut für Geographie der Universität Innsbruck.* In: Jahresbericht der Innsbrucker Geographischen Gesellschaft (Innsbruck), S. 69-86 (= Sonderheft *Geographische Forschung in Innsbruck. Festgabe aus Anlaß des 25jährigen Bestehens des Zweigvereins Innsbruck der Österreichischen Geographischen Gesellschaft,* hrsg. von Axel Borsdorf) (Geo).

Darin S. 80-81 explizit zu den almgeographischen Untersuchungen in Innsbruck.

Penz, Hugo (1991): *Eigentumsstrukturen der Almen (Karte L 20), Begleittexte zum Tirol-Atlas XI.* In: Tiroler Heimat 55, S. 191-196 (Geo).

Siehe Tirol-Atlas (1969-99) AT/T

Pöll, Christoph (2015): *Transformationsprozesse in der alpinen Milchwirtschaft des späten 19. Jahrhunderts. Die Einführung der Hartkäseerzeugung auf den Gemeinschaftsalmen des Nordtiroler Unterlandes.* In: Niels Grüne et al. (Hrsg.): *Ländliche Gemeingüter.* Innsbruck, S. 218-231 (HE: Grüne/Hübner/Siegl 2015 AL) (Agr).

Pospisil, Leopold (1995): *Alpung and Almen.* In: Leopold Pospisil: *Obernberg – a quantitative analysis of a Tirolean Peasant economy.* The Connecticut Academy of Arts and Sciences, New Haven, p. 201-236 (= Memoirs oft he Connecticut Academy of Arts and Sciences 24) (Vol).

Rachewiltz, Siegfried W. de/Togni, Roberto/Zipperle, Andreas (1994): siehe AL

Richter, Annemarie (1941): *Almgeographische Studien im Ötztal.* Dissertation im Fach Geographie an der Universität Innsbruck. Innsbruck, 159 S. (Geo).

Rupprechter, L. (1988): *Die Almen im Brandenbergertal.* Selbstverlag des Autors, Brandenberg, 433 S. (Div).

Schenk, Peter (1962): *Die Almwirtschaft im Alpbachtal.* Staatswissenschaftliche Dissertation an der Universität Innsbruck bei Nikolaus Grass, Innsbruck, 580 S. Teilpublikation: *Die Almwirtschaft im Alpbachtal (Tirol) in Geschichte und Recht.* Österreichische Kommissionsbuchhandlung, Innsbruck 1974, 304 S. (= Studien zur Rechts-, Wirtschafts- und Kulturgeschichte 9) (Rec).

Schennach, Martin (2016): siehe AL

Schindler, Ferdinand (1890): *Kulturregionen und Kulturgrenzen in den Ötztaler Alpen.* In: Zeitschrift des Deutschen und Österreichischen Alpenvereins 21, S. 62-84 (Div).

Der Autor verzeichnet zahlreiche Höhenangaben zur „Alpenwirthschaft", die er an der Höhe der Almsiedlungen festmacht.

Schumacher, Klaus (1980): *Almen und Asten in den Bezirken Innsbruck-Stadt und Innsbruck-Land.* Dissertation an der Universität Innsbruck, Innsbruck, 371 S. (Geo).

Sendele, Hermann (1963): *Die Almwirtschaft von Matrei in Osttirol in geschichtlicher, rechtlicher und volkskundlicher Betrachtung mit einem Exkurs über die Hausgemeinschaften.* Staatswissenschaftliche Dissertation an der Universität Innsbruck bei Nikolaus Grass, Innsbruck, 465 S. (Rec).

Siegl, Gerhard (2019): *Persistenz verstehen. Ländliche Gemeingüter in Tirol am Beispiel der Stadtgemeinde Imst.* In: Histoire des Alpes/Storia delle Alpi/Geschichte der Alpen 24, S. 151-169 (HE: Head-König et al. 2019 AL) (Rec).

Siegl, Gerhard (2010): *Der „größte Kriminalfall seit 1945" oder legitime Sicherung der „alten Rechte". Eine historische Betrachtung der Tiroler Agrargemeinschaften unter besonderer Berücksichtigung der sog. „Gemeindegutsagrargemeinschaften".* In: Österreich in Geschichte und Literatur (mit Geographie) 54, Heft 2, S. 110-121 (Rec).

Siegl, Gerhard (2009): *Die Entstehung der Agrargemeinschaften in Tirol unter besonderer Berücksichtigung der Gemeindegutsagrargemeinschaften. Zur historischen Dimension eines aktuellen Problems.* In: Markus Cermann/Erich Landsteiner (Hrsg.): *Zwischen Stadt und Land – Wirtschaftsverflechtungen von ländlichen und städtischen Räumen in Europa 1300 – 1600.* StudienVerlag, Innsbruck/Wien/Bozen, S. 218-240 (= Jahrbuch für Geschichte des ländlichen Raumes 6) (Rec).

Sonntag, Hermann/Straubinger, Franz (2014): *Landwirtschaft auf der Eng-Alm – von der Hungeralpe zur größten Almfläche des Karwendels.* In: Hermann Sonntag/Franz Straubinger: *Großer Ahornboden. Eine Landschaft erzählt ihre Geschichte.* Berenkamp Verlag, Wattens, S. 71-100, 2. Auflage 2019 (Div).

Starz, Rudolf (1970): *Die Almwirtschaft in der Wildschönau.* Staatswissenschaftliche Dissertation an der Universität Innsbruck bei Louis Carlen. Innsbruck, 319 S. (Rec).

Stern, Roland (1966): *Alpwirtschaft.* In: Roland Stern: *Der Waldrückgang im Wipptal.* Österreichischer Agrarverlag, Wien, S. 86-99 (= Mitteilungen der Forstlichen Bundes-Versuchsanstalt Mariabrunn 70) (Agr).

Stolz, Otto (1949): *Das Recht an den Almen.* In: Otto Stolz: *Rechtsgeschichte des Bauernstandes und der Landwirtschaft in Tirol und Vorarlberg.* Verlag Ferrari-Auer, Bozen, S. 33-39. Nachdruck (mit einem Vorwort von Nikolaus Grass): Georg Olms Verlag, Hildesheim/Zürich/New York 1985, 527 S. (Rec).

Darin für Almwirtschaft ebenfalls wichtig: Kapitel VIII, B. „Die allgemeine Grundentlastung 1848 – 1853“ und Kapitel VIII, D. „Weitere agrarische Reformen im 18. und 19. Jh.“ (u. a. „Aufteilung der Gemeindegründe und Aufhebung der gemeinsamen Weide auf den Dorffluren 1768/69“, „Die agrarischen Operationen in Tirol seit 1910... Verbesserung von Almen“).

Tirol-Atlas (1969-99): *Tirol-Atlas.* Hrsg. im Auftrag der Tiroler Landesregierung, Bearbeitung: Abteilung Landeskunde im Institut für Geographie der Universität Innsbruck. Universitätsverlag Wagner, Innsbruck, 109 Blätter (Geo). Darin:

- Blatt L 1: Stumreich, Julian: *Vorherrschende Landnutzung.* Begleittext: Julian Stumreich in Heft XIV/1999, S. 3-9 (bei der Landnutzung werden die Almen und Bergmähder als „Alpines Grünland“ in ihrer flächenhaften Verbreitung dargestellt).
- Blatt L 19: Keller, Wilfried/Penz, Hugo: *Almwirtschaft – Verbreitung und Nutzung der Almen.* Begleittext: Hugo Penz in Heft X/1988, Bd. 51/52, S. 36-40.
- Blatt L 20: Keller, Wilfried/Penz, Hugo: *Almwirtschaft – Eigentumsstrukturen.* Begleittext: Hugo Penz in Heft XI/1991, Bd. 55, S. 5-10.
- Blatt L 21: Penz, Hugo/Stumreich, Julian: *Almen – Einzelbeispiele.* Begleittext: Paul Lang/Julian Stumreich in Heft XIII/1997, Bd. 61, S. 18-27.

Zusätzlich in der Internet-Version des Tirol-Atlas (https://tirolatlas.uibk.ac.at):

- Blatt: Karte *Corine Landnutzung: Alpine Matten* (Datenbasis: 2000).

Das vom Tirol-Atlas abgedeckte Gebiet umfasst Tirol und Südtirol vollständig und umfasst darüber hinaus fast die gesamten bayerischen Alpen sowie Teile von Salzburg und kleinere Teile von Vorarlberg, Kärnten, Trentino, Veneto, Lombardia und Graubünden.

Tirol Werbung (2019): *Tirols Almen – ein Kulturgut.* Hrsg. und Verleger: Tirol Werbung, Innsbruck, 32 S. (= Themaheft von „Saison – Tourismusmagazin“ 70/2019, Nr. 2) (Div).

Vogt, Werner (1993): *Die Alpe Jam. Seine Geschichte oder die wundersamen Beziehungen zwischen Engadin, Tarasp – Tirol, Galtür und Göfis.* Hrsg. und Verleger: Agrargemeinschaft Jamalpe, Göfis, 52 S. (Div).

Waldhart, Josef, Hrsg. (1992): *50 Jahre Agrargemeinschaft Telfser Alpen. Unsere Almen Hämmermoos und Puit-Wang.* Hrsg.: Agrargemeinschaft Telfser Alpen. Eigenverlag des Autors, Telfs, 126 S. (Agr).

Weckl, Curt J. (1967): *Längenfeld im Ötztal. Ein Beitrag zu seiner Alpwirtschaft in Geschichte, Recht und Gegenwart unter besonderer Berücksichtigung des ehemaligen Besitzes des Frauenklosters Chiemsee in Bayern.* Staatswissenschaftliche Dissertation an der Universität Innsbruck bei Nikolaus Grass, Innsbruck, 298 S. Stark gekürzte Publikation: *Die Almen um Längenfeld im Ötztal. Eine rechtshistorische Studie.* Universitätsverlag Wagner, Innsbruck 1968, 76 S. (= Beiträge zur alpenländischen Wirtschafts- und Sozialforschung 25) (Rec).

Wohlfarter, Richard (1965): *Die Besitz- und Ertragsstruktur der Tiroler Alp- und Weidewirtschaft.* Hrsg.: Amt der Tiroler Landesregierung. Verlag Egger, Imst, 49 S. (Agr).

Wopfner, Hermann (1942): *XI. Hauptstück: Von der Almwirtschaft.* In: Hermann Wopfner: *Bergbauernbuch – von Arbeit und Leben des Tiroler Bergbauern.* 3. Band: *Wirtschaftliches Leben.* Aus dem Nachlaß herausgegeben von Nikolaus Grass. Universitätsverlag Wagner, Innsbruck 1997, S. 373-505 und S. 644-654 (Anmerkungen) (= Schlern-Schriften 298/Tiroler Wirtschaftsstudien 49) (Vol).

Wopfner, Hermann (1941): *V. Hauptstück: Von der „Gemain“ und der Gemeinde.* In: Hermann Wopfner: *Bergbauernbuch – von Arbeit und Leben des Tiroler Bergbauern.* 2. Band: *Bäuerliche Kultur und Gemeinwesen.* Aus dem Nachlaß herausgegeben von Nikolaus Grass. Universitätsverlag Wagner, Innsbruck 1995, S. 249-389 und S. 487-496 (Anmerkungen) (= Schlern-Schriften 297/Tiroler Wirtschaftsstudien 48 (Vol).

Wopfner, Hermann (1933): *Die Almwirtschaft.* In: Hauptausschuß des Deutschen und Österreichischen Alpenvereins (Hrsg.): *Tirol – Land und Natur, Volk und Geschichte, geistiges Leben.* Verlag F. Bruckmann, München, Band 1 (Textband), S. 276-283 (= 6. Teil seines Aufsatzes *Bäuerliche Siedlung und Wirtschaft*, S. 207-304). Wiederabdruck in: Hermann Wopfner: *Entstehung und Wesen des tirolerischen Volkstums – Bäuerliche Siedlung und Wirtschaft.* Universitätsverlag Wagner, Innsbruck, 1994, S. 144-152 (= Tiroler Wirtschaftsstudien 46) (Vol).

Wopfner, Hermann (1906): *Das Almendregal des Tiroler Landesfürsten.* Universitätsverlag Wagner, Innsbruck, 170 S. (Vol).

Zernig, Ingeborg (1941): *Almgeographische Studien im Zemm- und Tuxer Grund.* Dissertation an der Universität Innsbruck, Innsbruck, 115 S. (Geo).

6.8 BUNDESLAND VORARLBERG (V)

Alpwirtschaftliche Organisationen:
Vorarlberger Alpwirtschaftsverein: www.almwirtschaft.com

Internetseiten:
www.kaesestrasse.at Käsestraße Bregenzerwald (mit 37 Sennalpen).

Alpstatistiken:
–

Monographien:
Lanzl 1928
Leidenfrost 1948
Messenzehl 1977

Publikationen:
Alge, Daniela/Dünser, Ursula (2018): *Gamsfreiheit. Vom Älplerleben in Vorarlberg.* Bertolini-Verlag, Bregenz, 240 S. (mit einem Essay von Bernhard Tschofen) (Vol).

ALP Austria (2006): siehe AT

Amann, Anton (2014): *Alpgenossenschaften im Kleinwalsertal. Eine Vignette aus früher Zeit.* In: Juhani Laurinkari/Robert Schediwy/Tode Todev (Hrsg.): *Genossenschaftswissenschaft zwischen Theorie und Geschichte. Festschrift für Johann Brazda zum 60. Geburtstag.* Europäischer Hochschulverlag, Bremen, S. 49-63 (Div).

Amann, Anton/Willand, Detlef (2013): *„Das Buoch soll Krafft und Macht haben" – Alpbücher im Kleinwalsertal 1541 – 1914.* Gemeinde Mittelberg, Riezlern, 216 S. (Div).

Berchtel, Rudolf (2013): *Walser Alpwirtschaft.* In: *700 Jahre Walser in Vorarlberg.* Vorarlberger Walservereinigung, Riezlern, S. 235-249 (= Walserheimat in Vorarlberg, Tirol und Liechtenstein, Heft 93). Und in: Montfort – Zeitschrift für Geschichte Vorarlbergs 65/2013, Heft 1, S. 113-124 (Themaheft: *Walserspuren – 700 Jahre Walser in Vorarlberg*) (Geo).

Berchtel, Rudolf (1990): *Alpwirtschaft im Bregenzerwald.* Selbstverlag des Instituts für Geographie der Universität Innsbruck, Innsbruck, 155 S. + Kartenbeilagen(= Innsbrucker Geographische Studien 18) (Geo).

Bertolini, Rita, Hrsg. (2012): *Allmeinde Vorarlberg. Von der Kraft des gemeinsamen Tuns.* Bertolini-Verlag, 416 S. (Rec).

Burmeister, Karl-Heinz (2001): *Die Alpordnungen aus dem Kleinwalsertal.* In: Arge Alp (Hrsg.): *Alpwirtschaftliche Nutzungsformen.* Bozen, S. 105-117 (HE: Arge Alp 2001 AL) (Rec).

Burmeister, Karl-Heinz (1994): *Rechtsverhältnisse an den Alpen mit besonderer Berücksichtigung von Vorarlberg.* In: Louis Carlen/Gabriel Imboden (Hrsg.): *Alpe – Alm.* Brig, S. 17-36 (HE: Carlen/Imboden 1994 AL) (Rec).

Dobler, Eugen (1971): *Die Alpwirtschaft des Großen Walsertales.* In: Walserheimat in Vorarlberg 8, S. 17-29 (Div).

Elmenreich, Ferdinand/Feurstein, Gottfried (1968): *Die Alpwirtschaft in Vorarlberg.* In: Karl Ilg (Hrsg.): *Landes- und Volkskunde, Geschichte, Wirtschaft und Kunst Vorarlbergs. Band II: Geschichte und Wirtschaft.* Universitätsverlag Wagner, Innsbruck, S. 390-396 (= Abschnitt des Artikels *Die Landwirtschaft Vorarlbergs*, S. 345-409) (Div).

Endriss, Gerhard (1935): siehe DE/ALG

Feurstein, Gottfried (1963): *Die geschichtliche Entwicklung und die wirtschaftliche Bedeutung der Agrargemeinschaften in Vorarlberg.* Dissertation an der Universität Innsbruck, Innsbruck, 145 S. (Rec).

Gamon, Thomas/Fessler, Robert (2000): *Im Nenzinger Himmel.* Eigenverlag von Thomas Gamon, Nenzing, 159 S., ²2001 (Div).

Groier, Michael (1990): *Die Dreistufenwirtschaft in Vorarlberg. Entwicklung – Bedeutung – Perspektiven.* Bundesanstalt für Bergbauernfragen, Wien, 181 S. (= BABF-Forschungsberichte 26) (Agr).
Die drei Stufen sind: Heimbetrieb – Vorsäß – Alpe.

Hachfeld, Andreas/Vossebürger, Juliane/Pfeifer, Klaus (2005): *Die Alpe Bofa.* Montafoner Museen, Schruns, 63 S. (= Montafoner Schriftenreihe 16) (Div).

Häfele, Arnulf (1972): *Das Alpwesen der Herrschaft Hohenems.* Dissertation an der Universität Innsbruck, Innsbruck, 2 Bände, 466 S. (Rec).

Heeb, Franz J. (2014): *Alpe Rauz – 100 Jahre Eigentum der Gemeinde Gamprin.* Gemeinde Gamprin, 79 S. (Div).

Jochum, Kilian (2014): *Alpen im Montafon. Eine Dokumentation der Montafoner Alpen im Zeichen des Wandels.* Benvenuti-Verlag, Feldkirch, 270 S. (Div).

Kasper, Michael/Pfeiffer, Klaus, Hrsg. (2011): *Netza, Monigg und Sasarscha – traditionelle Berglandwirtschaft in Gortipohl.* Heimatschutzverein Montafon und Montafoner Museen, Schruns, 384 S. (= Montafoner Schriftenreihe 23) (Vol).
Maiensäß- und Alpkultur im inneren Montafon, zugleich Natura-2000-Gebiet.

Kasper, Michael/Hessenberger, Edith/Ebster, Marion/Pfeifer, Klaus/Erhart, Hermann (2009): *„Röbi und Rongg". Beiträge zum Maisäß- und Alpwesen in Gargellen.* Montafoner Museen, Schruns, 251 S. (= Montafoner Schriftenreihe 22) (Vol).

Keiler, Barbara/Pfeifer, Klaus/Rudigier, Andreas, Hrsg. (2002): *Gweil – Maisäß und Alpen.* Montafoner Museen, Schruns, 188 S. (= Montafoner Schriftenreihe 6) (Div).

Kerner von Marilaun, Anton (1866): siehe AT/T

Kühne, Josef (1999): *Agrargemeinschaften – Gemeindegut in Vorarlberg? Eine Klarstellung.* In: Montfort – Vierteljahresschrift für Geschichte und Gegenwart Vorarlbergs 51, S. 265-275 (Rec).

Kühne, Josef (1974): *Alte Volks- und Gewohnheitsrechte sowie Formen der traditionellen Gemeinschaftsnutzungen im Alpwesen Vorarlbergs. Zugleich ein Beitrag zur Entwicklung und Rechtsnatur der Agrargemeinschaft.* In: Bericht über den 12. Österreichischen Historikertag in Bregenz vom 2. bis 5. Oktober 1973. Wien, S. 175-209 (= Veröffentlichungen des Verbandes Österreichischer Geschichtsver eine 20) (Rec).

Kühne, Josef (1961): *Die Agrargemeinschaften in Vorarlberg.* In: Jahrbuch des Vorarlberger Landesmuseumsvereins (Bregenz), S. 63-93 (Rec).

Mayerhofer, Rudolf (2020): *Alpwandern in Vorarlberg. Die 93 schönsten Touren.* Michael Wagner-Verlag, Innsbruck, 492 S. (Pop).

Langreiter, Nikola, Hrsg. (2020): *Wem gehört das Bödele? Eine Kulturlandschaft verstehen.* Residenz-Verlag, Salzburg, 448 S. (Div).
Das „Bödele" (Gemeinde Schwarzenberg) zwischen Alpwirtschaft und Tourismus, Sommerfrische und Wintersport, Tradition und Innovation.

Lanzl, Helmut (1928): *Die Alpwirtschaft des österreichischen Bundeslandes Vorarlberg. Wege zu ihrer Hebung.* Dissertation an der Hochschule für Landwirtschaft und Brauerei in Weihenstephan. In: Zeitschrift für Tierzüchtung und Züchtungsbiologie (Berlin) 12, Heft 3, S. 1 – 104 (Agr).

Leidenfrost, Kurt (1948): *Alpwirtschaft und Alpwirtschaftsförderung in Vorarlberg. Studienbehelf.* Verlag L. Mäser, Bregenz, 87 S. (Agr).

Marte, Otto (1981): *Landwirtschaftsgeschichte von Nenzing. Die Alpen, die Wälder, die Jagd, die Allmende, der Feldbau und die Agrargemeinschaften Nenzing und Beschling-Latz.* Hrsg.: Gemeinde Nenzing. Verlagsanstalt Dornbirn, Dornbirn 403 S. (Agr).

Marxer, Adolf/Oehry, Johann (2005): siehe FL

MATHIS, Kurt (2005): *Die Hohenemser Alpen. Besitzer – Organisation – Bewirtschaftung.* Hämmerle Verlag, Hohenems, 215 S. (= Schriftenreihe des Kulturkreises Hohenems 12) (Agr).

MESSENZEHL, Günther (1977): *Die Alpwirtschaft Vorarlbergs. Wirtschaftsgeographische Analyse einer alpinen Kulturlandschaft.* Dissertation an der Universität München, München, 294 S. (Geo).

NUSSBAUMER, Thomas, Hrsg. (2009): *Vorarlberg – unsere Sennalpen.* Hrsg.: Alm- und Privatkäserei Rupp. Rupp AG, Hörbranz, 218 S. (Agr).

PETER, Franz (1989): *Die Alpwirtschaft des Bregenzerwaldes. Bedeutung in landwirtschaftlicher und außerlandwirtschaftlicher Hinsicht unter besonderer Berücksichtigung der künftigen Entwicklung inklusive der landwirtschaftlichen Situation.* Dissertation an der Universität für Bodenkultur in Wien, Wien, 270 S. (Agr).

PETER, Hans (1925): *Untersuchungen über die Ursachen des Rückgangs der Alpwirtschaft und der Verödung der Dauersiedlungen am Vorarlberger „Tannberg“.* In: Arbeiten der Lehrkanzel für Tierzucht an der Hochschule für Bodenkultur (Wien) 3, S. 89-140 (Agr).

PETER, Norbert (1983): *Geschichte der Land-, Alp- und Forstwirtschaft im Raum Hohenems.* In: Marktgemeinde Hohenems (Hrsg.): *Hohenems – Natur und Wirtschaft.* Hohenems, S. 103-162 (= Hohenems 3) (Div).

PRUGGER, Irene (2015): *Vorarlberger Alpgeschichten.* Michael Wagner-Verlag, Innsbruck, 240 S. (Pop).

SCHWEIZER, Günther (1974): *Die Alpwirtschaft Vorarlbergs am Beispiel des Montafons.* In: Hermann GREES (Hrsg.): *Die europäische Kulturlandschaft im Wandel. Festschrift für Karl Heinz Schröder zum 60. Geburtstag am 17. Juni 1974.* Hirt-Verlag, Kiel, S. 160-180 (Geo).

SCHWENDINGER, Elmar (1993): *Die Vorarlberger Alpwirtschaft in den letzten zwei Jahrzehnten.* In: Der Alm- und Bergbauer 43, Heft 8-9, S. 286-308 (Agr).

SCHWENDINGER, Elmar (1990): *Die Alpwirtschaft im Bundesland Vorarlberg 1990.* In: Der Alm- und Bergbauer 40, Heft 3, S. 68-82 (Agr).

STADLER, Alois (2001): *Voralpine Allmeindgenossenschaften als frühe Form der Alpwirtschaft.* In: Arge Alp (Hrsg.): *Alpwirtschaftliche Nutzungsformen.* Bozen, S. 25-39 (HE: Arge Alp 2001 AL) (Rec).

STOLZ, Otto (1949): siehe AT/T

STRASSER, Peter (2014): *Alpen im Montafon. Eine Dokumentation der Montafoner Alpen.* Benvenuti-Verlag, Feldkirch, 270 S. (Pop).

STREITBERGER, Peter (1969): *Zürs. Von der Alpe zum internationalen Wintersportplatz.* Universitätsverlag Wagner, Innsbruck, 53 S. (= Beiträge zur alpenländischen Wirtschafts- und Sozialforschung 67) (Div).

VOGT, Werner/BENVENUTI, Oliver (2009): *z'Alp. Die Alpen im Bregenzerwald. Eine Bilddokumentation über die Alpbewirtschaftung im Bregenzerwald.* Benvenuti-Verlag, Feldkirch, 372 S. (Pop).

WEISS, Otto (1926): *Untersuchungen über den Rückgang der Alpwirtschaft in den Gemeindegebieten Dornbirn und Ebnit (Vorarlberg) mit einem Beitrag über den Zusammenhang der Alp- und Talwirtschaft in diesen Gebieten.* Dissertation an der Hochschule für Bodenkultur in Wien, Wien, 102 S. (Agr).

WEITENSFELDER, Hubert (1997): *Agrarreform und Sozialkonflikt – Allmendteilungen in Vorarlberg 1770 bis 1870.* In: Schriften des Vereins für Geschichte des Bodensees und seiner Umgebung 115, S. 133-167 (Div).

WOHLGENANNT, Martin (2002): *Entwicklung der Alpwirtschaft am Dornbirner First. Der First im Wandel der Zeit.* Vorarlberger Verlagsanstalt, Dornbirn, 400 S. mit 500 Bildern (Div).

7. SCHWEIZER ALPEN/ALPES SUISSES/ALPI SVIZZERE

7.1 GESAMTE SCHWEIZER ALPEN/ ALPES SUISSE ENTIÈRES/ INTERE ALPI SVIZZERE (CH)

Hier werden alle Publikationen verzeichnet, die die gesamten Schweizer Alpen oder größere Teile von ihnen thematisieren. Da eine Reihe von Schweizer Kantonen im Vergleich zu den meisten Bundesländern, regioni oder départements im Alpenraum sehr klein sind, werden die Kantone der Inner-, der Ost- und der Westschweiz zu Kantonsgruppen zusammengefasst.

Ici toutes les publications traitant de l'ensemble des Alpes suisses ou de parties plus importantes sont répertoriées. Parce qu'un certain nombre de cantons est plus petit que la plupart des Bundesländer, regioni ou départements, les cantons de la Suisse centrale, orientale et occidentale sont regroupés en groupes cantonaux.

Qui vengono elencate le pubblicazioni, chi trattano le intere Alpi svizzere o grandi parti di esse. Poiché alcuni cantoni svizzeri sono più piccoli della maggior parte dei Bundesländer, regioni o départements, i cantoni della Svizzera centrale, orientale e occidentale sono raggruppati in gruppi cantonali.

Alpwirtschaftliche Organisationen:
Schweizerischer Alpwirtschaftlicher Verband/Société suisse d'économie alpestre/Società svizzera di economia alpestre mit Newsletter (3x/Jahr) (www.alpwirtschaft.ch) mit Sektionen in den (Halb-)Kantonen AI, AR, BE, FR, GR, GL, JU, LU, NW, OW, SG, SZ, TI, UR, VD, VS. Die Verbands-Zeitschrift *Alpwirtschaftliche Monatsblätter* erschien von 1867 bis 1989 (ab 1977 unter dem Titel: *Die Blaue – alpwirtschaftliche Monatsblätter*). Ab 1990 wurde sie ersetzt durch die Zeitschrift *Montagna – die Zeitschrift für das Berggebiet* (Hrsg.: Schweizerische Arbeitsgemeinschaft für die Berggebiete/SAB), die die regelmäßige Rubrik „Alpwirtschaft“ enthält.

Weitere Organisationen:

Amici degli alpeggi e della montagna/Vereinigung Freunde der Berge und Alpen/Association Amis des Montagnes et des Alpages (https://amamont.com): Diese 2008 in Sondrio gegründete Vereinigung wurde 2015 ausgeweitet (Gründung einer schweizerischen Organisation, Ziel ist eine alpenweite Aktivität). Siehe IT.

Internetseiten:
www.alpfutur.ch Wissenschaftliches Verbundprojekt „AlpFUTUR – Zukunft der Sömmerungsweiden in der Schweiz/Avenir des pâturages d'estivage en Suisse/Il futuro dei pascoli d'estivazione della Svizzera“ (2009-2013). Siehe AlpFUTUR 2013 CH.
www.alporama.ch Digitales Alpverzeichnis. Ein Projekt der Schweizerischen Arbeitsgemeinschaft für die Berggebiete/SAB in Zusammenarbeit mit dem Schweizerischen Alpwirtschaftlichen Verband/SAV und regionalen Interessenvertretern. Siehe Oehen/Jahrl/Rudmann 2013 CH.
www.ig-alp.org Interessengemeinschaft Alp
www.zalp.ch Internetseite der Älplerinnen und Älpler (Verein Z'ALP mit Zeitschrift „z'alp“)
www.schweizeralpkaese.ch Schweizer Alpkäse c/o Schweizer Milchproduzenten SMP
www.patrimoineculinaire.ch Verein Kulnarisches Erbe der Schweiz/Patrimoine Culinaire Suisse/Patrimonio Culinario Svizzero/Patrimoni Culinar Svizzer mit „Inventar“ der traditionellen Nahrungsmittel incl. Herstellung, Eigenschaften und Geschichte; unter „Käse- und Milchprodukte“ viele Alpkäse.
www.svbk.ch Schweizerischer Verband der Bürgergemeinden und Korporationen/Fédération suisse des bourgeoisies et corporations/Federazione svizzera dei patriziati/Federaziun svizra da las vischnancas burgaisas e corporaziuns (Bern).

Alpstatistiken:
Schweizerische Alpstatistik von 1864: Schatzmann/Wirth 1868.
Schweizerische Alpstatistik von 1891-1912:
siehe „SchweizAlpstat“ unter Schweiz + Kantone.
Schweizerischer Alpkataster von 1962-1988:
siehe „SchweizAlpkat“ unter Schweiz + Kantone.

Monographien:
AlpFUTUR 2013
Anderegg 1897-98
Bieri/Schläppi 2004
Herzig 1963
Ramser/Tschumi 1949
Schatzmann 1873-74
Strüby 1914
Wäfler 1997
Werthemann/Imboden 1982

Publikationen:
Aebersold, Heinz et al. (1986): *Alpwirtschaft. Provisorische Ausgabe.* Landwirtschaftliche Lehrmittelzentrale, Zollikofen, 251 S. (Agr).

Aebi, Ruth, L. (1982): *Die Alp und ihr Käse.* AT-Verlag, Aarau, 62 S. (Pop).

AlpFUTUR (2013): *Die Zukunft der Schweizer Alpwirtschaft – Fakten, Analysen und Denkanstösse aus dem Forschungsprogramm AlpFUTUR.* Herausgeber und Verleger: Eidgenössische Forschungsanstalt für Wald, Schnee und Landschaft WSL/Forschungsanstalt Agroscope Reckenholz-Tänikon ART, Birmensdorf/Zürich-Reckenholz, 200 S. + 2 CD: Film von Pascal Gmür *Sommerzeit – Alpwirtschaft: Tradition mit Zukunft* (78 Minuten) und Film von Patricia Fry *Von Älplern für Älpler – erfolgreiche Weideführung und Weidepflege* (46 Minuten) (= Synthese AlpFUTUR) (Agr).

- Édition française: *Avenir de l'économie alpestre suisse – faits, analyses et pistes de réflexion du programme de recherche AlpFUTUR.* WSL/ART, Birmensdorf/Zürich-Reckenholz, 200 p. (= synthèse AlpFUTUR).
- Edizione italiana: *Futuro dell'economia alpestre svizzera – dati, analisi e spunti di riflessione dal programma di ricerca AlpFUTUR.* WSL/ART, Birmensdorf/Zürich Reckenholz, 200 pp. (= sintesi AlpFUTUR).

Das inter- und transdisziplinäre Projekt AlpFUTUR (Laufzeit 2009-2013, 22 Teilprojekte mit 80 Forschern) stellte sich die Frage, wie sich die Alpwirtschaft seit der letzten großen Analyse (Werthemann/Imboden 1982) verändert hat, wie die Zukunft der Alpwirtschaft aussieht bzw. aussehen soll, und wie die Gesellschaft die Alpwirtschaft bewertet. Koordination: Forschungsanstalt Agroscope Reckenholz-Tänikon/ART und Eigenössische Forschungsanstalt für Wald, Schnee und Landschaft/WSL. Die Fallstudien wurden durchgeführt im Vallée de Joux (Jura/VD), Diemtig- und Niedersimmental (BE), Baltschieder-, Visper-, Nanz-, Saastal (VS), in Teilen des Kantons Obwalden (OW), im Bezirk Moesa (GR) und im Unterengadin (GR). Ein umfangreiches Literaturverzeichnis findet sich auf der Internetseite (www.alpfutur.ch) unter „Veröffentlichungen“ (mit zahlreichen downloads).

Teilpublikationen: Böni/Seidl 2012/CH, Felten/Fischer/Lauber 2012/CH, Furrer 2012/CH/GR, Herzog/Seidl 2018/CH, Junge/Hunziker 2013/CH, Landolt/Haller 2015/CH/GR, Lauber/Furrer 2013/CH, Lauber/Seidl/Böni/Herzog 2008/CH, Oehen/Jahrl/Rudmann 2013/CH, Seidl et al. 2015/CH.

Anderegg, Felix (1897-98): *Illustriertes Lehrbuch für die gesamte Alpwirtschaft.* Verlag Steiger & Co., Bern, 3 Teile, zusammen 969 S. Neuausgabe unter dem Titel *Schweizerische Alpwirtschaft. Illustriertes Lehrbuch.* Verlag C. Sturzenegger (vormals Steiger & Co.), Bern 1899, 969 S. (Agr).

Gliederung: 1. Teil: I. Allgemeine Entwicklungsgeschichte der schweizerischen Alpwirtschaft. II. Der Boden des schweiz. Alpgebietes. III. Geographisch-statistische Verhältnisse. IV. Allgemeine klimatische und phänomenologische Zustände. V. Die Pflanzenwelt. VI. Die Tierwelt. 2.Teil: I. Die Bewirtschaftung der Alpen und die Verbesserung. II. Das Rindvieh auf den Alpen. III. Die Kleinviehhaltung. V. Die Rechts- und Besitzverhältnisse. 3. Teil: Alpine Volkswirtschaft und Volkskunde.

Anderegg, Felix/Anderegg, Ernst (1894): *Alpwirthschaft/Économie alpestre.* In: *Bibliographie der schweizerischen Landeskunde/Bibliographie National Suisse.* Verlagsbuchhandlung K. J. Wyss, Bern, Band V9ab, 4. Lieferung, S. 617-656 (Bib).

Gliederung: Fachzeitschriften/Allgemeines/Die Alpen in ihrer Beziehung zur Land- und Forstwirtschaft/Der Boden und die Pflanzenwelt/Die Bodenkultur/Spezielle Alpwirthschaft: Einrichtungen, Milchwirtschaft, Jungviehsömmerung/Vereins- und Genossenschaftswesen/Alpgesetze/Statistik/Alpwirtschaftliche Kurse/Alpinspektionen/Exkursionen/Schilderungen aus den Alpen und dem Älplerleben/Monographien von Alpen und Alpgebieten.

Anderegg, Felix (1884): *Die Viehzucht und Milchwirthschaft der Schweiz*. Verlag J. Wurster & Co, Landkartenhandlung, Zürich, 6 Karten mit erläuterndem Text (30. S. mit vielen Statistiken) (= Statistischer Atlas der Schweiz in kartographischer Darstellung auf Grundlage von J. Randegger's Karte der Schweiz im Maßstab 1: 600.000, 1. Theil, 1. Lieferung) (Agr).
Der geplante 3. Theil mit der 3. Lieferung „Alpwirthschaft“ ist offenbar nicht erschienen.

Arbos, Philippe (1916): *L'économie pastorale en Suisse*. Dans: Revue de Géographie Alpine 4, n. 3, p. 355-363 (Geo).
Inhaltliche Vorstellung der Schweizerischen Alpstatistik (Strüby 1914).

Bachmann-Geiser, Brigitte (2006): *Der Betruf in den Schweizer Alpen*. In: Histoire des Alpes/Storia delle Alpi/Geschichte der Alpen 11, S. 27-36 (Vol).

Bäbler, Rudolf/Strebel, Eduard (1968): *Alp- und Weidewirtschaft. Leitfaden für landwirtschaftliche Mittelschulen, Berater und Praktiker.* Hrsg: Schweizerischer Verband der Ingenieur-Agronomen. Verlag Huber, Frauenfeld, 132 S. (Agr).

Balmer, Tina/Hösli, Giorgio (2015): *Chäswandern*. AT-Verlag, Aarau, 232 S. (Pop).

Barben, Konrad et al. (1979): *Alpwirtschaft. Provisorische Ausgabe*. Landwirtschaftliche Lehrmittelzentrale, Zollikofen, 202 S. (Agr).

Bauernhausforschung: Die „Schweizerische Gesellschaft für Volkskunde“ (Basel) gibt seit 1965 die Buchreihe *Die Bauernhäuser der Schweiz* heraus (bis 2018: 35 Bände). Darin werden für viele Kantone auch die Alpgebäude dargestellt. Siehe www.volkskunde.ch ⇢ Publikationen ⇢ Reihen ⇢ Die Bauernhäuser der Schweiz (Hau).

Baur, Ivo/Binder, Claudia (2013): *Adapting to Socioeconomic Development by Changing Rules in the Governance of Common Property Pastures in the Swiss Alps*. In: Ecology and Society 18, n. 4, p. 60-74 (Vol).

Baur, Priska/Müller, Priska/Herzog, Felix (2007): *Alpweiden im Wandel*. In: AgrarForschung Schweiz 14, Nr. 6, S. 254-259 (Agr).
Überblick Alpstatistik 1891-1911 und Alpkataster 1954-1982.

Berlepsch, Hermann Alexander (1875): *Alpenwirthschaft und Viehzucht*. In: H. A. Berlepsch: *Schweizerkunde. Land und Volk übersichtlich vergleichend dargestellt*. C. A. Schwetschke und Sohn, Braunschweig, zweite, umgearbeitete Auflage, S. 436-461 (1. Aufl. 1864) (Div).

BFS (1992 ff.): *Arealstatistik/Statistique de la superficie*. Laufende Erhebungen durch das Bundesamt für Statistik (BFS)/Office fédérale de la statistique (OFS), Neuchâtel: www.bfs.admin.ch ⇢ Statistiken finden ⇢ Raum, Umwelt ⇢ Bodennutzung ⇢ Arealstatistik (Div). Darin u.a.: *Alpwirtschaftsflächen/Alpages 1979/85 – 2004/09: Veränderungen der Alpwirtschaftsflächen in Hektaren/Variation des alpages en hectares*. 1 Karte (KM05-00061-02-c-hekt-2013-df), Neuchâtel 2013.
Die Arealstatisik (Erhebung der Bodennutzung der Schweiz mittels Auswertung von Luftbildern auf der Grundlage eines 100-x-100 m-Rasters mit zeitlichen Vergleichen) ist auch für die Alpwirtschaft relevant; ein vergleichbares Instrument gibt es in keinem anderen Alpenstaat.

Bienert, Martin (2014): *Alpsicht – Hirtengeschichten*. FONA-Verlag, Lenzburg, 160 S. (Pop).

Bienert, Martin (2011): *Alp – himmelhoch und erdenschön*. FONA-Verlag, Lenzburg, 190 S. (Pop).

Bieri, Hans Ueli/Schläppi, Walter, Redaktion (2004): *Alpwirtschaft*. Landwirtschaftliche Lehrmittelzentrale, Zollikofen, 260 S., 5. Auflage (Agr).

Böni, Rosa/Seidl, Irmi (2012): *Alpprodukte und Alpdienstleistungen – empirische Erhebung der Nachfrage*. In: Yearbook of Socioeconomics in Agriculture (Schweizerische Gesellschaft für Agrarwirtschaft und Agrarsoziologie) 5, S. 55-79 (Projekt AlpFUTUR) (Agr).

Brücker, Josef (1968): *Die Bedeutung der Alpwirtschaft in der Schweiz*. In: Bayerisches landwirtschaftliches Jahrbuch 45, Sonderheft 1, S. 36-38 (HE: AGfB 1968 AL) (Agr).

Calabrese, Chiara/Mann, Stefan/Dumondel, Michel (2014): *Alpine Farming in Switzerland – Discerning a Lifestyle-driven Labor Supply*. In: Review of Social Economy 72, no. 2, p. 137-156 (Vol).

CARLEN, Louis (1994): *Aufsätze zur Rechtsgeschichte der Schweiz.* Hrsg. von Hans Constantin FAUSSNER/Louis C. MORSAK. Weidmann-Verlag, Hildesheim, 410 S. (Rec).

CARLEN, Louis (1981): *Allmenden.* In: Volkmar GÖTZ/Karl KROESCHELL/Wolfgang WINKLER (Hrsg.): *Handwörterbuch des Agrarrechts.* Erich Schmidt Verlag, Berlin, Bd. 1, Sp. 225-230. Wiederabdruck in: Louis CARLEN: *Recht, Geschichte und Symbol. Aufsätze und Besprechungen.* Weidmann Verlag, Hildesheim 2002, S. 36-43 (Rec).

CARLEN, Louis (1968): *Rechtsgeschichte der Schweiz. Eine Einführung.* Francke-Verlag, Bern, 115 S. (= Monographien zur Schweizer Geschichte 4). 2. Auflage 1978, 119 S.; 3. Auflage 1988, 129 S. (Rec).

Darin Kapitel 8 „Das Recht der dörflichen Gemeinschaft" und Kapitel 10 (u.a. „Rechtsaltertümer").

CARLEN, Louis (1964): *Alpkorporationen der Schweiz.* In: Wolfgang STAMMLER et al. (Hrsg.): *Handwörterbuch zur deutschen Rechtsgeschichte* (Berlin), Band 1, Sp. 130-132 (Rec).

CARONI, Pio (1964): vedere CH/TI

CRETTAZ, Bernard (1995): *L'alpage en Suisse – un thème mytique.* Dans: Ethnozootechnie 55, p. 5-19 (HE: SPINDLER 1995 FR) (Vol).

DOBLER, Anne-Marie (2015): *Alprechte/Droits d'alpage/Diritti di alpe.* In: Historisches Lexikon der Schweiz/Dictionnaire Historique Suisse/Dizionario Storico Svizzera: https://hls-dhs-dss.ch (Rec).

DODGSHON, Robert (2019): Siehe FR

DUBS, Ueli/IMFELD, Al (Alois Johann) (2006): *Alpmagie. Eine Analogie mittels Objekten zur Innen- und Aussenwelt des Älplers an der Grenze zur unwirtlichen Natur.* Versus-Verlag, Zürich, 239 S. (Vol).

EMMINGHAUS, Arwed (1860): *Die Alpenwirthschaft.* In: Arwed EMMINGHAUS: *Die Schweizerische Volkswirthschaft.* 1. Band: *Die Landwirtschaft und Industrie der Schweiz.* Verlag von Gustav Mayer, Leipzig, S. 104-111 (Div).

ENGLERT-FAYE, Curt, Hrsg. (1941): *Alpensagen und Sennengeschichten aus der Schweiz.* Atlantis-Verlag, Zürich, 235 S. Zweite Auflage: Zbinden-Verlag, Basel 1980, 236 S. (Vol).

FELTEN, Stefanie von/FISCHER, Markus/LAUBER, Stefan (2012): *Alpwirtschaft in der Schweiz – Befragungen zu Situation und Wahl der Sömmerungsbetriebe.* In: Agrarforschung Schweiz 3, Nr. 4, S. 186-193 (Agr).

FISCHER, Markus/RUDMANN-MAURER, Katrin/WEYAND, Anne/STÖCKLIN, Jürg (2008): *Agricultural land use and biodiversity in the Alps.* In: Mountain Research and Development 28, no. 2, p. 148-155 (Agr).

FLAMMER, Dominik (2009): *Schweizer Käse. Von Urkäsen, traditionellen Käsesorten und Käsekünstlern.* AT-Verlag, Baden/München, 344 S. (Div).

Mit Lexikon der Schweizer Käsesorten und der Käsereifachbegriffe.

FLÜCKIGER, Otto (1906): *Die obere Grenze der menschlichen Siedelungen in der Schweiz, abgeleitet auf Grund der Verbreitung der Alphütten.* Dissertation an der Universität Bern. Buchdruckerei Stämpfli & Co., Bern, 60 S. Kurzfassung in: Zeitschrift für schweizerische Statistik 42, Nr. 1, S. 145-162 (Geo).

FREHNER, Otto (1919): *Die Schweizerdeutsche Aelplersprache – alpwirtschaftliche Terminologie der deutschen Schweiz. Die Molkerei.* Verlag Huber & Co., Frauenfeld, 176 S. + 51 Schwarz-Weiß-Abbildungen + Beilagekarte (Spr).

Gliederung: Die Milch/Die Käsebereitung/Die Ziegerbereitung/Die Butterbereitung/Im Käsespeicher/Wörterverzeichnis.

FRÖDIN, John (1941): *Die Alp- und Sennwirtschaft der Schweizer Alpen.* In: Zentraleuropas Alpwirtschaft. Oslo, Bd. 2, S. 1-398 (HE: FRÖDIN 1940-41 AL) (Geo).

FRÜH, Johann Jakob (1932): *Alpwirtschaft (Bergweidewirtschaft).* In: J. J. FRÜH: *Geographie der Schweiz.* Band 2: *Volk, Wirtschaft, Siedlung, Staat.* Buchdruckerei Zollikofer & Cie./Fehr'sche Buchhandlung, St. Gallen, S. 158-182 (Geo).

FURRER, Benno (2002): siehe SI

FURRER, Gerhard (1980): *Die Zukunft der Alpen – der aktuelle Kulturlandschaftswandel der Nachkriegszeit.* In: Christoph JENTSCH/Herbert LIEDTKE (Hrsg.): *Höhengrenzen in Hochgebirgen.* Geographisches Institut der Universität des Saarlandes, Saarbrücken, S. 367-381 (= Arbeiten aus dem Geographischen Institut der Universität des Saarlandes 29) (Geo).

Teile 3-5 sind den Veränderungen der Alpwirtschaft gewidmet.

Gmür, Max (1917): *Schweizerische Bauernmarken und Holzurkunden.* Verlag Stämpfli & Cie., Bern, 160 S. + XXXIII Tafeln (= Abhandlungen zum schweizerischen Recht 77). Nachdruck: Verlag Haupt, Bern 1991 (Vol).

Inhalt: Hausmarken oder Hauszeichen, Holzzeichen, Viehzeichen, Bauernzahlen, Kerbhölzer, Loshölzer, Zählstöcke, Kehrtesseln, Abrechnungshölzer, Rechtsamehölzer. Wichtig für traditionelle Alpwirtschaft.

Göpfert, Robert, Hrsg. (1994): *Festschrift zur 50. Generalversammlung des Schweizerischen Verbandes der Bürgergemeinden und Korporationen 1945 – 1994.* Schweizerischer Verband der Bürgergemeinden und Korporationen, Bern, 92 S. (Rec).

Gräff, Hermann (1923): *Grundzüge der Alpwirtschaft. Für den Unterricht an landwirtschaftlichen Winterschulen und für unsere Alpwirte.* Verlag Huber & Co., Frauenfeld, 73 S. (Agr).

Gubler-Gross, Rolf (1962): *Moderne Transhumanz in der Schweiz.* Dissertation an der Universität Zürich. Verlag Schellenberg, Winterthur, 72 S. + Beilagekarte (Geo).

Gyr, Ueli (2003): *Neue Kühe, neue Weiden. Kuhverkultung zwischen Nationaltherapie, Stadtevent und virtueller Viehwirtschaft.* In: Zeitschrift für Volkskunde 99, Nr. 1, S. 29-49 (Vol).

Hauser, Mirjam (2000): *Die Erschließung des alpinen Sömmerungsgebietes in der Schweiz.* Pro Natura, Basel, 62 S. (Div).

Head-König, Anne-Lise (2020): *L'improbabile uguaglianza. Comuni patriziali, corporazioni comunali e comunità di godimento tra XIX e XXI secolo.* In: Luigi Lorenzetti (a cura di): *Le Alpi di Clio. Scritti per i venti anni del Laboratorio di Storia delle Alpi (2000 – 2020).* Armando Dadò editore, Locarno, pp. 117-128 (Il Laboratorio 22) (Rec).

Head-König, Anne-Lise (2019): *The commons in highland and lowland Switzerland over time. Transformations in their organisation and survival strategies (seventeenth to twentieth century).* In: Tobias Haller et al. (eds.): *The Commons in a ‚Glocal' World – Global Connections and Local Responses.* Routledge, Abingdon, p. 156-172 (Rec).

Head-König, Anne-Lise (2015): *Common land and collective property in pre-Alpine and Alpine Switzerland. Tensions regarding access to resources an their allocation (Middle-Ages – twentieth century).* In: Niels Grüne et al. (Hrsg.): *Ländliche Gemeingüter.* Innsbruck, S. 232-243 (HE: Grüne/Hübner/Siegl 2015 AL) (Rec).

Head-König, Anne-Lise (2014): *Les ressources et les systèmes pastoraux dans les Préalpes et Alpes suisses. Une perspective de longue durée.* Dans: Histoire des Alpes/Storia delle Alpi/Geschichte der Alpen 19, S. 13-33 (Div).

Head-König, Anne-Lise (2003): *Les biens communaux en Suisse aux XVIIIe et XIXe siècles – enjeux et contreverses.* Dans: Marie-Danielle Demélas/Nadine Vivier (sous la direction de): *Les propriétés collectives face aux attaques libérales (1750 – 1914).* Rennes, p. 99-118 (HE: Demélas/Vivier 2003 AL) (Rec).

Head-König, Anne-Lise (1984): *L'évolution des alpages et de l'élevage dans les Alpes de la Suisse centrale et orientale.* Dans: Blaise Pascal (éditeur): *L'élevage et la vie pastorale.* Clermont-Ferrand, p. 95-104 (HE: Pascal 1984 AL) (Div).

Herold, Hans (1986): *Alprechte in der Sammlung Schweizerischer Rechtsquellen.* In: Clausdieter Schott/Claudio Soliva (Hrsg.): *Nit anders denn liebs und guets. Petershauser Kolloquium aus Anlass des achtzigsten Geburtstags von Karl S. Bader.* Verlag Jan Thorbecke, Sigmaringen, S. 61-74 (Rec).

Herold, Hans (1975): *Alprechtliches aus der Schweiz.* In: Louis Carlen/Fritz Steinegger (Hrsg.): *Festschrift Nikolaus Grass zum 60. Geburtstag.* Universitätsverlag Wagner, Innsbruck, Bd. 2, S. 43-114. Wiederabdruck in: Hans Herold: *Rechtsgeschichte aus Neigung. Ausgewählte Schriften aus den Jahren 1934 – 1986. Festgabe zu seinem 80. Geburtstag.* Hrsg. von Karl Siegfried Bader. Jan Thorbecke Verlag, Sigmaringen 1988, S. 384-455 (Rec).

Herzig, Karl, Redaktion (1963): *Die Alpwirtschaft in der Schweiz/Économie alpestre en Suisse/Economia alpestre in Svizzera/Economia alpestra en Svizra.* Hrsg. vom Schweizerischer Alpwirtschaftlicher Verein anläßlich seines hundertjährigen Bestehens. Buchdruckerei Emmentaler Blatt, Langnau im Emmental, 128 S. (Agr).

HERZIG, Karl (1942): *80 Jahre Schweizerischer Alpwirtschaftlicher Verein. Rückblick und Ausblick 1863 – 1943*. Hrsg.: Schweizerischer Alpwirtschaftlicher Verein. Buchdruckerei Emmentaler Blatt, Langnau im Emmental, 23 S. (Agr).

HERZOG, Felix/SEIDL, Irmi (2018): *Swiss alpine summer farming. Current status and future development under climate change.* In: The Rangeland Journal – an international journal for managing natural resources (Australia) 40, p. 501-511 (Agr).

HÖSLI, Giorgio/HUGENTOBLER, Paul, Hrsg. (2010): *Hirtenstock und Käsebrecher. Älplerinnen und Älpler im Portrait.* Zalpverlag, Mollis, 325 S. (Pop).

HÖSLI, Giorgio/SCHULER, Kaspar, Redaktion (1998): *Handbuch Alp. Handfestes für Alpleute, Erstaunliches für Zaungäste.* Octopus-Verlag, Chur, 365 S. Neuausgabe: Giorgio HÖSLI/ Kaspar SCHULER (Redaktion): *Neues Handbuch Alp. Handfestes für Alpleute, Erstaunliches für Zaungäste.* Zalpverlag, Mollis 2005, 512 S., ²2007, 3., aktualisierte Auflage 2012, 528 S. (Div).

HUGGER, Paul (1993): *Die Schweiz zwischen Hirtenidylle und High-Tech-Performance. Eine volkskundliche Annäherung.* Selbstverlag des Vereins für Volkskunde. Wien, 64 S. (= Buchreihe der Österreichischen Zeitschrift für Volkskunde 10) (Vol).

IMFELD, Karl (1992): *Der Betruf, ein alpenländischer „Ringsegen“.* In: Schweizer Volkskunde 82, Heft 2-3, S. 34-38 (Vol).

ISLER, Gotthilf (1971): *Die Sennenpuppe. Eine Untersuchung über die religiöse Funktion einiger Alpensagen.* Verlag der Schweizerischen Gesellschaft für Volkskunde, Basel, 285 S., 2. Auflage 1992 (= Schriften der Schweizerischen Gesellschaft für Volkskunde 52) (Vol).

Tiefenpsychologische, an C. G. Jung ausgerichtete Analyse von Sagen aus der Alpwirtschaft.

JABERG, Karl (1928): siehe IT

JUD, Jakob (1935): siehe IT

JUD, Jakob (1924): *Zu einigen vorromanischen Ausdrücken der Sennensprache.* In: Zeitschrift für deutsche Mundarten 19, S. 199-209 (Spr).

JUNGE, Xenia/HUNZIKER, Marcel (2013): *Funktionen der Alpwirtschaft aus Sicht der Bevölkerung/Les fonctions de l'économie alpestre jugées par la population.* In: Agrarforschung Schweiz/ Recherche Agronomique Suisse 4, Nr. 6, S. 272-279 (Projekt AlpFUTUR) (Div).

KISSLING-NÄF, Ingrid/VOLKEN, Thomas/BISANG, Kurt (2002): *Common property and natural resources in the Alps – the decay of management structures?* In: Forest Policy and Economics 4, no. 2, p. 135-147 (Div).

KRUKER, Robert (1992): *Alpine Kultur und Gesellschaft. Von der Bergbauernwirtschaft und der alpinen Hirtenkultur zur Freizeitindustrie im Gebirge – ein Überblick.* In: Paul HUGGER (Hrsg.): *Handbuch der schweizerischen Volkskultur.* Schweizerische Gesellschaft für Volkskunde/Offizin Zürich Verlags-AG, Zürich, Band 3, S. 1003-1038 (Vol).
- Édition française: Éditions Payot, Lausanne 1992.
- Edizione italiana: Edizioni Casagrande, Bellinzona 1992.

KRUKER, Robert/MAEDER, Herbert (1983): *Hirten und Herden. Alpkultur in der Schweiz.* Walter-Verlag, Olten/Freiburg i. Br., 211 S. (Vol).

LANDOLT, Elias (1867): *Über Land-, Alpen- und Forstwirthschaft im Hochgebirge.* In: Jahrbuch des Schweizer Alpenclubs IV, S. 353-371 (Div).

LAUBER, Stefan/FURRER, Benno (2013): *Infrastruktur im Sömmerungsgebiet – historische Zeugen und raumplanerischer Rahmen/L'infrastructure en région d'estivage – témoins historiques et aménagement du territoire.* In: Agrarforschung Schweiz/Recherche Agronomique Suisse 4, Nr. 4, S. 164-171 (Projekt AlpFUTUR) (Hau).

LAUBER, Stefan/SEIDL, Irmi/BÖNI, Rosa/HERZOG, Felix (2008): *Sömmerungsgebiet vor vielfältigen Herausforderungen.* In: Agrarforschung Schweiz 15, Nr. 11-12, S. 548-553 (Agr).

LEEMANN, Walter (1939): *Alpwirtschaft.* In: Walter LEEMANN: *Landeskunde der Schweiz.* Eugen Rentsch Verlag, Erlenbach-Zürich, S. 270-280 (Geo).

LEHMANN, Bernard/MOSER, Peter/REICH, Richard (2014): *Milchwirtschaft (Alpwirtschaft).* In: Bernard LEHMANN/Peter MOSER/ Richard REICH: *Landwirtschaft Schweiz.* Hrsg.: Schweizer Bauernverband. AS-Verlag, Zürich, S. 38-91 (Agr).

LEUCH, Martin (2005): *Die Alpwirtschaft – heute und morgen.* Landwirtschaftlicher Informationsdienst, Bern, 15 S. (= LID-CH-Dossier 49) (Agr).

LUCHSINGER, Christoph (1910): *Die schweizerische Alpwirtschaft im Spiegel der Mundarten.* Vortrag, gehalten am 7. Dezember 1910 in St. Gallen. Druckerei der Neuen Zürcher Zeitung, Zürich, 47 S. und Abdruck in der Neuen Zürcher Zeitung vom 04. bis 10. IX. 1911 (Spr).

LUCHSINGER, Christoph (1910): *Die Älplerfamilie in den romanischen Alpendialekten der Schweiz.* In: Festschrift zum 14. Allgemeinen Neuphilologentage in Zürich, Zürich, S. 254-293 (Spr).

LUCHSINGER, Christoph (1905): *Das Molkereigerät in den romanischen Alpendialekten der Schweiz.* Dissertation an der Universität Zürich, Zürich, 51 S. Publikation in: Schweizerisches Archiv für Volkskunde 9/1905, S. 177-186 und 251-291 mit zahlreichen Fotos (Spr).

LÜTHI, Max (1980): *Aspekte der Blümlisalpsage.* In: Schweizerisches Archiv für Volkskunde 76, Heft 1-2, S. 229-243 (Vol).

Inhalt und Bedeutung einer der wichtigsten Sage, die mit der Alm- und Alpwirtschaft verbunden ist und die im gesamten Alpenraum verbreitet ist; hier mit Schwerpunkt Schweizer Alpen.

MACK, Gabriele/WALTER, Thomas/FLURY, Christian (2008): *Entwicklung der Alpung in der Schweiz. Ökonomische Bedeutung und ökologische Auswirkungen.* In: Yearbook of Socioeconomics in Agriculture 1, no. 1, S. 259-300 (Agr).

MATHIEU, Jon (1992): *Alpwirtschaft.* In: Jon MATHIEU: *Eine Agrargeschichte der inneren Alpen. Graubünden, Tessin, Wallis 1500 – 1800.* Chronos-Verlag, Zürich, S. 233-269 (Div).

Obwohl es sich um eine historisch ausgerichtete Publikation handelt, wird sie hier auf Grund ihres materialreichen Überblickscharakters aufgeführt.

MEYER VON KNONAU, Gerold (1870): *Die Verdrängung des Ackerbaues durch die Alpwirthschaft in schweizerischen Hochgebirgsthälern.* In: Jahrbuch des Schweizer Alpenclubs 6, S. 350-365 (Div).

MIASKOWSKI, August von (1879): *Die schweizerische Allmend in ihrer geschichtlichen Entwicklung vom XIII. Jahrhundert bis zur Gegenwart.* Verlag Duncker & Humblot, Leipzig, 245 S. (= Staats- und socialwissenschaftliche Forschungen II/4) (Rec).

MIASKOWSKI, August von (1878): *Die Verfassung der Land-, Alpen- und Forstwirthschaft der deutschen Schweiz in ihrer geschichtlichen Entwicklung vom XIII. Jahrhundert bis zur Gegenwart.* Verlag H. Georg, Basel, 130 S. (Rec).

NIEDERER, Arnold (1994): *Sinn und Form von Alpspenden.* In: Louis CARLEN/Gabriel IMBODEN (Hrsg.): *Alpe – Alm. Zur Kulturgeschichte des Alpwesens in der Neuzeit.* Rotten-Verlag, Brig, S. 127-142 (HE: CARLEN/IMBODEN 1994 AL) (Vol).

Alpspenden sind ein Teil der traditionellen Alm- und Alpkultur: Der Ertrag der Alm- und Alpwirtschaft eines bestimmten Tages wird als Almosen an die Armen der Gemeinde verteilt. Gemäß den Ursprungslegenden dienten die Alpspenden dazu, Unheil von der Alp abzuwenden. Siehe dazu im Detail NIEDERER 1992 CH/VS.

NIEDERER, Arnold (1989): *Der Reihendienst als Träger von öffentlichen Lasten und Pflichten. Anwendung und zeremonielle Ausprägung.* In: Louis CARLEN (Hrsg.): Forschungen zur Rechtsarchäologie und Rechtlichen Volkskunde 11, S. 131-143. Wiederabdruck in: Klaus ANDEREGG/Werner BÄTZING (Hrsg.): *Arnold Niederer – Alpine Alltagskultur zwischen Beharrung und Wandel. Ausgewählte Arbeiten aus den Jahren 1956 bis 1991.* Verlag Paul Haupt, Bern/Stuttgart/Wien 1993, S. 354-363 (Vol).

NIEDERER, Arnold (1989): *Frühere Formen kollektiver Arbeit in ländlichen Gemeinden.* In: Bündner Monatsblatt – Zeitschrift für bündnerische Geschichte und Landeskunde (Chur), Heft 5, S. 307-329. Wiederabdruck in: *Niederer – alpine Alltagskultur* (wie vor), S. 337-353 (Vol).

Obwohl in den beiden Aufsätzen über „Reihendienst" und „kollektive Arbeit" die Alpwirtschaft nur eines von mehreren Beispielen ist, werden diese Aufsätze hier aufgenommen, denn sie sind für das Verständnis der Nutzung gemeinschaftlichen Eigentums sehr wichtig und sie werden selten so konkret dargestellt. Niederer stellt darin Beziehungen zum religiösen Sozialismus (Leonhard Ragaz) und zum Anarchismus (Pjotr Kropotkin) her, die sich beide explizit auf traditionelle Gemeinschaftsarbeit und Gemeineigentum beziehen. Zur Vertiefung siehe NIEDERER 1956 CH/VS und DURGIAI 1943 CH/GR.

NIEDERER, Arnold (1986): *Wem gehört das Matterhorn? Gemeindedualismus – ein schweizerisches Unikum.* In: Urs JEGGLE et al. (Hrsg.): *Volkskultur in der Moderne – Probleme und Perspektiven der empirischen Kulturforschung. Hermann Bausinger zum 60. Geburtstag.* Rowohlt-Verlag, Reinbek, S. 442-459 (= rde 431). Wiederabdruck in: *Niederer – alpine Alltagskultur* (wie vor), S. 314-331 (Vol).

Rechtsstreit in der Gemeinde Zermatt, ob die Wälder, Alpwiesen und das alpine Ödland (mit den touristischen Infrastrukturen) das Eigentum der Ortsbürger (Burgergemeinde) oder aller Einwohner (Munizipalgemeinde) ist.

NIEDERER, Arnold (1983): *Volkskundliche und völkerkundliche Forschung im Alpenraum.* In: Heide NIXDORFF/Thomas HAUSCHILD (Hrsg.): *Europäische Ethnologie. Theorie- und Methodendiskussion aus ethnologischer und volkskundlicher Sicht.* Dietrich Reimer Verlag, Berlin, S. 107-117. Wiederabdruck in: *Niederer – alpine Alltagskultur* (wie vor), S. 280-286 (Vol).

Überblick über die Forschungen anglo-amerikanischer Kultur- und Sozialanthropologen in den Alpen.

NIEDERER, Arnold (1979): *La transhumance.* Dans: *Être nomade aujourd'hui.* Musée d'ethnographie et Institut de ethnologie. Neuchâtel, p. 75-84. (Vol).

NIEDERER, Arnold (1959): *Gegenseitige Hilfe in Vergangenheit und Gegenwart.* In: Neue Wege – Blätter für den Kampf der Zeit (Zürich) 53, Heft 6, S. 163-166 und Heft 7-8, S. 191-199 (Vol).

OEHEN, Bernadette/JAHRL, Ingrid/RUDMANN, Christine (2013): *ALPIS – Konzept für ein alpwirtschaftliches Informationssystem/ ALPIS – un concept pour une système d'information sur l'économie alpestre.* In: Agrarforschung Schweiz/Recherche Agronomique Suisse 4, Nr. 3, S. 116-123 (Projekt AlpFUTUR) (Agr).

OTT, Peter (1998): *Die Fachsprachen der bäuerlichen Landwirtschaft im Schweizerdeutschen (Käserei, Molkerei, Viehzucht).* In: Lothar HOFFMANN/Hartwig KALVERKÄMPER/Herbert Ernst WIEGAND (Hrsg.): *Fachsprachen*, 1. Halbband. Verlag De Gruyter/Mouton, Berlin/New York, S. 1111-1115 (= Handbücher zur Sprach- und Kommunikationswissenschaft 14/1) (Spr).

PERINI, Anton (1921): *Die schweizerischen Alpgenossenschaften.* Dissertation an der Universität Würzburg, Würzburg, 124 S. (Rec).

PREISWERK, Yvonne (1995): *Les différentes pratiques des migrations saisonnieres dans les alpes suisses – les poyas, les inalpes, les desalpes.* Dans: Ethnozootechnie 55, p. 21-30 (HE: SPINDLER 1995 FR) (Vol).

PRIMALP (2002): PRIMALP-Projekt an der ETH Zürich – Forschen für eine nachhaltige Land- und Forstwirtschaft im (Schweizer) Alpenraum. Laufzeit: 1997-2002: www.research-collection.ethz.ch (Agr).

In diesem integrativ angelegten Forschungsprojekt der Agrarwissenschaften spielt auch die Alpwirtschaft eine gewisse Rolle. Siehe dazu FLURY 2002 CH/GR.

RAMSER, Ernst/TSCHUMI, Ernst (1949): *Alpwirtschaft. Leitfaden für den Unterricht an alpwirtschaftlichen und landwirtschaftlichen Schulen.* Verlag Huber, Frauenfeld, 156 S. (Agr).

RIZZI, Enrico (2015): *Alimentazione e vita pastorale nelle Alpi svizzere. Grigioni, Ticino, Vallese e Walser.* Fondazione Enrico Monti, Anzola d'Ossola, 256 pp. (Div).

RODER, Nikolaus/JUTZELER, Martin/LAUENER, Johann Walter (2016): *Alpwirtschaft. Lehrmittel für das Wahlfach Alpwirtschaft in der landwirtschaftlichen Grundausbildung.* Landwirtschaftliche Lehrmittelzentrale, Zollikofen, 96 S. (Agr).

ROTH, Alfred (1993): *Der Sbrinz und die verwandten Bergkäse der Schweiz.* Emmentaler Druck, Langnau, 404 S. (Div).

RUDMANN, Christine (2004): *Langfristige Sicherung der Funktionen der schweizerischen Alpbetriebe. Ein Beitrag zur Umsetzung des Nachhaltigkeitskonzepts.* Dissertation an der Eidgenössischen Technischen Hochschule in Zürich, Zürich, 267 S. (Agr).

SAUTIER, Jean-Luc (2009): *Aménagement des alpages. Les ouvrages du génie rural, guide pratique. Complément au „Manuel d'économie alpestre et pacagère".* Agridea, Lausanne, 59 p. (Agr).

SAV (2013): *Die Alpwirtschaft im Wandel der Zeit. Jubiläumsschrift zum 150-jährigen Bestehen des Schweizerischen Alpwirtschaftlichen Verbandes (SAV) 1863 - 2013.* Hrsg.: Schweizerischer Alpwirtschaftlicher Verband, Bern, 56 S. (Broschüre, zugleich Beilage zur Zeitschrift „Montagna") (Agr).

SCHÄLLIBAUM, Ulrich/MUGGLI, Josef/RUCH, Hans (1951): *Der Alpkäser. Lehrbuch für die Käsereipraxis und Leitfaden für den Unterricht an alp-, land- und milchwirtschaftlichen Fachschulen.* Hrsg.: Schweizerischer Verband der Lehrer an landwirtschaftlichen Schulen und der Ingenieur-Agronomen. Verlag Huber, Frauenfeld, 164 S. (Agr).

SCHATZMANN, Rudolf (1876): *Anleitung zum Betrieb der Alpwirthschaft – eine Volksschrift.* Verlag J. J. Christen, Aarau, 40 S.
- Édition française: *Manuel de l'Économie alpestre. Traité populaire.* Imprimerie Genton, Lausanne 1877, 40 p.
- Edizioni italiane: *Manuale di alpicoltura ovvero guida all'economia delle malghe. Scritto popolare.* Tradotto per cura del Consorzio Agronomico Trentino. Tip. Marietti, Trento 1876, 39 pp; e: pubblicato a cura della sezione valtellinese del Club Alpino Italiano. Stabilmento Tipografia Moro, Sondrio 1884, 39 pp. (Agr).

SCHATZMANN, Rudolf (1873-74): *Alpwirthschaftliche Volksschriften.* Verlag J. J. Christen, Aarau, Band I, 1873, 275 S.; Band II, 1874, 224 S. Neuausgabe: Wirz-Christen-Verlag, Aarau 1887, 501 S. Nachdruck: 2018 (Agr).

SCHATZMANN, Rudolf/WIRTH, M., Redaktion (1868): *Die Alpenwirthschaft der Schweiz im Jahr 1864.* Hrsg. vom Statistischen Bureau des Eidgenössischen Departement des Innern, Bern. Verlag Orell Fuessli, Zürich, 433 S. (Schweizerische Statistik 10), Nachdruck 2011.
- Édition française: *Économie alpestre de la Suisse en 1864.* Publié par le Bureau de statistique du Département de l'Intérieur. Bureau de statistique, Berne 1868, 432 p. (Sta).

Gliederung: I: Vorwort und Einleitung; II. Tabellen zur Statistik der Alpen (Kantone); III. Recapitulation und Zusammenstellung der Ergebnisse (4.559 Alpen mit 270.000 Stößen); IV. Anhang.

SCHATZMANN, Rudolf, Hrsg. (1867-1871): *Alpwirthschaftliche Monatsblätter.* Verlag J. J. Christen, Aarau (Agr):
- 1. Jahrgang 1867, 192 S.
- 2. Jahrgang 1868, 188 S.
- 3. Jahrgang 1869, 216 S.
- 4. Jahrgang 1870, 200 S.
- 5. Jahrgang 1871, 212 S.

SCHATZMANN, Rudolf, Hrsg. (1859-65): *Schweizerische Alpenwirthschaft (Zeitschrift).* Verlag J. J. Christen, Aarau (Agr):
- 1. Heft 1859, 49 S., ²1862
- 2. Heft 1860, 120 S.
- 3. Heft 1861, 160 S.
- 4. Heft 1863, 152 S.
- 5. Heft 1864, 248 S.
- 6. Heft 1865, 117 S.
- 7. Heft 1866, 316 S.

Nach ANDEREGG 1894 CH sollte sich diese Zeitschrift zu einer Zeitschrift des Schweizerischen Alpwirtschaftlichen Vereins entwickeln, wozu es aber nicht kam.

SCHEUERMEIER, Paul (1943 + 1956): siehe IT

SCHMUTZ, Didier (2004): *AOC – une identité retrouvée. Paysans et artisanats fromagères. Passion et savoir-faire dans les appellations d'origine controlée en Suisse.* Édition In Folio, Gollion, 270 p.
- Deutsche Ausgabe: *AOC – zurück zu den Ursprüngen. Die Schweizer Käse mit kontrollierten Herkunftsbezeichnungen.* Edition In Folio, Gollion 2005, 270 S. (Div).

SCHWEGLER, Daniela/PÜNTENER, Vanessa (2013): *Traum Alp. Älplerinnen im Portrait.* Rotpunktverlag, Zürich, 253 S., 5. Auflage 2016 (Pop).

SchweizAlpkat (1962-1988): *Schweizerischer Alpkataster/Cadastre alpestre suisse/Catasto alpestre svizzero.* Hrsg.: Abteilung für Landwirtschaft des Eidgenössischen Volkswirtschaftsdepartements/EVD. Bern, 22 Bände (Sta).

Synthese: WERTHEMANN/IMBODEN 1982/CH und 16 Bände Alpenkantone (siehe „SchweizAlpkat" unter: BE, LU, UR, SZ, OW, NW, ZG, GL, AR, AI, SG, GR, TI, FR, VD, VS, dabei die Kantone GR und VS in je zwei Teilbänden) sowie 3 Bände Jura-Kantone (BL, SO, NE – hier nicht aufgeführt).

Es handelt sich bei diesen Bänden um mehr als nur um Alpstatistiken, denn die Alpwirtschaft wird in ihrem Kontext dargestellt: Allgemeine Einleitung – historischer Überblick – natürliche Grundlagen – allgemeine Wirtschaftsstruktur – Landwirtschaftsstruktur – Alpwirtschaft – Tabellen zur Alpwirtschaft. Bereichert werden alle Bände durch zahlreiche aussagekräftige Schwarz-Weiß-Fotos.

SchweizAlpstat (1891-1914): *Schweizerische Alpstatistik – die Alp- und Weidewirtschaft der Schweiz.* Hrsg.: Schweizerischer Alpwirtschaftlicher Verein. Buch- und Verlagsdruckerei

Vogt-Schild, Solothurn, Kommissionsverlag Buchhandlung A. Lüthi, Solothurn, 21 Bände (Sta).

Synthese: STRÜBY 1914/CH und 16 Bände Alpenkantone (siehe „SchweizAlpstat" unter SG, NW, UR, GL, SZ, AI, AR, ZG, OW, BE, LU, FR, VD, GR, TI und Kanton VS in zwei Teilbänden) sowie drei Bände Jura-Kantone (BL, SO, NE – hier nicht aufgeführt).

SDS (1988): *Sprachatlas der deutschen Schweiz.* Begründet von Heinrich BAUMGARTNER/Rudolf HOTZENKÖCHERLE. Band VI: *Wortgeographie III: Umwelt*, bearbeitet von Walter HAAS et al. Francke-Verlag, Bern, 263 Kartenblätter und Register (Spr).

Darin Karte 76 Begriff Alp, Karte 78 Stufen der Alp, Karte 83 Allmend, Karte 84 Allmendanteil und Textseite 94 mit Angaben zum Gemeinbesitz an Land und Wald (wichtig, weil solche Karten im Atlas der schweizerischen Volkskunde fehlen).

SEIDL, Irmi/BÖNI, Rosa/LAUBER, Stefan/HERZOG, Felix (2015): *Developing, Implementing and Communicating Inter- and Transdisciplinary Research – AlpFUTUR as an Example.* In: GAIA – ökologische Perspektiven für Wissenschaft und Gesellschaft 24, Nr. 3, S. 188-195 (Agr).

SKU (1991): *Die Alpkäserei und die Geschichte des Schweizer Käses.* Hrsg. und Verlag: Schweizerische Käseunion, Bern, 31 S.
- Édition française: *La fromagerie d'alpage et l'histoire du fromage suisse.* SKU, Berne 1991, 31 p.
- Edizione italiana: *La casearia d'alpe e la storia del formaggio svizzero.* SKU, Berna 1991, 31 pp. (Div).

SONDEREGGER, Stefan (1962): *Der Wortschatz einzelner Sachgruppen (Onomasiologie) – Alpwirtschaft.* In: Stefan SONDEREGGER: *Die schweizerische Mundartforschung 1800 – 1959. Bibliographisches Handbuch mit Inhaltsangaben.* Verlag Huber, Frauenfeld, S. 181-184 (= Beiträge zur schweizerdeutschen Mundartforschung 24) (Spr).

STAEHELIN, Martin (1982): *Bemerkungen zum sogenannten Alpsegen. Wesen und historische Tiefe.* In: Schweizerisches Archiv für Volkskunde 78, S. 1-35 (Vol).

STEBLER, Friedrich Gottlieb (1903): siehe AL

STEVENSON, Glenn George (1991): *The Swiss Grazing Commons.* In: Glenn George STEVENSON: *Common Property Economics. A General Theory and Land Use Applications.* Cambridge University Press, Cambridge, p. 85-142. 2. edition 2005 (Rec).

STRÜBY, Alfred, Zusammenstellung (1939): *Alpgebäulichkeiten. Normaliensammlung.* Hrsg: Schweizerischer Alpwirtschaftlicher Verein und Schweizerischer Kulturingenieur-Verein. Buchdruckerei Hallwag, Bern, 190 S. (Hau).

S. 7-40: Allgemeine Einleitung. S. 41-190: Darstellung nach Kantonen.

STRÜBY, Alfred (1931): *Alpwirtschaft und Güterzusammenlegung.* Buchdruckerei Emmenthaler-Blatt, Langnau im Emmental, 43 S. (Agr).

STRÜBY, Anton (1914): *Die Alp- und Weidewirtschaft in der Schweiz. Schlußband der Schweizerischen Alpstatistik.* Solothurn, 378 S. (Sta).

Siehe die Rezension von Philippe ARBOS in: Revue de Géographie Alpine 4/1916, n° 3, p. 355-363.

STRÜBY, Anton (1913): *Zum 50-jährigen Jubiläum des Schweizerischen Alpwirtschaftlichen Vereins 1863 – 1913.* Vortrag an der Generalversammlung in Weissbad (Appenzell) am 24./25. Mai 1913. Verlag Zepfel, Solothurn, 33 S. (Agr).

VIALLON, François-Xavier/LIECHTI, Karina/STUBER, Martin/WUNDERLI, Rahel (2019): *Vermittlung, Einbau, Komplementarität. Formen des staatlichen Zugriffs auf kolletive Weiden und Wälder in der Schweiz im späten 19. Jahrhundert.* In: Histoire des Alpes/Storia delle Alpi/Geschichte der Alpen 24, S. 125-149 (HE: HEAD-KÖNIG et al. 2019 AL) (Rec).

VOGT, Luisa (2010): *Alp- und agrartouristische Wertschöpfungspotenziale. Wettbewerbsfaktoren, Erfolgsfaktoren und Herausforderungen. Ein strategischer Leitfaden.* Eidgenössische Forschungsanstalt für Wald, Schnee und Landschaft (WSL), Birmensdorf, 32 S. (Geo).

WÄFLER, Peter, Hrsg. (1997): *Alpwirtschaft.* Landwirtschaftliche Lehrmittelzentrale, Zollikofen, 150 S. + Anhänge (Agr).

WAHLEN, Hermann (1979): *Rudolf Schatzmann 1822 – 1886. Ein Bahnbrecher der schweizerischen Land-, Alp- und Milchwirtschaft und ihres Bildungswesens.* Hrsg.: Ökonomische und Gemeinnützige Gesellschaft des Kantons Bern. Buchverlag Fischer-Druck, Münsingen, 315 S. (Div).

Darin S. 304-313: Bibliographie R. Schatzmann.

Wanner, Herbert (1983): *Modernisierung der Alpwirtschaft.* In: Herbert Wanner: *Aspekte sozialen Wandels in peripheren Agrarräumen eines Industrielandes. Eine sozialgeographische Untersuchung im schweizerischen Berggebiet.* Dissertation am Geographischen Institut der Universität Zürich bei Gerhard Furrer. Geographisches Institut der Universität Zürich, Zürich, S. 117-132 (= Anthropogeographie 3) (Geo).

Weiss, Richard (1948): *Nebelheilen – Teufelheilen. Notfeuerbereitung und Wetterzauber als Hirtenbrauch.* In: Schweizerisches Archiv für Volkskunde 45, S. 225-261 (Vol).

Werthemann, Andreas/Imboden, Adrian (1982): *Die Alp- und Weidewirtschaft in der Schweiz. Zusammenfassung der Alpkatastererhebungen/L'économie alpestre et pacagère en Suisse. Résumé du levé du cadastre alpestre.* Hrsg.: Bundesamt für Landwirtschaft/Office fédéral de l'agriculture. Bern, 223 S. (Sta).

Wick, Karl (1979): *Aktueller Kulturlandschaftswandel der subalpinen und alpinen Stufe. Analyse fünf regionaler Beispiele aus den Schweizer Alpen.* Dissertation an der Naturwissenschaftlichen Fakultät II der Universität Zürich. Juris-Verlag, Zürich, 144 S. (Geo).

Winkler, Ernst (1964): *Die Almgeographie in der Schweiz.* In: Wolfgang Hartke/Karl Ruppert (Hrsg.): *Almgeographie.* Wiesbaden, S. 75-99 (HE: Hartke/Ruppert 1964 AL) (Geo).

Wirz, August (1943): *Der Betruf in den Schweizer Alpen.* Dissertation an der Universität Freiburg im Uechtland (Vol).

7.2 KANTON BERN (BE)

Alpwirtschaftliche Organisationen:

Verein Alpwirtschaft Bern: www.berneralpwirtschaft.ch
INFORAMA Berner Oberland (früher: Bergbauern- und Haushaltungsschule des Kanton Bern in Hondrich): www.inforama.ch
CasAlp – Berner Alp- und Hobelkäse: www.casalp.ch

Internetseiten:

–

Alpstatistiken:

SchweizAlpkat 1978
SchweizAlpstat 1908

Monographien:

–

Publikationen:

Aeschlimann, Fritz (1968): *Diemtigen, die größte Alpwirtschaftsgemeinde der Schweiz.* In: Alpwirtschaftliche Monatsblätter Die Blaue 102, S. 206-211 (Agr).

AlpFUTUR (2013): siehe CH

Alpkäse (2020): *z'Alp - Wege zum Alpkäse. Berner Oberland. 240 Käsealpen im Portrait.* Werd & Weber-Verlag, Thun 2020, 532 S. mit 1236 Abbildungen (Pop).

Gekürzte Neuausgabe von Roth/Straubhaar 2002-2007 CH/BE; dabei sind zahlreiche Angaben zu Viehzahlen, Weideflächen, Architektur und Kultur weggefallen.

Amrein, Hans R. (2018): *Griesalp und Kiental. Geschichten – Menschen – Tiere – Naturwunder.* Werd & Weber Verlag, Thun, 200 S. (Div).

Arn, Nikolaus (1863): *Die Alpen der Gemeinde Habkern (Amtsbezirk Interlaken, Kanton Bern). Ein Referat.* Verlag J. J. Christen, Aarau, 20 S. (= Sonderdruck aus der „Schweizerischen Alpenwirthschaft" IV, Heft 1863) (Agr).

Baur, Ivo (2014): *Analyzing and Modelling the Use of Common Property Pastures in Grindelwald, Switzerland.* Dissertation an der Universität München, München, 219 S. (Rec).

Baur, Ivo/Liechti, Karina/Binder, Claudia Rebecca (2014): *Why do individuals behave differently in commons dilemmas? The case of alpine farmers using common property pastures in Grindelwald, Switzerland.* In: International Journal of the Commons 8, no. 2, p. 657-685 (Rec).

Dannegger, Karl (1920): *Die Allmend- und Alp-Genossenschaften im Amtsbezirk Thun.* Dissertation an der Universität Bern. Zofingen, 111 S. (Rec).

Fetzer, This (2011): *Alpnamen im Kanton Bern. Benennungsmotive und außersprachliche Zusammenhänge.* In: *Els noms en la vida quotidiana.* Actes del XXIV Congrés Internacional d'ICOS sobre Ciències Onomastiques. Annex. Secció 6 (Barcelona), S. 1146-1157 (= Biblioteca Tècnica de Política Lingüística 11) (Spr).

Flück, Jürg (2003): *Das bernische Seybuch und seine Informatisierung.* In: Der bernische Notar – Zeitschrift des Verbandes bernischer Notare 1, S. 2-26 (Rec).

„Geseyte Alpen" sind im Kanton Bern solche Alpen, deren Nutzungsform genau festgelegt ist (Zahl der Tiere, Dauer der Weide).

Flückiger, Otto (1920): *Die Wanderungen der Berner Bauern.* In: Mitteilungen der Geographisch-Ethnographischen Gesellschaft Zürich, S. 65-74 (Geo).

Friedli, Emanuel (1908): *Das Gemeingut der Alp – Alp oder Berg.* In: E. Friedli: *Bärndütsch als Spiegel bernischen Volkstums.* Band II: *Grindelwald.* Verlag A. Francke, Bern, S. 301-331 (Spr).

Gallati, Rudolf/Wyss, Christoph (2005): *Unspunnen – die Geschichte der Alphirtenfeste 1805 - 2005.* Hrsg.: Touristikmuseum der Jungfrau-Region, Interlaken, 176 S. (Div).

Gertsch, Hans/Brunner, Peter (2006): *Alpwirtschaft.* In: Hans Gertsch/Peter Brunner: *Das Lauterbrunnental – das Ferienta im UNESCO-Welterbe.* Verlag Schlaefli & Maurer, Interlaken, S. 80-91 (Div).

Gusset, Heinrich (1869): *Die Alpenwirthschaft in ihrem ganzen Umfange und darauf bezügliche Urkunden und Sagen.* Rieder & Simmen, Bern, I. Theil, 256 S. (Agr).

Inhalt: Die Alpen der Gemeinde Brienz am Brienzer See. A: Bedeutung und Umfang der Staffeln, der Alpen und der Alpenwirthschaft. B: Einteilung der Alpen. C: Name und Eigenthumsverhältnisse der Brienzer Alpen. D: Lage dieser Alpen. E: Die Eynung. F: Historische Urkunden über die Erwerbungen der Alpen. G: Geschichte und Sage. I. Sammlung der alp- und landwirthschaftlichen Verordnungen. J. Krankheiten des Rindviehstandes.

Heiniger-Leuenberger, Regina M. (2016): *Lushütten Alp. Zum 150-jährigen Bestehen der Alpgenossenschaft Lushütten (1866 – 2016).* Kulturbuchverlag, Riedtwil, 136 S. (Div).

IKAÖ (2005): *Alp-Träume – Wengener Alpkorporationen zwischen Alpwirtschaft, Tourismus und Naturschutz.* Interfakultäre Koordinationsstelle Allgemeine Ökologie (IKAÖ) an der Universität Bern, Bern, 73 S. (Div).

Imobersteg, Ernst (1919): *Über Verschuldung, Kreditformen und Kreditzwecke in den Alpwirtschaft und Viehzucht treibenden Gegenden, untersucht am Simmental.* Dissertation an der Universität Bern. Verlag Paul Haupt, Bern, 205 S. (Div).

Jost-Ghirardin, Beatrice (2005): *Alpwirtschafts- und Naturlehrpfad Kiental – Griesalp.* Eigenverlag, Kiental, 123 S.
- Édition française: *Chemin à thèmes du Kiental*, 48 p.
- English edition: *Alpine Farming and Nature Educational Trail,* 48 p. (Pop).

Lauber, Vera (1985): *Spuren der Küher auf der Alp, aufgezeichnet im Eriz (BE). Eine Dokumentation des Milchwirtschaftlichen Museums Kiesen.* Milchwirtschaftliches Museum, Kiesen (BE), 72 S. (Vol).

Matter, Max (2006): *„...die alten einfachen Sitten und Freuden unserer Väter wieder aufleben und fortdauern zu machen". Folkloristische Umformungen von Elementen alpiner Volkskultur.* In: Histoire des Alpes/Storia delle Alpi/ Geschichte der Alpen 11, S. 215-231 (Vol).

Michel, Fritz (1961): *Die wirtschaftlichen und rechtlichen Verhältnisse der drei Brienzer Alpgenossenschaften Axalp, Hinterburg und Tschingelfeld.* Dissertation rer. pol. an der Universität Bern. Polygraphischer Verlag, Zürich, 143 S. (= Beiträge zur praktischen Nationalökonomie 13) (Div).

Moser, C. (1910): *Beitrag zum heutigen Stande der bernischen Alpwirtschaft.* In: Schweizerische Zeitschrift für das Forstwesen 61, Heft 1, S. 6-10; Heft 3, S. 82-89; Heft 4: 109-112 (Div).

Müllener, Vreni (2016): *„Bärgsummer" im Saanenland. Fünf Jahre Alpgeschichten.* Müller Medien, Gstaad, 144 S. Zweite, erweiterte Auflage mit Untertitel *Sechs Jahre Alpgeschichten* 2018, 160 S. (Pop).

Müller, Ida (1937): *Die Entwicklung der Besitzverhältnisse im Obersimmental mit besonderer Berücksichtigung des Gemeinlandes.* Dissertation an der Universität Bern, Bern, 53 S. + Beilagekarte (Rec).

NÄGELI-OERTLE, Rudolf (1986): *Die Bergland- und Alpwirtschaft in Grindelwald.* Geographisches Institut der Universität Bern, Bern, 273 S. (= Schlussbericht zum Schweizerischen Man-and-Biosphere Programm 21) (Geo).

NÜESCH, Bernhard/VÖGELI, Christian (1977): *Alpwirtschaft in den bernischen Gemeinden an der Kantonsgrenze zum Wallis.* Unveröffentlichtes Manuskript, Geographisches Institut der Universität Bern, Bern, 74 S. + 8 Karten (Standort: Universitätsbibliothek Bern) (Geo).

NUSSBAUM, Fritz (1929): *Die Alpwirtschaft der Gemeinde Guttannen im Berner Oberland.* Buchdruckerei Emmentaler-Blatt, Langnau, 39 S. (Geo).

ODERMATT, Josef (1926): *Die Emmentaler Alpen und ihre Wirtschafts- und Rechtsgeschichte.* Juristische Dissertation an der Universität Bern. Huttwil, 135 S. (Rec).

RAMSEYER, Rudolf (1961): *Das altbernische Küherwesen.* Verlag Paul Haupt, Bern, 249 S. (= Sprache und Dichtung Neue Folge 8). Zweite, ergänzte Auflage 1991, 275 S. (Vol).

Die Küher (im Emmental) sind eine Berufsgruppe, die sich ausschließlich mit dem Verkauf von Milch und Rahm beschäftigt. Sie besitzen eigene Kuhherden, aber kein eigenes Land, weshalb sie im Sommer als Pächter auf den Alpen wirtschaften und im Winter ihr Vieh bei Talbauern mit gekauftem Heu füttern.

REICHEN, Quirinus (1990): *Von Alp zu Alp im Rosenlaui-Tal. Auf den Spuren früher Touristen.* Hallwag-Verlag, Bern, 56 S. (= Ausstellungskatalog Milchwirtschaftliches Museum Kiesen) (Pop).

ROTH, Alfred G. (1964): *Der Rotengrat im Eggiwyl. Die Alp der Familie Manuel.* In: Berner Zeitschrift für Geschichte und Heimatkunde 26, S. 49-74 (Div).

ROTH, Ernst/STRAUBHAAR, Beat (2009): *Alpwirtschaft Diemtigtal. Tiere – Menschen – Landschaften.* Werd & Weber-Verlag, Thun, 384 S. mit 897 Fotos und Kartenausschnitten (Agr).

Vollständige Dokumentation der rund 120 Alpen und ihrer 180 Sennten mit Geschichte, Struktur, Bauten und wirtschaftlicher Bedeutung.

ROTH, Ernst/STRAUBHAAR, Beat (2002-2007): *z'Bärg – Wege zum Alpkäse.* Hrsg.: Volkswirtschaftskammer Berner Oberland. Verlag Werd & Weber, Thun, 6 Bände (Pop):

- Bd. 1: *80 Käsealpen der Ämter Signau, Thun und Niedersimmental.* 2002, 336 S.
- Bd. 2: *90 Käsealpen des Amtes Interlaken.* 2003, 351 S.
- Bd. 3: *64 Käsealpen des Amtes Frutigen.* 2004, 432 S.
- Bd. 4: *117 Käsealpen im Amt Obersimmental.* 2005, 448 S.
- Bd. 5: *100 Käsealpen des Amtes Saanen und angrenzender Gebiete.* 2006, 434 S.
- Bd. 6: *80 Käsealpen zwischen Brienz und Grimsel und Nachträge anderer Gebiete. Ein Wanderbegleiter für Alp- und Käseliebhaber.* 2007, 432 S.

Neuausgabe siehe Alpkäse 2020 CH/BE

SCHENK, Paul (1957): *Lüdern – Chronik der Alpgenossenschaft Lüdern in Sumiswald.* Verlag Paul Haupt, Bern 96 S. (= Beiheft der Berner Zeitschrift für Geschichte und Heimatkunde VI) (Div).

SCHWABE, Erich (1989): *Die Alpen des Diemtigtales.* In: Regio Basiliensis 30, Heft 2-3, S. 77-89 (Geo).

SchweizAlpkat (1978): *Die Land- und Alpwirtschaft im Berner Oberland, Emmental und Schwarzenburgerland.* Bearbeiter: Fritz AESCHLIMANN. Bern, 389 S. (= Schweizerischer Alpkataster) (Sta).

SchweizAlpstat (1903 + 1908): *Die Alp- und Weidewirtschaft im Kanton Bern.* Bearbeiter: Johann Jakob REBMANN. Band I (Statistischer Teil), Band II (Beschreibender Teil). Solothurn, 138 +192 S. (= Schweizerische Alpstatistik XIV) (Sta).

SODER, Melchior (1946): *Der St. Johanniszieger zu Unterseen und im Habkerntale.* In: Schweizer Volkskunde 36, Heft 2-3, S. 27-42 (Vol).

SPRENG, Hans (1946): *Die Alphirtenfeste zu Unspunnen 1805 und 1808.* In: Berner Zeitschrift für Geschichte und Heimatkunde 8, S. 133-174 (mit zeitgenössischen Dokumenten) (Vol).

TEUSCHER, Ulrich Jakob (1967): *Habkern – eine geographische Analyse.* Geographische Dissertation an der Universität Bern. Verlag Herbert Lang & Cie., Bern, 184 S. + Anhänge (Geo).

Darin: Die politischen Verhältnisse – Bäuerten als gemeinderechtliche Körperschaften (S. 34-43) und Alpwirtschaft (S. 102-159).

TIEFENBACH, Marianne (2013): *Alpkorporationen – traditionelle Institutionen nachhaltiger Landschaftsentwicklung. Das Beispiel der Bergschaften Grindelwalds im Kontext aktueller gesellschaftlicher Herausforderungen.* Ethnologische Dissertation an der Universität Bern 2012. Verlag Sutter AG, Grindelwald, 306 S. (Vol).

TIEFENBACH, Marianne/MORDASINI, Andrea Gian (2006): *Bergschaften in Grindelwald. Alppflege zwischen Tradition und Moderne.* Verlag Sutter Druck, Grindelwald, 68 S. (Vol).

URECH, Cédric (1997): *50 Jahre Verband Bernischer Burgergemeinden und burgerlicher Korporationen 1947 – 1997. Festschrift.* Verband Bernischer Burgergemeinden und burgerlicher Korporationen, Bern, 61 S. (Rec).

WOLF, Stephan/SCHULER, Stefanie (2013): *Zu den Rechtsverhältnissen an Alpen, insbesondere die geseyten Alpen im Kanton Bern.* In: Alexandra RUMO-JUNGE et al. (Hrsg.): *Une empreinte sur le code civil. Mélanges en l'honneur de Paul-Henri Steinauer.* Stämpfli Éditions, Berne, S. 679-694 (Rec).

7.3 INNERSCHWEIZ (LU, UR, SZ, OW, NW, ZG)

Der „Urnerboden", ein 8 km langes Hochtal östlich des Klausenpasses in 1.300 – 1.400 m Höhe, gilt als die größte Alp der Schweiz.

The „Urnerboden", an 8 km long high valley east of the Klausen pass, at an altitude of 1,300 – 1,400 m is considered to be the biggest alp in Switzerland.

Alpwirtschaftliche Organisationen (siehe CH):
LU: *Alpwirtschaftlicher Verein Kanton Luzern* (Flühli)
NW: *IG-NW-Alpkäser* (Buochs)
OW: *IG-Alpchäs* (Sachseln): www.obwaldner-alpchaes.ch
SZ: *Alpwirtschaftlicher Verein des Kantons Schwyz* (Rickenbach)
UR: *Genossenschaft Urner Alpkäseproduzenten*: www.urneralpkäse.ch

Internetseiten:
www.korporation.ch Korporation Uri
www.korporation-ursern.ch Korporation Ursern
www.nidwaldner-korporationen.ch Nidwaldner Korporationen (15 Korporationen)
https://oak-schwyz.ch Oberallmeindkorporation Schwyz
www.svbk.ch ⇢ kantonalverbaende ⇢ obwalden Bürgergemeinden, Korporationen, Teilsamen und Alpgenossenschaften im Kanton Obwalden

Alpstatistiken:
SchweizAlpkat 1963, 1965, 1966, 1970, 1976
SchweizAlpstat 1896, 1898, 1899, 1901, 1903, 1905

Monographien:
REBSAMEN 1919

Publikationen:

ABÄCHERLI, Alois (1951): *Die Alpwirtschaft im Kanton Obwalden.* Burch-Verlag, Lungern, 83 S. (Agr).

AlpFUTUR (2013): siehe CH

AMBERG, Karl (1916): *Der Pilatus in seinen pflanzengeographischen und wirtschaftlichen Verhältnissen.* Dissertation an der Technischen Hochschule Zürich. Druckerei Ziegler, Luzern, 288 S. (= Mitteilungen der Naturforschenden Gesellschaft Luzern 7) (Geo).

AMREIN, José (2001): *Vom Leben der Urner Älpler. Eine Liebeserklärung an die Menschen in den Urner Bergen.* Gisler Druck, Altdorf, 200 S., 4. Auflage 2005 (Pop).

ARNOLD, Gregor (1990): *Die Korporation Ursern. Ein Beitrag zum urnerischen Staats- und Verwaltungsrecht.* Eigenverlag des Autors, Altdorf, 248 S. (Rec).

ARNOLD, Leo (1965): *Die Korporationen Uri und Urseren.* In: Max OECHSLIN/Hansheiri DAHINDEN (Redaktion): *Uri – Land am Gotthard.* Dätwyler AG, Altdorf, S. 296-303 (Agr).

BACHOFNER, Andreas (2014): *UR-Alpen. Alp- und Bergleben im Kanton Uri.* Gisler Druck, Altdorf, 248 S. (Pop).

BÄBLER, Rudolf (1961): *Maßnahmen zur Verbesserung der Produktionsgrundlagen in der Berglandwirtschaft und Alpwirtschaft, ausgearbeitet auf Grund eines konkreten Beispiels einer umfassenden Alpsanierung in der Gemeinde Beckenried, Kanton Nidwalden.* Dissertation an der Eidgenössischen Technischen Hochschule Zürich, Zürich, 135 S. (Agr).

Baumann, Max Peter (1977): *Zur Bedeutung des Betrufes in Uri.* In: Peter Baumann/Rudolf Maria Brandl/Kurt Reinhard (Hrsg.): *Neue ethnomusikalische Forschungen. Festschrift Felix Hoerburger zum 60. Geburtstag.* Laaber-Verlag, Laaber, S. 71-83 (Vol).

Blättler, Alois (1945): *Alpwirtschaft und Wildheuen im Erstfeldertal.* In: Schweizerisches Archiv für Volkskunde 42, S. 129-163 (Vol).

Binder, Gottlieb (1954): *Das Göscheneralptal.* Neu herausgegeben mit einem Vorwort und Schlußbemerkungen vom Aktionskomitee für Erhaltung von Älplerboden mit Alpdörfli im Göschenental. Aktionskomitee, Bern, 24 S. (Div).

Böni, Rosa (2008): siehe CH/GL

Bremberger, Bernhard (1984): *Der Betruf auf dem Urnerboden im Umfeld von Geschichte, Inhalt und Funktion.* In: Jahrbuch für Volksliedforschung (Berlin) 29, S. 65-96 (Vol).

Brücker, Josef (1965): *Land- und Alpwirtschaft.* In: Max Oechslin/ Hansheiri Dahinden (Redaktion): *Uri – Land am Gotthard.* Dätwyler AG, Altdorf, S. 272-295 (Agr).

Brücker, Josef (1960): *Die Urner Land- und Alpwirtschaft.* In: Alpwirtschaftliche Monatsblätter 94, Heft 6, S. 197-209 (Agr).

Bühler, Alfred (1931): *Beiträge zur Geographie der Alpsiedlungen in Uri.* In: Die Alpen – Jahrbuch des Schweizerischen Alpen-Clubs 7, S. 85-104 (Geo).

Carlen, Louis (1980): *Rechtsaltertümer der Innerschweiz.* In: Der Geschichtsfreund – Mitteilungen des Historischen Vereins der fünf Orte 133, S. 81-108 (Rec).

Dettling, Toni (2018): *Die Schwyzer Kooperationen im Wandel der Zeit.* Hrsg. und Verlag: Verband der Schwyzer Kooperationen (VSZK), Freienbach, 42 S. (Rec).

Dietl, Walter/Lienert, Leo (1972): *Alpwirtschaft und Landschaftspflege im Gebiet Glaubenbüelen (Obwalden).* Hrsg.: Oberforstamt Obwalden. Landenberg Druckerei, Sarnen, 243 S. + Karte (Agr).

Erickson, Franklin C. (1938): *Transhumance in the Land Economy of Schächental.* In: Economic Geography 14, no. 1, p. 38-46 (Geo).

Ettlin, Josef (1956): *Die Besitzverhältnisse an den Alpen in der Gemeinde Kerns.* In: Obwaldener Geschichtsblätter 6 (Div).

Ettlin, Josef (1927): *Die Entstehung der Alpgenossenschaften von Kerns.* In: Der Geschichtsfreund - Mitteilungen des Historischen Vereins der fünf Orte 82, S. 162-172 (Div).

Ettlin-Dutt, Nikolaus (2015): *Alpwirtschaft.* In: Kurt Zumbrunn (Hrsg.): *Melchsee-Frutt im Laufe der Zeit.* Edition Grischa, Felsberg, S. 47-70 (Div).

Fanger, Josef (1956): *Die Alpwirtschaft Obwaldens.* Verlag Paul Haupt, Bern, 52 S. (= Schweizer Heimatbücher 71) (Vol).

Felber, Theodor (1901): *Die Allmenden des alten Landes Schwyz.* In: Jahresberichte der Geographisch-Ethnographischen Gesellschaft in Zürich 2, S. 61-84 (Agr).

Felber, Theodor (1887): *Über die schweizerische Alpwirthschaft und ihre Beziehungen zur Forstwirtschaft im Gebirge. Mit spezieller Berücksichtigung der Verhältnisse in Ob- und Nidwalden.* In: Schweizerische landwirthschaftliche Zeitschrift XV, Nr. 6, 23 Seiten (Agr).

Furrer, Benno (1997): *Alpgebäude der Zentralschweiz. Die Beeinflussung der Gebäudeformen durch Produktions- und Organisationsformen der Alpwirtschaft.* In: Jahrbuch für Hausforschung (Marburg) 45, S. 71-94 (Hau).

Furrer, Benno (1990): *Urner Alpgebäude im Wandel der Zeit. Wandlungsprozesse in der Kulturlandschaft Uris im Spiegel der Gebäude.* Dissertation an der Universität Zürich 1989. Druckerei Kündig, Zug, 137 S. (= Berichte der Naturforschenden Gesellschaft Uri 15) (Hau).

Garovi, Angelo et al., Hrsg. (2012): *Korporation Alpnach. Von den Anfängen bis in die Gegenwart.* Verlag Martin Wallimann, Alpnach, 440 S. (Agr).

Gössi, Tony (1979): *50 Jahre Sennen- und Älplergesellschaft Küssnacht.* Verlag Kreienbühl, Küssnacht, 64 S. (Agr).

Gwerder, Albert (2000): *100 Jahre Sennengesellschaft Muotathal 1900 – 2000.* Sennengesellschaft Muotathal, 64 S. (Agr).

HALTER, Josef et al. (1994): *250 Älplerbruderschaft Lungern 1744 – 1994.* Älplerbruderschaft Lungern, Lungern, 149 S. (Vol).

HARRISON, Roger (2003): *Heile Welt – harte Arbeit. Die Geschichte einer Älplerfamilie in der Schweiz.* Cantina-Verlag, Goldau, 136 S. (Pop).

HENGGELER, Rudolf (1959): *Die Geschichte der Korporation Freienbach.* Verlag Theiler, Wollerau, 157 S. (Agr).

HENGGELER, Rudolf (1958): *Geschichte der Korporation Pfäffikon.* Verlag H. Feusi, Pfäffikon, 208 S. (Agr).

HENGGELER, Rudolf (1955): *Die Geschichte der Korporation Wollerau.* Verlag Theiler, Wollerau, 179 S. Nachdruck: Korporation Wollerau, Wollerau 2001, 179 S. (Agr).

HESS, Ignaz (1945): *Die Entstehung der Korporationsrechte und der Privatalpen in Unterwalden.* In: Schweizerische Zeitschrift für Geschichte 25, S. 320-350 (Rec).

HEUSLER, Andreas (1862): *Die Rechtsverhältnisse am Gemeinland in Unterwalden.* In: Zeitschrift für schweizerisches Recht 10, S. 44-144 (Rec).

HIRTLER, Christof (2015): *Hirt, Tinner und Fugibootschä. Urner Berglandwirtschaft – früher, heute, morgen.* Bildfluss-Verlag, Altdorf, 495 S. (Agr).

HIRTLER, Christof (2012): *Urnerboden.* Bildfluss-Verlag, Altdorf, 351 S. (Pop).

Portraits von 35 Älplern auf dem Urnerboden, der größten Alp der Schweiz.

HOFMANN, August (1986): *300 Jahre Sennengesellschaft Weggis 1686 – 1986.* Sennengesellschaft Weggis, Weggis, 95 S. (= Heimatbücher Rigi-Süd 2) (Agr).

HOFSTETTER, Pius et al. (2005): *Schöne Aussichten. Kultur- und Wanderführer Luzerner Alpen.* Druckerei Schüpfheim AG, Schüpfheim, 238 S. (Div).

HUBER, Carl (1911): *Die Allmendgenossenschaft Korporation Uri in ihrem Verhältnis zum Kanton und zu den Gemeinden.* Verlag Josef Huber, Beromünster, 62 S. (Rec).

HUBLI, Andreas (1995): *Die Genossamen Schillingsrüti und Sattelegg. Beitrag zur Rechtsgeschichte der Allmendgenossenschaften im Kanton Schwyz.* Schulthess Polygraphischer Verlag, Zürich, 256 S. (= Zürcher Studien zur Rechtsgeschichte 31) (Rec).

HUGGER, Paul/IMFELD, Karl (2013): *„Du bleibst bei den Rindern hier oben." Werner Halters (1901 – 1969) Erinnerungen an seine Zeit als junger Älpler.* In: Obwaldner Geschichtsblätter 27, S. 195-211 (Vol).

HUGGER, Paul/GSCHWEND, Max (1975): *Die Alpen von Giswil OW. Ergebnisse einer volkskundlich-ethnologischen Feldübung.* Geographisches Institut der Universität Basel, Basel, 57 S. (= Basler Geographische Hefte 10) (Vol).

HUWYLER, Ruedi (1998): *Ises Melchtal. 125 Jahre Älplerbruderschaft Melchtal 1873 – 1998.* Älplerbruderschaft Melchtal, Melchtal, 121 S. (Vol).

HVU (2018): *Wald, Weide und Rindvieh. Landnutzen und ländliche Gemeingüter seit dem Mittelalter.* Hrsg.: Historischer Verein Uri (HVU). Gisler-Druck, Altdorf, 128 S. (= Historisches Neujahrsblatt 2017/18) (Div).

JÖRGER, Albert (2006): *600 Jahre Genossame Lachen 1406 - 2006. Geschichte einer Allmeindgenossenschaft in der March im Kanton Schwyz.* Hrsg.: Genossame Lachen. Gemeinde Lachen, Lachen 259 S. (Agr).

JÖRGER, Albert (2000): *Genossame Wangen. Geschichte einer Allmeindgenossenschaft in der March, Kanton Schwyz.* Verlag der Genossame Wangen, Wangen, 216 S. (Agr).

KÄLIN, Adi (2012): *Der Berg der Älpler.* In: Adi KÄLIN: *Rigi – mehr als ein Berg.* Verlag Hier & Jetzt, Baden, S. 73-96 (Pop).

KÄSLIN-ACHERMANN, Walter (1994): *Alp, Älpler, Chilbi – 150 Jahre Älplerbruderschaft Beckenried.* Hrsg.: Älplergesellschaft Beckenried, Beckenried, 119 S. (Vol).

KAUFMANN, Georg (1998): *Hinteralp und Gwüest. Siedlungsgeschichte der Göscheneralp.* Verlag Gisler, Altdorf, 324 S. (Div).

Kläui, Paul (1963-64): *Genossame, Gemeinde und Mark in der Innerschweiz mit besonderer Berücksichtigung des Landes Uri.* In: Historisches Neujahrsblatt des Historischen Vereins Uri, 1. Reihe, Heft 54-55, S. 7-17. Wiederabdruck in: Konstanzer Arbeitskreis für Mittelalterliche Geschichte (Hrsg.): *Die Anfänge der Landgemeinde und ihr Wesen,* Band 1. Jan Thorbecke Verlag, Sigmaringen 1964, S. 237-244 (= Vorträge und Forschungen VII), Nachdruck 1986 (Rec).

Küchler, Paul (1982): *100 Jahre Älplergesellschaft Sarnen 1882 – 1982.* Älplergesellschaft Sarnen, Sarnen, 71 S. (Agr).

Lebeau, René (1953): *Un type de vie pastorale communautaire dans les Alpes du Gotthard.* Dans: *Mélanges géographiques offerts à Philippe Arbos.* Institut de Géographie, Université Clermond Auvergne, Clermond-Ferrand, p. 141-149 (= Publications de la Faculté des Lettres de Clermond-Ferrand 8) (Geo).

Marti, Ernst (1967): *Das Maderanertal. Regionalstudie zur wirtschaftlichen Aufrüstung eines Bergtales.* In: Alpwirtschaftliche Monatsblätter 101, S. 281-300 und S. 517-537 (Agr).

Merz, Friedrich (1887): *Das Entlebuch und seine Viehzucht, Alpen- und Milchwirtschaft. Kulturgeschichtliche Monographie.* Verlag Cäsar Schmidt, Zürich, 210 S. (Agr).

Mettler, Armin/Glaus, Beat (2019): *Mehr als 550 Jahre im Dienste des Dorfes – die Allgemeine Genossame Reichenberg.* Kulturhistorische Gesellschaft der March, Lachen, 132 S. (= Marchring-Heft 64) (Div).

Ming, Hans (1937): *Die Allmendgenossenschaften von Lungern.* Juristische Dissertation an der Universität Bern. Verlag Burch & Cie., Lungern, 85 S. (Rec).

Mouthon, Fabrice (2000): siehe FR

Niederberger, Josef (1995): *Die Nidwaldner Alpwirtschaft – bedeutendes Element bäuerlicher Wirtschaft und Kultur.* In: Schweizerische Zeitschrift für das Forstwesen 146, Heft 7, S. 547-554 (Div).

Nünlist, Hugo (1967): *Aus vergangenen Tagen der Göscheneralp.* Fritz Ineichen – Murbacher Verlag, Luzern, 128 S. (Div).

Odermatt, Leo (1981): *Die Alpwirtschaft in Nidwalden. Geschichtliche Entwicklung und Anpassung an die Agrarstrukturen der Neuzeit.* Dissertation an der Universität St. Gallen. Verlag Paul von Matt, Stans, 335 S. (= Beiträge zur Geschichte Nidwaldens 40) (Div).

Odermatt, Leo u.a. (1978): *200 Jahre Älplerbruderschaft Stans.* Engelberger Druck, Stans, 119 S. (Vol).

Oechslin, Max (1941): *Die Markgenossenschaften der Urschweiz.* Kommissions-Buchdruckerei M. Gamma & Co., Altdorf, 112 S. (Vol).

Oechslin, Max (1935): *Die Markgenossenschaften und die Alpen im Gotthardgebiet.* Verlag Emmenthaler Blatt, Langnau im Emmental, 68 S. (Vol).

Oechslin, Max (1934): *Aus dem Urner Älplerleben.* In: Schweizerisches Archiv für Volkskunde 33, S. 179-191 (Vol).

Oechslin, Max (1924): *Die Korporation Uri.* In: Schweizerische Monatshefte für Politik und Kultur 3, Heft 11, S. 546-552 (Vol).

Omlin, Hans (1913): *Die Allmendkorporationen der Gemeinde Sarnen.* In: Der Geschichtsfreund - Mitteilungen des Historischen Vereins der fünf Orte 68, S. 1-184 (Div).

Petermann, Judith (1994): *Die luzernischen Korporationsgemeinden.* Juristische Dissertation an der Universität Freiburg/Fribourg, Freiburg i. Ü., 423 S. (Rec).

Pfister, Hans (1982): *Pilatusalpen. Sömmerungsbetriebe rund um den Berg.* Verlag Eugen Haag, Luzern, 68 S., 2. Aufl. 1983 (Pop).

Püntener, Vanessa (2014): *Alp – Portät einer verborgenen Welt.* Rotpunktverlag, Zürich, 96 S. (Pop).

Rebsamen, Henri (1928): *Periodische Wanderungen in den Urner Alpen.* In: Der Schweizer Geograph 3, Heft 9, S. 135-140 und Heft 10, S. 145-149 (mit einer Karte und mehreren Diagrammen) (Geo).

Rebsamen, Henri (1919): *Zur Anthropogeographie der Urner Alpen.* Geographische Dissertation an der Universität Zürich. Selbstverlag des Autors, Wetzikon, 144 S. (Geo).

RENNER, Eduard (1941): *Goldener Ring über Uri. Ein Buch vom Erleben und Denken unserer Bergler, von Magie und Geistern und von den ersten und letzten Dingen.* Metz-Verlag, Zürich, 319 S.; [2]1954, [3]1976. Nachdruck der 3. Auflage: Ammann-Verlag, Zürich 1991 und 2001, 286 S.; Neuausgabe (erweitert durch biographische Notizen und Dialektwörter): Stiftung Toggäli-Bewegung Uri (Hrsg.), Verlag Gisler Druck, Altdorf 2016, 364 S. (Vol).

Eduard Renner (1891-1952), seit 1920 Landarzt in Erstfeld, erhält durch seine berufliche Tätigkeit Zugang zum traditionellen Erleben der Bergler, das Elemente der Magie und des Animismus erhält. „Goldener Ring über Uri" baut auf seiner Dissertation an der Universität Bern „Über das Magische und Animistische im Erleben und Denken der Urner Bergbauern" (1937) auf. Da die Alpen und die Alpwirtschaft dabei eine relevante Rolle spielen, wird dieses Buch hier aufgenommen, zumal es nur wenige andere Publikationen gibt, die dieses Themenfeld im Rahmen der Alpwirtschaft behandeln.

ROHNER, Albert (1989): *100 Jahre Älplergesellschaft Sachseln.* Druckerei von Ah, Sarnen, 80 S. (Vol).

ROTZ, Markus von (1988): *125 Jahre Älplerbruderschaft Kerns.* Älplerbruderschaft Kerns, Kerns, 117 S. (Vol).

RÜTTIMANN, Karl (1904): *Die zugerischen Allmendkorporationen.* Juristische Dissertation an der Universität Bern. Verlag Stämpfli, Bern, 207 S. (= Abhandlungen zum schweizerischen Recht 2) (Rec).

SCHÄDLER, Beat (1946): *Die Allmeind-Korporationen im Bezirke Einsiedeln.* Waldstatt, 120 S. (Agr).

SCHAFFNER, Martin (2019): *Kategorien des Wissens. Zur Wissensgeschichte der Nutzung von Common Pool Resources im Urserntal (Uri, Schweiz).* In: Histoire des Alpes/Storia delle Alpi/Geschichte der Alpen 24, S. 197-214 (HE: HEAD-KÖNIG et al 2019 AL) (Vol).

SCHAFFNER, Martin (2007): *Die Korporation Ursern zwischen Beharren und Fortschritt. Vorläufige Bilanz eines Archiv- und Forschungsprojektes.* In: Histoire des Alpen/Storia delle Alpi/Geschichte der Alpen 12, S. 101-114 (Vol).

SchweizAlpkat (1976): *Die Land- und Alpwirtschaft im Luzerner Berggebiet.* Bearbeiter: Ernst MARTI. Bern, 165 S. (= Schweizerischer Alpkataster) (Sta).

SchweizAlpkat (1965): *Kanton Nidwalden.* Bearbeiter: Rudolf BÄBLER. Bern 144 S. (= Schweizerischer Alpkataster) (Sta).

SchweizAlpkat (1963): *Kanton Obwalden.* Bearbeiter: Rudolf INDERGAND. Bern, 180 S. (= Schweizerischer Alpkataster) (Sta).

SchweizAlpkat (1966): *Die Land- und Alpwirtschaft im Kanton Schwyz.* Bearbeiter: Rudolf INDERGAND/Ernst MARTI. Bern, 153 S. (= Schweizerischer Alpkataster) (Sta).

SchweizAlpkat (1970): *Die Land- und Alpwirtschaft im Kanton Uri.* Bearbeiter: Ernst MARTI. Bern, 163 S. (= Schweizerischer Alpkataster) (Sta).

SchweizAlpkat (1965): *Die Land- und Weidewirtschaft im Zuger Berggebiet.* Bearbeiter: Ernst MARTI. Bern, 102 S. (= Schweizerischer Alpkataster) (Sta).

SchweizAlpstat (1905): *Die Alpwirtschaft im Kanton Luzern.* Bearbeiter: Anton STRÜBY. Solothurn, 186 S. (= Schweizerische Alpstatistik XV) (Sta).

SchweizAlpstat (1896): *Die Alpwirtschaft im Kanton Nidwalden.* Bearbeiter: Josef GANDER. Solothurn, 198 S. (= Schweizerische Alpstatistik IV) (Sta).

SchweizAlpstat (1903): *Die Alpwirtschaft in Obwalden.* Bearbeiter: Eduard ETLIN. Solothurn, 278 S. (= Schweizerische Alpstatistik XIII) (Sta).

SchweizAlpstat (1899): *Die Alpwirtschaft im Kanton Schwyz.* Bearbeiter: Anton STRÜBY/Heinrich SCHNEEBELI. Solothurn, 319 S. (= Schweizerische Alpstatistik VII) (Sta).

SchweizAlpstat (1898): *Die Alpwirtschaft im Kanton Uri.* Bearbeiter: Casimir NAGER. Solothurn, 162 S. (Schweizerische Alpstatistik V) (Sta).

SchweizAlpstat (1901): *Die Alp- und Weidewirtschaft im Kanton Zug.* Bearbeiter: Anton STRÜBY. Solothurn, 94 S. (= Schweizerische Alpstatistik XI) (Sta).

SIDLER, Rudolf (1956): *Die schwyzerische Unterallmeindkorporation in ihrer rechtlichen Abgrenzung gegenüber dem alten und neuen Lande Schwyz seit 1353.* Juristische Dissertation an der Universität Zürich, Zürich, 97 S. (Rec).

SIGRIST, Franz (2013): *Die Alpen der Korporation Schwendi in Giswil und Kerns.* In: Obwaldner Geschichtsblätter 27, S. 161-194 (Div).

STADLER-PLANZER, Hans (2017-18): *Der Gruonwald – eine Allmendkorporation von Flüelen, Altdorf und Bürglen.* In: Historisches Neujahrsblatt des Historischen Vereins Uri, 1. Reihe, Heft 108, 128 S. (Agr).

STADLER-PLANZER, Hans/STADLER, Pascal/STADLER, Franz/ZIEGLER, Thomas (2013): *Korporation Uri.* Verlag der Korporation Uri, Altdorf, 196 S. (Agr).

STADLER-PLANZER, Hans/STADLER, Pascal (2008): *Die Korporation Pfäffikon. Grundlage, Entstehung, Entfaltung.* Selbstverlag der Korporation, Pfäffikon, 480 S. (Agr).

STADLER-PLANZER, Hans (2002-03): *Die „Einbeschlossene Allmend" von Altdorf – Ursprung und Entwicklung. Ein Beitrag über die alten Flurgenossenschaften in der Innerschweiz.* In: Historisches Neujahrsblatt des Historischen Vereins Uri 1. Reihe, Heft 93-94, S. 133-152 (Agr).

WALLIMANN, Urs (2012): *Alpen und Alpwirtschaft als Gemeinland.* In: Angelo GAROVI et al. (Hrsg.): *Korporation Alpnach – von den Anfängen bis in die Gegenwart.* Selbstverlag der Korporation, Alpnach, S. 77-114 (Rec).

WEBER, Alfred Hans (1952): *Die rechtliche Stellung der Korporation Uri im Kanton.* Juristische Dissertation an der Universität Bern 1949. Buchdruckerei Altdorf, Altdorf, 82 S. (Rec).

ZELGER, Franz (1888-89): *Die Alpgenossenschaften in Nidwalden.* In: Beiträge zur Geschichte Nidwaldens (Stans) Heft 5, S. 62-121 und Heft 6, S. 1-40 (Rec).

7.4 OSTSCHWEIZ (GL, AR, AI, SG)

Im Berggebiet des Kantons Zürich gibt es sieben Alpen (offiziell als „Sömmerungsgebiete" bezeichnet), aber keine alpwirtschaftliche Organisation. Und in der Schweizerischen Alpstatistik und im Schweizerischen Alpkataster werden die Zürcher Alpen lediglich in den Synthese-Darstellungen in tabellarischer Form erwähnt.

There are seven alps in the mountain region of the canton of Zurich, but no alpine pasture farming organization. In the Swiss Statistics of alpine pasture farming and in the Swiss Cadastre of alpine pasture farming the alps of Zurich are referred to only in the respective tables of the summaries.

Alpwirtschaftliche Organisationen:
GL: *Glarner Alpverein*: 2001 entstanden durch Zusammenlegung des „Zigersennenverbandes" und der „Alpkäser": www.glarneralpverein.ch
SG: *Alpwirtschaftskommission des St. Gallischen Bauernverbandes* (Salez): www.alpen-sg.ch
SG: *Alpwirtschaftlicher Verein Toggenburg*

Internetseiten:
www.alpen-sg.ch ⇢ Alpkataster: Alpkataster St. Gallen

Alpstatistiken:
SchweizAlpkat 1962, 1966, 1968, 1974, 1993
SchweizAlpstat 1896, 1898, 1899, 1900

Monographien:
BISCHOFBERGER 1999
HÖSLI 1948

Publikationen:

ACKERMANN, Otto et al., Hrsg. (1989): *Die Werdenberger Alpen.* In: Werdenberger Jahrbuch 2 – Historisch-Heimatkundliche Vereinigung des Bezirks Werdenberg. Verlagshaus Schwellbrunn, Schwellbrunn, S. 8-114 (Div).
Siehe REICH 1989 CH/SG und PRIMAS/ACKERMANN/KESSLER 1989 CH/SG.

AMMANN, Hansruedi et al. (2011): *Alpen im Toggenburg.* Hrsg.: St. Galler Bauernverband. Toggenburger Verlag, Schwellbrunn, 255 S. (Agr).

ANDEREGG, Werner (1977): *Die Alpwirtschaft im Obertoggenburg und ihre Entwicklung zur heutigen Form am Beispiel von Alt St. Johann.* In: Toggenburger Annalen – kulturelles Jahrbuch für das Toggenburg und Umgebung (Uzwil) 1977, S. 29-38 (Div).

AVG (2014): *Glarner Alpbuch. Zwischen Nebelwand und Föhnmauer.* Hrsg.: Alpwirtschaftlicher Verein Glarus/AVG. Eigenverlag AVG, Glarus, 368 S. (Agr).
Vorstellung aller 88 Glarner Alpen.

BACHOFNER, Andreas (2012): *Alpzeit. Gelebte Tradition im Toggenburg.* FARO-Verlag/FONA-Verlag, Lenzburg, 160 S. (Vol).

BAUR, Edwin, Hrsg. (1992): *Von Alpen, Sennen und Kuhherden.* In: Lehrerschaft Wildhaus – Unterwasser – Alt St. Johann (Hrsg.): *Das oberste Toggenburg. Eine Heimatkunde für die Freunde des Tales zwischen Säntis und Churfirsten.* Buchs Druck & Verlag, Buchs, S. 64-81 (Div).

BISCHOFBERGER, Hermann (1999): *Rechtsarchäologie und Rechtliche Volkskunde des eidgenössischen Standes Appenzell Innerrhoden. Ein Inventar im Vergleich zur Entwicklung anderer Regionen.* Druckerei Appenzeller Volksfreund, Appenzell, 2 Bände, 1.062 S. (= Innerrhoder Schriften 8.1 und 8.2) (Vol).

BÖNI, Rosa (2008): *Käsealpen und ihre Bedeutung für die Kulturlandschaft. Eine Untersuchung gegenseitiger Einflüsse von Kulturlandschaft und Alpkäseproduktion im Sömmerungsgebiet von Glarus Süd und Muotatal.* Zürcher Hochschule für Angewandte Wissenschaften Wädenswil/ZHAW, Wädenswil, 67 S. (= Schriftenreihe Umwelt und Natürliche Ressourcen der ZHAW 2) (Agr).

DÖRIG, Karl (1970): *Die Wald- und Flurkorporationen im Kanton Appenzell-Innerrhoden.* Dissertation an der Universität Zürich, Zürich, 107 S. (Rec).

ENGELSING, Tobias, Hrsg. (2017): *Heimat Alpstein. Appenzeller und Toggenburger Bauernmalereien.* Südverlag, Konstanz, 208 S. mit 250 Abbildungen (Vol).
Im Zentrum steht die „Senntumsmalerei".

EUGSTER-KÜNDIG, Hans (2015): *Die Alpen in Appenzell-Ausserrhoden.* Appenzeller Verlag, Schwellbrunn, 392 S. (Agr).

EUGSTER, Hans (2000): *Alpwirtschaft – Nutzung oder Vergandung?* In: Hans BÜCHLER (Hrsg.): *Der Alpstein. Natur und Kultur im Säntisgebiet.* Appenzeller Verlag, Herisau, S. 164-191 (Agr).

FÄSSLER, Daniel (1998): *„Den Armen zu Trost, Nutz und Gut". Eine rechtshistorische Darstellung der Gemeinmerker (Allmenden) von Appenzell Innerrhoden – unter besonderer Berücksichtigung der Mendle.* Druckerei Appenzeller Volksfreund, Appenzell. 564 S. (= Innerrhoder Schriften 6) (Rec).

FREHNER, Otto (1953-54): *Der Anteil von Appenzell Innerrhoden an der Schwägalp in der Gemeinde Hundwil, Appenzell Ausserrhoden 1597 – 1894.* In: Innerrhoder Geschichtsfreund 1, S. 30-40 und 2, S. 25-34 (Div).

FREHNER, Otto (1929): *Die Schwägalp in den letzten zwanzig Jahren.* Erweiterte Sonderausgabe von Artikeln aus den „Alpwirtschaftlichen Monatsblättern" (63/1929, Nr. 5-12). Buchdruckerei Emmentaler-Blatt, Langnau im Emmental, 104 S. (Div).

FREHNER, Otto (1929): *Der Anteil von Herisau an der appenzellischen Alpwirtschaft.* In: Walter ROTACH (Hrsg.): Die Gemeinde Herisau. Ortsbeschreibung und Geschichte. Buchdruckerei Schläpfer, Herisau, S. 534-548 (Div).

FREHNER, Otto (1925): *Das Alpbuch der Schwägalp in Appenzell (Ausserrhoden).* Fehr'sche Verlagsbuchhandlung, St. Gallen, 370 S. (Div).

FUCHS, Ferdinand (1977): *Bauernarbeit in Appenzell-Innerrhoden. Sachen, Methoden, Wörter.* Verlag Krebs, Basel, 247 S. (= Schriften der Schweizerischen Gesellschaft für Volkskunde 61) (W+S).

GRÜNENFELDER, Ivo (1941): *Die Privatkorporationen des Bezirks Sargans.* Juristische Dissertation an der Universität Fribourg. Mels, 76 S. (Rec).

GYSLING-BILLETER, Erika (1977): *Appenzeller Volkskunst. Sammlung Bruno Bischofsberger.* Silva-Verlag, Zürich, 112 S. (Pop).

HÖSLI, Jost (1948): *Glarner Land- und Alpwirtschaft in Vergangenheit und Gegenwart.* Kommissionsverlag Tschudi & Co., Glarus, 358 S. (Geo).

INAUEN, Josef (2004): *Innerrhoder Alpkataster. Die Alpwirtschaft in Appenzell I.Rh. mit einem Beschrieb der einzelnen Alpen und Alprechten.* Druckerei Appenzeller Volksfreund, St. Gallen, 415 S. (= Innerrhoder Schriften 12). Neuausgabe unter dem Titel: *Innerrhoder Alpkataster 2012/2013. Die Alpwirtschaft in Appenzell I.Rh. mit einem Beschrieb der einzelnen Alpen und Alprechte.* St. Gallen 2014, 440 S. (= Innerrhoder Schriften 16) (Sta).

Jäger, Alfred/Meier, Hans, Bearbeiter (1988): *Appenzeller Volkskunst im Appenzeller Volkskundemuseum Stein AR/ Appenzell Arts and Crafts/Les Arts et Metiers du Pays d'Appenzell.* Verlage Arthur Niggli und Schläpfer & Co., Heiden/Herisau, 128 S. (Pop).

Kölbener, Beat (1942): *Die Privatkorporations-Alpen in Appenzell.* Juristische Dissertation an der Universität Bern, Bern, 124 S. (Rec).

Koller, Franz (1964): *Die appenzellische Land-, Milch- und Alpwirtschaft im Wandel der Zeiten.* Genossenschafts-druckerei, Appenzell, 96 S. (Div).

Krucker, Hans (1919): *Die Alpwirtschaft.* In: Hans Krucker: *Die Amdener Landschaft und ihre Kultur.* Dissertation an der Universität Zürich. Buchdruckerei K. Weiss, St. Gallen, S. 108-122 (= Sonderdruck aus den Mitteilungen der Ostschweizerischen Geographisch-commerciellen Gesellschaft in St. Gallen 119) (Geo).

Litscher, Martin (1919): *Die Alpkorporationen des Bezirks Werdenberg.* Juristische Dissertation an der Universität Bern. Stämpfli, Bern, 134 S. (= Abhandlungen zum schweizerischen Recht 91) (Rec).

Mannhart, Josef (1973): *Untersuchungen über die St. Galler Alpwirtschaft.* Flums, 77 S. (Agr).

Manser, Friedrich (2018): *Öberefahre – sennisches Brauchtum im Appenzellerland und im Toggenburg.* Appenzeller Verlag, Schwellbrunn, 136 S. (Vol).

Manser, Friedrich (2017): *Öberefahre – kulturhistorisch und autobiographisch angereichert.* Books on Demand, Norderstedt, 334 S. (Vol).

Meier, Jürg (1981): *Besitz- und Bewirtschaftungswandel in einem traditionellen Hirtenbauerngebiet, dargestellt am Beispiel Wildhaus.* Geographische Dissertation an der Universität Zürich, Zürich, 168 S. (= Arbeiten aus dem Geographischen Institut der Universität Zürich, Serie A) (Geo).

Müller, Christoph (2015): *90 Alpen im Sarganserland. Wanderberichte mit Bezug auf die Alpbewirtschaftung.* Eigenverlag des Autors, Walenstadt, 262 S. (Pop).

Müller, Priska/Güsewell, Sabine/Tanner, Karl Martin (2004): *Integration von ökologischem Wissen in die Raumplanung. Das Beispiel Alpweiden im Glarnerland.* In: GAIA – ökologische Perspektiven für Wissenschaft und Gesellschaft 13, Nr. 2, S. 131-139 (Div).

Nef, Hansueli et al. (1985): *Alpwirtschaft.* In: Der St. Galler Bauer, Sondernummer „Alpwirtschaft", Nr. 25, S. 893-966 (Agr).

Peter, Oskar (1960): *Die Alpwirtschaft.* In: Oskar Peter: *Wartau. Eine Gemeinde im St. Gallischen Rheintal, Bezirk Werdenfels. Siedlungs- und wirtschaftsgeographischer Beitrag zur Heimatkunde von St. Gallen.* Manuskript aus dem Jahr 1948, hrsg. von Otmar Widmer. Ostschweizerische Geographische Gesellschaft, St. Gallen, S. 256-322 (Geo).

Pfiffner, Leo (1995): *Wald und Weide der Ortsgemeinde Mels.* Bearbeiter: Werner Berweger. Ortsgemeinde Mels, Mels, 83 S. (Div).

Piontek, Franz-Norbert (2008): *Alpfahrt.* Appenzeller Verlag, Schwellbrunn, 48 S. (Pop).

Primas, Margarita/Ackermann, Otto/Kessler, Noldi (1989): *Zur Geschichte der Werdenberger Alpwirtschaft.* In: Werdenberger Jahrbuch 2, S. 33-59 (HE: Ackermann 1989 CH/SG) (Div).

Raggenbass, Johannes U. (1977): *Die Rechtsstellung der privatrechtlichen Korporationen des St. Gallischen Rechts unter besonderer Berücksichtigung ihrer Abgrenzung zu den öffentlich-rechtlichen Körperschaften.* Rechtswissenschaftliche Dissertation an der Hochschule St. Gallen. St. Gallen, 325 S. (= St. Galler Beiträge zum öffentlichen Recht 5) (Rec).

Reich, Hans Jakob (1989): *Die Werdenberger Alpen. Eine Übersicht über den Werdenberger Alpbesitz mit den wichtigsten Daten.* In: Werdenberger Jahrbuch 2, S. 12-21 (HE: Ackermann 1989 CH/SG) (Div).

Schatzmann, Rudolf (1861): *Die Alpenwirthschaft des Kantons Glarus, den schweizerischen Alpenbewohnern gewidmet.* Publikation ohne Verlag, Aarau, 54 S. (Agr).

Schiesser, Fritz (1951): *Die Alpwirtschaft.* In: Fritz Schiesser: *Beiträge zur Kulturlandschaftsgeographie des Walenseetales.* Dissertation an der Universität Zürich bei Hans Boesch, Zürich, S. 105-114 (Geo).

Schneider, Agnes, et al. (2008): *Alpen im Sarganserland.* Hrsg.: St. Galler Bauernverband. Sarganserländer Druck AG, Mels, 224 S. (Agr).

Schnyder, Hans (2013): *Abendweide. Das einfache Leben auf einer Glarner Alp.* Verlag Baeschlin, Glarus, 231 S. (Pop).

Schürch, Franziska (2008): *Landschaft, Senn und Kuh. Die Entdeckung der Appenzeller Volkskunst.* Hrsg.: Schweizerische Gesellschaft für Volkskunde. Waxmann-Verlag, Münster, 183 S. (= Culture – Schweizer Beiträge zur Kulturwissenschaft 1) (Vol).

SchweizAlpkat (1993): *Die Alpen des Kantons Appenzell Ausserrhoden.* Bearbeiter: Hans Eugster. Hrsg.: Landwirtschaftsdirektion von Appenzell AR/Bundesamt für Landwirtschaft. Herisau/Bern, 533 S. (Sta).
132 Alpen in den Gemeinden Urnäsch, Hundwil, Schönengrund.

SchweizAlpkat (1974): *Die Land- und Alpwirtschaft in Ausserrhoden.* Bearbeiter: Johannes Enz. Bern, 219 S. (= Schweizerischer Alpkataster) (Sta).

SchweizAlpkat (1968): *Die Land- und Alpwirtschaft im Kanton Appenzell Innerrhoden.* Bearbeiter: Karl Schmidli. Bern, 195 S. (= Schweizerischer Alpkataster) (Sta).
Aktualisierung: Inauen 2004.

SchweizAlpkat (1962): *Kanton Glarus.* Bearbeiter: Rudolf Bäbler. Bern, 158 S. (= Schweizerischer Alpkataster) (Sta).

SchweizAlpkat (1966): *Kanton St. Gallen.* Bearbeiter: Rudolf Bäbler, Andreas Werthemann, Karl Schmidli. Bern, 118 S. (= Schweizerischer Alpkataster) (Sta).

SchweizAlpstat (1899): *Die Alpwirtschaft im Kanton Appenzell I.Rh.* Bearbeiter: W. Kobelt. Solothurn, 272 S. (= Schweizerische Alpstatistik VIII) (Sta).

SchweizAlpstat (1900): *Die Alpwirtschaft im Kanton Appenzell A.Rh.* Bearbeiter: J. J. Tobler/Anton Strüby. Solothurn, 140 S. (= Schweizerische Alpstatistik IX). 2., ergänzte Auflage: Verlag Schiess & Zwickl, Herisau 1902, 140 S. (Sta).

SchweizAlpstat (1898): *Die Alpwirtschaft im Kanton Glarus.* Bearbeiter: Johannes Bäbler. Solothurn/Glarus, 293 S. (= Schweizerische Alpstatistik VI) (Sta).

SchweizAlpstat (1896): *Die Alpwirtschaft im Kanton St. Gallen.* Bearbeiter: Thomas Schnider. Solothurn, 111 S. (= Schweizerische Alpstatistik III) (Sta).

Senti, Alois (2008): *Die Alpbücher und Nutzungsreglemente der Gemeinde Flums.* Sarganserländer Verlag, Mels, 151 S. (Vol).

Senti, Alois (1994): *Der Sarganserländer Alpsegen.* Sarganserländische Buchdruckerei, Mels, 130 S. (Vol).

Senti, Alois (1974): *Alpabfahrt im Sarganserland.* In: Schweizer Volkskunde 64, Heft 2-3, S. 17-24 (Vol).

Sprecher, F. W. (1903): *Volkskundliches aus dem Taminatal. Teil 2: Hirtenleben, Maiensässleben, Alpfahrt und Älplerleben.* In: Schweizerisches Archiv für Volkskunde 7, S. 210-224 (Vol).

Stadler, Alois/Rudel, Christian (2014): *Spuren und Gedanken auf dem Weg zu 50 Jahren Alpgenossenschaft Schindelberg.* Verlag zum Hecht, Kaltbrunn, 316 S. (Vol).

Sutter, Carl (1981): *Die Korporation Forren.* In: Innerrhoder Geschichtsfreund 25, S. 24-54 (Rec).

Wagner, Ernst (1924): *Die obertoggenburgischen Alpkorporationen.* Juristische Dissertation an der Universität Bern. Buchdruckerei Dr. Tellenbach, Thalwil, 463 S. (Rec).

Wagner, Jakob (1976): *150 Jahre Kreisalpen-Korporation Krummenau-Nesslau 1826 – 1976.* Buchdruckerei Wattwil, 89 S. (Agr).

7.5 KANTON GRAUBÜNDEN/GRIGIONI/ GRISCHUN (GR)

Le pubblicazioni sulla Svizzera italiana includono anche le regioni italofone dei Grigioni (Calanca, Mesolcina, Bregaglia, Poschiavo); queste pubblicazioni vengono elencate nel Ticino (CH/TI).

Publikationen zur italienischsprachigen Schweiz schließen auch die italienischsprachigen Regionen Graubündens (Calanca, Mesolcina/Misox, Bregaglia/Bergell, Poschiavo/ Puschlav) ein; diese Publikationen werden unter „Tessin" (CH/TI) verzeichnet.

Alpwirtschaftliche Organisationen:
Bündner ÄlplerInnen Verein (BÄV): www.aelplerinnenverein.ch

Internetseiten:
www.plantahof.ch Landwirtschaftliche Aus- und Weiterbildung, mit Fachbereich Alpwirtschaftliche Ausbildung, Landquart/Graubünden.

Alpstatistiken:
Alperhebung 1864: Statistik 1868
SchweizAlpkat 1969 und 1973
SchweizAlpstat 1909

Monographien:
Giovanoli 2003
Weiss 1941

Publikationen:
AlpFUTUR (2013): siehe CH

Annaheim, Hans (1936-38): *Die Alpwirtschaft.* In: Hans Annaheim: *Siedlungs- und wirtschaftskundliche Aufnahme der Gemeinde Präsanz im Oberhalbstein.* In: Jahresbericht der Naturforschenden Gesellschaft Graubünden NF LXXXV, S. 28-37 (Geo).

Bachmann-Diem, Ulrich (2004): *Zur Geschichte der Atzungsgenossenschaft Hinter den Eggen. Eine Dokumentation, zusammengekommen in einer Sertiger Alp, mit einigen Vorbemerkungen zum besseren Verständnis.* Eigenverlag des Autors, Frauenfeld, 33 S. (Agr).

Bandli, Hans und Leonhard (1991): *Die Einzelsennerei in Safien.* In: Hans und Leonhard Bandli: *Im Safiental – heimatkundliche Aufsätze aus einer Walserregion.* Verlag Bündner Monatsblatt, Chur, S. 133-144 (Div).

Bardill, Thomas (2006): *Das Alpwesen der Gemeinde Luzein.* In: Thomas Bardill: *Luzein. Mit den Fraktionen Pany, Luzein, Buchen und Putz.* Eigenverlag des Autors, Pany, S. 304-376 (Div).

Beeli, Linus (2008): *Las alps da Medel (Die Medelser Alpen).* En: Revista medelina „Piogns" nr. 2-4, 32 p. (Div).

Berther, Adalgott (2016/17): *Las alps da schetgs entuorn 1950/60 (Die Galtviehalpen um 1950/60).* En: La Tuatschina (Mitteilungs- und Kulturblatt der Gemeinde Tujetsch) nr. 7-25, 2016 + nr. 1-4, 2017, 80 p. (Div).

Berther, Adalgott (2009): *Vargau e da biars emblidau – las alps da vaccas entuorn 1950 (Die Kuhalpen um 1950).* En: La Tuatschina (Mitteilungs- und Kulturblatt der Gemeinde Tujetsch) nr. 12-23, 59 p. (Div).

Berther, Adalgott (2007): *Vargau e da biars gia emblidau – da cauras e cavrers da Rueras (Von Ziegen und Ziegenhirten aus Rueras).* En: La Tuatschina (Mitteilungs- und Kulturblatt der Gemeinde Tujetsch) nr. 14-19, 22 p. (Div).

Berther, Baseli (1940): *Notizias cultur-historicas davart las alps tujetschinas (Kulturhistorische Notizen über die Tujetscher Alpen).* En: Il Glogn – Calender dil pievel. Annalas per historia, litteratura e cultura romontscha (Glion/Ilanz) 14, p. 36-46 (Div).

Binet-Hentsch, Jean-Louis (2013): *La valle di Poschiavo – le Alpi dell'Engiadina.* Fondazione Enrico Monti, Anzola d'Ossola, 126 pp. (Div).

Blumenthal, Duri/Caduff, Giachen/Capaul, Moritz (1996): *Las alps e pastiras.* En: Duri Blumenthal/Giachen Caduff/Moritz Capaul: *Historia dalla vischnaunca da Degen.* Canzlia communala da Degen, Degen, p. 56-66 (Div).

Bösch, Ivo (2005): *Landschaftspflege mit Ziegen und moderner Architektur – die neue Alp Puzzetta im Val Medel.* In: Bündner Monatsblatt – Zeitschrift für Bündner Geschichte, Landeskunde und Baukultur, Nr. 2, S. 179-185 (Div).

Bonifaz, Caspar (2001): *Las nossas alps.* En: *Riom-Parsonz. Codesch da vischnanca.* Riom-Parsonz, p. 249-260.
- Deutsche Ausgabe: *Unsere Alpen.* In: *Riom-Parsonz – Heimatbuch.* Hrsg.: Gemeinde Riom-Parsonz, Riom-Parsonz 2001, S. 249-260 (Div).

Buchli, Brigitte (2000): *Das Bodenälpli im Safiental.* In: Jahresbericht der Walservereinigung Graubünden (Splügen) S. 24-54 (Div).

Bundi, Martin/Beeli, Augustin (2013): *L'alp Padanatsch.* En: Martin Bundi/Augustin Beeli: *Veta sociala ed economica a Sagogn el 19 e 20avel tschentaner (Soziales und wirtschaftliches Leben in Sagogn im 19. und 20. Jahrhundert).* Hrsg.: Pro Sagogn, Sagogn, p. 45-58 (Div).

Bundi, Martin (1975): *Alps, cuolms ed aclas el process dalla colonisaziun e cultivaziun (Alpen und Maiensässe im Prozess der Kolonisation und Kultivierung).* En: Martin Bundi: *Historia dalla vischnaunca da Sagogn.* Stamp. Bischofberger, Cuera, p. 27-42 (Div).

Caflisch, Christian (1939): *Alpen und Allmenden.* In: Christian Caflisch: *Das Domleschg und seine Randgebiete. Beitrag zur Wirtschaftsgeographie Mittelbündens.* Geographische Dissertation an der Universität Zürich. Buchdruckerei und Verlag Waldgarten, Zürich, S. 69-83 (Geo).

Camenisch, Emil (1924): *Geschichte der Grossalp in Safien.* In: Bündnerisches Monatsblatt – Zeitschrift für bündnerische Geschichte, Landes- und Volkskunde, Heft 11, S. 329-347 (Div).

Capaul-Vincenz, Gion Giachen (2020): *Las alps da Lumbrein.* Eigenverlag des Autors, ohne Ort, 24 p. (Standort: Bibliothek des Dicziunari Rumantsch Grischun, Chur) (Div).

Casanova, Aurelio (2005): *L'economia dallas alps el Grischun cun exempels dalla Surselva (Die Wirtschaft der Alpen in Graubünden mit Beispielen aus der Surselva/Vorderrheintal).* En: Calender Romontsch (Mustér), p. 270-284 (Div).

Casty, Johann Balthasar (1959/60): *Die Alpen im Arosergebiet.* In: Johann Balthasar Casty: *Arosa. Aus der Heimatkunde des weltbekannten Kurorts.* Hrsg. und Verleger: Kur- und Verkehrsverein Arosa, Arosa, S. 98-114 (Div).

Cathomen, Ignaz (2016): *Viehwirtschaft.* In: Ignaz Cathomen: *Falera – unser Leben hängt an einem Seil. Autobiographie eines Dorfes in Graubünden.* Verlag Neue Zürcher Zeitung, Zürich, S. 68-92 (Div).

Cathomen, Ignaz/Winzap, Isidor (2002): *Economia agricultura e tratga da biestga.* En: Ignaz Cathomen/Isidor Winzap: *Falera – la historia dil svilup d'in vitg grischun muntagnard.* Falera, p. 273-307.
- Deutsche Ausgabe: *Landwirtschaft und Viehhaltung.* In: Ignaz Cathomen/Isidor Winzap: *Falera – die Geschichte zur Entwickung eines Bündner Bergdorfes.* Hrsg. und Verleger: Gemeinde Falera, Falera 2002, S. 296-305 (Div).

Casutt, Caspar Peter (1957): *Meglieraziuns en las alps (Meliorationen auf den Alpen).* En: Per mintga gi – calender popular per las valladas renanas (Cuera), p. 82-95 (Div).

Collenberg, Adrian (2002): *Kommunale Weidenutzung und Alpwirtschaft.* In: Adrian Collenberg: *Drei Berggemeinden – drei Entwicklungen. Trun, Andeer und Saas im Prättigau (1850 – 1950).* Dissertation an der Universität Zürich (PRIMALP-Projekt). Wissenschaftsverlag Vauk, Kiel, S. 250-291 (= Nachhaltige Land- und Forstwirtschaft im Alpenraum 6) (Agr).

Collenberg, Basil (1972): *Vrin (Lumnezia) – Bauernarbeit, Sach- und Sprachkultur einer bündnerischen Gemeinde.* Romanistische Dissertation an der Universität Fribourg, Fribourg, 295 S. (W+S).

Condrau, Guido (1958): *Eigentum und Nutzung der Gemeindealpen der Cadi.* Juristische Dissertation an der Universität Freiburg im Uechtland. Disentis, 123 S. (Rec).

Conzett, Silvia (2005): *Eine Alp mit Autobahnanschluss – Milchwirtschaft, Alpwirtschaft.* In: Silvia Conzett: *Bergdorf Hinterrhein – erlebt, erinnert, erzählt.* Hrsg. von der Schweizerischen Gesellschaft für Volkskunde und vom Verein für Bündner Kulturforschung. Verlag Hier & Jetzt, Baden, S. 51-56 (Vol).

Crüzer, Cornelio (1984): *I comuni di Bregaglia e i suoi alpeggi.* In: Almanacco del Grigioni Italiano 66, pp. 81-86 (Div).

Curschellas, Michael (1946): *Der Graubündner Alpkäse. Seine Geschichte, Bedeutung und Herstellung.* In: Schweizerische Milchzeitung Nr. 48, publiziert als Separatdruck mit 28 S. (Agr).

CURSCHELLAS, Michael (1944): *Beitrag zum Problem der Milchverwertung in den Bündner Alpen.* In: Bündner Bauer (Chur), publiziert als Separatdruck mit 32 S. (Agr).

CURSCHELLAS, Michael (1944): *Fragen der Alpwirtschaft.* In: Bündner Bauer (Chur), publiziert als Separatdruck mit 44 S. (Agr).

CURSCHELLAS, Michael (1938): *Latgiras e purment (Milch- und Alpprodukte).* Stampa romontscha, Mustér, 59 p. (Agr).

CURSCHELLAS, Michael (1930): *Mahnungen und Regeln für die Alpsennen, verfasst im Auftrage des Departement des Innern des Kantons Graubünden.* Buchdruckerei Bündner Tagblatt, Chur, 35 S. (Agr).

CURSCHELLAS, Julius Michael (1926): *Die Gemeinatzung.* Juristische Dissertation an der Universität Fribourg. Buchdruckerei M. Maggi's Erben, Ilanz, 94 S. (Rec).

DECURTINS, Alexi (1962): *Co nos babuns caschavan (Wie unsere Vorfahren kästen).* En: Calender Romontsch 103, p. 221-234 (Div).

DÖNZ, Otto (1942-43): *Die Churer Alpen – eine alpwirtschaftliche Skizze.* In: Rätia – bündnerische Zeitschrift für Kultur 6, S. 13-24 (Agr).

DONATSCH, Peter et al. (2004): *Prättigauer Alpen zwischen Stürfis und Obersilvretta, Frömdvereina und Zanutsch.* Hrsg.: Bauernverein Prättigau. Buchdruckerei Schiers, Schiers, 142 S. (Div).

DRG (1939-2020): *Dicziunari Rumantsch Grischun.* Hrsg.: Institut dal Dicziunari Rumantsch Grischun, Cuoira, bislang 14 Bände (http://online.drg.ch). Darin Lemmata (Spr): *alp, alpadi (Alprecht), alpchada (Sömmerung), alpchant (Alpgenossen), alpchar (sömmern), alpester (zu den Alpen gehörig), alpetga (Älplein), alpigiazun (Sömmerung), caschigna (Alphütte), cautegia (Alpmeister), chandan (Zusenn), chargiada (Alpfahrt), chaschada (Senntum), chaschar (käsen), dschelpcha (Alpentladung), fiousser (Alpvogt), manuocha (Käselaib), masüra (Milchmesstag).*

DUFF, Paul (1971/72): *Nossas alps ier ed oz (Unsere Alpen gestern und heute).* En: Igl Ischi nr. 57-58, p. 231-246 (Div).

DURGIAI, Erwin (1943): *Das Gemeinwerk – rechtsgeschichtliche und verwaltungsrechtliche Studie.* Juristische Dissertation an der Universität Zürich. Verlag Condrau, Disentis, 144 S. (Rec).

ELSASSER-RUSTERHOLZ, Beatrix (1969): *Beiträge zur Siedlungs- und Wirtschaftsgeographie in den bündnerischen Walserkolonien.* Geographische Dissertation bei Gerhard FURRER an der Universität Zürich. Junis-Verlag, Zürich, 73 S. (Geo).
Darin zur Frage einer „walserischen" Alpwirtschaft (siehe ZINSLI 1968 AL).

ERNI, Hans (1947): *Las alps. Paterlada davart las alps grischunas en general e las alps de Trin en special (Über die Bündner Alpen im Generellen und die Trinser Alpen im Speziellen).* En: Casa Paterna (Cuera) nr. 48-52, 31 p. (Div).

ERNST, Heinz (1977): *Wie die Maienfelder zu ihren Alpen kamen. Ein Beitrag zum Thema „weit in die Berge reichende Fluren von Talgemeinden".* Selbstverlag des Autors, Untervaz, 30 S. (Div).

ESCHER, Walter (1946): *Die Alpgenossenschaften in St. Antönien.* In: Bündnerisches Monatsblatt – Zeitschrift für bündnerische Geschichte, Land- und Volkskunde, Heft 10, S. 300-316 und Heft 11, S. 325-347 (Vol).

ETTLIN-JANKA, Maria, Red. (1983 + 2011): *Alpwirtschaft (Obersaxer Lexikon).* In: „Pro Supersaxa – Obersaxen", Jahresheft des Vereins Pro Supersaxa, 1983, S. 334-340 und 2011, S. 2179-2196 (Div).

FISCHER, Georg (2016): *Die Alpweiden.* In: Georg FISCHER: *Untervaz – mein Heimatdorf.* Desertina-Verlag, Glarus/Chur, S. 127-165 (Div).

FLÜTSCH, Erwin (1991): *Strukturwandel der Alp Partnun (St. Antönien).* In: Hans ELSASSER/Martin BOESCH (Hrsg.): *Beiträge zur Geographie Graubündens.* Institut für Geographie der Universität Zürich, Zürich, S. 75-79 (Geo).

FLÜTSCH, Erwin (1976): *St. Antönien – kulturlandschaftliche Aspekte einer Walsergemeinde.* Geographische Dissertation an der Universität Zürich bei Gerhard FURRER. Selbstverlag des Autors, Seewies, 205 S. (Geo).

FLURY, Christian (2002): *Zukunftsfähige Landwirtschaft im Alpenraum. Entwicklung von Nutzungsstrategien für den Kanton Graubünden auf der Basis eines Sektormodells.* Agrarwissenschaftliche Dissertation an der Eidgenössischen Technischen Hochschule Zürich im Rahmen des Forschungsprojektes *PRIMALP - nachhaltige Primärproduktion am Beispiel des Alpenraumes.* Wissenschaftsverlag Vauk, Kiel, 269 S. (= Schriftenreihe Nachhaltige Land- und Forstwirtschaft im Alpenraum 4) (Agr).
Darin wird auch die Alpwirtschaft explizit thematisiert.

FLURY, Christian (2002): *Zur Zukunft der Bündner Land- und Alpwirtschaft.* In: Bündner Monatsblatt, Heft 5, S. 372-385 (Agr).

FREY, Urs (2000): *Die Landwirtschaft.* In: Verein für Bündner Kulturforschung (Hrsg.): *Handbuch der Bündner Geschichte,* Band 3: *19. und 20. Jahrhundert.* Verlag Bündner Monatsblatt, Chur, S. 39-60 (Geo).
Darin der Stellenwert der Alpwirtschaft innerhalb der Bündner Landwirtschaft.

FRICK, R.-O. (1930): *Notes de folclore lumnézien.* In: Schweizerisches Archiv für Volkskunde 30, p. 1-40 (Vol).
Darin auch zur „économie alpestre".

FURRER, Benno (2012): *Alpen und Alpgebäude in Graubünden.* In: Thomas REITMAIER et al. (Hrsg.): *Letzte Jäger, erste Hirten. Hochalpine Archäologie in der Silvretta.* Amt für Kultur/Archäologischer Dienst Graubünden, Chur, S. 259-285 (Projekt AlpFUTUR) (Hau).

FURTER, Reto (2000): *Langwies – Umsiedlungen und Umnutzungen (16. – 20. Jahrhundert).* In: Bündner Monatsblatt – Zeitschrift für bündnerische Geschichte und Landeskunde, Nr. 1, S. 59-72 (Div).

GADIENT, Andreas (1921): *Alpen und Allmenden.* In: Andreas GADIENT: *Das Prätigau (sic!) – ein volkswirtschaftlicher Beitrag.* Geographische Dissertation an der Universität Zürich. Verlag Sprecher, Eggerling & Co., Chur, S. 33-46 (Geo).

GADOLA, Guglielm, red. (1940-41): *Cultura alpestra sursilvana – historia, tradiziun, economia (Alpkultur in der Surselva – Geschichte, Tradition, Wirtschaft).* En: Il Glogn – Calender dil pievel. Annalas per historia, litteratura e cultura romontscha (Glion/Ilanz), annada 14 e 15, 112 + 130 p. (Vol).

GEES, Werner (2015): *Berglandwirtschaft und Alpkultur in Davos Wiesen (GR) – als Landwirtschaft noch Handarbeit war.* Selbstverlag des Autors, Romanshorn, 98 S. (Vol).

GERBER, Jean-David/NAHRATH, Stéphane/CSIKOS, Patrick/KNOEPFEL, Peter (2011): *The role of Swiss civic corporations in landuse planning.* In: Environment and Planning 43, no. 1, p. 185-204 (Div).

GIANZUN, Rodolf Antoni (1929): *Davart Segl e sias alps (Über Sils Maria und seine Alpen).* En: Annalas da la Societad Retorumantscha (Cuera) 43, p. 175-200 (Div).

GIANZUN, Rodolf Antoni (1909): *Davart las alps da Samedan (Über die Alpen von Samedan).* En: Annalas da la Societad Retorumantscha (Cuera) 23, p. 241-268 (Div).

GIANZUN, Rodolf Antoni (1899): *Sü d'alp. Davart il vegl drett dellas alps da Schlarigna (Auf der Alp. Über das alte Recht der Alpen von Celerina).* En: Annalas da la Societad Retorumantscha (Cuera) 13, p. 215-253 (Div).

GIEDION, Andres, Hrsg. (2002): *Die Architektur der Davoser Alphütten. Ernst Ludwig Kirchners ‚Alte Sennhütte' und ihr Vorbild.* Verlag Scheidegger & Spiess, Zürich, 120 S. (Hau).

GIGER, Carli (1955): *Die Vieh- und Weidealpen an der Nordrampe des Lukmaniers – eine kulturgeschichtliche und alpwirtschaftliche Abhandlung.* In: Bündner Monatsblatt – Zeitschrift für Bündner Geschichte und Landeskunde, Nr. 8-9, S. 249-288 (Geo).

GIOVANOLI, Diego (2003): *Alpschermen und Maiensässe in Graubünden. Bäuerliche Bauten, Betriebsstufen und Siedlungsstrukturen ausserhalb der Dörfer von der Frühzeit bis 1960.* Hrsg.: Verein für Bündner Kulturforschung/Kantonale Denkmalpflege Graubünden. Verlag Paul Haupt, Bern, 536 S. mit 547 s/w-Fotos und 380 Zeichnungen. 2., durchgesehene Auflage 2004 (Hau).
Eine einzigartige Dokumentation der Bauformen, Siedlungsstrukturen und Betriebsstufen der Alpwirtschaft, für die im gesamten Alpenraum nichts Vergleichbares existiert.

GIOVANOLI, Diego (1992): *Gli edifici temporanei situati sul territorio del Comune di Cauco.* Edizioni della Pro Grigioni Italiano, Coira, 104 pp. (= Edizioni Quaderni Grigionitaliani) (Hau).

Giovanoli, Diego (1989): *Die Alp Fideriser Duranna.* In: Bündner Monatsblatt – Zeitschrift für Bündner Geschichte und Landeskunde, Heft 3, S. 168-171 (Hau).

Grimm, Paul Eugen (2015): *Das Alpwesen.* In: Paul Eugen Grimm: *Sent. Geographie – Geschichte – Menschen.* Hrsg.: Verein Bündner Dorfchroniken. Verlag Desertina, Glarus/Chur, S. 257-266 (Div).

Gross, Domeni/Bardill, Lilly (2011): *Geschichte der Viehalpen.* In: *Unser kleines Tal – Nossa Valletta, la Val Müstair. Geschichtliches und Erinnerungen aus dem Münstertal.* Hrsg. und Verleger: Lions Club Val Müstair, Puntraschigna, S. 107-140 (Div).

Gross, Domeni (1985): *Alch plüchs our da l'historia da nossas alps e'l palantöz in ed intuorn l'alp (Von der Geschichte unserer Alpen und dem Spuk auf und um die Alpen herum).* En: *Nossa Valletta – la Val Müstair.* Lions Club Val Müstair, Puntra schigna, p. 61-83 (Div).

Guetg, Marco (2016): *Nostalgie verhinderte eine Vision. Zum Wiederaufbau der Wiesner Alp nach der Brandkatastrophe von 2007. Chronologie einer verpassten Chance.* In: Bündner Monatsblatt – Zeitschrift für Bündner Geschichte, Landeskunde und Baukultur, Nr. 2, S. 229-238 (Div).

Guler, Anton (1989): *Das Sertigtal und seine Alpwirtschaft in Geschichte und Sage.* In: Jahresbericht der Walservereinigung Graubünden (Davos/Chur), S. 37-46 (Div).

Gwerder, Urban (1981): *Bräuche im heutigen Bündner Alpwesen.* In: Bündner Monatsblatt - Zeitschrift für Bündner Geschichte und Landeskunde, Nr. 9-10, S. 177-193 (Vol).

Haefner, Harold (1964): *Der Strukturwandel der Alpwirtschaft im Luftbild am Beispiel des Dischmatales.* In: Geographica Helvetica 19, S. 218-228 (Geo).

Haefner, Harold (1963): *Vegetation und Wirtschaft der oberen subalpinen und alpinen Stufe im Luftbild, dargestellt am Beispiel des Dischmatales und weiteren Teilen der Landschaft Davos, Schweiz.* Geographische Dissertation an der Universität Zürich bei Hans Boesch. Selbstverlag der Bundesanstalt für Landeskunde und Raumforschung, Bad Godesberg, 117 S. + 14 Karten (= Landeskundliche Luftbildauswertung im mitteleuropäischen Raum 6) (Geo).

Halter, Toni (1986): *Greina – regord lumnezian/Greina – Lugnezer Erinnerungen.* En: Bryan Cyril Thurston: *Il clom dalla Greina/Greina – wildes Bergland/Greina – terra solitaria/The message of the Greina.* Desertina-Verlag, Disentis, p. 109-121 (Div).

Hansemann, Christian (2001): *Die Alpen.* In: Christian Hansemann: *Conterser Heimatbuch.* Verlag Buchdruckerei Schiers, Schiers, S. 142-163 (Div).

Hartmann, Jürg (1970): *Alpbetrieb.* In: Benjamin Laederer (Hrsg.): *Chur.* Éditions Générales S. A., Benjamin Laederer, Genf, S. 159-169 (= Städte und Landschaften der Schweiz) (Div).

Hartmann, Pol Antoni, Red. (1993): *Die Landwirtschaft.* In: Pol Antoni Hartmann (Red.): *Vaz/Obervaz in Wort und Bild/Codesch da Vaz.* Hrsg. und Verleger: Gemeinde Vaz, Vaz, S. 278-313 (Div).

Hitz, Florian (2002): *Alp – Pass – March. Territorialpolitik zwischen Gemeinde Sent und Kloster Marienberg.* In: Bündner Monatsblatt – Zeitschrift für Bündner Geschichte und Landeskunde, Nr. 5, S. 341-362 (Div).
Sent = Unterengadin, Marienberg = Südtirol, und das Fimbertal als Alpgebiet von Sent jenseits der Wasserscheide in Tirol. Siehe dazu Pappenheim 1948 CH/GR.

Hug, Leonhard (1996): *Nachhaltige Impulse im Alpsennereiwesen durch den Plantahof.* In: *Landwirtschaftsschule Plantahof 1896 – 1996. Jubiläums-Jahresbericht 1994/95 + 1995/96.* Plantahof – Landwirtschaftliche Schule/Scuola agraria/Scola d'agricultura, Landquart, S. 78-84 (Agr).

Hug, Leonhard (1988): *Das Alpenland und seine Alpwirtschaft.* In: Curdin Foppa (Hrsg.): *Landwirtschaft in Graubünden.* Herausgegeben anlässlich der Bündner Landwirtschaftsausstellung AGRAR 1988. Verlag Bischofberger, Chur, S. 88-101 (Agr).

Jäger, Hans Philipp (1975): *Das Safiental. Alpwirtschaft und Entvölkerung.* Geographische Dissertation an der Universität Zürich bei Gerhard Furrer. Junius-Verlag, Zürich, 127 S. (Geo).

Jörger, Johann Josef (1913): *Alpen und Alpwirtschaft.* In: Johann Josef Jörger: *Bei den Walsern des Valsertales.* Schweizerische Gesellschaft für Volkskunde, Basel. 2. Auflage, bearbeitet von Paula Jörger: Basel 1947, S. 77-89 (= Schriften der Schweizerischen Gesellschaft für Volkskunde 10) (Vol).

Joos (1984) (Gemeinde Münster) siehe IT/BZ

Kirchgraber, Richard (1923): *Die Alpweiden/Nutzungsflächen und Nutzungscharakter/Erschliessung der Alpen.* In: Richard Kirchgraber: *Das Gebiet des ehemaligen Hochgerichts Vier Dörfer. Ein Versuch zur Kulturgeographie der Landschaften des Kantons Graubünden.* Mitteilungen der Geographisch-Ethnologischen Gesellschaft Zürich, Zürich, XXII, S. 43-45, 75-78, 155-161 (Geo).

Kocherhans, Yvonne (1994): *Gemeinde Tujetsch – historische Siedlungs- und Nutzungsformen zwischen Dorf und Alp.* In: Bündner Monatsblatt – Zeitschrift für Bündner Geschichte und Landeskunde, Nr. 6, S. 389-408 (Vol).

Landolt, Gabriela (2019): *Swiss alpine pastures as common property. A success story of bottom-up institution-building in Sumvitg, Canton of Grisons, Switzerland.* In: Tobias Haller et al. (ed): *The Commons in a ‚Glocal' World. Global Connections and Local Responses.* Routledge, Abingdon, p. 233-254 (Rec).

Landolt, Gabriela/Haller, Tobias (2015): *Alpine Common Property Institutions under Change – Conditions for Successful and Unsuccessful Collective Action by Alpine Farmers in the Canton of Grisons, Switzerland.* In: Human Organization (Society for Applied Anthropology, USA) 74, no. 1, p. 100-111 (Projekt AlpFUTUR) (Agr).

Lentz, Sebastian (1990): *Die Alpwirtschaft (in der Val Müstair und in der Val Poschiavo).* In: S. Lentz: *Agrargeographie der bündnerischen Südtäler Val Müstair und Val Poschiavo.* Geographisches Institut der Universität Mannheim. Mannheim, S. 226-238 (= Mannheimer Geographische Arbeiten 28) (Geo).

Liver, Peter (1970): *Abhandlungen zur schweizerischen und bündnerischen Rechtsgeschichte.* Calven-Verlag, Chur, 748 S. (Rec).

Livers, Pieder Anton (1936): *Sur dil menaschi en las alps de Breil els anno 1860-70 (Über den Wirtschaftsbetrieb auf den Alpen von Brigels in den Jahren 1860-70).* En: Igl Ischi 25, p. 157-166 (Div).

Lorez, Christian (1943): *Bauernarbeit im Rheinwald. Landwirtschaftliche Methoden und Geräte und ihre Terminologie in der ältesten urkundlich belegten Walserkolonie Bündens.* Schweizerische Gesellschaft für Volkskunde, Basel, 312 S. Neuausgabe: Basel 1986 (= Schriften der Schweizerischen Gesellschaft für Volkskunde 25) (W+S).

Darin Kap. III: Wiesen und Weiden, VI: Viehzucht, VII: Milchwirtschaft, VIII: Alpwirtschaft.

Maissen, Aluis (2000): *Las alps communalas.* En: Aluis Maissen: *Sumvitg – ina presentaziun culturhistorica.* Ediziun dalla Vischnaunca Sumvitg, Sumvitg, p. 29-39.
- Deutsche Ausgabe: Aluis Maissen: *Die Gemeindealpen.* In: Aluis Maissen: *Sumvitg/Somvix – eine kulturhistorische Darstellung.* Hrsg.: Gemeinde Sumvitg. Südostschweiz Print, Chur 2000, S. 29-39 (Div).

Mani, Benedict (1961): *Allmenden und Alpen.* In: Benedict Mani: *Heimatbuch Schams/Cudasch da Schons.* Hrsg. und Verlag: Kulturelle Vereinigung Val Schons, Val Schons, S. 209-231 (Div).

Maron, Fritz (1934): *Alp und Wald.* In: Fritz Maron: *Vom Bergbauerndorf zum Weltkurort – Arosa.* Verlag F. Schuler, Chur, S. 140-148 (Div).

Mathieu, Jon (1992): siehe CH

Mayer, Andrea Corinna/Bebi, Peter (1999): *Alpwirtschaft im Dischmatal, gestern und heute.* In: Davoser Revue 74, Nr. 3, S. 37-43 (Div).

Meng, Johann Ulrich (1963): *Wun und Weid. Die Alpen und deren Nutzung in früherer Zeit/Alpfahrt-Erinnerungen.* In: Johann Ulrich Meng: *Trimmiser Heimatbuch.* Hrsg.: Gemeinde Trimmis. Landquart, S. 160-177, 2. Auflage 1990 (Div).

Messmer, Elisabeth (1975): *Die Alpgenossen.* In: E. Messmer: *Scharans – eine Gemeindestudie aus der Gegenwart.* Volkskundliche Dissertation an der Universität Zürich bei Arnold Niederer. Buchdruckerei Krebs, Basel, S. 37-57 (= Schriften der Schweizerischen Gesellschaft für Volkskunde 59) (Vol).

Middendorf, Heinrich J. (1996): *Der Senn ist der Käser und der Chef.* Verlag Peter Hammer, Wuppertal, 265 S. (Pop).

MOOSBERGER, Heinrich (1891): *Die bündnerische Allmende.* Juristische Dissertation an der Universität Zürich. Buchdruckerei Senti, Chur, 157 S. (Rec).

NIEDERHÄUSER, Andreas (2007): *Alpwirtschaft zwischen Tradition und Wandel. Das Protokollbuch der Alpgenossenschaft Verdus 1880 – 1929 (Safien).* In: Bündner Monatsblatt – Zeitschrift für Bündner Geschichte, Landeskunde und Baukultur, Heft 5, S. 430-450 (Vol).

NIGGLI, Hans (1989): *Bericht über die frühere Bewirtschaftung der Alp Fideriser Duranna.* In: Bündner Monatsblatt – Zeitschrift für Bündner Geschichte und Landeskunde, Heft 3, S. 172-186 (Div).

NIGGLI, Hans (1931): *Rechtsnatur der Nutzungsrechte an Wald und Weide in Graubünden (Schweiz).* Juristische Dissertation an der Universität Erlangen. Druck Bischofberger, Chur, 93 S. (Rec).

OBRECHT, Jakob (1996): *Alpine Wüstungen. Bestandesaufnahme in Vals.* In: Bündner Monatsblatt - Zeitschrift für Bündner Geschichte und Landeskunde, Heft 4, S. 270-298 (Hau).

OSWALD, Mario (1971): *Las alps da Müstair in Val Mora (Die Alpen von Müstair/Münster in der Val Mora).* En: Annalas da la Societad Retorumantscha (Cuera) 84, p. 115-150 (Div).

PAPPENHEIM, Hans Eugen (1948): *Die Bedeutung der Hochweiderechte für die Grenzgestaltung.* In: Bündnerisches Monatsblatt – Zeitschrift für bündnerische Geschichte, Landes- und Volkskunde, Heft 1, S. 17-26 (Div).

Abhängigkeit der heutigen politischen Grenzen von traditionellen Weide- und Alprechten (siehe HITZ 2002 CH/GR). Der Artikel beginnt mit Beispielen aus Graubünden und endet mit grundsätzlichen Überlegungen zu Grenzen in den Alpen und in Europa.

PFISTER, Gallus (1979): *Vuorz – las vias dad alp en nies tschentaner (Waltensburg – die Alpstraßen und ihre Bedeutung in unserem Jahrhundert).* En: Per mintga gi – calender popular per las valladas renanas (Cuera), p. 68-80 (Div).

PLANTA, Andreas Rudolf (1948): *Der Ursprung des Gesetzes über die Bestossung unserer Alpen mit fremdem Schmalvieh vom Jahr 1874.* In: Bündnerisches Monatsblatt – Zeitschrift für bündnerische Geschichte, Landes- und Volkskunde, Heft 3, S. 65-81 (Agr).

Traditionelle Bestoßung vieler Bündner Alpen durch Bergamasker Schafherden.

POLLINI-WIDMER, Rachele (2000): *Alpe Soreda – Lampertschalp. Eine Blenieser Alpsiedlung des Spätmittelalters im Valsertal.* Verlag Bündner Monatsblatt, Chur, 200 S. (= Cultura alpina 4) (Vol).

PRITZI, Albert (1998): *Die privatrechtlichen Korporationen nach dem Recht des Kantons Graubünden, mit besonderer Berücksichtigung des Unterengadins.* Juristische Dissertation an der Universität Zürich, Zürich, 277 S. (Rec).

REGI, Duosch (1988): *Unser Alpsennereiwesen.* In: Curdin FOPPA (Hrsg.): *Landwirtschaft in Graubünden.* Verlag Bischofberger, Chur, S. 102-115 (Agr).

RIEDER, Peter (2009): *Der radikale Wandel auf den Sömmerungsalpen.* In: Peter RIEDER: *Vals. Enges Tal – weite Welt.* Verlag Terra Grischuna, Chur, S. 119-127 (Agr).

RIEDER, Peter (2004): *Prättigauer Alpen – wie lange noch? Alpen-Realität zwischen Nostalgie und den Kräften des Marktes.* In: Peter DONATSCH et al.: *Prättigauer Alpen.* Schiers, S. 123-129 (HE: DONATSCH 2004 CH/GR) (Agr).

RIZZI, Enrico (2013): *Alpeggio e colonizzazione/Elogio dell'alpe e del formaggio engadinese.* In: Enrico RIZZI: *Storia dell'Engiadina.* Fondazione Enrico Monti, Anzola d'Ossola, pp. 63-80 e 261-278 (Div).

ROHNER, Jürg (1972): *Alpwirtschaft.* In: Jürg ROHNER: *Studien zum Wandel von Bevölkerung und Landwirtschaft im Unterengadin.* Hrsg.: Geographisch-ethnologische Gesellschaft Basel. Verlag Helbing & Lichtenhahn, Basel, S. 89-101 (= Basler Beiträge zur Geographie 14) (Geo).

RONER GANZONI, Seraina (2013/14): *Istorgia da las alps in Val S-charl (Geschichte der Alpen des S-charl-Tales).* S.l. (ohne Ort), 35 p. (Div).

Roth, Prisca (2018): *Korporativ denken, genossenschaftlich organisieren, feudal handeln – die Gemeinden und ihre Praktiken im Bergell des 14. bis 16. Jahrhunderts.* Chronos-Verlag, Zürich, 428 S. (Rec).
Wichtig zum Verständnis der heutigen Situation.

Schaad, Giacomo (1936): *Terminologia rurale di Val Bregaglia.* Sprachwissenschaftliche Dissertation an der Universität Bern bei Karl Jaberg. Salvioni Ed., Bellinzona, 169 pp. (W+S).

Schiffer, Antje (1992): *Die Alp Pazzola in der Val Medel. Geschichte, Organisation und Bewirtschaftung einer oberländischen Kuhalp in Graubünden/Schweiz.* Diplomarbeit an der Universität Stuttgart-Hohenheim. Eigenverlag der Autorin, Biberach/Riss, 152 S., 2., verbesserte Auflage 1993 (Agr).

Schmid, Heinrich (1955): *Die Oberengadiner Land- und Alpwirtschaft.* Geographische Dissertation an der Universität Zürich bei Hans Boesch. Verlag P. Keller, Winterthur, 157 S. (= Arbeiten aus dem Geographischen Institut der Universität Zürich 77) (Geo).

Schorta, Andrea (1987): *Istorgia da las alps da Zernez (Geschichte der Alpen von Zernez).* En: Annalas da la Societad Retorumantscha (Cuera) 100, p. 135-244 (Div). Buch-Ausgabe: *Vez l'alp da Grimmels... Istorgia da las alps da Zernez (Geschichte der Alpen von Zernez).* Octopus-Verlag, Cuera 1988, 171 p. (Div).

Schröter, Carl (1895): *Alpbetrieb, Statuten der Alpgenossenschaft Partun in St. Antönien, Graphik über Betrieb der Land- und Alpwirtschaft im Lauf des Jahres.* In: Carl Schröter: *Das St. Antönierthal im Prättigau in seinen wirtschaftlichen und pflanzengeographischen Verhältnissen.* In: Landwirtschaftliches Jahrbuch der Schweiz (Zürich) 9, S. 181-197 (Div).

SchweizAlpkat (1969 + 1973): *Die Land- und Alpwirtschaft im Kanton Graubünden.* Bearbeiter: Andreas Werthemann. Bern, 2 Bände, 256 + 192 S. (= Schweizerischer Alpkataster) (Sta).

SchweizAlpstat (1909): *Die Alpwirtschaft im Kanton Graubünden.* Bearbeiter: Anton Strüby. Solothurn, 384 S. (= Schweizerische Alpstatistik XVIII) (Sta).

Senn, Ulrich (1952): *Die Alpwirtschaft der Landschaft Davos.* Geographische Dissertation an der Universität Zürich. Verlag Bitterli, Zürich, 86 S. (= Arbeiten aus dem Geographischen Institut der Universität Zürich, Serie A, Band 67). Publikation zugleich auch in: Geographica Helvetica 7, S. 265-350 (Geo).

Simmen, Gerhard (1949): *Die Puschlaver Alpwirtschaft.* Geographische Dissertation an der Universität Zürich. Selbstverlag des Autors, Chur, 131 S. (= Arbeiten aus dem Geographischen Institut der Universität Zürich, Serie A, 38).
- Edizione italiana: *L'alpicoltura di Val Poschiavo.* Versione italiano di Riccardo Tognina. Tipografia Menghini, Poschiavo 1952, 139 pp. (Geo).

Simmen, Hans (1989): *Geschichte der Fideriser Alp Duranna.* In: Bündner Monatsblatt – Zeitschrift für Bündner Geschichte und Landeskunde, Heft 3, S. 187-208 (Div).

Solèr, Pia (2011): *Die Weite fühlen. Aufzeichnungen einer Hirtin.* Weissbooks.w Verlag, Frankfurt/M., 130 S. (Pop).

Solèr, Rest Antoni (1928): *Veglias isonzas alpestras en Surselva. I: Avon la cargada, II: Usits duront la cargada e sur stad, III: La scargada (Alte Alpsitten in der Surselva: I: Vor dem Alpaufzug, II: Gebräuche während des Alpaufzugs, III: Alpabzug).* En: Igl Ischi 21, p. 241-264 (Div).

Sonder, Ambros (1943): *Economia d'alp. Usits alpestres an Sur- e Sotses. 1. Impurtanza economica dallas alps, 2. Igl sistem economic alpester, 3. Gioldamaint privat e gioldamaint corporativ d'ena alp, 4. Igl taimp d'alpager, 5. Usits alpesters sacrals, 6. Patrocinis, 7. Oraziungs per la biestga, 8. Conclusiung (Alpwirtschaft. Sitten und Gebräuche in Ober- und Unterhalbstein. 1. Wirtschaftliche Bedeutung der Alpen, 2. Das ökonomische Alpsystem, 3. Private und korporative Nutzung einer Alp, 4. Die Sömmerungszeit, 5. Sakrale Alpsitten, 6. Patrozinien, 7. Gebete für das Vieh, 8. Schluss).* En: Igl noss Sulom – Organ dell'Uniung rumantscha da Surmeir (Riom) 22, p. 20-46 (Div).

Späth, Michaela (1933): *Maiensässe und Alpen.* In: Michaela Späth: *Kulturgeographische Studie über das Lugnezertal.* Geographische Dissertation an der Universität Freiburg im Breisgau. Eigenverlag der Autorin, Konstanz, S. 38-47 (Geo).

Statistica (1865): *Statistica dellas alps d'Engiadin'ota ano 1865 (Statistik der Alpen des Oberengadins im Jahr 1865).* En: Fögl d'Engiadina – organ del public, nr. 9, 04. 03. 1865, supplementum: Doppelseite ohne Paginierung mit Angaben zu 24 Alpen (Sta).

Statistik (1868): *Statistik über die Alpenwirthschaft der Schweiz im Jahr 1864. Teil I: Die Alpen des Kantons Graubünden. Teil II: Besondere Vergleichung mit den Kantonen Glarus und St. Gallen.* In: Bündnerisches Monatsblatt XIX, Heft 6, S. 81-87 und Heft 9, S. 140-143 (Sta).

Stoffel, Johann Rudolf (1938): *Die Alpen und deren Bewirtschaftung.* In: Johann Rudolf Stoffel: *Das Hochtal Avers, Graubünden. Die höchstgelegene Gemeinde Europas.* Zofinger Tagblatt, Zofingen, S. 217-226, [2]1939, [3]1948. Neuausgabe, hrsg. von der Gemeinde Avers, Verlag der Walservereinigung Graubünden, Chur [4]2003, [5]2019, S. 253-264 (Div).

Stupan, Victor (1975): *Las Alps ed oters problems paurils (Die Alpen und andere bäuerliche Probleme).* In: Victor Stupan: *Monografia dal cumün da Sent.* Ediziun da l'autur, Cuoira, p. 51-65. Reediziun: Società d'Ütil Public, Sent 1996 (Div).

Tognina, Riccardo (1967): *Lingua e cultura della valle di Poschiavo. Una terminologia della valle di Poschiavo.* A cura di: Società Svizzera per le Tradizioni Popolari. Verlag Krebs, Basel, 407 pp. (= Scritti della Società Svizzera per le Tradizioni Popolari 47). Seconda edizione a cura di: Società Svizzera per le Tradizioni Popolari e Pro Grigioni Italiano. Tip. Menghini, Poschiavo 1981, 407 pp. (W+S).

Toutsch, Oswald (2016): *L'Alp da Munt.* En: Oswald Toutsch: *Tschierv.* Tschierv, p. 107-118 (Div).

Truog, Jakob Rudolf (1945): *Unsere Alpen.* In: Jakob Rudolf Truog: *Jenazer Heimatbuch.* Buchdruckerei Schiers, Schiers, S. 65-88, [2]1947 (Div).

Tuor, Leo (2016): *Sur digl ir vida nuorsas/Über das Schafhüten.* In: Leo Tuor: *Auf der Suche nach dem verlorenen Schnee. Erzählungen und Essays.* Limmat-Verlag, Zürich, S. 80-124 (Div).

Tuor, Leo (1997): *A mesiras (Milchmesstag).* In: Iso Camartin/ Leo Tuor (Red.): *Giacun H. Muoth – ovras originales 4, commentari 1.* Casa editura Octopus, Cuera, p. 200-226 (Div).

Tuor, Leo (1991): *Dall'alp Carpet da Sumvitg.* 4 artichel/ Artikel en: Gasetta Romontscha (Mustér) (Div):
- *1. Sur dalla situaziun dils feclers ni co ils purs laian ir tut empaglia e co la vischnaunca mantegn (Über die Situation der Hütten oder wie die Bauern alles zugrunde gehen lassen und wie die Gemeinde erhaltet),* 03. 09. 1991, p. 8, culuonna 1-3.
- *2. Il nurser da Carpet reflectescha davart il menaschi d'alp (Reflektionen des Schafhirten von Carpet über den Alpbetrieb),* 17. 09. 1991, p. 8, culuonna 4-5.
- *3. Co ils dad alp han bi tenor quels ch'ein mai stai ad alp (Wie die Älpler es schön haben nach denen, die nie auf der Alp waren),* 11. 10. 1991, p. 8, culuonna 1-3.
- *4. Con remarcabel ch'ils purs nodan las nuorsas (Wie bemerkenswert, dass die Bauern ihre Schafe kennzeichnen),* 19. 11. 1991, p. 9, culuonna 5-6.

Tuor, Leo (1988): *Giacumbert Nau. Cudisch e remarcas da sia veta menada.* Ediziuns Octopus, Cuera, 138 p., [6]2008 (Div).
- Deutsche Ausgabe: *Giacumbert Nau - Hirt auf der Greina. Bemerkungen zu seinem Leben.* Octopus-Verlag, Chur 1994, 144 S., [4]2004. Neuausgabe: Limmat-Verlag, Zürich 2012, 272 S.
- Édition française: *Giacumbert Nau. Récit et notes sur sa vie.* Éditions L'Âge d'Homme, Lausanne 1997, 159 p.
- Edizione italiana: *Giacumbert Nau. Libro e appunti della sua vita vissuta.* Edizione Casagrande, Bellinzona 2008, 132 pp.

Tuor, Leo (1988): *La Greina.* 8 artichel/Artikel in: Gasetta Romontscha (Mustér) (Div):
- *1. Plans, projects e castials ell'aria (Pläne, Projekte und Luftschlösser).* a) *Via e viafier (Strasse und Eisenbahn),* 24. 06. 1988, p. 12, culuonna 1-5; b) *Ils Lags artificials (Stauseen),* 01. 07. 1988, p. 10, culuonna 1-5.
- *2. Cunfins, vischins e carplinas (Grenzen, Nachbarn und Streite),* 12. 07. 1988, p. 5, culuonna 1-3.
- *3. Nursers e cavalès, catschadurs e parlers, maluras e malauras (Schafhirten und Rosshirten, Jäger und Schuster, Unglücke und Unwetter),* 15. 07. 1988, p. 4, culuonna 1-5.
- *4. Turists e schuobs (Touristen und Schwaben),* 29. 07. 1988, p. 3, culuonna 3-5.
- *5. Schefs e feclers (Chefs und Alphütten),* 02. 08. 1988, p. 2,culuonna 4-5.
- *6. Fueras e miardas (Nichtigkeiten und Belanglosigkeiten),* 27. 09. 1988, p. 9, c. 4-5.
- *7. Calgers e nursers (Schuster und Schäfer),* 14. 10. 1988, p. 4, culuonna 3-5.

VENZIN, Gion Antoni (1940): *Las alps de Tujetsch (Die Alpen von Tujetsch).* En: Il Glogn – calender dil pievel. Annalas per historias, litteratura e cultura romontscha (Glion/Ilanz) 14, p. 48-56 (Div).

VINCENZ, Gion Clau (1960): *Bewirtschaftungs- und Ertragsverhältnisse von Bündner Alpen.* Agrarwissenschaftliche Dissertation an der Eidgenössischen Technischen Hochschule Zürich. Verlag P. G. Keller, Winterthur, 113 S. (Agr).

WANNER, Kurt (1990): *Landwirtschaft und Alpwesen – einst und heute.* In: Kurt WANNER: *Sufers – das älteste Dorf im Rheinwald.* Hrsg.: Gemeinde Sufers. Verlag Bündner Monatsblatt, Chur, S. 117-129 (Div).

WEBER, Hermann (1985): *Die Alpwirtschaft.* In: Hermann WEBER: *Avers – aus Geschichte und Leben eines Bündner Hochtals.* Terra Grischuna Buchverlag, Chur, S. 67-84 (Div).

WEISS, Richard (1984): *Alpwirtschaft und Älplerbräuche in einem Bergtal Graubündens.* In: Schweizer Volkskunde 74, S. 81-90 (Vol).

WEISS, Richard (1941): *Das Alpwesen Graubündens. Wirtschaft, Sachkultur, Recht, Älplerschaft, und Älplerleben.* Eugen Rentsch-Verlag, Erlenbach-Zürich, 385 S. + 32 S. Abbildungen. Reprint der Originalausgabe mit einer Einleitung von Jon MATHIEU (S. V – IX), herausgegeben vom Verein für Bündner Kulturforschung; Octopus Verlag, Chur 1992, 430 S. (Vol).

Gliederung: 1. Alpbewirtschaftung und Alpzubehör (Wirtschafts- und Sachkundliches); 2. Alpgenossen und Alpbehörden (Rechtsverhältnisse); 3. Sennen und Hirten (Lebens- und Arbeitsweise).

Diese umfangreichste Darstellung der Alpwirtschaft aus volkskundlicher Sicht, die je vorgelegt wurde (Habilitationsschrift an der Universität Zürich für das Fach Volkskunde), sollte eigentlich einen zweiten Band mit „im engeren Sinne volkskundlichen Kapiteln“ erhalten, der „von Sitte und Brauch und Sage und Volksglauben im Alpwesen Graubündens“ handeln sollte (Vorwort S. 16; siehe dazu GRASS 1962, S. 79 AT/T). Auf Grund des frühen Todes von Weiss ist es dazu nicht mehr gekommen.

WEISS, Richard (1941): *Eigentümlichkeiten im Alpwesen und im Volksleben der bündnerischen Walser.* In: Bündnerisches Monatsblatt – Zeitschrift für bündnerische Geschichte, Landes- und Volkskunde, Heft 1, S. 1-16 (Vol).

WEISS, Richard (1940): *Alp.* In: Institut dal Dicziunari Rumantsch Grischun (Hrsg.): *Dicziunari Rumantsch Grischun.* Cuoira (Chur), Vol. 1, S. 191-201 (Vol).

Text in deutscher Sprache; alle Fachbegriffe auch in den bündnerromanischen Sprachen (und deren Dialekten).

WERTHEMANN, Andreas (1980): *Graubündens Alpwirtschaft im Wandel der letzten 2 – 3 Jahrzehnte.* In: Bündner Wald 33, Nr. 2, S. 83-95 (Agr).

WIRTH, Paul (1951): *Die Wanderschäferei in der Schweiz.* In: Geographica Helvetica 6, S. 233-237 (Geo).

Die traditionelle Alpnutzung in Graubünden durch Bergamasker Schafe (um 1870 etwa 25.000 bis 40.000 Schafe) wurde 1886 durch die eidgenössische Viehseuchenordnung unterbunden.

7.6 CANTONE TICINO (TI)

Per la Svizzera italiana vedere l'introduzione ai Grigioni.

Zur italienischen Schweiz siehe die Einleitung zu Graubünden.

Organizzazioni dell'economia alpestre:
Società Ticinese Economia alpestre (STEA): www.stea.ch

Siti Internet:
www.alleanzapatriziale.ch Alleanza Patriziale ticinese/ALPA (200 patriziati ticinesi), con “Rivista Patriziale Ticinese”.

Statistiche:
SchweizAlpkat 1976
SchweizAlpstat 1911 und 1921
MARIANI 1901

Monografie:
DONATI/GAGGIONI 1983
MOLO 1907

Pubblicazioni:
AAVV. (2019): *Piora – un alpe, una valle, una storia.* Salvioni Edizioni, Bellinzona, 320 pp. (Div).

Bellato, Pamela (2001): *Il Patriziato nel diritto pubblico ticinese.* In: Amministrare – rivista quadrimestrale dell'Istituto per la Scienza dell'Amministrazione pubblica (Bologna) 8, pp. 153-170 (Rec).

Biasca, Luigi (1947): *Raggruppamento terreni, colonizzazione, economia alpestre. Trent'anni di attività professionale 1916 – 1946. Esperimenti e osservazioni.* Tipografia V. Carminati, Locarno, 16 pp. con 30 tavole (Agr).

Bontognali, Roberto/Erroi, Lorenzo/Montagna, Lara (2018): *Volti d'Alpe.* Salvioni Edizioni, Bellinzona, 304 pp. (Pop).
66 incontri con alpeggiani nella Svizzera italiana.

Bontognali, Renato (2015): *Alpeggi del Ticino e del Moesano.* Salvioni Edizioni, Bellinzona, 512 pp. (Pop).
Presentazione di 106 alpeggi nel cantone Ticino e nel Moesano (distretti Calanca, Mesocco, Roveredo in Grigioni).

Brenna, Giuseppe/Martini, Luigi (2011): *Alpi di Val Bavona. Notizie storiche – 156 itinerari per gli alpi.* Salvioni Edizioni/Armando Dadò Editore, Bellinzona/Locarno, 576 pp. Con 26 cartine e 529 fotografie (= Sui sentieri dei padri). Seconda edizione 2020 (Div).

Brenna, Giuseppe (1996): *Cascine.* Salvioni Edizioni, Bellinzona, 190 pp. (Pop).

Canonico, Massimiliano (2009): *Visioni e prospettive per il Patriziato ticinese. Studio strategico.* A cura di: Sezione degli enti locali (SEL) e Alleanza Patriziale ticinese (ALPA). Armando Dadò Editore, Locarno, 664 pp. (Rec).

Caroni, Pio (1974): *L'altra storia del patriziato ottocentesco.* In: Archivio Storico Ticinese n. 57-58, pp. 1-96. Ristampa in: *Documenti della Commissione di studio patriziato ticinese.* Dipartimento dell'Interno del cantone Ticino, Bellinzona 1975, parte prima, 96 pp. (Rec).

Caroni, Pio (1964): *Le origini del dualismo comunale svizzero. Genesi e sviluppo della legislazione sui comuni promulgata dalla Repubblica Elvetica con speciale riguardo allo sviluppo ticinese.* A. Giuffrè editore, Milano, 404 pp. (Rec).

Caroni, Pio (1963): *La scissione fra comune patriziale e comune politico nel Ticino.* In: Archivio Storico Ticinese 15, p. 743-763 (Rec).

Chiesi, Giuseppe (2001): *Aspetti dell'economia alpestre nelle Alpi centrali. La val Bedretto nei secoli tardomedievali.* In: ArgeAlp (a cura di): *Economia alpestre e forme di sfruttamento degli alpeggi.* Bolzano, pp. 91-104 (HE: Arge Alp 2001 AL) (Div).

Colombo, Danilo (1979): *Die Alpwirtschaft im Val Verzasca.* In: Die Alpen – Zeitschrift des Schweizer Alpen-Clubs 55, Heft 3, S. 148-153 (Geo).

Donati, Bruno/Gaggioni, Augusto, a cura di (1983): *Alpigiani, pascoli e mandrie.* Armando Dadò Editore, Locarno, 210 pp. 2. edizione 1984 (Vol).

Donati, Mario (2010): *Vivere la montagna nel solco della tradizione – Alpe Vaccariscio-Mognola.* A cura del Patriziato di Broglio e di Fusio, Broglio/Fusio, 71 pp. (Div).

Dutly Bondietti, Nicoletta/Zanini, Mirko, a cura di (2018): *Gli Alpi di Cranzünell e Cranzünasc.* Fondazione Valle Bavona, Cavergno, 76 pp. (= Quaderni di Val Bavona 1).
- Deutsche Ausgabe: Dutly Bondietti, Nicoletta/Zanini, Mirko, Hrsg. (2018): *Die Alpen Cranzünell und Cranzünasc - Überlebensstrategien.* Stiftung Valle Bavona, Cavergno, 76 S. (Div).

Ferrari, Carlito/Lettieri, Rocco (1995): *Alpeggi e formaggi del Ticino.* Giampiero Casagrande editore, Lugano, 440 pp. (Agr).

Fornera, Fausto (2004): *Losone – patrizi e patriziato nel contesto comunale.* Armando Dadò editore, Locarno, 272 pp. (Rec).

Fransioli, Mario (1994): *Il vicinato di Airolo. Gli ordini del 1788.* Edizioni del Patriziato di Airolo, Airolo, 169 pp. (Rec).

Galli, Antonio (1935): *Economia alpestre.* Grassi ed., Bellinzona, 42 pp. (Agr).

GSCHWEND, Max (1946): *Alp- und Milchwirtschaft.* In: Max GSCHWEND: *Das Val Verzasca (Tessin). Seine Bevölkerung, Wirtschaft und Siedlung.* Dissertation an der Universität Basel. Verlag Sauerländer & Cie., Aarau, S. 129-151 (= Mitteilungen der Geographisch-Ethnologischen Gesellschaft Basel VII).
- Edizione italiana: *La Val Verzasca. I suoi abitanti, l'economia e gli insediamenti (verso il 1940).* Salvioni Ed., Bellinzona 2007, 208 pp., ²2008 (Geo).

GSCHWEND, Max (1946): *Wanderungsprobleme im Val Verzasca/Tessin.* In: Schweizerisches Archiv für Volkskunde 43, S. 49-72 + Beilagekarte (Vol).

GUINDANI, Silvio (1980): *Le dualisme communal dans le canton du Tessin.* In: Annuaire suisse de science politique/Schweizerisches Jahrbuch für Politische Wissenschaften 20, p. 115-133 (Rec).
Comune di Corzoneso (Valle di Blenio).

HILTY, Carl (1867): *Rechtsstreit der Alpgenossenschaften von Agoné, Cavaglia und Campo in Streitsachen gegen die Gemeinde Poschiavo 1854 – 1867.* Chur, 156 S. (Rec).

JUD, Jakob (1935): vedere IT

LETTIERI, Rocco/FERRARI, Carlito/BONTOGNALI, Renato (1997): *Alpi e formaggi delle nostre montagne.* Salvioni arti grafiche edizioni, Bellinzona, 495 pp., 4. edizione 2002 (Pop).
Presentazione delle 130 alpi di formaggio del Canton Ticino + Mesocco + Calanca, tre pagine per alpe.

LORENZETTI, Luigi (2019): *Beni comuni e diritti d'uso nelle terre ticinesi dell'Otto e Novecento – i percorsi carsici della proprietà divisa.* In: Archivio Scialoja-Bolla (Trento) n. 1, p. 77-102 (Rec).

LURATI, Ottavio (1969): *Alpwesen und Alpbewirtschaftung im Tessin mit besonderer Berücksichtigung der genossenschaftlichen Sennereien.* In: László FÖLDES (Hrsg.): *Viehwirtschaft und Hirtenkultur. Ethnographische Studien.* Verlag der Ungarischen Akademie der Wissenschaften, Budapest, S. 756-777 (Vol).

LURATI, Ottavio (1968): *Terminologia e usi pastorizi di val Bedretto.* Schweizerische Gesellschaft für Volkskunde, Basel, 182 S. (= Schriften der Schweizerischen Gesellschaft für Volkskunde 48) (Vol).

MAGGI, Flavio (1997): *Patriziati e patrizi ticinesi.* Pramo Ed., Viganello, 352 pp. (Rec).

MARETTI, Giancarlo (2016): *Alpi e storie di alpi della Valle Morobbia.* Salvioni Edizioni, Bellinzona, 288 pp. (Vol).

MARIANI, Giuseppe (1901): *Statistica generale delle 465 alpi ticinesi.* A cura della Società cantonale d'agricoltura, pubblicato dalla Società svizzera d'economia alpestre. Zepfel'sche Buchdruckerei, Solothurn/Soletta, 35 pp. (Sta).

MARTIGNONI, Angiolo (1917): *Schema storico giuridico del patriziato ticinese.* Juristische Dissertation an der Universität Bern. Grassi & Co., Lugano, 116 pp. (Rec).

MARTINI, Luigi (2003): *La transumanza e l'alpeggio in Valle Bavona.* Fondazione Valle Bavona, Cavergno, 117 pp. (= Collana Basodino 1) (Div).

MATHIEU, Jon (1992): vedere CH

MOLO, Carlo (1907): *Alpicoltura.* Stabilimento Tipo-litografico già Colombi, Bellinzona, 96 pp. (Agr).

MONDADA, Giuseppe (1980): *Pascoli e vigne di Brione s/Minusio.* Armando Dadò Editor, Locarno, 108 pp. (Vol).

PEDRETTI, Celso (1944): *Brevi note per la fabbricazione del formaggio grasso d'alpe.* Dipartimento Agricoltura e Selvicoltura del Cantone Ticino, Bellinzona, 24 pp. (Agr).

PEDROZZI, Martino, a cura di (2020): *Perpetuare architettura. Gli interventi di Martino Pedrozzi sul patrimonio rurale in Valle di Blenio e in Val Malvaglia 1994 – 2017/Perpetuating architecture. Martino Pedrozzi's interventions on the rural heritage in Valle di Blenio e in Val Malvaglia 1994 – 2017.* Con contributi di/with contributions by Sebastiano BRANDOLINI, Thomas KISSLING, Bruno REICHLIN und Günther VOGT. Park Books, Zürich, 112 pp. (Div).
Ricostruzione di Martino Pedrozzi di cascine alpestri rovinate.

REZZONICO, Nino (1970): *La montagna che muore – note di economia alpestre ticinese.* Ed. Adula, Lugano, 106 pp. (Div).

RICHTER, Michael (1979): *Geoökologische Untersuchungen in einem Tessiner Hochgebirgstal, dargestellt am Val Vegorness im Hinblick auf planerische Maßnahmen.* Geographische Dissertation an der Universität Bonn. Ferd. Dümmlers Verlag, Bonn, 209 S. + 7 farbige Beilagekarten (= Bonner Geographische Abhandlungen 63) (Geo).
Die „planerischen Maßnahmen" (S. 159-193) sind ausschließlich der Alpwirtschaft gewidmet.

RICHTER, Michael (1975): *La regressione dell'alpicoltura in Val Verzasca.* In: Archivio Storico Ticinese 61, pp. 3-32 (Geo).

SCHATZMANN, Rudolf (1885): *Rapporto del signor Schatzmann sulla visita da esso praticata alle nostre Alpi.* Tip. Cantonale, Lugano, 10 pp. (Agr).

SCHATZMANN, Rudolf (1875): *L'alpicoltura e l'industria del caseificio nella Svizzera italiana.* Tipografia Colombi, Bellinzona, 13 pp. (Agr).

SCHEUERMEIER, Paul (1956 und 1943): siehe IT

SchweizAlpkat (1976): *Cantone Ticino – catasto della produzione agricola e alpestre.* Redazione: Celso PEDRETTI. Berna, 274 pp. (= Schweizerischer Alpkataster) (Sta).

SchweizAlpstat (1921): *Gli alpi nel cantone ticino. Statistica svizzera dei pascoli alpini (1918-1920).* Compilato da Giuseppe MARIANI. Ed. Arti Grafiche, Lugano, 32 pp., riedizione: Lugano 2001 (= Statistica svizzera dei pascoli alpini XX supplemento) (Sta).

SchweizAlpstat (1911): *Gli Alpi nel Cantone Ticino.* Compilato da Friedrich MERZ. Solothurn/Soletta, 247 pp. (= Statistica svizzera dei pascoli alpini XX) (Sta).

SCOLARI, Giovanna (2003): *Il patriziato ticinese. Identità, pratiche sociali, interventi pubblici.* A cura della Alleanza Patriziale ticinese. Armando Dadò Editore, Locarno, 152 pp. (Rec).

SGANZINI, Silvio (1957): *La voce "Alp" e i suoi derivati nei dialetti della Svizzera italiana.* In: *Vocabolario dei dialetti della Svizzera italiana*, vol 1. Tipografia la commerciale, Lugano, pp. 90-122 (Spr).

SIGNORELLI, Martino (1971): *Alpi di Valmaggia 1871 – 1971.* Società Agricola valmaggese, Campo Vallemaggia, 150 pp. (Agr).

SILVANI-WEIDMANN, Giovanna (2010): *Arnoldo l'alpigiano. Un mito, una leggenda.* A cura della Fondazione Valle Bavona. Armando Dadò Editore, Locarno, 135 pp. (Vol).

SOLARI, Renato (1966): *Vent'anni di miglioramento alpestre nel Cantone Ticino.* Tipografia Fotoprint, Bellinzona, 91 pp. (Agr).

SUTER, Karl (1963): siehe CH/VS

WALTHER, Pierre (1980): *Zur Brachlegung der Monti und Alpen im Verzasca-Tal.* In: Geographica Helvetica 35, Nr. 1, 25-30 (Geo).

ZAPPA, Flavio (2011): *L'alpeggio.* In: Flavio ZAPPA: *Alpigiani, borradori e alpinisti nella Valle del Soladino. Sette secoli di storia.* A cura di: Club Alpino Svizzero, sezione Locarno. Armando Dadò editore, Locarno, 218 pp. (Div).

ZOIS, Giuseppe, a cura di (1994): *Gli alpi del formaggio – Ticino da conoscere.* Ed. Ritter, Lugano, 217 pp. (Pop).

ZOPPI, Giuseppe (1922): *Il libro dell'alpe.* Editrice L'Eroica, Milano, 104 pp. 6. edizione: 1941, 240 pp. Riedizione: Armando Dadò Editore, Locarno 2016, 176 pp. (Pop).

7.7 SUISSE OCCIDENTALE/WESTSCHWEIZ (FR, VD)

Organisations de l'économie alpestre/ Alpwirtschaftliche Organisationen:
FR: *Freiburger Alpwirtschaftlicher Verein/Société fribourgeoise d'économie alpestre*: www.upf-fbv.ch
VD: *Société vaudoise d'économie alpestre*

Sites Internet/Internetseiten:
www.alpagesetchalets.ch Les Chalets alpestres dans le Canton de Fribourg/Alphütten im Kanton Freiburg
www.gruyere.com Fromage Le Gruyère AOP
www.etivaz-aoc.ch Fromage d'alpage L'Etivaz AOC

Statistiques alpestres/Alpstatistiken:
SchweizAlpkat 1973, 1980
SchweizAlpstat 1906, 1908

Monographies/Monographien:

–

Publications/Publikationen:

ANDEREGG, Jean-Pierre (1996): *Die Alphütten des Kantons Freiburg/Les chalets d'alpage du canton du Fribourg.* Kantonaler Kulturgüterdienst, Freiburg/Fribourg, 320 S. (Hau).

BERRET, Fabrice et al. (2003): *Manuel d'économie alpestre et pacagère.* Sous la direction de la Société vaudoise d'économie alpestre. Éd. Service romand de vulgarisation agricole, Lausanne, 210 p. (Agr).

BERTHOUD, Gérald/CRETTAZ, Bernard/PREISWERK, Yvonne (1991): *Races de bétail, modes d'élevage et identités régionales. La Vache – corps, symbole et décor.* Dans: Schweizerisches Archiv für Volkskunde 87, Heft 3-4, S. 187-208 (Vol).

Région Gruyères.

BESSON, Jean-Michel (1980): voir CH/VS

BORCARD, Patrice, sous la direction de (1999): *La civilisation du gruyère.* Société des amis du musée gruérien, Bulle, 152 p. (= Cahiers du Musée Gruérien 2) (Div).

Der Greyerzer Käse (fromage du Gruyère) ist einer der bekanntesten Alpkäse der Alpen.

BUCHS, Denis (2002): *Poyas de la Gruyère.* Dans: L'Alpe (Éditions Glénat, Grenoble) n° 15, p. 80-89 (Vol).

Poyas (Fribourg, Vaud) sind großformatige Gemälde, die sehr detailliert den Alpaufzug darstellen.

BUCHS, Denis, coordination (1992): *Le patrimoine alpestre de la Gruyère.* Comité d'organisation des Journées du patrimoine de la Gruyère/Musée gruérien. Imprimerie Glasson, Bulle, 107 p. (Vol).

BUCHS, Denis (1981): *Les Poyas. Un art populaire vivant.* Catalogue exposition. Musée gruérien, Bulle, 122 p. Réédition: Éditions Ides et Calendes, Neuchâtel 2007, 122 p. (Vol).

CHARDONNENS, Jules (1940): *L'économie alpestre du canton de Fribourg.* Dans: Alpwirtschaftliche Monatsblätter 74, Nr. 11, S. 349-353 und Nr. 12, S. 400-418. Auch als Broschüre: Société suisse d'économie alpestre et société fribourgeoise d'économie alpestre, Fribourg 1941, 23 p. (Agr).

CHARRIÈRE, Michel (1997): *100 ans au service de l'Alpe/ 100 Jahre im Dienst der Alpwirtschaft.* Société Fribourgeoise d'Économie Alpestre, Fribourg, 223 p. (Agr).

CHUARD, Jean-Pierre (1968): *Notes sur la fabrication du fromage de Gruyère.* Dans: Annales fribourgeoises 49, p. 155-164 (Div).

COLLET, Simone/RIBES, Oscar/BOVIER, Edgard (2015): *L'Étivaz – les secrets d'un fromage d'alpage.* Éditions Favre, Lausanne, 152 p. (Pop).

DURUSSEL, Monique/BURGY, Sarah, rédaction (2013): *Patrimoine alpestre.* Pro Fribourg, Fribourg, 64 p. (Div).

FRAGNIÈRE, Etienne (1915): *La poya.* Dans: Annales fribourgeoises 3, n° 4-5, p. 158-172 (Vol).

GLAUSER, Alain (1988): *Frontons et Poyas.* Éditions Ides et Calendes, Neuchâtel, 264 p. (Vol).

GLAUSER, Alain (1974): *Poyas de la Gruyère.* Éditions de Fontainemore, Paudex, 80 p.
- Deutsche Ausgabe: *Poyas aus dem Greyerz.* Éditions Fontainemore, Paudex 1974, 80 S. (Vol).

GREMAUD, Henri (1971): *„Poyas" – les peintures de montée à l'alpage en Gruyère.* Dans: Schweizerisches Archiv für Volkskunde 67, S. 196-200 (Vol).

HENCHOZ, Emile (1961): *Les Alpages du Pays d'Enhaut romand.* Dans: Folklore suisse 51, p. 4-30 (Vol).

HOFMANN, Blaise (2016): *Estive.* Éd. Zoé, Carouge-Genève, 203 p. (= Zoé poche 49) (Pop).

ISABEL, François (1912): *Vieux usages dans les Alpes d'Ollon.* Dans: Schweizerisches Archiv für Volkskunde 16, S. 75-89 (Vol).

KRAEGE, Charles (1981): *Alpages – étude historique, géographique et toponymique de quelques alpages des Alpes Vaudoises.* Éditions de la Section des Diablerets du Club Alpin Suisse, Lausanne, 70 p. (Geo).

Mühlhauser, Pirmin (1954): *Das Alp- und Weidegebiet zwischen der warmen Sense und dem Höllbach.* In: Beiträge zur Heimatkunde des Sensegebietes 25, S. 3-40 (Div).

Pellet-Le Houelleur, Véronique (2014): *Poyas et autres montées à l'alpage.* Éditions La Fontaine de Siloé, Chambéry, 142 p. (Vol).

Philipona, Anne/Coudret, Paul (2015): *La savoureuse histoire du Vacherin fribourgeois.* Société d'histoire du canton de Fribourg, Fribourg, 100 p.
- Deutsche Ausgabe: *Die feine Geschichte des Vacherin fribourgeois.* Fribourg 2015, 100 S. (Div).

Preiswerk, Yvonne (1989): voir CH/VS

Quartier, Claude/Lugrin, Jean (1980): *Le Pays-d'Enhaut. Les fromagers et l'avenir des Alpes.* Éditions 24 Heures, Lausanne, 223 p. (Div).

Raboud-Schüle, Isabelle/Rossier, Serge, éditeurs (2013): *La fête de la Poya – Estavannens 1956 – 2013.* Éditions Alphil/Musée gruérien, Neuchâtel/Bulle, 2 vol., 268 p. (Div).

Raemy, Leo (1977): *Alpwirtschaft im Senseoberland.* In: Beiträge zur Heimatkunde des Sensebezirks 47, S. 167-169 (Div).

Recordon, Édouard (1948): *En Caudon – histoire d'un pâturage.* Impr. Säuberlin & Pfeiffer, Vevey, 32 p. (Div).

Rochat, Jean-Pierre (1986): *Berger sans étoiles.* Éditions d'en bas, Lausanne, 110 p. Réédition: La Chambre d'Échos, Paris, 2006.
- Deutsche Ausgabe: *Hirt ohne Sterne.* Zytglogge-Verlag, Gümligen 1986, 1988², 132 S. (Pop).

Ruffieux, Roland/Bodmer, Walter (1972): *Histoire du gruyère en Gruyère du XVIe au XXe siècle.* Société fromage de Gruyère, Bulle, 364 p. (Div).

Ruffieux, Roland (1968): *L'économie alpestre et le commerce du fromage en Gruyère aux XIXe siècle (de 1817 à 1867).* Dans: Annales fribourgeoises 49, p. 5-153 (Div).

Savary, Pierre/Baraton, Gérard (1988): *Les chemins qui montent – une alpée en Gruyère.* Éditions La Sarine, Fribourg, 99 p. (Pop).

SchweizAlpkat (1980): *Agriculture de montagne et économie alpestre dans le canton de Vaud.* Elaboré par Georges Vagnières. Berne, 319 p. (= Cadastre alpestre suisse) (Sta).

SchweizAlpkat (1973): *Canton de Fribourg – agriculture en zone de montagne et économie alpestre.* Rapporteurs: P. Lindner und Michel Porchet. Berne, 170 p. (= Cadastre alpestre suisse) (Sta).

SchweizAlpstat (1908): *L'économie alpestre dans le canton de Vaud.* Élaboré per Édouard Décombaz. Lausanne, 296 p. (= Statistique des alpages de la Suisse XVII) (Sta).

SchweizAlpstat (1906): *L'économie alpestre du canton de Fribourg.* Élaboré par Bartholomäus Alois Bisig/Alfred Reichlen. Solothurn/Soleure, 206 p. (= Statistique des alpages de la Suisse XVI). Réédition 2018 (Sta).

Stauber, Vera (1986): *Spuren, die ins Freie führen – die Poya-Malerei im Kanton Freiburg/Evasions sur les traces du passé – les Poyas dans le canton de Fribourg.* Milchwirtschaftliches Museum, Kiesen (BE), 40 S. (Vol).

Tanner, René (1988): *Évolution du bétail alpe dans les communes du Canton de Vaud 1980 – 1987.* École Polytecnique Fédérale Zürich, Lausanne, 58 p. (Agr).

7.8 CANTON DU VALAIS/WALLIS (VS)

Organisations de l'économie alpestre/ Alpwirtschaftliche Organisationen:
Société d'économie alpestre du Valais romand
Bauernvereinigung Oberwallis, Alpkommission: www.oberwalliser-bauern.ch/alpwirtschaft

Sites Internet/Internetseiten:
–

Statistiques alpestres/Alpstatistiken:
SchweizAlpkat 1972, 1983
SchweizAlpstat 1900, 1902

Monographies/Monographien:
Antonietti 2006
Loup 1965

Publications/Publikationen:

AlpFUTUR (2013): siehe CH

ALTER, Alain (2006): *Alpwirtschaft im 21. Jahrhundert. Situation, Probleme, Perspektiven.* In: Thomas ANTONIETTI (Hrsg.): *Kein Volk von Hirten. Alpwirtschaft im Wallis.* Baden, S. 87-96 (HE: ANTONIETTI 2006 CH/VS) (Div).

ANDEREGG, Klaus/BELLWALD, Werner/FLÜCKIGER-SEILER, Roland/LORETAN, Hildegard/RAYMOND, Denyse (2011): *Die Bauernhäuser des Kantons Wallis/Les maisons rurales du Valais.* Bd./Vol. 3.1: *Siedlungsformen und -anlagen im Wandel. Die traditionelle Walliser Landwirtschaft und ihre Bauten zwischen Rebberg, Maiensäss und Alp/Les sites et les formes d'habitat au cours du temps. L'agriculture valaisanne et ses bâtiments entre vignes, villages, mayens et alpages.* Rotten-Verlag, Visp, 638 S. (= Die Bauernhäuser der Schweiz) (Hau).

Darin zur Alpwirtschaft und ihren Gebäuden: Kap. 12-25: S. 323-536.

Dedans sur l'économie alpestre et ses bâtiments: Cap. 12-25: p. 323-536.

ANDEREGG, Klaus (1986): *Simplon – Dorf und Pass. Der alte Baubestand.* Gemeinde Simplon, Simplon, 332 S. (Hau).

Darstellung auch der Alpgebäude.

ANTONIETTI, Thomas, Hrsg. (2006): *Kein Volk von Hirten. Alpwirtschaft im Wallis.* Hrsg.: Kantonales Museum für Geschichte und Alpmuseum Riederalp. Verlag Hier & Jetzt, Baden, 225 S. (= Ethnologische Reihe 8) (Div).

Siehe ANTONIETTI CH/VS, IN-ALBON CH/VS, PFAFFEN CH/VS, ALTER CH/VS, FREUND CH/VS.

ANTONIETTI, Thomas (2006): *Alpwirtschaft im Wallis – eine Einführung.* In: Thomas ANTONIETTI (Hrsg.): *Kein Volk von Hirten. Alpwirtschaft im Wallis.* Baden, S. 7-22 (HE: ANTONIETTI 2006 CH/VS) (Div).

ANTONIETTI, Thomas/IN-ALBON, Natascha, Hrsg. (2006): *Quellen zur Alpwirtschaft im Wallis.* In: Thomas ANTONIETTI (Hrsg.): *Kein Volk von Hirten. Alpwirtschaft im Wallis.* Baden, S. 97-126 (HE: ANTONIETTI 2006 CH/VS) (Div).

Textauszüge von STEBLER (1900), STRÜBY (1902), BIELANDER (1939), FRÖDIN (1941), SUTER (1944), LOUP (1965), IMBODEN (1972), WEINBERG (1975), KUONEN (1992), GYR (1994).

ANTONIETTI, Thomas (2006): *Dinge, Häuser, Menschen – die Sachkultur früherer Alpwirtschaft.* In: Thomas ANTONIETTI (Hrsg.): *Kein Volk von Hirten. Alpwirtschaft im Wallis.* Baden, S. 128-172 mit zahlreichen Abbildungen von Gegenständen aus dem Kantonalen Museum für Geschichte in Sitten/Sion und dem Alpmuseum Riederalp (HE: ANTONIETTI 2006 CH/VS) (Vol).

ANTONIETTI, Thomas (2006): *Zur Ästhetik der Eringer Kuh.* In: Thomas ANTONIETTI (Hrsg.): *Kein Volk von Hirten. Alpwirtschaft im Wallis.* Baden, S. 191-220 (HE: ANTONIETTI 2006 CH/VS) (Div).

ANTONIETTI, Thomas (2000): *Einführung 2 – Alpwirtschaft.* In: Thomas ANTONIETTI: *Bauern, Bergführer, Hoteliers. Fremdenverkehr und Bauernkultur. Zermatt und Aletsch 1850 – 1950.* Verlag Hier & Jetzt, Baden, S. 39-48 (Vol).

ARNOLD, Martin (1987): *Die privatrechtlichen Allmendgenossenschaften und ähnliche Körperschaften (Art. 59 Abs. 3 ZGB) nach dem Recht des Bundes und des Kantons Wallis.* Universitätsverlag, Freiburg/Fribourg, 222 S. (Rec).

ARNOLD, Renato/TREYER, Alma/ARNOLD, Martin/GEROLD, Alfons (1999): *600 Jahre Waaldärubäärg (1399 – 1999). Vom Freigericht Wald oder Eggen zur Geteilschaft Eggen-Walderubärg.* Hrsg.: Geteilschaft Eggen-Walderubärg (politische Gemeinde Simplon). Digital-Druck Nanzer, Brig-Glis, 96 S. (Div).

ASPN (2000): *Lieux-dits de nos alpages – Nendaz, Isérables.* Association pour la Sauvegarde du Patrimoine Nendard (ASPN), Nendaz, 199 p. (= Publications ASPM 2) (Spr).

BÄR, Oskar (1969): *Chandolin 1968 – das Verschwinden der Alpwirtschaft aus einem Walliser Dorf.* In: Geographica Helvetica 24, S. 1-7 (Geo).

Bagnes (2003): *De l'inalpe à la désalpe au val de Bagnes. 75 ans de l'alpage de Sery-Laly et Montagne Basse.* Éditions Alpage de Sery-Laly, Bagnes, 135 p. (Div).

BERTHOUD, Gérald (1972): *From Peasantry to Capitalism – the Meaning of Ownership in the Swiss Alps.* In: Anthropological Quaterly (USA) 45, no. 3, p. 177-195 (Vol).

Berthoud, Gérald (1967): *Changements économiques et sociaux de la montagne. Vernamiège en Valais.* Éditions Francke, Berne, 237 p. (= Travaux publiés sous les auspices de la Société suisse des sciences humaines 8) (Vol).

Comprend „Les institutions communautaires" (l'irrigation, l'alpage, la Bourgeoisie) e leur dissolution.

Besson, Jean-Michel (1980): *L'économie alpestre en Suisse romande. Les exemples du Pays d'Enhaut, du Val d'Illiez et de Bagnes.* Dans: Bulletin de la Murithienne 97, p. 71-82 (Div).

Bielander, Josef (1957): *Vom Schneefluchtrecht oder dem „Entwich".* In: Walliser Jahrbuch 25, S. 27-31 (Vol).

Bielander, Josef (1949): *Die Simplon-Bergalp.* In: Walliser Jahrbuch 17, S. 26-34 (Vol).

Bielander, Josef (1944): *Die Bauernzünfte als Dorfrecht.* In: Blätter aus der Walliser Geschichte 5, Band 9, S. 509-588 (Vol).

Bielander, Josef (1939-40): *Die Laxeralp.* In: Schweizerisches Archiv für Volkskunde 37, S. 87-118. Wiederabdruck in: Louis Carlen (Hrsg.): *Josef Bielander - Volkskundliches aus dem Oberwallis. Ausgewählte Aufsätze zur Volkskunde.* Stockalper-Archiv, Brig 1985, S. 49-81 (= Schriften des Stockalper-Archivs in Brig 38) (Vol).

Biermann, Charles (1907): *La Vallée de Conches en Valais. Essai sur la vie dans une haute vallée fermée des Alpes suisses sous l'influence de l'altitude, du climat et du relief.* Impr. F. Rouge & Cie., Lausanne, 151 p. (Geo).

Comprend: III „Organisation de la propriété" et IV „Vie pastorale".

Blötzer, Pius (1964): *Die löbliche Spend von Ferden.* In: Hans Bloetzer (Hrsg.): *Lötschen und sein Prior.* Kommissionsverlag Paul Voirol, Bern, S. 149-180 (Vol).

Bourdin, Alexandre (1947-48): *Les alpages d'Hérémence.* Dans: Bulletin de la Murithienne 65, p. 61-72 (Vol).

Bruttin, Etienne (1931): *Essai sur le Statut juridique des Consortages d'alpages Valaisans.* Rechtswissenschaftliche Dissertation an der Universität Lausanne. Impr. Fiorina & Pettet, Sion, 111 p. (Rec).

Caputa, Jean/Kostuch, R. (1962): *Alp „Frid" im Oberwallis als Beispielbetrieb für moderne Alpwirtschaft.* AGFF, Zürich, 29 S. (= Sonderdruck aus den Alpwirtschaftlichen Monatsblättern 96/1962) (Agr).

Carlen, Louis (1993): *Walliser Rechtsgeschichte. Ausgewählte Aufsätze.* Rottenverlag, Brig, 365 S. (= Veröffentlichungen des Forschungsinstituts zur Geschichte des Alpenraumes 4) (Rec).

Carlen, Louis (1970): *Die Reckinger Aeginenalp. Geschichte – Recht – Wirtschaft – Volkskunde.* Stockalper-Archiv, Brig, 44 S. (= Schriften des Stockalper-Archivs 18) (Rec).

Crettaz, Bernard (1989-90): *La vie traditionelle du Haut Val d'Anniviers dévoilée par les réglements de la société de Zinal.* Dans: Bulletin du Centre Genevois d'Anthropologie 2, p. 97-119 (Vol).

Crettaz, Bernard (1982): *La garde commune des animaux.* Dans: Bernard Crettaz (sous la direction de): *Un village suisse. Le temps, la mémoire, la mort et les dires de Robert Rouvinez – paysan, organiste et conteur à Grimentz.* Éditions Monographic/Éditions d'en bas, Sierre/Lausanne, p. 61-81 (= Collection Mémoire Vivante) (Vol).

Crettaz, Bernard (1979): *Nomades et sédentaires dans le Val d'Anniviers. Communautés et communes dans le Val d'Anniviers.* Éditions Grounauer, Genève, 461 p. (Vol).

Decorzant, Yann/Fellay, Jean-Charles/Rochat, Jean (2019): *S'unir pour survivre – le consortage d'alpage du Scex-Blanc (Bagnes) 1922-1979.* Dans: Luigi Lorenzetti/Yann Decorzant/Anne-Lise Head-König (sous la dircetion de): *Relire l'altitude – la terre et ses usages. Suisse et espaces avoisinants, XIIe – XXIe siècles.* Éditions Alphil – Presses Universitaires Suisses, Neuchâtel, p. 97-119 (Vol).

Dubuis, Bernard/Theler, Luzius (1983): *Combats de reines en Valais/Kuhkämpfe im Wallis.* Éd. Payot, Lausanne, 116 p. (Vol).

Dumont, René (1953): *Le système pastoral domine le val d'Anniviers en Suisse.* Dans: Bulletin de la Murithienne 70, p. 62-76 (Vol).

Egli, Hansruedi (2012): *Traditionelle Siedlungen und Landwirtschaft.* Stiftung UNESCO-Welterbe Schweizer Alpen Jungfrau-Aletsch, Naters, 47 S. (Geo).

FARQUET, Roland (2015): *Notice historique sur l'alpage de Charavex.* Association Patrimoines de Martigny, Martigny, 44 p. (= Patrimoines de Martigny 19) (Div).

FREUND, Henning (2006): *„Faldum ist der Himmel". Bedeutungswandel von Alpgebäuden am Beispiel der Faldumalp im Lötschental.* In: Thomas ANTONIETTI (Hrsg.): *Kein Volk von Hirten. Alpwirtschaft im Wallis.* Baden, S. 173-182 (HE: ANTONIETTI 2006 CH/VS) (Hau).

GABBUD, Maurice (1909): *La vie alpicole des Bagnards.* Dans: Schweizerisches Archiv für Volkskunde 13, S. 46-63 und 105-126 (Vol).

GATTLEN, Anton (2007): *Alpwirtschaft.* In: Anton GATTLEN: *Bürchen. Geschichte des Bircherbergs von der Besiedlung bis Mitte des 20. Jahrhunderts.* Staatsarchiv des Kantons Wallis, Sitten/Sion, S. 183-203 (= Beihefte zum Jahrbuch Vallesia/ Cahiers de Vallesia 16) (Div).

GORSATT, André (2014): *Alpwirtschaft.* In: Gerold KELLER et al.: *Das Binntal – Exkursionen durch die Zeit.* Verlag Hier & Jetzt, Baden, S. 245-259 (Div).

GUTZWILLER, Karl (1947): *Grundherren und Hirten am Simplon und der alte Passverkehr. Bilder aus Siedlungs-, Wirtschafts- und Verkehrsgeschichte.* Buchdruckerei Oberwallis, Naters-Brig, 46 S. (Div).

GYR, Willy (1994): *Le Val d'Anniviers. Vie traditionelle et culture matérielle basées sur le patois de Saint-Luc.* Remanié et édité par Rose Claire SCHÜLE. Francke-Verlag, Basel/Tübingen, 1.035 p. (= Romanica Helevetica 112) (W+S).

74 pages sont dédiées à l`économie alpestre. Les bases sont les séjours sur le terrain de l'auteur dans les années 1940.

Der Alpwirtschaft sind darin 74 Seiten gewidmet. Basis sind die Feldaufenthalte des Autors in den 1940er Jahren.

GYR, Willy (1946): *Die Kuhkämpfe im Val d'Anniviers.* In: Schweizerisches Archiv für Volkskunde 43, S. 176-209 (Vol).

GYR, Willy (1942): *La vie rurale et alpestre du Val d'Anniviers (Valais). Monographie anniviarde basée sur le patois de Saint-Luc.* Dissertation an der Universität Zürich bei Jakob JUD. Winterthur, XLIV+ 51 p. (= Romanica Helvetica 18) (W+S).

IN-ALBON, Natascha (2006): *Wenn Kühe auf Touristen treffen. Alpwirtschaft auf der Riederalp.* In: Thomas ANTONIETTI (Hrsg.): *Kein Volk von Hirten. Alpwirtschaft im Wallis.* Baden, S. 25-60 (HE: ANTONIETTI 2006 CH/VS) (Vol).

IN-ALBON, Natascha (2006): *Von Fussmärschen und Ferienhäuschen. Veränderungen des Mobilitätsbegriffs am Beispiel der Oberwalliser Voralp Finnu (Eggerberg/Visp).* In: Thomas ANTONIETTI (Hrsg.): *Kein Volk von Hirten. Alpwirtschaft im Wallis.* Baden, S. 183-190 (HE: ANTONIETTI 2006 CH/VS) (Vol).

JACKY, Edouard (1943): *L'élevage des espèces bovine, chevalline et mulassière en Valais avec un aperçu sur le régime des alpages.* Éd. Stations Agricoles Cantonales de Châteuneuf, Sion, 599 p. (Agr).

JULEN, Thomas (1978): *Das Burgerrecht im Oberwallis. Vom Mittelalter bis zur Französischen Revolution.* Rechtshistorische Dissertation an der Universität Fribourg/Freiburg bei Louis CARLEN. Buchdruckerei Oberwallis, Naters, 275 S. (Rec).

JUON, Roman (2018): *Die Oberaaralpe der Burgergemeinde Törbel.* In: Walliser Jahrbuch 87, S. 27-35 (Vol).

KÄMPFEN, Othmar (2007): *Die Geteilschaft Simplon Bergalpe.* Hrsg.: Geteilschaft Simplon Bergalpe, Brig. NBV Druck AG, Visp, 88 S. (Rec).

KÄMPFEN, Werner/TORRENTÉ, Bernard de (2002): *Essai sur l'évolution des communes bourgeoisiales valaisannes/Essay über die Entwickung der Walliser Burgergemeinden.* Éd. Par la Fédération des bourgeoisies valaisannes/Hrsg. vom Verband der Walliser Burgergemeinden. Impr. Schmid, Sion/ Sitten, 142 p./150 S. (Rec).

KÄMPFEN, Werner (1965): *Les bourgeoisies du Valais.* Dans: Annales valaisannes 40, tome 13, p. 129-176 (Rec).

KÄMPFEN, Werner (1942): *Ein Burgerrechtsstreit im Wallis – rechtlich und geschichtlich betrachtet. Darstellung eines Burgerrechtshandels aus den Jahren 1871-1889 und Untersuchungen über das Walliser Geteilschafts-, Burgerschafts- und Gemeindewesen.* Juristische Dissertation an der Universität Bern. Grütli-Buchdruckerei, Zürich, 279 S. (Rec).

Kezich, Giovanni/Viazzo, Pier Paolo, a cura di (1998): *Equilibri sulle Alpi – saggi in onore di Robert McC. Netting.* Atti di SPEA (Seminario Permanente di Etnografia Alpina) n. 3. Museo degli Usi e Costumi della Gente Trentina, San Michele all'Adige, 325 pp. (= SM – Annali di San Michele 11) (Vol).
Vedi Netting 1981 CH/VS, con bibliografia di Robert McC. Netting (S. 319-325).
Siehe Netting 1981 CH/VS, mit Bibliographie von Robert McC. Netting (S. 319-325).

Kuonen, Théodore (1992): *Les pâturages de la région de Sion du Moyen Age à nos jours.* Dans: Vallesia 47, p. 63-229 (Div).

Ladner, Pascal/Treyer, Alma, Hrsg. (1993): *Das Simplon Bergalpbuch. Edition der Texte von der Mitte des 17. Jahrhunderts bis 1951.* In: Blätter aus der Walliser Geschichte XXV, S. 9-189 (Div).

Lamon, Joseph, sous la direction de (2014): *Récits, contes et légendes des la Montagne et de l'Alpage.* Éditions à la Carte, Sierre, 182 p. (= Contes et légendes) (Pop).

Lamon, Joseph (1996): *Histoire d'un alpage valaisan. Herr de Lens.* Éditions à la Carte, Sierre, 120 p., 2. édition 2007 (Div).

Lencewicz, Stanislas (1916): *La transhumance dans le Val de Réchy.* Dans: Bulletin de la Société neuchâteloise de Géographie 25, p. 106-121 (Geo).

Lobsiger-Dellenbach, Marguerite (1949): *La „désalpe" des moutons au Lötschental, jeudi 22 et vendredi 23 septembre 1949.* Dans: Folklore suisse 39, p. 1-9 (Vol).

Loup, Jean (1965): *Pasteurs et agriculteurs valaisans. Contribution à l'étude des problèmes montagnards.* Imprimerie Allier, Grenoble, 680 p. avec 22 cartes, 64 tableaux, 21 figures et 10 tableaux statistiques généraux (Geo).

Loup, Jean (1959): *La modernisation de l'industrie laitière dans le val d'Anniviers. La Laiterie centrale d'Anniviers à Vissoie.* Dans: Revue de Géographie alpine 47, n° 1, p. 79-86 (Geo).

Luchsinger, Christoph (1915): *Bei den welschen Sennen.* In: Schweizerisches Archiv für Volkskunde 19, S. 97-108 und 167-178 (Vol).

Macherel, Claude (1992): *La Spend de Ferden (Lötschental) – un pacte en acte.* Dans: Schweizerisches Archiv für Volkskunde 88, S. 161-174 (Vol).

McGuire, Randall/Netting, Robert McC. (1982): *Leveling peasants? The maintenance of equality in a Swiss Alpine community.* In: American Ethnologist 9, p. 269-290 (Vol).

Maître, Blaise (2006): *Un siècle de combats de reines.* Éditions à la Carte, Sierre, 298 p., 2. édition 2018 (Vol).

Mathieu, Jon (1992): siehe CH

Mettler, Daniel/Hilfiker, Daniela (2017): *„Change-Management" am Beispiel der Schafsömmerung und der Rückkehr des Wolfes.* In: Agrarforschung Schweiz 8, Nr. 10, S. 388-395 (Agr).

Meyer, Leo (1923): *Das Turtmanntal. Eine kulturgeschichtliche Studie.* In: Jahrbuch des Schweizer Alpenclubs 58, S. 279-323 (Geo).

Michelet, Pierre (1934): *Vie alpicole à Tortin (Vallée de Nendaz).* Dans: Cahiers Valaisans de folklore (Sierre) 27, p. 1-27 (Vol).

Monnier, Léon (1982): *Les hauts pâturages de l'été – L'alpage de La Lée sur Zinal.* Éditions Monographic, Sierre, 174 p. (= Collection Mémoire Vivante) (Vol).

Mouthon, Fabrice (2000): voir FR

Naef, Franziska (1985): *Rechtsgeschichte der Alpen im Goms und in Östlich Raron.* Juristische Dissertation an der Universität Fribourg bei Louis Carlen. Buchdruck Mengis, Visp, 124 S. (Rec).

Netting, Robert McC. (1981): *Balancing of an Alp. Ecological change and continuity in a Swiss mountain community.* Cambridge University Press, Cambridge (Mass.), 278 p.
- Edizione italiana: *In equilibrio sopra un'alpe. Continuità e mutamento nell'ecologia di una comunità alpina nel Vallese.* A cura del Museo degli Usi e Costumi della Gente Trentina, San Michele all'Adige. Ed. Carocci, Roma 1996, pp. 349 (= La nuova Italia Scientifica) (Vol).

Gemeinde Törbel, Bezirk Visp, Oberwallis. Vedere/Siehe Kezich/Viazzo 1998 CH/VS con bibliografia di/mit Bibliographie von Netting.

NETTING, Robert McC. (1976): *What Alpine Peasants have in Common – observations on Communal Tenure in a Swiss Village.* In: Human Ecology 4, p. 135-146 (Vol).

NETTING, Robert McC. (1972): *Of Men and Meadows. Strategies of Alpine Land Use.* In: Anthropological Quarterly 45, no. 3, p. 132-144 (Vol).

NIEDERER, Arnold, Hrsg. (1992): *Die Osterspend von Ferden und andere Spendbräuche im Wallis/La distribution pascale de Ferden et autres distributions en Valais.* Begleitpublikation zur gleichnamigen Ausstellung im Lötschentaler Museum, Kippel (VS), 47 S. (Vol).

NIEDERER, Arnold (1956): *Gemeinwerk im Wallis. Bäuerliche Gemeinschaftsarbeit in Vergangenheit und Gegenwart.* Gesellschaft für Volkskunde, Basel, 91 S. (= Schriften der Schweizerischen Gesellschaft für Volkskunde 37). 2., unveränderte Auflage 1965. Wiederabdruck in: Klaus ANDEREGG/Werner BÄTZING (Hrsg.): *Arnold Niederer – Alpine Alltagskultur zwischen Beharrung und Wandel. Ausgewählte Arbeiten aus den Jahren 1956 bis 1991.* Verlag Paul Haupt, Bern/Stuttgart/Wien 1993, S. 19-88. Zweite, durchgesehene Auflage: 1996 (Vol).

Diese Dissertation im Fach Volkskunde stellt die wohl umfangreichste Analyse der Gemeinschaftsarbeit im gesamten Alpenraum dar. Die gemeinschaftlichen Arbeiten im Rahmen der Alpwirtschaft besitzen dabei einen wichtigen Stellenwert.

NOTI, Stanislaus/Willisch, Paul (2001): *Zur Alpengeschichte von Stalden. Beiträge zu den Alpen Mattwald, Balfrin und der Burgeralpe Pontimia bis zum Ende des 19. Jahrhunderts.* Gemeinde Stalden, Stalden, 64 S. (Div).

PERRENOUD, Arlette (1992): *Paroles de Bergers – Alpages et Mayens du Val de Bagnes.* Éditions Passé-Présent, Genève, 293 p. (= Collecion Paroles Données) (Vol).

PFAFFEN, Edwin (2006): *Oberwalliser Alpwirtschaft im Wandel. Veränderungen bei drei Kuhalpen im Verlauf des 20. Jahrhunderts.* In: Thomas ANTONIETTI (Hrsg.): *Kein Volk von Hirten. Alpwirtschaft im Wallis.* Baden, S. 61-76 (HE: ANTONIETTI 2006 CH/VS) (Div).

PONT, André (1984): *Le parcours Sierre - Zinal dans l'économie alpestre d'autrefois.* Dans: Jean-Claude PONT (sous la direction de): *Sierre – Zinal. La course de cinq 4000.* Éd. Monographic, Sierre, p. 193-203 (Div).

PREISWERK, Yvonne (1989-90): *Essai pour une anthropologie de l'élevage dans l'espace alpin – le Valais et la Gruyère.* Dans: Archives suisses d'Anthropologie Générale – Bulletin du Centre genevois d'Anthropolgie n° 2, p. 79-95 (Vol).

PREISWERK, Yvonne/CRETTAZ, Bernard, sous la direction de (1986): *Le Pays où les vaches sont reines.* Éditions Monographic, Sierre, 495 p. (= Collection Mémoire vivante).
- Deutsche Ausgabe: *Das Land, wo die Kühe Königinnen sind.* Rotten-Verlag, Visp 1992, 336 S. (Vol).

RÜBEL, Hans Ulrich (1950): *Viehzucht im Oberwallis. Sachkunde, Terminologie, Sprachgeographie.* Verlag Huber, Frauenfeld, 178 S. (Beiträge zur schweizerdeutschen Mundartforschung 2) (W+S).

RUFF, Franziska (2018): *Die Burgergemeinden des Kantons Wallis.* Juristische Dissertation an der Universität Zürich. Schulthess-Verlag, Zürich, 219 S. (= Zürcher Studien zum öffentlichen Recht 261) (Rec).

SCHMID, Albert (1975): *Geschichte der Alpen und Wälder auf Tunetsch.* Selbstverlag des Autors, Mörel, 99 S. (Div).

SCHMIDHALTER, Pius (2004): *Eine uralte Burgeralpe der Simpiler – D'Stelli.* Selbstverlag des Autors, Termen, 112 S. (Div).

SCHNYDER, Judith et al. (2004): *Spezifische Nutzungsformen der Berg- und Alpwirtschaft im Weltnaturerbe-Gebiet Jungfrau – Aletsch – Bietschhorn. Eine kommentierte Literaturliste zur Unterstützung des Managementplans.* Interfakultäre Koordinationsstelle für Allgemeine Ökologie (IKAÖ) an der Universität Bern, Bern, 48 S. (Div).

SCHUPPISSER, Thomas/GANZ, Michael T. (2010): *Embrüf, embri – die Heimkehr der Schafe.* Verlag Hier & Jetzt, Baden, 142 S. (Pop).

Alpwirtschaft am Aletschgletscher – Belalp.

SchweizAlpkat (1972): *Die Land- und Alpwirtschaft im Oberwallis.* Bearbeiter: Adrian Imboden. Bern, 259 S. (= Schweizerischer Alpkataster) (Sta).

SchweizAlpkat (1983): *Agriculture et économie alpestre dans le Valais romand.* Élaboré par Michel Porchet. Berne, 287 p. (= Cadastre alpestre suisse) (Sta).

SchweizAlpstat (1902): *L'économie alpestre du Bas-Valais.* Élaboré per Anton Strüby/Otto de Chastonay. Soleure/Solothurn, 291 p. (= Statistique suisse des alpages XII) (Sta).

SchweizAlpstat (1900): *Die Alpwirtschaft im Ober-Wallis.* Bearbeitet von Anton Strüby. Solothurn, 243 S. (= Schweizerische Alpstatistik X) (Sta).

SEAVR (2004): *De mon temps à l'alpage.* Sous la direction de la Société d'économie alpestre valais roman/SEAVR. Éditions á la carte, Sierre, 88 p. (Agr).

Seewer, Arnold (1955): *Walliser Besitzungen in der Gemeinde Gsteig.* In: *Beiträge zur Heimatkunde der Landschaft Saanen. Festgabe auf den 400. Gedenktag der Vereinigung der Landschaft Saanen mit Bern.* Hrsg.: Gemeinden Saanen, Gsteig und Lauenen. Buchdruckerei Müller, Gstaad, S. 234-252 (Div).

Die Bauern der Walliser Gemeinde Savièse besitzen umfangreiche Vorweiden und Alpweiden in der Berner Gemeinde Gsteig, für deren Nutzung sie den Sanetsch-Pass (2.252 m) überqueren müssen.

Siegen, Johann (1948): *Osterspenden im Wallis.* In: Schweizerische Volkskunde 38, S. 18-23 (Vol).

Siegen, Josef (2006): *Das Alprecht (Almrecht) im Lötschental und im Sarntal. Ein Vergleich.* In: Louis Carlen (Hrsg.): Forschungen zur Rechtsarchäologie und rechtlichen Volkskunde 23, S. 81-109 (Rec).

Siegen, Josef (1994): *Volkskundliche Aspekte der Alpwirtschaft im Lötschental zu Beginn des 20. Jahrhunderts, aufgezeigt am Beispiel der Gletscheralpe.* In: Blätter aus der Walliser Geschichte XXVI, S. 83-117 (Vol).

Stebler, Friedrich Gottlieb (1901-21): *Monographien aus den Schweizeralpen:*
- *Die Vispertäler Sonnnenberge.* Verlag Stämpfli, Bern 1921, 146 S. (Vol).
- *Sonnige Halden am Lötschberg.* Aschmann & Scheller, Zürich 1913, 118 S. (Vol).
- *Am Lötschberg. Land und Volk von Lötschen.* Albert Müller, Zürich 1907, 130 S. (Vol).
- *Das Goms und die Gomser.* Verlag Amberger, Zürich 1903, 112 S. (Vol).
- *Ob den Heidenreben (Visperterminen).* Aschmann & Scheller, Zürich, 1901, 112 S. (Vol).

Alle fünf Monographien erschienen auch als Beilage zum Jahrbuch des Schweizer Alpenclubs und wurden von der Neuen Buchdruckerei in Visp im Jahr 1981 nachgedruckt. Weitere Nachdrucke 2018.

Der Autor war lange Zeit ein wichtiger Vertreter der Schweizer Agrarwissenschaften (siehe Stebler 1903 AL). Ab 1901 konzentrierte er sich auf volkskundliche Studien im Wallis, und in diesen spielt die Alpwirtschaft stets eine wichtige Rolle.

Suter, Karl (1963): *Der Zerfall des alpinen Nomadismus im Wallis und Tessin (Schweiz).* In: Mitteilungen der Österreichischen Geographischen Gesellschaft 105, S. 180-186 (Geo).

Suter, Karl (1948): *Le Val d'Entremont – étude sur sa vie économique.* Dans: Bulletin de la Société neuchâteloise de Géographie LV, fasc. 2, p. 13-38 (Geo).

Suter, Karl (1945): *Val Ferret – ein volkskundlicher Beitrag zur Alpwirtschaft des Unterwallis.* In: Schweizerisches Archiv für Volkskunde 42, S. 26-38 (Geo).

Suter, Karl (1944): *L'économie alpestre au Val de Bagnes (Valais). Essai géographique.* Habilitationsschrift an der Universität Zürich. In: Bulletin de la Murithienne LXI, p. 15-137 (Geo).

Suter, Karl (1943): *Die jährlichen Wanderungen von Mensch und Tier im Val de Bagnes.* In: Mitteilungen der Geographisch-Ethnographischen Gesellschaft Zürich 41, S. 94-120 (Geo).

Suter, Karl (1943): *Jüngste alpwirtschaftliche Entwicklungen im Val de Bagnes.* In: Die Alpen - Zeitschrift des Schweizer Alpenclub 19, S. 109-117 (Geo).

Vannotti, Françoise, rédaction (2000): *La Bourgeoisie de Sion des origines à l'an 2000.* Sous la direction de la Bourgeoisie de Sion. Impr. Schimd, Sion, 143 p. (Rec).

Volken, Thomas/Kissling-Näf, Ingrid/Zimmermann, Willi (2002): *Die Nutzung von Alpweiden im Wandel. Fallstudie Brischern.* Eidgenössische Technische Hochschule Zürich, Zürich, 82 S. (Agr).

Weinberg, Daniela (1976): *Bands and clans. Political functions of voluntary associations in the Swiss Alps.* In: American Ethnologist 3, p. 175-189 (Vol).

Weinberg, Daniela (1975): *Peasant wisdom. Cultural adaptation in a Swiss village.* University of California Press, Berkeley, 214 p. (Vol).
„Swiss village" = hameau Bruson dans le commune de Bagnes.

Werlen, Iwar (2011): *Die Alpennamen des Oberwallis.* In: *Els noms en la vida quotidiana.* Actes del XXIV Congrès Internacional d'ICOS sobre Ciències Onomàstiques. Annex. Secció 6 (Barcelona), S. 1462-1471 (= Biblioteca Tècnica de Política Lingüística 11) (Spr).
Grundlage: Oberwalliser Namenbuch.

Wiegandt, Ellen (2001): *Un cadre institutionnel pour habiter la montagne – le rôle des droits de propriété dans la gestion des ressources en Valais.* Dans: Le Globe – revue genevoise de géographie 141, p. 73-88 (Vol).

Wiegandt, Ellen (1977): *Communalism and conflict in the Swiss Alps.* University of Michigan Press, Ann Arbor, 582 p. (Vol).
Commune de Mase (dès 2011 parte de la commune neuve de Mont-Noble).

Wuilloud, Henry (1912): *Les alpages de la vallée de Nendaz et du district d'Hérens.* Imprimerie F. Aymon, Sion, 78 p. (Agr).

Wuilloud, Henry (1912): *Les alpages de la rive droite du Rhône de Sion à Saint-Maurice.* Impr. F. Aymon, Sion, 40 p. (Agr).

Wuilloud, Henry (1910): *Les alpages de L'entremont et du Val Ferrex.* Impr. F. Aymon, Sion, 62 p. (Agr).

Wuilloud, Henry/Gendre, Francis de (1909): *Rapport présenté au Département de l'Intérieur du Canton du Valais sur les inspections d'alpages faites durant l'été 1908.* Sion, 97 p. (Agr).

Zermatten, Maurice (1934): *Au Val d'Hérens. Contes, us et coutumes de l'alpage de Loveignoz – maléficies et sorcelleries dans le Val d'Hérens.* Dans: Cahiers valaisans sde folklore (Sierre) 26, p. 1-30. Réédition 1966 (Vol).

Zufferey, Marc (1963): *Économie alpestre.* École cantonale d'agriculture de Châteauneuf, Châteauneuf, 19 p. (Agr).

8. SLOVENSKE ALPE (SI)

Slovenske Alpe so do leta 1918 pripadale Habsburški monarhiji (od leta 1867 avstrijskemu delu Avstro-Ogrske ali Cislajtaniji), na zahodu (predvsem dolina Soče) pa je tudi pozneje prišlo do pomembnih ozemeljskih sprememb (italijanska okupacija od leta 1920 do sredine stoletja).

Zaradi svoje majhnosti slovenske Alpe niso dodatno razdeljene. Tudi v upravi današnje Slovenije ni regij med ravnijo občin in države.

Die slowenischen Alpen gehörten bis 1918 zur Habsburgermonarchie (seit 1867 zum österreichischen Teil der Doppelmonarchie oder zu Cisleithanien), und im Westen (Soča- oder Isonzo-Tal) gab es auch danach noch relevante Gebietsveränderungen (italienische Besetzung von 1920 bis zur Jahrhundertmitte).

Die slowenischen Alpen werden wegen ihrer geringen Größe nicht weiter unterteilt; allerdings gibt es im heutigen Slowenien auch keine amtliche Untergliederung zwischen der Gemeinde- und der Staatsebene.

The Slovenian alps were part of the Habsburg Empire until 1918 (from 1867 they belonged to the austrian part of the Empire, known as "Cisleithanien"). In the western part of the Slovenian alps (the Soča or Isonzo valley) relevant changes of territory subsequently took place (the italian occupation from 1920 until the mid-20th century).

Because of their limited size, however, the Slovenian alps were not further subdivided; moreover, in the presentday country of Slovenia there is no official subdivision between the level of the local communities and the state.

Panšarske organizacije v Alpah:
–

Spletne strani:
–

Statistike alpskih pašnikov:
Schlamberger 1995
Detaillierte statistische Angaben (mit kartographischen Darstellungen auf Alm-Ebene) finden sich u.a. bei Jordan 1945, Melik 1950 und Vojvoda 1969.

Monografije:
Cevc 1972
Cevc 1995
Melik 1950
Vojvoda 1969

Objave:
Beuermann, Arnold (1967): *Fernweidewirtschaft in Südosteuropa. Ein Beitrag zur Kulturgeographie des östlichen Mittelmeergebietes.* Verlag Westermann, Braunschweig, 232 S. (Geo).

Bezovšek, Franc/Ribič, Vida/Moličnik, Sonja (2008): *Pašniška zadruga Gornji Grad: 1908–2008 (Grazing cooperative Gornji Grad: 1908-2008)*. Pašna skupnost Gospodnje – Globače, Gornji grad, 146 str. (Pop).

Bizjak, Janez (2007): *Wandel der Kulturlandschaft und der Sennhütten auf den Almen der Julischen Alpen.* In: *Bergwelt im Wandel. Festschrift Erika Hubatschek zum 90. Geburtstag.* Klagenfurt, S. 166-172 (HE: Merlin/Hellebart/Machatschek 2007 AT) (Hau).

Cevc, Tone (1999): *The architectural origin of two types of herdmen's huts from Slovenian Alpine pastures.*

In: László Bartosiewicz/Haskel J. Greenfield (eds.): *Transhumant pastoralism in southern Europe. Recent perspectives from archaeology, history and ethnology.* Budapest, p. 69-78 (HE: Bartosiewicz/Greenfield 1999 AL) (Hau).

Cevc, Tone (1998): *Odprto ognjišče v planšarski koči na prehodnem alpsko-panonskem ozemlju (The open fireplaces of shepherds' huts in the transitional area between the Alps and the pannonian plain).* In: Etnolog - Nova vrsta (Bulletin of the Slovene Ethnographic Museum - New Series) 8, str. 105-116, with a summary in English (Hau).

Cevc, Tone (1997): *Die Volkskultur in den slowenischen Alpen.* In: Thomas Busset/Jon Mathieu/Darja Mihelič (Redaktion): *Les Alpes de Slovénie/Die Alpen Sloweniens.* Chronos Verlag, Zürich, S. 91-114 (= Histoire des Alpes/Storia delle Alpi/Geschichte der Alpen 2) (Vol).

Das Almbrauchtum wird darin explizit dargestellt.

Cevc, Tone (1996): *Nova spoznanja o planšarstvu na Veliki Planini v Kamniških Alpah (New findings on Alpine Dairy-farming on velika Planina in the Kamnik Alps).* In: Traditiones 25, str. 69-77, with a summary in English (Vol).

Cevc, Tone, Hrsg. (1995): *Planšarske stavbe v Vzhodnih Alpah: Stavbna tipologija in varovanje stavbne dediščine: Zbornik/ Die Sennhütten in den Ostalpen: Die Bautypologie und der Schutz der Sennhütten: Sammelband.* Znanstvenoraziskovalni center SAZU, Ljubljana, 216 S., papers in Slovene with summaries in German, in German and Italian with summaries in Slovene (Vol).

Opis tipologije vzhodnoalpske planinske arhitekture, vzročna raziskava vplivov na nastanek in razvoj različnih gradbenih tipov. Obravnava tudi varstvo in vzdrževanje ohranjenih planinskih objektov in situ ali v okviru regionalnih ali državnih zaščitenih območij. 1. splošni del, 2. tipologija gradenj, 3. spomeniško varstvo.

Die Beschreibung der Typologie der Almarchitektur in den Ostalpen und Ursachenforschung über Einflüsse auf die Entstehung und Entwicklung verschiedener Bautypen. Schutz und Erhaltung überlieferter Almbauten an Ort und Stelle oder im Rahmen von regionalen bzw. nationalen Schutzgebieten werden auch behandelt. 1: Allgemeiner Teil. 2: Die Bautypologie. 3: Denkmalschutz.

Cevc, Tone (1992): *Bohinj in njegove planine: Srečanja s planšarsko kulturo.* Didakta, Radovljica, 152 str.

- Deutsche Ausgabe: Cevc, Tone: *Bohinj und seine Almen: Begegnung mit der Almwirtschaft und Almkultur in Slowenien.* Hrsg.: Institut für slowenische Volkskunde. Didakta-Verlag, Radovljica 1994, 152 S. (Vol).

Cevc, Tone (1992): *Bohinjski nadstropni stan v luči strukturne analize (Die Stockhütte von Bohinj im Lichte der Strukturanalyse).* In: Traditiones 21, str. 7-16, with translation in German (Hau).

Cevc, Tone (1992): *La cultura della malga nel parco nazionale sloveno del Triglav.* In: SM – Annali di San Michele (Museo degli Usi e Costumi della Gente Trentina, San Michele all'Adige) 5, pp. 127-132 (Vol).

Cevc, Tone (1989): *Domneve o stavbnem izvoru dveh tipov planšarskih koč na planinah v Sloveniji (The supposed origin of various types of herdsmen huts in Slovene alpine pastures).* In: Traditiones 18, str. 125-130, with a summary in English (Hau).

Cevc, Tone (1984). *Arhitekturno izročilo pastirjev, drvarjev in oglarjev na Slovenskem: Kulturnozgodovinski in etnološki oris (Die bauliche Überlieferung der Hirten, Holzfäller und Kohlbrenner in Slowenien).* Državna založba Slovenije, Ljubljana, 314 str. (Hau).

Cevc, Tone (1982): *Občasna naselja na Slovenskem (Temporäre Siedlungen in Slowenien).* In: Traditiones 7-9, str. 93-126, with a summary in German (Vol).

Cevc, Tone (1982): *Hirtenbauten in den slowenischen Alpen und im Karstgebiet.* In: Acta Ethnographica (Academia Scientiarium Hungaricae) 31, n. 1-4, str. 59-77 (Vol).

Cevc, Tone (1979): *Vpliv zemljišča in družbeno-zgodovinskih razmer na življenje pastirjev v naravnih zavetiščih na planinah v Kamniških Alpah (The impact of land and socio-historical conditions on the lives of shepherds in natural shelters in the mountain pastures of the Kamnik Alps).* In: Slovenski etnograf (Bulletin of the Slovene Ethnographic Museum) 47, str. 93-122 (Vol).

CEVC, Tone (1972): *Velika planina: Življenje, delo in izročilo pastirjev (Velika Planina: Leben, Arbeit und Überlieferung der Sennen)*. Državna založba Slovenije, Ljubljana, 95 str. (Vol).

CEVC, Tone (1972): *Die Sennhütten auf Pfosten in den Julischen Alpen und ihre Bedeutung für die europäische Bauforschung*. In: Robert WILDHABER (Hrsg.): Alpes orientales 6, Acta sexti conventus de ethnographia Alpium Orientalium tractantis, Tusciae (Helvetia) ab 25. ad 28. V. 1970. Verlag R. Trofenik, München, S. 25-43 (Hau).

CEVC, Tone (1969): *Vorgeschichtliche Deutung der Sennhutte in den Kamniker Alpen*. In: Milko MATIČETOV/Niko KURET (Hrsg.): Alpes Orientales 5. Slovenska akademija znanosti in umetnosti, Ljubljana, S. 125-138 (= Dela 24/Inštitut za slovensko narodopisje/Institutum ethnographiae Slovenorum 10) (Vol).

CEVC, Tone (1967): *Nastanek in razvoj pastirskega stanu na Veliki planini nad Kamnikom (Origin and development of a herder's hut on Velika planina above Kamnik)*. In: Kamniški zbornik (Journal of Kamnik) 11, str. 47-86 (Hau).

CUMIN, Gustavo (1929): *Le casere del gruppo del Monte Nero di Caporetto*. In: Alpi Giulie 30, pp. 69-82 (Hau).

ČERČEK, Edvard (1948/1949): *Planine v južnih Kamniških Alpah (La vie pastorale dans les Alpes de Kamnik)*. In: Geografski vestnik (Bulletin de la Société de géographie de Ljubljana) 20/21, str. 37-85, with summaries in Russian and French (Geo).

DEDIJER, Jevto (1916): *La transhumance dans les pays dinariques*. In: Annales de Géographie 137, p. 347-365 (Geo).

1: La transhumance de la zone adriatique; 2: La zone dinarique moyenne; 3: La transhumance de la zone pannonienne.

To besedilo je navedeno, ker prispeva vpogled v transhumanco Alpam bližnjega Dinarskega gorstva.

Dieser Text wird hier aufgeführt, weil er es ermöglicht, die Transhumanz der Dinarischen Gebirge in den Kontext Europas und der Alpen zu stellen.

DELLMANN, Nicolai/HASSLER, Markus (2017): *Wertketten in der Milchwirtschaft – die Ausdifferenzierung der Vertriebswege kleiner Käsereien in Slowenien*. In: Mitteilungen der Österreichischen Geographischen Gesellschaft 159, S. 243-263 (Geo).

DEU, Živa (2020): *Tipologija bohinjskih planin ter usmeritve za vzdrževanje in obnovo planšarskih objektov (Typology of traditional temporary mountain settlements in Bohinj and guidelines for building maintenance and restoration)*. Javni zavod Triglavski narodni park & Šola prenove, Bled, 182 str. (Hau).

FAJGELJ, Vlado (1953): *Planine v vzhodnem delu Savinjskih Alp (Les alpages de la partie orientale des Alpes de Savinja)*. In: Geografski vestnik (Bulletin de la Société de géographie de Ljubljana) 25, str. 123-166, with a summary in French (Geo).

FÖLDES, László, Hrsg. (1969): *Viehwirtschaft und Hirtenkultur. Ethnographische Studien*. Akadémiai Kiadó, Budapest, 903 S. (Vol).

Schwerpunkt Südosteuropa. Siehe NOVAK 1969 SI.

FRÖDIN, John (1941): *Die Alp- und Sennwirtschaft in den Ostalpen*. In: John FRÖDIN: *Zentraleuropas Alpwirtschaft*. Oslo, Bd. 2, S. 401-579 (HE: FRÖDIN 1940-41 AL) (Geo).

FURRER, Benno (2002): *Neue Ideen für ein altes Gewerbe. Aspekte der Modernisierung in der Alpwirtschaft der Schweiz und Sloweniens 1850 – 1920*. In: Traditiones – Acta Instituti ethnographiae slovenorum (Ljubljana) 31, Nr. 1, S. 55-68 (Vol).

GREGO, Marko/MLINAR, Miha (2019): *Od planine do Planike: Vodnik po razstavi v Mlekarni Planika Kobarid/Dalla malga alla Planika: Guida alla mostra nel Caseificio Planika Kobarid*. Tolminski muzej, Tolmin, 64 str. (Pop).

HRVATIN, Mauro/PERKO, Drago (2008): *Landscape characteristics of common land in Slovenia*. In: Acta geographica Slovenica 48, n. 1, p. 7-32 (Geo).

HUDEJ, Anton/HRIBERNIK, Franc (1954): *O pastirstvu na radegundski planini (Das Hirtenwesen auf der Radegunda-Alm)*. In: Slovenski etnograf (Bulletin of the Slovene Ethnographic Museum) 6-7, str. 103-116, with a summary in German (Div).

ILEŠIČ, Svetozar (1960): *Še o „planini" in „gori" (Again on "planina" and "gora")*. In: Planinski vestnik (Mountaineering gazette) 60, n. 3, str. 105-111 (Spr).

JORDAN, Bogdan (1945): *Planine v Karavankah (La vie pastorale dans les Karavankes)*. In: Geografski vestnik (Bulletin de la Société de géographie de Ljubljana) 17, n. 1-4, str. 49-104, with a summary in French (Geo).

KAČIČNIK GABRIČ, Alenka (2014): *"To smemo že tako dolgo": Kmečke služnosti in njihova odprava ("We have been able to do that for such a long time": peasant easement and its abolishment)*. Inštitut za novejšo zgodovino, Ljubljana, 446 str. (= Recognitiones 22) (Rec).

KAJZELJ, Miroslav (2011): *Bovško: Od doline do planine: Oris tradiconalnega gospodarjenja (Bovec Country: From Valley to the Alpine Pasture: An Outline of Traditional Farming Economy)*. Debora, Ljubljana, 371 str., with a summary in English (Pop).

KLADNIK, Drago (2001): *Planinsko pašništvo (Alpine farming)*. In: AA.VV. (eds.): National Atlas of Slovenia, Institute for Geography, Ljubljana, p. 140 (Geo).

Ta zemljevid prikazuje aktivne in opuščene planine v slovenskih Alpah v poznih devtedesetih letih.

Auf dieser Karte sind die bewirtschafteten und aufgelassenen Almen in den Alpen Sloweniens in den späten 1990er Jahren dargestellt.

KLEMENČIČ, Vladimir (1964): *Die geographischen Probleme der Almwirtschaft in Jugoslawien*. In: Wolfgang HARTKE/Karl RUPPERT (Hrsg.): *Almgeographie*. Wiesbaden, S. 43-55 (HE: HARTKE/RUPPERT 1964 AL) (Geo).

KOBAYASHI, Shigeru (1974): *La vie pastorale en Yugoslavie*. In: Japanese Journal of Human Geography 26, n° 1, p. 1-30 (Geo).

Les Balkans sont appelés „le musée de l'élevage".

Balkan imenuje „živinorejski muzej".

KOREN, Davorin/BIZJAK, Janez (2006): *Mlečne planine v Zgornjem Posočju: O življenju in gospodarjenju na planinah s predelavo mleka (Dairy pastures in the Upper Soča Valley: Life and management of dairy alps)*. Triglavski narodni park, Bled, 76 str. (= Razprave in raziskave: Strokovna knjižnica Triglavskega narodnega parka/Papers and investigations: Scientific library of the Triglav National Park 13) (Agr).

KOZOROG, Edo (1993-1994): *Dolinske planine nad Zadnjo Trento (Dolina alps above the Zadnja Trenta valley)*. In: Goriški letnik (Miscellany of the Regional Museum Goriški muzej) 20-21, str. 133-143 (Div).

KRIŽNAR, Naško (1984): *Mera kot osrednji dogodek poselitve planine za Skalo (Measurement as the central event of the Skala alpine pasture)*. In: Srečanja (Encounters) 7, n. 39-40, str. 41-47 (Vol).

KRIŽNAR, Naško (1974): *Planinsko naselje v porečju zgornje Soče: Prispevek k zgodovini in tipologiji (The alpine temporary settlement in the river basin of the Upper Soča: Contribution to history and typology)*. In: Goriški letnik (Miscellany of the Regional Museum Goriški muzej) 1, n. 1, str. 68-97 (Vol).

LEDINEK LOZEJ, Špela/ROŠKAR, Saša (2018): *Alps of the Julian Alps*. In: Milojica JAČIMOVIČ (ed.): *Održivi razvoj planinskih područja - iskustva, izazovi i perspektive (Sustainable development of mountain areas - experiences, challenges and perspectives)*. Crnogorska akademija nauka i umjetnosti, Podgorica, p. 121-140 (= Naučni skupovi/Conferences 148; Odjeljenje prirodnih nauka/Section of natural sciences 20) (Vol).

LEDINEK LOZEJ, Špela/ROŠKAR, Saša (2018): *Planine v Julijskih Alpah pred sodobnimi izzivi: Primera planin pod Montažem in v Bohinju (Mountain pastures in the julian Alps faced with contemporary Challenges: Examples of the Alps below Montasio and in Bohinj)*. In: AA.VV (uredniki): Etnologija i selo 21. stoljeća: 14. slovensko-hrvaške etnološke vzporednice/14. hrvatsko-slovenske etnološke paralele. Hrvatsko etnološko društvo, Zagreb; Slovensko etnološko društvo, Ljubljana, str. 189-209 (Vol).

LEDINEK LOZEJ, Špela (2016): *Dairying in the mountain pastures in the Julian Alps: Heritages, utopias and realities*. In: Studia ethnologica Croatica 28, p. 91-111 (Vol).

LEDINEK LOZEJ, Špela (2013): *Dairying in the Alpine pastures in Slovenia*. In: *Traditional food in the Central Europe*. Institute of Ethnology of the Academy of Sciences of the Czech Republic, Prague, p. 65-80 (Vol).

LEDINEK LOZEJ, Špela (2013): *Paša in predelava mleka v planinah Triglavskega narodnega parka: Kulturna dediščina in aktualna vprašanja (Grazing and Dairying in the Mountain Pastures of Triglav National Park: Cultural Heritage And Current Questions)*. In: Traditiones 42, n. 2, str. 49-68. Reprint in: Jurij FIKFAK/Tatiana BAJUK SENČAR/Dan PODJED (uredniki): Triglavski narodni park: Akterji, dediščine (Triglav National Park: Actors, Heritages) (Vol).

LEDINEK LOZEJ, Špela (2012): *Planšarstvo [Elektronski vir]: Predstavitev primera paše in predelave mleka v visokogorski bohinjski planini Krstenica (Alpine farming: An example of pasture and dairying in the Krstenica alp in Bohinj)*. In: Tita PORENTA/Mojca TERCELJ OTOREPEC (urednici): Gorenjska [online publication]: Strokovni posvet Etnologija in slovenske pokrajine (Symposium Ethnology and Slovene regions), Slovensko etnološko društvo, Ljubljana, str. 109-12 (Vol).

LEDINEK LOZEJ, Špela (2002): *Pričevanja o nekdanji ureditvi in življenju v planini Krstenica (Testimonies of Past Life on the Krstenica Dairy Mountain)*. In: Traditiones 31, n. 1, str. 69-90, with a summary in English (Vol).

LOŽAR, Rajko (1944): *Planšarstvo in pastirstvo (Alpine farming)*. In: Rajko LOŽAR (urednik): Narodopisje Slovencev (Slovenian ethnology) 1. Klas, Ljubljana, str. 155-179 (Vol).

LUKAN KLAVŽER, Tea, urednica (2006): *Spreminjanje kulturne krajine in stavbne dediščine v Triglavskem narodnem parku zaradi opuščanja kmetijske dejavnosti (The cultural landscape and architectural heritage changes in the Triglav National Park due to the abandonment of agricultural activity)*. Triglavski narodni park, Bled, 80 str. (= Razprave in raziskave: Strokovna knjižnica Triglavskega narodnega parka 13) (Hau).

MARSANO, Matteo (1932): *I pascoli alpini dell'alto e medio Isonzo*. Cattedra Ambulante d'Agricultura per la Provincia di Gorizia (a cura di). Tip. L. Lucchesi, Gorizia, 47 pp. (Agr).

MATIČETOV, Milko (1972): *Elementi di cultura pastorale nei racconti del popolo sloveno*. In: Robert WILDHABER (Hrsg.): Alpes orientales 6, Acta sexti conventus de ethnographia alpium orientalium tractantis, Tusciae (Helvetia) ab 25. ad 28. V. 1970. Verlag R. Trofenik, München, pp. 87-93 (Vol).

MELIK, Anton (1950): *Planine v Julijskih Alpah (L'économie pastorale dans les Alpes Juliennes)*. Slovenska akademija znanosti in umetnosti, Ljubljana, 301 str. (= Dela. Razred za prirodoslovne in medicinske vede/Opera. Class for Natural Sciences and Medicine 1), with a summary in French (Geo).
Zelo podrobna predstavitev s številnimi tabelami in zemljevidi.
Sehr detaillierte Darstellung mit zahlreichen Tabellen und Karten.

MIHELIČ, Darja (1997): *Wirtschaftsgeschichte der slowenischen Alpen*. In: Thomas BUSSET/Jon MATHIEU/Darja MIHELIČ (Redaktion): *Les Alpes de Slovénie/Die Alpen Slowenien*. Chronos Verlag, Zürich, S. 73-90 (= Histoire des Alpes/Storia delle Alpi/Geschichte der Alpen 2) (Div).
Die Situation der Almwirtschaft wird darin explizit thematisiert.

MOODIE, Arthur E. (1955): *The Upper Soča valley*. Birkbeck College, London. In: Geographical studies 2, no. 2, p. 63-110 (Geo).

NOVAK, Anka (1992). *Planšarske zgradbe v bohinjskih gorah (Herdsmen's huts in the Bohinj mountains)*. In: Varstvo spomenikov (Journal for the Protection of Monuments) 34, str. 132-149, with a summary in English (Hau).

NOVAK, Anka (1989): *Življenje in delo planšarjev v Bohinjskih gorah (The life and work of herders in the mountains of Bohinj)*. In: Glasnik Slovenskega etnološkega društva (Bulletin of the Slovene Ethnological Society) 29, str. 121-152, with a summary in English (Vol).

NOVAK, Anka (1987): *Planinsko sirarstvo (Alpine dairying)*. In: Jože DEŽMAN (urednik): Bohinjski zbornik (Bohinj's miscellany). Skupščina občine, Radovljica, str. 73–84 (Vol).

NOVAK, Anka (1968): *Planšarstvo v Bohinju (Alpine farming in Bohinj)*. In: Snovanja (Formations) 2, n. 2, str. 13-20 (Vol).

NOVAK, Nace (1991): *Šestdeset let bajtarstva na Veliki planini (Sixty years of cottage renting on the Velika planina)*. N. Novak, Vrhpolje, 59 str. (Pop).

Novak, Vilko (1975): *Aus der Geschichte des Alpwesens in der Brixner Grundherrschaft in Slowenien.* In: Ioannis (= Johannes) Griessmair (redigit): *Vita pastoralis Alpium Orientalium.* Trofenik-Verlag, München, S. 1-10 (= Alpes Orientales VII – acta septimi conventus de ethnographia Alpium orientalis tractantis Brixiae) (Vol).

Novak, Vilko (1970): *Živinoreja (Die Viehzucht).* In: AA.VV. (uredniki): *Gospodarska in družbena zgodovina Slovencev: Zgodovina agrarnih panog. I. zvezek: Agrarno gospodarstvo (Wirtschafts- und Sozialgeschichte der Slowenen: nach Wirtschaftszweigen enzyklopädisch behandelt: Geschichte der Land- und Forstwirtschaft. I. Band: Die Agrarwirtschaft).* Slovenska akademija znanosti in umetnosti, Inštitut za zgodovino, Sekcija za občo in narodno zgodovino & Državna založba Slovenije, Ljubljana, str. 343-394, with a summary in German (II. zvezek/II. Band, 1980, str. 582-591) (Div).

Novak, Vilko (1969): *La cultura pastorale – legame tra le nazioni mitteleuropee.* In: *Mito e realtà della Mitteleuropa – Mitteleuropa oggi.* Atti e documentazione sul quarto convegno mitteleuropeo a Gorizia. A cura del Istituto per gli Incontri Culturali Mitteleuropei. Tip. Sociale, Gorizia, pp. 179-185 (= Studi Mitteleuropei) (Vol).

Novak, Vilko (1969): *Über die Milchwirtschaft bei den Völkern Jugoslawiens.* In: László Földes (Hrsg.): *Viehwirtschaft und Hirtenkultur. Ethnographische Studien.* Akadémiai Kiadó, Budapest, S. 547-602 (Vol).

Novak, Vilko (1961): *Übersicht über Viehhaltungsformen und Alpwesen in Slowenien.* In: László Földes (redigit): *Viehzucht und Hirtenleben in Ostmitteleuropa. Ethnographische Studien.* Verlag der Ungarischen Akademie der Wissenschaften, Budapest, S. 647-662 (Vol).

Novak, Vilko (1961): *Die Stellung des Alpwesens in Slowenien zwischen dem germanischen und romanischen Raume.* In: Hanns Koren/Leopold Kretzenbacher (Hrsg.): *Volkskunde im Ostalpenraum.* Vorträge auf der II. Internationalen Arbeitstagung der Freien Arbeitsgemeinschaft für Ostalpenvolkskunde in Graz. Selbstverlag des Steirischen Volkskundemuseums, Graz, S. 123-134 (= Alpes Orientales II) (Vol).

Novak, Vilko (1955): *Odkup in ureditev služnostnih pašnih pravic v Bohinju (Slovenija) (Ablösung und Regulierung der Servitutsrechte im Bohinj (Slowenien)).* In: Zbornik filozofske fakultete (Journal of the Faculty of Arts) 2, Ljubljana, str. 257-315 (Rec).

Novak, Vilko (1943): *Ovčarstvo pod Stolom in v Planici (Sheep breeding below Mount Stol and in Planica).* In: Etnolog (Bulletin of the Slovene Ethnographic Museum) 15, str. 89-95 (Vol).

Paletto, Alessandro (2014): *Agrarian commons in Slovenia. Evoluzione di un'antica forma di gestione delle risorse naturali.* In: Archivio Scialoja-Bolla (Trento) n. 1, pp. 205-216 (Rec).

Petek, Franci (2005): *Spremembe rabe tal v slovenskem alpskem svetu (Land use changes in Slovenian Alpine regions).* Geografski inštitut Antona Melika ZRC SAZU, Ljubljana, 216 str. (= Geografija Slovenije 11), with an abstract in English (Geo).

Petek, Franci/Urbanc, Mimi (2007): *Skupna zemljišča v Sloveniji (Common land in Slovenia).* In: Geografski vestnik (Geographical Bulletin) 79, n. 2, str. 41-62 (Geo).

Pirc, Alfonz (1956): *Planinsko gazdovanje (planšarstvo) u Sloveniji (Alpine farming in Slovenia).* In: Orestije Krstić (urednik): *Problemi planinske privrede FNRJ: Materijali sa prvog savetovanja na Pokljuki (Les problemes d'economie montagnarde en Yougoslavie).* Savez poljoprivredno - šumarskih komora FNRJ, Beograd, str. 18-35 (Div).

Pirc, Alfonz (1954): *Gospodarski pojem planine v Sloveniji (La notion économique de l'alpe en Slovénie).* In: Geografski vestnik (Bulletin de la Société de géographie de Ljubljana) 26, str. 89-112, with a summary in French (Div).

Plemelj, Maja (1986): *Analiza razvojnih možnosti za planinsko pašništvo in počitniška bivališča na Pokljuki (The analysis of development possibilities in Alpine farming and second home development on Pokljuka).* In: Geografski vestnik (Bulletin of the Geographical society of Slovenia) 58, str. 55-66, with a summary in English (Geo).

Prešeren, Miha (1955): *Živinoreja in planšarstvo v kamniški komuni (Animal husbandry and alp economy in the region of Kamnik)*. In: Kamniški zbornik (Journal of Kamnik) 1, str. 221-231 (Agr).

Rifel, Vilko (2010): *Velika planina v odsevu časa (Brief insights into the history of Velika planina)*. Studio Dataprint, Kamnik, 256 str., with a summary in English (Pop).

Ruppert, Karl (1969): *Probleme der Almwirtschaft in den slowenischen Alpen. Alpine Agrarlandschaft im Wandel der Sozialstruktur.* In: *Almgeographische Studien in den slowenischen Alpen*. Verlag Michael Lassleben, Kallmünz/Regensburg, S. 53-55 (= Münchner Studien zur Sozial- und Wirtschaftsgeographie 5) (Geo).

Schlamberger, Vlado, urednik (1995): *Planine in skupni pašniki v Sloveniji (Almen und Gemeinschaftsweiden in Slowenien)*. Ministrstvo za kmetijstvo, gozdarstvo in prehrano, Uprava Republike Slovenije za pospeševanje kmetijstva, Ljubljana, 60 str. (Sta).

Senegačnik, Jurij (1999): *The contemporary pasture economy in the Slovenian Alps.* In: László Bartosiewicz/Haskel J. Greenfield (editors): *Transhumant Pastoralism in Southern Europe.* Budapest, p. 231-238 (HE: Bartosiewicz/Greenfield 1999 AL) (Geo).

Senegačnik, Jurij (1989): *Novejši razvoj planinskega gospodarstva v slovenskih Alpah (The contemporary pastures economy in the Slovenian Alps)*. In: Traditiones 18, str. 131-136, with a summary in English (Geo).

Senegačnik, Jurij (1986): *Planinsko gospodarstvo naših Alp v luči dosedanjih etnoloških in geografskih raziskav (Alp Economy of Slovenian Alps from the Aspects of Ethnological and Geographical Research up to Present)*. In: Dela 3: O razmerju med geografijo in etnologijo (About the Relationship Between Geography and Ethnology). Oddelek za geografijo, Znanstveni inštitut Filozofske fakultete, Ljubljana, str. 99-107 (Bib).

Komentirana kronološka predstavitev etnoloških, zgodovinskih, geografskih in agronomskih publikacij o planinskem gospodarstvu v slovenskih Alpah.

Eine kommentierte chronologische Darstellung der ethnologischen, historischen, geographischen und agrarwissenschaftlichen Publikationen zur Almwirtschaft in Slowenien.

An annotated and chronological representation of the ethnological, historical, geographical and agricultural publications of alpine pasture farming in Slovenia.

Senegačnik, Jurij (1984): *Veränderungen der slowenischen Almwirtschaft im letzten Jahrzehnt.* In: *Raumstrukturen der randalpinen Bereiche Bayerns und Sloweniens*. Verlag Michael Lassleben, Kallmünz/Regensburg, S. 77-86 (= Südosteuropa-Studien 36 und Münchner Studien zur Sozial- und Wirtschaftsgeographie 27) (Geo).

Smerdel, Inja (1999): *The three "sheepmasters". Transhumance in Pivka (Slovenia) from the middle of the 19th to the middle of the 20th century.* In: László Bartosiewicz/Haskel J. Greenfield (editors): *Transhumant Pastoralism in Southern Europe.* Budapest, p. 197-212 (HE: Bartociewicz/Greenfield 1999 AL) (Vol).

Spiller-Muys, Fran, urednik (1926): *Planinski in sorodni agrarni zakoni in uredbe: Vzorci upravnih pravil za srenje (soseske) in planšarskega reda za planine (Alpine pasture and related agrarian laws and regulations: Samples of administrative rules for neighborhoods and alpine pasture regulations)*. Kmetijska tiskovna zadruga, Ljubljana, 87 str. (Div).

Spiller-Muys, Fran, urednik (1926): *Planšarstvo in kmetijstvo na naših planinah (Alpine farming in our alps)*. Kmetijsko tiskovna zadruga, Ljubljana, 443 str. (Agr).

Ščukovt, Andrejka (2015): *Varstvo kulturne dediščine in njena raba na primeru pašnih planin v Zgornjem Posočju (The protection of cultural heritage and its use in the case of the mountain pastures in Upper Posočje)*. In: Dušan STRGAR (urednik): Zbornik V. simpozija etnologov konservatorjev Slovenije in Hrvaške. Zavod za varstvo kulturne dediščine Slovenije, Območna enota Novo mesto, Novo mesto, str. 77-87, with a summary in English (Vol).

Trientl, Adolf (1872): *Zboljšanje gospodarstva na planinah (Die Verbesserung der Alpen-Wirthschaft)*. C. kr. kmetijska družba kranjska, Ljubljana, 51 str. (Agr).

Slovenian translation of the German edition (Trientl 1870 AT).

Tuma, Henrik (1923): *Naše planine (Our alps)*. In: Jadranski almanah (Adriatic almanac) 1924, str. 76-94 (Div).

VALENČIČ, Vlado (1990): *Začetki organizacije našega mlekarstva (The beginnings of the dairying organization)*. In: Kronika: Časopis za slovensko krajevno zgodovino (Chronicle: Journal for Slovene local history) 38, n. 1-2, str. 30-43 (Agr).

VOJVODA, Metod/SENEGAČNIK, Jurij (1984): *Problems of Alpine economy in the Slovene Alps*. In: Geographica Iugoslavica 5 (Bulletin of the Union of the Geographical Societies of Yugoslavia), p. 57-63 (Geo).

VOJVODA, Metod/TONČIČ, Ludvik (1978): *Wandlungen der Almwirtschaft in den Slowenischen Alpen im letzten Jahrzehnt*. In: Geographica Slovenica 8, S. 165-171 (Geo).

VOJVODA, Metod/TONČIČ, Ludvik (1975): *Preobrazba gorskega sezonsko pastirsko poseljenega področja Slovenije (Transformation of the mountain area of Slovenia seasonally inhabited by herders)*. RSS, Ljubljana, 76 str. (Geo).

VOJVODA, Metod (1969): *Almgeographische Studien in den slowenischen Alpen*. In: *Almgeographische Studien in den slowenischen Alpen*. Verlag Michael Lassleben, Kallmünz/Regensburg, S. 9-50 mit drei Beilagekarten (= Münchner Studien zur Sozial- und Wirtschaftsgeographie 5) (Geo).

Zelo podrobna predstavitev s številnimi tabelami in zemljevidi.
Sehr detaillierte Darstellung mit zahlreichen Tabellen und Karten.
Kratka različica z zemljevidi:/
Kurzfassungassung mit Karten:
VOJVODA, Metod (1970): Najnovejše spremembe v planinskem gos podarstvu slovenskih Alp (Recent changes in the Alpine pasturage economy of the Slovene Alpine regions). In: Geografski vestnik (Bulletin de la Société de géographie de Ljubljana) 42, str. 61-67, with a summary in English.

WILHELM, Gustav (1871): *Planšarstvo: po dor: Wilhelmovi nemški knjigi poslovenjeno*. C. kr. kmetijska družba Goriška, Gorica, 43 str. (Agr).

Slovenian edition of the German publication (WILHELM 1868 AT).

ŽAGAR, Vojko (2017): *Tolminsko sirarstvo: Tisočletna kultura (Tolmin dairying: A thousand years of culture)*. Samozaložba, Tolmin, 268 str. (Pop).

REGISTER/INDICE/REGISTRE/SEZNAM/INDEX

1. PERSONENREGISTER/INDICE ANAGRAFICO/ REGISTRE DES PERSONNES/SEZNAM OSEB/ INDEX OF PERSONS

Das Personenregister verfolgt zwei Ziele:
a) Die Publikationen von Personen, von denen lediglich der Name, nicht aber die Region, zu der sie publiziert haben, bekannt ist, können hiermit leicht aufgefunden werden;
b) Wenn man wissen will, ob ein bestimmter Autor zu einer anderen Region weitere Texte veröffentlicht hat, kann man dies hier leicht feststellen.

Zu diesem Zweck werden alle Autoren (Erst-, Zweit-, Drittautoren), Herausgeber und Bearbeiter in alphabetischer Reihenfolge (die slowenischen Buchstaben Č, Š, Ž stehen jeweils am Ende der Buchstaben C, S, Z) mit Namen, Vornamen, Jahreszahl der Publikation und geographischer Einheit, in der die Publikation eingeordnet ist, aufgeführt. Wenn ein Autor innerhalb einer geographischen Einheit mehrere Publikationen veröffentlicht hat, wird lediglich das Jahr der ersten und der letzten Publikation genannt (z.B. Penz, Hugo 1991–2013 AT/T). Bei Zweit- und Drittautoren und bei Herausgebern wird auf den Erstautor verwiesen, unter dessen Namen die jeweilige Publikation verzeichnet ist (z.B. Aigner, Susanne = Egger 1999 AT/T).

Il registro anagrafico persegue due obiettivi:
a) Le pubblicazioni di persone di cui è noto solo il nome, non la regione su cui hanno pubblicato, possono così essere ritrovate facilmente;
b) È quindi facile stabilire se un determinato autore abbia pubblicato altri testi su un'altra regione.

A tale scopo, tutti gli autori (primi, secondi, terzi autori), gli editori e gli elaboratori vengono elencati in ordine alfabetico (le lettere slovene Č, Š, Ž sono elencate sotto alle lettere C, S, Z) per cognome, nome, data della pubblicazione e unità geografica in cui è classificata la pubblicazione. Se un autore ha pubblicato più opere in un'unità geografica, verrà citato solo l'anno della prima e ultima pubblicazione (ad es. Penz, Hugo 1991 – 2013 AT/T). Nel caso di secondi e terzi autori ed editori si rimanda al primo autore, al cui nome è registrata la singola pubblicazione (ad es. Aigner, Susanne = Egger 1999 AT/T).

Le registre des personnes poursuit deux objectifs :
a) Les publications des personnes dont on ne connaît que le nom, mais pas la région dans laquelle elles ont été publiées, peuvent être facilement trouvées ici ;
b) Si vous voulez savoir si un auteur donné a publié d'autres textes sur une autre région, vous pouvez facilement le découvrir ici.

À cette fin, tous les auteurs (premier, deuxième, troisième), les rédacteurs et les éditeurs sont répertoriés dans l'ordre alphabétique (les lettres slovènes Č, Š, Ž sont respectivement à la fin des lettres C, S, Z) avec le nom, le prénom, l'année de publication et l'unité géographique dans laquelle la publication est classée. Si un auteur a publié plus d'une publication dans une unité géographique, seule l'année de la première et de la dernière publication est mentionnée (par exemple, Penz, Hugo 1991-2013 AT/T). Dans le cas des deuxièmes et troisièmes auteurs et des éditeurs, il est fait référence au premier auteur sous le nom duquel la publication respective est répertoriée (par exemple, Aigner, Susanne = Egger 1999 AT/T).

Seznam oseb ima dva cilja:
a) Enostavno iskanje publikacij avtorjev, pri katerih je znano le ime in ne regija, o kateri piše;
b) Poizvedovanje o objavah določenega avtorja o drugih regijah;
Po vrstnem redu (slovenske črke Č, Š, Ž sledijo C, S, Z) so navedeni vsi avtorji (prvi, drugi in tretji avtor), izdajatelji in

uredniki z imeni, priimki, letom publikacije in geografsko enoto, v katero je publikacija uvrščena. Če je avtor objavil več publikacij znotraj geografske enote, je navedeno le leto prve in zadnje publikacije (npr. Penz, Hugo 1991–2013 AT/T). Pri drugem in tretjem avtorju in izdajateljih se sklicuje na prvega avtorja, pod imenom katerega je zabeležena objava (npr. Aigner, Susanne = Egger 1999 AT/T).

The index of persons has two objectives:

a) When only the name of the author is known but the respective subject region is not, it allows publications by authors to be found easily.

b) Those who want to know whether a certain author has published other texts about another region are able to find this out easily here.

For this purpose, all authors (the first, second and third authors), publishers and editors are listed in alphabetical order (the Slovenian letters Č, Š, Ž are respectively at the end of the letters C, S, Z) with the surname, first name, year of publication and geographical unit in which the publication is classified. If an author has published more than one publication within a geographical unit, reference is only made to the year of the first and last publication (e.g. Penz, Hugo 1991-2013 AT/T). For second authors, third authors and editors, reference is made to the first author under whose name the respective publication is listed (for example, Aigner, Susanne = Egger 1999 AT/T).

A

B

C

D

E

F

G

H

I

J

K

L

M

N

O

P

Q

R

S

T

U

V

W

Z

2 SACHREGISTER/INDICE ANALITICO/ INDEX DES SUJETS/STVARNO KAZALO/ SUBJECT INDEX

Alpenvereine und Alm- und Alpwirtschaft/ Associazioni alpine e alpicoltura/ Associations d'alpinistes et économie pastorale/ Društva in združenja povezana s planinskim gospodarstvom/Alpine associations and alpine pasture farming

Alpspenden/Offerte di prodotti alpestri/ Don de l'alpe/Planinske donacije/Alpin gifts

Bet- oder Alpruf/Preghiera dell'alpe/ Bénédiction de l'alpe/Molitev/ Alpine blessings

Definitionen/Definizioni/Définitions/ Definicije/Definitions

Alp- und Hirtenfeste/Feste dell'alpe e dei pastori/ Fêtes des bergers/Prazniki/Pastoral festivals

Fluchtrechte/Diritti di fuga/Droits de fuite/ Pravice do umika/Right to evacuate livestock

Grenzüberschreitende Alm- und Alpwirtschaft/ Alpicoltura oltre confine/Économie pastorale transfrontalière/Planinsko gospodarstvo, ki presega meje srenjskega ozemlja/Cross-border alpine pasture farming

Käse (mit Namen der Käse)/Formaggio (con nomi del formaggio)/ Fromage (avec le nom du fromage)/ Siri (njihova imena v oklepajih)/ Cheese (with the name of the cheese)

Kuhkämpfe/Combattimenti di mucche/ Combats de vaches/Kravji boji/Cow fights

Magie/Magia/Magie/Magija/Magic

Namensgut der Almen und Alpen/Nome degli alpeggi/Toponyme des alpages/Poimenovanje planin/Nomenclature of alpine pastures

Sagen/Detti alpestri/Légendes/Povedke/Legends

Schutzgebiete und Alm- und Alpwirtschaft/Zone protette e alpicoltura/Zones protégées et économie pastorale/Zavarovana območja in planinsko gospodarstvo/Protected areas and alpine pasture farming

Sprache/Lingua/Langue/Jezik/Language

Tourismus und Alm- und Alpwirtschaft/Turismo e alpicoltura/Tourisme et économie pastorale/Turizem in planinsko gospodarstvo/Turism and alpine pasture farming

USA-Ethnologen/Etnologi statunitensi/Ethnologues nord-américains/Antropologi in etnologi iz ZDA/ USA ethnologists

Volkskunst/Arte folcloristica/Art populaire/ Ljudska umetnost/Folk art

Walser Alpwirtschaft/Alpicoltura dei Walser/ Économie pastorale Walser/Walsersko planinsko gospodarstvo/Walser alpine pasture farming

Wanderwege und Lehrpfade/Sentieri e percorsi didattici/ Chemins de randonée et sentiers didactiques/ Sprehajalne in učne poti/Footpaths and nature trails

Wissenschaftstheoretisch ausgerichtete Publikationen zur Alm- und Alpforschung/Pubblicazioni di stampo scientifico-teorico sulla ricerca alpestre/Publications scientifico-théoriques sur l'économie pastorale/Znanstvenoteoretske publikacije o preučevanju planin/Scientifically-oriented publications on alpine pasture farming

Wolf und Alm- und Alpwirtschaft/Lupo e alpicoltura/Loup et économie pastorale/Volk in planinsko gospodarstvo/The wolf and alpine pasture farming

ANHANG/ALLEGATO/ANNEXE/PRILOGA/ANNEX

Tabelle 1:
Aufteilung der Publikationen nach Sprache
Suddivisione delle pubblicazioni per lingua
Répartition des publications selon la langue
Razdelitev objav po jezikih
Breakdown of publications by language

	Deutsch	Französisch	Italienisch	Englisch	Rätoromanisch	Slowenisch	Summe
AL	69	31	18	15	0	0	133
DE	154	1	0	0	0	0	155
FR	11	318	2	7	0	0	338
FL	19	0	0	0	0	0	19
IT	67	25	471	14	0	3	580
AT	411	0	1	3	0	1	416
CH	506	111	69	26	41	0	753
SI	21	2	5	9	0	61	98
Summe	**1.258**	**488**	**566**	**74**	**41**	**65**	**2.492**
in %	**~ 50 %**	**~ 20 %**	**~ 23 %**	**~ 3 %**	**~ 1,6 %**	**~ 2,4 %**	**~ 100 %**

Tabelle 2:
Die 33 „Regionen“ der Alpen und die Zahl ihrer alm- und alpwirtschaftlichen Publikationen
Le 33 “regioni” alpine e il numero delle loro pubblicazioni sull’alpicoltura
Les 33 „régions“ des Alpes et le nombre de leurs publications d’économie pastorale
33 alpskih „regij“ in število njihovih objav o planinah in planinskem gospodarstvu
The 33 “regions” in the Alps and their number of alpine pasture farming publications

Region	**Größe (in 1.000 km²)**	**Publikationen**	**Publikationen pro 1.000 km²**
DE:			
Oberbayern DE/OBB	3,8	67	18
Allgäu DE/ALG	1,3	43	33
FR:			
Alpes-de-Haute-Provence FR/04	6,9	12	2
Hautes-Alpes FR/05	5,6	34	6
Alpes-Maritimes FR/06	3,9	18	5
Drôme FR/26	4,1	4	1
Isère FR/38	4,8	20	4
Savoie FR/73	6,0	69	11
Haute-Savoie FR/74	4,4	28	6
FL:			
Liechtenstein FL	0,16	19	119
IT:			
Piemonte IT/PI	12,1	91	8
Valle d’Aosta IT/AO	3,3	36	11
Lombardia IT/LO	9,8	63	6
Südtirol/Alto Adige IT/BZ	7,4	46	6
Trento IT/TN	6,2	65	10
Veneto IT/VE	6,5	68	10
Friuli-Venezia Giulia IT/FV	4,3	81	19
Liguria IT/LI	1,5	15	10

Region	**Größe (in 1.000 km²)**	**Publikationen**	**Publikationen pro 1.000 km²**
AT:			
Kärnten AT/K	9,5	32	3
Niederösterreich AT/N	6,0	8	1
Oberösterreich AT/O	3,6	17	5
Salzburg AT/S	6,8	70	10
Steiermark AT/St	13,0	32	2
Tirol AT/T	12,6	78	6
Vorarlberg AT/V	2,6	45	17
CH:			
Bern CH/BE	3,9	49	13
Innerschweiz	3,6	100	28
Ostschweiz	2,9	61	21
Graubünden CH/GR	7,1	153	21
Ticino CH/TI	2,7	54	20
Suisse occidentale	1,4	37	26
Valais/Wallis CH/VS	5,1	121	24
SI:			
Slovenija	6,9	97	14

Tabelle 3:
Aufteilung der Publikationen nach Erscheinungsjahrzehnt
Suddivisione delle pubblicazioni per decennio di edizione
Répartition des publications selon la décennie de parution
Razdelitev publikacij po desetletjih objave
Breakdown of publications by decade of publication

Jahrzehnt	Zahl Publikationen
1859 – 1870	21
1871 – 1880	18
1881 – 1890	19
1891 – 1900	22
1901 – 1910	59
1911 – 1920	67
1921 – 1930	101
1931 – 1940	98
1941 – 1950	122
1951 – 1960	147
1961 – 1970	185
1971 – 1980	193
1981 – 1990	232
1991 – 2000	303
2001 – 2010	408
2011 – 2020	408

Tabelle 4:
Aufteilung der Publikationen nach Fachgebieten
Suddivisione delle pubblicazioni per settori
Répartition des publications selon les domaines
Razdelitev objav po strokovnih področjih
Breakdown of publications by subject area

	Sta	**Agr**	**Geo**	**Vol**	**Rec**	**Spr**	**Hau**	**W+S**	**Bib**	**Div**	**Pop**	**Zus.**
AL	0	19	26	15	23	2	2	0	1	22	10	120
DE	1	61	16	5	17	1	6	0	1	29	18	155
FR	5	106	83	40	17	3	4	2	0	37	35	332
FL	0	5	1	5	1	0	0	0	0	7	0	19
IT	12	145	81	96	87	10	11	8	2	70	38	560
AT	5	103	112	26	52	1	7	0	1	78	30	415
CH	45	119	66	145	83	14	15	8	1	167	42	705
SI	1	7	24	34	3	1	12	0	1	8	6	97
Summe	**69**	**565**	**409**	**366**	**283**	**32**	**57**	**18**	**7**	**418**	**179**	**2.403**
in %	**~ 3 %**	**~ 24 %**	**~ 17 %**	**~ 15 %**	**~ 12 %**	**~ 1 %**	**~ 2 %**	**~ 1 %**	**~ 0,3 %**	**~ 17 %**	**~ 7 %**	**~ 100 %**

POLITISCHE KARTE DES ALPENRAUMS/CARTA POLITICA DELLE ALPI/ CARTE POLITIQUE DE L'ESPACE ALPIN/POLITIČNI ZEMLJEVID ALPSKEGA PROSTORA/ POLITICAL MAP OF THE ALPINE REGION

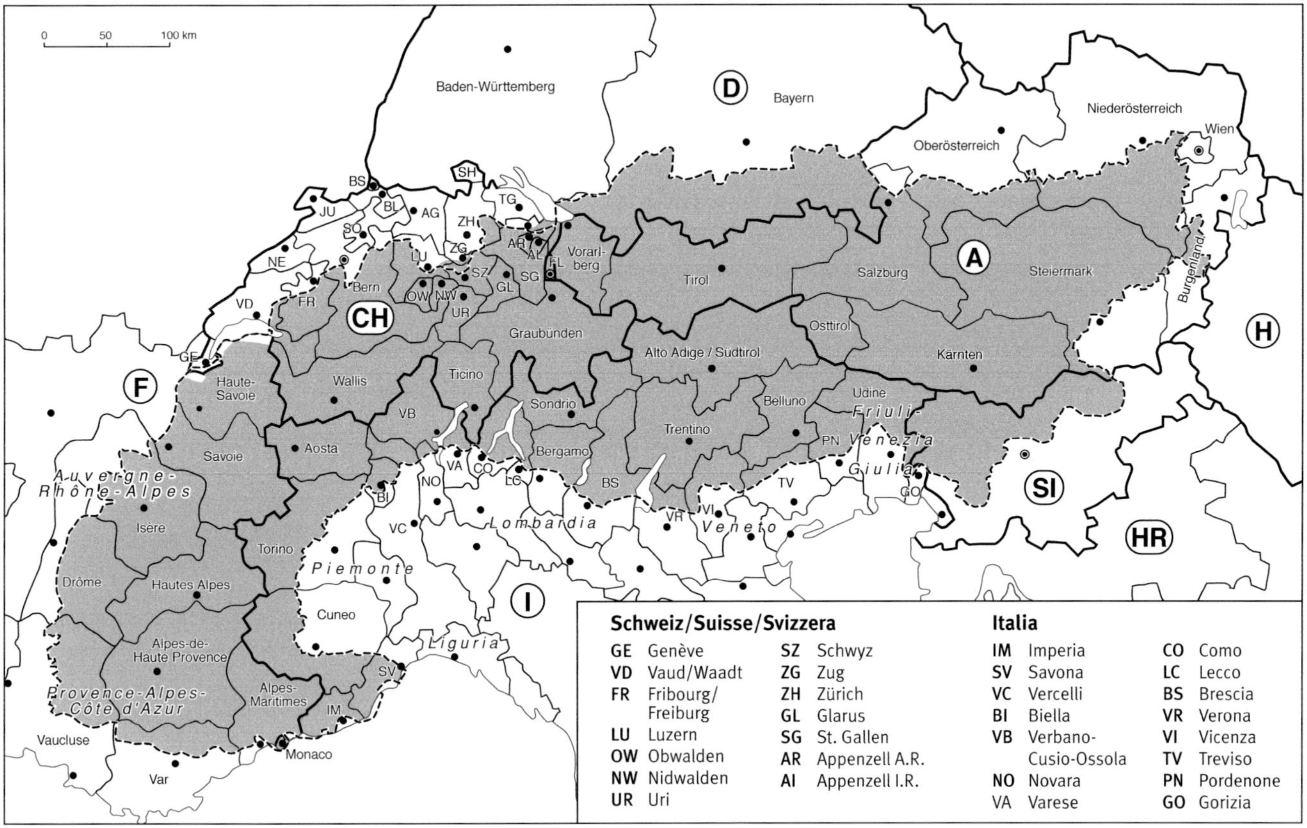

Schweiz/Suisse/Svizzera				Italia			
GE	Genève	SZ	Schwyz	IM	Imperia	CO	Como
VD	Vaud/Waadt	ZG	Zug	SV	Savona	LC	Lecco
FR	Fribourg/Freiburg	ZH	Zürich	VC	Vercelli	BS	Brescia
		GL	Glarus	BI	Biella	VR	Verona
LU	Luzern	SG	St. Gallen	VB	Verbano-Cusio-Ossola	VI	Vicenza
OW	Obwalden	AR	Appenzell A.R.			TV	Treviso
NW	Nidwalden	AI	Appenzell I.R.	NO	Novara	PN	Pordenone
UR	Uri			VA	Varese	GO	Gorizia

◉ Hauptstadt eines Staates
Capitale di uno stato
Capitale d'un état
Glavno mesto države
Capital city of a country

• Hauptort von Bundesländern, Kantonen, Départements, Provinzen
Capoluogo di stati federati, cantoni, départements, province
Chef-lieu de Länder, cantons, départements, provinces
Glavno mesto zveznih dežel, kantonov, departmajev, provinc
Administrative centre of a federal state, canton, departement or province

Alpenraum nach Alpenkonvention (leicht modifiziert durch Bätzing 1997)
Arco alpino secondo la Convenzione delle Alpi (leggermente modificato da Bätzing nel 1997)
Espace alpin selon la Convention des Alpes (modifié légèrement par Bätzing 1997)
Alpski prostor v skladu z Alpsko konvencijo (Bätzing nekoliko spremenil l 1997)
Alpine region according to the Alpine Convention (modified simply by Bätzing 1997)

— Nationale Grenzen
Confini nazionali
Frontières nationales
Državne meje
National borders

— Grenzen der Bundesländer (DE, AT), Kantone (CH), Départements (FR) und Provinzen (IT)
Confini degli stati federati (DE, AT), dei cantoni (CH), dei départements (FR) e delle province (IT)
Frontières des Länder (DE, AT), cantons (CH), départements (FR) et provinces (IT)
Meje zveznih dežel (DE, AT), kantoni (CH), departmaji (FR) in province (IT)
Borders of the federal states (DE, AT), cantons (CH), departements (FR) and provinces (IT)

Entwurf/Bozza/Esquisse/Skica/Draft: Werner Bätzing
Kartographie/Cartografia/Cartographie/Kartografija/ Cartography: Stephan Adler
© Bätzing, Institut für Geographie der Universität Erlangen-Nürnberg 2014

WERNER BÄTZING

VITA

Werner Bätzing, geb. 1949 in Kassel und aufgewachsen in Nordhessen, studierte zuerst Evangelische Theologie und Philosophie (1968 – 1974) und war anschließend im Buchhandel und Verlagswesen tätig (1976 – 1982).

Von 1983 bis 1987 studierte er Geographie an der TU Berlin, um sein Interesse an den Alpen wissenschaftlich zu vertiefen, von 1988 bis 1995 arbeitete er als Assistent und Dozent am Geographischen Institut der Universität Bern/Schweiz, wo er in kurzer Zeit promovierte und habilitierte.

Von 1995 bis 2014 war er Professor für Kulturgeographie an der Universität Erlangen-Nürnberg, und seitdem leitet er das Archiv für integrative Alpenforschung.

CURRICULUM VITAE

Werner Bätzing, nato nel 1949 a Kassel e cresciuto in Assia settentrionale, ha inizialmente studiato teologia evangelica e filosofia (1968 – 1974) e ha poi lavorato come libraio e impiegato in case editrici (1976 – 1982).

Dal 1983 al 1987 ha studiato geografia presso l'Università tecnica di Berlino, per approfondire il suo interesse per le Alpi, dal 1988 al 1995 ha lavorato come assistente e docente presso l'Istituto geografico dell'Università di Berna/Svizzera, dove ha rapidamente conseguito un dottorato di ricerca e l'abilitazione universitaria.

Dal 1995 al 2014 è stato professore di geografia culturale presso l'Università di Erlangen-Norimberga e da allora dirige l'archivio per la ricerca alpina integrativa.

CURRICULUM VITAE

Werner Bätzing est né en 1949 à Kassel et a grandi dans le nord de la Hesse. Il a d'abord étudié la théologie protestante et la philosophie (1968 – 1974), puis a travaillé dans le commerce du livre et de l'édition (1976 – 1982).

De 1983 à 1987, il a étudié la géographie à l'uni- versité technique de Berlin afin d'approfondir son intérêt scientifique pour les Alpes. De 1988 à 1995, il a travaillé comme assistant et était chargé de cours au institut de géographie de l'université de Berne/Suisse, où il a obtenu son doctorat et son habilitation en peu de temps.

De 1995 à 2014, il a été professeur de géographie culturelle à l'université d'Erlangen-Nuremberg et, depuis lors, il dirige l'archive pour la recherche alpine intégrative.

ŽIVLJENJEPIS

Werner Bätzing, roj. leta 1949 v Kasslu, Nemčija, in odraščal v Severnem Hessnu, je najprej študiral protestantsko teologijo in filozofijo (1968 – 1974), nato pa je delal v knjigotrštvu in založništvu (1976–1982).

Od leta 1983 do 1987 je študiral geografijo na Tehnični univerzi v Berlinu, da bi znanstveno poglobil svoje zanimanje za Alpe. Od leta 1988 do 1995 je delal kot asistent in docent na Geografskem inštitutu univerze v Bernu/Švica, kjer je v kratkem času doktoriral in se habilitiral.

Od leta 1995 do 2014 je bil profesor kulturne geografije na Univerzi Erlangen-Nürnberg in od takrat vodi Arhiv za integrativno raziskovanje Alp.

CURRICULUM VITAE

Werner Bätzing was born in Kassel, Germany, in 1949 and grew up in North Hesse. He initially studied Protestant Theology and Philosophy (1968 – 1974), before working in the book trade and publishing (1976 – 1982).

From 1983 to 1987, to further his interest in the Alps at the academic level, he studied Geography at the Technical University of Berlin. From 1988 to 1995, he worked as an Assistant and Lecturer in the Institute of Geography at the University of Bern, Switzerland, where he quickly completed his doctorate and post-doctoral research.

From 1995 to 2014, he was Professor of Cultural Geography at the University of Erlangen-Nuremberg. He has since been the Director of the Archive for Integrative Alpine Research.

IMPRESSUM

Werner Bätzing
Alm- und Alpwirtschaft im Alpenraum
Eine interdisziplinäre und internationale Bibliographie
(= Thematische Alpenbibliographie Nr. 1)

Werner Bätzing
Alpicoltura nelle Alpi
Una bibliografia interdisciplinare e internazionale
(= Bibliografia alpina tematica n. 1)

Werner Bätzing
Économie pastorale dans les Alpes
Une bibliographie interdisciplinaire et internationale
(= Bibliographie alpine thématique no 1)

Werner Bätzing
Planinsko gospodarstvo v Alpah
Interdisciplinarna in mednarodna bibliografija
(= Tematska planinska bibliografija št. 1)

Werner Bätzing
Alpine pasture farming in the Alps
An interdisciplinary and international bibliography
(= Thematic alpine bibliography no. 1)

context verlag Augsburg | Nürnberg
www.context-mv.de

Herausgeber:
Marktgemeinde Bad Hindelang

ISBN 978-3-946917-29-8
1. Auflage, Oktober 2021

Klimaneutral
Druckprodukt
ClimatePartner.com/12518-1907-1001

Fotografie:
Bad Hindelang Tourismus/Wolfgang B. Kleiner: Titel, S. 2/3
Markt Bad Hindlang/Alexander Keck
(Schmid und Keck, Design- und Werbeagentur): S. 4
Engadiner Post/Jon Duschletta: S. 8, S. 38, S. 66, S. 96, S. 122

Grafische Produktion:
concret Werbeagentur GmbH, Augsburg
www.concret.cc

Umschlaggestaltung:
Thomas Leberle

Alle Rechte vorbehalten.

Bibliografische Information
der Deutschen Nationalbibliothek:

Die Deutsche Nationalbibliothek verzeichnet diese Publikation in der Deutschen Nationalbibliografie; detaillierte bibliografische Daten sind im Internet über http://dnb.dnb.de abrufbar.

ISBN 978-3-946917-29-8

© context verlag Augsburg | Nürnberg